中国城市建设统计年鉴

China Urban Construction Statistical Yearbook

2023

中华人民共和国住房和城乡建设部 编

Ministry of Housing and Urban-Rural Development, P. R. CHINA

中国城市出版社

图书在版编目（CIP）数据

中国城市建设统计年鉴 ：2023 = China Urban Construction Statistical Yearbook 2023 / 中华人民共和国住房和城乡建设部编. -- 北京 ：中国城市出版社，2024. 9. -- ISBN 978-7-5074-3754-6

Ⅰ. TU984. 2-54

中国国家版本馆 CIP 数据核字第 2024DT2999 号

责任编辑：张智芊　宋　凯

责任校对：张　颖

中国城市建设统计年鉴 2023

China Urban Construction

Statistical Yearbook 2023

中华人民共和国住房和城乡建设部　编

*

中国城市出版社出版、发行（北京海淀三里河路 9 号）

各地新华书店、建筑书店经销

北京鸿文瀚海文化传媒有限公司制版

北京中科印刷有限公司印刷

*

开本：965 毫米×1270 毫米　1/16　印张：38½　字数：1218 千字

2024 年 9 月第一版　　2024 年 9 月第一次印刷

定价：**528. 00** 元

ISBN 978-7-5074-3754-6

（904778）

《中国城市建设统计年鉴2023》

编委会和编辑工作人员

China Urban Construction Statistical Yearbook 2023

Editorial Board and Editorial Staff

编辑说明

一、为全面反映我国城乡市政公用设施建设与发展状况，方便国内外各界了解中国城乡建设全貌，我们编辑了《中国城乡建设统计年鉴》《中国城市建设统计年鉴》和《中国县城建设统计年鉴》中英文对照本，每年公布一次，供社会广大读者作为资料性书籍使用。

二、《中国城市建设统计年鉴2023》根据各省、自治区和直辖市建设行政主管部门上报的2023年及历年城市建设统计数据编辑。全书共分11个部分，包括城市市政公用设施水平、城市市政公用设施建设固定资产投资、城市供水、城市节约用水、城市燃气、城市集中供热、城市轨道交通、城市道路和桥梁、城市排水和污水处理、城市市容环境卫生、城市园林绿化。

三、本年鉴统计范围为设市的城市城区：（1）街道办事处所辖地域；（2）城市公共设施、居住设施和市政公用设施等连接到的其他镇（乡）地域；（3）常住人口在3000人以上独立的工矿区、开发区、科研单位、大专院校等特殊区域。

四、2023年底，全国31个省、自治区、直辖市（不含台湾省），共有设市城市694个。本年鉴统计了690个城市、5个特殊区域。5个特殊区域包括辽宁省沈抚改革创新示范区、吉林省长白山保护开发区管理委员会、河南省郑州航空港经济综合实验区、陕西省杨凌区和宁夏回族自治区宁东。

五、全国6个县（河北省沧县，山西省泽州县，辽宁省抚顺县、铁岭县，新疆维吾尔自治区乌鲁木齐县、和田县）因为和所在城市市县同城，因此县城的统计数据含在本城市年鉴中。

六、本年鉴数据不包括香港特别行政区、澳门特别行政区以及台湾省。

七、本年鉴中“空格”表示该项统计指标数据不足本表最小单位数、数据详或无该项数据。

八、本年鉴中部分数据合计数或相对数由于单位取舍不同而产生的计算误差，均没有进行机械调整。

九、为促进中国城乡建设行业统计信息工作的发展，欢迎广大读者提出改进意见。

EDITOR'S NOTES

1. *China Urban－Rural Construction Statistical Yearbook*, *China Urban Construction Statistical Yearbook* and *China County Seat Construction Statistical Yearbook* are published annually in both Chinese and English languages to provide comprehensive information on urban and rural service facilities development in China. Being the source of facts, the yearbooks help to facilitate the understanding of people from all walks of life at home and abroad on China's urban and rural development.

2. *China Urban Construction Statistical Yearbook 2023* is compiled based on statistical data on urban construction in year 2023 and past years that were reported by construction authorities of provinces, autonomous regions and municipalities directly under the central government. This yearbook is composed of 11 parts, including 1. Level of Urban Service Facilities; 2. Fixed Assets Investment in Urban Service Facilities; 3. Urban Water Supply; 4. Urban Water Conservation; 5. Urban Gas; 6. Urban Central Heating; 7. Urban Rail Transit System; 8. Urban Road and Bridge; 9. Urban Drainage and Wastewater Treatment; 10. Urban Environmental Sanitation; 11. Urban Landscaping.

3. Scope of the data collected from the survey covers urban area of cities, including (1) areas under the jurisdiction of neighborhood administration; (2) other towns (townships) connected to city public facilities, residential facilities and municipal utilities; (3) special areas like independent industrial and mining districts, development zones, research institutes, and universities and colleges with permanent residents of 3000 and above.

4. There were a total of 694 cities in all the 31 provinces, autonomous regions and municipalities (excluding Taiwan Province) across China by the end of 2023. In the yearbook, data are from 690 cities, 5 special zones. Shenfu Reform and Innovation Demonstration Zone in Liaoning Province, Changbai Mountain Protection Development Management Committee in Jilin Province, Zhengzhou Airport Economy Zone in Henan Province, Yangling District in Shaanxi Province and Ningdong in Ningxia Autonomous Region are classified as city.

5. Data from the county seats of 6 counties including Cangxian County in Hebei Province, Zezhou County in Shanxi Province, Fushun and Tieling County in Liaoning Province, and Urumqi and Hetian County in Xinjiang Autonomous Region are included in this yearbook due to the identity of the location between the county seats and the cities administering the above 6 counties respectively.

6. This yearbook does not include data of Hong Kong Special Administrative Region, Macao Special Administrative Region as well as Taiwan Province.

7. In this yearbook, "blank space" indicates that the figure is not large enough to be measured with the smallest unit in the table, or data are unknown or are not available.

8. The calculation errors of the total or relative value of some data in this yearbook arising from the use of different measurement units have not been mechanically aligned.

9. Any comments to improve the quality of the yearbook are welcomed to promote the advancement in statistics in China's construction industry.

2012—2023 年全国城市个数

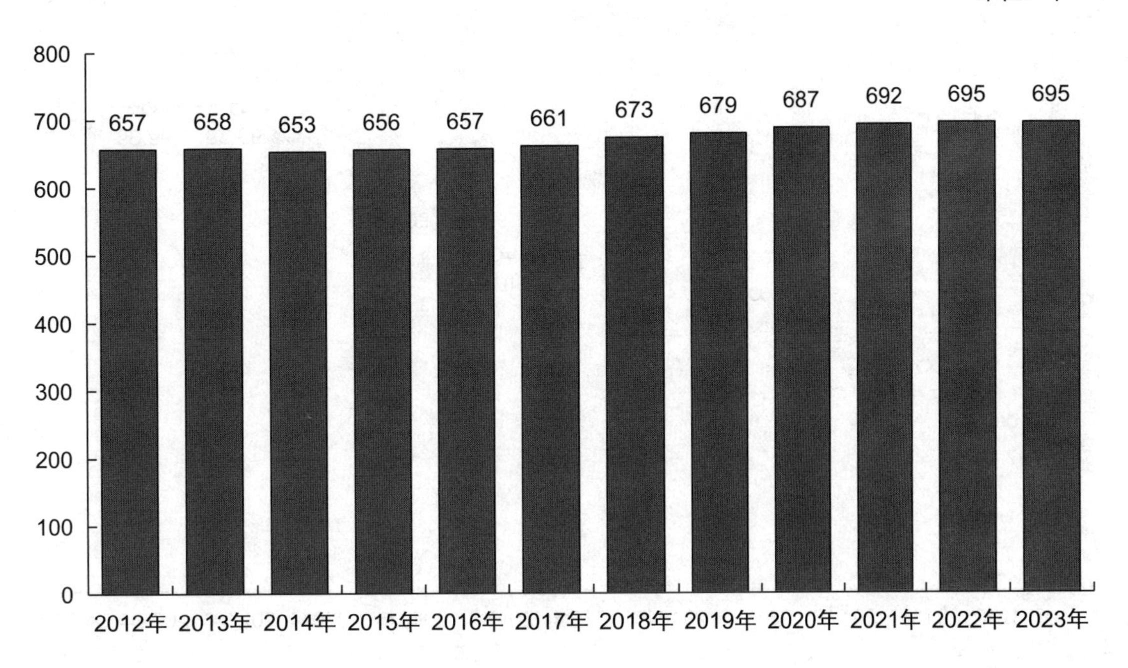

2012—2023 年全国城市建成区面积

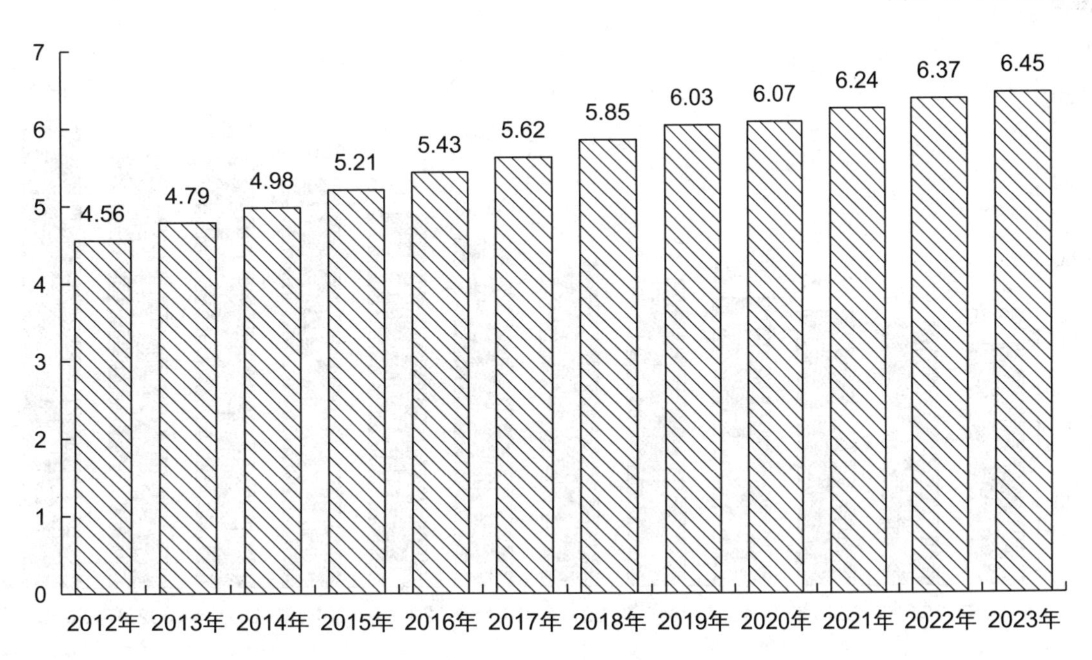

注：城市个数为本年鉴统计的 690 个城市和 5 个特殊区域。

2012—2023 年全国城市供水普及率

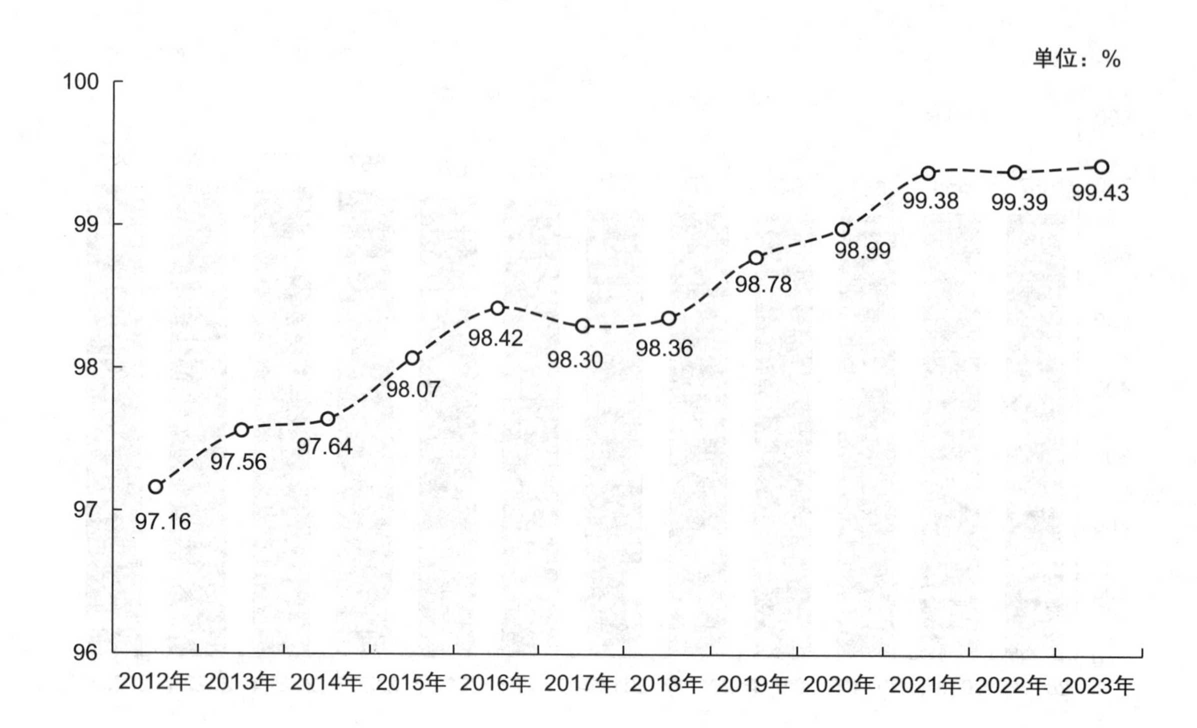

2012—2023 年全国城市供水管道长度

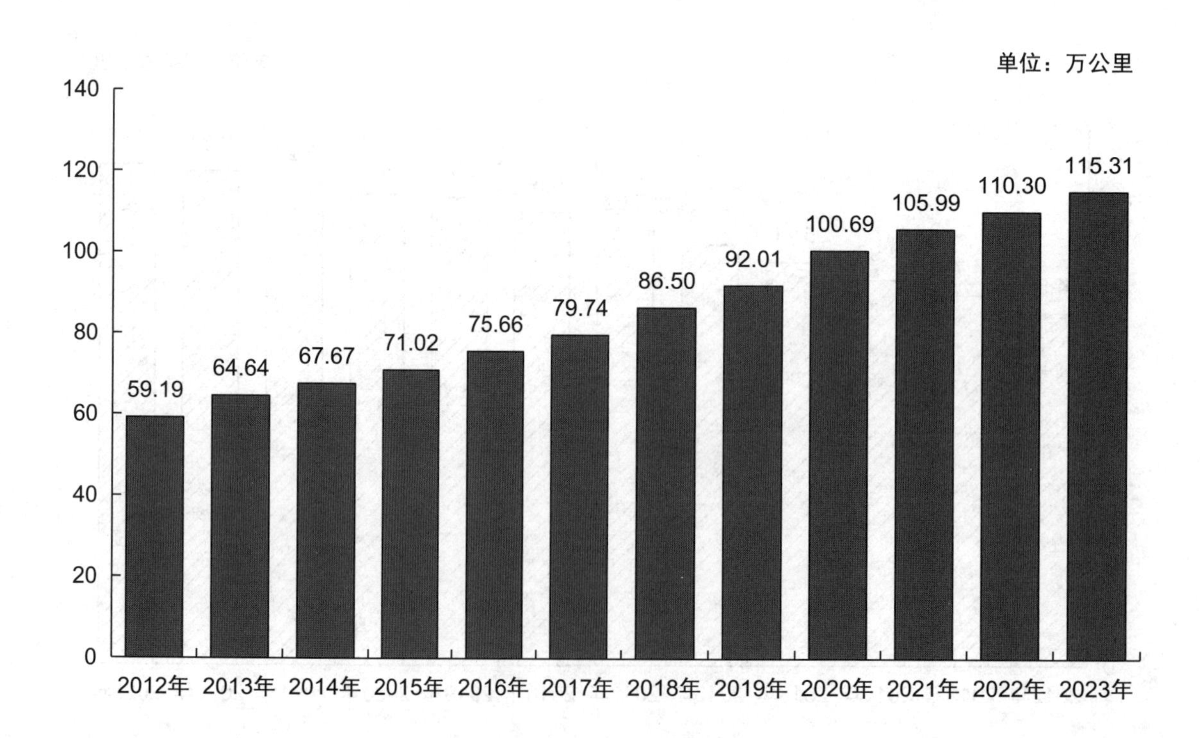

2012—2023 年全国城市污水处理率

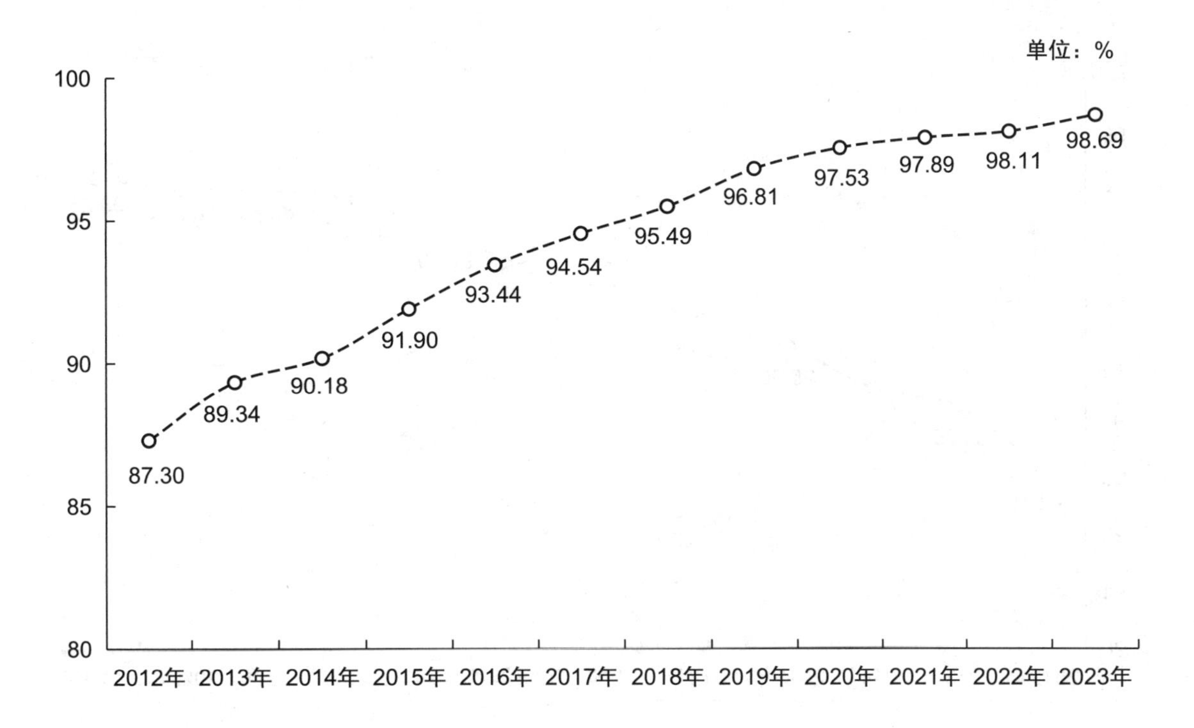

2012—2023 年全国城市排水管道长度

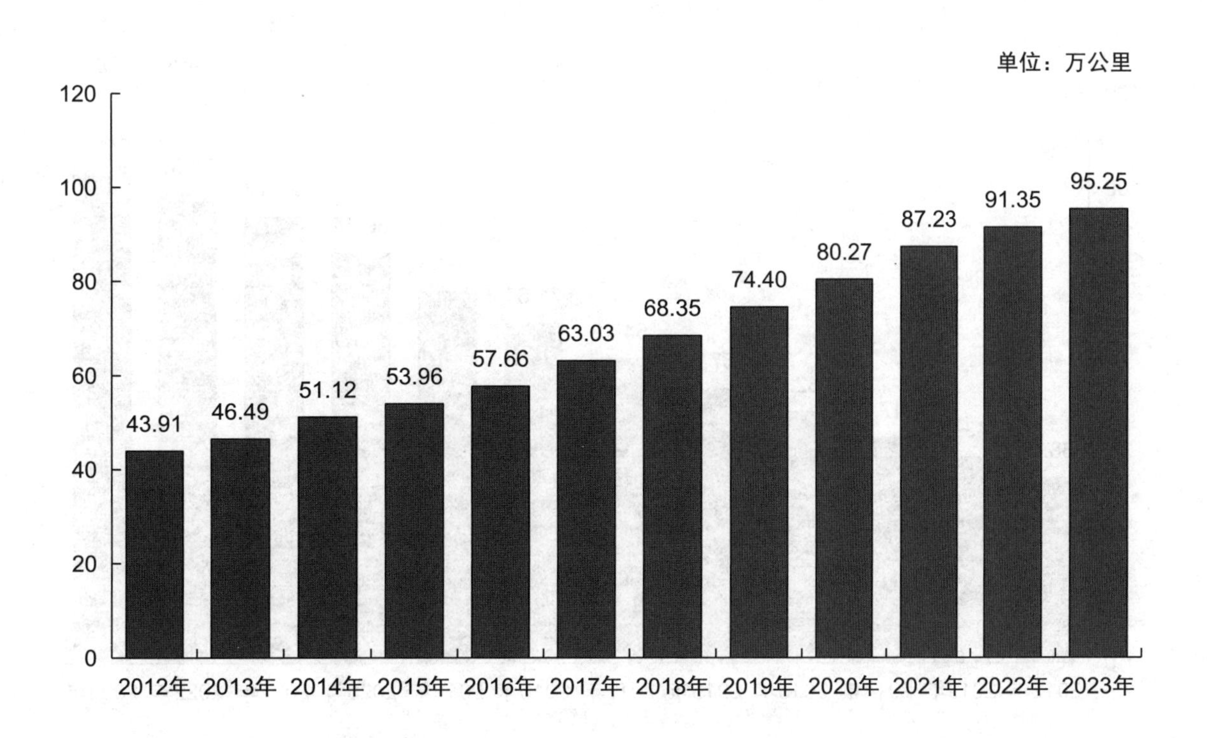

2012—2023 年全国城市燃气普及率

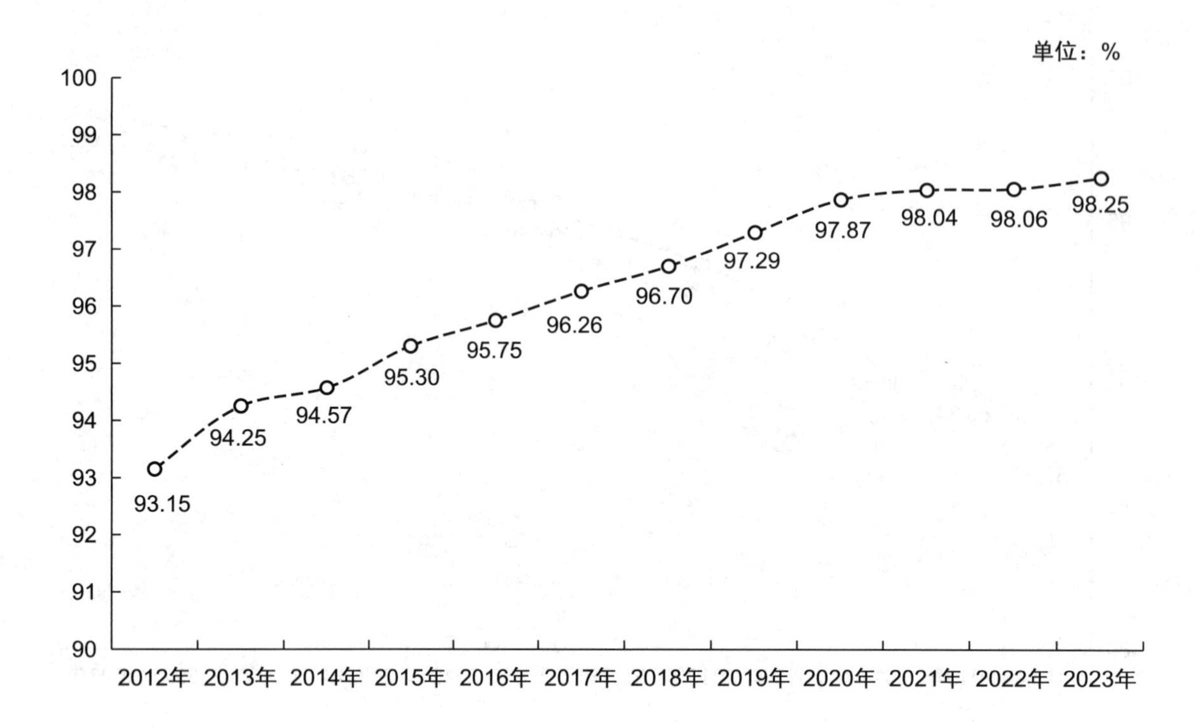

2012—2023 年全国城市供气管道长度

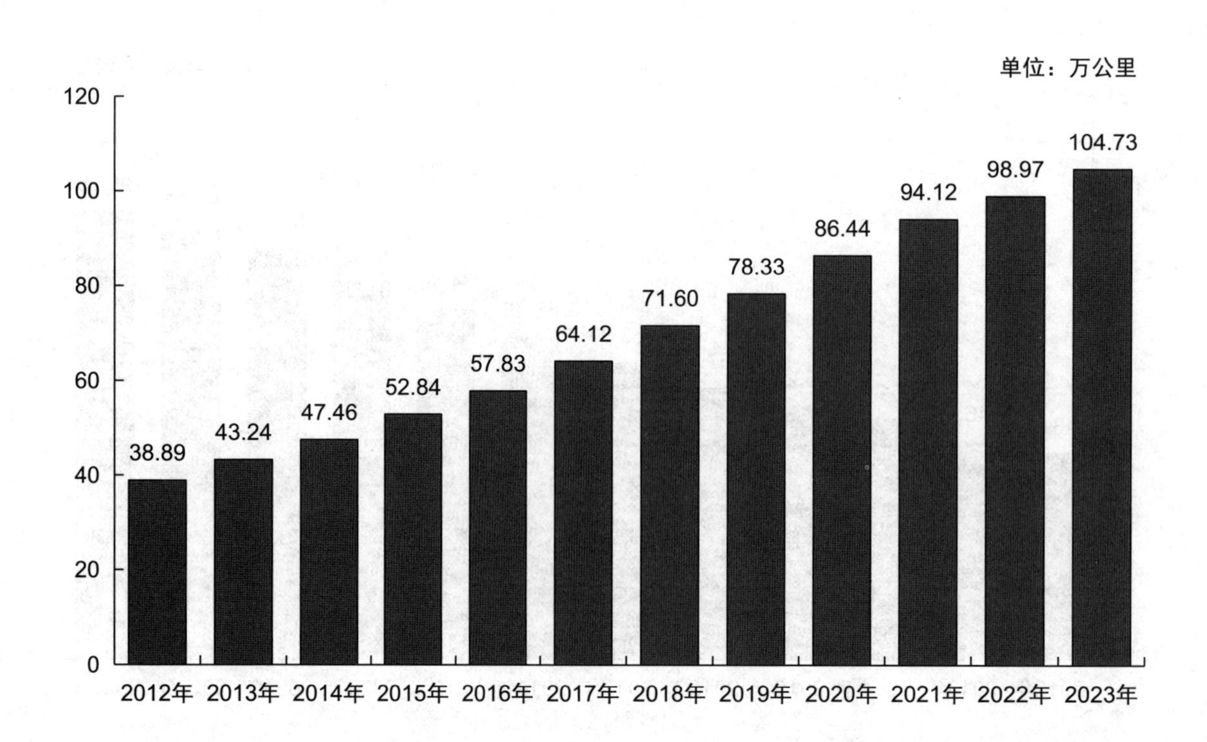

2012—2023 年全国城市集中供热面积

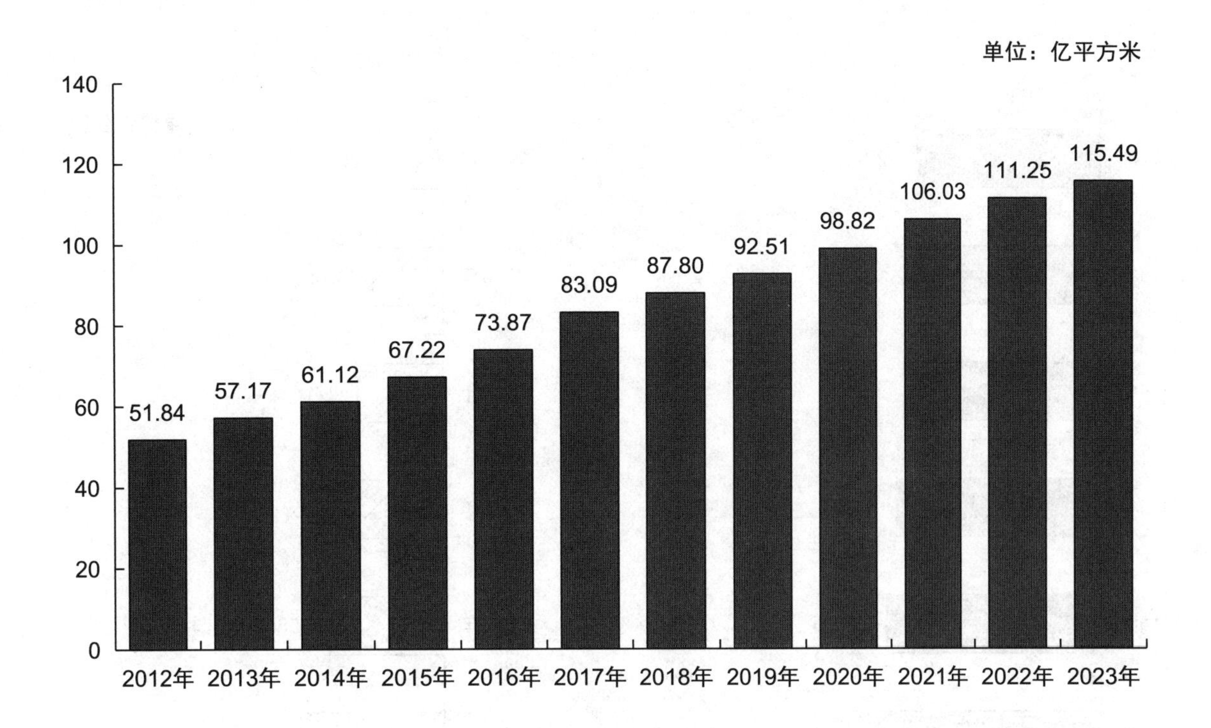

2012—2023 年全国城市供热管道长度

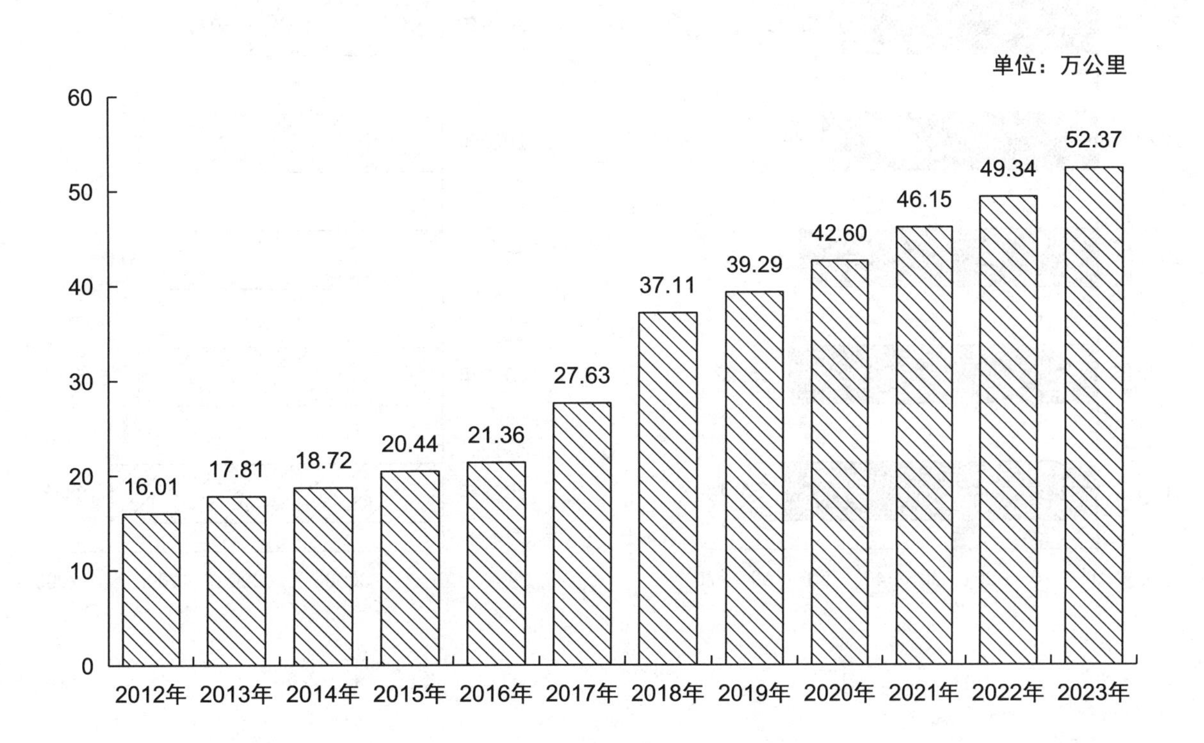

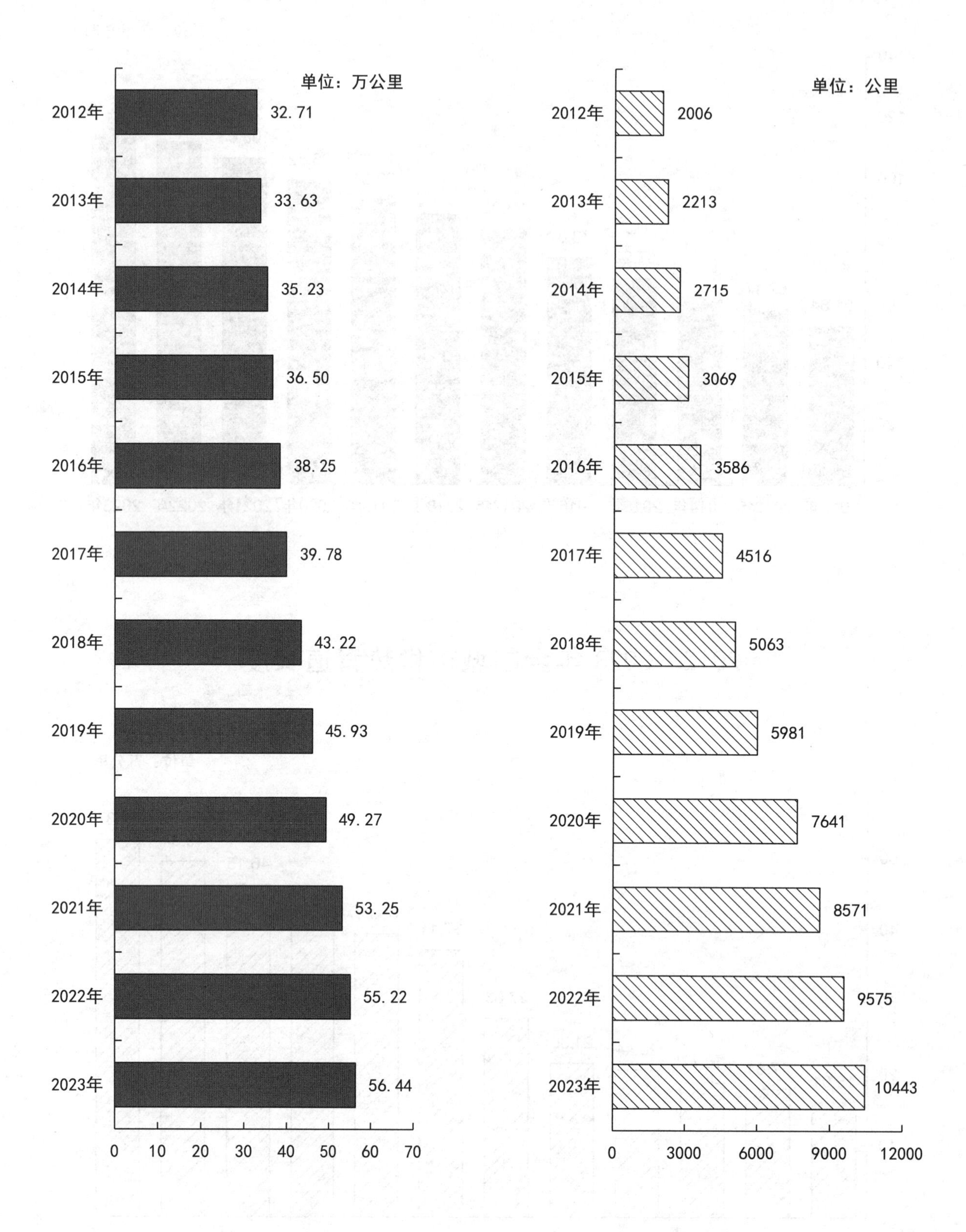
2012—2023 年全国城市道路长度
单位：万公里
2012年 32.71
2013年 33.63
2014年 35.23
2015年 36.50
2016年 38.25
2017年 39.78
2018年 43.22
2019年 45.93
2020年 49.27
2021年 53.25
2022年 55.22
2023年 56.44
0 10 20 30 40 50 60 70
2012—2023 年全国城市建成轨道交通线路长度
单位：公里
2012年 2006
2013年 2213
2014年 2715
2015年 3069
2016年 3586
2017年 4516
2018年 5063
2019年 5981
2020年 7641
2021年 8571
2022年 9575
2023年 10443
0 3000 6000 9000 12000

2012—2023 年全国城市生活垃圾处理率

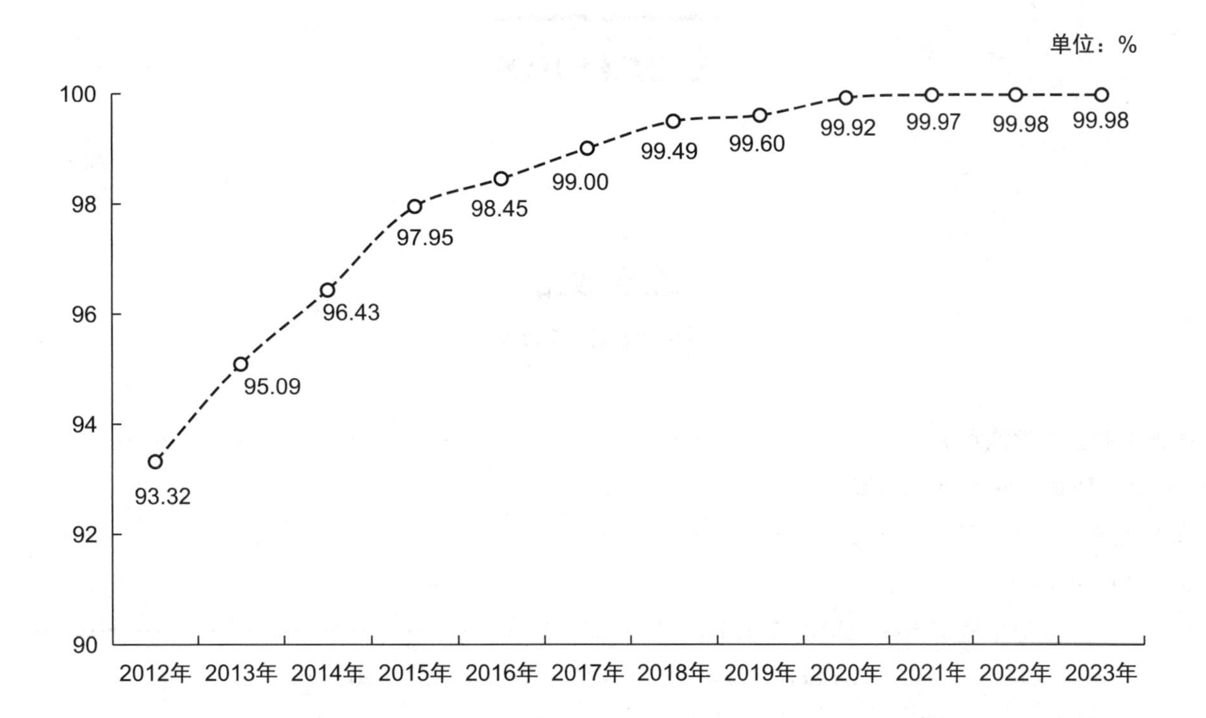

2012—2023 年全国城市人均公园绿地面积

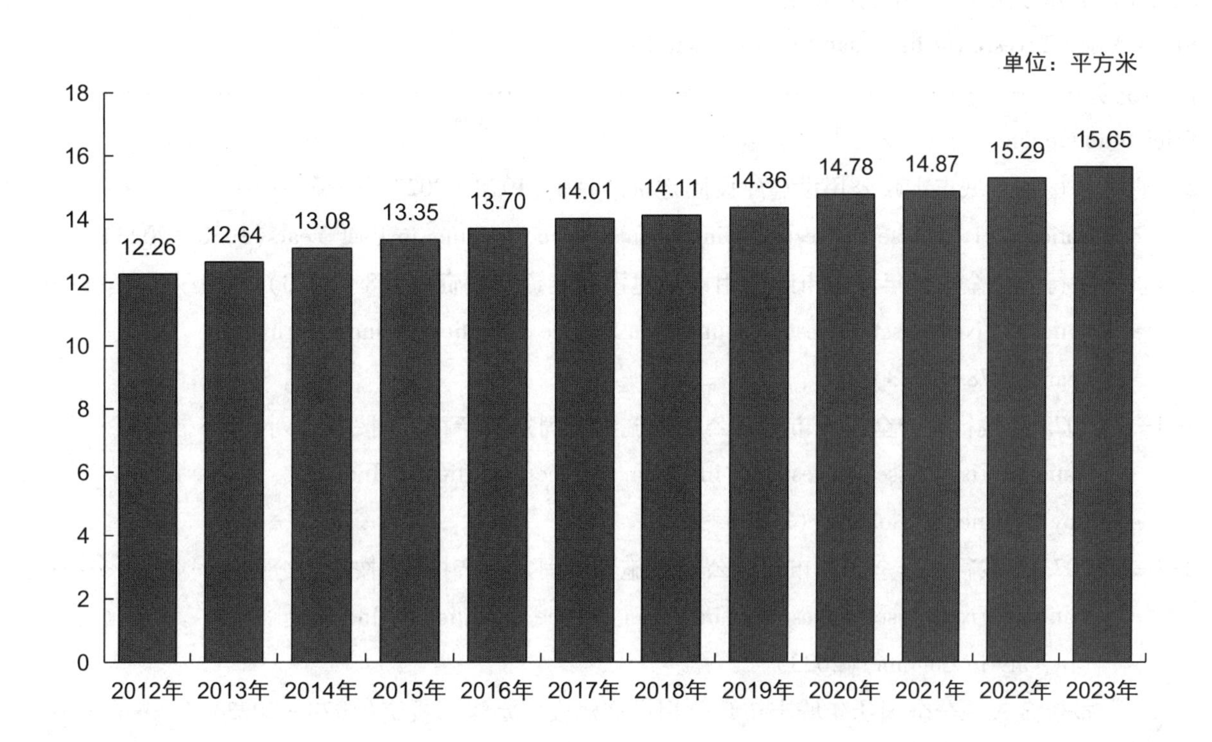

目　录

Contents

综合数据
General Data

居民生活数据
Data by Residents Living

居民出行数据
Data by Residents Travel

环境卫生数据
Data by Environmental Health

绿色生态数据
Data by Green Ecology

综合数据

General Data

一、城市市政公用设施水平

Level of Urban Service Facilities

简要说明

本部分反映城市市政公用设施水平，均为相对指标。主要包括人口密度、供水普及率、燃气普及率、人均道路面积、污水处理率、人均公园绿地面积、建成区绿化覆盖率、建成区绿地率、每万人拥有公厕等内容。

从 2006 年起，人均水平（除人均日生活用水量）和普及率水平均以城区人口和城区暂住人口合计数为分母计算。

Brief Introduction

This section demonstrates the level of urban service facilities in a comparative way. Main indicators include population density, water coverage rate, gas coverage rate, road surface area per capita, wastewater treatment rate, public recreational green space per capita, green coverage rate of built district, green space rate of built district, number of public lavatories Per 10000 peoples, etc.

Since 2006, figures in terms of per capita and coverage rate, excluding domestic water use per capita have been calculated based on denominator which combines both permanent and temporary residents in urban areas.

1 全国历年城市市政公用设施水平(1981—2023)
Level of National Urban Service Facilities in Past Years(1981—2023)

年份 Year	供水普及率 (%) Water Coverage Rate (%)	燃气普及率 (%) Gas Coverage Rate (%)	人均道路面积 (平方米) Road Surface Area Per Capita (sq. m)	污水处理率 (%) Wastewater Treatment Rate (%)	园林绿化 Landscaping 人均公园绿地面积 (平方米) Public Recreational Green Space Per Capita (sq. m)	建成区绿化覆盖率 (%) Green Coverage Rate of Built District (%)	建成区绿地率 (%) Green Space Rate of Built District (%)	每万人拥有公厕 (座) Number of Public Lavatories Per 10000 Persons (unit)
1981	53.7	11.6	1.8		1.50			3.77
1982	56.7	12.6	2.0		1.65			3.99
1983	52.5	12.3	1.9		1.71			3.95
1984	49.5	13.0	1.8		1.62			3.57
1985	45.1	13.0	1.7		1.57			3.28
1986	51.3	15.2	3.1		1.84	16.90		3.61
1987	50.4	16.7	3.1		1.90	17.10		3.54
1988	47.6	16.5	3.1		1.76	17.00		3.14
1989	47.4	17.8	3.2		1.69	17.80		3.09
1990	48.0	19.1	3.1		1.78	19.20		2.97
1991	54.8	23.7	3.4	14.86	2.07	20.10		3.38
1992	56.2	26.3	3.6	17.29	2.13	21.00		3.09
1993	55.2	27.9	3.7	20.02	2.16	21.30		2.89
1994	56.0	30.4	3.8	17.10	2.29	22.10		2.69
1995	58.7	34.3	4.4	19.69	2.49	23.90		3.00
1996	60.7	38.2	5.0	23.62	2.76	24.43	19.05	3.02
1997	61.2	40.0	5.2	25.84	2.93	25.53	20.57	2.95
1998	61.9	41.8	5.5	29.56	3.22	26.56	21.81	2.89
1999	63.5	43.8	5.9	31.93	3.51	27.58	23.03	2.85
2000	63.9	45.4	6.1	34.25	3.69	28.15	23.67	2.74
2001	72.26	60.42	6.98	36.43	4.56	28.38	24.26	3.01
2002	77.85	67.17	7.87	39.97	5.36	29.75	25.80	3.15
2003	86.15	76.74	9.34	42.39	6.49	31.15	27.26	3.18
2004	88.85	81.53	10.34	45.67	7.39	31.66	27.72	3.21
2005	91.09	82.08	10.92	51.95	7.89	32.54	28.51	3.20
2006	86.07	79.11	11.04	55.67	8.30	35.11	30.92	2.88
	(97.04)	(88.58)	(12.36)		(9.30)			(3.22)
2007	93.83	87.40	11.43	62.87	8.98	35.29	31.30	3.04
2008	94.73	89.55	12.21	70.16	9.71	37.37	33.29	3.12
2009	96.12	91.41	12.79	75.25	10.66	38.22	34.17	3.15
2010	96.68	92.04	13.21	82.31	11.18	38.62	34.47	3.02
2011	97.04	92.41	13.75	83.63	11.80	39.22	35.27	2.95
2012	97.16	93.15	14.39	87.30	12.26	39.59	35.72	2.89
2013	97.56	94.25	14.87	89.34	12.64	39.70	35.78	2.83
2014	97.64	94.57	15.34	90.18	13.08	40.22	36.29	2.79
2015	98.07	95.30	15.60	91.90	13.35	40.12	36.36	2.75
2016	98.42	95.75	15.80	93.44	13.70	40.30	36.43	2.72
2017	98.30	96.26	16.05	94.54	14.01	40.91	37.11	2.77
2018	98.36	96.70	16.70	95.49	14.11	41.11	37.34	2.88
2019	98.78	97.29	17.36	96.81	14.36	41.51	37.63	2.93
2020	98.99	97.87	18.04	97.53	14.78	42.06	38.24	3.07
2021	99.38	98.04	18.84	97.89	14.87	42.42	38.70	3.29
2022	99.39	98.06	19.28	98.11	15.29	42.96	39.29	3.43
2023	99.43	98.25	19.72	98.69	15.65	43.32	39.94	3.55

注：1. 自2006年起，人均和普及率指标按城区人口和城区暂住人口合计为分母计算，以公安部门的户籍统计和暂住人口统计为准。括号中的数据为与往年同口径数据。

2. “人均公园绿地面积”指标2005年及以前年份为“人均公共绿地面积”。

Notes：1. Since 2006, figures in terms of per capita and coverage rate have been calculated based on denominator which combines both permanent and temporary residents in urban areas. And the population should come from statistics of police. The data in brackets are same index calculated by the method of past years.

2. Since 2005, Public Green Space Per Capita is changed to Public Recreational Green Space Per Capita.

1-1 2023年全国城市市政公用设施水平(按省分列)

地区名称 Name of Regions	人口密度 (人/平方公里) Population Density (person/sq. km)	人均日生活用水量 (升) Daily Water Consumption Per Capita (liter)	供水普及率 (%) Water Coverage Rate (%)	公共供水普及率 Public Water Coverage Rate	燃气普及率 (%) Gas Coverage Rate (%)	建成区供水管道密度 (公里/平方公里) Density of Water Supply Pipelines in Built District (km/sq. km)	人均道路面积 (平方米) Road Surface Area Per Capita (sq. m)	建成区路网密度 (公里/平方公里) Density of Road Network in Built District (km/sq. km)
全　国	**2895**	**188. 80**	**99. 43**	**98. 90**	**98. 25**	**15. 58**	**19. 72**	**7. 72**
北　京		167. 26	100. 00	95. 20	100. 00		8. 87	
天　津	4395	128. 21	100. 00	100. 00	99. 48	17. 42	16. 41	6. 51
河　北	3426	112. 90	100. 00	99. 56	99. 60	10. 20	20. 08	8. 22
山　西	3990	123. 40	98. 35	97. 01	97. 32	11. 53	17. 46	6. 96
内蒙古	2266	115. 07	99. 13	98. 95	97. 76	9. 63	23. 93	7. 61
辽　宁	1847	171. 37	97. 22	95. 70	97. 00	13. 87	19. 98	7. 82
吉　林	2113	125. 04	96. 35	95. 34	96. 83	9. 46	17. 51	6. 52
黑龙江	5334	131. 93	99. 39	98. 61	93. 42	14. 11	16. 61	7. 59
上　海	3923	210. 90	100. 00	100. 00	100. 00	32. 56	4. 98	4. 80
江　苏	2175	213. 55	100. 00	99. 95	99. 94	20. 94	25. 78	9. 26
浙　江	2371	217. 87	100. 00	99. 68	100. 00	23. 18	21. 70	8. 59
安　徽	2809	198. 59	98. 42	98. 13	99. 73	14. 88	24. 77	8. 02
福　建	3356	235. 25	99. 97	99. 95	99. 77	20. 30	23. 33	8. 33
江　西	3430	238. 38	99. 50	99. 29	99. 36	17. 28	26. 87	7. 76
山　东	1746	130. 92	99. 92	99. 28	99. 66	10. 23	26. 48	8. 21
河　南	4570	143. 61	99. 45	98. 71	99. 28	9. 34	17. 64	5. 86
湖　北	3429	204. 52	99. 95	99. 65	96. 06	19. 18	21. 20	8. 74
湖　南	4419	223. 47	99. 86	99. 58	98. 59	17. 82	21. 49	8. 28
广　东	3762	247. 09	99. 70	99. 66	98. 62	20. 44	14. 98	7. 28
广　西	2558	272. 95	99. 89	99. 34	99. 21	14. 68	24. 48	8. 46
海　南	2501	304. 65	99. 85	98. 10	99. 82	8. 13	25. 37	11. 61
重　庆	2038	190. 04	99. 92	99. 79	99. 66	14. 58	17. 35	6. 98
四　川	3623	211. 64	99. 01	98. 90	97. 96	16. 08	19. 88	8. 23
贵　州	2105	185. 21	98. 10	98. 08	94. 80	20. 29	25. 77	8. 69
云　南	3341	181. 50	98. 94	98. 93	76. 69	13. 88	19. 10	7. 21
西　藏	1544	285. 84	100. 00	100. 00	86. 93	10. 40	21. 78	5. 07
陕　西	5413	153. 62	98. 53	97. 66	99. 08	8. 05	18. 05	5. 85
甘　肃	3342	141. 10	99. 67	99. 22	97. 98	6. 51	21. 84	7. 31
青　海	2944	177. 10	99. 53	98. 80	97. 02	12. 86	19. 78	5. 84
宁　夏	3239	187. 75	99. 33	99. 29	96. 79	6. 17	27. 17	5. 92
新　疆	3945	169. 13	99. 76	99. 48	98. 57	8. 47	23. 23	6. 06
新疆兵团	1515	226. 97	98. 70	98. 70	98. 28	9. 34	33. 84	6. 77

注：本表中北京市的人均公园绿地面积、建成区绿化覆盖率和建成区绿地率均为该市调查面积内数据，全国城市人均公园绿地面积、建成区绿化覆盖率和建成区绿地率作适当修正。

Level of National Urban Service Facilities by Province(2023)

建成区道路面积率(%) Surface Area of Roads Rate of Built District (%)	建成区排水管道密度(公里/平方公里) Density of Sewers in Built District (km/sq. km)	污水处理率(%) Wastewater Treatment Rate (%)	污水处理厂集中处理率 Centralized Treatment Rate of Wastewater Treatment Plants	城市生活污水集中收集率(%) Centralized collection rate of urban domestic sewage (%)	人均公园绿地面积(平方米) Public Recreational Green Space Per Capita (sq. m)	建成区绿化覆盖率(%) Green Coverage Rate of Built District (%)	建成区绿地率(%) Green Space Rate of Built District (%)	生活垃圾处理率(%) Domestic Garbage Treatment Rate (%)	生活垃圾无害化处理率 Domestic Garbage Harmless Treatment Rate	地区名称 Name of Regions
15.57	**12.67**	**98.69**	**97.31**	**73.63**	**15.65**	**43.32**	**39.94**	**99.98**	**99.98**	**全　国**
		98.23	96.25	88.96	16.90	49.80	47.28	100.00	100.00	北　京
12.34	19.36	98.14	97.13	80.72	9.97	38.18	35.34	100.00	100.00	天　津
17.31	9.62	99.27	99.27	74.40	14.69	43.69	40.26	100.00	100.00	河　北
16.66	11.46	98.70	98.70	72.60	13.49	42.93	40.41	100.00	100.00	山　西
17.13	11.28	99.72	98.69	78.11	19.19	42.20	39.23	100.00	100.00	内蒙古
14.82	7.58	98.40	97.04	64.48	14.22	41.14	39.26	99.60	99.60	辽　宁
12.46	8.46	99.37	99.37	76.48	14.73	42.79	39.09	100.00	100.00	吉　林
12.48	7.50	97.18	95.04	72.54	14.75	39.73	36.68	100.00	100.00	黑龙江
9.97	18.21	98.38	98.38	86.65	9.45	37.83	36.96	100.00	100.00	上　海
16.41	15.59	97.60	95.09	79.19	16.22	44.03	40.62	100.00	100.00	江　苏
16.98	14.65	98.45	98.21	81.04	15.46	43.67	39.54	100.00	100.00	浙　江
18.90	14.11	97.68	96.73	64.89	17.09	46.06	41.76	100.00	100.00	安　徽
16.86	9.74	98.31	95.47	71.14	15.72	44.25	40.89	100.00	100.00	福　建
16.28	12.90	99.18	96.59	62.98	17.98	46.94	43.61	100.00	100.00	江　西
16.83	12.07	98.64	98.51	73.63	18.47	43.90	40.44	100.00	100.00	山　东
13.76	10.61	99.39	99.39	83.43	16.13	43.55	38.74	100.00	100.00	河　南
17.47	13.17	98.99	94.09	59.94	15.57	43.39	40.09	100.00	100.00	湖　北
17.56	12.92	98.77	98.73	66.47	13.85	41.96	38.41	99.98	99.98	湖　南
13.28	17.19	100.14	99.17	76.04	18.10	44.49	41.50	99.98	99.98	广　东
15.87	12.45	99.42	94.29	60.04	12.25	42.38	38.10	100.00	100.00	广　西
18.36	10.45	100.19	99.71	66.53	12.71	42.07	39.75	100.00	100.00	海　南
15.25	14.64	99.51	99.27	67.35	18.18	42.31	39.43	100.00	100.00	重　庆
16.53	14.20	96.73	92.83	64.55	14.59	44.16	39.17	100.00	99.96	四　川
16.14	11.32	99.03	99.03	55.47	16.63	41.92	40.07	100.00	100.00	贵　州
14.98	13.23	99.49	97.87	68.51	13.81	43.73	40.13	100.00	100.00	云　南
11.67	3.27	97.80	97.80	29.81	17.37	42.52	40.62	99.87	99.87	西　藏
15.11	9.79	96.60	96.60	82.33	13.15	42.99	38.78	100.00	100.00	陕　西
15.41	9.02	98.37	98.37	72.45	16.04	36.81	33.59	100.00	100.00	甘　肃
15.66	16.03	96.17	96.17	63.61	12.85	36.64	33.80	99.76	99.76	青　海
15.95	4.98	98.95	98.95	78.86	21.99	42.35	40.60	100.00	100.00	宁　夏
12.99	6.69	100.10	98.48	87.29	15.47	41.60	38.59	100.00	100.00	新　疆
13.38	7.48	99.91	99.91	56.24	22.95	40.50	38.53	99.89	99.89	新疆兵团

Note: All of the public recreational green space per capita, green coverage rate and green space rate for the built-up areas of Beijing Municipality in the table refer to the data for the areas surveyed in the city. The public recreational green space per capita, green coverage rate and green space rate for the nationwide urban built-up areas have been revised appropriately.

1-2 2023年全国城市市政公用设施水平(按城市分列)

城市名称 Name of Cities	人口密度(人/平方公里) Population Density (person/sq. km)	人均日生活用水量(升) Daily Water Consumption Per Capita (liter)	供水普及率(%) Water Coverage Rate (%)	公共供水普及率 Public Water Coverage Rate	燃气普及率(%) Gas Coverage Rate (%)	建成区供水管道密度(公里/平方公里) Density of Water Supply Pipelines in Built District (km/sq. km)	人均道路面积(平方米) Road Surface Area Per Capita (sq. m)	建成区路网密度(公里/平方公里) Density of Road Network in Built District (km/sq. km)
全　国	**2895**	**188.80**	**99.43**	**98.90**	**98.25**	**15.58**	**19.72**	**7.72**
北　京		**167.26**	**100.00**	**95.20**	**100.00**		**8.87**	
天　津	**4395**	**128.21**	**100.00**	**100.00**	**99.48**	**17.42**	**16.41**	**6.51**
河　北	**3426**	**112.90**	**100.00**	**99.56**	**99.60**	**10.20**	**20.08**	**8.22**
石家庄市	8248	94.84	100.00	99.21	100.00	7.46	16.30	7.17
晋州市	1538	131.69	100.00	100.00	100.00	9.10	23.44	10.36
新乐市	2088	139.70	100.00	100.00	100.00	19.96	29.04	10.24
唐山市	7006	140.48	100.00	99.65	100.00	12.06	21.27	8.92
滦州市	1953	81.44	100.00	100.00	100.00	11.60	17.24	8.98
遵化市	3132	89.85	100.00	100.00	100.00	6.65	20.35	8.40
迁安市	2810	83.99	100.00	100.00	100.00	8.59	21.26	8.51
秦皇岛市	4833	143.10	100.00	100.00	100.00	8.55	18.26	8.03
邯郸市	3814	108.43	100.00	100.00	99.79	9.73	20.15	7.98
武安市	2692	120.07	100.00	92.33	100.00	14.55	29.49	8.98
邢台市	3901	126.07	100.00	100.00	99.37	21.87	32.48	7.62
南宫市	4813	85.52	100.00	100.00	100.00	7.33	25.57	8.03
沙河市	5071	131.79	100.00	100.00	99.46	11.88	28.68	8.05
保定市	5887	120.14	100.00	99.58	97.22	7.63	14.96	8.43
涿州市	1561	139.85	100.00	100.00	100.00	7.17	24.43	8.29
安国市	4011	82.67	100.00	98.51	96.93	9.13	23.29	9.10
高碑店市	4166	139.43	100.00	100.00	98.04	14.02	28.31	8.42
张家口市	2778	96.65	100.00	100.00	99.01	9.61	18.30	8.68
承德市	762	116.84	100.00	100.00	99.62	7.00	23.46	7.99
平泉市	7338	100.93	100.00	99.06	99.90	12.56	19.58	8.61
沧州市	2395	116.65	100.00	100.00	100.00	6.77	21.80	8.97
泊头市	7718	125.91	100.00	100.00	99.47	8.54	17.98	8.51
任丘市	4402	91.61	100.00	100.00	100.00	13.14	24.11	9.12
黄骅市	1273	115.80	100.00	100.00	100.00	17.40	39.94	9.12
河间市	2435	119.53	100.00	100.00	100.00	17.70	24.33	8.51
廊坊市	2212	134.96	100.00	100.00	100.00	10.83	24.33	8.62
霸州市	1770	86.66	100.00	100.00	100.00	17.43	19.18	8.06
三河市	1367	137.34	100.00	100.00	100.00	11.37	21.18	9.88
衡水市	1621	123.66	100.00	97.69	100.00	7.26	19.95	8.36
深州市	2236	81.66	100.00	100.00	100.00	5.90	19.65	12.62
辛集市	1689	138.41	100.00	100.00	100.00	5.52	27.54	8.05
定州市	1926	85.69	100.00	100.00	100.00	15.37	20.57	6.10

Level of National Urban Service Facilities by City (2023)

建成区道路面积率(%) Surface Area of Roads Rate of Built District (%)	建成区排水管道密度(公里/平方公里) Density of Sewers in Built District (km/sq. km)	污水处理率(%) Wastewater Treatment Rate (%)	污水处理厂集中处理率 Centralized Treatment Rate of Wastewater Treatment Plants	人均公园绿地面积(平方米) Public Recreational Green Space Per Capita (sq. m)	建成区绿化覆盖率(%) Green Coverage Rate of Built District (%)	建成区绿地率(%) Green Space Rate of Built District (%)	生活垃圾处理率(%) Domestic Garbage Treatment Rate (%)	生活垃圾无害化处理率 Domestic Garbage Harmless Treatment Rate	城市名称 Name of Cities
15.57	**12.67**	**98.69**	**97.31**	**15.65**	**43.32**	**39.94**	**99.98**	**99.98**	**全　国**
		98.23	**96.25**	**16.90**	**49.80**	**47.28**	**100.00**	**100.00**	**北　京**
12.34	**19.36**	**98.14**	**97.13**	**9.97**	**38.18**	**35.34**	**100.00**	**100.00**	**天　津**
17.31	**9.62**	**99.27**	**99.27**	**14.69**	**43.69**	**40.26**	**100.00**	**100.00**	**河　北**
17.54	6.97	99.99	99.99	12.01	42.97	40.06	100.00	100.00	石家庄市
22.07	17.19	99.01	99.01	13.69	44.63	40.04	100.00	100.00	晋州市
18.78	11.63	99.35	99.35	19.57	43.72	39.43	100.00	100.00	新乐市
17.54	12.37	99.37	99.37	16.87	43.99	40.60	100.00	100.00	唐山市
15.50	5.17	99.99	99.99	12.93	45.71	40.93	100.00	100.00	滦州市
20.48	7.90	99.70	99.70	14.73	42.74	38.94	100.00	100.00	遵化市
16.94	7.07	99.88	99.88	15.42	45.49	41.67	100.00	100.00	迁安市
16.53	12.77	97.30	97.30	17.23	41.38	37.79	100.00	100.00	秦皇岛市
18.92	11.00	99.65	99.65	17.02	42.23	39.17	100.00	100.00	邯郸市
18.96	15.49	99.59	99.59	15.24	47.26	42.78	100.00	100.00	武安市
19.25	8.30	98.91	98.91	16.38	44.12	40.94	100.00	100.00	邢台市
21.31	15.67	96.05	96.05	14.91	41.74	37.83	100.00	100.00	南宫市
16.63	10.40	96.98	96.98	15.11	43.10	38.55	100.00	100.00	沙河市
11.52	8.16	99.48	99.48	13.27	44.20	41.03	100.00	100.00	保定市
15.74	8.03	99.00	99.00	14.93	43.17	39.50	100.00	100.00	涿州市
18.65	10.79	99.95	99.95	14.37	43.72	39.09	100.00	100.00	安国市
17.66	12.70	99.37	99.37	12.21	42.04	38.23	100.00	100.00	高碑店市
20.36	5.61	99.13	99.13	13.00	43.96	40.03	100.00	100.00	张家口市
14.85	8.57	97.90	97.90	21.16	42.53	40.01	100.00	100.00	承德市
20.71	9.71	96.82	96.82	12.47	44.64	41.62	100.00	100.00	平泉市
18.62	10.05	99.99	99.99	13.87	45.56	40.83	100.00	100.00	沧州市
15.15	8.66	95.65	95.65	13.71	41.44	37.48	100.00	100.00	泊头市
15.00	7.14	99.98	99.98	16.24	44.54	40.02	100.00	100.00	任丘市
19.13	10.09	99.99	99.99	19.76	44.20	41.31	100.00	100.00	黄骅市
19.31	14.47	99.98	99.98	14.74	42.42	38.50	100.00	100.00	河间市
18.84	15.18	99.48	99.48	15.45	47.59	44.25	100.00	100.00	廊坊市
15.24	9.41	96.98	96.98	14.49	42.26	37.88	100.00	100.00	霸州市
25.34	8.40	98.08	98.08	14.02	41.76	38.60	100.00	100.00	三河市
16.68	10.71	99.99	99.99	15.77	44.65	41.48	100.00	100.00	衡水市
17.22	12.31	99.10	99.10	13.25	43.84	40.16	100.00	100.00	深州市
17.72	10.69	99.77	99.77	15.01	45.20	40.96	100.00	100.00	辛集市
16.04	8.09	99.72	99.72	14.36	45.56	40.93	100.00	100.00	定州市

1-2 续表 1

城市名称 Name of Cities	人口密度（人/平方公里） Population Density (person/sq. km)	人均日生活用水量（升） Daily Water Consumption Per Capita (liter)	供水普及率（%） Water Coverage Rate (%)	公共供水普及率 Public Water Coverage Rate	燃气普及率（%） Gas Coverage Rate (%)	建成区供水管道密度（公里/平方公里） Density of Water Supply Pipelines in Built District (km/sq. km)	人均道路面积（平方米） Road Surface Area Per Capita (sq. m)	建成区路网密度（公里/平方公里） Density of Road Network in Built District (km/sq. km)
山　西	**3990**	**123.40**	**98.35**	**97.01**	**97.32**	**11.53**	**17.46**	**6.96**
太原市	2860	126.86	96.94	96.94	99.65	13.06	17.74	8.06
古交市	6353	71.88	100.00	90.95	100.00	14.02	17.95	7.75
大同市	10647	99.62	99.90	99.19	98.90	7.24	14.17	5.69
阳泉市	10059	107.62	100.00	95.00	94.30	10.41	16.72	11.51
长治市	3983	169.66	100.00	99.29	99.87	14.95	16.99	8.73
晋城市	5731	161.66	99.95	99.95	99.71	14.97	16.40	8.30
高平市	2322	146.11	99.45	99.45	99.73	25.56	18.32	8.57
朔州市	3141	164.31	86.83	83.21	75.25	8.94	13.83	1.68
怀仁市	3014	82.41	99.54	99.54	89.17	25.79	22.74	6.94
晋中市	6002	101.46	100.00	99.89	99.12	5.71	24.86	5.75
介休市	5505	73.98	100.00	69.20	95.33	1.50	10.85	6.50
运城市	6412	180.25	100.00	100.00	100.00	14.80	19.07	8.19
永济市	5651	83.88	99.42	99.42	99.12	3.65	17.19	4.94
河津市	2135	112.88	100.00	100.00	95.61	12.14	18.15	3.67
忻州市	1877	99.15	100.00	99.21	94.82	14.01	27.34	9.38
原平市	1364	75.40	100.00	95.29	95.29	9.26	11.38	4.64
临汾市	7769	105.54	99.51	99.51	99.51	10.58	12.78	3.84
侯马市	7549	141.03	100.00	100.00	99.50	10.09	20.69	5.17
霍州市	7697	133.19	100.00	100.00	100.00	25.44	11.09	6.37
吕梁市	6679	103.22	100.00	100.00	85.89	8.02	13.21	5.46
孝义市	5694	130.71	99.90	99.90	98.65	9.50	21.55	4.79
汾阳市	4282	110.87	90.17	82.78	92.09	8.93	27.91	7.63
内蒙古	**2266**	**115.07**	**99.13**	**98.95**	**97.76**	**9.63**	**23.93**	**7.61**
呼和浩特市	8393	101.62	100.00	100.00	98.16	7.99	12.05	4.18
包头市	2192	88.89	100.00	100.00	100.00	9.46	18.85	8.44
乌海市	7219	144.79	92.23	92.23	98.69	14.66	49.19	5.43
赤峰市	2173	142.61	96.26	96.26	95.42	9.89	24.12	6.41
通辽市	6264	143.56	99.84	99.64	98.71	6.16	24.98	8.27
霍林郭勒市	3502	277.24	99.84	98.26	99.68	17.84	33.30	9.77
鄂尔多斯市	3144	103.10	100.00	100.00	100.00	14.35	47.34	9.80
呼伦贝尔市	1312	216.46	99.97	96.64	99.42	15.08	23.83	11.18
满洲里市	485	87.44	100.00	100.00	99.25	6.02	38.06	7.84
牙克石市	3410	141.66	100.00	99.02	96.99	8.11	27.07	4.00
扎兰屯市	349	122.03	97.70	97.70	93.53	7.55	31.89	9.82
额尔古纳市	120	99.94	99.72	99.72	96.97	10.17	35.42	12.92

continued 1

建成区道路面积率（%） Surface Area of Roads Rate of Built District（%）	建成区排水管道密度（公里/平方公里） Density of Sewers in Built District（km/sq. km）	污水处理率（%） Wastewater Treatment Rate（%）	污水处理厂集中处理率 Centralized Treatment Rate of Wastewater Treatment Plants	人均公园绿地面积（平方米） Public Recreational Green Space Per Capita（sq. m）	建成区绿化覆盖率（%） Green Coverage Rate of Built District（%）	建成区绿地率（%） Green Space Rate of Built District（%）	生活垃圾处理率（%） Domestic Garbage Treatment Rate（%）	生活垃圾无害化处理率 Domestic Garbage Harmless Treatment Rate	城市名称 Name of Cities
16.66	**11.46**	**98.70**	**98.70**	**13.49**	**42.93**	**40.41**	**100.00**	**100.00**	**山　西**
19.96	14.13	100.00	100.00	13.40	41.35	40.23	100.00	100.00	太原市
10.05	4.71	98.22	98.22	12.00	43.24	39.41	100.00	100.00	古交市
14.41	10.34	98.91	98.91	13.27	44.37	40.92	100.00	100.00	大同市
15.54	9.08	100.00	100.00	12.41	41.71	40.71	100.00	100.00	阳泉市
19.17	8.51	95.87	95.87	13.18	46.89	42.48	100.00	100.00	长治市
18.55	12.41	100.00	100.00	18.81	47.14	43.87	100.00	100.00	晋城市
15.06	8.63	99.65	99.65	15.18	41.50	40.70	100.00	100.00	高平市
4.04	2.82	94.00	94.00	12.89	45.00	40.87	100.00	100.00	朔州市
19.58	12.60	100.00	100.00	14.68	41.37	40.91	100.00	100.00	怀仁市
17.64	13.96	98.30	98.30	11.70	43.42	40.90	100.00	100.00	晋中市
10.79	7.86	98.00	98.00	16.96	45.50	40.38	100.00	100.00	介休市
16.47	8.05	98.27	98.27	14.05	45.22	41.27	100.00	100.00	运城市
11.38	6.52	96.01	96.01	14.74	43.25	40.07	100.00	100.00	永济市
13.53	5.61	95.31	95.31	14.34	39.91	37.94	100.00	100.00	河津市
25.06	22.16	98.50	98.50	14.85	42.14	40.08	100.00	100.00	忻州市
11.29	6.88	96.20	96.20	10.20	35.52	34.60	100.00	100.00	原平市
12.14	7.85	100.00	100.00	14.41	41.28	38.03	100.00	100.00	临汾市
15.62	8.30	100.00	100.00	11.65	41.67	40.03	100.00	100.00	侯马市
10.81		96.00	96.00	9.96	36.78	33.41	100.00	100.00	霍州市
13.00	13.12	99.99	99.99	13.94	43.46	40.46	100.00	100.00	吕梁市
18.47	29.29	90.50	90.50	11.44	43.12	39.08	100.00	100.00	孝义市
21.46	11.89	100.00	100.00	9.81	44.18	39.35	100.00	100.00	汾阳市
17.13	**11.28**	**99.72**	**98.69**	**19.19**	**42.20**	**39.23**	**100.00**	**100.00**	**内蒙古**
11.29	12.28	100.00	100.00	15.68	43.92	41.05	100.00	100.00	呼和浩特市
16.78	12.42	96.35	96.35	15.52	44.71	40.12	100.00	100.00	包头市
33.62	5.00	135.45	102.95	24.40	42.79	41.20	100.00	100.00	乌海市
15.78	9.10	97.75	97.75	21.90	39.92	37.97	100.00	100.00	赤峰市
18.71	11.88	99.19	99.19	27.82	41.85	38.04	100.00	100.00	通辽市
24.58	12.28	99.64	99.64	16.51	36.27	34.20	100.00	100.00	霍林郭勒市
23.37	15.58	100.00	100.00	31.41	43.36	40.01	100.00	100.00	鄂尔多斯市
23.22	10.84	99.91	99.91	15.42	39.30	37.78	100.00	100.00	呼伦贝尔市
15.17	11.08	99.06	99.06	19.29	42.85	39.31	100.00	100.00	满洲里市
12.75	4.65	96.78	96.78	18.98	41.38	38.83	100.00	100.00	牙克石市
22.34	6.58	100.00	100.00	14.85	42.11	39.23	100.00	100.00	扎兰屯市
12.27	3.12	96.02	96.02	14.41	36.23	33.81	100.00	100.00	额尔古纳市

1-2 续表 2

城市名称 Name of Cities	人口密度（人/平方公里） Population Density (person/sq. km)	人均日生活用水量（升） Daily Water Consumption Per Capita (liter)	供水普及率（%） Water Coverage Rate (%)	公共供水普及率 Public Water Coverage Rate	燃气普及率（%） Gas Coverage Rate (%)	建成区供水管道密度（公里/平方公里） Density of Water Supply Pipelines in Built District (km/sq. km)	人均道路面积（平方米） Road Surface Area Per Capita (sq. m)	建成区路网密度（公里/平方公里） Density of Road Network in Built District (km/sq. km)
根河市	109	110.41	100.00	99.74	96.05	3.91	33.83	6.25
巴彦淖尔市	5212	74.85	99.38	99.38	99.26	5.75	27.80	14.25
乌兰察布市	3846	153.24	99.07	99.07	90.62	6.16	39.05	8.04
丰镇市	4508	133.21	99.91	99.91	94.59	15.12	37.18	10.83
锡林浩特市	3154	111.29	99.33	99.33	97.98	11.98	22.71	7.38
二连浩特市	696	77.70	100.00	100.00	91.32	9.77	50.78	6.58
乌兰浩特市	1279	83.57	100.00	100.00	91.97	7.50	23.25	10.59
阿尔山市	1766	128.19	95.59	95.59	22.43	6.85	44.85	7.85
辽　宁	**1847**	**171.37**	**97.22**	**95.70**	**97.00**	**13.87**	**19.98**	**7.82**
沈阳市	3677	218.60	100.00	95.95	100.00	6.04	17.86	8.18
新民市	4871	301.19	100.00	100.00	94.25	12.12	17.71	3.67
大连市	3876	173.82	100.00	100.00	97.13	16.62	19.77	8.45
庄河市	1273	192.75	95.63	95.30	98.98	25.77	18.13	6.48
瓦房店市	587	103.57	88.87	88.87	75.98	16.55	30.09	8.40
鞍山市	2277	118.75	100.00	100.00	100.00	18.20	21.06	8.66
海城市	2401	190.65	97.84	97.84	92.51	13.41	23.53	4.86
抚顺市	2381	150.42	100.00	100.00	98.25	19.83	15.84	10.19
本溪市	601	152.23	77.13	77.13	98.44	13.29	24.31	9.23
丹东市	3002	123.39	100.00	98.67	100.00	15.33	18.67	8.14
东港市	1325	154.41	100.00	100.00	100.00	15.18	25.46	7.79
凤城市	544	118.66	100.00	97.15	99.44	18.90	16.86	5.10
锦州市	2150	140.96	100.00	100.00	100.00	27.94	11.05	8.04
凌海市	772	208.12	100.00	100.00	100.00	10.90	20.02	5.81
北镇市	1834	113.34	83.46	83.46	99.79	7.10	9.14	6.50
营口市	2360	147.45	99.38	99.38	99.36	17.82	34.30	8.13
盖州市	952	94.71	98.10	98.10	99.94	6.38	21.18	12.80
大石桥市	1731	139.59	82.79	82.79	99.08	34.03	11.84	3.01
阜新市	1517	91.96	100.00	100.00	62.32	21.45	13.81	5.57
辽阳市	1052	169.22	100.00	100.00	100.00	12.05	20.55	11.27
灯塔市	843	239.56	100.00	84.31	100.00	6.67	22.34	5.29
盘锦市	2965	253.10	78.01	78.01	100.00	24.47	24.14	8.15
铁岭市	2168	134.45	97.93	97.93	81.04	3.72	12.08	4.02
调兵山市	7459	109.32	96.09	96.09	98.55	21.42	11.65	7.57
开原市	1294	103.33	100.00	100.00	100.00	7.21	13.44	4.35
朝阳市	942	124.59	96.01	96.01	100.00	9.62	13.67	4.35
北票市	750	211.56	98.47	98.47	96.07	14.19	28.64	6.08

continued 2

建成区道路面积率(%) Surface Area of Roads Rate of Built District (%)	建成区排水管道密度(公里/平方公里) Density of Sewers in Built District (km/sq. km)	污水处理率(%) Wastewater Treatment Rate (%)	污水处理厂集中处理率 Centralized Treatment Rate of Wastewater Treatment Plants	人均公园绿地面积(平方米) Public Recreational Green Space Per Capita (sq. m)	建成区绿化覆盖率(%) Green Coverage Rate of Built District (%)	建成区绿地率(%) Green Space Rate of Built District (%)	生活垃圾处理率(%) Domestic Garbage Treatment Rate (%)	生活垃圾无害化处理率 Domestic Garbage Harmless Treatment Rate	城市名称 Name of Cities
14.77	9.62	98.49	98.49	17.55	39.90	36.39	99.40	99.40	根河市
22.87	13.68	98.70	98.70	11.15	37.23	33.22	100.00	100.00	巴彦淖尔市
15.02	10.50	100.00	100.00	35.20	42.86	40.23	100.00	100.00	乌兰察布市
16.76	15.55	100.00	100.00	20.83	36.73	33.86	100.00	100.00	丰镇市
15.56	11.25	97.88	97.88	15.81	40.22	37.79	100.00	100.00	锡林浩特市
10.40	7.04	98.13	98.13	32.43	38.74	37.44	100.00	100.00	二连浩特市
16.92	9.51	95.51	95.51	19.85	41.43	40.36	100.00	100.00	乌兰浩特市
10.70	8.72	95.04	95.04	54.77	42.69	39.81	100.00	100.00	阿尔山市
14.82	**7.58**	**98.40**	**97.04**	**14.22**	**41.14**	**39.26**	**99.60**	**99.60**	**辽　宁**
15.72	10.44	98.79	98.79	14.66	42.63	40.74	100.00	100.00	沈阳市
8.63	4.83	100.00	100.00	6.10	7.60	9.57	100.00	100.00	新民市
16.88	7.86	99.48	99.48	13.82	45.92	44.60	100.00	100.00	大连市
12.31	6.51	97.93	97.93	19.43	41.83	40.00	100.00	100.00	庄河市
21.37	5.16	95.71	86.83	11.80	32.69	29.18	100.00	100.00	瓦房店市
16.24	6.99	95.33	95.33	13.72	41.28	40.02	100.00	100.00	鞍山市
8.12	4.57	105.37	100.01	14.81	38.05	37.75	100.00	100.00	海城市
14.91	8.16	98.24	89.40	11.36	44.66	40.00	100.00	100.00	抚顺市
16.28	2.10	99.00	99.00	11.15	49.95	48.10	100.00	100.00	本溪市
16.13	5.99	95.09	92.06	12.70	40.46	39.16	100.00	100.00	丹东市
18.58	9.93	90.70	90.70	13.58	41.38	37.61	100.00	100.00	东港市
14.24	2.91	65.49	63.86	15.14	42.17	36.61	100.00	100.00	凤城市
13.43	9.70	100.00	100.00	16.38	40.04	40.05	100.00	100.00	锦州市
10.81	3.88	100.00	100.00	17.33	42.68	38.60	100.00	100.00	凌海市
8.13	4.22	100.00	100.00	8.17	34.81	31.79	100.00	100.00	北镇市
17.96	7.16	98.67	98.67	13.02	41.29	38.64	100.00	100.00	营口市
8.70	4.77	90.93	90.93	13.30	25.35	23.83	100.00	100.00	盖州市
6.75	4.60	86.86	86.86	9.37	28.47	25.89	100.00	100.00	大石桥市
11.09	6.86	100.00	100.00	13.61	44.44	40.04	100.00	100.00	阜新市
15.27	9.80	100.00	100.00	22.77	44.95	49.25	100.00	100.00	辽阳市
8.28	6.20	100.00	100.00	15.91	37.83	34.48	100.00	100.00	灯塔市
18.54	11.97	100.00	100.00	15.01	44.07	40.20	100.00	100.00	盘锦市
8.43	5.57	86.02	74.42	13.20	40.35	38.32	100.00	100.00	铁岭市
10.99	10.19	97.66	97.66	9.58	42.50	39.66	100.00	100.00	调兵山市
9.35	6.70	100.00	100.00	13.46	38.15	32.59	100.00	100.00	开原市
11.46	8.46	100.00	100.00	14.36	33.71	31.82	100.00	100.00	朝阳市
14.09	4.78	100.00	100.00	14.26	44.47	39.12	100.00	100.00	北票市

1-2 续表 3

城市名称 Name of Cities	人口密度（人/平方公里） Population Density (person/sq. km)	人均日生活用水量（升） Daily Water Consumption Per Capita (liter)	供水普及率（%） Water Coverage Rate (%)	公共供水普及率 Public Water Coverage Rate	燃气普及率（%） Gas Coverage Rate (%)	建成区供水管道密度（公里/平方公里） Density of Water Supply Pipelines in Built District (km/sq. km)	人均道路面积（平方米） Road Surface Area Per Capita (sq. m)	建成区路网密度（公里/平方公里） Density of Road Network in Built District (km/sq. km)
凌源市	262	247.48	99.75	99.75	95.80	12.59	35.54	3.79
葫芦岛市	1422	144.39	98.33	98.33	100.00	9.98	34.88	8.18
兴城市	561	180.19	99.27	99.27	93.71		29.87	5.71
沈抚改革创新示范区	1045	242.88	61.16	2.21	86.66	1.35	53.48	4.85
吉　林	**2113**	**125.04**	**96.35**	**95.34**	**96.83**	**9.46**	**17.51**	**6.52**
长春市	1702	140.51	94.52	94.41	99.38	10.86	16.92	5.99
榆树市	2785	76.31	95.39	90.84	94.89	8.77	8.50	5.63
德惠市	4543	92.51	98.10	98.10	92.39	12.99	12.38	6.58
公主岭市	1562	170.53	99.54	69.94	93.07	8.86	21.56	5.32
吉林市	1881	109.77	99.50	98.76	100.00	8.34	19.36	9.91
蛟河市	4520	97.30	96.54	96.54	87.93	4.27	18.35	5.75
桦甸市	724	94.55	98.99	97.70	78.06	9.29	13.92	9.67
舒兰市	5795	148.29	100.00	100.00	100.00	13.57	17.74	6.87
磐石市	4037	130.65	98.02	98.02	89.93	5.13	24.07	4.64
四平市	4518	96.66	100.00	100.00	99.10	12.12	14.41	6.89
双辽市	2576	98.77	99.90	98.53	95.59	6.42	27.34	6.77
辽源市	7704	83.99	97.36	97.36	97.87	4.90	20.44	8.30
通化市	4839	111.56	87.08	87.08	97.82	11.79	8.15	2.78
集安市	5324	126.05	97.67	97.67	99.32	5.82	17.62	5.70
白山市	1840	97.75	98.49	98.49	94.79	12.32	12.72	5.83
临江市	546	87.92	99.25	99.25	46.03	10.95	12.07	4.91
松原市	5465	144.57	98.28	98.28	97.42	7.07	20.55	8.99
扶余市	4128	110.87	98.87	94.37	91.69	3.43	26.69	5.48
白城市	3458	132.92	97.43	86.31	91.87	7.07	31.08	7.85
洮南市	4757	68.16	86.89	86.89	62.49	7.41	18.64	6.05
大安市	5523	84.10	98.89	98.42	97.86	7.96	25.22	7.56
延吉市	6964	128.55	99.01	99.01	99.23	6.94	14.97	3.92
图们市	2800	134.94	100.00	100.00	98.81	10.50	26.73	4.55
敦化市	1788	112.42	100.00	100.00	94.99	4.27	18.34	7.30
珲春市	3713	118.68	100.00	100.00	91.85	11.59	18.10	8.87
龙井市	2061	145.60	99.38	99.38	96.41	6.42	18.09	6.73
和龙市	537	99.20	98.33	98.33	97.69	15.67	11.98	4.74
梅河口市	2598	145.52	96.25	96.25	89.46	6.36	29.45	5.39
长白山保护开发区管理委员会	1214	339.23	94.60	94.60	93.83	13.47	34.70	3.14

continued 3

建成区道路面积率（%） Surface Area of Roads Rate of Built District (%)	建成区排水管道密度（公里/平方公里） Density of Sewers in Built District (km/sq. km)	污水处理率（%） Wastewater Treatment Rate (%)	污水处理厂集中处理率 Centralized Treatment Rate of Wastewater Treatment Plants	人均公园绿地面积（平方米） Public Recreational Green Space Per Capita (sq. m)	建成区绿化覆盖率（%） Green Coverage Rate of Built District (%)	建成区绿地率（%） Green Space Rate of Built District (%)	生活垃圾处理率（%） Domestic Garbage Treatment Rate (%)	生活垃圾无害化处理率 Domestic Garbage Harmless Treatment Rate	城市名称 Name of Cities
7. 16	6. 56	100. 00	100. 00	15. 63	35. 44	36. 43	100. 00	100. 00	凌源市
15. 25	7. 23	98. 30	98. 30	16. 59	41. 55	40. 23	100. 00	100. 00	葫芦岛市
8. 59	0. 35	100. 00	100. 00	18. 25	45. 23	40. 37	100. 00	100. 00	兴城市
10. 02				18. 48	9. 39	8. 53			沈抚改革创新示范区
12. 46	**8. 46**	**99. 37**	**99. 37**	**14. 73**	**42. 79**	**39. 09**	**100. 00**	**100. 00**	**吉　林**
12. 96	9. 30	100. 00	100. 00	14. 17	43. 70	40. 70	100. 00	100. 00	长春市
10. 99	7. 40	100. 00	100. 00	4. 49	28. 67	25. 73	100. 00	100. 00	榆树市
9. 07	6. 11	100. 00	100. 00	9. 68	36. 10	30. 96	100. 00	100. 00	德惠市
10. 44	10. 71	100. 00	100. 00	4. 27	21. 23	18. 83	100. 00	100. 00	公主岭市
15. 13	6. 46	98. 62	98. 62	14. 10	43. 41	38. 44	100. 00	100. 00	吉林市
12. 33	9. 19	99. 97	99. 97	9. 53	35. 05	32. 06	100. 00	100. 00	蛟河市
11. 61	10. 02	97. 37	97. 37	24. 61	43. 88	40. 28	100. 00	100. 00	桦甸市
14. 34	12. 26	100. 00	100. 00	21. 06	42. 88	39. 07	100. 00	100. 00	舒兰市
12. 35	7. 11	100. 00	100. 00	15. 17	43. 86	38. 77	100. 00	100. 00	磐石市
11. 10	5. 59	100. 00	100. 00	12. 45	43. 82	40. 35	100. 00	100. 00	四平市
11. 46	6. 61	96. 00	96. 00	18. 55	41. 44	38. 35	100. 00	100. 00	双辽市
15. 26	7. 82	96. 61	96. 61	13. 86	44. 12	40. 91	100. 00	100. 00	辽源市
5. 40	4. 37	100. 00	100. 00	18. 27	44. 83	40. 20	100. 00	100. 00	通化市
12. 39	9. 04	99. 59	99. 59	19. 36	45. 95	40. 02	100. 00	100. 00	集安市
10. 66	6. 37	98. 04	98. 04	12. 37	40. 69	36. 86	100. 00	100. 00	白山市
7. 97	6. 89	96. 26	96. 26	25. 10	40. 37	35. 22	100. 00	100. 00	临江市
17. 89	11. 09	100. 00	100. 00	12. 97	45. 69	40. 08	100. 00	100. 00	松原市
11. 48	9. 85	100. 00	100. 00	22. 76	41. 07	38. 07	100. 00	100. 00	扶余市
16. 60	8. 96	97. 42	97. 42	14. 27	42. 56	41. 37	100. 00	100. 00	白城市
11. 58	9. 41	96. 33	96. 33	12. 57	41. 96	38. 14	100. 00	100. 00	洮南市
14. 50	9. 65	95. 01	95. 01	26. 68	43. 70	40. 23	100. 00	100. 00	大安市
10. 79	14. 69	100. 00	100. 00	14. 74	42. 12	39. 09	100. 00	100. 00	延吉市
9. 14	6. 43	100. 00	100. 00	23. 38	41. 44	38. 00	100. 00	100. 00	图们市
9. 97	7. 82	95. 40	95. 40	17. 27	43. 66	40. 01	100. 00	100. 00	敦化市
11. 08	9. 59	100. 00	100. 00	16. 82	42. 56	39. 44	100. 00	100. 00	珲春市
8. 00	8. 05	100. 00	100. 00	18. 26	42. 31	38. 51	100. 00	100. 00	龙井市
7. 42	9. 24	100. 00	100. 00	13. 02	41. 60	38. 05	100. 00	100. 00	和龙市
13. 73	7. 28	99. 99	99. 99	30. 70	45. 25	40. 33	100. 00	100. 00	梅河口市
6. 66	5. 15	97. 99	97. 99	49. 21	56. 27	47. 73	100. 00	100. 00	长白山保护开发区管理委员会

1-2 续表 4

城市名称 Name of Cities	人口密度（人/平方公里） Population Density (person/sq. km)	人均日生活用水量（升） Daily Water Consumption Per Capita (liter)	供水普及率（%） Water Coverage Rate (%)	公共供水普及率 Public Water Coverage Rate	燃气普及率（%） Gas Coverage Rate (%)	建成区供水管道密度（公里/平方公里） Density of Water Supply Pipelines in Built District (km/sq. km)	人均道路面积（平方米） Road Surface Area Per Capita (sq. m)	建成区路网密度（公里/平方公里） Density of Road Network in Built District (km/sq. km)
黑龙江	**5334**	**131.93**	**99.39**	**98.61**	**93.42**	**14.11**	**16.61**	**7.59**
哈尔滨市	10459	140.31	100.00	99.77	100.00	15.53	16.26	8.39
尚志市	853	231.06	98.07	98.07	92.91	11.16	15.87	6.89
五常市	1920	147.22	98.39	98.39	98.91	8.25	8.61	4.49
齐齐哈尔市	7903	156.48	100.00	93.15	99.88	7.32	11.99	4.07
讷河市	3855	101.41	100.00	96.94	99.34	5.39	11.60	5.98
鸡西市	12500	115.28	99.07	98.86	86.87	29.67	13.96	9.35
虎林市	1331	143.98	100.00	100.00	89.43	21.17	19.68	7.91
密山市	942	164.12	100.00	100.00	80.68	7.04	19.75	6.01
鹤岗市	5852	97.28	98.01	98.01	75.87	11.24	11.48	8.30
双鸭山市	3720	161.92	100.00	100.00	99.02	19.03	11.96	6.70
大庆市	3953	116.51	99.74	99.74	95.36	25.17	27.27	8.79
伊春市	3441	86.01	97.31	96.59	52.69	7.29	21.09	8.14
铁力市	4664	119.01	96.19	96.19	30.06	14.57	19.99	14.35
佳木斯市	2968	145.05	95.43	95.43	99.98	7.31	12.60	4.50
同江市	5630	88.28	100.00	100.00	46.05	27.71	24.78	7.33
抚远市	2794	157.43	97.44	97.44	85.23	10.95	20.91	10.18
富锦市	6817	124.08	100.00	100.00	95.54	5.37	16.20	6.40
七台河市	6408	83.85	98.14	97.48	99.12	16.70	12.32	10.45
牡丹江市	7309	137.80	100.00	100.00	99.84	12.83	17.32	11.08
海林市	3588	122.19	100.00	97.70	95.06	5.15	25.84	11.07
宁安市	5541	120.69	100.00	100.00	99.60	8.01	14.70	7.87
穆棱市	6534	145.86	98.61	94.78	98.26	16.46	21.19	16.88
绥芬河市	1895	187.50	100.00	100.00	100.00	4.46	29.49	4.09
东宁市	3862	118.39	97.58	97.58	96.78	4.19	21.59	8.53
黑河市	5068	131.20	99.08	99.08	99.15	8.47	18.15	5.25
北安市	2050	109.98	100.00	100.00	40.60	6.19	25.72	5.69
五大连池市	7320	100.61	100.00	100.00	37.16	21.53	10.86	11.23
嫩江市	4772	84.07	95.59	95.59	79.41	13.65	20.04	7.30
绥化市	4051	109.62	100.00	97.23	96.01	8.02	10.47	3.31
安达市	5961	114.77	99.55	99.55	100.00	3.65	14.18	2.68
肇东市	4230	194.02	100.00	100.00	97.43	3.39	14.90	5.00
海伦市	9276	75.23	100.00	100.00	31.10	15.11	10.03	5.83
漠河市	2004	76.36	97.41	97.41	94.44	10.43	35.04	7.11
上　海	**3923**	**210.90**	**100.00**	**100.00**	**100.00**	**32.56**	**4.98**	**4.80**
江　苏	**2175**	**213.55**	**100.00**	**99.95**	**99.94**	**20.94**	**25.78**	**9.26**

continued 4

建成区道路面积率（%）Surface Area of Roads Rate of Built District（%）	建成区排水管道密度（公里/平方公里）Density of Sewers in Built District（km/sq. km）	污水处理率（%）Wastewater Treatment Rate（%）	污水处理厂集中处理率 Centralized Treatment Rate of Wastewater Treatment Plants	人均公园绿地面积（平方米）Public Recreational Green Space Per Capita（sq. m）	建成区绿化覆盖率（%）Green Coverage Rate of Built District（%）	建成区绿地率（%）Green Space Rate of Built District（%）	生活垃圾处理率（%）Domestic Garbage Treatment Rate（%）	生活垃圾无害化处理率 Domestic Garbage Harmless Treatment Rate	城市名称 Name of Cities
12.48	**7.50**	**97.18**	**95.04**	**14.75**	**39.73**	**36.68**	**100.00**	**100.00**	**黑龙江**
16.37	8.29	96.10	96.10	11.33	37.93	34.62	100.00	100.00	哈尔滨市
9.65	5.51	95.05	95.05	14.25	19.58	20.06	100.00	100.00	尚志市
6.23	4.59	97.20	97.20	10.33	25.92	20.91	100.00	100.00	五常市
9.49	6.26	97.09	93.42	16.80	44.24	41.21	100.00	100.00	齐齐哈尔市
7.42	7.76	95.85	95.85	17.96	35.93	30.98	100.00	100.00	讷河市
15.81	6.10	98.99	98.99	17.75	43.55	40.55	100.00	100.00	鸡西市
10.87	7.88	97.50	97.50	13.87	32.39	29.03	100.00	100.00	虎林市
8.29	8.41	96.98	96.98	13.55	25.05	21.97	100.00	100.00	密山市
10.15	5.47	99.53	99.53	15.59	43.55	40.02	100.00	100.00	鹤岗市
7.78	7.39	97.79	97.79	18.72	47.48	40.92	100.00	100.00	双鸭山市
15.09	7.43	96.33	81.87	15.85	44.04	41.29	100.00	100.00	大庆市
9.10	4.66	99.12	99.12	41.00	43.27	41.06	100.00	100.00	伊春市
12.32	9.42	97.06	97.06	19.98	45.81	41.42	100.00	100.00	铁力市
8.40	7.46	100.00	100.00	15.79	43.65	42.63	100.00	100.00	佳木斯市
13.95	12.79	97.73	97.73	18.61	43.00	40.02	100.00	100.00	同江市
13.60	12.68	82.10	82.10	45.93	52.51	48.74	100.00	100.00	抚远市
11.05	6.68	95.07	95.07	7.30	28.50	28.66	100.00	100.00	富锦市
9.42	7.09	95.28	95.28	16.63	42.20	41.39	100.00	100.00	七台河市
16.20	11.42	100.00	100.00	11.63	34.30	31.29	100.00	100.00	牡丹江市
12.70	8.12	98.00	98.00	20.40	45.71	41.33	100.00	100.00	海林市
9.43	7.85	99.88	99.88	14.99	37.33	32.81	100.00	100.00	宁安市
13.84	7.70	100.00	100.00	25.27	46.52	41.30	100.00	100.00	穆棱市
6.49	6.02	98.59	98.59	22.47	42.55	38.73	100.00	100.00	绥芬河市
10.86	7.90	100.00	100.00	15.82	43.55	42.67	100.00	100.00	东宁市
12.82	9.54	96.17	96.17	15.69	46.21	44.68	100.00	100.00	黑河市
13.05	6.39	100.00	100.00	13.73	35.08	34.17	100.00	100.00	北安市
14.14	14.94	96.48	96.48	8.43	35.84	32.99	100.00	100.00	五大连池市
13.85	6.01	93.12	93.12	15.25	38.10	33.69	100.00	100.00	嫩江市
6.48	10.05	99.88	99.88	10.51	35.85	32.45	100.00	100.00	绥化市
3.95	4.24	99.86	99.86	19.18	30.80	28.00	100.00	100.00	安达市
6.87	5.93	100.00	100.00	20.51	27.10	22.10	100.00	100.00	肇东市
9.72	10.89	100.00	100.00	1.49	28.06	25.30	100.00	100.00	海伦市
7.02	4.84	97.15	97.15	21.16	45.35	41.23	100.00	100.00	漠河市
9.97	**18.21**	**98.38**	**98.38**	**9.45**	**37.83**	**36.96**	**100.00**	**100.00**	**上　海**
16.41	**15.59**	**97.60**	**95.09**	**16.22**	**44.03**	**40.62**	**100.00**	**100.00**	**江　苏**

1-2 续表 5

城市名称 Name of Cities	人口密度（人/平方公里） Population Density (person/sq. km)	人均日生活用水量（升） Daily Water Consumption Per Capita (liter)	供水普及率（%） Water Coverage Rate (%)	公共供水普及率 Public Water Coverage Rate	燃气普及率（%） Gas Coverage Rate (%)	建成区供水管道密度（公里/平方公里） Density of Water Supply Pipelines in Built District (km/sq. km)	人均道路面积（平方米） Road Surface Area Per Capita (sq. m)	建成区路网密度（公里/平方公里） Density of Road Network in Built District (km/sq. km)
南京市	1352	237.01	100.00	99.73	99.75	24.59	26.73	9.77
无锡市	2391	200.78	100.00	100.00	100.00	18.13	25.88	8.13
江阴市	2089	195.83	100.00	100.00	100.00	15.66	31.55	8.08
宜兴市	919	229.67	100.00	100.00	100.00	23.28	30.46	8.13
徐州市	3506	149.95	100.00	100.00	100.00	12.01	22.73	9.16
新沂市	2583	207.68	100.00	100.00	100.00	15.79	24.62	7.30
邳州市	3609	103.31	100.00	100.00	100.00	17.69	15.69	3.13
常州市	2287	257.08	100.00	100.00	100.00	15.54	24.84	8.04
溧阳市	1235	323.39	100.00	100.00	100.00	29.18	22.56	8.26
苏州市	3343	217.67	100.00	100.00	100.00	22.04	23.13	14.85
常熟市	1681	340.73	100.00	100.00	100.00	19.89	29.87	7.82
张家港市	2293	264.07	100.00	100.00	100.00	19.10	31.31	8.12
昆山市	3210	256.15	100.00	100.00	100.00	22.12	19.16	6.57
太仓市	2049	174.70	100.00	100.00	100.00	7.82	27.52	8.27
南通市	4647	194.42	100.00	100.00	100.00	18.43	29.50	8.88
海安市	1680	308.65	100.00	100.00	100.00	12.67	24.33	12.18
启东市	5280	174.76	100.00	100.00	100.00	30.22	23.02	7.37
如皋市	3254	202.22	100.00	100.00	100.00	43.90	22.91	9.28
连云港市	1455	262.45	100.00	100.00	100.00	12.80	27.23	6.99
淮安市	5079	218.56	100.00	99.99	100.00	26.83	27.17	8.13
盐城市	2421	164.20	100.00	100.00	100.00	29.68	26.58	7.47
东台市	2903	129.04	100.00	100.00	100.00	19.74	20.27	9.20
扬州市	3339	204.24	100.00	100.00	100.00	22.99	25.03	9.17
仪征市	3130	133.99	100.00	100.00	100.00	14.47	30.21	9.54
高邮市	1828	271.97	100.00	100.00	100.00	19.38	18.02	10.37
镇江市	1609	221.71	100.00	100.00	100.00	17.48	30.25	9.96
丹阳市	2247	157.50	100.00	100.00	100.00	12.37	26.12	12.11
扬中市	1594	377.30	100.00	100.00	100.00	16.01	25.20	5.18
句容市	2186	170.65	100.00	100.00	100.00	32.31	26.07	9.35
泰州市	2248	207.64	100.00	100.00	99.63	20.00	32.41	9.57
兴化市	3458	179.09	100.00	100.00	100.00	15.33	28.45	9.32
靖江市	1741	193.36	100.00	100.00	100.00	27.46	24.88	8.35
泰兴市	3994	158.31	100.00	100.00	100.00	45.15	22.27	7.60
宿迁市	1700	138.39	100.00	100.00	100.00	26.72	25.53	8.18
浙　江	**2371**	**217.87**	**100.00**	**99.68**	**100.00**	**23.18**	**21.70**	**8.59**
杭州市	4507	220.41	100.00	100.00	100.00	32.16	16.10	8.03

continued 5

建成区道路面积率（%）Surface Area of Roads Rate of Built District（%）	建成区排水管道密度（公里/平方公里）Density of Sewers in Built District（km/sq. km）	污水处理率（%）Wastewater Treatment Rate（%）	污水处理厂集中处理率 Centralized Treatment Rate of Wastewater Treatment Plants	人均公园绿地面积（平方米）Public Recreational Green Space Per Capita（sq. m）	建成区绿化覆盖率（%）Green Coverage Rate of Built District（%）	建成区绿地率（%）Green Space Rate of Built District（%）	生活垃圾处理率（%）Domestic Garbage Treatment Rate（%）	生活垃圾无害化处理率 Domestic Garbage Harmless Treatment Rate	城市名称 Name of Cities
16.42	12.06	98.55	92.84	16.23	45.04	40.86	100.00	100.00	南京市
15.31	23.84	98.96	97.72	15.28	44.52	41.46	100.00	100.00	无锡市
10.39	9.58	98.09	97.80	15.99	44.30	40.98	100.00	100.00	江阴市
15.07	18.05	98.07	98.07	15.64	43.47	40.46	100.00	100.00	宜兴市
16.17	12.46	96.14	96.14	17.57	43.16	40.82	100.00	100.00	徐州市
14.75	15.02	97.03	97.03	15.14	43.95	40.89	100.00	100.00	新沂市
6.37	12.93	95.00	95.00	15.05	43.17	39.19	100.00	100.00	邳州市
15.11	25.37	99.05	93.17	15.70	44.84	40.88	100.00	100.00	常州市
16.05	11.58	98.50	98.50	15.38	44.10	40.70	100.00	100.00	溧阳市
22.37	19.50	96.22	96.09	15.03	44.36	39.90	100.00	100.00	苏州市
14.97	18.33	97.40	93.07	15.10	44.88	41.86	100.00	100.00	常熟市
15.53	19.04	99.01	99.01	15.23	43.10	38.28	100.00	100.00	张家港市
14.19	13.07	96.79	81.18	15.12	44.98	41.78	100.00	100.00	昆山市
16.29	15.84	99.26	99.26	16.09	44.12	40.57	100.00	100.00	太仓市
16.61	12.65	97.80	97.80	19.65	44.45	41.57	100.00	100.00	南通市
18.24	20.65	91.50	91.50	15.96	44.53	42.41	100.00	100.00	海安市
15.78	20.39	96.86	94.15	16.33	44.05	41.17	100.00	100.00	启东市
18.71	19.01	97.60	97.60	15.56	43.25	41.01	100.00	100.00	如皋市
13.30	15.38	98.95	98.95	16.11	43.03	39.00	100.00	100.00	连云港市
18.93	15.74	96.33	93.98	17.59	44.64	41.37	100.00	100.00	淮安市
15.07	6.28	97.63	97.32	15.89	39.16	36.48	100.00	100.00	盐城市
19.04	13.69	95.30	95.30	14.81	43.84	40.82	100.00	100.00	东台市
16.34	18.68	96.50	96.16	18.39	44.02	41.23	100.00	100.00	扬州市
16.30	6.52	93.08	93.08	12.21	45.82	42.77	100.00	100.00	仪征市
13.76	13.97	94.87	94.87	12.07	43.67	39.84	100.00	100.00	高邮市
15.99	10.90	99.47	97.00	18.11	43.52	40.94	100.00	100.00	镇江市
16.75	15.61	95.01	95.01	13.08	41.83	39.52	100.00	100.00	丹阳市
17.86	27.94	90.70	90.70	13.64	41.15	37.80	100.00	100.00	扬中市
12.76	10.96	92.98	92.57	12.88	39.46	38.11	100.00	100.00	句容市
19.86	14.52	98.07	98.02	18.67	44.46	41.76	100.00	100.00	泰州市
14.79	17.56	91.96	81.47	15.07	42.28	38.89	100.00	100.00	兴化市
13.49	24.10	98.74	97.48	16.14	44.41	40.73	100.00	100.00	靖江市
14.75	11.51	98.65	98.65	15.47	42.86	40.55	100.00	100.00	泰兴市
15.60	14.23	98.70	98.70	16.28	45.00	42.27	100.00	100.00	宿迁市
16.98	**14.65**	**98.45**	**98.21**	**15.46**	**43.67**	**39.54**	**100.00**	**100.00**	**浙　江**
16.71	12.18	97.83	97.83	14.50	42.81	38.78	100.00	100.00	杭州市

1-2 续表6

城市名称 Name of Cities	人口密度（人/平方公里） Population Density (person/sq. km)	人均日生活用水量（升） Daily Water Consumption Per Capita (liter)	供水普及率（%） Water Coverage Rate (%)	公共供水普及率 Public Water Coverage Rate	燃气普及率（%） Gas Coverage Rate (%)	建成区供水管道密度（公里/平方公里） Density of Water Supply Pipelines in Built District (km/sq. km)	人均道路面积（平方米） Road Surface Area Per Capita (sq. m)	建成区路网密度（公里/平方公里） Density of Road Network in Built District (km/sq. km)
建德市	576	259.07	100.00	100.00	100.00	26.02	16.69	9.98
宁波市	2772	235.68	100.00	100.00	100.00	11.50	20.13	8.03
余姚市	1326	193.31	100.00	100.00	100.00	28.36	26.24	10.36
慈溪市	2093	142.57	100.00	82.13	100.00	15.66	36.76	10.14
温州市	2759	194.42	100.00	100.00	100.00	12.86	15.97	8.49
瑞安市	3626	92.43	100.00	100.00	100.00	17.68	12.49	8.02
乐清市	1650	153.46	100.00	100.00	100.00	28.39	18.90	8.41
龙港市	8196	279.89	100.00	100.00	100.00	16.61	28.13	8.10
嘉兴市	3335	209.35	100.00	100.00	100.00	11.70	27.22	7.46
海宁市	2543	187.86	100.00	100.00	100.00	17.04	26.79	9.19
平湖市	4083	171.00	100.00	100.00	100.00	16.24	31.10	8.26
桐乡市	1900	150.98	100.00	100.00	100.00	22.72	19.47	9.28
湖州市	1219	283.76	100.00	100.00	100.00	43.80	39.32	8.06
绍兴市	2465	241.43	100.00	100.00	100.00	13.72	34.36	8.77
诸暨市	1329	152.88	100.00	100.00	100.00	36.77	24.12	9.08
嵊州市	1617	154.03	100.00	100.00	100.00	34.90	18.96	9.59
金华市	1712	293.28	100.00	100.00	100.00	15.02	27.33	8.86
兰溪市	1149	182.57	100.00	100.00	100.00	23.98	34.10	7.29
义乌市	2813	192.20	100.00	100.00	100.00	27.59	30.32	15.80
东阳市	1254	236.87	100.00	100.00	100.00	36.72	24.34	7.32
永康市	1910	267.59	100.00	100.00	100.00	39.82	30.94	9.83
衢州市	2485	280.50	100.00	100.00	100.00	16.09	38.12	8.35
江山市	564	175.79	100.00	100.00	100.00	30.77	30.31	10.52
舟山市	1214	154.46	100.00	100.00	100.00	38.85	23.63	8.21
台州市	1654	271.88	100.00	100.00	100.00	24.97	19.56	8.10
玉环市	1309	227.66	100.00	100.00	100.00	12.76	17.41	9.09
温岭市	2771	347.14	100.00	100.00	100.00	13.56	25.08	9.20
临海市	1138	167.86	100.00	100.00	100.00	18.90	18.71	9.29
丽水市	1612	239.24	100.00	100.00	100.00	24.07	19.42	6.17
龙泉市	491	245.91	100.00	100.00	100.00	30.00	28.20	8.22
安　徽	**2809**	**198.59**	**98.42**	**98.13**	**99.73**	**14.88**	**24.77**	**8.02**
合肥市	5096	211.59	99.99	99.99	100.00	7.77	15.85	6.68
巢湖市	2071	134.92	100.00	100.00	99.94	15.95	34.50	9.12
芜湖市	1809	216.82	84.83	84.83	100.00	15.43	26.03	8.01
无为市	1601	243.96	100.00	100.00	100.00	23.24	19.44	4.43
蚌埠市	2722	270.83	100.00	97.59	100.00	14.02	29.28	8.61

continued 6

建成区道路面积率（%） Surface Area of Roads Rate of Built District （%）	建成区排水管道密度（公里/平方公里） Density of Sewers in Built District （km/sq. km）	污水处理率（%） Wastewater Treatment Rate （%）	污水处理厂集中处理率 Centralized Treatment Rate of Wastewater Treatment Plants	人均公园绿地面积（平方米） Public Recreational Green Space Per Capita （sq. m）	建成区绿化覆盖率（%） Green Coverage Rate of Built District （%）	建成区绿地率（%） Green Space Rate of Built District （%）	生活垃圾处理率（%） Domestic Garbage Treatment Rate （%）	生活垃圾无害化处理率 Domestic Garbage Harmless Treatment Rate	城市名称 Name of Cities
17.56	17.42	98.12	98.12	17.85	47.80	43.67	100.00	100.00	建德市
18.07	18.95	99.83	98.39	14.88	43.43	40.07	100.00	100.00	宁波市
18.28	12.57	98.80	98.80	14.14	45.02	40.06	100.00	100.00	余姚市
18.38	9.42	98.49	98.49	14.80	45.39	40.56	100.00	100.00	慈溪市
13.43	11.62	98.65	98.65	14.75	45.33	40.55	100.00	100.00	温州市
23.77	26.67	97.60	97.60	14.25	43.25	41.19	100.00	100.00	瑞安市
17.74	19.33	97.99	97.21	15.03	43.08	40.02	100.00	100.00	乐清市
17.30	11.73	96.64	96.64	14.55	39.40	36.79	100.00	100.00	龙港市
12.54	11.96	99.30	99.30	16.48	42.81	39.03	100.00	100.00	嘉兴市
16.92	15.79	98.50	98.50	15.01	43.12	39.15	100.00	100.00	海宁市
15.56	11.22	97.56	97.56	18.46	42.35	38.42	100.00	100.00	平湖市
11.26	9.64	97.52	97.52	15.01	43.90	39.02	100.00	100.00	桐乡市
21.13	8.34	99.30	99.30	23.86	42.17	39.11	100.00	100.00	湖州市
19.14	14.51	98.20	98.20	17.18	45.85	39.45	100.00	100.00	绍兴市
15.06	8.88	98.97	98.97	15.13	43.20	40.20	100.00	100.00	诸暨市
15.07	18.82	98.01	98.01	16.65	41.15	38.47	100.00	100.00	嵊州市
18.52	17.24	99.07	99.07	17.28	43.51	40.10	100.00	100.00	金华市
15.64	16.65	98.44	98.44	18.38	41.53	38.10	100.00	100.00	兰溪市
28.28	19.70	98.00	98.00	14.92	43.06	40.03	100.00	100.00	义乌市
15.79	22.75	97.02	97.02	16.21	45.22	40.01	100.00	100.00	东阳市
18.49	22.75	99.00	99.00	15.33	45.42	40.04	100.00	100.00	永康市
15.76	25.08	97.73	97.73	17.40	43.02	38.57	100.00	100.00	衢州市
24.48	23.22	97.45	97.45	17.81	45.23	41.47	100.00	100.00	江山市
15.70	16.44	98.29	97.53	16.33	45.32	39.79	100.00	100.00	舟山市
14.70	13.09	97.79	97.79	15.27	45.32	40.69	100.00	100.00	台州市
12.27	17.18	97.02	97.02	18.91	42.78	39.65	100.00	100.00	玉环市
18.78	19.92	98.76	98.76	15.25	43.64	39.16	100.00	100.00	温岭市
14.70	14.56	97.10	97.10	14.93	42.88	39.64	100.00	100.00	临海市
15.21	17.65	99.26	98.77	16.08	44.08	40.50	100.00	100.00	丽水市
16.24	28.31	99.01	99.01	15.82	43.59	40.02	100.00	100.00	龙泉市
18.90	**14.11**	**97.68**	**96.73**	**17.09**	**46.06**	**41.76**	**100.00**	**100.00**	**安　徽**
19.84	16.82	96.02	96.02	14.98	46.04	40.37	100.00	100.00	合肥市
22.41	21.98	97.00	97.00	16.29	46.88	44.61	100.00	100.00	巢湖市
18.60	12.80	97.88	96.15	16.34	46.31	41.41	100.00	100.00	芜湖市
11.21	9.85	96.10	96.10	14.80	44.49	41.79	100.00	100.00	无为市
18.56	9.41	98.32	95.72	16.40	44.81	40.71	100.00	100.00	蚌埠市

1-2 续表 7

城市名称 Name of Cities	人口密度（人/平方公里） Population Density (person/sq. km)	人均日生活用水量（升） Daily Water Consumption Per Capita (liter)	供水普及率（%） Water Coverage Rate (%)	公共供水普及率 Public Water Coverage Rate	燃气普及率（%） Gas Coverage Rate (%)	建成区供水管道密度（公里/平方公里） Density of Water Supply Pipelines in Built District (km/sq. km)	人均道路面积（平方米） Road Surface Area Per Capita (sq. m)	建成区路网密度（公里/平方公里） Density of Road Network in Built District (km/sq. km)
淮南市	2776	160. 95	100. 00	100. 00	100. 00	11. 45	17. 82	8. 47
马鞍山市	4688	178. 87	100. 00	100. 00	100. 00	21. 41	26. 09	8. 10
淮北市	3405	166. 11	100. 00	100. 00	100. 00	15. 56	23. 52	8. 24
铜陵市	2041	227. 12	100. 00	100. 00	100. 00	22. 38	24. 58	8. 62
安庆市	2501	170. 41	100. 00	100. 00	100. 00	7. 87	35. 02	8. 09
潜山市	1144	184. 03	99. 68	99. 68	94. 00	20. 00	23. 55	5. 09
桐城市	1852	213. 11	98. 47	98. 47	96. 99	12. 20	29. 44	8. 54
黄山市	765	198. 93	100. 00	100. 00	95. 44	21. 90	34. 16	8. 63
滁州市	2542	191. 81	100. 00	100. 00	100. 00	10. 61	41. 72	8. 45
天长市	2422	175. 84	100. 00	97. 11	100. 00	26. 44	41. 73	13. 58
明光市	4693	164. 34	99. 89	99. 89	95. 10	28. 39	40. 16	10. 23
阜阳市	3420	135. 07	100. 00	99. 41	100. 00	25. 48	23. 99	8. 07
界首市	2412	132. 00	97. 39	97. 39	97. 39	14. 07	26. 02	6. 70
宿州市	3803	160. 52	100. 00	96. 64	100. 00	10. 74	31. 46	9. 54
六安市	3654	190. 00	99. 97	99. 97	100. 00	15. 82	34. 44	8. 42
亳州市	4833	224. 50	99. 33	99. 33	99. 29	12. 97	43. 52	8. 46
池州市	1233	261. 33	99. 58	99. 58	99. 42	14. 44	27. 63	9. 34
宣城市	2749	252. 48	98. 40	98. 40	99. 23	29. 97	38. 07	8. 08
广德市	4123	183. 53	100. 00	100. 00	100. 00	24. 83	41. 08	7. 96
宁国市	566	201. 95	99. 23	99. 23	97. 57	20. 51	35. 98	7. 11
福　建	**3356**	**235. 25**	**99. 97**	**99. 95**	**99. 77**	**20. 30**	**23. 33**	**8. 33**
福州市	7145	207. 82	100. 00	100. 00	99. 67	14. 40	17. 61	8. 29
福清市	2085	235. 99	99. 96	99. 96	99. 02	34. 14	19. 71	8. 42
厦门市	6581	200. 15	100. 00	100. 00	100. 00	20. 99	21. 77	8. 17
莆田市	3301	221. 13	100. 00	100. 00	99. 99	16. 76	25. 87	8. 14
三明市	1014	262. 11	99. 09	99. 09	99. 15	28. 14	29. 50	7. 45
永安市	577	259. 00	100. 00	100. 00	99. 77	16. 64	21. 86	8. 13
泉州市	2487	269. 84	100. 00	100. 00	99. 80	26. 08	30. 84	8. 04
石狮市	7440	269. 03	100. 00	100. 00	100. 00	31. 25	21. 07	8. 58
晋江市	3152	700. 20	100. 00	100. 00	100. 00	33. 28	39. 62	8. 64
南安市	1033	154. 88	100. 00	100. 00	99. 89	9. 81	39. 77	8. 32
漳州市	5834	265. 25	100. 00	100. 00	99. 57	15. 64	30. 85	9. 10
南平市	992	252. 69	99. 88	99. 88	98. 50	11. 79	29. 18	10. 36
邵武市	1209	240. 36	100. 00	100. 00	99. 74	10. 54	30. 63	8. 34
武夷山市	1806	216. 60	100. 00	100. 00	99. 89	34. 21	25. 55	9. 72
建瓯市	3386	186. 31	100. 00	100. 00	100. 00	11. 61	16. 89	9. 44

continued 7

建成区道路面积率（%） Surface Area of Roads Rate of Built District（%）	建成区排水管道密度（公里/平方公里） Density of Sewers in Built District（km/sq. km）	污水处理率（%） Wastewater Treatment Rate（%）	污水处理厂集中处理率 Centralized Treatment Rate of Wastewater Treatment Plants	人均公园绿地面积（平方米） Public Recreational Green Space Per Capita（sq. m）	建成区绿化覆盖率（%） Green Coverage Rate of Built District（%）	建成区绿地率（%） Green Space Rate of Built District（%）	生活垃圾处理率（%） Domestic Garbage Treatment Rate（%）	生活垃圾无害化处理率 Domestic Garbage Harmless Treatment Rate	城市名称 Name of Cities
17.08	9.82	99.55	95.86	18.75	48.43	45.43	100.00	100.00	淮南市
16.20	14.47	98.33	95.63	18.91	47.23	44.53	100.00	100.00	马鞍山市
18.73	13.02	98.52	98.52	19.79	47.00	43.97	100.00	100.00	淮北市
16.83	20.53	98.98	98.98	16.15	44.42	41.13	100.00	100.00	铜陵市
15.49	4.83	99.05	96.50	16.16	43.91	41.30	100.00	100.00	安庆市
13.21	12.46	97.79	97.79	19.35	42.73	36.95	100.00	100.00	潜山市
17.39	16.66	95.78	95.78	15.74	43.21	40.29	100.00	100.00	桐城市
16.07	13.25	98.22	98.22	17.68	49.95	42.30	100.00	100.00	黄山市
23.11	20.44	98.05	97.92	26.08	48.28	43.70	100.00	100.00	滁州市
21.71	18.99	98.14	98.14	19.68	42.69	41.65	100.00	100.00	天长市
24.28	18.97	97.82	97.01	18.36	45.31	40.63	100.00	100.00	明光市
17.70	12.27	98.91	98.91	17.20	46.16	42.17	100.00	100.00	阜阳市
17.91	10.65	97.61	97.61	17.92	44.31	42.02	100.00	100.00	界首市
21.34	13.30	98.53	96.31	19.03	45.44	42.12	100.00	100.00	宿州市
24.30	9.86	98.50	97.00	18.21	46.30	41.30	100.00	100.00	六安市
23.62	18.02	97.83	97.83	16.68	44.36	41.18	100.00	100.00	亳州市
16.86	16.26	98.06	98.06	21.29	47.62	40.35	100.00	100.00	池州市
17.91	17.82	97.88	97.88	20.36	46.49	41.64	100.00	100.00	宣城市
20.30	17.84	97.05	97.05	16.63	43.80	40.35	100.00	100.00	广德市
16.59	13.70	96.00	96.00	19.63	46.84	42.23	100.00	100.00	宁国市
16.86	**9.74**	**98.31**	**95.47**	**15.72**	**44.25**	**40.89**	**100.00**	**100.00**	**福　建**
15.80	11.62	96.26	96.26	14.98	43.54	40.38	100.00	100.00	福州市
16.19	12.31	95.97	95.97	15.06	46.38	43.38	100.00	100.00	福清市
17.11		100.00	96.48	14.81	44.32	40.29	100.00	100.00	厦门市
15.98	12.12	98.80	98.80	16.39	45.62	40.96	100.00	100.00	莆田市
12.52	8.74	98.41	79.17	18.69	41.14	40.16	100.00	100.00	三明市
14.74	8.81	97.00	78.06	15.52	45.30	41.87	100.00	100.00	永安市
17.98	13.16	97.90	86.29	15.47	43.81	40.65	100.00	100.00	泉州市
18.76	18.11	100.00	100.00	16.87	42.23	41.55	100.00	100.00	石狮市
23.66	30.82	98.30	98.30	15.60	44.04	40.25	100.00	100.00	晋江市
16.27	9.72	92.20	92.20	23.07	43.76	40.64	100.00	100.00	南安市
26.18	16.36	98.31	98.31	16.90	46.29	43.47	100.00	100.00	漳州市
16.85	11.20	101.20	101.20	18.62	44.12	41.22	100.00	100.00	南平市
11.70	16.74	98.26	98.26	21.65	48.69	45.83	100.00	100.00	邵武市
15.65	20.91	98.33	93.77	17.24	45.00	41.24	100.00	100.00	武夷山市
12.43	17.39	99.98	99.98	18.31	41.24	40.70	100.00	100.00	建瓯市

1-2 续表 8

城市名称 Name of Cities	人口密度（人/平方公里） Population Density (person/sq. km)	人均日生活用水量（升） Daily Water Consumption Per Capita (liter)	供水普及率（%） Water Coverage Rate (%)	公共供水普及率 Public Water Coverage Rate	燃气普及率（%） Gas Coverage Rate (%)	建成区供水管道密度（公里/平方公里） Density of Water Supply Pipelines in Built District (km/sq. km)	人均道路面积（平方米） Road Surface Area Per Capita (sq. m)	建成区路网密度（公里/平方公里） Density of Road Network in Built District (km/sq. km)
龙岩市	2477	257.25	100.00	99.50	100.00	39.23	25.48	8.68
漳平市	1951	217.51	100.00	100.00	99.20	12.56	29.26	8.53
宁德市	3428	238.24	100.00	100.00	100.00	12.05	22.95	8.35
福安市	2560	228.11	100.00	100.00	99.94	7.60	14.95	7.79
福鼎市	1464	284.84	99.89	99.89	99.89	13.02	20.12	7.14
江　西	**3430**	**238.38**	**99.50**	**99.29**	**99.36**	**17.28**	**26.87**	**7.76**
南昌市	5089	239.89	99.61	99.61	99.35	20.79	16.67	6.16
景德镇市	2047	317.63	99.31	99.31	99.61	10.46	37.54	9.11
乐平市	3543	168.41	97.36	93.69	99.89	12.29	13.45	8.21
萍乡市	3517	262.71	99.51	99.51	97.58	16.41	26.35	8.05
九江市	1454	248.15	100.00	100.00	99.85	14.93	34.59	8.07
瑞昌市	8479	158.45	99.65	99.65	96.91	20.56	24.01	13.91
共青城市	5536	134.30	99.45	97.11	100.00	11.81	25.38	8.35
庐山市	3089	251.49	100.00	100.00	100.00	11.53	20.13	5.15
新余市	2196	232.74	100.00	100.00	99.80	18.84	27.15	6.63
鹰潭市	2515	265.15	99.69	99.69	99.65	13.74	41.80	8.62
贵溪市	786	308.54	100.00	100.00	100.00	8.81	32.79	5.97
赣州市	4106	283.93	99.66	99.66	99.55	22.06	31.85	8.54
瑞金市	4334	172.65	97.48	97.48	99.38	10.88	19.90	9.21
龙南市	3073	190.12	99.70	96.53	98.90	8.01	19.80	5.96
吉安市	1994	190.99	100.00	100.00	99.32	25.26	29.43	8.33
井冈山市	3169	153.00	100.00	100.00	100.00	4.53	38.73	7.63
宜春市	5538	195.07	99.23	99.23	99.12	29.95	31.50	8.36
丰城市	4073	196.39	99.49	99.49	100.00	23.38	28.67	5.61
樟树市	4320	220.57	99.30	94.41	97.95	7.68	39.78	8.31
高安市	4304	211.12	99.91	99.91	99.87	7.30	34.45	7.93
抚州市	4594	247.96	99.23	99.23	99.15	9.68	37.73	8.35
上饶市	6095	247.22	99.06	99.06	99.82	13.02	33.63	9.26
德兴市	4243	151.76	97.53	97.53	99.44	19.07	18.94	6.22
山　东	**1746**	**130.92**	**99.92**	**99.28**	**99.66**	**10.23**	**26.48**	**8.21**
济南市	2777	155.12	100.00	99.34	100.00	9.41	21.65	8.26
青岛市	1941	155.61	100.00	100.00	100.00	11.30	19.77	8.25
胶州市	766	115.57	100.00	100.00	100.00	9.13	20.09	8.56
平度市	694	80.86	100.00	100.00	100.00	9.56	27.85	10.52
莱西市	773	134.83	100.00	100.00	100.00	13.09	24.38	12.18
淄博市	2866	133.89	100.00	100.00	100.00	9.40	28.21	8.36

continued 8

建成区道路面积率（%）Surface Area of Roads Rate of Built District (%)	建成区排水管道密度（公里/平方公里）Density of Sewers in Built District (km/sq. km)	污水处理率（%）Wastewater Treatment Rate (%)	污水处理厂集中处理率 Centralized Treatment Rate of Wastewater Treatment Plants	人均公园绿地面积（平方米）Public Recreational Green Space Per Capita (sq. m)	建成区绿化覆盖率（%）Green Coverage Rate of Built District (%)	建成区绿地率（%）Green Space Rate of Built District (%)	生活垃圾处理率（%）Domestic Garbage Treatment Rate (%)	生活垃圾无害化处理率 Domestic Garbage Harmless Treatment Rate	城市名称 Name of Cities
15.13	11.31	98.41	98.41	17.53	45.01	40.97	100.00	100.00	龙岩市
16.11	13.04	97.42	96.42	19.84	46.33	41.60	100.00	100.00	漳平市
17.92	10.30	97.27	82.22	15.79	43.06	40.84	100.00	100.00	宁德市
9.48	10.43	97.25	97.25	15.72	46.97	42.18	100.00	100.00	福安市
17.14	12.92	98.00	98.00	12.65	44.36	40.28	100.00	100.00	福鼎市
16.28	**12.90**	**99.18**	**96.59**	**17.98**	**46.94**	**43.61**	**100.00**	**100.00**	**江　西**
14.84	11.13	99.40	99.40	12.91	43.05	40.10	100.00	100.00	南昌市
15.10	10.64	99.06	94.55	19.44	53.97	53.64	100.00	100.00	景德镇市
7.82	5.10	99.41	99.41	22.41	43.61	40.89	100.00	100.00	乐平市
22.05	9.56	99.95	99.95	17.77	49.58	45.76	100.00	100.00	萍乡市
15.16	14.35	99.36	99.36	17.72	46.97	43.18	100.00	100.00	九江市
9.92	12.04	97.49	97.49	16.99	46.58	43.46	100.00	100.00	瑞昌市
7.74	12.09	100.00	100.00	14.91	39.76	36.68	100.00	100.00	共青城市
10.22	13.38	100.00	100.00	18.40	44.30	41.09	100.00	100.00	庐山市
15.94	12.99	99.02	99.02	19.55	50.15	46.92	100.00	100.00	新余市
17.45	8.93	99.80	99.80	24.96	48.61	43.02	100.00	100.00	鹰潭市
7.47	8.90	98.90	98.90	24.90	43.83	40.75	100.00	100.00	贵溪市
17.92	13.08	99.61	95.35	20.64	49.77	47.43	100.00	100.00	赣州市
12.02	8.57	97.67	97.67	18.08	43.39	39.73	100.00	100.00	瑞金市
12.64	20.77	96.01	96.01	22.29	44.98	41.90	100.00	100.00	龙南市
18.79	14.63	98.75	81.15	22.20	47.33	43.00	100.00	100.00	吉安市
11.99	10.00	95.46	95.46	46.57	50.64	44.56	100.00	100.00	井冈山市
21.78	18.74	99.20	99.20	19.23	48.60	45.43	100.00	100.00	宜春市
10.41	7.20	96.76	96.76	13.83	39.80	36.03	100.00	100.00	丰城市
20.44	14.86	99.20	99.20	14.13	39.63	35.93	100.00	100.00	樟树市
17.61	15.28	99.45	99.45	16.16	43.00	38.01	100.00	100.00	高安市
21.49	17.41	99.35	86.90	23.59	50.68	45.95	100.00	100.00	抚州市
19.43	16.21	98.67	89.54	24.78	50.80	46.60	100.00	100.00	上饶市
11.95	15.48	97.40	97.40	14.87	47.43	42.67	100.00	100.00	德兴市
16.83	**12.07**	**98.64**	**98.51**	**18.47**	**43.90**	**40.44**	**100.00**	**100.00**	**山　东**
15.79	11.37	99.30	98.37	14.21	44.58	40.19	100.00	100.00	济南市
15.03	12.57	98.61	98.61	18.04	44.19	40.12	100.00	100.00	青岛市
13.63	8.96	98.69	98.69	13.10	44.89	41.52	100.00	100.00	胶州市
18.90	11.35	98.31	98.31	13.44	41.33	36.40	100.00	100.00	平度市
19.85	17.89	98.28	98.28	14.69	44.57	39.16	100.00	100.00	莱西市
19.69	12.08	98.48	98.48	18.65	43.15	42.44	100.00	100.00	淄博市

1-2 续表 9

城市名称 Name of Cities	人口密度（人/平方公里） Population Density (person/sq. km)	人均日生活用水量（升） Daily Water Consumption Per Capita (liter)	供水普及率（%） Water Coverage Rate (%)	公共供水普及率 Public Water Coverage Rate	燃气普及率（%） Gas Coverage Rate (%)	建成区供水管道密度（公里/平方公里） Density of Water Supply Pipelines in Built District (km/sq. km)	人均道路面积（平方米） Road Surface Area Per Capita (sq. m)	建成区路网密度（公里/平方公里） Density of Road Network in Built District (km/sq. km)
枣庄市	2157	112.82	100.00	100.00	99.89	11.39	28.28	8.29
滕州市	3236	139.25	100.00	100.00	100.00	16.69	23.00	8.72
东营市	786	206.91	100.00	100.00	100.00	5.94	35.45	8.16
烟台市	2341	120.00	99.93	99.85	98.90	12.00	29.41	8.10
龙口市	2847	102.33	100.00	100.00	100.00	7.65	33.27	8.48
莱阳市	1024	145.14	99.64	99.64	100.00	8.37	17.49	8.05
莱州市	1059	110.49	100.00	100.00	100.00	5.52	20.66	6.08
招远市	1457	157.83	100.00	100.00	100.00	12.72	23.46	8.32
栖霞市	453	82.04	98.36	98.36	99.32	7.51	17.48	8.33
海阳市	897	92.93	100.00	100.00	99.70	14.05	20.16	6.30
潍坊市	1494	119.55	100.00	100.00	100.00	11.18	27.73	8.08
青州市	1277	129.69	100.00	100.00	100.00	14.24	28.82	8.37
诸城市	1588	127.50	100.00	99.04	100.00	6.58	23.95	8.68
寿光市	1795	82.69	100.00	100.00	100.00	5.41	17.76	8.18
安丘市	841	139.84	100.00	100.00	100.00	7.99	36.03	8.65
高密市	1498	150.41	100.00	100.00	100.00	13.83	25.18	8.01
昌邑市	1693	111.25	100.00	99.21	100.00	3.72	24.25	8.13
济宁市	2040	113.78	100.00	98.33	99.13	5.33	34.81	8.44
曲阜市	3309	84.91	100.00	100.00	100.00	15.30	27.17	9.77
邹城市	3751	143.51	100.00	98.88	100.00	8.97	19.05	7.91
泰安市	1926	121.44	100.00	98.22	100.00	10.20	26.80	8.86
新泰市	1370	93.21	100.00	95.90	100.00	10.57	30.00	8.15
肥城市	2307	113.14	100.00	100.00	100.00	5.11	24.78	6.51
威海市	1681	119.93	100.00	100.00	100.00	18.63	40.88	8.25
荣成市	899	100.69	100.00	100.00	100.00	13.41	31.21	8.10
乳山市	1545	132.36	100.00	100.00	100.00	17.00	32.93	9.04
日照市	2483	137.86	100.00	100.00	99.98	15.46	22.10	8.22
临沂市	1922	113.12	100.00	94.34	99.01	9.52	28.73	8.33
德州市	1622	117.42	98.11	98.11	96.80	11.00	27.77	8.38
乐陵市	2622	73.41	100.00	100.00	100.00	3.22	31.62	6.99
禹城市	3360	102.99	96.73	95.73	98.86	11.45	29.68	5.32
聊城市	1925	94.43	100.00	100.00	100.00	10.27	25.91	8.05
临清市	1253	63.13	100.00	100.00	100.00	6.50	33.52	7.87
滨州市	1025	137.24	100.00	100.00	100.00	7.49	33.72	8.08
邹平市	1171	99.73	100.00	100.00	100.00	2.59	51.24	3.23
菏泽市	2077	117.61	99.80	98.45	96.09	9.18	38.52	8.21

continued 9

建成区道路面积率（%） Surface Area of Roads Rate of Built District（%）	建成区排水管道密度（公里/平方公里） Density of Sewers in Built District（km/sq. km）	污水处理率（%） Wastewater Treatment Rate（%）	污水处理厂集中处理率 Centralized Treatment Rate of Wastewater Treatment Plants	人均公园绿地面积（平方米） Public Recreational Green Space Per Capita（sq. m）	建成区绿化覆盖率（%） Green Coverage Rate of Built District（%）	建成区绿地率（%） Green Space Rate of Built District（%）	生活垃圾处理率（%） Domestic Garbage Treatment Rate（%）	生活垃圾无害化处理率 Domestic Garbage Harmless Treatment Rate	城市名称 Name of Cities
16.36	9.96	98.58	98.58	15.17	43.78	40.74	100.00	100.00	枣庄市
14.70	8.87	98.18	98.18	16.36	44.50	40.22	100.00	100.00	滕州市
17.25	14.45	98.62	98.62	27.34	44.04	40.16	100.00	100.00	东营市
17.22	11.40	98.50	98.50	18.69	44.57	40.49	100.00	100.00	烟台市
18.58	11.85	97.45	97.45	18.85	45.18	40.51	100.00	100.00	龙口市
12.14	9.33	98.01	98.01	17.21	41.55	38.44	100.00	100.00	莱阳市
14.87	7.36	97.55	97.55	16.21	42.16	40.07	100.00	100.00	莱州市
13.26	14.38	98.06	98.06	21.34	33.95	33.10	100.00	100.00	招远市
14.93	6.67	97.95	97.95	14.95	36.74	33.52	100.00	100.00	栖霞市
13.75	12.09	98.10	98.10	17.21	42.69	41.48	100.00	100.00	海阳市
19.32	12.26	98.60	98.60	21.24	42.75	40.29	100.00	100.00	潍坊市
16.48	11.25	98.57	98.57	16.31	42.66	40.10	100.00	100.00	青州市
16.90	13.63	98.48	98.48	23.39	41.09	41.03	100.00	100.00	诸城市
15.57	12.92	98.49	98.49	15.35	45.09	44.28	100.00	100.00	寿光市
15.88	12.27	98.60	98.60	24.80	41.68	40.34	100.00	100.00	安丘市
13.43	12.08	98.56	98.56	17.77	44.88	40.27	100.00	100.00	高密市
14.94	10.45	98.50	98.50	22.18	44.15	40.20	100.00	100.00	昌邑市
21.26	10.86	98.71	98.71	19.01	44.30	41.42	100.00	100.00	济宁市
21.98	15.58	98.56	98.56	17.45	43.25	40.12	100.00	100.00	曲阜市
14.23	7.90	98.52	98.52	15.27	41.45	40.94	100.00	100.00	邹城市
17.52	9.40	98.71	98.57	23.25	46.12	40.77	100.00	100.00	泰安市
19.60	10.61	98.00	98.00	15.58	43.27	40.20	100.00	100.00	新泰市
15.61	7.22	98.50	98.50	17.96	45.57	40.66	100.00	100.00	肥城市
20.22	15.76	98.64	98.64	25.63	46.26	43.84	100.00	100.00	威海市
16.20	13.29	98.54	98.54	26.06	46.20	43.19	100.00	100.00	荣成市
17.01	21.51	98.49	98.49	20.48	45.81	42.55	100.00	100.00	乳山市
16.89	23.01	98.48	98.48	17.97	45.41	40.62	100.00	100.00	日照市
17.70	14.21	98.77	98.77	21.56	45.34	40.79	100.00	100.00	临沂市
16.10	8.25	98.36	98.36	24.60	45.23	40.21	100.00	100.00	德州市
16.06	9.04	98.47	98.47	13.51	39.43	34.22	100.00	100.00	乐陵市
15.59	10.47	98.60	98.60	14.31	40.61	35.03	100.00	100.00	禹城市
17.99	13.08	98.58	98.58	16.39	43.09	40.71	100.00	100.00	聊城市
14.55	12.31	98.26	98.26	13.77	37.14	32.77	100.00	100.00	临清市
16.81	13.39	98.65	98.65	27.15	42.45	40.93	100.00	100.00	滨州市
8.84	5.82	98.66	98.66	23.85	38.18	35.17	100.00	100.00	邹平市
17.76	11.04	98.24	98.24	15.50	41.90	40.17	100.00	100.00	菏泽市

1-2 续表 10

城市名称 Name of Cities	人口密度（人/平方公里） Population Density (person/sq. km)	人均日生活用水量（升） Daily Water Consumption Per Capita (liter)	供水普及率（%） Water Coverage Rate (%)	公共供水普及率 Public Water Coverage Rate	燃气普及率（%） Gas Coverage Rate (%)	建成区供水管道密度（公里/平方公里） Density of Water Supply Pipelines in Built District (km/sq. km)	人均道路面积（平方米） Road Surface Area Per Capita (sq. m)	建成区路网密度（公里/平方公里） Density of Road Network in Built District (km/sq. km)
河　南	**4570**	**143.61**	**99.45**	**98.71**	**99.28**	**9.34**	**17.64**	**5.86**
郑州市	10143	147.72	100.00	100.00	100.00	9.45	10.35	3.68
巩义市	7039	107.29	85.10	84.07	94.46	3.77	11.54	4.26
荥阳市	3060	194.44	100.00	97.52	100.00	16.12	13.79	4.27
新密市	2678	124.27	100.00	100.00	99.67	8.00	17.66	3.78
新郑市	9172	152.94	99.17	99.17	94.98	10.62	14.72	4.31
登封市	3233	112.47	100.00	98.27	91.96	4.90	24.51	5.99
开封市	5326	165.33	100.00	97.21	100.00	16.82	22.84	5.77
洛阳市	7262	175.17	100.00	99.94	99.41	8.79	14.10	4.17
平顶山市	4438	145.37	100.00	100.00	100.00	13.43	15.42	8.08
舞钢市	1771	130.79	99.75	98.01	100.00	8.53	22.40	8.18
汝州市	2510	91.41	100.00	100.00	100.00	7.08	18.53	6.30
安阳市	4466	203.27	100.00	96.96	100.00	9.31	20.43	7.98
林州市	5974	150.00	100.00	100.00	100.00	9.55	15.02	5.39
鹤壁市	4069	85.03	100.00	100.00	100.00	10.22	20.69	8.10
新乡市	5515	169.84	100.00	100.00	99.42	8.54	16.78	4.75
长垣市	7850	106.09	99.32	99.11	99.61	11.89	22.73	9.39
卫辉市	3676	190.81	99.82	94.68	99.76	7.85	11.89	3.84
辉县市	2000	167.51	99.96	94.64	100.00	1.41	13.23	5.82
焦作市	6170	122.30	100.00	100.00	100.00	9.67	24.16	8.35
沁阳市	4112	81.92	85.41	81.55	99.28	8.86	28.49	7.14
孟州市	1166	148.80	100.00	100.00	100.00	12.36	32.01	6.32
濮阳市	4268	138.64	100.00	100.00	100.00	14.55	19.10	7.46
许昌市	1775	168.92	100.00	100.00	99.96	4.36	38.07	8.16
禹州市	8083	92.40	99.62	92.57	100.00	7.50	17.95	7.74
长葛市	2645	162.87	98.60	96.10	98.90	6.43	22.27	7.22
漯河市	5776	168.70	100.00	100.00	99.19	11.15	21.26	8.41
三门峡市	6986	115.28	100.00	95.16	100.00	5.24	15.40	5.39
义马市	1290	94.23	100.00	100.00	100.00	9.48	21.66	7.63
灵宝市	6438	124.59	100.00	97.32	99.95	7.13	18.42	5.60
南阳市	2659	87.56	100.00	98.24	100.00	8.51	15.98	8.31
邓州市	9813	136.09	98.24	98.24	98.14	20.62	18.35	7.11
商丘市	2797	116.39	96.17	96.17	93.04	9.86	19.39	8.12
永城市	5979	128.17	99.75	96.67	97.49	7.34	18.19	7.25
信阳市	2543	200.36	100.00	100.00	100.00	12.56	34.37	7.42
周口市	6213	130.78	99.70	99.51	99.41	7.09	24.03	6.26

continued 10

建成区道路面积率（%） Surface Area of Roads Rate of Built District (%)	建成区排水管道密度（公里/平方公里） Density of Sewers in Built District (km/sq. km)	污水处理率（%） Wastewater Treatment Rate (%)	污水处理厂集中处理率 Centralized Treatment Rate of Wastewater Treatment Plants	人均公园绿地面积（平方米） Public Recreational Green Space Per Capita (sq. m)	建成区绿化覆盖率（%） Green Coverage Rate of Built District (%)	建成区绿地率（%） Green Space Rate of Built District (%)	生活垃圾处理率（%） Domestic Garbage Treatment Rate (%)	生活垃圾无害化处理率 Domestic Garbage Harmless Treatment Rate	城市名称 Name of Cities
13.76	**10.61**	**99.39**	**99.39**	**16.13**	**43.55**	**38.74**	**100.00**	**100.00**	**河　南**
11.20	8.56	98.81	98.81	14.88	41.82	37.04	100.00	100.00	郑州市
12.07	7.08	98.61	98.61	16.05	42.28	38.43	100.00	100.00	巩义市
9.89	8.71	100.00	100.00	14.63	56.45	50.74	99.95	99.95	荥阳市
10.67	4.74	100.00	100.00	14.44	39.03	34.61	100.00	100.00	新密市
13.50	8.22	97.82	97.82	16.33	41.28	39.85	100.00	100.00	新郑市
12.76	4.22	100.00	100.00	15.00	43.09	39.67	100.00	100.00	登封市
16.21	8.80	100.00	100.00	15.86	46.29	39.99	100.00	100.00	开封市
13.14	9.45	100.00	100.00	16.35	44.99	39.35	100.00	100.00	洛阳市
16.49	8.99	100.00	100.00	13.11	44.99	38.30	100.00	100.00	平顶山市
15.90	13.67	98.04	98.04	13.27	42.05	37.38	100.00	100.00	舞钢市
14.92	8.37	100.00	100.00	17.95	42.24	36.36	100.00	100.00	汝州市
17.84	16.01	100.00	100.00	13.57	42.55	37.46	100.00	100.00	安阳市
10.56	8.57	99.61	99.61	12.03	44.72	40.31	100.00	100.00	林州市
16.62	10.80	100.00	100.00	21.49	48.80	43.33	100.00	100.00	鹤壁市
9.89	7.61	100.00	100.00	13.44	43.11	39.20	100.00	100.00	新乡市
17.48	17.59	99.65	99.65	14.95	44.62	40.48	100.00	100.00	长垣市
7.62	6.36	100.00	100.00	9.38	36.20	30.55	100.00	100.00	卫辉市
13.40	13.79	100.00	100.00	9.33	37.99	33.56	100.00	100.00	辉县市
16.56	10.97	100.00	100.00	16.28	45.81	40.74	100.00	100.00	焦作市
18.76	12.44	100.00	100.00	8.29	36.75	31.02	100.00	100.00	沁阳市
21.94	18.39	100.00	100.00	13.81	43.18	40.14	100.00	100.00	孟州市
18.68	14.36	100.00	100.00	17.15	45.28	40.45	100.00	100.00	濮阳市
15.32	6.70	100.00	100.00	18.01	45.95	40.46	100.00	100.00	许昌市
14.23	9.38	99.81	99.81	13.34	43.53	36.00	100.00	100.00	禹州市
15.72	10.46	97.32	97.32	15.19	42.56	38.22	100.00	100.00	长葛市
17.83	15.42	100.00	100.00	19.90	43.00	40.71	100.00	100.00	漯河市
11.88	10.98	99.20	99.20	14.59	43.35	38.99	100.00	100.00	三门峡市
16.45	7.96	99.02	99.02	20.65	46.81	41.38	100.00	100.00	义马市
14.72	13.62	99.81	99.81	13.67	41.19	36.82	100.00	100.00	灵宝市
15.34	12.08	100.00	100.00	17.54	45.78	41.74	100.00	100.00	南阳市
18.96	17.14	100.00	100.00	14.48	47.73	44.65	100.00	100.00	邓州市
13.70	12.11	98.79	98.79	15.58	44.30	41.22	100.00	100.00	商丘市
17.13	12.04	97.63	97.63	15.06	43.60	37.85	100.00	100.00	永城市
20.99	11.65	100.00	100.00	17.32	48.41	40.04	100.00	100.00	信阳市
15.45	13.20	99.00	99.00	20.80	43.80	40.28	100.00	100.00	周口市

1-2 续表 11

城市名称 Name of Cities	人口密度（人/平方公里） Population Density (person/sq. km)	人均日生活用水量（升） Daily Water Consumption Per Capita (liter)	供水普及率（%） Water Coverage Rate (%)	公共供水普及率 Public Water Coverage Rate	燃气普及率（%） Gas Coverage Rate (%)	建成区供水管道密度（公里/平方公里） Density of Water Supply Pipelines in Built District (km/sq. km)	人均道路面积（平方米） Road Surface Area Per Capita (sq. m)	建成区路网密度（公里/平方公里） Density of Road Network in Built District (km/sq. km)
项城市	5120	101.05	100.00	98.99	100.00	12.98	20.26	6.95
驻马店市	3753	184.12	100.00	100.00	100.00	6.26	26.11	4.68
济源示范区	5103	115.99	100.00	100.00	100.00	10.53	16.09	3.62
郑州航空港经济综合实验区	1092	111.25	96.48	96.48	96.51	5.00	48.66	4.57
湖　北	**3429**	**204.52**	**99.95**	**99.65**	**96.06**	**19.18**	**21.20**	**8.74**
武汉市	7802	199.88	100.00	99.85	92.18	25.43	15.10	8.95
黄石市	2657	270.37	100.00	98.92	99.42	16.35	34.09	11.45
大冶市	1137	337.67	100.00	100.00	100.00	43.35	21.29	7.65
十堰市	1873	259.65	100.00	100.00	99.99	14.81	24.80	8.37
丹江口市	685	162.40	99.93	99.93	96.40	15.54	19.93	7.98
宜昌市	1960	240.20	100.00	100.00	99.30	13.68	31.62	8.01
宜都市	916	116.35	100.00	100.00	99.83	16.60	30.24	9.26
当阳市	964	171.21	100.00	100.00	99.95	30.40	18.87	10.38
枝江市	2061	138.81	100.00	100.00	100.00	11.35	24.34	9.61
襄阳市	3788	134.85	100.00	100.00	100.00	11.54	22.88	8.25
老河口市	3433	143.58	100.00	100.00	100.00	15.36	23.17	13.21
枣阳市	2576	118.92	100.00	100.00	100.00	7.73	31.35	5.51
宜城市	2806	165.00	100.00	100.00	100.00	14.00	29.86	8.20
鄂州市	6181	151.30	100.00	100.00	100.00	27.31	20.72	8.91
荆门市	2298	124.21	100.00	100.00	100.00	9.28	26.21	9.29
京山市	5366	153.85	100.00	100.00	100.00	13.37	42.38	8.24
钟祥市	2018	240.58	100.00	100.00	100.00	14.18	25.60	8.70
孝感市	4294	231.96	100.00	97.87	99.49	17.51	29.32	11.65
应城市	969	161.06	100.00	99.04	100.00	13.73	17.26	11.67
安陆市	2299	161.60	100.00	97.43	100.00	28.40	23.00	6.91
汉川市	6871	223.45	100.00	100.00	99.84	30.45	23.19	10.32
荆州市	6706	244.75	99.92	97.88	99.87	19.20	34.27	9.20
监利市	2224	225.10	99.95	99.22	91.48	14.90	25.12	8.23
石首市	6866	154.20	98.97	98.97	96.84	7.48	18.43	6.06
洪湖市	3587	206.78	99.33	99.33	97.64	24.81	18.87	14.00
松滋市	1448	173.31	99.57	99.14	99.42	17.32	25.20	9.41
黄冈市	9458	296.46	100.00	100.00	100.00	17.57	19.28	8.91
麻城市	3178	216.22	99.63	99.63	99.95	17.23	34.52	15.13
武穴市	6616	334.43	99.95	99.95	96.54	18.48	34.77	10.64
咸宁市	2095	213.64	98.85	98.85	99.97	13.08	55.58	8.21

continued 11

建成区道路面积率（%） Surface Area of Roads Rate of Built District (%)	建成区排水管道密度（公里/平方公里） Density of Sewers in Built District (km/sq. km)	污水处理率（%） Wastewater Treatment Rate (%)	污水处理厂集中处理率 Centralized Treatment Rate of Wastewater Treatment Plants	人均公园绿地面积（平方米） Public Recreational Green Space Per Capita (sq. m)	建成区绿化覆盖率（%） Green Coverage Rate of Built District (%)	建成区绿地率（%） Green Space Rate of Built District (%)	生活垃圾处理率（%） Domestic Garbage Treatment Rate (%)	生活垃圾无害化处理率 Domestic Garbage Harmless Treatment Rate	城市名称 Name of Cities
13. 19	13. 98	98. 43	98. 43	12. 13	42. 11	39. 92	100. 00	100. 00	项城市
15. 57	18. 89	100. 00	100. 00	18. 67	46. 16	40. 85	100. 00	100. 00	驻马店市
9. 14	9. 85	100. 00	100. 00	14. 13	43. 80	38. 72	100. 00	100. 00	济源示范区
4. 57	11. 26	97. 79	97. 79	42. 71	30. 28	26. 56	100. 00	100. 00	郑州航空港经济综合实验区
17. 47	**13. 17**	**98. 99**	**94. 09**	**15. 57**	**43. 39**	**40. 09**	**100. 00**	**100. 00**	**湖　北**
17. 57	14. 38	100. 00	91. 90	15. 01	43. 12	40. 07	100. 00	100. 00	武汉市
24. 79	11. 10	98. 26	96. 00	14. 45	42. 30	40. 79	100. 00	100. 00	黄石市
19. 89	16. 12	88. 00	88. 00	13. 60	45. 14	40. 20	100. 00	100. 00	大冶市
16. 49	10. 99	97. 21	97. 21	13. 46	43. 46	41. 91	100. 00	100. 00	十堰市
9. 77	8. 95	98. 99	98. 99	18. 89	44. 11	40. 12	100. 00	100. 00	丹江口市
16. 03	9. 34	98. 10	92. 41	16. 50	45. 47	41. 34	100. 00	100. 00	宜昌市
18. 61	12. 56	99. 72	79. 99	14. 99	46. 88	40. 71	100. 00	100. 00	宜都市
15. 25	11. 02	98. 30	98. 30	14. 78	46. 32	41. 59	100. 00	100. 00	当阳市
15. 21	10. 05	97. 13	97. 13	15. 59	46. 82	41. 87	100. 00	100. 00	枝江市
15. 75	11. 13	99. 00	99. 00	16. 96	44. 91	40. 12	100. 00	100. 00	襄阳市
17. 29	10. 86	97. 59	97. 59	13. 13	44. 36	40. 68	100. 00	100. 00	老河口市
18. 48	10. 60	97. 57	97. 57	13. 88	43. 22	40. 21	100. 00	100. 00	枣阳市
14. 39	11. 92	98. 21	98. 21	17. 97	42. 70	40. 00	100. 00	100. 00	宜城市
16. 75	14. 43	100. 00	100. 00	17. 11	44. 83	40. 03	100. 00	100. 00	鄂州市
20. 73	16. 31	100. 00	100. 00	14. 70	43. 29	40. 23	100. 00	100. 00	荆门市
19. 84	13. 20	100. 00	100. 00	18. 95	43. 16	40. 23	100. 00	100. 00	京山市
19. 81	12. 29	96. 10	96. 10	14. 72	38. 12	34. 34	100. 00	100. 00	钟祥市
29. 23	17. 69	97. 60	97. 60	15. 54	45. 30	42. 28	100. 00	100. 00	孝感市
9. 80	7. 97	97. 12	97. 12	11. 61	42. 21	40. 12	100. 00	100. 00	应城市
18. 28	8. 75	100. 00	100. 00	13. 36	45. 06	40. 42	100. 00	100. 00	安陆市
15. 94	14. 86	96. 03	96. 03	12. 19	41. 18	40. 30	100. 00	100. 00	汉川市
24. 90	13. 75	97. 90	84. 20	21. 03	44. 98	41. 78	100. 00	100. 00	荆州市
18. 27	12. 47	98. 15	95. 63	14. 85	43. 65	41. 85	100. 00	100. 00	监利市
12. 51	8. 29	97. 59	97. 59	16. 32	43. 20	40. 91	100. 00	100. 00	石首市
11. 80	21. 00	96. 42	96. 42	18. 35	44. 09	40. 47	100. 00	100. 00	洪湖市
15. 30	22. 26	96. 23	96. 23	20. 43	40. 24	39. 87	100. 00	100. 00	松滋市
18. 35	7. 72	100. 00	100. 00	15. 62	46. 15	40. 95	100. 00	100. 00	黄冈市
17. 68	11. 25	95. 87	90. 67	16. 16	38. 18	33. 95	100. 00	100. 00	麻城市
23. 46	5. 18	93. 98	93. 98	28. 04	38. 73	40. 19	100. 00	100. 00	武穴市
25. 79	15. 78	96. 86	96. 86	16. 92	43. 75	39. 03	100. 00	100. 00	咸宁市

1-2 续表 12

城市名称 Name of Cities	人口密度（人/平方公里）Population Density (person/sq. km)	人均日生活用水量（升）Daily Water Consumption Per Capita (liter)	供水普及率（%）Water Coverage Rate (%)	公共供水普及率 Public Water Coverage Rate	燃气普及率（%）Gas Coverage Rate (%)	建成区供水管道密度（公里/平方公里）Density of Water Supply Pipelines in Built District (km/sq. km)	人均道路面积（平方米）Road Surface Area Per Capita (sq. m)	建成区路网密度（公里/平方公里）Density of Road Network in Built District (km/sq. km)
赤壁市	5664	153.94	100.00	100.00	100.00	15.84	19.67	7.01
随州市	1898	222.47	99.47	99.47	99.02	11.69	20.04	5.35
广水市	4766	195.90	99.97	95.94	95.94	14.11	14.59	7.23
恩施市	2318	285.24	100.00	100.00	99.89	18.07	13.35	4.64
利川市	1748	174.92	100.00	100.00	98.84	25.10	9.53	7.58
仙桃市	1667	315.66	100.00	100.00	100.00	16.44	25.44	11.08
潜江市	755	213.29	100.00	100.00	100.00	19.16	37.45	5.91
天门市	1426	216.21	100.00	100.00	100.00	19.38	23.80	5.82
湖　南	**4419**	**223.47**	**99.86**	**99.58**	**98.59**	**17.82**	**21.49**	**8.28**
长沙市	4338	238.71	100.00	100.00	99.60	16.20	16.63	8.30
宁乡市	1467	156.80	100.00	100.00	100.00	14.40	27.06	7.20
浏阳市	3520	187.06	100.00	100.00	100.00	17.63	17.42	6.06
株洲市	4945	248.43	100.00	100.00	98.78	21.80	26.50	8.17
醴陵市	2175	210.03	100.00	100.00	99.39	35.59	19.89	8.29
湘潭市	5968	220.73	99.92	98.70	99.58	12.42	19.99	8.02
湘乡市	3298	168.85	99.51	99.51	99.51	31.31	23.63	9.17
韶山市	1528	142.98	100.00	100.00	100.00	29.51	23.12	8.39
衡阳市	7660	208.30	99.97	99.97	99.79	11.44	20.31	10.13
耒阳市	5166	223.24	98.93	94.76	93.72	9.15	24.28	6.05
常宁市	2239	253.88	100.00	100.00	100.00	26.05	22.00	9.17
邵阳市	4731	248.80	100.00	100.00	98.65	13.48	26.94	8.47
武冈市	6805	164.48	100.00	100.00	100.00	24.97	14.23	7.82
邵东市	8033	187.67	100.00	100.00	100.00	17.87	24.36	9.44
岳阳市	5787	216.63	99.76	97.62	99.99	17.90	26.34	7.59
汨罗市	6000	186.90	100.00	100.00	96.07	32.23	33.52	8.05
临湘市	2612	183.71	100.00	100.00	100.00	14.82	17.90	7.33
常德市	3877	216.69	100.00	100.00	98.07	16.85	28.95	8.26
津市市	1660	181.96	100.00	100.00	97.38	14.29	15.51	8.54
张家界市	4134	328.36	98.29	98.29	93.38	17.86	21.36	8.47
益阳市	5041	226.46	100.00	100.00	94.01	8.95	30.16	8.34
沅江市	2875	138.60	99.32	95.81	92.20	17.51	11.44	7.17
郴州市	5827	279.86	99.61	99.61	98.02	24.54	21.12	8.08
资兴市	2996	245.66	100.00	100.00	91.67	24.71	25.25	8.49
永州市	6146	237.19	99.97	99.97	99.79	18.85	23.35	8.21
祁阳市	2993	118.01	99.83	99.83	98.00	31.87	18.87	16.28
怀化市	9475	220.61	99.30	99.30	97.10	29.74	11.80	4.50

continued 12

建成区道路面积率（%）Surface Area of Roads Rate of Built District（%）	建成区排水管道密度（公里/平方公里）Density of Sewers in Built District（km/sq. km）	污水处理率（%）Wastewater Treatment Rate（%）	污水处理厂集中处理率 Centralized Treatment Rate of Wastewater Treatment Plants	人均公园绿地面积（平方米）Public Recreational Green Space Per Capita（sq. m）	建成区绿化覆盖率（%）Green Coverage Rate of Built District（%）	建成区绿地率（%）Green Space Rate of Built District（%）	生活垃圾处理率（%）Domestic Garbage Treatment Rate（%）	生活垃圾无害化处理率 Domestic Garbage Harmless Treatment Rate	城市名称 Name of Cities
16.73	14.09	96.40	96.40	12.61	41.60	36.47	100.00	100.00	赤壁市
10.62	10.91	99.00	99.00	14.57	43.49	40.40	100.00	100.00	随州市
15.41	5.15	100.00	100.00	9.58	43.62	42.40	100.00	100.00	广水市
7.40	33.38	100.00	100.00	21.20	36.29	32.58	100.00	100.00	恩施市
11.55	11.61	97.04	97.04	13.57	44.70	40.16	100.00	100.00	利川市
14.81	10.62	99.63	99.63	13.39	41.23	40.45	100.00	100.00	仙桃市
12.54	17.10	97.35	97.35	19.96	43.43	40.22	100.00	100.00	潜江市
13.53	11.36	100.00	100.00	23.21	41.73	35.87	100.00	100.00	天门市
17.56	**12.92**	**98.77**	**98.73**	**13.85**	**41.96**	**38.41**	**99.98**	**99.98**	**湖　南**
19.53	13.38	98.61	98.61	13.59	46.96	42.61	100.00	100.00	长沙市
15.73	7.43	100.00	100.00	12.57	41.90	40.35	99.99	99.99	宁乡市
15.75	13.46	99.25	99.15	7.91	25.56	22.50	100.00	100.00	浏阳市
20.79	16.88	98.19	98.19	14.02	44.09	42.23	100.00	100.00	株洲市
16.19	11.62	99.99	99.99	14.31	43.96	38.52	100.00	100.00	醴陵市
15.18	15.91	100.00	100.00	16.28	42.06	39.01	100.00	100.00	湘潭市
17.45	15.07	100.00	100.00	13.98	38.28	34.51	100.00	100.00	湘乡市
17.02	18.88	97.65	97.65	13.84	43.93	40.24	100.00	100.00	韶山市
15.55	11.38	100.00	100.00	17.58	43.33	40.19	100.00	100.00	衡阳市
11.58	6.88	97.82	97.78	10.92	29.32	27.16	100.00	100.00	耒阳市
7.62	6.48	100.00	100.00	18.33	28.14	23.74	100.00	100.00	常宁市
17.37	9.10	94.92	94.92	17.55	42.31	36.04	100.00	100.00	邵阳市
17.93	13.55	95.32	95.32	17.76	45.33	41.49	100.00	100.00	武冈市
27.30	8.04	100.00	100.00	11.26	47.96	44.06	100.00	100.00	邵东市
15.30	14.73	97.09	97.09	14.16	41.56	38.86	100.00	100.00	岳阳市
20.86	12.93	100.00	100.00	13.49	39.65	35.99	100.00	100.00	汨罗市
13.78	11.03	100.00	100.00	18.53	38.86	35.33	100.00	100.00	临湘市
19.66	15.95	100.00	99.62	14.49	40.41	36.35	100.00	100.00	常德市
9.56	14.22	98.00	98.00	10.94	39.42	35.57	100.00	100.00	津市市
11.69	16.81	97.08	96.33	13.99	39.09	34.82	100.00	100.00	张家界市
17.46	9.98	100.00	100.00	13.72	42.01	40.24	100.00	100.00	益阳市
8.18	7.50	99.94	99.94	13.22	29.80	33.38	100.00	100.00	沅江市
18.42	14.19	99.57	99.57	15.04	46.75	42.07	100.00	100.00	郴州市
15.71	15.13	97.02	97.02	13.42	43.91	40.79	100.00	100.00	资兴市
18.72	11.38	99.22	99.22	12.68	40.53	38.36	100.00	100.00	永州市
24.68	26.69	99.37	99.37	12.10	42.10	40.20	100.00	100.00	祁阳市
11.18	12.75	97.06	97.06	10.53	41.78	35.81	100.00	100.00	怀化市

1-2 续表 13

城市名称 Name of Cities	人口密度（人/平方公里） Population Density (person/sq. km)	人均日生活用水量（升） Daily Water Consumption Per Capita (liter)	供水普及率（%） Water Coverage Rate (%)	公共供水普及率 Public Water Coverage Rate	燃气普及率（%） Gas Coverage Rate (%)	建成区供水管道密度（公里/平方公里） Density of Water Supply Pipelines in Built District (km/sq. km)	人均道路面积（平方米） Road Surface Area Per Capita (sq. m)	建成区路网密度（公里/平方公里） Density of Road Network in Built District (km/sq. km)
洪江市	4892	171.93	99.54	99.54	90.51	25.32	23.54	10.30
娄底市	8063	250.55	99.38	99.38	98.01	17.22	25.59	8.24
冷水江市	2465	174.32	99.00	99.00	94.01	13.34	12.50	4.39
涟源市	7604	161.64	99.68	99.68	99.32	21.51	25.15	16.93
吉首市	6778	217.76	100.00	100.00	95.00	16.06	38.88	10.12
广　东	**3762**	**247.09**	**99.70**	**99.66**	**98.62**	**20.44**	**14.98**	**7.28**
广州市	6377	324.92	100.00	100.00	98.29	25.57	15.54	8.19
韶关市	1279	288.68	100.00	100.00	100.00	25.72	20.20	8.72
乐昌市	191	308.25	100.00	100.00	100.00	15.25	19.29	2.52
南雄市	1309	236.33	100.00	100.00	100.00	24.86	18.95	7.59
深圳市	8953	189.38	99.27	99.27	99.28	22.10	8.35	8.52
珠海市	2678	337.81	100.00	100.00	98.58	30.57	25.57	8.55
汕头市	4201	239.96	100.00	100.00	98.21	20.90	15.25	6.83
佛山市	4101	346.03	100.00	100.00	96.56	18.05	27.84	9.61
江门市	2555	246.64	100.00	100.00	99.55	19.32	23.08	7.34
台山市	1326	334.35	100.00	100.00	99.13	38.99	23.64	10.65
开平市	1608	241.16	100.00	100.00	99.34	13.11	9.16	2.89
鹤山市	2543	238.33	100.00	100.00	99.28	21.00	27.99	8.85
恩平市	1065	284.17	100.00	100.00	99.13	69.27	15.37	8.85
湛江市	4315	334.62	100.00	97.43	100.00	19.15	16.76	7.67
廉江市	2977	193.29	100.00	100.00	100.00	12.29	27.61	11.87
雷州市	6005	132.46	100.00	100.00	100.00	17.12	10.39	3.58
吴川市	7566	122.27	100.00	100.00	100.00	55.27	11.29	5.64
茂名市	5364	212.77	99.16	99.16	99.60	16.70	22.37	8.25
高州市	1204	154.01	100.00	100.00	98.11	9.95	14.26	6.91
化州市	1258	160.75	100.00	100.00	98.58	6.87	11.36	6.04
信宜市	2519	140.71	100.00	100.00	99.03	13.09	12.78	6.69
肇庆市	1930	309.85	100.00	100.00	99.98	18.50	34.77	7.96
四会市	3721	548.82	94.12	94.12	93.57	20.13	20.46	6.88
惠州市	2455	202.93	99.36	99.36	95.35	12.61	19.71	9.90
梅州市	1188	388.16	94.67	94.67	90.44	8.66	19.79	7.11
兴宁市	4158	290.65	100.00	100.00	99.96	16.89	15.22	10.13
汕尾市	1087	216.29	100.00	100.00	100.00	16.43	22.54	8.06
陆丰市	1693	195.60	100.00	100.00	100.00	10.74	11.46	10.30
河源市	4005	390.62	100.00	100.00	99.97	27.94	22.02	9.71
阳江市	907	294.46	99.91	99.91	98.90	10.42	31.09	7.68

continued 13

建成区道路面积率（%） Surface Area of Roads Rate of Built District (%)	建成区排水管道密度（公里/平方公里） Density of Sewers in Built District (km/sq. km)	污水处理率（%） Wastewater Treatment Rate (%)	污水处理厂集中处理率 Centralized Treatment Rate of Wastewater Treatment Plants	人均公园绿地面积（平方米） Public Recreational Green Space Per Capita (sq. m)	建成区绿化覆盖率（%） Green Coverage Rate of Built District (%)	建成区绿地率（%） Green Space Rate of Built District (%)	生活垃圾处理率（%） Domestic Garbage Treatment Rate (%)	生活垃圾无害化处理率 Domestic Garbage Harmless Treatment Rate	城市名称 Name of Cities
21.17	14.84	95.39	95.28	11.55	32.86	29.35	100.00	100.00	洪江市
23.62	14.57	99.13	99.13	10.26	41.28	36.30	100.00	100.00	娄底市
10.65	8.21	98.00	98.00	15.56	36.51	31.09	97.99	97.99	冷水江市
26.32	8.20	97.20	97.20	9.26	40.37	35.86	100.00	100.00	涟源市
20.68	7.81	100.00	100.00	17.19	39.49	35.26	100.00	100.00	吉首市
13.28	**17.19**	**100.14**	**99.17**	**18.10**	**44.49**	**41.50**	**99.98**	**99.98**	**广　东**
15.85	28.25	99.50	99.50	21.29	44.71	39.62	100.00	100.00	广州市
6.51	4.13	100.00	100.00	16.41	43.20	43.19	100.00	100.00	韶关市
2.97	4.39	100.00	100.00	17.02	19.49	17.88	100.00	100.00	乐昌市
11.70	8.10	137.87	137.87	19.17	43.68	40.44	100.00	100.00	南雄市
15.27	21.42	100.00	100.00	14.69	43.56	40.92	100.00	100.00	深圳市
16.32	17.61	99.66	99.66	22.31	47.06	44.16	100.00	100.00	珠海市
12.91	16.71	99.27	99.27	16.92	42.04	40.93	100.00	100.00	汕头市
23.42	24.12	96.97	95.05	17.34	45.05	42.09	100.00	100.00	佛山市
16.75	12.82	98.28	98.28	19.69	43.88	41.62	100.00	100.00	江门市
14.88	13.52	98.08	98.08	19.18	45.45	41.33	100.00	100.00	台山市
4.71	5.37	98.10	98.10	13.58	44.29	41.76	100.00	100.00	开平市
15.69	20.12	98.22	98.22	18.45	41.94	41.28	100.00	100.00	鹤山市
7.87	6.33	96.23	73.34	24.23	43.65	40.59	100.00	100.00	恩平市
14.52	15.32	100.00	100.00	19.19	44.15	40.99	100.00	100.00	湛江市
14.06	14.65	100.00	100.00	28.62	13.95	27.89	100.00	100.00	廉江市
7.83	12.41	53.44	53.44	24.06	34.63	32.49	100.00	100.00	雷州市
10.30	9.99	100.00	100.00	9.42	32.22	28.59	100.00	100.00	吴川市
15.23	8.58	145.52	107.38	18.38	44.33	41.19	100.00	100.00	茂名市
13.44	5.96	100.00	100.00	18.03	43.86	41.13	93.11	93.11	高州市
10.32	6.31	106.00	100.00	20.78	43.88	40.41	100.00	100.00	化州市
13.04	20.40	100.00	50.00	16.35	45.81	40.84	100.00	100.00	信宜市
17.45	12.30	99.01	99.01	23.73	45.64	43.41	100.00	100.00	肇庆市
12.71	7.90	99.71	99.71	18.91	37.72	36.00	100.00	100.00	四会市
17.55	10.97	98.23	91.41	18.01	44.72	43.61	99.94	99.94	惠州市
11.25	6.11	100.00	100.00	18.49	51.57	53.61	100.00	100.00	梅州市
12.56	3.64	95.66	95.66	1.49	27.99	27.50	100.00	100.00	兴宁市
17.26	10.92	99.34	98.81	16.15	44.84	41.50	100.00	100.00	汕尾市
10.70	3.73	96.31	92.03	9.22	40.80	35.45	100.00	100.00	陆丰市
16.08	17.44	98.64	98.64	14.86	42.72	40.16	100.00	100.00	河源市
13.44	11.24	100.00	100.00	32.41	45.16	50.01	100.00	100.00	阳江市

1-2 续表 14

城市名称 Name of Cities	人口密度（人/平方公里）Population Density (person/sq. km)	人均日生活用水量（升）Daily Water Consumption Per Capita (liter)	供水普及率（%）Water Coverage Rate (%)	公共供水普及率 Public Water Coverage Rate	燃气普及率（%）Gas Coverage Rate (%)	建成区供水管道密度（公里/平方公里）Density of Water Supply Pipelines in Built District (km/sq. km)	人均道路面积（平方米）Road Surface Area Per Capita (sq. m)	建成区路网密度（公里/平方公里）Density of Road Network in Built District (km/sq. km)
阳春市	798	264.08	97.96	97.96	95.85	34.72	22.12	5.81
清远市	1511	380.78	100.00	100.00	98.93	17.48	24.17	9.15
英德市	1537	362.39	100.00	100.00	100.00	16.64	34.17	10.25
连州市	2023	160.64	100.00	100.00	100.00	9.23	23.61	9.29
东莞市	4459	200.71	100.00	100.00	98.80	18.93	12.23	4.27
中山市	3174	170.85	100.00	100.00	98.56	24.17	19.63	10.81
潮州市	1962	239.20	100.00	100.00	100.00	8.62	12.16	4.34
揭阳市	3498	148.78	100.00	100.00	100.00	8.03	17.86	1.91
普宁市	3661	205.44	100.00	100.00	100.00	5.07	11.76	6.21
云浮市	753	247.39	100.00	100.00	95.54	22.13	21.29	6.36
罗定市	583	276.67	100.00	100.00	97.96	20.21	22.81	7.82
广　西	**2558**	**272.95**	**99.89**	**99.34**	**99.21**	**14.68**	**24.48**	**8.46**
南宁市	4704	312.08	100.00	100.00	99.95	12.77	20.74	8.03
横州市	1798	154.34	98.40	98.40	98.40	8.20	29.46	7.58
柳州市	3789	253.85	100.00	99.20	99.25	11.99	24.52	8.49
桂林市	1708	311.02	99.72	99.55	99.35	25.60	20.48	8.26
荔浦市	3156	194.31	100.00	100.00	100.00	19.28	27.32	14.47
梧州市	1282	269.42	99.92	93.30	91.96	10.56	27.20	8.58
岑溪市	6467	154.35	100.00	100.00	98.35	11.73	18.27	8.43
北海市	4119	269.51	100.00	98.89	99.10	20.87	25.62	10.22
防城港市	1049	350.86	100.00	100.00	99.80	27.18	39.33	8.08
东兴市	831	351.68	92.25	92.25	91.88	18.19	27.23	12.30
钦州市	1177	312.02	100.00	100.00	100.00	15.77	37.11	6.55
贵港市	1350	301.66	100.00	100.00	100.00	15.58	40.95	8.32
桂平市	2635	254.71	100.00	100.00	100.00	9.36	31.77	8.35
玉林市	2573	174.64	100.00	99.69	99.90	13.31	17.65	9.00
北流市	1693	199.86	100.00	99.30	100.00	12.46	26.71	15.46
百色市	1036	222.34	100.00	100.00	99.41	12.81	28.07	8.45
靖西市	4908	148.84	100.00	100.00	97.95	8.72	23.37	9.99
平果市	3423	192.65	100.00	100.00	100.00	7.97	30.45	9.00
贺州市	3449	244.41	100.00	100.00	100.00	17.93	33.24	9.13
河池市	2653	269.72	100.00	100.00	100.00	11.98	22.91	9.36
来宾市	3873	267.05	99.89	99.89	98.74	20.94	25.44	4.87
合山市	2645	221.86	100.00	97.16	99.81	16.83	19.42	9.97
崇左市	3930	294.40	100.00	100.00	100.00	8.43	30.34	7.79
凭祥市	2060	187.36	100.00	96.36	100.00	20.05	21.45	9.40

continued 14

建成区道路面积率(%) Surface Area of Roads Rate of Built District (%)	建成区排水管道密度(公里/平方公里) Density of Sewers in Built District (km/sq. km)	污水处理率(%) Wastewater Treatment Rate (%)	污水处理厂集中处理率 Centralized Treatment Rate of Wastewater Treatment Plants	人均公园绿地面积(平方米) Public Recreational Green Space Per Capita (sq. m)	建成区绿化覆盖率(%) Green Coverage Rate of Built District (%)	建成区绿地率(%) Green Space Rate of Built District (%)	生活垃圾处理率(%) Domestic Garbage Treatment Rate (%)	生活垃圾无害化处理率 Domestic Garbage Harmless Treatment Rate	城市名称 Name of Cities
12.42	12.62	79.62	79.62	14.16	40.11	36.53	100.00	100.00	阳春市
18.76	2.75	99.03	98.80	13.57	44.51	42.14	100.00	100.00	清远市
20.91	18.46	98.17	90.44	14.80	39.93	36.39	100.00	100.00	英德市
18.82	11.70	100.00	100.00	14.90	37.78	36.00	100.00	100.00	连州市
6.92	13.71	98.93	98.93	19.68	49.06	44.79	100.00	100.00	东莞市
18.22	24.43	128.98	128.98	13.45	43.37	40.77	100.00	100.00	中山市
3.16	4.59	117.82	117.82	12.45	44.38	42.02	100.00	100.00	潮州市
8.69	4.13	96.60	96.60	18.17	44.21	42.28	100.00	100.00	揭阳市
8.99	19.92	96.00	96.00	14.22	40.91	37.21	100.00	100.00	普宁市
7.49	28.72	98.49	98.49	21.31	42.85	40.63	100.00	100.00	云浮市
11.16	5.43	96.03	96.03	13.35	21.76	18.10	100.00	100.00	罗定市
15.87	**12.45**	**99.42**	**94.29**	**12.25**	**42.38**	**38.10**	**100.00**	**100.00**	**广　西**
13.19	14.61	99.98	98.41	6.26	43.16	38.79	100.00	100.00	南宁市
15.57	7.63	98.30	40.41	10.79	21.97	20.03	100.00	100.00	横州市
17.62	8.34	99.17	94.16	13.45	44.30	37.42	100.00	100.00	柳州市
16.63	8.87	99.45	99.42	14.68	42.15	41.07	100.00	100.00	桂林市
17.31	15.65	99.78	99.78	28.45	43.54	39.32	100.00	100.00	荔浦市
14.68	11.84	99.21	91.55	15.06	43.09	40.11	100.00	100.00	梧州市
15.23	7.97	99.22	99.22	12.05	40.00	35.15	100.00	100.00	岑溪市
19.93	14.75	99.88	99.88	12.83	42.32	38.94	100.00	100.00	北海市
17.85	19.33	99.22	78.61	29.68	46.48	40.08	100.00	100.00	防城港市
21.04	22.65	97.39	97.39	16.33	37.38	33.18	100.00	100.00	东兴市
16.22	12.57	99.22	96.17	13.30	42.64	40.53	100.00	100.00	钦州市
17.19	12.12	99.65	97.93	14.93	40.31	35.99	100.00	100.00	贵港市
14.16	7.30	99.50	99.50	25.32	40.47	34.75	100.00	100.00	桂平市
17.55	11.99	99.28	90.35	15.10	43.14	38.57	100.00	100.00	玉林市
21.32	14.20	99.80	99.80	14.66	43.15	39.02	100.00	100.00	北流市
15.11	12.41	96.10	79.04	13.90	43.84	39.98	100.00	100.00	百色市
19.19	16.33	99.03	99.03	14.86	42.41	37.80	100.00	100.00	靖西市
14.70	6.65	99.12	99.12	12.31	43.36	40.57	100.00	100.00	平果市
15.21	13.92	99.78	99.78	21.66	42.67	40.85	100.00	100.00	贺州市
16.32	17.80	97.85	95.28	11.64	40.95	35.32	100.00	100.00	河池市
16.65	14.40	99.94	99.94	12.03	41.10	34.33	100.00	100.00	来宾市
13.34	14.56	98.86	98.86	14.90	41.39	36.38	100.00	100.00	合山市
14.29	15.10	97.48	60.02	22.46	42.51	38.34	100.00	100.00	崇左市
12.40	6.91	97.48	97.48	23.55	37.42	34.39	100.00	100.00	凭祥市

1-2 续表 15

城市名称 Name of Cities	人口密度（人/平方公里） Population Density (person/sq. km)	人均日生活用水量（升） Daily Water Consumption Per Capita (liter)	供水普及率（%） Water Coverage Rate (%)	公共供水普及率 Public Water Coverage Rate	燃气普及率（%） Gas Coverage Rate (%)	建成区供水管道密度（公里/平方公里） Density of Water Supply Pipelines in Built District (km/sq. km)	人均道路面积（平方米） Road Surface Area Per Capita (sq. m)	建成区路网密度（公里/平方公里） Density of Road Network in Built District (km/sq. km)
海　南	**2501**	**304.65**	**99.85**	**98.10**	**99.82**	**8.13**	**25.37**	**11.61**
海口市	4233	228.91	99.83	97.11	99.88	3.75	22.07	14.49
三亚市	2958	536.09	100.00	100.00	100.00	13.02	23.39	5.67
儋州市	957	296.31	100.00	100.00	100.00	7.22	30.29	8.63
五指山市	3537	284.58	100.00	100.00	95.46	12.48	42.46	7.46
琼海市	3759	444.12	98.86	98.86	100.00		38.42	9.90
文昌市	1615	295.60	100.00	99.93	99.93	11.12	32.25	7.22
万宁市	290	336.53	100.00	100.00	98.94	50.48	27.18	5.43
东方市	1241	606.71	100.00	100.00	99.86	8.71	79.01	17.56
重　庆	**2038**	**190.04**	**99.92**	**99.79**	**99.66**	**14.58**	**17.35**	**6.98**
重庆市	2038	190.04	99.92	99.79	99.66	14.58	17.35	6.98
四　川	**3623**	**211.64**	**99.01**	**98.90**	**97.96**	**16.08**	**19.88**	**8.23**
成都市	9106	240.89	98.78	98.78	98.30	18.79	17.40	8.73
简阳市	4712	143.79	100.00	94.31	100.00	7.76	22.43	8.08
都江堰市	2590	198.47	98.90	98.90	97.54	12.79	22.65	8.06
彭州市	2052	148.76	100.00	99.64	100.00	37.48	15.93	8.10
邛崃市	1181	113.08	100.00	100.00	94.72	14.22	23.58	9.23
崇州市	2854	222.96	100.00	100.00	99.67	12.22	25.34	9.50
自贡市	1326	126.26	96.01	96.01	98.37	34.64	23.09	11.61
攀枝花市	1132	262.26	100.00	100.00	90.96	19.63	27.58	11.20
泸州市	2917	207.26	98.47	98.47	98.08	20.76	22.30	7.28
德阳市	4235	190.69	99.97	99.97	100.00	8.02	29.70	7.93
广汉市	4540	220.60	100.00	100.00	100.00	11.02	22.06	7.00
什邡市	6663	219.99	99.40	99.40	100.00	14.49	19.96	7.17
绵竹市	6592	171.76	99.87	99.87	99.80	8.12	27.03	6.34
绵阳市	4992	220.83	99.87	99.87	99.48	24.17	20.98	7.71
江油市	1506	183.68	100.00	100.00	100.00	28.29	21.79	7.23
广元市	2582	172.39	99.98	99.98	99.91	12.39	19.53	8.29
遂宁市	2098	227.07	100.00	100.00	99.97	14.83	31.87	8.23
射洪市	2629	128.65	100.00	100.00	99.64	6.80	17.49	6.56
内江市	2337	211.17	100.00	100.00	100.00	8.27	20.36	7.06
隆昌市	3512	181.72	100.00	100.00	100.00	21.98	23.80	8.79
乐山市	2200	182.34	99.54	99.54	97.46	18.92	17.99	9.14
峨眉山市	2214	297.66	98.75	98.75	99.10	10.52	29.18	7.38
南充市	3048	217.29	100.00	100.00	99.22	6.74	19.52	6.28
阆中市	1891	175.66	100.00	100.00	100.00	8.28	17.93	5.81
眉山市	4964	228.66	99.97	99.97	98.22	11.11	20.23	8.05

continued 15

建成区道路面积率（%） Surface Area of Roads Rate of Built District（%）	建成区排水管道密度（公里/平方公里） Density of Sewers in Built District（km/sq. km）	污水处理率（%） Wastewater Treatment Rate（%）	污水处理厂集中处理率 Centralized Treatment Rate of Wastewater Treatment Plants	人均公园绿地面积（平方米） Public Recreational Green Space Per Capita（sq. m）	建成区绿化覆盖率（%） Green Coverage Rate of Built District（%）	建成区绿地率（%） Green Space Rate of Built District（%）	生活垃圾处理率（%） Domestic Garbage Treatment Rate（%）	生活垃圾无害化处理率 Domestic Garbage Harmless Treatment Rate	城市名称 Name of Cities
18.36	**10.45**	**100.19**	**99.71**	**12.71**	**42.07**	**39.75**	**100.00**	**100.00**	**海　南**
21.01	11.31	100.00	100.00	12.08	42.23	40.28	100.00	100.00	海口市
16.30		99.45	97.67	17.22	42.48	40.08	100.00	100.00	三亚市
15.49	13.94	100.00	100.00	14.61	41.17	40.04	100.00	100.00	儋州市
14.39	9.41	100.00	100.00	7.18	40.84	35.29	100.00	100.00	五指山市
16.56		111.58	111.58	8.63	42.03	37.64	100.00	100.00	琼海市
16.97	15.24	100.00	100.00	9.12	43.00	40.36	100.00	100.00	文昌市
11.57		98.41	98.41	9.97	42.67	38.27	100.00	100.00	万宁市
14.49	35.73	94.56	94.56	12.16	40.35	39.05	100.00	100.00	东方市
15.25	**14.64**	**99.51**	**99.27**	**18.18**	**42.31**	**39.43**	**100.00**	**100.00**	**重　庆**
15.25	14.64	99.51	99.27	18.18	42.31	39.43	100.00	100.00	重庆市
16.53	**14.20**	**96.73**	**92.83**	**14.59**	**44.16**	**39.17**	**100.00**	**99.96**	**四　川**
18.93	17.61	95.81	89.84	11.18	45.00	38.71	100.00	100.00	成都市
16.00	12.99	95.11	95.11	16.19	44.60	36.00	100.00	100.00	简阳市
14.77	14.11	94.05	94.05	16.25	46.55	41.65	100.00	100.00	都江堰市
16.63	17.41	97.81	97.81	15.36	45.77	38.74	100.00	100.00	彭州市
24.40	14.81	98.00	98.00	26.50	46.59	42.78	100.00	100.00	邛崃市
19.66	12.90	95.40	95.40	13.50	46.06	42.58	100.00	97.31	崇州市
15.70	14.64	97.01	93.40	18.44	44.81	39.31	100.00	100.00	自贡市
16.56	8.80	98.28	62.85	20.99	43.91	41.16	100.00	100.00	攀枝花市
15.37	11.76	96.82	96.14	14.96	43.93	37.94	100.00	100.00	泸州市
19.67	16.66	98.71	97.91	17.29	44.83	38.26	100.00	100.00	德阳市
14.33	13.37	98.21	98.21	14.65	49.96	39.90	100.00	100.00	广汉市
18.44	20.19	97.02	97.02	16.38	44.21	40.14	100.00	100.00	什邡市
13.17	15.27	96.15	96.15	15.12	41.24	38.04	100.00	100.00	绵竹市
15.76	14.78	98.37	98.37	14.38	42.04	38.70	100.00	100.00	绵阳市
18.69	12.64	96.93	96.93	16.58	45.01	38.38	100.00	100.00	江油市
15.10	14.62	97.58	97.58	18.00	42.15	39.28	100.00	100.00	广元市
18.95	15.37	98.28	92.83	15.79	43.00	40.02	100.00	100.00	遂宁市
12.94	16.13	98.08	98.08	12.41	44.37	39.83	100.00	100.00	射洪市
12.66	10.80	97.01	97.01	18.92	39.26	36.27	100.00	100.00	内江市
18.12	10.12	99.17	98.90	13.90	43.72	38.72	100.00	100.00	隆昌市
15.46	13.47	97.58	97.58	18.06	43.31	39.89	100.00	100.00	乐山市
14.95	16.31	95.37	95.37	18.18	43.90	40.63	100.00	100.00	峨眉山市
14.65	11.31	98.88	98.88	17.82	47.69	40.62	100.00	100.00	南充市
14.85	12.53	95.19	95.19	17.03	46.05	41.88	100.00	100.00	阆中市
17.16	13.35	98.24	98.24	15.63	45.18	39.70	100.00	100.00	眉山市

1-2 续表 16

城市名称 Name of Cities	人口密度（人/平方公里）Population Density (person/sq. km)	人均日生活用水量（升）Daily Water Consumption Per Capita (liter)	供水普及率（%）Water Coverage Rate (%)	公共供水普及率 Public Water Coverage Rate	燃气普及率（%）Gas Coverage Rate (%)	建成区供水管道密度（公里/平方公里）Density of Water Supply Pipelines in Built District (km/sq. km)	人均道路面积（平方米）Road Surface Area Per Capita (sq. m)	建成区路网密度（公里/平方公里）Density of Road Network in Built District (km/sq. km)
宜宾市	5111	161. 79	98. 05	98. 05	98. 67	7. 57	17. 71	6. 56
广安市	3421	209. 50	97. 95	97. 95	96. 76	11. 58	26. 37	7. 65
华蓥市	6314	163. 09	95. 89	95. 89	99. 14	18. 57	21. 02	8. 79
达州市	6473	98. 89	99. 54	99. 54	99. 90	8. 34	15. 81	8. 47
万源市	2363	181. 51	99. 88	99. 88	99. 88	8. 50	9. 79	4. 50
雅安市	1219	201. 83	98. 57	98. 57	98. 22	13. 01	44. 30	8. 05
巴中市	3197	225. 84	100. 00	100. 00	100. 00	9. 99	21. 56	10. 54
资阳市	1542	200. 42	100. 00	100. 00	100. 00	12. 53	27. 15	8. 51
马尔康市	89	522. 13	99. 70	90. 91	86. 36	11. 03	11. 98	5. 80
康定市	7750	223. 48	100. 00	77. 42	89. 68	14. 14	16. 99	12. 61
会理市	3716	163. 81	99. 86	99. 86	74. 48	21. 23	25. 10	7. 05
西昌市	1907	199. 04	95. 98	95. 98	68. 50	14. 16	14. 73	7. 15
贵　州	**2105**	**185. 21**	**98. 10**	**98. 08**	**94. 80**	**20. 29**	**25. 77**	**8. 69**
贵阳市	2444	241. 90	99. 40	99. 40	99. 32	19. 74	23. 54	9. 45
清镇市	2854	121. 12	97. 46	96. 93	98. 95	9. 46	19. 28	8. 28
六盘水市	1107	159. 82	100. 00	100. 00	94. 68	32. 61	31. 34	8. 56
盘州市	582	77. 47	100. 00	100. 00	99. 74	16. 10	28. 63	9. 06
遵义市	2238	165. 31	95. 95	95. 95	96. 67	29. 54	26. 46	7. 92
赤水市	1544	192. 48	99. 40	99. 40	97. 94	27. 20	25. 41	8. 88
仁怀市	3154	255. 47	93. 55	93. 55	86. 36	84. 30	15. 13	6. 59
安顺市	2092	180. 70	99. 98	99. 98	99. 54	9. 38	40. 64	8. 11
毕节市	3648	91. 64	99. 63	99. 63	94. 92	9. 19	19. 01	8. 78
黔西市	8060	125. 11	100. 00	100. 00	96. 36	6. 23	17. 16	8. 00
铜仁市	6892	207. 61	88. 43	88. 43	82. 29	7. 24	23. 07	10. 22
兴义市	4301	184. 31	100. 00	100. 00	92. 33	17. 88	32. 74	8. 01
兴仁市	4446	83. 23	100. 00	100. 00	72. 72	11. 46	22. 18	8. 26
凯里市	2362	153. 06	96. 45	96. 45	81. 01	10. 79	27. 45	7. 59
都匀市	678	162. 72	100. 00	100. 00	91. 50	14. 80	39. 67	8. 64
福泉市	6616	170. 91	100. 00	100. 00	91. 18	19. 02	24. 29	9. 76
云　南	**3341**	**181. 50**	**98. 94**	**98. 93**	**76. 69**	**13. 88**	**19. 10**	**7. 21**
昆明市	2840	187. 87	99. 20	99. 18	86. 77	14. 22	14. 99	5. 54
安宁市	1033	162. 62	100. 00	100. 00	98. 75	13. 61	28. 63	10. 07
曲靖市	6444	139. 48	99. 28	99. 28	46. 99	9. 81	23. 61	8. 65
宣威市	5942	113. 20	99. 23	99. 23	84. 38	6. 36	18. 57	7. 12
玉溪市	3543	198. 20	97. 45	97. 45	78. 61	2. 70	20. 04	6. 93
澄江市	2762				94. 48		29. 93	9. 77
保山市	4441	286. 95	100. 00	100. 00	77. 48	18. 36	31. 96	8. 64
腾冲市	3333	93. 38	93. 67	93. 67	36. 20	31. 15	31. 59	8. 66

continued 16

建成区道路面积率（%） Surface Area of Roads Rate of Built District （%）	建成区排水管道密度（公里/平方公里） Density of Sewers in Built District （km/sq. km）	污水处理率（%） Wastewater Treatment Rate （%）	污水处理厂集中处理率 Centralized Treatment Rate of Wastewater Treatment Plants	人均公园绿地面积（平方米） Public Recreational Green Space Per Capita （sq. m）	建成区绿化覆盖率（%） Green Coverage Rate of Built District （%）	建成区绿地率（%） Green Space Rate of Built District （%）	生活垃圾处理率（%） Domestic Garbage Treatment Rate （%）	生活垃圾无害化处理率 Domestic Garbage Harmless Treatment Rate	城市名称 Name of Cities
11.80	9.48	97.11	97.11	22.05	41.69	37.39	100.00	100.00	宜宾市
14.76	10.41	99.67	99.67	17.70	43.14	39.02	100.00	100.00	广安市
13.65	6.75	99.52	99.52	15.17	39.23	36.92	100.00	100.00	华蓥市
13.66	10.62	95.24	95.24	16.13	44.10	42.50	100.00	100.00	达州市
10.50	11.20	99.00	99.00	23.56	44.30	40.62	100.00	100.00	万源市
16.31	11.93	98.42	98.42	17.60	40.35	37.53	100.00	100.00	雅安市
19.47	9.85	98.18	98.18	19.39	45.01	43.59	100.00	100.00	巴中市
13.50	18.34	98.03	98.03	15.80	43.03	40.39	100.00	100.00	资阳市
4.06	4.87	99.85	99.85	13.64	39.01	37.83	100.00	100.00	马尔康市
13.89	10.87	98.15	98.15	19.78	42.59	37.59	100.00	100.00	康定市
13.85	12.29	83.60	83.60	18.74	39.05	35.04	100.00	100.00	会理市
15.37	8.92	95.08	95.08	13.64	43.93	40.00	100.00	100.00	西昌市
16.14	**11.32**	**99.03**	**99.03**	**16.63**	**41.92**	**40.07**	**100.00**	**100.00**	**贵　州**
13.23	11.36	99.20	99.20	17.97	42.03	40.11	100.00	100.00	贵阳市
13.26	13.40	99.17	99.17	13.03	36.62	36.07	100.00	100.00	清镇市
19.01	13.69	98.50	98.50	13.36	40.96	38.50	100.00	100.00	六盘水市
18.12	19.01	97.98	97.98	13.83	41.51	39.48	100.00	100.00	盘州市
18.67	9.28	99.72	99.72	14.31	42.27	41.60	100.00	100.00	遵义市
18.58	12.52	98.53	98.53	13.80	41.79	39.76	100.00	100.00	赤水市
12.34	28.74	98.04	98.04	10.11	40.01	38.19	100.00	100.00	仁怀市
15.38	15.43	98.80	98.80	29.74	43.30	40.31	100.00	100.00	安顺市
18.38	7.84	98.14	98.14	14.54	41.74	40.63	100.00	100.00	毕节市
15.01	6.83	98.50	98.50	16.08	40.45	36.18	100.00	100.00	黔西市
16.14	10.90	98.54	98.54	15.70	43.12	41.02	100.00	100.00	铜仁市
21.55	12.78	98.95	98.95	16.55	41.46	40.03	100.00	100.00	兴义市
12.72	12.04	97.27	97.27	14.79	42.52	39.05	100.00	100.00	兴仁市
15.34	4.13	98.91	98.91	15.46	42.76	41.51	100.00	100.00	凯里市
21.50	6.94	99.00	99.00	22.11	42.06	40.04	100.00	100.00	都匀市
16.54	9.32	98.96	98.96	19.03	45.78	41.05	99.97	99.97	福泉市
14.98	**13.23**	**99.49**	**97.87**	**13.81**	**43.73**	**40.13**	**100.00**	**100.00**	**云　南**
13.41	10.98	99.84	97.16	12.49	43.61	40.52	100.00	100.00	昆明市
18.11	6.18	96.45	96.45	17.92	44.35	40.21	100.00	100.00	安宁市
16.38	11.55	99.20	99.20	13.81	44.34	40.38	100.00	100.00	曲靖市
13.95	10.30	96.34	96.34	13.46	45.09	40.16	100.00	100.00	宣威市
16.50	18.31	100.87	100.87	14.49	39.38	38.22	100.00	100.00	玉溪市
18.71	37.68	96.78	96.78	14.83	42.50	40.01	100.00	100.00	澄江市
25.10	20.97	100.00	100.00	14.10	45.01	40.02	100.00	100.00	保山市
16.36	11.23	100.00	100.00	17.28	48.20	40.94	100.00	100.00	腾冲市

1-2 续表 17

城市名称 Name of Cities	人口密度（人/平方公里） Population Density (person/sq. km)	人均日生活用水量（升） Daily Water Consumption Per Capita (liter)	供水普及率（%） Water Coverage Rate (%)	公共供水普及率 Public Water Coverage Rate	燃气普及率（%） Gas Coverage Rate (%)	建成区供水管道密度（公里/平方公里） Density of Water Supply Pipelines in Built District (km/sq. km)	人均道路面积（平方米） Road Surface Area Per Capita (sq. m)	建成区路网密度（公里/平方公里） Density of Road Network in Built District (km/sq. km)
昭通市	6216	129.82	100.00	100.00	80.06	8.24	19.17	8.80
水富市	3147	126.26	100.00	100.00	100.00	13.46	14.77	3.94
丽江市	8102	248.28	100.00	100.00	97.32	35.75	23.74	8.84
普洱市	5302	162.03	99.25	99.25	86.76	12.49	18.77	8.49
临沧市	4772	165.95	94.98	94.98	59.10	14.78	18.43	5.48
禄丰市	2054	180.35	99.30	99.30	91.66	15.18	24.32	8.81
楚雄市	6891	130.75	99.59	99.59	91.01	16.06	23.60	8.63
个旧市	1729	136.52	100.00	100.00	2.36	25.13	14.20	11.89
开远市	3822	138.54	100.00	100.00	25.23	11.80	24.88	8.49
蒙自市	7472	188.46	99.97	99.97	39.99	19.87	19.21	10.47
弥勒市	4258	115.62	100.00	100.00	40.59	10.81	31.21	9.03
文山市	5699	202.00	100.00	99.81	80.02	19.85	24.30	7.83
景洪市	2926	246.91	100.00	100.00	81.28	8.21	18.98	6.26
大理市	4805	254.88	100.00	100.00	56.56	11.11	19.15	7.80
瑞丽市	6648	154.35	100.00	100.00	100.00	9.70	31.27	8.61
芒市	3462	132.47	98.21	98.21	67.01	18.00	16.28	4.14
泸水市	5123	211.26	94.14	94.14	79.08	10.34	31.65	10.77
香格里拉市	1048	406.65	100.00	100.00	50.08	11.39	17.28	8.26
西　藏	**1544**	**285.84**	**100.00**	**100.00**	**86.93**	**10.40**	**21.78**	**5.07**
拉萨市	1157	254.31	100.00	100.00	94.46	13.09	22.76	5.86
日喀则市	2781	244.86	100.00	100.00	68.58	4.79	21.19	0.05
昌都市	5055	217.39	100.00	100.00	58.70	18.88	5.61	8.89
林芝市	4844	361.64	100.00	100.00	97.58	9.38	15.44	5.94
山南市	1921	356.84	100.00	100.00	91.88	7.01	28.26	8.66
那曲市	2783	647.71	100.00	100.00	75.27	5.12	38.92	4.18
陕　西	**5413**	**153.62**	**98.53**	**97.66**	**99.08**	**8.05**	**18.05**	**5.85**
西安市	8291	164.64	98.91	97.77	99.79	7.62	19.48	4.99
铜川市	7685	110.30	94.87	94.87	98.18	9.49	13.65	5.26
宝鸡市	5974	139.27	95.49	95.09	99.38	13.23	16.07	6.47
咸阳市	7437	158.55	99.81	99.81	100.00	5.24	5.33	4.25
彬州市	4880	107.13	94.92	94.92	74.02	10.46	16.91	8.10
兴平市	3070	192.72	97.68	95.50	100.00	4.55	15.06	9.11
渭南市	2078	151.09	100.00	99.39	97.75	5.57	13.08	6.19
韩城市	2246	122.93	100.00	99.83	99.54	16.74	17.51	8.14
华阴市	1818	98.05	100.00	93.91	98.73	6.69	16.58	6.89
延安市	2243	123.98	97.03	97.03	98.76	4.86	20.70	5.62
子长市	8647	55.97	96.99	96.99	99.85	11.49	11.36	8.11
汉中市	4337	171.99	99.05	96.06	99.84	9.06	18.63	7.24

continued 17

建成区道路面积率（%） Surface Area of Roads Rate of Built District（%）	建成区排水管道密度（公里/平方公里） Density of Sewers in Built District（km/sq. km）	污水处理率（%） Wastewater Treatment Rate（%）	污水处理厂集中处理率 Centralized Treatment Rate of Wastewater Treatment Plants	人均公园绿地面积（平方米） Public Recreational Green Space Per Capita（sq. m）	建成区绿化覆盖率（%） Green Coverage Rate of Built District（%）	建成区绿地率（%） Green Space Rate of Built District（%）	生活垃圾处理率（%） Domestic Garbage Treatment Rate（%）	生活垃圾无害化处理率 Domestic Garbage Harmless Treatment Rate	城市名称 Name of Cities
15.39	15.16	99.41	99.41	12.80	43.49	38.02	100.00	100.00	昭通市
6.22	15.60	98.32	98.32	14.65	44.36	41.93	100.00	100.00	水富市
21.72	27.67	98.37	98.37	17.78	43.12	39.20	100.00	100.00	丽江市
16.06	24.17	100.00	100.00	15.30	43.36	40.36	100.00	100.00	普洱市
13.59	13.89	100.00	100.00	12.52	41.32	37.12	100.00	100.00	临沧市
16.95	19.00	100.00	100.00	15.38	42.53	38.99	100.00	100.00	禄丰市
16.32	23.96	100.00	100.00	16.33	43.14	40.06	100.00	100.00	楚雄市
16.00	7.43	98.19	98.19	13.32	42.83	40.01	100.00	100.00	个旧市
15.91	10.60	99.64	99.64	18.87	44.99	40.90	100.00	100.00	开远市
15.71	18.99	97.95	97.95	16.99	46.67	40.68	100.00	100.00	蒙自市
14.81	10.63	100.00	100.00	19.56	45.37	40.29	100.00	100.00	弥勒市
15.41	17.48	98.00	89.64	12.15	43.04	40.18	100.00	100.00	文山市
12.30	6.96	99.60	99.60	13.77	45.35	40.66	100.00	100.00	景洪市
14.22	4.87	97.31	97.31	12.87	42.10	39.89	100.00	100.00	大理市
20.79	17.45	98.69	98.69	13.75	43.00	40.03	100.00	100.00	瑞丽市
12.03	13.51	98.75	98.75	13.90	43.50	41.20	100.00	100.00	芒市
12.14	20.75	96.18	96.18	27.65	42.99	39.08	100.00	100.00	泸水市
6.67	16.95	105.03	105.03	22.42	40.10	37.02	100.00	100.00	香格里拉市
11.67	**3.27**	**97.80**	**97.80**	**17.37**	**42.52**	**40.62**	**99.87**	**99.87**	**西　藏**
14.24	1.03	98.63	98.63	15.46	49.04	46.96	100.00	100.00	拉萨市
6.56	4.43	100.00	100.00	21.32	29.72	31.23	100.00	100.00	日喀则市
5.59	5.30	94.27	94.27	11.30	39.10	37.48	99.87	99.87	昌都市
7.24	8.20	97.05	97.05	26.24	51.52	44.84	100.00	100.00	林芝市
13.54	9.28	96.50	96.50	16.75	43.60	38.68	100.00	100.00	山南市
12.04	3.66	93.58	93.58	30.00	25.56	24.49	96.94	96.94	那曲市
15.11	**9.79**	**96.60**	**96.60**	**13.15**	**42.99**	**38.78**	**100.00**	**100.00**	**陕　西**
16.11	9.89	95.88	95.88	12.03	44.59	40.11	100.00	100.00	西安市
11.81	11.17	98.12	98.12	12.65	41.48	37.00	100.00	100.00	铜川市
14.12	10.38	98.20	98.20	15.03	43.67	40.81	100.00	100.00	宝鸡市
6.82	5.05	99.19	99.19	17.37	38.62	33.99	100.00	100.00	咸阳市
20.72	14.41	100.00	100.00	9.38	40.85	37.82	100.00	100.00	彬州市
13.31	4.33	95.70	95.70	12.84	37.94	34.67	100.00	100.00	兴平市
9.84	7.82	97.88	97.88	15.34	41.45	36.55	100.00	100.00	渭南市
16.68	10.41	96.86	96.86	9.11	39.94	34.93	100.00	100.00	韩城市
10.33	7.46	97.12	97.12	14.54	39.22	34.76	100.00	100.00	华阴市
13.37	5.82	98.52	98.52	13.35	41.30	38.08	100.00	100.00	延安市
13.22	7.68	97.66	97.66	12.07	44.81	39.47	100.00	100.00	子长市
13.08	8.14	97.31	97.31	15.83	41.81	36.96	100.00	100.00	汉中市

1-2 续表 18

城市名称 Name of Cities	人口密度（人/平方公里） Population Density (person/sq. km)	人均日生活用水量（升） Daily Water Consumption Per Capita (liter)	供水普及率（%） Water Coverage Rate (%)	公共供水普及率 Public Water Coverage Rate	燃气普及率（%） Gas Coverage Rate (%)	建成区供水管道密度（公里/平方公里） Density of Water Supply Pipelines in Built District (km/sq. km)	人均道路面积（平方米） Road Surface Area Per Capita (sq. m)	建成区路网密度（公里/平方公里） Density of Road Network in Built District (km/sq. km)
榆林市	3870	119.35	98.67	98.67	94.31	10.30	24.77	8.23
神木市	8323	118.17	100.00	100.00	99.00	7.87	23.76	9.38
安康市	2219	168.01	100.00	100.00	99.13	8.24	23.58	8.00
旬阳市	1491	98.30	100.00	100.00	97.41	12.02	19.16	10.07
商洛市	6363	134.47	95.09	95.09	99.10	5.03	12.91	7.74
杨凌区	4904	178.48	100.00	100.00	100.00	5.89	29.27	6.48
甘　肃	**3342**	**141.10**	**99.67**	**99.22**	**97.98**	**6.51**	**21.84**	**7.31**
兰州市	6467	150.95	99.34	99.34	99.06	4.09	17.28	5.94
嘉峪关市	727	137.33	100.00	100.00	100.00	9.31	43.63	8.25
金昌市	3126	211.66	100.00	80.43	100.00	7.38	61.41	10.69
白银市	4506	188.82	100.00	100.00	99.09	5.19	29.62	8.46
天水市	8358	76.94	99.98	99.98	99.92	5.92	17.52	8.08
武威市	1932	114.21	99.94	99.94	97.15	8.05	20.31	8.21
张掖市	1485	168.67	100.00	100.00	100.00	9.56	23.26	8.16
平凉市	1208	95.39	100.00	100.00	90.91	10.08	25.30	6.41
华亭市	6374	78.39	100.00	100.00	77.04	8.09	22.77	7.35
酒泉市	1394	151.69	100.00	100.00	99.42	0.80	23.76	7.54
玉门市	4493	77.23	100.00	100.00	100.00	13.20	36.17	13.15
敦煌市	3973	124.29	100.00	100.00	99.24	23.55	36.77	14.76
庆阳市	6987	161.40	100.00	100.00	96.03	14.21	32.98	8.02
定西市	5515	75.63	99.80	99.80	93.48	9.17	15.64	4.58
陇南市	4590	89.10	99.67	99.67	98.42	9.72	12.36	10.86
临夏市	9482	205.88	100.00	100.00	96.50	11.10	17.79	7.05
合作市	3756	223.62	98.98	98.98	86.01	5.91	31.76	3.67
青　海	**2944**	**177.10**	**99.53**	**98.80**	**97.02**	**12.86**	**19.78**	**5.84**
西宁市	3741	170.20	100.00	100.00	99.27	14.40	12.81	6.97
海东市	1588	127.66	99.57	97.26	99.44	9.55	29.30	5.01
同仁市	1982	134.36	98.82	98.82	40.19	12.00	38.06	10.27
玉树市	7916	249.07	92.99	92.99	95.52	27.04	33.34	4.21
茫崖市	4711	111.85	100.00	100.00	61.85	7.10	19.89	4.18
格尔木市	2515	223.76	100.00	94.31	97.83	9.42	38.00	3.87
德令哈市	757	352.99	100.00	100.00	100.00	12.02	61.97	5.94
宁　夏	**3239**	**187.75**	**99.33**	**99.29**	**96.79**	**6.17**	**27.17**	**5.92**
银川市	2900	202.51	100.00	100.00	99.96	5.99	21.12	5.44
灵武市	4882	135.59	100.00	100.00	100.00	5.18	34.16	3.04
宁东能源化工基地	2173	76.49	77.91	77.91	79.29		25.77	4.95
石嘴山市	3439	238.12	99.95	99.63	99.63	7.51	47.34	8.02

continued 18

建成区道路面积率（%） Surface Area of Roads Rate of Built District (%)	建成区排水管道密度（公里/平方公里） Density of Sewers in Built District (km/sq. km)	污水处理率（%） Wastewater Treatment Rate (%)	污水处理厂集中处理率 Centralized Treatment Rate of Wastewater Treatment Plants	人均公园绿地面积（平方米） Public Recreational Green Space Per Capita (sq. m)	建成区绿化覆盖率（%） Green Coverage Rate of Built District (%)	建成区绿地率（%） Green Space Rate of Built District (%)	生活垃圾处理率（%） Domestic Garbage Treatment Rate (%)	生活垃圾无害化处理率 Domestic Garbage Harmless Treatment Rate	城市名称 Name of Cities
21.67	18.27	95.38	95.38	15.68	38.83	35.64	100.00	100.00	榆林市
19.48	13.62	100.00	100.00	12.02	42.80	38.89	100.00	100.00	神木市
18.61	10.47	98.40	98.40	11.63	42.05	38.08	100.00	100.00	安康市
16.96	9.12	98.00	98.00	11.65	42.60	39.13	100.00	100.00	旬阳市
11.38	10.13	99.62	99.62	14.81	45.04	41.94	100.00	100.00	商洛市
19.19	10.37	99.06	99.06	13.12	40.00	35.02	100.00	100.00	杨凌区
15.41	**9.02**	**98.37**	**98.37**	**16.04**	**36.81**	**33.59**	**100.00**	**100.00**	**甘　肃**
13.97	8.59	97.38	97.38	13.34	30.47	28.13	100.00	100.00	兰州市
15.05	8.87	100.00	100.00	34.70	42.12	41.42	100.00	100.00	嘉峪关市
21.07	2.81	98.00	98.00	37.20	45.10	40.56	100.00	100.00	金昌市
15.44	8.83	97.38	97.38	12.82	41.37	37.69	100.00	100.00	白银市
17.82	11.06	100.00	100.00	13.86	40.97	36.62	100.00	100.00	天水市
16.23	6.06	98.87	98.87	13.25	40.83	37.83	100.00	100.00	武威市
15.01	11.11	100.00	100.00	26.28	44.14	40.48	100.00	100.00	张掖市
18.56	13.39	100.00	100.00	16.23	45.14	37.70	100.00	100.00	平凉市
16.60	11.81	100.00	100.00	17.47	42.20	41.17	100.00	100.00	华亭市
12.58	6.95	99.30	99.30	17.55	41.83	35.32	100.00	100.00	酒泉市
19.63	13.62	99.22	99.22	18.18	42.72	40.48	100.00	100.00	玉门市
15.32	5.03	97.91	97.91	25.46	43.89	40.07	100.00	100.00	敦煌市
23.66	9.88	98.40	98.40	13.71	35.28	33.41	100.00	100.00	庆阳市
11.66	7.03	99.10	99.10	20.92	34.94	30.67	100.00	100.00	定西市
14.46	22.10	100.00	100.00	11.22	34.76	32.76	100.00	100.00	陇南市
16.71	14.04	98.94	98.94	15.04	31.15	28.14	100.00	100.00	临夏市
13.10	6.36	95.20	95.20	18.33	38.46	31.98	100.00	100.00	合作市
15.66	**16.03**	**96.17**	**96.17**	**12.85**	**36.64**	**33.80**	**99.76**	**99.76**	**青　海**
17.53	20.02	95.40	95.40	12.44	40.75	39.30	100.00	100.00	西宁市
16.45	8.55	99.43	99.43	13.66	41.62	36.68	100.00	100.00	海东市
21.47	8.00	94.14	94.14	7.09	34.27	28.67	99.99	99.99	同仁市
16.41	52.69	99.40	99.40	18.04	46.40	41.93	99.32	99.32	玉树市
9.37	3.10	95.00	95.00	0.43	22.11	20.41	97.00	97.00	茫崖市
11.88	7.80	98.84	98.84	15.48	22.07	19.24	98.12	98.12	格尔木市
13.16	12.13	98.15	98.15	14.93	36.54	32.44	100.00	100.00	德令哈市
15.95	**4.98**	**98.95**	**98.95**	**21.99**	**42.35**	**40.60**	**100.00**	**100.00**	**宁　夏**
17.50	4.78	98.30	98.30	17.56	42.23	41.83	100.00	100.00	银川市
6.94	7.63	100.00	100.00	23.43	40.44	39.74	100.00	100.00	灵武市
10.07	8.23	100.00	100.00	7.54	21.09	20.07	100.00	100.00	宁东能源化工基地
15.77	1.59	100.00	100.00	31.95	45.05	40.75	100.00	100.00	石嘴山市

1-2 续表 19

城市名称 Name of Cities	人口密度（人/平方公里） Population Density (person/sq. km)	人均日生活用水量（升） Daily Water Consumption Per Capita (liter)	供水普及率（%） Water Coverage Rate (%)	公共供水普及率 Public Water Coverage Rate	燃气普及率（%） Gas Coverage Rate (%)	建成区供水管道密度（公里/平方公里） Density of Water Supply Pipelines in Built District (km/sq. km)	人均道路面积（平方米） Road Surface Area Per Capita (sq. m)	建成区路网密度（公里/平方公里） Density of Road Network in Built District (km/sq. km)
吴忠市	3554	160. 14	99. 57	99. 57	79. 42	5. 72	21. 64	3. 98
青铜峡市	4385	154. 03	100. 00	100. 00	99. 93	13. 09	29. 56	11. 85
固原市	5127	115. 39	100. 00	100. 00	93. 18	4. 46	30. 84	5. 99
中卫市	3494	191. 58	100. 00	100. 00	98. 18	4. 61	34. 49	3. 96
新　疆	**3945**	**169. 13**	**99. 76**	**99. 48**	**98. 57**	**8. 47**	**23. 23**	**6. 06**
乌鲁木齐市	4764	140. 50	99. 57	99. 05	98. 41	4. 80	16. 49	6. 10
克拉玛依市	4675	206. 28	100. 00	100. 00	100. 00	24. 28	40. 15	8. 04
吐鲁番市	4073	234. 74	100. 00	100. 00	99. 19	15. 11	41. 44	7. 46
哈密市	4885	133. 35	100. 00	100. 00	99. 40	16. 05	19. 24	6. 03
昌吉市	4659	140. 23	100. 00	100. 00	99. 59	7. 29	19. 34	7. 11
阜康市	2729	139. 58	100. 00	100. 00	100. 00	8. 64	27. 42	5. 84
博乐市	5643	189. 09	100. 00	100. 00	100. 00	12. 67	14. 98	4. 70
阿拉山口市	519	97. 85	100. 00	100. 00	100. 00	21. 36	85. 52	5. 00
库尔勒市	4585	246. 47	100. 00	100. 00	99. 35	3. 94	37. 85	5. 88
阿克苏市	2981	140. 34	100. 00	100. 00	100. 00	3. 52	29. 68	2. 46
库车市	5234	233. 02	100. 00	98. 22	99. 89	21. 29	27. 30	5. 83
阿图什市	4956	164. 16	100. 00	100. 00	100. 00	6. 33	26. 39	7. 58
喀什市	4904	212. 94	100. 00	100. 00	100. 00	4. 70	31. 20	4. 72
和田市	3344	154. 76	100. 00	100. 00	100. 00	8. 48	23. 01	4. 36
伊宁市	1660	218. 48	99. 12	99. 12	98. 97	21. 79	21. 22	15. 00
奎屯市	2210	180. 65	100. 00	100. 00	99. 73	8. 52	43. 50	9. 00
霍尔果斯市	1260	760. 17	100. 00	100. 00	100. 00	12. 72	54. 88	15. 34
塔城市	1981	278. 91	100. 00	100. 00	96. 72	12. 88	33. 58	4. 39
乌苏市	4758	226. 85	100. 00	100. 00	64. 20	11. 56	25. 96	7. 54
沙湾市	2321	179. 35	100. 00	100. 00	98. 05	13. 69	22. 24	5. 93
阿勒泰市	3030	199. 74	100. 00	100. 00	99. 60	18. 33	25. 04	7. 18
新疆兵团	**1515**	**226. 97**	**98. 70**	**98. 70**	**98. 28**	**9. 34**	**33. 84**	**6. 77**
石河子市	3184	259. 69	98. 41	98. 41	98. 66	11. 98	18. 50	12. 52
阿拉尔市	1542	125. 62	100. 00	100. 00	97. 91	3. 53	20. 97	4. 42
图木舒克市	863	210. 34	100. 00	100. 00	100. 00	9. 49	64. 75	5. 24
五家渠市	770	266. 79	99. 90	99. 90	99. 69	5. 20	17. 79	3. 56
北屯市	1296	262. 78	93. 15	93. 15	93. 84	8. 02	58. 35	3. 57
铁门关市	822	352. 37	100. 00	100. 00	98. 46	23. 67	60. 53	6. 27
双河市	3918	340. 92	100. 00	100. 00	100. 00	10. 55	76. 18	7. 71
可克达拉市	899	382. 72	100. 00	100. 00	93. 59	10. 98	188. 77	5. 63
昆玉市	466	227. 40	100. 00	100. 00	91. 67	14. 45	53. 48	8. 20
胡杨河市	1589	69. 73	91. 32	91. 32	100. 00	25. 10	29. 48	5. 89
新星市	1853	31. 65	100. 00	100. 00	100. 00	0. 53	27. 35	3. 86

continued 19

建成区道路面积率（%） Surface Area of Roads Rate of Built District (%)	建成区排水管道密度（公里/平方公里） Density of Sewers in Built District (km/sq. km)	污水处理率（%） Wastewater Treatment Rate (%)	污水处理厂集中处理率 Centralized Treatment Rate of Wastewater Treatment Plants	人均公园绿地面积（平方米） Public Recreational Green Space Per Capita (sq. m)	建成区绿化覆盖率（%） Green Coverage Rate of Built District (%)	建成区绿地率（%） Green Space Rate of Built District (%)	生活垃圾处理率（%） Domestic Garbage Treatment Rate (%)	生活垃圾无害化处理率 Domestic Garbage Harmless Treatment Rate	城市名称 Name of Cities
10.60	4.34	100.00	100.00	26.33	41.93	41.73	100.00	100.00	吴忠市
20.39	10.12	100.00	100.00	22.63	43.19	42.26	100.00	100.00	青铜峡市
18.36	10.10	100.00	100.00	31.97	42.35	38.94	100.00	100.00	固原市
18.57	4.81	100.00	100.00	23.74	44.01	40.09	100.00	100.00	中卫市
12.99	**6.69**	**100.10**	**98.48**	**15.47**	**41.60**	**38.59**	**100.00**	**100.00**	**新　疆**
11.00	7.05	99.47	99.47	13.00	41.07	37.83	100.00	100.00	乌鲁木齐市
18.98	7.82	99.20	99.20	15.04	43.58	40.34	100.00	100.00	克拉玛依市
16.80	12.07	100.00	100.00	17.96	44.24	41.67	100.00	100.00	吐鲁番市
12.80	8.07	100.00	100.00	13.45	41.22	40.02	100.00	100.00	哈密市
15.37	5.22	100.00	100.00	14.64	43.51	40.66	100.00	100.00	昌吉市
11.76	10.85	100.00	100.00	24.35	44.17	40.89	100.00	100.00	阜康市
8.61	10.54	98.10	98.10	19.36	43.99	40.04	100.00	100.00	博乐市
7.57	6.06	100.00	100.00	31.50	39.51	35.15	100.00	100.00	阿拉山口市
20.54	6.29	99.93	99.93	15.91	44.03	41.19	100.00	100.00	库尔勒市
4.57	2.70	100.00	100.00	29.32	44.45	42.13	100.00	100.00	阿克苏市
15.65	6.20	98.12	98.12	14.15	43.71	40.69	100.00	100.00	库车市
22.14	7.57	94.43	94.43	14.98	33.43	29.32	100.00	100.00	阿图什市
16.25	3.92	100.00	100.00	19.39	39.27	36.14	100.00	100.00	喀什市
15.32	7.35	100.00	100.00	11.93	37.61	34.38	100.00	100.00	和田市
24.62	18.17	96.52	96.52	16.27	43.83	40.54	100.00	100.00	伊宁市
21.29	4.98	95.05	95.05	17.36	43.68	40.35	100.00	100.00	奎屯市
20.22	17.54	100.00	100.00	23.29	39.71	37.12	100.00	100.00	霍尔果斯市
6.65	0.75	100.00	100.00	33.59	23.79	22.29	100.00	100.00	塔城市
11.79	7.94	141.19	61.46	10.76	41.86	38.00	100.00	100.00	乌苏市
13.04	7.54	95.17	95.17	11.68	38.87	35.13	100.00	100.00	沙湾市
10.37	1.00	100.00	100.00	27.21	44.29	40.76	100.00	100.00	阿勒泰市
13.38	**7.48**	**99.91**	**99.91**	**22.95**	**40.50**	**38.53**	**99.89**	**99.89**	**新疆兵团**
14.72	5.38	100.00	100.00	15.16	44.06	42.87	100.00	100.00	石河子市
8.39	2.22	100.00	100.00	14.01	43.02	40.02	100.00	100.00	阿拉尔市
13.43	11.00	100.00	100.00	41.09	42.04	40.04	100.00	100.00	图木舒克市
6.84	3.28	100.00	100.00	16.58	45.59	41.96	98.52	98.52	五家渠市
16.01	8.08	100.00	100.00	18.94	41.10	37.36	100.00	100.00	北屯市
23.23	4.36	99.99	99.99	35.11	43.42	42.08	100.00	100.00	铁门关市
20.30	47.95	98.79	98.79	47.34	57.99	54.40	100.00	100.00	双河市
17.86	7.68	100.00	100.00	190.94	47.58	47.48	100.00	100.00	可克达拉市
10.45	6.56	100.00	100.00	23.45	30.53	30.53	100.00	100.00	昆玉市
20.66	6.97	100.00	100.00	36.88	42.97	39.16	100.00	100.00	胡杨河市
8.76	2.75	96.23	96.23	2.52	1.37	0.81	100.00	100.00	新星市

二、城市市政公用设施建设固定资产投资

Fixed Assets Investment in Urban Service Facilities

简要说明

本部分包含城市市政公用设施建设各行业的固定资产投资完成额，投资的资金来源和投资产生的能力或效益。行业包括城市供水、燃气、集中供热、轨道交通、道路桥梁、地下综合管廊、排水、防洪、园林绿化、市容环境卫生，不含住宅投资。

自 2009 年开始，全国城市市政公用设施建设固定资产投资中不再包括城市公共交通固定资产投资，仅包括其中的轨道交通建设固定资产投资。

自 2013 年开始，全国城市市政公用设施建设固定资产投资中不再包括城市防洪固定资产投资。

Brief Introduction

This section includes investment in different utilities facilities, investment sources, and the capacity or benefit produced by the investment. The sectors covered are urban water supply, gas supply, Rail transit system, road and bridge, utility tunnels, sewerage, flood control, landscaping, environmental sanitation. The investment in housing development is not included.

Starting from 2009, the national fixed assets investment in the construction of municipal public utilities facilities has no longer included the fixed assets investment in urban public transport facilities, expect for the fixed assets investment in urban rail transit system.

Starting from 2013, the national fixed assets investment in the construction of municipal public utilities facilities has not included the fixed assets investment in urban flood prevention.

2 全国历年城市市政公用设施建设固定资产投资(1978—2023)

National Fixed Assets Investment in Urban Service Facilities in Past Years(1978—2023)

计量单位:亿元　　　　Measurement Unit:100 Million RMB

年份 Year	国内生产总值 Gross Domestic Product		财政收入 Government Revenue		全社会固定资产投资 Total Investment in Fixed Assets		城市市政公用设施建设固定资产投资 Fixed Assets Investment in Urban Service Facilities			
	国内生产总值 GDP	增长速度(%) Growth Rate (%)	财政收入 Government Revenue	增长率(%) Growth Rate (%)	投资完成额 Completed Volume of Investment	增长率(%) Growth Rate (%)	投资完成额 Completed Volume of Investment	增长率(%) Growth Rate (%)	占同期全社会固定资产投资比重(%) Percentage in Total Investment in Fixed Assets During The Same Period (%)	占同期国内生产总值的比重(%) Percentage in GDP of The Same Period (%)
1978	3678.7	11.7	1132.2	29.5	669.0		12.0		1.79	0.33
1979	4100.5	7.6	1146.4	1.2	699.0	4.5	14.2	18.02	2.02	0.35
1980	4587.6	7.8	1159.9	1.2	911.0	30.3	14.4	1.77	1.58	0.31
1981	4935.8	5.1	1175.8	1.4	961.0	5.5	19.5	43.81	2.03	0.40
1982	5373.4	9.0	1212.3	3.1	1230.4	28.0	27.2	39.07	2.21	0.51
1983	6020.9	10.8	1367.0	12.8	1430.1	16.2	28.2	3.72	1.97	0.47
1984	7278.5	15.2	1642.9	20.2	1832.9	28.2	41.7	47.89	2.27	0.57
1985	9098.9	13.4	2004.8	22.0	2543.2	38.8	64.0	53.60	2.52	0.70
1986	10376.2	8.9	2122.0	5.8	3120.6	22.7	80.1	25.13	2.57	0.77
1987	12174.6	11.7	2199.4	3.6	3791.7	21.5	90.3	12.79	2.38	0.74
1988	15180.4	11.2	2357.2	7.2	4753.8	25.4	113.2	25.39	2.38	0.75
1989	17179.7	4.2	2664.9	13.1	4410.4	-7.2	107.0	-5.54	2.43	0.62
1990	18872.9	3.9	2937.1	10.2	4517.0	2.4	121.2	13.30	2.68	0.64
1991	22005.6	9.3	3149.5	7.2	5594.5	23.9	170.9	40.99	3.05	0.78
1992	27194.5	14.2	3483.4	10.6	8080.1	44.4	283.2	65.71	3.50	1.04
1993	35673.2	13.9	4349.0	24.8	13072.3	61.8	521.8	84.28	3.99	1.46
1994	48637.5	13.1	5218.1	20.0	17042.1	30.4	666.0	27.64	3.91	1.37
1995	61339.9	11.0	6242.2	19.6	20019.3	17.5	807.6	21.26	4.03	1.32
1996	71813.6	9.9	7408.0	18.7	22913.5	14.8	948.6	17.46	4.14	1.32
1997	79715.0	9.2	8651.1	16.8	24941.1	8.8	1142.7	20.45	4.58	1.43
1998	85195.5	7.8	9876.0	14.2	28406.2	13.9	1477.6	29.31	5.20	1.73
1999	90564.4	7.7	11444.1	15.9	29854.7	5.1	1590.8	7.66	5.33	1.76
2000	100280.1	8.5	13395.2	17.0	32917.7	10.3	1890.7	18.85	5.74	1.89
2001	110863.1	8.3	16386.0	22.3	37213.5	13.0	2351.9	24.40	6.32	2.12
2002	121717.4	9.1	18903.6	15.4	43499.9	16.9	3123.2	32.79	7.18	2.57
2003	137422.0	10.0	21715.3	14.9	55566.6	27.7	4462.4	42.88	8.03	3.25
2004	161840.2	10.1	26396.5	21.6	70477.4	26.6	4762.2	6.72	6.76	2.94
2005	187318.9	11.4	31649.3	19.9	88773.6	26.0	5602.2	17.64	6.31	2.99
2006	219438.5	12.7	38760.2	22.5	109998.2	23.9	5765.1	2.91	5.24	2.63
2007	270232.3	14.2	51321.8	32.4	137323.9	24.8	6418.9	11.34	4.67	2.38
2008	319515.5	9.7	61330.4	19.5	172828.4	25.9	7368.2	14.79	4.26	2.31
2009	349081.4	9.4	68518.3	11.7	224598.8	30.0	10641.5	44.42	4.74	3.05
2010	413030.3	10.6	83101.5	21.3	278121.9	23.8	13363.9	25.58	4.81	3.24
2011	489300.6	9.5	103874.4	25.0	311485.1	23.8	13934.2	4.27	4.47	2.85
2012	540367.4	7.9	117253.5	12.9	374694.7	20.3	15296.4	9.78	4.08	2.83
2013	595244.4	7.8	129209.6	10.2	446294.1	19.1	16349.8	6.89	3.66	2.75
2014	643974.0	7.3	140370.0	8.6	512020.7	15.2	16245.0	-0.63	3.17	2.52
2015	689052.1	6.9	152269.2	8.4	561999.8	9.8	16204.4	-0.25	2.88	2.35
2016	744127.2	6.7	159552.1	4.5	606465.7	7.9	17460.0	7.75	2.88	2.35
2017	827122.0	6.9	172567.0	7.4	641238.0	7.0	19327.6	10.70	3.01	2.34
2018	900309.0	6.6	183352.0	6.2	645675.0	5.9	20123.2	4.12	3.12	2.24
2019	990865.0	6.1	190382.0	3.8	560874.0	5.1	20126.3	0.02	3.59	2.03
2020	1013567.0	2.2	182895.0	-3.9	527270.0	2.7	22283.9	10.72	4.23	2.19
2021	1149237.0	8.4	202539.0	10.7	552884.0	4.9	23371.7	4.88	4.23	2.03
2022	1204724.0	3.0	203703.0	0.6	579556.0	4.9	22309.9	-4.54	3.85	1.84
2023	1260582.0	5.2	216784.0	6.4	509708.0	2.8	20331.3	-8.87	3.99	1.61

注:1. 1978 年、1979 年全社会固定资产投资仅为基本建设与更新改造投资额。

2. 国内生产总值增长速度按可比价格计算,财政收入增长速度按可比口径计算,其余均按当年价格计算。

3. 根据国家统计局关于 2022 年国内生产总值最终核实的公告,对 2022 年数据进行了修订。

Notes: 1. Total investment in fixed assets only refers to investment in basic construction and renovation in 1978 and 1979.

2. Data in this table are calculated at current prices. GDP Growth Rate is calculated in comparable prices, and the Growth Rate of Government Revenue is calculated in comparable terms.

3. According to the announcement finally verified by the National Bureau of Statistics on gross domestic product in 2022, the data of 2022 was revised.

2-1 按行业分全国历年城市市政公用设施建设固定资产投资(1978—2023)

计量单位:亿元

年份 Year	本年固定资产投资总额 Com-pleted Inves-tment of This Year	供水 Water Supply	燃气 Gas Supply	集中供热 Central Heating	轨道交通 Rail Transit System	道路桥梁 Road and Bridge	地下综合管廊 Utility Tunnels
1978	12.0	4.7				2.9	
1979	14.2	3.4	0.6		1.8	3.1	
1980	14.4	6.7				7.0	
1981	19.5	4.2	1.8		2.6	4.0	
1982	27.2	5.6	2.0		3.1	5.4	
1983	28.2	5.2	3.2		2.8	6.5	
1984	41.7	6.3	4.8		4.7	12.2	
1985	64.0	8.1	8.2		6.0	18.6	
1986	80.1	14.3	12.5	1.6	5.6	20.5	
1987	90.3	17.2	10.9	2.1	5.5	27.1	
1988	113.2	23.1	11.2	2.8	6.0	35.6	
1989	107.0	22.2	12.3	3.3	7.7	30.1	
1990	121.2	24.8	19.4	4.5	9.1	31.3	
1991	170.9	30.2	24.8	6.4	9.8	51.8	
1992	283.2	47.7	25.9	11.0	14.9	90.6	
1993	521.8	69.9	34.8	10.7	22.1	191.8	
1994	666.0	90.3	32.5	13.4	25.1	279.8	
1995	807.6	112.4	32.9	13.8	30.9	291.6	
1996	948.6	126.1	48.3	15.7	38.8	354.2	
1997	1142.7	128.3	76.0	25.1	43.2	432.4	
1998	1477.6	161.0	82.0	37.3	86.1	616.2	
1999	1590.8	146.7	72.1	53.6	103.1	660.1	
2000	1890.7	142.4	70.9	67.8	155.7	737.7	
2001	2351.9	169.4	75.5	82.0	194.9	856.4	
2002	3123.2	170.9	88.4	121.4	293.8	1182.2	
2003	4462.4	181.8	133.5	145.8	281.9	2041.4	
2004	4762.2	225.1	148.3	173.4	328.5	2128.7	
2005	5602.2	225.6	142.4	220.2	476.7	2543.2	
2006	5765.1	205.1	155.0	223.6	604.0	2999.9	
2007	6418.9	233.0	160.1	230.0	852.4	2989.0	
2008	7368.2	295.4	163.5	269.7	1037.2	3584.1	
2009	10641.5	368.8	182.2	368.7	1737.6	4950.6	
2010	13363.9	426.8	290.8	433.2	1812.6	6695.7	
2011	13934.2	431.8	331.4	437.6	1937.1	7079.1	
2012	15296.4	410.4	414.5	630.3	2064.5	7402.5	
2013	16349.8	524.7	425.6	596.0	2455.1	8355.6	
2014	16245.0	475.3	416.0	575.4	3221.2	7643.9	
2015	16204.4	619.9	350.5	516.8	3707.1	7414.0	
2016	17460.0	545.8	408.9	481.9	4079.5	7564.3	294.7
2017	19327.6	580.1	445.7	584.2	5045.2	6996.7	673.4
2018	20123.2	543.0	295.1	420.0	6046.9	6922.4	619.2
2019	20126.3	560.1	242.7	333.0	5855.6	7655.3	558.1
2020	22283.9	749.4	238.6	393.8	6420.8	7814.3	453.6
2021	23371.7	770.6	229.6	397.3	6339.0	8644.5	538.9
2022	22309.9	713.3	286.0	339.8	6038.6	8707.9	307.6
2023	20331.3	756.2	313.1	516.1	5448.1	7441.9	348.5

注:1. 2008年及以前年份,"轨道交通"投资为"公共交通",2009年以后仅包含轨道交通建设投资。
2. 自2013年开始,全国城市市政公用设施建设固定资产投资中不再包括城市防洪固定资产投资。

National Fixed Assets Investment in Urban Service Facilities by Industry in Past Years(1978—2023)

Measurement Unit:100 million RMB

排水 Sewerage	污水处理及其再生利用 Waste-water Treat-ment and Reuse	防洪 Flood Control	园林绿化 Landscaping	市容环境卫生 Environmental Sanitation	垃圾处理 Garbage Treat-ment	其他 Others
						4.4
1.2		0.1	0.4	0.1		3.4
						0.7
2.0		0.2	0.9	0.7		3.2
2.8		0.3	1.1	0.9		5.9
3.3		0.4	1.2	0.9		4.7
4.3		0.5	2.0	0.9		5.9
5.6		0.9	3.3	2.0		11.3
6.0		1.6	3.4	2.8		11.9
8.8		1.4	3.4	2.1		11.9
10.0		1.6	3.4	2.6		16.9
9.7		1.2	2.8	2.8		14.8
9.6		1.3	2.9	2.9		15.4
16.1		2.1	4.9	3.6		21.3
20.9		2.9	7.2	6.5		55.6
37.0		5.9	13.2	10.6		125.8
38.3		8.0	18.2	10.9		149.7
48.0		9.5	22.5	13.6		232.5
66.8		9.1	27.5	12.5		249.7
90.1		15.5	45.1	20.9		266.1
154.5		35.8	78.4	36.7		189.6
142.0		43.0	107.1	37.1		226.0
149.3		41.9	143.2	84.3		297.5
224.5	116.4	70.5	163.2	50.6	23.5	466.6
275.0	144.1	135.1	239.5	64.8	29.7	551.0
375.2	198.8	124.5	321.9	96.0	35.3	760.4
352.3	174.5	100.3	359.5	107.8	53.0	838.4
368.0	191.4	120.0	411.3	147.8	56.7	947.0
331.5	151.7	87.1	429.0	175.8	51.8	554.3
410.0	212.2	141.4	525.6	141.8	53.0	735.6
496.0	264.7	119.6	649.8	222.0	50.6	530.8
729.8	418.6	148.6	914.9	316.5	84.6	923.9
901.6	521.4	194.4	1355.1	301.6	127.4	952.2
770.1	303.1	243.8	1546.2	384.1	199.2	773.1
704.5	279.4	249.2	1798.7	296.5	110.9	1325.5
778.9	353.7		1647.4	408.4	125.9	1158.0
900.0	404.2		1817.6	494.8	130.6	700.9
982.7	512.6		1594.7	398.0	157.0	620.7
1222.5	489.9		1670.1	445.2	118.1	747.0
1343.6	450.8		1759.6	508.1	240.8	1391.0
1529.9	802.6		1854.7	470.5	298.5	1421.4
1562.4	803.7		1844.8	557.4	406.8	956.9
2114.8	1043.4		1626.3	862.6	705.8	1609.6
2078.8	893.8		1638.6	727.1	535.9	2007.3
1905.1	708.2		1347.6	485.0	304.1	2179.0
1964.4	758.1		1015.5	345.4	210.6	2182.0

Notes: 1. For the year 2008 and before, there was data about investment in public transport. Starting from 2009, the data has only included investment in rail transport construction.

2. Starting from 2013, the national fixed assets investment in the construction of municipal public utilities facilities has not included the fixed assets investment in urban flood prevention.

2-1-1 2023年按行业分全国城市市政公用设施建设固定资产投资(按省分列)

计量单位:万元

地区名称 Name of Regions	本年完成投资 Completed Investment of This Year	供水 Water Supply	燃气 Gas Supply	集中供热 Central Heating	轨道交通 Urban Rail Trainsit System	道路桥梁 Road and Bridge	地下综合管廊 Utility Tunnel	排水 Sewerage
全　国	**203312840**	**7561508**	**3131262**	**5161457**	**54481188**	**74419051**	**3485450**	**19643986**
北　京	13251346	317019	157952	328336	3623834	3280833	40430	591053
天　津	3487699	70123	20151	11702	2546048	251733	350	203075
河　北	7360851	309992	124126	638926	371402	3994258	420136	529557
山　西	2369304	51863	19581	186583	479000	902767	76094	166705
内蒙古	2934837	140001	27081	1330914	59	758720	1500	166762
辽　宁	3298963	127295	124180	122590	1495822	948946	102988	162511
吉　林	3695196	184028	53175	112768	1843020	733720	35859	113068
黑龙江	1443033	163542	37509	78381	252954	374196	867	250867
上　海	4862953	168864	87406		1752100	1326990	106005	682194
江　苏	16355769	488462	284055	23507	6254853	6078316	233649	1506114
浙　江	14896247	391573	142926		3757168	6504322	237132	731527
安　徽	10776692	753339	221131	23482	1664012	4921190	135460	1290351
福　建	5212844	296106	55346		2322527	1309834	126273	365209
江　西	6385623	128428	62548		517385	3449511	153544	1153962
山　东	17104580	447934	117697	1093060	5074268	5446143	291566	2680066
河　南	6434527	152263	49467	402883	1760816	2040686	15179	853898
湖　北	15877489	504115	249774	78429	2747828	6381935	222958	1539101
湖　南	6197862	196043	89975	12000	1447575	2296104	138672	309310
广　东	15330059	1073581	315069		5510267	4997827	500420	1744699
广　西	2326487	268205	45025		127721	1420033	7686	295224
海　南	1077670	106502	5463		847	668682	4207	114687
重　庆	11723514	90423	93611	6495	3085080	5865425	19875	555767
四　川	14765178	326440	405727	2300	3862912	6314359	213433	1833471
贵　州	2878806	96024	34530	4357	906600	460654	2752	137287
云　南	1592202	50001	41669		3500	328065	91693	497977
西　藏	108989	18343		267		28796	22590	19340
陕　西	7157717	314453	121105	201621	2834430	2023939	187053	462938
甘　肃	2070724	91744	58068	306353	127831	568491	30669	353177
青　海	229102	7353	25048	21736		81760	16710	34663
宁　夏	368370	79993	25139	26492		89128		84150
新　疆	1544207	140074	32133	88004	111329	535816	49700	213476
新疆兵团	194000	7382	4595	60271		35872		1800

National Fixed Assets Investment in Urban Service Facilities by Industry (by Province in Column) (2023)

Measurement Unit: 10000RMB

			园林绿化	市容环境卫生		其他	本年新增固定资产	地区名称
污水处理 Wastewater Treatment	污泥处置 Sludge Disposal	再生水利用 Wastewater Recycled and Reused	Landscaping	Environmental Sanitation	垃圾处理 Domestic Garbage Treatment	Other	Newly Added Fixed Assets of This Year	Name of Regions
7234714	**245952**	**346253**	**10155112**	**3453554**	**2106343**	**21820272**	**88113539**	**全　国**
100134	2466	8701	495723	217967	4812	4198199	3777173	北　京
151405		5286	48412	11055	10766	325050	606552	天　津
137462	10651	19670	602708	77725	43882	292021	3349663	河　北
67426		15287	73644	106087	103682	306980	514331	山　西
67900	15152	33332	175502	63528	14154	270770	391671	内蒙古
22038	47368		90493	47478	32635	76660	240366	辽　宁
47755		4989	34623	6943	6355	577992	1327946	吉　林
69403	1900		47774	92818	91792	144125	256958	黑龙江
368161			443936	100322	86043	195136	1817617	上　海
815903	3243	2400	884022	265120	138436	337671	6779532	江　苏
389496	2372	3384	1308000	122834	54029	1700765	7970845	浙　江
369974	580	15891	475524	452789	98448	839414	2539093	安　徽
212971	500		296038	89611	80527	351900	1021116	福　建
367091	22551		235973	97074	29236	587198	3611881	江　西
439997	4460	18918	992334	98191	66068	863321	4860130	山　东
466492	14550	21914	938679	108062	93537	112594	6416304	河　南
365372	12108	45252	431733	201850	182283	3519766	3234213	湖　北
116898	31	12000	66738	106973	96105	1534472	1034253	湖　南
996066	13121	2226	332748	183494	157769	671954	7652349	广　东
119047	8659	1753	59376	77086	62203	26131	1039967	广　西
47105	2883	36208	57631	5327	750	114324	117950	海　南
143150	10772		501742	37916	23645	1467180	11986680	重　庆
563525	47607	320	973735	568088	356252	264713	12593331	四　川
75997	3000		8401	36773	24454	1191428	279460	贵　州
220733	7000	400	67439	78489	69595	433369	920845	云　南
3018				2904	2904	16749	93066	西　藏
189104	8384	4221	393496	82219	66887	536463	1345715	陕　西
157838	4500	19141	44980	38581	37113	450830	1337300	甘　肃
8450			8597	1255	304	31980	88799	青　海
6239	2094	16917	20392	14664	14335	28412	170548	宁　夏
128564		58043	32690	54721	51732	286264	594291	新　疆
			12029	5610	5610	66441	143594	新疆兵团

2-1-2 2023年按行业分全国城市市政公用设施建设固定资产投资(按城市分列)

计量单位:万元

城市名称 Name of Cities	本年完成投资 Completed Investment of This Year	供水 Water Supply	燃气 Gas Supply	集中供热 Central Heating	轨道交通 Urban Rail Trainsit System	道路桥梁 Road and Bridge	地下综合管廊 Utility Tunnel	排水 Sewerage
全国	**203312840**	**7561508**	**3131262**	**5161457**	**54481188**	**74419051**	**3485450**	**19643986**
北京	**13251346**	**317019**	**157952**	**328336**	**3623834**	**3280833**	**40430**	**591053**
天津	**3487699**	**70123**	**20151**	**11702**	**2546048**	**251733**	**350**	**203075**
河北	**7360851**	**309992**	**124126**	**638926**	**371402**	**3994258**	**420136**	**529557**
石家庄市	2234951	24333	2361	40402	371402	1544305	8900	63768
晋州市	101016	4384		8308		69944		12186
新乐市	16474	3050				11424		2000
唐山市	449324	8333	2701	28634		247902		45511
滦州市	18969			10000		7735		
遵化市	16431	1520				10564		2787
迁安市	50552	37689				7074		5789
秦皇岛市	193388	10692	1065	18467		100102	50	39731
邯郸市	165527	3651	2140	50224		76281	25491	4574
武安市	33966			5578		8784	13673	5853
邢台市	161510	25942	13835	8141		19152		50398
南宫市	12322			4684		1531	5909	
沙河市	8879		1833			6011		813
保定市	353246			1216		160531	55649	55750
涿州市	158124	48		144997		8452		3883
安国市	6285					6285		
高碑店市	25821			24917		904		
张家口市	74038	2225	9376	9391		28209	247	13848
承德市	37426	350	11736	6575		10198		3353
平泉市	15423		8000	277		4886		
沧州市	194087	30	1106	2704		48475		35289
泊头市	9031	1496				5500		
任丘市	25966					9622		10859
黄骅市	592572	127452	27505	64700		279092		68829
河间市	17661	2379		1350		3247		8399
廊坊市	423624			1021		381166		33336
霸州市	2025							1980
三河市	4400					4100		300
衡水市	259862	8084	3294	62720		133915		27207
深州市	21578	220				7417		10632
辛集市	65203	1900	2359	1800		34035		21500
定州市	242028	858		7191		31055		982
雄安新区起步区及片区	1369142	45356	36815	135629		726360	310217	
山西	**2369304**	**51863**	**19581**	**186583**	**479000**	**902767**	**76094**	**166705**
太原市	888404	34779	7350	14128	479000	299260		51255
古交市	13006	4553		3001				5452
大同市	40935	1389	249	25733		10972		2058
阳泉市	24999	200		1200				8400
长治市	343891	6177	1013	33500		162330	76094	20431

National Fixed Assets Investment in Urban Service Facilities by Industry (by City in Column) (2023)

Measurement Unit: 10000RMB

污水处理 Wastewater Treatment	污泥处置 Sludge Disposal	再生水利用 Wastewater Recycled and Reused	园林绿化 Landscaping	市容环境卫生 Environmental Sanitation	垃圾处理 Domestic Garbage Treatment	其他 Other	本年新增固定资产 Newly Added Fixed Assets of This Year	城市名称 Name of Cities
7234714	**245952**	**346253**	**10155112**	**3453554**	**2106343**	**21820272**	**88113539**	**全　国**
100134	**2466**	**8701**	**495723**	**217967**	**4812**	**4198199**	**3777173**	**北　京**
151405		**5286**	**48412**	**11055**	**10766**	**325050**	**606552**	**天　津**
137462	**10651**	**19670**	**602708**	**77725**	**43882**	**292021**	**3349663**	**河　北**
27397		4817	59549	9149	1839	110782	1113394	石家庄市
10186			4127	2067	2067			晋州市
1900							800	新乐市
7239			49778	8960	6359	57505	160514	唐山市
			1234				3669	滦州市
1782			1560					遵化市
5789								迁安市
11195			17551	5730			41841	秦皇岛市
			446			2720	14473	邯郸市
				78			14332	武安市
6750	66	3407	17392	239		26411	25416	邢台市
			58	140			6107	南宫市
22			222				6137	沙河市
26280		560	67	333		79700	6642	保定市
		3778	744				23937	涿州市
								安国市
							25821	高碑店市
600	8140	3463	1393	989	989	8360	10353	张家口市
1713			4820	394	30		5814	承德市
				2260	2260		10260	平泉市
			106483				44044	沧州市
			220	1815			220	泊头市
3696		1695	5398	87				任丘市
31970			19300	5694	748		128959	黄骅市
			2286				7674	河间市
			8101					廊坊市
			45					霸州市
							4841	三河市
201	2000	1950	13862	5953	27	4827	63994	衡水市
600	445		1381	1928	1289		20836	深州市
			2331	1278	974		62417	辛集市
142			201942				242028	定州市
			82418	30631	27300	1716	1305140	雄安新区起步区及片区
67426		**15287**	**73644**	**106087**	**103682**	**306980**	**514331**	**山　西**
30393		8287				2632		太原市
5452							13607	古交市
				534	534		78225	大同市
		7000	7199			8000		阳泉市
575			6195	230		37921	20437	长治市

2-1-2 续表 1

计量单位:万元

城市名称 Name of Cities	本年完成投资 Completed Investment of This Year	供水 Water Supply	燃气 Gas Supply	集中供热 Central Heating	轨道交通 Urban Rail Trainsit System	道路桥梁 Road and Bridge	地下综合管廊 Utility Tunnel	排水 Sewerage
晋城市	345374	1708	8033	4766		90572		42536
高平市	4011					1544		
朔州市								
怀仁市	2028			2028				
晋中市	124345		2302	12094		103654		6295
介休市								
运城市	62356					31023		5003
永济市	12797	2000				800		8785
河津市	2063					1322		741
忻州市	185983					80996		
原平市	100073		65	25460		70975		830
临汾市								
侯马市	62446	980	569			36972		14919
霍州市								
吕梁市	136657			64673		2948		
孝义市	19548					9293		
汾阳市	388	77				106		
内蒙古	**2934837**	**140001**	**27081**	**1330914**	**59**	**758720**	**1500**	**166762**
呼和浩特市	2087527	66688	2500	1269217		407478		50527
包头市	163891	617	8132			83220		50687
乌海市	28205	3525	1000			7583		4788
赤峰市	235138	9031		1095	59	194921		11961
通辽市	109976	2995	3600	19572		20190		5971
霍林郭勒市	11137	432	4780			1235		40
鄂尔多斯市	28901	9186				2840		720
呼伦贝尔市	25074	200	1860			7916		2800
满洲里市	12555		260	4396		2272		1383
牙克石市	15677		597	10000				5080
扎兰屯市	11056			915		3059		776
额尔古纳市	4549	800				130		
根河市	3405			425		568		2412
巴彦淖尔市	26393	2001	78	624		3163		7943
乌兰察布市	34161	3570	4151	20853				3534
丰镇市	3220						1500	500
锡林浩特市	78330	23597	123			12784		10120
二连浩特市	29349	14108						4541
乌兰浩特市	4898	993				809		478
阿尔山市	21395	2258		3817		10552		2501
辽 宁	**3298963**	**127295**	**124180**	**122590**	**1495822**	**948946**	**102988**	**162511**
沈阳市	2011468	70686	23264	12000	1209466	487332	98248	35288
新民市	17957					5067		1564
大连市	665107	8387	17718	20083	286356	294743	3710	18958
庄河市	770					70		

continued 1

Measurement Unit:10000RMB

污水处理 Wastewater Treatment	污泥处置 Sludge Disposal	再生水利用 Wastewater Recycled and Reused	园林绿化 Landscaping	市容环境卫生 Environmental Sanitation	垃圾处理 Domestic Garbage Treatment	其他 Other	本年新增固定资产 Newly Added Fixed Assets of This Year	城市名称 Name of Cities
29519			42923			154836	22987	晋城市
			893	1574	1574		1574	高平市
								朔州市
								怀仁市
192								晋中市
								介休市
13			3469	8084	8084	14777	21576	运城市
685			1000	212			12797	永济市
								河津市
				90000	90000	14987	185983	忻州市
597			2625			118	97684	原平市
								临汾市
			9006				41466	侯马市
								霍州市
			178	5404	3490	63454	17869	吕梁市
						10255		孝义市
			156	49			126	汾阳市
67900	**15152**	**33332**	**175502**	**63528**	**14154**	**270770**	**391671**	**内蒙古**
34985		627	88246	50970	9500	151901		呼和浩特市
11277	13442	18486	20040			1195	12054	包头市
4788			9481	498	498	1330	11469	乌海市
5759		3894	18071				196641	赤峰市
1292			5365			52283	109976	通辽市
			1058	72		3520		霍林郭勒市
			16155					鄂尔多斯市
			8204	1183	1183	2911	14289	呼伦贝尔市
			61			4183	8372	满洲里市
							1000	牙克石市
			461	255	255	5590		扎兰屯市
						3619	4549	额尔古纳市
2412								根河市
		6747	395			12189	17707	巴彦淖尔市
3300			2053				14275	乌兰察布市
						1220		丰镇市
3098	1710		3514	7832		20360		锡林浩特市
989		3100	2398	185	185	8117	861	二连浩特市
		478		2533	2533	85	478	乌兰浩特市
						2267		阿尔山市
22038	**47368**		**90493**	**47478**	**32635**	**76660**	**240366**	**辽　宁**
232	24500		58908	2090		14186	17684	沈阳市
				240	240	11086	13737	新民市
5650			1304	3230	2809	10618	28962	大连市
						700	790	庄河市

2-1-2 续表 2

计量单位:万元

城市名称 Name of Cities	本年完成投资 Completed Investment of This Year	供水 Water Supply	燃气 Gas Supply	集中供热 Central Heating	轨道交通 Urban Rail Trainsit System	道路桥梁 Road and Bridge	地下综合管廊 Utility Tunnel	排水 Sewerage
瓦房店市	9650	2700				4800		
鞍山市	28977	6618				2621		17258
海城市	1701	112		1220				
抚顺市	66090	12390	19397			12546		20757
本溪市	35498			6071		9042		4962
丹东市	79418		32004	19150		11842		7197
东港市	7045	1398		3600		1153		
凤城市	5195					4075		500
锦州市	57928	1993		5396		15674		15968
凌海市	48297					48297		
北镇市	2231							
营口市	36535	5328	19603			5444		178
盖州市	38324	2690		35634				
大石桥市	1234					742		412
阜新市	47105	4601				13904		11568
辽阳市	5421	2320	1334	546		500		150
灯塔市	9193	1402	1200	900		3273	1030	1305
盘锦市	14830					2200		10940
铁岭市	15803	917		2468				10368
调兵山市	373							
开原市	15169		178	12682		798		913
朝阳市	33860					18041		1707
北票市								
凌源市	930					930		
葫芦岛市	20282		9482	2840		3150		2420
兴城市	13172	5753						98
沈抚改革创新示范区	9400					2702		
吉　林	**3695196**	**184028**	**53175**	**112768**	**1843020**	**733720**	**35859**	**113068**
长春市	2960489	76333	33847	60076	1843020	542053	4947	18222
榆树市	40366			134		336		1246
德惠市	36219	15205				15494		5219
公主岭市	61424	32473				20001		7750
吉林市	90735		1740	3920		40752		12200
蛟河市	2015		1582			433		
桦甸市	4470					4470		
舒兰市	22237	9328				11401		
磐石市	2895	18				149		
四平市	22808					8160	14648	
双辽市	6222					3929		
辽源市	35670	518	1200			22511		1344
通化市	16971		3042	4695				9234
集安市	2770					2715		
白山市	18991	8375	1601			2998		6017

continued 2

Measurement Unit:10000RMB

污水处理 Wastewater Treatment	污泥处置 Sludge Disposal	再生水利用 Wastewater Recycled and Reused	园林绿化 Landscaping	市容环境卫生 Environmental Sanitation	垃圾处理 Domestic Garbage Treatment	其他 Other	本年新增固定资产 Newly Added Fixed Assets of This Year	城市名称 Name of Cities
						2150		瓦房店市
	12970		2480				21589	鞍山市
			37	332			1672	海城市
16017			127			873	24200	抚顺市
	4500		1300	14123	14123		15772	本溪市
			843			8382	5223	丹东市
						894	5647	东港市
						620	3620	凤城市
	5300		5397	12000		1500	54555	锦州市
								凌海市
			1726			505	2230	北镇市
58			703			5279	3840	营口市
							2690	盖州市
						80	1234	大石桥市
			9200			7832		阜新市
						571	2970	辽阳市
			83				9193	灯塔市
			1343	347	347			盘锦市
			2050				10161	铁岭市
			373					调兵山市
81			280			318	2198	开原市
			906	13116	13116	90		朝阳市
								北票市
								凌源市
			390	2000	2000			葫芦岛市
	98		50			7271		兴城市
			2993			3705	12399	沈抚改革创新示范区
47755		**4989**	**34623**	**6943**	**6355**	**577992**	**1327946**	**吉　林**
2936			17674			364317	1010957	长春市
						38650	1582	榆树市
						301	35579	德惠市
		489	200			1000		公主岭市
12200			2868			29255	32536	吉林市
								蛟河市
								桦甸市
			1508					舒兰市
			2011			717	1795	磐石市
								四平市
			2293				3929	双辽市
			5444			4653	27367	辽源市
9234							6692	通化市
			55				2770	集安市
							132023	白山市

2-1-2 续表 3

计量单位:万元

城市名称 Name of Cities	本年完成投资 Completed Investment of This Year	供水 Water Supply	燃气 Gas Supply	集中供热 Central Heating	轨道交通 Urban Rail Trainsit System	道路桥梁 Road and Bridge	地下综合管廊 Utility Tunnel	排水 Sewerage
临江市	23931					4100		2258
松原市	43172	16849		4588			15199	6536
扶余市	5850					4611		379
白城市	42096	914		7500		9310		14947
洮南市	8696	2400	823	329		1550	1065	1700
大安市	22000							
延吉市	9755					1999		1176
图们市	9586	4081				5505		
敦化市	37121	11000				2336		11500
珲春市	30286	6534		1351		11852		10549
龙井市	13746					7932		358
和龙市	12054			8761		2049		
梅河口市	104188		9340	21414		1074		
长白山保护开发区管理委员会	8433					6000		2433
黑龙江	**1443033**	**163542**	**37509**	**78381**	**252954**	**374196**	**867**	**250867**
哈尔滨市	663196	26982	2574	6093	246900	266678	867	40230
尚志市	5843	928	521			400		2024
五常市	255					255		
齐齐哈尔市	32723	3685			6054	15750		4398
讷河市	2639	2317						
鸡西市	82823	12244	2962	3220		13748		9659
虎林市	6546	430				2481		1079
密山市	14828			6808				7183
鹤岗市	13230		2800	1400		1000		7400
双鸭山市	146577	45000	15970	9500		6962		15632
大庆市	82838	10126		1149		17478		6540
伊春市	31897	5356		4149		14489		7475
铁力市	9686	443		1588				4761
佳木斯市	45871		7332			7206		13585
同江市	9128			2500				6260
抚远市	29186	1500		6000		2000		17370
富锦市	338							
七台河市	34572	20540	4150	1620				7370
牡丹江市	70720	9747				2332		57051
海林市	12546					8866		3450
宁安市	7084	443				4002		
穆棱市	11327			3483		3170		3765
绥芬河市	21207	669		1000				4218
东宁市	12071	89		660		4853		6077
黑河市	5264	318						583
北安市	6918					1349		460
五大连池市	2792					527		1800

continued 3

Measurement Unit:10000RMB

污水处理 Wastewater Treatment	污泥处置 Sludge Disposal	再生水利用 Wastewater Recycled and Reused	园林绿化 Landscaping	市容环境卫生 Environmental Sanitation	垃圾处理 Domestic Garbage Treatment	其他 Other	本年新增固定资产 Newly Added Fixed Assets of This Year	城市名称 Name of Cities
2136				588		16985	14222	临江市
5923							5282	松原市
379			860				1239	扶余市
14947			640	6272	6272	2513	1105	白城市
			640	83	83	106		洮南市
						22000		大安市
			420			6160	35448	延吉市
							9586	图们市
		4500	10			12275		敦化市
							5834	珲春市
						5456		龙井市
						1244		和龙市
						72360		梅河口市
								长白山保护开发区管理委员会
69403	**1900**		**47774**	**92818**	**91792**	**144125**	**256958**	**黑龙江**
21887			15178			57694	17141	哈尔滨市
						1970	5843	尚志市
								五常市
1709			1479			1357	21804	齐齐哈尔市
				246		76	23	讷河市
2150			18573			22417	15864	鸡西市
			881			1675	6566	虎林市
5257						837	43937	密山市
	1900		600			30	8100	鹤岗市
15630			1160	41990	41490	10363		双鸭山市
			2545	45000	45000		9351	大庆市
1153						428	8659	伊春市
						2894	10437	铁力市
			1435	13		16300	9024	佳木斯市
				18		350	2518	同江市
725				735	735	1581		抚远市
				338	338		1294	富锦市
			609	183		100	9524	七台河市
19842				1590	1590			牡丹江市
			230				230	海林市
				2639	2639		7084	宁安市
						909	11327	穆棱市
			892			14428	20418	绥芬河市
						392	4260	东宁市
			49			4314	8748	黑河市
						5109	6458	北安市
				66		399	1943	五大连池市

2-1-2 续表 4

计量单位:万元

城市名称 Name of Cities	本年完成投资 Completed Investment of This Year	供水 Water Supply	燃气 Gas Supply	集中供热 Central Heating	轨道交通 Urban Rail Trainsit System	道路桥梁 Road and Bridge	地下综合管廊 Utility Tunnel	排水 Sewerage
嫩江市	5107							4980
绥化市	6675	4503		980		642		550
安达市	1720	100	1200	50				370
肇东市	58815	13103		26194				15000
海伦市	7553	5019		1987				547
漠河市	1058					8		1050
上　海	**4862953**	**168864**	**87406**		**1752100**	**1326990**	**106005**	**682194**
江　苏	**16355769**	**488462**	**284055**	**23507**	**6254853**	**6078316**	**233649**	**1506114**
南京市	4160602	44221	30758		1871100	1363401	190285	240043
无锡市	2145996	45869	23458		797743	848599		152350
江阴市	507180	10780	19582			433662		30852
宜兴市	60841	1166	12000			20045		3000
徐州市	1142724	104276	11320	23507	640603	154275	6108	181443
新沂市	27650	107	550			10290		7050
邳州市	16721	50	120			650	56	15845
常州市	343420	36933	11505		14550	153296		91722
溧阳市	10543					7490		
苏州市	3156255	16675	25959		2108947	903889	1600	39568
常熟市	69323	1416	22548			36791		4178
张家港市	170484	36972	7368			105880		8375
昆山市	105151	2554	4125			89872	8600	
太仓市	196521	2000	1960			113908		78327
南通市	946228	1066	5729		774413	108941	27000	16875
海安市	6274		2000			1204		2300
启东市	558							
如皋市	290					290		
连云港市	98323	7478				26015		28891
淮安市	90866	1718	659			38426		30416
盐城市	1013083	34022			8	824933		79054
东台市	89150							1800
扬州市	460951	15000	10719			235272		152892
仪征市	72225		5			16271		52283
高邮市	1100					1000		
镇江市	362321	1300	74034			87611		138384
丹阳市	10947	1804				8761		382
扬中市	1700	1261	116			323		
句容市	184221	95633	9255		47489	4700		22650
泰州市	312264	200	1246			133883		42946
兴化市	24936		483			8748		8500
靖江市	6842	5806						1036
泰兴市	46522		726			25125		5643
宿迁市	513557	20155	7830			314765		69309

continued 4

Measurement Unit:10000RMB

污水处理 Wastewater Treatment	污泥处置 Sludge Disposal	再生水利用 Wastewater Recycled and Reused	园林绿化 Landscaping	市容环境卫生 Environmental Sanitation	垃圾处理 Domestic Garbage Treatment	其他 Other	本年新增固定资产 Newly Added Fixed Assets of This Year	城市名称 Name of Cities
			127				4934	嫩江市
								绥化市
								安达市
			4016			502	16929	肇东市
							4542	海伦市
1050								漠河市
368161			**443936**	**100322**	**86043**	**195136**	**1817617**	**上　海**
815903	**3243**	**2400**	**884022**	**265120**	**138436**	**337671**	**6779532**	**江　苏**
63978			131696	79984	43349	209114	524275	南京市
145843			184091	57614	4609	36272	325118	无锡市
30852			12304					江阴市
			19787	4843			63841	宜兴市
77024			21192				198136	徐州市
44			9153			500		新沂市
								邳州市
69339			22888	5559	1791	6967	138128	常州市
			2083	970				溧阳市
9338			45424	1821		12372	1150415	苏州市
3778			501			3889	46388	常熟市
			11889				28593	张家港市
							16134	昆山市
78327			326				116890	太仓市
12000			9764	2440	600		2572375	南通市
300	2000			770			770	海安市
				558			558	启东市
							290	如皋市
22592	209		10518			25421	276065	连云港市
			15140	1420	118	3087	13102	淮安市
78583			40891	17619	8147	16556	155856	盐城市
1800			87350					东台市
63157			28975	17983	12282	110	28875	扬州市
39174			2938	433	108	295	98	仪征市
				100				高邮市
28318	1034		52026	8676	8676	290	233206	镇江市
								丹阳市
								扬中市
22650				4494			47489	句容市
41986			71958	56506	56506	5525	3973	泰州市
8500			7205				9179	兴化市
1036								靖江市
			14902	126	126			泰兴市
17284		2400	81021	3204	2124	17273	829778	宿迁市

2-1-2 续表 5

计量单位:万元

城市名称 Name of Cities	本年完成投资 Completed Investment of This Year	供水 Water Supply	燃气 Gas Supply	集中供热 Central Heating	轨道交通 Urban Rail Trainsit System	道路桥梁 Road and Bridge	地下综合管廊 Utility Tunnel	排水 Sewerage
浙　江	**14896247**	**391573**	**142926**		**3757168**	**6504322**	**237132**	**731527**
杭州市	3637559	140039	39239		919416	1546561	316	145039
建德市	25883	3900	2964			945		15000
宁波市	3662427	10646	14528		2200778	1034966	108044	39198
余姚市	93690	10532				43911		25589
慈溪市	322671	600	2304			235735	36000	22891
温州市	1302469	31391	21722		226070	453601		30397
瑞安市	255286	1686				136449	4526	43261
乐清市	479583		12827		70803	228598	15593	55897
龙港市	150103	27478				22234		53705
嘉兴市	336771	28504	8622		1500	196878		36128
海宁市	74842	1022	100			52651		
平湖市	89581	2417	3500			26226		3203
桐乡市	145550	134	1463			106605		4466
湖州市	224101	73826	673			137254		11806
绍兴市	981267		2142		261585	636622		
诸暨市	932276					631392		54
嵊州市	33216							21146
金华市	441912	18133	4408		12756	222245	39763	61775
兰溪市	24176	8180				9156		
义乌市	224690	968	5983		25260	151313		36704
东阳市	44184		6749			30210		4329
永康市	88583					31890		28545
衢州市	298295	1402				111894	32293	25534
江山市	63463		3570			52314		
舟山市	224361	3025	4554			152720	56	24554
台州市	204187	1151	1393		39000	111200	541	30692
玉环市	28215	355	630			15768		640
温岭市	109561					88205		
临海市	24238	599	3755			17806		1020
丽水市	352402	25123	1800			17313		7854
龙泉市	20705	462				1660		2100
安　徽	**10776692**	**753339**	**221131**	**23482**	**1664012**	**4921190**	**135460**	**1290351**
合肥市	3912724	227261	32823	18571	1664012	1602711	66447	127747
巢湖市	232600	62390	3000			28100		77250
芜湖市	1299009	41180	12485	1800		875359	1000	241899
无为市	219440	134054				48902		32503
蚌埠市	334828	9861	13000			140660	23261	68968
淮南市	373395	6340	23996	3000		224572		45050
马鞍山市	774535	963	4246			149142	33284	37387
淮北市	160949	35331	4313			45901		52217
铜陵市	185259	17081	1580			120311		3399
安庆市	98630	4268	6697			74612		7068

continued 5

Measurement Unit:10000RMB

污水处理 Wastewater Treatment	污泥处置 Sludge Disposal	再生水利用 Wastewater Recycled and Reused	园林绿化 Landscaping	市容环境卫生 Environmental Sanitation	垃圾处理 Domestic Garbage Treatment	其他 Other	本年新增固定资产 Newly Added Fixed Assets of This Year	城市名称 Name of Cities
389496	**2372**	**3384**	**1308000**	**122834**	**54029**	**1700765**	**7970845**	**浙　江**
112014			220328	10308	76	616313	1704884	杭州市
			1340	134		1600	25883	建德市
29613			115764	16645	3470	121858	2032944	宁波市
24733			12974			684	97191	余姚市
4868	300		25138			3	613098	慈溪市
			431988			107300	367870	温州市
2041			44775	12154		12435	193786	瑞安市
23224			55173	37739	26862	2953		乐清市
			46611			75		龙港市
36128			49103	15158	15133	878	403813	嘉兴市
			20226	689	54	154	73445	海宁市
1794			14335	3767		36133	95934	平湖市
1801	1326		26234	249		6399	118203	桐乡市
			427			115	89888	湖州市
			75798	5120			411311	绍兴市
53	1		3560			297270	517826	诸暨市
						12070	85950	嵊州市
58559			44700	6484	5424	31648	135891	金华市
			6840				24176	兰溪市
20868		3384	3213			1249	46795	义乌市
1265			1757	1139	1139		32031	东阳市
28545			9800			18348		永康市
9358			37590	10272		79310	329099	衢州市
			300			7279		江山市
19433	745		5172	1856	1051	32424	357649	舟山市
11071			4976	11	11	15223	89323	台州市
640			5855			4967	10946	玉环市
			21356				4982	温岭市
831			560	486	486	12	754	临海市
2657			14817	623	323	284872	84345	丽水市
			7290			9193	22828	龙泉市
369974	**580**	**15891**	**475524**	**452789**	**98448**	**839414**	**2539093**	**安　徽**
9171			82187	25277	1909	65688	186871	合肥市
77250			14730	47130	46230		24800	巢湖市
108848			38136	7600		79550	95473	芜湖市
			3591	390			317325	无为市
		4534	36826			42252	10021	蚌埠市
10050			55186	2701		12550		淮南市
		640	16209	301548	2045	231756	100294	马鞍山市
10903			23187					淮北市
1864			5867	362	362	36659	362	铜陵市
255			519	5466			51927	安庆市

2-1-2 续表 6

计量单位：万元

城市名称 Name of Cities	本年完成投资 Completed Investment of This Year	供水 Water Supply	燃气 Gas Supply	集中供热 Central Heating	轨道交通 Urban Rail Trainsit System	道路桥梁 Road and Bridge	地下综合管廊 Utility Tunnel	排水 Sewerage
潜山市	50430	703	612			27708		4401
桐城市	81296	4531	2254			66312		732
黄山市	63139	14004	11417			26935		1052
滁州市	770095	4369	42596			332965	7075	135278
天长市	126203	7005	5128			55147		37067
明光市	86000	13900	8500			44900		2200
阜阳市	603781	75827	3073			376883		76336
界首市	53995	200	99			6504		
宿州市	197324	21100	17000			95904		38200
六安市	193518	870	10424			83187		53353
亳州市	252835	23144	2896			173338	393	29143
池州市	138621	7707	2481	111		56640		30192
宣城市	345173	18500	8240			138373		136260
广德市	58313	15050	1316			19494		13134
宁国市	164600	7700	2955			106630	4000	39515
福　建	**5212844**	**296106**	**55346**		**2322527**	**1309834**	**126273**	**365209**
福州市	1736929	10588	11154		1301373	294449	150	2004
福清市	181415	1654	1019			122234		
厦门市	1492497	79552	16206		950167	187040	96793	50712
莆田市	343777	92282			1300	81464		28866
三明市	40149	4435	1870			13096		
永安市	7705	1000				4070	327	140
泉州市	231200	10554	5586			53959	400	95074
石狮市	12539	1821	584					10134
晋江市	32748	128	2000			20033		1520
南安市	100600	800	3150			72359		17928
漳州市	324718	19073	2745		69687	141315		57831
南平市	18340	20				6000		12320
邵武市	22288	6839	1150					6691
武夷山市	136750	13870	1000			105400		8000
建瓯市	100030		6300			6625		
龙岩市	116634	14866	690			34867	28603	27227
漳平市	6519	410	392			3262		800
宁德市	177761	23393				67666		37648
福安市	70435	7151				63284		
福鼎市	59810	7670	1500			32711		8314
江　西	**6385623**	**128428**	**62548**		**517385**	**3449511**	**153544**	**1153962**
南昌市	1940966	8483	831		517385	1261098	200	139546
景德镇市	83599		4688			52502		20555
乐平市	17449					6250		
萍乡市	208041	2385	4300			60147		118603
九江市	860369	73	687			262274		303360
瑞昌市	53685	5010	1319			10206		20112

continued 6

Measurement Unit:10000RMB

污水处理 Wastewater Treatment	污泥处置 Sludge Disposal	再生水利用 Wastewater Recycled and Reused	园林绿化 Landscaping	市容环境卫生 Environmental Sanitation	垃圾处理 Domestic Garbage Treatment	其他 Other	本年新增固定资产 Newly Added Fixed Assets of This Year	城市名称 Name of Cities
			11201	4760	4625	1045		潜山市
295			3496	543		3428	7389	桐城市
			3696	679	491	5356	462	黄山市
55673			69023	11051	880	167738	589026	滁州市
30782	580		10300	212	106	11344	7106	天长市
1700			2400	14100	14100		69700	明光市
			6000	1937	950	63725	419764	阜阳市
			47192					界首市
29300			11700	420	420	13000	17800	宿州市
3267		10717	5245	210		40229	455180	六安市
			16433	336		7152	1018	亳州市
11482			2883	27467	25730	11140	150088	池州市
10500			5731	600	600	37469	2300	宣城市
8634			3786			5533	32187	广德市
						3800		宁国市
212971	**500**		**296038**	**89611**	**80527**	**351900**	**1021116**	**福　建**
			42380	3128		71703	521128	福州市
			21126	11819	11819	23563	34106	福清市
22899			13956	29550	29397	68521	145027	厦门市
26866			116391	18316	18316	5158	36350	莆田市
			13900			6848	260	三明市
			289			1879	2139	永安市
20900			15226	11351	10589	39050	170409	泉州市
3503							8623	石狮市
			2935	650	650	5482	8960	晋江市
17928			6279	84			84	南安市
45056			23207	574		10286	37859	漳州市
2000							7270	南平市
1842						7608		邵武市
8000			7400	1080	1080		14953	武夷山市
						87105		建瓯市
26129			10381				26020	龙岩市
			110			1545	6519	漳平市
37648			19578	8326	8326	21150		宁德市
							670	福安市
200	500		2880	4733	350	2002	739	福鼎市
367091	**22551**		**235973**	**97074**	**29236**	**587198**	**3611881**	**江　西**
8138			4135	3890		5398	1604510	南昌市
540			4091	1423	1400	340	20518	景德镇市
			1867			9332		乐平市
10238			13052	3200	3200	6354	184503	萍乡市
158043	15429		39777	1264	16	252934	235581	九江市
20112			38			17000		瑞昌市

2-1-2 续表 7

计量单位:万元

城市名称 Name of Cities	本年完成投资 Completed Investment of This Year	供水 Water Supply	燃气 Gas Supply	集中供热 Central Heating	轨道交通 Urban Rail Trainsit System	道路桥梁 Road and Bridge	地下综合管廊 Utility Tunnel	排水 Sewerage
共青城市	12780		400			7138		3153
庐山市	48415	1112	2264			18856		17789
新余市	130406	213	8044			42511	2300	45259
鹰潭市	121596	95	928			34117		17200
贵溪市	31062		1870			24155		3426
赣州市	1283739	10217	4531			870611	119744	114282
瑞金市	9009	1530				1469		4120
龙南市	170513	22975				123930		6345
吉安市	88173	5383	2965			32925	8500	31680
井冈山市	27304	12249				9644		
宜春市	46095	14617	1898			3643		1900
丰城市	44013		6231			3584	20270	13767
樟树市	191723		110			75940		90570
高安市	59251	55	100			23922		11072
抚州市	554379	28418	15841			204089	2530	154323
上饶市	376686	15552	5541			306300		35900
德兴市	26370	61				14200		1000
山　东	**17104580**	**447934**	**117697**	**1093060**	**5074268**	**5446143**	**291566**	**2680066**
济南市	6465645	175269	16250	444123	3031309	1277240	79261	1173778
青岛市	3620855	22946	12946	67623	2042959	1279807	100	75480
胶州市	36939		1506	800		6300		
平度市	83026	1517				38370		6930
莱西市	20090		728	13548				
淄博市	656149		8424	1200		358134	5211	87180
枣庄市	312636	1852	7980	32860		106411	3400	42751
滕州市	206203		2504	7100		93800		68300
东营市	313509		6900	3870		70209		128451
烟台市	946199	1689	20696	3945		700997	14000	99954
龙口市	56864	56	858	3197		47969		
莱阳市	60622	600	340	2367		52540		
莱州市	55903		614	7813		2871		41587
招远市	27514	881				21782		2578
栖霞市	77627	1760				46380		21327
海阳市	30177	332	3353	24840		328		600
潍坊市	177845	27876		7080		56901	42000	41717
青州市	49862	594	1950	14052		5330		26310
诸城市	5529							279
寿光市	57005	144	3156	200		11086		31880
安丘市	39104	2876	105	8500		4011		21579
高密市	3843	34	120			1300		1514
昌邑市	11039			1600		403		6633
济宁市	288328	11250	508	4200		137707	1200	26403
曲阜市	70139	17500	614	6845		6500		38500

continued 7

Measurement Unit:10000RMB

			园林绿化	市容环境卫生		其他	本年新增固定资产	城市名称
污水处理 Wastewater Treatment	污泥处置 Sludge Disposal	再生水利用 Wastewater Recycled and Reused	Landscaping	Environmental Sanitation	垃圾处理 Domestic Garbage Treatment	Other	Newly Added Fixed Assets of This Year	Name of Cities
3153			485	413		1191	996	共青城市
12500			884	1500	1500	6010	48415	庐山市
			4590	3469		24020	59415	新余市
2500	7000		12500	1773	1235	54983	47446	鹰潭市
			511	1100	1100		24055	贵溪市
27272			39387	55930		69037	357028	赣州市
4120			1090	800	240			瑞金市
			737	14180	14000	2346	23168	龙南市
30420			5000	1330	339	390		吉安市
			150			5261		井冈山市
			23570	467	136		40520	宜春市
13767			67			94	41147	丰城市
			5310			19793		樟树市
10000			18951	2705	2605	2446	59251	高安市
49388	122		46918	3480	3465	98780	554138	抚州市
15900			12693			700	309857	上饶市
1000			170	150		10789	1333	德兴市
439997	**4460**	**18918**	**992334**	**98191**	**66068**	**863321**	**4860130**	**山　东**
67905	4400	18783	113150	60765	45395	94500	1886236	济南市
20027	60	135	30496	1307	1307	87191	79300	青岛市
			28333				34633	胶州市
						36209	45862	平度市
			5814				5814	莱西市
			166523	1094		28383	47181	淄博市
16904			36751	169		80462	250371	枣庄市
			34376	123			182536	滕州市
45000			29926	570	510	73583		东营市
72379			33601	3500	3500	67817	155086	烟台市
			4784				16305	龙口市
			4775				10588	莱阳市
			3018					莱州市
			2273				25177	招远市
14000			6510	1650				栖霞市
			506			218		海阳市
11003			2271				84710	潍坊市
			1056	570			49862	青州市
			5250				5529	诸城市
			502			10037	51545	寿光市
11976			1868	165			39104	安丘市
			875				2745	高密市
			1235			1168	1600	昌邑市
6100			57256	849		48955	288328	济宁市
1500			180				70139	曲阜市

2-1-2 续表 8

计量单位:万元

城市名称 Name of Cities	本年完成投资 Completed Investment of This Year	供水 Water Supply	燃气 Gas Supply	集中供热 Central Heating	轨道交通 Urban Rail Trainsit System	道路桥梁 Road and Bridge	地下综合管廊 Utility Tunnel	排水 Sewerage
邹城市	36865	919	441	25		9100		13870
泰安市	413411	85270	9634	82500		172399	11000	42100
新泰市	88372					5599		82773
肥城市	4555			350		4205		
威海市	391654	21975	1766	51749		130819		13786
荣成市	88830	1100	2400	27997		11315		35511
乳山市	70009	2728	1522	54114		4489		2822
日照市	215389	11510	2713	5329		72957		68104
临沂市	874732	30194	7900	124618		224957	4000	187670
德州市	283579			15000		97412	48900	66819
乐陵市	37700	700				24500		
禹城市	44642	464	537	5950		32100		
聊城市	161976		940	12093		86022	22494	25153
临清市	62800					8280		54520
滨州市	230011	4282	292	33572		65341		14863
邹平市	28417					15051		3126
菏泽市	398986	21616		24000		155221	60000	125218
河　南	**6434527**	**152263**	**49467**	**402883**	**1760816**	**2040686**	**15179**	**853898**
郑州市	2947451			6713	1683200	777887	5259	269302
巩义市	50915		1000			45426		3750
荥阳市	9806							
新密市	8947	723	271					
新郑市	200					200		
登封市	35438					13710		5035
开封市	339695	9157	18000	50576		74566		84195
洛阳市	247230	9669	8260	6406	77616	88264		8519
平顶山市	10704	607	4174	1057		4866		
舞钢市	25051	1089	47	3400		17485		
汝州市	5085	193				3313		871
安阳市	126468	2169	677	19750		9255		81452
林州市	19141	15264		300		1450		
鹤壁市	28831	1890	1353	270		2310		9286
新乡市	129944	1445		3000		74350		10131
长垣市	75707	4268	1375	6000		10185		24251
卫辉市	23157	3741				4800		14616
辉县市	94160	2500				78335		12949
焦作市	75059	491	2381	506		64233	4660	1118
沁阳市	6498			1998				4500
孟州市	2280	60	25			857		1332
濮阳市	109161	5129	460	2535		30824		14172
许昌市	265229		978	86105		58486		51440
禹州市	41804	741		11000		14602		2927
长葛市	12193	200	65	2260		1040		

continued 8

Measurement Unit: 10000RMB

污水处理 Wastewater Treatment	污泥处置 Sludge Disposal	再生水利用 Wastewater Recycled and Reused	园林绿化 Landscaping	市容环境卫生 Environmental Sanitation	垃圾处理 Domestic Garbage Treatment	其他 Other	本年新增固定资产 Newly Added Fixed Assets of This Year	城市名称 Name of Cities
			12510				36865	邹城市
6000			10100	408			125500	泰安市
80490							88372	新泰市
							4605	肥城市
4603			19460	519	519	151580	153035	威海市
33500			8376	643		1488	10309	荣成市
			3176			1158	10628	乳山市
6080			6298	16649	9700	31829	44399	日照市
18000			222602	1621	121	71170	483753	临沂市
14144			55448				21086	德州市
			1500			11000	38200	乐陵市
			4581	1010			6951	禹城市
			7969	603		6702	75110	聊城市
							62800	临清市
			58294	5976	5016	47391	90502	滨州市
			10160			80		邹平市
10386			531			12400	275364	菏泽市
466492	**14550**	**21914**	**938679**	**108062**	**93537**	**112594**	**6416304**	**河　南**
265669			161754	34517	33857	8819	1990187	郑州市
3750			739				46165	巩义市
			9806				9806	荥阳市
			7953				8947	新密市
								新郑市
			15379	314		1000	33678	登封市
10670			13040	11750	11750	78411	496434	开封市
3037		2854	38813	2765		6918	1615254	洛阳市
							57575	平顶山市
			1960	1070			25051	舞钢市
			396			312		汝州市
			13165				91663	安阳市
			1323	804	394		22773	林州市
6491			12854	868			20816	鹤壁市
	10131		41018				10537	新乡市
14560			29628				29929	长垣市
								卫辉市
			376				7782	辉县市
1118				670	458	1000	50931	焦作市
							7500	沁阳市
			6				2766	孟州市
			40864	1456		13721	184550	濮阳市
27281	2319	19020	67932			288	154582	许昌市
			10795	1255	1255	484	17366	禹州市
			8628				12193	长葛市

2-1-2 续表 9

计量单位:万元

城市名称 Name of Cities	本年完成投资 Completed Investment of This Year	供水 Water Supply	燃气 Gas Supply	集中供热 Central Heating	轨道交通 Urban Rail Trainsit System	道路桥梁 Road and Bridge	地下综合管廊 Utility Tunnel	排水 Sewerage
漯河市	108811	7610	20	320		37619		16250
三门峡市	88529	1015	618	3607		57707		1074
义马市	6080	1403	40			1655		1047
灵宝市	44639			1420		30309		1480
南阳市	227176	704	3462	17200		79345	560	30851
邓州市	55526	1401	890			22755		13593
商丘市	138358	11525		2390		12051		70000
永城市	12167	1727		895		702		7743
信阳市	274398	11719	680			137955		28562
周口市	448608	3100		160520		143863	4700	50365
项城市	136759	29843	82			45272		27921
驻马店市	67610	2325	969			11002		
济源示范区	97856	18541		1753		66807		3066
郑州航空港经济综合实验区	37856	2014	3640	12902		17200		2100
湖　北	**15877489**	**504115**	**249774**	**78429**	**2747828**	**6381935**	**222958**	**1539101**
武汉市	7999564	108858			2729507	3213985	141090	560645
黄石市	401518	15400	2726	861		281793	3000	41840
大冶市	82465		980			60632		4482
十堰市	312330	8082	93574	15426		79240		45985
丹江口市	187579	4000	2760			55100	34210	13281
宜昌市	506066		12884	62142		308219		35991
宜都市	328128	11883				13026		31978
当阳市	140712	450				55721		61028
枝江市	88606	5761	18581			30334		27315
襄阳市	1345787	16081				501579	2000	17116
老河口市	79076	3578	90			30779		6190
枣阳市	20662		1139			14497		
宜城市	30947	1800	1300			11299		9043
鄂州市	203631	25200				47124	13430	6485
荆门市	510705	10307				248855		9374
京山市	70517		1840			43198		10450
钟祥市	83107	2820	734			47064		28468
孝感市	545314	79796	3105			227397	622	53338
应城市	170892	2467				53298		5455
安陆市	182928	17741	1540		4770	105191		21372
汉川市	299200	9898				224501	1308	14010
荆州市	305661	16894	2549			211840	24376	19358
监利市	95174	650	15500			33687		23037
石首市	127345	1400	16164			5239		103527
洪湖市	55182		10398			13049		11456
松滋市	171354					46327		62085
黄冈市	181660					101312		5690

continued 9

Measurement Unit: 10000RMB

污水处理 Wastewater Treatment	污泥处置 Sludge Disposal	再生水利用 Wastewater Recycled and Reused	园林绿化 Landscaping	市容环境卫生 Environmental Sanitation	垃圾处理 Domestic Garbage Treatment	其他 Other	本年新增固定资产 Newly Added Fixed Assets of This Year	城市名称 Name of Cities
			46120	872			84134	漯河市
960			23067			1441	41103	三门峡市
382			1935				2754	义马市
		40	11430				23649	灵宝市
7300	2100		88738	6316	418		254395	南阳市
			16887				45906	邓州市
70000			2392	40000	40000		120513	商丘市
4708			1100				10152	永城市
2505			95482				254805	信阳市
31224			85860			200	287925	周口市
16837			28236	5405	5405		327217	项城市
			53314				51334	驻马店市
			7689				2832	济源示范区
							13100	郑州航空港经济综合实验区
365372	**12108**	**45252**	**431733**	**201850**	**182283**	**3519766**	**3234213**	**湖　北**
55652	4946	11987	61033	40264	40264	1144182	1329221	武汉市
30297			55898				131836	黄石市
1882			13371	3000	3000		82465	大冶市
18056			7030	450	450	62543	14520	十堰市
13281						78228		丹江口市
28800			16632	14550	14550	55648	78140	宜昌市
			15490	17423	17423	238328	12396	宜都市
7193		33115	2683	1213	1213	19617	1663	当阳市
19968			5491	900		224	80588	枝江市
			6800	493		801718	298952	襄阳市
1500			50			38389	1000	老河口市
			5026					枣阳市
				6005	6005	1500	31442	宜城市
2685	3000		111392				135752	鄂州市
1750	200		6140	1350	1350	234679	300	荆门市
1660		150	8760	1430	497	4839	69917	京山市
			3549	472			62862	钟祥市
22523			4434	6495	6495	170127	170095	孝感市
400			5610	2385	2385	101677		应城市
			7364	2374	2374	22576	41094	安陆市
			900	47394	47394	1189	72532	汉川市
17358			14825	729		15090	66833	荆州市
5500			1450	14000	14000	6850	95174	监利市
			515	500	500		1400	石首市
			3964			16315		洪湖市
25624			4420	3894	3874	54628	171354	松滋市
3620			2844	1150		70664	12600	黄冈市

2-1-2 续表 10

计量单位:万元

城市名称 Name of Cities	本年完成投资 Completed Investment of This Year	供水 Water Supply	燃气 Gas Supply	集中供热 Central Heating	轨道交通 Urban Rail Trainsit System	道路桥梁 Road and Bridge	地下综合管廊 Utility Tunnel	排水 Sewerage
麻城市	75263	9121	2743		10367	27133		500
武穴市	61542							50192
咸宁市	50464	19000	471			16498		2600
赤壁市	165287	48000	12535			46825		57927
随州市	106041	9150	6589			47878	1537	6578
广水市	41751	3500				23698		4514
恩施市	46082	10638	19158			4569	150	6788
利川市	47364	6720	1280			5380	100	15227
仙桃市	494719	16730	12855			115761	1135	106960
潜江市	102810	30709	7856			24660		39307
天门市	160056	7481	423		3184	5247		19509
湖　南	**6197862**	**196043**	**89975**	**12000**	**1447575**	**2296104**	**138672**	**309310**
长沙市	3989879	92284	15487		1373857	1195016	113667	120260
宁乡市	102233		6077			26919		250
浏阳市	148082	2000				123520		12872
株洲市	567975	6756	14441			191117		33356
醴陵市	7591					7591		
湘潭市	109362	10308	6376		73588	7264	102	8290
湘乡市	2446					640	513	
韶山市	10060	3950				1750		2180
衡阳市	79356	5000	1638			24706		45668
耒阳市	12200	1700				10500		
常宁市	2750		2750					
邵阳市	12727	3188	7884			1633		22
武冈市	38518	4628	400			8950	1500	1690
邵东市	42043					5985	22890	13168
岳阳市	303828					303828		
汨罗市	15666		287			7079		8300
临湘市	31947	3500	7500					9679
常德市	110916	17717	2185			62700		5417
津市市	6474	494				5940		
张家界市	29951	7588				20000		1200
益阳市	21472	1830	129		130	14148		2845
沅江市	82711		11216			2158		
郴州市	14968					8193		1660
资兴市	62053		1400	12000				753
永州市	272982	3000				233916		24859
祁阳市	36339	3652	4160			24056		1534
怀化市	380					380		
洪江市	2500							2500
娄底市	25938	3000				2100		
冷水江市	34415	14348	4045			3215		12807
涟源市	20100	11100	4000			2800		

continued 10

Measurement Unit:10000RMB

污水处理 Wastewater Treatment	污泥处置 Sludge Disposal	再生水利用 Wastewater Recycled and Reused	园林绿化 Landscaping	市容环境卫生 Environmental Sanitation	垃圾处理 Domestic Garbage Treatment	其他 Other	本年新增固定资产 Newly Added Fixed Assets of This Year	城市名称 Name of Cities
						25399	71007	麻城市
6547				893	893	10457	57112	武穴市
			300	3000		8595		咸宁市
42707								赤壁市
	2284		32385	1744	844	180	27229	随州市
			3450			6589	41751	广水市
6788			2620			2159		恩施市
11627				6050	6050	12607	67020	利川市
21320			21905	17940	8690	201433		仙桃市
778	1678			278	66		2578	潜江市
17856			5402	5474	3966	113336	5380	天门市
116898	**31**	**12000**	**66738**	**106973**	**96105**	**1534472**	**1034253**	**湖　南**
7200		12000	56628	8065		1014615	244961	长沙市
				65022	65022	3965	97596	宁乡市
9362						9690	148082	浏阳市
6369			3033	300		318972	312568	株洲市
							500	醴陵市
			276	900	900	2258	7095	湘潭市
						1293	170	湘乡市
			2180					韶山市
45425			1400	914		30	15198	衡阳市
							13600	耒阳市
								常宁市
							4101	邵阳市
320			150	19970	19470	1230	2568	武冈市
							42043	邵东市
							1194	岳阳市
8300								汨罗市
						11268	11069	临湘市
			1510			21387	2656	常德市
				40			6474	津市市
			319	844	844		844	张家界市
			1040			1350	2610	益阳市
						69337		沅江市
			32	533		4550		郴州市
753				2900	2900	45000	57753	资兴市
24859				4807	4807	6400		永州市
1503	31		170	2162	2162	605	6976	祁阳市
							380	怀化市
								洪江市
				516		20322	1300	娄底市
12807							34415	冷水江市
						2200	20100	涟源市

2-1-2 续表 11

计量单位:万元

城市名称 Name of Cities	本年完成投资 Completed Investment of This Year	供水 Water Supply	燃气 Gas Supply	集中供热 Central Heating	轨道交通 Urban Rail Trainsit System	道路桥梁 Road and Bridge	地下综合管廊 Utility Tunnel	排水 Sewerage
吉首市								
广　东	**15330059**	**1073581**	**315069**		**5510267**	**4997827**	**500420**	**1744699**
广州市	6351849	458559	202861		3217761	1479730	195115	743014
韶关市	71750	17136	9441			9672		34127
乐昌市	9890							7500
南雄市	1464	264				1200		
深圳市	2928072	17503	28800		1395390	774423	240487	145032
珠海市	1291392	39819	13968			807210	11886	114755
汕头市	92088	4635	2323			42122		33282
佛山市	772488	30820	24190		406768	152566	26796	82647
江门市	270614	5932	120			154141		31500
台山市	3302							2313
开平市	38420					11874	500	22824
鹤山市	49967	13551				35283		300
恩平市								
湛江市	10758	5170				4181		1407
廉江市	2107					1691		
雷州市	8907	239				3164		4355
吴川市	31658					21400		
茂名市	33346		360			26250		6327
高州市	18953	509				12250		4201
化州市	38019					31662		3306
信宜市	26962					9743		2745
肇庆市	165174	20737	2042			99765		34489
四会市	96970					68670		28300
惠州市	807814	40425	1662		134	518226	17961	115941
梅州市	1431		209			330	850	
兴宁市	26543	7810	600			15410		2723
汕尾市	82577					40129		4650
陆丰市	8760					4000		4600
河源市	184643	24			4976	165790		10008
阳江市	43902	5751	6874			27872		1709
阳春市	51626	13226	141			32420		4685
清远市	308141	36338	12728		80	136159	3931	22567
英德市	10940	1051				178		8711
连州市	30707	500				3510		8254
东莞市	844336	327533			485158	1140	310	28547
中山市	341776	6524	98			237734	2584	81174
潮州市	133264		7629			22302		76943
揭阳市	90531					35991		53040
普宁市								
云浮市	4205	170	977			2956		94
罗定市	44713	19355	46			6683		18629

continued 11

Measurement Unit: 10000RMB

污水处理 Wastewater Treatment	污泥处置 Sludge Disposal	再生水利用 Wastewater Recycled and Reused	园林绿化 Landscaping	市容环境卫生 Environmental Sanitation	垃圾处理 Domestic Garbage Treatment	其他 Other	本年新增固定资产 Newly Added Fixed Assets of This Year	城市名称 Name of Cities
								吉首市
996066	**13121**	**2226**	**332748**	**183494**	**157769**	**671954**	**7652349**	**广　东**
519236	12461		43329	11480	8935		3523326	广州市
32209			395			979	8201	韶关市
7500						2390	2027	乐昌市
							1464	南雄市
143872	660	500	190955	79228	71726	56254	2943097	深圳市
91337			1787	3444		298523	156933	珠海市
				5232		4494	827	汕头市
35463			44405	3825	892	471	180152	佛山市
			1500	73800	73800	3621	23160	江门市
						989	2394	台山市
22824						3222	3222	开平市
						833		鹤山市
								恩平市
								湛江市
						416	1878	廉江市
			73			1076		雷州市
				824	824	9434	27600	吴川市
2705			409				24460	茂名市
			407	3		1583		高州市
			719	1825		507		化州市
						14474		信宜市
5009		1726	1001	563	563	6577	239622	肇庆市
28300								四会市
17592			32956	460		80049	260100	惠州市
						42	1255	梅州市
380								兴宁市
3000			1000			36798	19900	汕尾市
4600				160	160		8760	陆丰市
3939			880	869	869	2096	9967	河源市
			1041	285		370	5708	阳江市
4615						1154	51485	阳春市
6800			1398			94940	65987	清远市
7716			1000				8711	英德市
7924						18443	14100	连州市
7288			398	1250			2788	东莞市
4716			9087	246		4329	24331	中山市
						26390	37914	潮州市
39000						1500		揭阳市
								普宁市
41			8				2980	云浮市
								罗定市

2-1-2 续表 12

计量单位:万元

城市名称 Name of Cities	本年完成投资 Completed Investment of This Year	供水 Water Supply	燃气 Gas Supply	集中供热 Central Heating	轨道交通 Urban Rail Trainsit System	道路桥梁 Road and Bridge	地下综合管廊 Utility Tunnel	排水 Sewerage
广　西	**2326487**	**268205**	**45025**		**127721**	**1420033**	**7686**	**295224**
南宁市	1111870	149985	11603		127721	756280	1186	53103
横州市	52526	1188	540			12353		159
柳州市	105691	19738	11969			44963	544	20101
桂林市	90651	29257	1474			48334		3586
荔浦市	3186	328	200			1370		288
梧州市	144419	2486				107141		11519
岑溪市	26399	60	1160			11778		6627
北海市	127297	5297	3564			87491		28755
防城港市	42327	2651	6717			11809		19951
东兴市	29539					23262		4677
钦州市	14481					10036		3998
贵港市	68931	1786	2550			61151	80	1287
桂平市	41343	7200	700			31443		
玉林市	73955	6211	179			59056		8023
北流市	17493	935	1351			9746		2483
百色市	63556	6194				17144		40094
靖西市	28960	1320				7364		9250
平果市	48186	18636	570			6258		4726
贺州市	97798	10955	897			47645	257	32023
河池市	32779	614	929			22768	619	2447
来宾市	6656	1430				2126		2320
合山市	2999	1534	180			438		837
崇左市	84980	400	442			30582	5000	38650
凭祥市	10465					9495		320
海　南	**1077670**	**106502**	**5463**		**847**	**668682**	**4207**	**114687**
海口市	634508	41901	3172			479185		57733
三亚市	53347	2998	2291		847	29390	125	8689
儋州市	184234	43220				27243	4082	11284
五指山市	31771					7124		7920
琼海市	15116					2200		12916
文昌市	83646					83349		
万宁市	11000	1883				2543		6245
东方市	64048	16500				37648		9900
重　庆	**11723514**	**90423**	**93611**	**6495**	**3085080**	**5865425**	**19875**	**555767**
重庆市	11723514	90423	93611	6495	3085080	5865425	19875	555767
四　川	**14765178**	**326440**	**405727**	**2300**	**3862912**	**6314359**	**213433**	**1833471**
成都市	6246451	73208	13935		3862912	1405799	68835	311151
简阳市	54096		2518			40961		
都江堰市	14080		398			9886	1047	1810
彭州市	84570					59030		740
邛崃市	61806	1600				43304		795
崇州市	97331					45996		47090

continued 12

Measurement Unit:10000RMB

污水处理 Wastewater Treatment	污泥处置 Sludge Disposal	再生水利用 Wastewater Recycled and Reused	园林绿化 Landscaping	市容环境卫生 Environmental Sanitation	垃圾处理 Domestic Garbage Treatment	其他 Other	本年新增固定资产 Newly Added Fixed Assets of This Year	城市名称 Name of Cities
119047	**8659**	**1753**	**59376**	**77086**	**62203**	**26131**	**1039967**	**广西**
17611	5940		5006			6986	69771	南宁市
159			59	38227	38227			横州市
16977			6620	1740	1740	16	55503	柳州市
			8000				18147	桂林市
			1000				3326	荔浦市
806			8666	14494		113	77835	梧州市
3000			2491	718	718	3565	9306	岑溪市
		1723	764	1376	1376	50	9626	北海市
17654	594		99			1100	14859	防城港市
			1600				6378	东兴市
			247	200	200		14481	钦州市
100	30	30	2077				16839	贵港市
						2000	2000	桂平市
1020			486				6378	玉林市
350			2820	139		19	33647	北流市
17772			124				43478	百色市
9250			330			10696	5237	靖西市
3250			54	17942	17942		25695	平果市
21522	2095		5983			38	232042	贺州市
1677			3884			1518	27113	河池市
1950			750			30	800	来宾市
			10				2917	合山市
5949			7656	2250	2000		328654	崇左市
			650				35935	凭祥市
47105	**2883**	**36208**	**57631**	**5327**	**750**	**114324**	**117950**	**海南**
13681		33308	41105	750	750	10662	75699	海口市
8689			4230	4577		200		三亚市
	803		11999			86406	30484	儋州市
7920						16727	7920	五指山市
9051	880							琼海市
			297					文昌市
764	1200					329	3847	万宁市
7000		2900						东方市
143150	**10772**		**501742**	**37916**	**23645**	**1467180**	**11986680**	**重庆**
143150	10772		501742	37916	23645	1467180	11986680	重庆市
563525	**47607**	**320**	**973735**	**568088**	**356252**	**264713**	**12593331**	**四川**
167891	17707		277484	185282	107975	47845	5437575	成都市
			10617				54096	简阳市
			939				12930	都江堰市
420		320	500	24300			84570	彭州市
			9107	7000				邛崃市
8071			4245					崇州市

2-1-2 续表 13

计量单位:万元

城市名称 Name of Cities	本年完成投资 Completed Investment of This Year	供水 Water Supply	燃气 Gas Supply	集中供热 Central Heating	轨道交通 Urban Rail Trainsit System	道路桥梁 Road and Bridge	地下综合管廊 Utility Tunnel	排水 Sewerage
自贡市	942631	3655	28519			637630	17410	120891
攀枝花市	117452	532	18604			67727		13321
泸州市	557800	8100	4400			377000		102800
德阳市	571095	4323	51842			245570	28311	55396
广汉市	222538	4265	10400			178573		6500
什邡市	49152	160	70			25049		4473
绵竹市	31884	8000				11951		5933
绵阳市	606749	32300	9130			437478		46149
江油市	91506	7424	11136			54113		14267
广元市	373675	9009	44399			180135	338	57983
遂宁市	353170	8517	23646			126806	63000	63803
射洪市	164561		15989			123664		24800
内江市	349851	8920	2877			223871		29620
隆昌市	101252	9657	5350			61507		21623
乐山市	223644	2000	4800			134632	300	21112
峨眉山市	67170		2988			12941		32709
南充市	528390	23000				212736		279719
阆中市	88552					38900		49652
眉山市	140584		5010			41880	1200	85366
宜宾市	547982	5693	2518			479666		45442
广安市	254420		20800			123670		41100
华蓥市	27700		4000			10500		8000
达州市	658247	54788	5883			460191	14800	107148
万源市	52000		36700			6000		8500
雅安市	208855	3996	2000			91791	18131	28640
巴中市	291739	9100	61260			32820		37600
资阳市	531369	47572	16555			271677	61	150838
马尔康市	680					680		
康定市	3721			2300		1421		
会理市	18035					9000		8485
西昌市	30440	621				29804		15
贵 州	**2878806**	**96024**	**34530**	**4357**	**906600**	**460654**	**2752**	**137287**
贵阳市	933281	8362			906600	970		14168
清镇市	3010					10		3000
六盘水市	449381	4052	1363	4357		79684		17280
盘州市	216205	1155				14703		17427
遵义市	61293	1164	2403			2614		1048
赤水市	2773		745			260		942
仁怀市	23096	1013				509		21574
安顺市	224688	5386	1981			14619		15182
毕节市	80011	7026	491			60670		2343
黔西市	24180	682	770			18083		2045
铜仁市	275692	3530	8932			17281		5565

continued 13

Measurement Unit: 10000RMB

污水处理 Wastewater Treatment	污泥处置 Sludge Disposal	再生水利用 Wastewater Recycled and Reused	园林绿化 Landscaping	市容环境卫生 Environmental Sanitation	垃圾处理 Domestic Garbage Treatment	其他 Other	本年新增固定资产 Newly Added Fixed Assets of This Year	城市名称 Name of Cities
43583			48985	85541	51435		904087	自贡市
1990			10363	6805	3405	100	117452	攀枝花市
29900	23100		25900	31600	31600	8000	557800	泸州市
20810			118080	62573	62473	5000	571095	德阳市
6500			16100	6700			222538	广汉市
	400		19400				49152	什邡市
2933			6000				31884	绵竹市
35866			70027	11165	8950	500	586578	绵阳市
2516			4566				91506	江油市
6237			21730	3185	260	56896	356976	广元市
1900	6000		34306	1250	1250	31842	75630	遂宁市
			108				164561	射洪市
3370			29158	54962	54962	443		内江市
7103			3115				101252	隆昌市
8832			32111	28689	7545		218018	乐山市
			18532				67170	峨眉山市
16563			7825	5110	1950		310435	南充市
								阆中市
			5553	1575	1575		10212	眉山市
30952			5400	9263	9263		506057	宜宾市
17400			40800	19550	2000	8500	261420	广安市
3000			2200	3000			27700	华蓥市
64044			8974	1593		4870	657972	达州市
8500				800	800		52000	万源市
800			64297				187168	雅安市
18150	400		46165	6500	4000	98294	291739	巴中市
54209			30648	11595	6759	2423	531369	资阳市
								马尔康市
							3721	康定市
1985			500	50	50		18228	会理市
							30440	西昌市
75997	**3000**		**8401**	**36773**	**24454**	**1191428**	**279460**	**贵　州**
11620			1378	194	194	1609	9845	贵阳市
	3000							清镇市
16500						342645		六盘水市
8162						182920	23710	盘州市
				33537	21218	20527	19500	遵义市
				480	480	346	1042	赤水市
21204							1492	仁怀市
						187520	31610	安顺市
			1666	970	970	6845	10023	毕节市
1585			1600			1000	19600	黔西市
781						240384		铜仁市

2-1-2 续表 14

计量单位:万元

城市名称 Name of Cities	本年完成投资 Completed Investment of This Year	供水 Water Supply	燃气 Gas Supply	集中供热 Central Heating	轨道交通 Urban Rail Trainsit System	道路桥梁 Road and Bridge	地下综合管廊 Utility Tunnel	排水 Sewerage
兴义市	346842	44848				223256	1509	29425
兴仁市	71687	16906	220			22393		6665
凯里市	166533	1900	17525			5602	1243	623
都匀市	34							
福泉市	100		100					
云　南	**1592202**	**50001**	**41669**		**3500**	**328065**	**91693**	**497977**
昆明市	338877	7207	3000			98739	61539	90871
安宁市	2065		138					
曲靖市	199415	6159	1827			29592		138354
宣威市	95051					26518		25569
玉溪市	133639					27929		4348
澄江市	9003					1043		124
保山市	83100	25300	22500					26500
腾冲市	8180					5166		2854
昭通市	46673					11620		31742
水富市	13300					6100		4000
丽江市	1800	1800						
普洱市	63232		780		3500	2939	24772	21878
临沧市	7600							7600
禄丰市	49893	1230				25994		10778
楚雄市	74417		4940			14173		12822
个旧市	23788					2150		7080
开远市	48691					12098		12378
蒙自市	28170	585	750			6509		1600
弥勒市	35366		6194			15200		10657
文山市	1837						1837	
景洪市	76392	500						7346
大理市	119132		350			22758		60357
瑞丽市	50058	1551				14444	3545	13456
芒市	693					693		
泸水市	67308					4400		
香格里拉市	14522	5669	1190					7663
西　藏	**108989**	**18343**		**267**		**28796**	**22590**	**19340**
拉萨市	11872	7372				4500		
日喀则市	17044					13564		
昌都市								
林芝市	1114							
山南市	47870	10362				9316	17590	10602
那曲市	31089	609		267		1416	5000	8738
陕　西	**7157717**	**314453**	**121105**	**201621**	**2834430**	**2023939**	**187053**	**462938**
西安市	6184663	257643	62640	84168	2834430	1626572	149995	323690
铜川市	26798					12814	4360	9240
宝鸡市	166171	17140	2000	1863		119670		6261

continued 14

Measurement Unit:10000RMB

污水处理 Wastewater Treatment	污泥处置 Sludge Disposal	再生水利用 Wastewater Recycled and Reused	园林绿化 Landscaping	市容环境卫生 Environmental Sanitation	垃圾处理 Domestic Garbage Treatment	其他 Other	本年新增固定资产 Newly Added Fixed Assets of This Year	城市名称 Name of Cities
13662						47804		兴义市
1860			3757	670	670	21076	71687	兴仁市
623				922	922	138718	13136	凯里市
						34		都匀市
							77815	福泉市
220733	**7000**	**400**	**67439**	**78489**	**69595**	**433369**	**920845**	**云　南**
9380				35749	35749	41772	148501	昆明市
						1927	1927	安宁市
54608			14704	5452	4950	3327	19029	曲靖市
18569	7000		3093	10768	2376	29103	43659	宣威市
2347			1576	746	746	99040	133639	玉溪市
124			5987	815	815	1034	16616	澄江市
						8800	85100	保山市
1650						160	8180	腾冲市
21741				2311	2311	1000	154622	昭通市
4000			3200					水富市
							1800	丽江市
16039				9363	9363		63232	普洱市
								临沧市
10778			4665			7226	49893	禄丰市
			8856	4620	4620	29006	74417	楚雄市
5980		400	5500	5350	5350	3708		个旧市
			330			23885		开远市
1600			18726				28170	蒙自市
190				3315	3315		3315	弥勒市
								文山市
7346			200			68346		景洪市
53575						35667		大理市
12806			602			16460	14872	瑞丽市
								芒市
						62908	62908	泸水市
							10965	香格里拉市
3018				**2904**	**2904**	**16749**	**93066**	**西　藏**
								拉萨市
				1790	1790	1690	17044	日喀则市
								昌都市
				1114	1114		1114	林芝市
							43008	山南市
3018						15059	31900	那曲市
189104	**8384**	**4221**	**393496**	**82219**	**66887**	**536463**	**1345715**	**陕　西**
131255		940	326467	1940		517118	1006331	西安市
4489		2551	144	240			5536	铜川市
1323			248	18789	18430	200	39071	宝鸡市

2-1-2 续表 15

计量单位:万元

城市名称 Name of Cities	本年完成投资 Completed Investment of This Year	供水 Water Supply	燃气 Gas Supply	集中供热 Central Heating	轨道交通 Urban Rail Trainsit System	道路桥梁 Road and Bridge	地下综合管廊 Utility Tunnel	排水 Sewerage
咸阳市	57304		20475	2600		23266		7908
彬州市	57194		2910			4650	22461	19773
兴平市	43152		2000			19189	6437	
渭南市	84021	3000	16500	21500		5750		12233
韩城市	4634	249				2400	600	1223
华阴市	53147			17900		5577		
延安市	22591	5338		4868		7736		3938
子长市								
汉中市	201147	22310	980	37360		79335		23367
榆林市	40079	773		1570		19604	2300	2900
神木市	82886	8000		26784		46902		
安康市	55720		7600			18170		29190
旬阳市	39307		4800			1604		21615
商洛市	26795			1500		22200		1600
杨凌区	12108		1200	1508		8500	900	
甘 肃	**2070724**	**91744**	**58068**	**306353**	**127831**	**568491**	**30669**	**353177**
兰州市	726072	31167	30320	112301	98982	179428	8106	147011
嘉峪关市	61283					47800	7900	
金昌市	83618	2700				38081		5270
白银市	121818	15700	3000			35693	7463	1442
天水市	442793	40427		42191	28849	73293		120790
武威市	170901		6466	18100		56975		51043
张掖市	19167	1300				4110		4087
平凉市	46390					44831		741
华亭市	4919					4718		
酒泉市	157382		931	84732		30651		9225
玉门市	51924		3515	20564				2222
敦煌市	8315		6500			909		906
庆阳市	19574		1850			9066		
定西市	60743		3300	20760		8723		5000
陇南市	35360		1000	5100			7200	
临夏市	46654		1186			29073		5440
合作市	13811	450		2605		5140		
青 海	**229102**	**7353**	**25048**	**21736**		**81760**	**16710**	**34663**
西宁市	153075	4176	12050	19566		65804	16710	28709
海东市	24061		7720			200		4621
同仁市								
玉树市								
茫崖市								
格尔木市	51966	3177	5278	2170		15756		1333
德令哈市								
宁 夏	**368370**	**79993**	**25139**	**26492**		**89128**		**84150**

continued 15

Measurement Unit:10000RMB

污水处理 Wastewater Treatment	污泥处置 Sludge Disposal	再生水利用 Wastewater Recycled and Reused	园林绿化 Landscaping	市容环境卫生 Environmental Sanitation	垃圾处理 Domestic Garbage Treatment	其他 Other	本年新增固定资产 Newly Added Fixed Assets of This Year	城市名称 Name of Cities
			800	900	800	1355	730	咸阳市
6823			4600	2800	2800		54284	彬州市
			5154	10372	7852		42370	兴平市
			12018	6000	6000	7020		渭南市
523			162				4634	韩城市
			2870	25500	25000	1300		华阴市
2688				711	711		24318	延安市
								子长市
12003	8384	730	36445	940	170	410	83485	汉中市
1550			860	8172		3900	11772	榆林市
						1200		神木市
26850						760	28571	安康市
			2233	5855	5124	3200	32505	旬阳市
1600			1495					商洛市
							12108	杨凌区
157838	**4500**	**19141**	**44980**	**38581**	**37113**	**450830**	**1337300**	**甘　肃**
107621	4500	3629	3426	11090	10747	104241	216597	兰州市
			5465	118	118		5583	嘉峪关市
2139			9427			28140	66018	金昌市
300			1220			57300	85085	白银市
534			10	30		137203	447947	天水市
45344			13684	2140	1070	22493	170901	武威市
		4087	3565	3500	3500	2605	17055	张掖市
						818	46391	平凉市
			201				4718	华亭市
		9225	5600			26243	157382	酒泉市
						25623	51924	玉门市
							8315	敦煌市
						8658	8358	庆阳市
			2000	3200	3200	17760		定西市
				18503	18478	3557	35315	陇南市
1900		2200	382			10573	1900	临夏市
						5616	13811	合作市
8450			**8597**	**1255**	**304**	**31980**	**88799**	**青　海**
8450			3330	436	304	2294	24449	西宁市
						11520	16220	海东市
								同仁市
							617	玉树市
								茫崖市
			5267	819		18166	46596	格尔木市
							917	德令哈市
6239	**2094**	**16917**	**20392**	**14664**	**14335**	**28412**	**170548**	**宁　夏**

2-1-2 续表 16

计量单位:万元

城市名称 Name of Cities	本年完成投资 Completed Investment of This Year	供水 Water Supply	燃气 Gas Supply	集中供热 Central Heating	轨道交通 Urban Rail Trainsit System	道路桥梁 Road and Bridge	地下综合管廊 Utility Tunnel	排水 Sewerage
银川市	233120	71635	13252	21178		83853		27032
灵武市	4972			3378				
宁东能源化工基地								
石嘴山市	42597		7879					5596
吴忠市	19680	1517				3022		9552
青铜峡市	24200		1558	1936				15422
固原市	8130		2450			1850		2529
中卫市	35671	6841				403		24019
新　疆	**1544207**	**140074**	**32133**	**88004**	**111329**	**535816**	**49700**	**213476**
乌鲁木齐市	440424	306	466	2000	111329	264836	36538	16392
克拉玛依市	258028	31254	1556	9944		111011		39698
吐鲁番市	6052	642	232			4978		
哈密市	169328	9119	4396	12263		265		47185
昌吉市	83219	32376		4246		17229		
阜康市	21876	2106	12910			1360		
博乐市	65319	3000		30000		30000		1869
阿拉山口市	25860	13000		2200				
库尔勒市	49289	42				3123		35
阿克苏市	50297	1950	2300	4126		16470		3705
库车市	30353	6000	2000	2006		10365		4300
阿图什市	12745			802		2343		1396
喀什市	90211			8127		10000	7400	55588
和田市	55562	9614	3835			16206		25907
伊宁市	20958					14589		588
奎屯市	27059		1638					3746
霍尔果斯市	6205		820	3975				
塔城市	28462	1092		4350		10300		4810
乌苏市	18387	3599		1758		4022		2008
沙湾市	10304	8000						150
阿勒泰市	74269	17974	1980	2207		18719	5762	6099
新疆兵团	**194000**	**7382**	**4595**	**60271**		**35872**		**1800**
石河子市	35601			25820		3226		
阿拉尔市	45026		2679	16966		19146		
图木舒克市	3837							1800
五家渠市	14220	7382		4343				
北屯市	3964			3964				
铁门关市	2916		1916			500		
双河市								
可克达拉市	64971					2060		
昆玉市	9220			1383		4490		
胡杨河市	7795			7795				
新星市	6450					6450		

continued 16

Measurement Unit: 10000RMB

污水处理 Wastewater Treatment	污泥处置 Sludge Disposal	再生水利用 Wastewater Recycled and Reused	园林绿化 Landscaping	市容环境卫生 Environmental Sanitation	垃圾处理 Domestic Garbage Treatment	其他 Other	本年新增固定资产 Newly Added Fixed Assets of This Year	城市名称 Name of Cities
		5100	12042			4128	71854	银川市
						1594	4972	灵武市
								宁东能源化工基地
370	2094		133	11970	11970	17019	15740	石嘴山市
		33	5070	329		190	14397	吴忠市
5869		2200		2365	2365	2919	22606	青铜峡市
		43				1301	6280	固原市
		9541	3147			1261	34699	中卫市
128564		**58043**	**32690**	**54721**	**51732**	**286264**	**594291**	**新　疆**
15129		72	1393			7164	47719	乌鲁木齐市
31908		2500	3200	3656	667	57709	258028	克拉玛依市
						200	200	吐鲁番市
35500		9345	8952	7000	7000	80148		哈密市
			400	26839	26839	2129	2299	昌吉市
						5500	21876	阜康市
1869						450	60000	博乐市
						10660		阿拉山口市
						46089		库尔勒市
			7664			14082	12746	阿克苏市
				5682	5682		11965	库车市
				2658	2658	5546		阿图什市
15588		40000	3410	4886	4886	800	89311	喀什市
24250								和田市
			5781				21936	伊宁市
3746						21675	25421	奎屯市
						1410	6205	霍尔果斯市
		4100	1890			6020	28462	塔城市
		2008		4000	4000	3000	5123	乌苏市
						2154	3000	沙湾市
574		18				21528		阿勒泰市
			12029	**5610**	**5610**	**66441**	**143594**	**新疆兵团**
			3157	3398	3398		68035	石河子市
			6235				49707	阿拉尔市
				1712	1712	325		图木舒克市
			2495				8504	五家渠市
							3964	北屯市
				500	500		2916	铁门关市
								双河市
						62911		可克达拉市
			142			3205	10468	昆玉市
								胡杨河市
								新星市

2-2 按资金来源分全国历年城市市政公用设施建设固定资产投资(1978—2023)

计量单位:亿元

年份 Year	本年资金来源合计 Completed Investment of This Year	上年末结余资金 The Balance of The Previous Year	本年资金来源		
			小计 Subtotal	中央财政拨款 Financial Allocation from Central Government Budget	地方财政拨款 Financial Allocation from Local Government Budget
1978	12.0		6.4	6.4	
1979	14.0				
1980	14.4		14.4	6.1	
1981	20.0		20.0	5.3	
1982	27.2		27.2	8.6	
1983	28.2		28.2	8.2	
1984	41.7		41.7	11.8	
1985	63.8		63.8	13.9	
1986	79.8		79.8	13.2	
1987	90.0		90.0	13.4	
1988	112.6		112.6	10.2	
1989	106.8		106.8	9.7	
1990	121.2		121.2	7.4	
1991	169.9		169.9	8.6	
1992	265.4		265.4	9.9	
1993	521.6		521.6	15.9	
1994	665.5		665.5	27.9	
1995	837.0		807.5	24.2	
1996	939.1	68.0	871.1	34.8	
1997	1105.6	49.0	1056.6	43.0	
1998	1404.4	58.0	1346.4	100.2	
1999	1534.2	81.0	1453.2	173.8	
2000	1849.5	109.0	1740.5	222.0	
2001	2351.9	109.0	2112.8	104.9	379.1
2002	3123.2	111.0	2705.9	96.3	516.9
2003	4264.1	120.7	4143.4	118.9	733.4
2004	4650.9	267.9	4383.0	63.0	938.4
2005	5505.5	229.0	5276.6	63.9	1050.6
2006	5800.6	365.4	5435.2	89.2	1339.0
2007	6283.5	369.5	5914.0	77.3	1925.7
2008	7277.4	386.9	6890.4	72.7	2143.9
2009	10938.1	460.4	10477.6	112.9	2705.1
2010	13351.7	659.3	12692.4	206.0	3523.6
2011	14158.1	648.9	13509.1	166.3	4555.6
2012	15264.2	595.4	14668.9	171.1	4446.6
2013	16121.9	987.5	15134.3	147.5	3573.2
2014	16054.0	954.0	15100.0	102.2	4135.2
2015	16570.7	1295.0	15275.8	202.1	4406.4
2016	17319.2	942.7	16376.5	119.4	5183.7
2017	19704.7	1459.6	18245.1	290.4	5465.7
2018	19084.8	1245.5	17839.3	255.2	4552.3
2019	20438.8	1568.1	18870.7	412.6	5456.9
2020	23265.7	2228.6	21037.1	568.6	5922.0
2021	25778.0	3656.4	22121.6	661.6	6122.8
2022	22062.3	1932.1	20130.2	301.5	5853.3
2023	19750.2	1575.7	18174.5	334.1	5073.9

注:1. 自2013年起,"本年资金来源合计"为"本年实际到位资金合计"。
2. 自2013年起,"中央财政拨款"为"中央预算资金","地方财政拨款"为除"中央预算资金"外的"国家预算资金"合计。

National Fixed Assets Investment in Urban Service Facilities by Capital Source in Past Years(1978—2023)

Measurement Unit: 100 million RMB

Sources of Fund				
国内贷款 Domestic Loan	债券 Securities	利用外资 Foreign Investment	自筹资金 Self-Raised Funds	其他资金 Other Funds
0.1			8.2	
0.4			13.8	0.5
1.0			16.5	1.1
0.6			17.2	2.2
2.1			25.5	2.3
3.1		0.1	40.9	5.8
3.1		0.1	57.4	6.0
6.2		1.3	61.4	7.7
7.1		1.6	78.0	15.7
6.0		1.5	72.9	16.7
11.0		2.2	82.2	18.4
25.3		6.0	108.1	21.9
42.9		10.3	180.4	38.9
72.8		20.8	304.5	107.6
58.3		64.2	397.1	118.0
65.1		84.9	493.3	140.0
122.2	4.9	105.6	486.1	117.5
165.3	3.1	129.5	554.3	161.4
284.8	40.3	110.1	600.4	210.6
357.8	55.9	68.6	595.2	201.9
428.6	29.0	76.7	682.7	301.5
603.4	16.8	97.8	636.4	274.5
743.8	7.3	109.6	866.3	365.7
1435.4	17.4	90.0	1350.2	398.0
1468.0	8.5	87.2	1372.9	445.0
1805.9	5.2	170.0	1728.0	453.0
1880.5	16.4	92.9	1638.1	379.2
1763.7	29.5	73.1	1635.7	409.0
2037.0	27.8	91.2	1980.1	537.6
4034.8	120.8	66.1	2487.1	950.7
4615.6	49.1	113.8	3058.9	1125.3
3992.8	111.6	100.3	3478.6	1103.9
4366.7	26.8	150.8	3740.5	1766.4
4218.0	41.5	62.2	4714.1	2377.7
4383.1	96.0	42.0	4294.7	2046.7
3986.3	189.1	46.6	4258.0	2187.3
4338.7	133.4	34.6	3963.6	2603.0
4987.5	163.2	28.7	4997.8	2311.7
4509.0	117.2	46.9	5105.2	3253.5
5039.3	392.2	49.9	4707.3	2812.5
3932.6	1864.0	67.5	5343.3	3339.1
3566.2	1428.1	39.0	5789.1	4514.8
2855.5	1723.4	35.6	5321.8	4039.2
3065.6	1511.2	33.4	4999.8	3156.5

Notes: 1. Since 2013, Completed Investment of This Year is changed to be The Total Funds Actually Available for The Reported Year.

2. Since 2013, Financial Allocation from Central Government Budget is changed to be Central Budgetary Fund, and Financial Allocation from Local Government Budget is State Budgetary Fund excluding Central Budgetary Fund.

2-2-1 2023年按资金来源分全国城市市政公用设施建设固定资产投资(按省分列)

计量单位:万元

地区名称 Name of Regions	本年实际到位资金合计 The Total Funds Actually Available for The Reported Year	上年末结余资金 The Balance of The Previous Year	本年资金来源			
			小计 Subtotal	国家预算资金 State Budgetary Fund	中央预算资金 Central Budgetary Fund	国内贷款 Domestic Loan
全　国	197501710	15756679	181745031	54080470	3341226	30655962
北　京	11954739	1610944	10343795	4351289	513032	972942
天　津	2676486	428083	2248403	494803	3806	1010749
河　北	6980014	1127757	5852257	2462468	99332	442710
山　西	1883020	31074	1851946	314224	41284	69056
内蒙古	2708679	200378	2508301	780822	100826	390191
辽　宁	1462479	102163	1360316	266466	106009	263879
吉　林	3523339	324149	3199190	562040	97255	1084139
黑龙江	1304214	151053	1153161	546783	101510	196820
上　海	4496922	145181	4351741	2392873	2000	11867
江　苏	16892901	1232155	15660746	5119574	87928	2361618
浙　江	17270254	1729508	15540746	3908277	9126	3342277
安　徽	10710518	507559	10202959	3972496	108752	954065
福　建	4917849	245667	4672182	2491615	82881	354794
江　西	6545174	439619	6105555	2144106	21474	324248
山　东	14586771	728240	13858531	2208084	63901	4882227
河　南	6262197	355207	5906990	1508351	303630	1817966
湖　北	14019812	716201	13303611	3023231	258160	710829
湖　南	6001031	155984	5845047	377777	13238	77715
广　东	15149033	672321	14476712	5848587	57365	3223305
广　西	1947238	85542	1861696	622605	38814	308129
海　南	1268683	24872	1243811	658951	19900	28972
重　庆	11125215	733949	10391266	3780971	60252	2568200
四　川	14768519	1231883	13536636	3440110	570021	2405567
贵　州	2432878	341841	2091037	112805	17808	53000
云　南	1628033	70738	1557295	287994	84259	55920
西　藏	188749	86856	101893	10986	9902	
陕　西	9704855	1580223	8124632	1493003	83179	2231125
甘　肃	2836836	493290	2343546	263145	197556	215412
青　海	270202	37902	232300	168885	33079	
宁　夏	353222	17632	335590	112975	54980	97762
新　疆	1420872	139042	1281830	236055	81813	200478
新疆兵团	210976	9666	201310	118119	18154	

National Fixed Assets Investment in Urban Service Facilities by Capital Source(by Province in Column)(2023)

Measurement Unit:10000RMB

Sources of Fund				各 项 应付款	
债券 Securities	利用外资 Foreign Investment	自筹资金 Self-Raised Funds	其他资金 Other Funds	Sum Payable This Year	地区名称 Name of Regions
15112177	**333835**	**49997538**	**31565049**	**29812263**	**全 国**
		2891133	2128431	1516378	北 京
116982		425842	200027	871940	天 津
1492966	8437	1184767	260909	1725974	河 北
109080		465595	893991	510117	山 西
107746	56708	748608	424226	768993	内蒙古
219664	22850	398054	189403	1844385	辽 宁
1221831		248231	82949	315607	吉 林
182345		160829	66384	327984	黑龙江
		1947001		623360	上 海
273289	570	6099482	1806213	2314305	江 苏
700696	89531	6364336	1135629	1020207	浙 江
1015842	3945	2298330	1958281	827443	安 徽
288489	680	777983	758621	365133	福 建
285068	22627	2039556	1289950	1618656	江 西
1183877	37450	3908835	1638058	4124239	山 东
267378	6217	1809661	497417	737892	河 南
585907	4000	5231225	3748419	1045185	湖 北
508503	947	3004973	1875132	698060	湖 南
1563304	1274	2585658	1254584	1283226	广 东
55609	19673	590898	264782	689347	广 西
479154		66085	10649	230807	海 南
1448778		1503822	1089495	1216293	重 庆
1419542	24200	1142605	5104612	1949641	四 川
17152	19500	642828	1245752	717996	贵 州
272353		216788	724240	545226	云 南
39608		51299		1500	西 藏
182281	540	2712341	1505342	817628	陕 西
370635	9705	257888	1226761	805886	甘 肃
24522		17116	21777	4011	青 海
37287	3621	51807	32138	53557	宁 夏
591775	1360	146969	105193	232809	新 疆
50514		6993	25684	8478	新疆兵团

2-2-2 2023年按资金来源分全国城市市政公用设施建设固定资产投资(按城市分列)

计量单位:万元

城市名称 Name of Cities	本年实际到位资金合计 The Total Funds Actually Available for The Reported Year	上年末结余资金 The Balance of The Previous Year	本年资金来源		
			小计 Subtotal	国家预算资金 State Budgetary Fund	
					中央预算资金 Central Budgetary Fund
全　国	**197501710**	**15756679**	**181745031**	**54080470**	**3341226**
北　京	**11954739**	**1610944**	**10343795**	**4351289**	**513032**
天　津	**2676486**	**428083**	**2248403**	**494803**	**3806**
河　北	**6980014**	**1127757**	**5852257**	**2462468**	**99332**
石家庄市	1861516	104572	1756944	691979	2529
晋州市	78886	8366	70520	8366	
新乐市	31034	21277	9757		
唐山市	444542	3807	440735	278426	
滦州市	27225		27225	12219	
遵化市	16531		16531	14694	
迁安市	46946		46946	2000	
秦皇岛市	108273		108273	22486	8620
邯郸市	121145	15212	105933	9018	
武安市	33969		33969	20296	
邢台市	364089	74160	289929	103781	2000
南宫市	19422		19422	6107	
沙河市	8230	26	8204		
保定市	367765		367765	327665	6532
涿州市	168924		168924	153146	
安国市	6290		6290	6290	
高碑店市	21604		21604	21604	
张家口市	68181	3325	64856	398	
承德市	42224	7012	35212	5806	3104
平泉市	16223		16223		
沧州市	83208		83208	10494	210
泊头市	9031		9031	6474	
任丘市	25966		25966	12278	
黄骅市	592572		592572	372915	
河间市	17661		17661	3472	
廊坊市	396957		396957	5200	
霸州市	345		345	45	
三河市					
衡水市	261400	10924	250476	70698	2038
深州市	21653		21653	21104	
辛集市	68703		68703	65929	
定州市	132979		132979	132279	
雄安新区起步区及片区	1516520	879076	637444	77299	74299
山　西	**1883020**	**31074**	**1851946**	**314224**	**41284**
太原市	863944		863944	8990	4295
古交市	855	467	388	388	

National Fixed Assets Investment in Urban Service Facilities by Capital Source(by City in Column)(2023)

Measurement Unit:10000RMB

Sources of Fund					各项应付款	城市名称
国内贷款 Domestic Loan	债券 Securities	利用外资 Foreign Investment	自筹资金 Self-Raised Funds	其他资金 Other Funds	Sum Payable This Year	Name of Cities
30655962	**15112177**	**333835**	**49997538**	**31565049**	**29812263**	**全　国**
972942			**2891133**	**2128431**	**1516378**	**北　京**
1010749	**116982**		**425842**	**200027**	**871940**	**天　津**
442710	**1492966**	**8437**	**1184767**	**260909**	**1725974**	**河　北**
371402	181016		288625	223922	599347	石家庄市
	62154				84762	晋州市
	7857			1900		新乐市
28901	124381		8690	337	86184	唐山市
	15006					滦州市
			1782	55		遵化市
28002	5307	8437	1250	1950	5306	迁安市
6535	40979		36364	1909	85567	秦皇岛市
	55400		41515		80982	邯郸市
			13673			武安市
	164557		7660	13931	7096	邢台市
	13315					南宫市
	5406		2302	496	706	沙河市
	39800			300	3524	保定市
	3500		12278			涿州市
						安国市
					4217	高碑店市
	58805		5653		23828	张家口市
2000	18628		5875	2903	19506	承德市
	3000		13223			平泉市
5870	4538		62306		113795	沧州市
	2496			61		泊头市
	5430			8258		任丘市
			219657			黄骅市
	12079		2110			河间市
	190875		200882		29902	廊坊市
				300	1680	霸州市
					4841	三河市
	105132		70059	4587	2925	衡水市
	549					深州市
	974		1800			辛集市
			700		109049	定州市
	371782		188363		462757	雄安新区起步区及片区
69056	**109080**		**465595**	**893991**	**510117**	**山　西**
	26772		55554	772628	24460	太原市
					12752	古交市

2-2-2 续表 1

计量单位:万元

城市名称 Name of Cities	本年实际到位资金合计 The Total Funds Actually Available for The Reported Year	上年末结余资金 The Balance of The Previous Year	本年资金来源		
			小计 Subtotal	国家预算资金 State Budgetary Fund	中央预算资金 Central Budgetary Fund
大同市	69099	14800	54299	13172	
阳泉市	21500		21500	4100	
长治市	287225	1837	285388	115775	10378
晋城市	83736	4400	79336	19783	12424
高平市	7900	3889	4011	2437	
朔州市					
怀仁市	723		723		
晋中市	22449		22449	10355	1368
介休市					
运城市	45721	5341	40380	12504	6294
永济市	12797		12797		
河津市	2063		2063	2063	
忻州市	185983		185983		
原平市	100073		100073		
临汾市	15567		15567	3248	3248
侯马市	62566		62566	49190	1534
霍州市					
吕梁市	84310	340	83970	72106	1743
孝义市	16319		16319		
汾阳市	190		190	113	
内蒙古	**2708679**	**200378**	**2508301**	**780822**	**100826**
呼和浩特市	1975622	128506	1847116	552914	32126
包头市	55981		55981	23267	16311
乌海市	30036	1900	28136		
赤峰市	281130	50294	230836	29836	
通辽市	110076		110076	47036	
霍林郭勒市	11137		11137	11137	
鄂尔多斯市	35195		35195	35195	
呼伦贝尔市	56160		56160	5495	2794
满洲里市	7152	386	6766	6648	331
牙克石市					
扎兰屯市	1620	720	900		
额尔古纳市	4549		4549		
根河市	2528		2528	1050	
巴彦淖尔市	10582		10582	3013	3013
乌兰察布市	30449	48	30401	16343	16143
丰镇市	4315		4315	4165	2070
锡林浩特市	23299		23299	15484	1669
二连浩特市	31584	17524	14060	2000	2000
乌兰浩特市	11008	1000	10008	1562	700
阿尔山市	26256		26256	25677	23669
辽　宁	**1462479**	**102163**	**1360316**	**266466**	**106009**
沈阳市	415764	44204	371560	45524	

continued 1

Measurement Unit: 10000RMB

Sources of Fund					各项应付款	城市名称
国内贷款 Domestic Loan	债券 Securities	利用外资 Foreign Investment	自筹资金 Self-Raised Funds	其他资金 Other Funds	Sum Payable This Year	Name of Cities
	17755		23372		2785	大同市
	17400				4499	阳泉市
63000	297		100511	5805	63032	长治市
6056	4000		29239	20258	286965	晋城市
			1574			高平市
						朔州市
	723				80	怀仁市
			10153	1941	3872	晋中市
						介休市
	19792			8084	36426	运城市
	897		11900			永济市
						河津市
			104987	80996		忻州市
			100073			原平市
			11267	1052		临汾市
	9580		569	3227		侯马市
						霍州市
	11864				66380	吕梁市
			16319		8774	孝义市
			77		92	汾阳市
390191	**107746**	**56708**	**748608**	**424226**	**768993**	**内蒙古**
386800	72113	56708	644930	133651	555666	呼和浩特市
			19652	13062	64093	包头市
	9127		126	18883		乌海市
1891	7617		2417	189075		赤峰市
			6300	56740		通辽市
						霍林郭勒市
						鄂尔多斯市
	2950		46529	1186	47256	呼伦贝尔市
	118				8367	满洲里市
						牙克石市
			900			扎兰屯市
				4549		额尔古纳市
	1478					根河市
			6424	1145	18062	巴彦淖尔市
1500			12354	204	15418	乌兰察布市
			150			丰镇市
	4057		380	3378	60131	锡林浩特市
	9817			2243		二连浩特市
			8446			乌兰浩特市
	469			110		阿尔山市
263879	**219664**	**22850**	**398054**	**189403**	**1844385**	**辽　宁**
26205	125000		44919	129912	1371832	沈阳市

2-2-2 续表 2

计量单位:万元

城市名称 Name of Cities	本年实际到位资金合计 The Total Funds Actually Available for The Reported Year	上年末结余资金 The Balance of The Previous Year	本年资金来源		
			小计 Subtotal	国家预算资金 State Budgetary Fund	中央预算资金 Central Budgetary Fund
新民市	17957		17957		
大连市	374469	7568	366901	23310	2493
庄河市	1561		1561	961	
瓦房店市	6850		6850		
鞍山市	22007		22007		
海城市	1274		1274		
抚顺市	65920	720	65200	17677	16082
本溪市	54540	7239	47301	7812	7812
丹东市	79661	20248	59413	28228	9891
东港市	4998		4998	1398	
凤城市	5295	100	5195	5195	1440
锦州市	58253	8592	49661	5606	
凌海市	48300		48300		
北镇市	27295		27295		
营口市	48389	1000	47389	15169	9072
盖州市	50894		50894		
大石桥市	1234		1234	1234	
阜新市	47218	218	47000	46038	42204
辽阳市	6595	120	6475	2105	
灯塔市	16446		16446	9620	5441
盘锦市	11354	60	11294	6652	
铁岭市	15733		15733	4597	
调兵山市					
开原市	14364		14364	442	442
朝阳市	19199	6860	12339	4339	
北票市	4391		4391	4391	
凌源市	930		930	930	
葫芦岛市	33469	5234	28235	28235	11132
兴城市	3302		3302	3302	
沈抚改革创新示范区	4817		4817	3701	
吉　林	**3523339**	**324149**	**3199190**	**562040**	**97255**
长春市	2630272	162490	2467782	390666	65761
榆树市	40990		40990	1059	759
德惠市	36219		36219	999	999
公主岭市	65928		65928	32963	
吉林市	86856		86856	62910	
蛟河市	10164	3303	6861	3361	3361
桦甸市	4470		4470		
舒兰市	14339		14339	6882	240
磐石市	2567		2567	2549	
四平市	51899	26288	25611		
双辽市	5529		5529	1600	
辽源市	31136		31136	17278	

continued 2

Measurement Unit:10000RMB

Sources of Fund					各　项 应付款	城市名称
国内贷款 Domestic Loan	债券 Securities	利用外资 Foreign Investment	自筹资金 Self-Raised Funds	其他资金 Other Funds	Sum Payable This Year	Name of Cities
			4680	13277	600	新民市
237327	11383		79016	15865	426316	大连市
				600		庄河市
			6850		2800	瓦房店市
	4226		12970	4811	5228	鞍山市
			1266	8	427	海城市
	43	7590	30061	9829	9120	抚顺市
	3000		35011	1478	1599	本溪市
			31185		5947	丹东市
			3600		894	东港市
						凤城市
	5418		29593	9044	6292	锦州市
			48300			凌海市
	25400		1889	6		北镇市
	24543		7677			营口市
		15260	35634			盖州市
						大石桥市
			662	300		阜新市
	2000		1036	1334	747	辽阳市
	5823		703	300		灯塔市
347			4295		750	盘锦市
	6768		3732	636	1692	铁岭市
						调兵山市
			12971	951	929	开原市
	6000		2000			朝阳市
						北票市
						凌源市
						葫芦岛市
					7271	兴城市
	60		4	1052	1941	沈抚改革创新示范区
1084139	**1221831**		**248231**	**82949**	**315607**	**吉　林**
1054860	898603		79383	44270	168623	长春市
	36101		2229	1601	5274	榆树市
	31241		3209	770	35579	德惠市
	32965					公主岭市
	18286		5660		3879	吉林市
	3300			200		蛟河市
	4470					桦甸市
	7115		342		7898	舒兰市
			18		328	磐石市
10000				15611		四平市
	3180		749		693	双辽市
	4500		8471	887	5075	辽源市

2-2-2 续表 3

计量单位:万元

城市名称 Name of Cities	本年实际到位资金合计 The Total Funds Actually Available for The Reported Year	上年末结余资金 The Balance of The Previous Year	本年资金来源 小计 Subtotal	国家预算资金 State Budgetary Fund	中央预算资金 Central Budgetary Fund
通化市	19838	5458	14380	950	900
集安市	55		55		
白山市	23865	9716	14149	5991	5971
临江市	17024		17024	7888	
松原市	63472	32011	31461	2800	2800
扶余市	4885	379	4506		
白城市	60805	12375	48430		
洮南市	9563		9563	3338	3338
大安市	38248	19396	18852	200	
延吉市	32579		32579		
图们市	9705		9705		
敦化市	37111		37111		
珲春市	30286		30286	20056	12876
龙井市	13622		13622		
和龙市	9305		9305	550	250
梅河口市	162087	52713	109374		
长白山保护开发区管理委员会	10520	20	10500		
黑龙江	**1304214**	**151053**	**1153161**	**546783**	**101510**
哈尔滨市	489611	25891	463720	244588	1010
尚志市	5843		5843		
五常市	2421		2421		
齐齐哈尔市	29508		29508	9909	6752
讷河市	2639		2639		
鸡西市	68428	29682	38746	16059	15371
虎林市	12075		12075	5602	5602
密山市	14985		14985	11954	
鹤岗市	6556	760	5796	3896	
双鸭山市	149051		149051	10879	10879
大庆市	98397	21190	77207	6471	4147
伊春市	35774	5848	29926	27572	8839
铁力市	9686		9686	9636	
佳木斯市	57693	10487	47206	19271	10193
同江市	11535		11535	1349	1349
抚远市	29605		29605	17711	
富锦市	4564	4226	338		
七台河市	68112	37913	30199	23179	6946
牡丹江市	41989	3424	38565	24065	2447
海林市	12546		12546	12546	200
宁安市	7084		7084	4445	
穆棱市	11327		11327	7844	251
绥芬河市	25392		25392	24392	
东宁市	12071		12071	12071	

continued 3

Measurement Unit:10000RMB

Sources of Fund					各项应付款	城市名称
国内贷款 Domestic Loan	债券 Securities	利用外资 Foreign Investment	自筹资金 Self-Raised Funds	其他资金 Other Funds	Sum Payable This Year	Name of Cities
	11349		2081		56720	通化市
			55		3973	集安市
	3200		1307	3651	537	白山市
	9136				6907	临江市
	27553			1108	6419	松原市
	3646			860	1000	扶余市
19279	21030		7972	149		白城市
	5220		365	640		洮南市
	18652					大安市
	26000		6579		6579	延吉市
	4200		5505			图们市
	22500		2611	12000	160	敦化市
	5834		4396			珲春市
	12420			1202	2314	龙井市
	6659		2096		3649	和龙市
			109374			梅河口市
	4671		5829			长白山保护开发区管理委员会
196820	**182345**		**160829**	**66384**	**327984**	**黑龙江**
161400	28615		3117	26000	154358	哈尔滨市
			2952	2891		尚志市
			2421			五常市
	15131		4144	324	1020	齐齐哈尔市
	2317			322		讷河市
	12272		8215	2200	47658	鸡西市
	1792		4251	430	450	虎林市
1893				1138		密山市
			1900		7404	鹤岗市
	74285		51112	12775		双鸭山市
	5437		49689	15610		大庆市
	2203		151			伊春市
	50					铁力市
16500	10848			587	19500	佳木斯市
	8667		1519			同江市
	9894			2000		抚远市
			338			富锦市
	6186		834		23648	七台河市
7395			7105		45331	牡丹江市
						海林市
			2639			宁安市
			3483			穆棱市
			1000		16148	绥芬河市
						东宁市

2-2-2 续表 4

计量单位:万元

城市名称 Name of Cities	本年实际到位资金合计 The Total Funds Actually Available for The Reported Year	上年末结余资金 The Balance of The Previous Year	本年资金来源 小计 Subtotal	国家预算资金 State Budgetary Fund	中央预算资金 Central Budgetary Fund
黑河市	5264		5264	5264	
北安市	6918		6918	5453	5210
五大连池市	2792		2792	992	
嫩江市	5107		5107	1103	1103
绥化市	5971	4349	1622	642	
安达市	2342		2342	2342	
肇东市	58550	4272	54278	30564	16669
海伦市	9287	3011	6276	6276	4542
漠河市	1091		1091	708	
上　海	**4496922**	**145181**	**4351741**	**2392873**	**2000**
江　苏	**16892901**	**1232155**	**15660746**	**5119574**	**87928**
南京市	4929189	569866	4359323	1060017	
无锡市	1784018	39531	1744487	717524	72850
江阴市	507180		507180		
宜兴市	60841		60841		
徐州市	1068702		1068702	187532	
新沂市	6438		6438	1428	
邳州市	21272	6069	15203	2039	
常州市	513368	34757	478611	7303	
溧阳市	12600		12600	6550	
苏州市	3037496	250688	2786808	1545607	11983
常熟市	79946	17532	62414	8163	
张家港市	170484		170484		
昆山市	158830	1810	157020		
太仓市	198407	9287	189120	20313	
南通市	746015	200000	546015	311548	
海安市	770		770		
启东市	558		558	558	
如皋市	290		290		
连云港市	98509		98509	46689	
淮安市	93934	300	93634	16414	
盐城市	987806	2459	985347	44348	
东台市	93993	93993			
扬州市	381665		381665	180684	
仪征市	72225		72225	833	
高邮市	17600		17600	10500	
镇江市	363621		363621	3484	
丹阳市	10947		10947		
扬中市	1700		1700	323	
句容市	95414	300	95114	32006	1347
泰州市	312477		312477	12561	
兴化市	7688		7688	7205	
靖江市	7000		7000	1	

continued 4

Measurement Unit:10000RMB

Sources of Fund					各 项 应付款	城市名称
国内贷款 Domestic Loan	债券 Securities	利用外资 Foreign Investment	自筹资金 Self-Raised Funds	其他资金 Other Funds	Sum Payable This Year	Name of Cities
						黑河市
	413		1052			北安市
	1800					五大连池市
	2052		1952			嫩江市
			980		1765	绥化市
					2520	安达市
9632			11975	2107	7982	肇东市
						海伦市
	383				200	漠河市
11867			**1947001**		**623360**	**上 海**
2361618	**273289**	**570**	**6099482**	**1806213**	**2314305**	**江 苏**
306958		570	2665943	325835	105	南京市
345359	22000		652202	7402	384931	无锡市
			177345	329835		江阴市
			19291	41550		宜兴市
			881170		17109	徐州市
	3374		1155	481	34212	新沂市
10633			250	2281		邳州市
108724	25803		285492	51289	102316	常州市
	5470		580			溧阳市
1064737	17502		112969	45993	1103161	苏州市
			41890	12361	333	常熟市
			170484			张家港市
			12644	144376		昆山市
			168807			太仓市
115000	100000		5729	13738	431405	南通市
			770			海安市
						启东市
				290		如皋市
6000			45820			连云港市
	15858		48169	13193	1668	淮安市
			189613	751386	37093	盐城市
						东台市
			157961	43020	129608	扬州市
	49139		21458	795		仪征市
				7100	12595	高邮市
360137						镇江市
			10947			丹阳市
			1377			扬中市
14070			49038			句容市
	22143		277773		18333	泰州市
			483		12638	兴化市
			6999			靖江市

2-2-2 续表 5

计量单位:万元

城市名称 Name of Cities	本年实际到位资金合计 The Total Funds Actually Available for The Reported Year	上年末结余资金 The Balance of The Previous Year	本年资金来源 小计 Subtotal	国家预算资金 State Budgetary Fund	中央预算资金 Central Budgetary Fund
泰兴市	46783	5126	41657	26973	1748
宿迁市	1005135	437	1004698	868971	
浙　江	**17270254**	**1729508**	**15540746**	**3908277**	**9126**
杭州市	4378947	57168	4321779	1277256	9126
建德市	25883		25883	7919	
宁波市	3999488	267404	3732084	918106	
余姚市	95279	3	95276		
慈溪市	364893	298	364595	16390	
温州市	1220565	13382	1207183	846076	
瑞安市	255286		255286		
乐清市	479583		479583	7806	
龙港市	150103		150103	39758	
嘉兴市	509320	156994	352326	123563	
海宁市	35493		35493	62	
平湖市	89581		89581	2769	
桐乡市	159756	6594	153162	20008	
湖州市	212568	49509	163059	20371	
绍兴市	1005631	259400	746231		
诸暨市	971355		971355		
嵊州市	26520	80	26440		
金华市	1328941	366727	962214	331947	
兰溪市	24176		24176		
义乌市	228626	1544	227082	25370	
东阳市	44171	1316	42855		
永康市	88583		88583	88583	
衢州市	319668	20	319648	41606	
江山市	209078	192336	16742	2178	
舟山市	189604	1517	188087	3198	
台州市	212444	42470	169974	3815	
玉环市	28215		28215	500	
温岭市	109561		109561		
临海市	24502		24502	10939	
丽水市	456425	312746	143679	118517	
龙泉市	26009		26009	1540	
安　徽	**10710518**	**507559**	**10202959**	**3972496**	**108752**
合肥市	3376640		3376640	1062283	
巢湖市	232600		232600	80280	
芜湖市	1379334	104916	1274418	737661	70510
无为市	219440		219440	19004	
蚌埠市	326359	42582	283777	44138	
淮南市	378678	5283	373395	242977	
马鞍山市	737053	1214	735839	81813	
淮北市	157001		157001	112123	

continued 5

Measurement Unit:10000RMB

Sources of Fund					各项应付款	城市名称
国内贷款 Domestic Loan	债券 Securities	利用外资 Foreign Investment	自筹资金 Self-Raised Funds	其他资金 Other Funds	Sum Payable This Year	Name of Cities
			14684			泰兴市
30000	12000		78439	15288	28798	宿迁市
3342277	**700696**	**89531**	**6364336**	**1135629**	**1020207**	**浙　江**
636477	5000	89531	2301577	11938	110196	杭州市
			17964			建德市
1891979	51000		631698	239301	184152	宁波市
			48098	47178		余姚市
3000			339044	6161		慈溪市
231563	385		112238	16921	281047	温州市
	255286					瑞安市
	220436		192997	58344	879	乐清市
			110345			龙港市
32052	25409		168590	2712	100	嘉兴市
			749	34682	250996	海宁市
51673			35139			平湖市
7610			109197	16347		桐乡市
52600			90088		40545	湖州市
3130			279967	463134		绍兴市
			971355			诸暨市
				26440	6746	嵊州市
323000	4200		186580	116487	30219	金华市
			15020	9156		兰溪市
17682	28446		153188	2396	2271	义乌市
			42855		6335	东阳市
						永康市
	35345		201156	41541	2190	衢州市
			14564		63463	江山市
52695	840		129821	1533	41068	舟山市
28816	48030		73954	15359		台州市
			21860	5855		玉环市
	12885		92560	4116		温岭市
10000			3563			临海市
	4123		15154	5885		丽水市
	9311		5015	10143		龙泉市
954065	**1015842**	**3945**	**2298330**	**1958281**	**827443**	**安　徽**
235099	817511		259217	1002530	443460	合肥市
126620			25700			巢湖市
79408	5200		174526	277623	15620	芜湖市
36346	3566		125374	35150		无为市
51523	9700		121604	56812	55174	蚌埠市
		3945	126473			淮南市
3293			626043	24690	45678	马鞍山市
10903			33975		9197	淮北市

2-2-2 续表 6

计量单位:万元

城市名称 Name of Cities	本年实际到位资金合计 The Total Funds Actually Available for The Reported Year	上年末结余资金 The Balance of The Previous Year	本年资金来源		
			小计 Subtotal	国家预算资金 State Budgetary Fund	中央预算资金 Central Budgetary Fund
铜陵市	210018	3150	206868	13533	2560
安庆市	74806		74806	30267	1200
潜山市	50860		50860	32832	10100
桐城市	81652		81652	7639	
黄山市	63212		63212	6396	383
滁州市	792972	10910	782062	47998	6129
天长市	170773		170773	94248	17070
明光市	86000		86000	64100	800
阜阳市	861593	330927	530666	417640	
界首市	53995		53995		
宿州市	197324		197324	162350	
六安市	203948		203948	2493	
亳州市	252835		252835	228868	
池州市	195930	6577	189353	56060	
宣城市	373117	2000	371117	226371	
广德市	58323		58323	57007	
宁国市	176055		176055	144415	
福 建	**4917849**	**245667**	**4672182**	**2491615**	**82881**
福州市	1628943	12702	1616241	1218888	
福清市	217799	2935	214864	21128	
厦门市	1161253	30206	1131047	709177	
莆田市	399660	53277	346383	275297	
三明市	41965		41965		
永安市	15140	7620	7520	1000	1000
泉州市	322777	22313	300464	118912	800
石狮市	13715		13715	1000	
晋江市	29852		29852	3702	
南安市	109222		109222	92272	80172
漳州市	234284	610	233674	19080	
南平市	29985		29985	19500	
邵武市	22625		22625	7730	
武夷山市	151267		151267		
建瓯市	175396	105794	69602		
龙岩市	47703	5000	42703	1341	
漳平市	10176	130	10046	219	109
宁德市	182734	223	182511	800	
福安市	63543	4857	58686		
福鼎市	59810		59810	1569	800
江 西	**6545174**	**439619**	**6105555**	**2144106**	**21474**
南昌市	1655367	1937	1653430	1379026	
景德镇市	88241	8000	80241	3960	1057
乐平市	17449		17449		
萍乡市	411613	217690	193923	13747	547

continued 6

Measurement Unit:10000RMB

Sources of Fund					各项应付款	城市名称
国内贷款 Domestic Loan	债券 Securities	利用外资 Foreign Investment	自筹资金 Self-Raised Funds	其他资金 Other Funds	Sum Payable This Year	Name of Cities
36420	12410		130362	14143	60838	铜陵市
			19089	25450	31776	安庆市
			18028			潜山市
	2025		71581	407	256	桐城市
	35971			20845	722	黄山市
292739	24000		235486	181839	13210	滁州市
8000	47700		20617	208		天长市
500				21400		明光市
			23117	89909	916	阜阳市
	3446		99	50450	47192	界首市
			34974			宿州市
51714	4845		85631	59265	91492	六安市
			11968	11999		亳州市
21500	46171		65322	300	10412	池州市
	3297		56188	85261	1500	宣城市
			1316			广德市
			31640			宁国市
354794	**288489**	**680**	**777983**	**758621**	**365133**	**福　建**
	29286		73886	294181	116743	福州市
			20573	173163		福清市
300600	6373		86389	28508	2437	厦门市
	16350		54736			莆田市
			27248	14717		三明市
			4280	2240		永安市
	27098		138454	16000	30402	泉州市
2382	1710		8039	584	775	石狮市
			24630	1520	5752	晋江市
	4500		6450	6000		南安市
2129	33851	5	65575	113034	139084	漳州市
			10485			南平市
			14895			邵武市
	24517		121250	5500		武夷山市
			55702	13900		建瓯市
	7427	675	7238	26022	68241	龙岩市
	7964			1863	1699	漳平市
39243	105722		6778	29968		宁德市
6040	11921		40725			福安市
4400	11770		10650	31421		福鼎市
324248	**285068**	**22627**	**2039556**	**1289950**	**1618656**	**江　西**
190400	65600		10866	7538	1331824	南昌市
21057	13880		37834	3510	17220	景德镇市
		3507	13942			乐平市
60530	5260		83618	30768	25973	萍乡市

2-2-2 续表 7

计量单位:万元

城市名称 Name of Cities	本年实际到位资金合计 The Total Funds Actually Available for The Reported Year	上年末结余资金 The Balance of The Previous Year	本年资金来源 小计 Subtotal	国家预算资金 State Budgetary Fund	中央预算资金 Central Budgetary Fund
九江市	854099	5464	848635	257204	
瑞昌市	123104		123104	109069	16340
共青城市	14514		14514	748	
庐山市	62312	18547	43765	43765	
新余市	142358		142358	64450	
鹰潭市	133629	11628	122001	13133	
贵溪市	31215	1352	29863	20313	630
赣州市	1333979	28276	1305703	17143	
瑞金市	9009		9009	529	
龙南市	192393	99520	92873	582	
吉安市	88173		88173		
井冈山市					
宜春市	51881	4394	47487	6146	2900
丰城市	44013		44013		
樟树市	192093		192093	188793	
高安市	103057	41715	61342		
抚州市	566929		566929	14316	
上饶市	376686		376686		
德兴市	53060	1096	51964	11182	
山　东	**14586771**	**728240**	**13858531**	**2208084**	**63901**
济南市	5387725	111659	5276066	139273	11707
青岛市	2400977	403937	1997040	239265	
胶州市	36939		36939		
平度市	83026		83026	320	
莱西市	20090		20090		
淄博市	655031		655031	34687	
枣庄市	197342	1072	196270	27542	
滕州市	188632		188632	5017	
东营市	334664		334664	37806	
烟台市	976896	11000	965896	730159	
龙口市	56864		56864	300	
莱阳市	60622		60622	540	
莱州市	55903		55903		
招远市	27450	500	26950		
栖霞市	77627		77627	77627	
海阳市	30177		30177	724	
潍坊市	206099		206099	72682	44000
青州市	49862		49862	33010	1370
诸城市	5529		5529		
寿光市	53518		53518	17658	
安丘市	39104		39104		
高密市	2968		2968		
昌邑市	11039		11039	533	

continued 7

Measurement Unit: 10000RMB

Sources of Fund					各项应付款	城市名称
国内贷款 Domestic Loan	债券 Securities	利用外资 Foreign Investment	自筹资金 Self-Raised Funds	其他资金 Other Funds	Sum Payable This Year	Name of Cities
11703	47993		157042	374693	33182	九江市
1600			6329	6106	4405	瑞昌市
			752	13014		共青城市
						庐山市
	30372	15000	20836	11700		新余市
36010	50638		14695	7525	71012	鹰潭市
	5700		2330	1520	7731	贵溪市
238	50730		1003122	234470		赣州市
2310	1530	4120		520		瑞金市
			44316	47975	119088	龙南市
			28607	59566		吉安市
						井冈山市
			28380	12961		宜春市
			3365	40648		丰城市
			3300			樟树市
	6706		54386	250		高安市
			150342	402271	80	抚州市
400			375494	792		上饶市
	6659			34123	8141	德兴市
4882227	**1183877**	**37450**	**3908835**	**1638058**	**4124239**	**山　东**
3240160	268436		1290420	337777	1324029	济南市
1109242	78635		171736	398162	969329	青岛市
			29139	7800		胶州市
			3017	79689		平度市
			14276	5814		莱西市
390517	10000		219790	37	79097	淄博市
	51805	24950	64138	27835	163580	枣庄市
	20000		163615		11818	滕州市
	108885		101553	86420		东营市
	43741		42688	149308	105340	烟台市
			8895	47669		龙口市
	600		2367	57115		莱阳市
				55903		莱州市
	24677		2273		64	招远市
						栖霞市
23380				6073		海阳市
	38480		75270	19667	320320	潍坊市
			16596	256		青州市
			5529			诸城市
14007			21353	500	5376	寿光市
			38745	359		安丘市
			1218	1750		高密市
			2635	7871	1600	昌邑市

2-2-2 续表 8

计量单位:万元

城市名称 Name of Cities	本年实际到位资金合计 The Total Funds Actually Available for The Reported Year	上年末结余资金 The Balance of The Previous Year	本年资金来源		
			小计 Subtotal	国家预算资金 State Budgetary Fund	
					中央预算资金 Central Budgetary Fund
济宁市	285838		285838	147350	
曲阜市	70139		70139	45794	
邹城市	36865		36865	15755	
泰安市	336034		336034	18521	2991
新泰市	88372		88372	70	
肥城市	350		350		
威海市	560907	694	560213	105905	480
荣成市	100984		100984	43683	
乳山市	45483		45483	150	
日照市	215342	6952	208390	78438	1600
临沂市	1025042	135754	889288	254264	1753
德州市	280778	3493	277285	28193	
乐陵市	38200		38200		
禹城市	41037	1345	39692		
聊城市	131629	5939	125690		
临清市	64000		64000		
滨州市	203974	27104	176870	17761	
邹平市	22750		22750		
菏泽市	80963	18791	62172	35057	
河　南	**6262197**	**355207**	**5906990**	**1508351**	**303630**
郑州市	2970543	295407	2675136	475453	144038
巩义市	50915	12000	38915	30739	
荥阳市	50		50		
新密市	8947		8947	7344	
新郑市	200		200	200	
登封市	35438		35438	2620	
开封市	393980		393980	77872	882
洛阳市	198066		198066	2665	250
平顶山市	5838		5838		
舞钢市	25051		25051	19245	
汝州市					
安阳市	118094		118094	38117	910
林州市	19141		19141	17352	
鹤壁市	41704	1500	40204	14630	6865
新乡市	95562		95562	52520	
长垣市	67677		67677	30534	
卫辉市	13511	6511	7000	6245	6245
辉县市	121160		121160	65040	6213
焦作市	90060	1437	88623	659	60
沁阳市	7500		7500		
孟州市	4230		4230		
濮阳市	109161		109161	67415	
许昌市	238839	1905	236934	5178	

continued 8

Measurement Unit:10000RMB

Sources of Fund 国内贷款 Domestic Loan	债券 Securities	利用外资 Foreign Investment	自筹资金 Self-Raised Funds	其他资金 Other Funds	各项应付款 Sum Payable This Year	城市名称 Name of Cities
			19197	119291	2490	济宁市
			6845	17500		曲阜市
				21110		邹城市
27900	150779		138834		79268	泰安市
			86019	2283		新泰市
			350		4255	肥城市
			452058	2250	41128	威海市
	17000		37301	3000		荣成市
10000	9813		25520		27912	乳山市
31691			98261		175379	日照市
12500	152164		391192	79168	240450	临沂市
20130	158143	12500	56889	1430	134434	德州市
			12500	25700		乐陵市
	22010			17682	2732	禹城市
	4224		84827	36639	53595	聊城市
			50000	14000		临清市
	11072		140037	8000	27345	滨州市
			22750		5667	邹平市
2700	13413		11002		349031	菏泽市
1817966	**267378**	**6217**	**1809661**	**497417**	**737892**	**河　南**
1475216	40100		546910	137457	64013	郑州市
			4426	3750		巩义市
				50	9756	荥阳市
	723		880			新密市
						新郑市
	9594		23224		190	登封市
27000	14200		274908		155204	开封市
77616	5891		44774	67120	54022	洛阳市
			5838		9112	平顶山市
			5806			舞钢市
					5085	汝州市
10040	47400		11475	11062	17855	安阳市
			1734	55		林州市
3183	300		22091			鹤壁市
	18777		24190	75	49422	新乡市
	10078		1710	25355	8380	长垣市
			755		13185	卫辉市
	27820			28300		辉县市
8136	1333		7777	70718	3390	焦作市
	7500					沁阳市
			4230			孟州市
			41746			濮阳市
30200	30000		122543	49013	35360	许昌市

2-2-2 续表 9

计量单位:万元

城市名称 Name of Cities	本年实际到位资金合计 The Total Funds Actually Available for The Reported Year	上年末结余资金 The Balance of The Previous Year	本年资金来源 小计 Subtotal	国家预算资金 State Budgetary Fund	中央预算资金 Central Budgetary Fund
禹州市	56422	10900	45522		
长葛市	12193		12193	1712	
漯河市	111191		111191	772	
三门峡市	29028	5062	23966	8350	
义马市	22525	11833	10692	9605	
灵宝市	44639		44639		
南阳市	207906		207906	116957	
邓州市	55526		55526	53026	
商丘市	138883		138883	12484	
永城市	11067		11067	8489	
信阳市	261889	220	261669	162595	125064
周口市	344386		344386	149825	
项城市	136759		136759	51481	13103
驻马店市	71288		71288	3646	
济源示范区	97856		97856	4581	
郑州航空港经济综合实验区	44972	8432	36540	11000	
湖　北	**14019812**	**716201**	**13303611**	**3023231**	**258160**
武汉市	5479998	12512	5467486	1556808	177980
黄石市	485552	69000	416552	11489	1267
大冶市	127789	9863	117926	4274	4274
十堰市	73092	24890	48202		
丹江口市	189579		189579		
宜昌市	968037	322471	645566	65954	
宜都市	382048	14561	367487	367487	
当阳市	152359		152359		
枝江市	107588	13969	93619	14869	13969
襄阳市	557298		557298		
老河口市	106646		106646		
枣阳市	21356		21356		
宜城市	32528	660	31868	3751	3751
鄂州市	203631		203631	72583	
荆门市	552085	105500	446585		
京山市	22219		22219	8640	8000
钟祥市	83227		83227	300	300
孝感市	914847	21046	893801	38626	14816
应城市	170892		170892		
安陆市	182956	1034	181922	2048	2048
汉川市	299200		299200		
荆州市	586521	29786	556735	525101	
监利市	142774	47600	95174		
石首市	125945		125945	124691	
洪湖市	49208		49208	49208	

continued 9

Measurement Unit:10000RMB

Sources of Fund					各 项 应付款	城市名称
国内贷款 Domestic Loan	债券 Securities	利用外资 Foreign Investment	自筹资金 Self-Raised Funds	其他资金 Other Funds	Sum Payable This Year	Name of Cities
	14198		11115	20209		禹州市
			10481			长葛市
			108649	1770		漯河市
1744			7460	6412	65435	三门峡市
	1047		40			义马市
	1440		43199			灵宝市
			90649	300	22771	南阳市
	2500					邓州市
16638	13504	6217	90040			商丘市
	1683		895		1100	永城市
	6700		91558	816	93004	信阳市
144200			50361		130418	周口市
21401	5230		29257	29390		项城市
	7360		15499	44783		驻马店市
			92493	782	190	济源示范区
2592			22948			郑州航空港经济综合实验区
710829	**585907**	**4000**	**5231225**	**3748419**	**1045185**	**湖　北**
56021	140293		2738720	975644	91855	武汉市
	41473		311062	52528	960	黄石市
			29715	83937		大冶市
	12000		3398	32804	254085	十堰市
				189579		丹江口市
3423			90870	485319		宜昌市
						宜都市
			152359			当阳市
	1600		73478	3672	13682	枝江市
	42620		24870	489808		襄阳市
			48178	58468		老河口市
			1139	20217		枣阳市
	6205		10794	11118	24127	宜城市
20400	30593		11300	68755		鄂州市
			28380	418205		荆门市
			400	13179	69287	京山市
			82927			钟祥市
50450	80433		666863	57429	21500	孝感市
			74266	96626		应城市
137293	22016		2242	18323		安陆市
	72332			226868		汉川市
20263			11371			荆州市
			81674	13500		监利市
			81	1173		石首市
					16075	洪湖市

2-2-2 续表 10

计量单位:万元

城市名称 Name of Cities	本年实际到位资金合计 The Total Funds Actually Available for The Reported Year	上年末结余资金 The Balance of The Previous Year	本年资金来源		
			小计 Subtotal	国家预算资金 State Budgetary Fund	中央预算资金 Central Budgetary Fund
松滋市	171354		171354		
黄冈市	251392		251392	4927	
麻城市	76349		76349	6578	5492
武穴市	56613		56613		
咸宁市	58464	8900	49564	1247	1247
赤壁市	165287		165287	19000	
随州市	125284	1000	124284	11266	6815
广水市	41751		41751		
恩施市	35631	700	34931	15922	9951
利川市	74880	20064	54816	26406	250
仙桃市	494719		494719	76960	
潜江市	102050	9	102041		
天门市	348663	12636	336027	15096	8000
湖　南	**6001031**	**155984**	**5845047**	**377777**	**13238**
长沙市	3614793	21300	3593493	247354	
宁乡市	102233		102233	6077	
浏阳市	148082		148082		
株洲市	604101	29952	574149	2630	2230
醴陵市	7591		7591		
湘潭市	126010	36958	89052	5126	3740
湘乡市	2446		2446		
韶山市	10060		10060	5781	5144
衡阳市	87621	2000	85621	524	524
耒阳市	13600		13600	1400	1100
常宁市	2750		2750		
邵阳市	13591		13591	813	
武冈市	48668		48668		
邵东市	42043		42043		
岳阳市	313085		313085		
汨罗市	28390	28390			
临湘市	31947	10349	21598	21529	
常德市	120977	18984	101993	22786	
津市市	6474		6474		
张家界市	29951		29951	519	200
益阳市	21750		21750	9750	
沅江市	82711		82711		
郴州市	16318	1350	14968		
资兴市	89262	1185	88077	1399	
永州市	272982		272982		
祁阳市	40154		40154	7144	
怀化市	380		380	380	
洪江市	3565		3565		
娄底市	31881	516	31365	1365	300

continued 10

Measurement Unit:10000RMB

Sources of Fund					各项应付款	城市名称
国内贷款 Domestic Loan	债券 Securities	利用外资 Foreign Investment	自筹资金 Self-Raised Funds	其他资金 Other Funds	Sum Payable This Year	Name of Cities
			88956	82398		松滋市
	38550	4000	128476	75439		黄冈市
			63724	6047		麻城市
2500			54113		11440	武穴市
	47846		471			咸宁市
				146287		赤壁市
230	24581		52819	35388		随州市
				41751		广水市
			14170	4839	17881	恩施市
	14230		14180		3596	利川市
409194				8565	494719	仙桃市
			101772	269	760	潜江市
11055	11135		268457	30284	25218	天门市
77715	**508503**	**947**	**3004973**	**1875132**	**698060**	**湖　南**
300	368836		2060103	916900	677072	长沙市
			96156			宁乡市
			148082			浏阳市
	25157		84561	461801	17903	株洲市
				7591		醴陵市
46500	21676		15531	219	540	湘潭市
			2446			湘乡市
			4279			韶山市
			30009	55088		衡阳市
	12200					耒阳市
			2750			常宁市
			11928	850		邵阳市
156	21101		25084	2327	2382	武冈市
	33528		7005	1510		邵东市
			3657	309428		岳阳市
						汨罗市
			69			临湘市
	5417		40205	33585		常德市
			1674	4800		津市市
20000	7588		1844			张家界市
1000			10823	177		益阳市
			82711			沅江市
	3800		10635	533		郴州市
	635	947	85096			资兴市
9759			185443	77780		永州市
			31267	1743	91	祁阳市
						怀化市
	3565					洪江市
	5000		24200	800	72	娄底市

2-2-2 续表 11

计量单位:万元

城市名称 Name of Cities	本年实际到位资金合计 The Total Funds Actually Available for The Reported Year	上年末结余资金 The Balance of The Previous Year	本年资金来源 小计 Subtotal	国家预算资金 State Budgetary Fund	中央预算资金 Central Budgetary Fund
冷水江市	34415		34415		
涟源市	53200	5000	48200	43200	
吉首市					
广　东	**15149033**	**672321**	**14476712**	**5848587**	**57365**
广州市	6499937	249509	6250428	2841465	26963
韶关市	88754	11485	77269	13994	5696
乐昌市	3800		3800		
南雄市	1464		1464	900	
深圳市	2901413	12267	2889146	962775	17229
珠海市	1225231	15272	1209959	423643	
汕头市	142063		142063	43740	
佛山市	761555	30771	730784	194647	
江门市	425520	34060	391460	3246	
台山市	3302		3302		
开平市	38940		38940	2934	
鹤山市	32921		32921	183	
恩平市					
湛江市	11057		11057	9881	
廉江市	5801		5801	5801	4680
雷州市	8744		8744		
吴川市	35230		35230	11254	
茂名市	34186	600	33586		
高州市	26254	5273	20981	20907	
化州市	38019		38019		
信宜市	18452		18452		
肇庆市	169690	6017	163673	57918	114
四会市	96970	18300	78670		
惠州市	707960	19704	688256	487255	453
梅州市	1811		1811	1811	1411
兴宁市	20520	1823	18697	4630	511
汕尾市	25600		25600		
陆丰市	6160		6160	160	
河源市	202672	2934	199738	52303	308
阳江市	51175	2700	48475	5159	
阳春市	65394	3843	61551	7371	
清远市	239236	7738	231498	1665	
英德市	10983		10983	9932	
连州市	30707		30707	30507	
东莞市	745527	235531	509996	380023	
中山市	284077	800	283277	215570	
潮州市	68169	42	68127	58913	
揭阳市	68706	13652	55054		
普宁市					

continued 11

Measurement Unit:10000RMB

Sources of Fund					各 项 应付款 Sum Payable This Year	城市名称 Name of Cities
国内贷款 Domestic Loan	债券 Securities	利用外资 Foreign Investment	自筹资金 Self-Raised Funds	其他资金 Other Funds		
			34415			冷水江市
			5000			涟源市
						吉首市
3223305	**1563304**	**1274**	**2585658**	**1254584**	**1283226**	**广　东**
2758254	130407		220220	300082	178309	广州市
192	55017		2000	6066	845	韶关市
	3800					乐昌市
	300		264			南雄市
			1641015	285356	45851	深圳市
83998	177467		272400	252451	229862	珠海市
	91339		2323	4661	2049	汕头市
198312	212455		83165	42205	50747	佛山市
85000	147642		27575	127997	7938	江门市
	3302					台山市
	11874		500	23632		开平市
	23747		8991		17046	鹤山市
						恩平市
	1176				2448	湛江市
					1618	廉江市
	8744				2563	雷州市
	23976					吴川市
			918	32668		茂名市
			72	2	2	高州市
	34947			3072		化州市
	18452				2092	信宜市
3380	73162		22974	6239	19380	肇庆市
	78670					四会市
14974	62450	1274	86854	35449	148396	惠州市
					972	梅州市
	9000		3152	1915	2743	兴宁市
	25600				70116	汕尾市
	5000		1000		4000	陆丰市
2642	20325		117619	6849	25126	河源市
2000	15891		10334	15091	2595	阳江市
	10370			43810	795	阳春市
	213665		15041	1127	94441	清远市
			1051			英德市
	200					连州市
28157	19916		51919	29981	177422	东莞市
45896	6017		15794		95580	中山市
	1585			7629	69438	潮州市
	47137			7917	30852	揭阳市
						普宁市

2-2-2 续表 12

计量单位:万元

城市名称 Name of Cities	本年实际到位资金合计 The Total Funds Actually Available for The Reported Year	上年末结余资金 The Balance of The Previous Year	本年资金来源 小计 Subtotal	国家预算资金 State Budgetary Fund	中央预算资金 Central Budgetary Fund
云浮市	4205		4205		
罗定市	46828		46828		
广　西	**1947238**	**85542**	**1861696**	**622605**	**38814**
南宁市	585861	4227	581634	317444	402
横州市	51769		51769	13632	
柳州市	103750	7177	96573	2711	
桂林市	88230	13492	74738	28601	8220
荔浦市	5963		5963	937	937
梧州市	153191	1151	152040	76424	875
岑溪市	25779		25779	2576	1450
北海市	126293	509	125784	11363	6538
防城港市	37257	2201	35056	11864	6593
东兴市	17397		17397	12097	2965
钦州市	15483		15483	200	
贵港市	63024	1228	61796	7244	1514
桂平市	41603		41603		
玉林市	310929	36754	274175	1697	1449
北流市	17493		17493	2000	1000
百色市	20991		20991	19397	2435
靖西市	28647		28647	8701	
平果市	48558		48558	26880	1674
贺州市	99939	2817	97122	57640	1962
河池市	39796	1749	38047	6316	
来宾市	6080	700	5380	5030	800
合山市	2999		2999	2999	
崇左市	42337	5900	36437	6852	
凭祥市	13869	7637	6232		
海　南	**1268683**	**24872**	**1243811**	**658951**	**19900**
海口市	360199	458	359741	275201	16600
三亚市	10258	1879	8379	1100	1000
儋州市	743711		743711	352334	
五指山市	12846	1219	11627	3707	800
琼海市	15676		15676	500	500
文昌市	31109	8000	23109	23109	
万宁市	19352	9576	9776	2000	
东方市	75532	3740	71792	1000	1000
重　庆	**11125215**	**733949**	**10391266**	**3780971**	**60252**
重庆市	11125215	733949	10391266	3780971	60252
四　川	**14768519**	**1231883**	**13536636**	**3440110**	**570021**
成都市	5774964	919213	4855751	2259065	330539
简阳市	54096		54096		
都江堰市	13418		13418	200	
彭州市	84570		84570	283	283

continued 12

Measurement Unit:10000RMB

Sources of Fund					各 项 应付款	城市名称
国内贷款 Domestic Loan	债券 Securities	利用外资 Foreign Investment	自筹资金 Self-Raised Funds	其他资金 Other Funds	Sum Payable This Year	Name of Cities
500	2671		477	557		云浮市
	27000			19828		罗定市
308129	**55609**	**19673**	**590898**	**264782**	**689347**	**广 西**
			164944	99246	538060	南宁市
				38137	757	横州市
14774		17000	59988	2100	9065	柳州市
35749			10248	140	11677	桂林市
2153			2873		13	荔浦市
	13718		39416	22482	492	梧州市
2000	1425		4146	15632	800	岑溪市
869	3762		94503	15287	5184	北海市
	120		22832	240	5070	防城港市
988	1500			2812	12142	东兴市
			9533	5750	1024	钦州市
332	8702		21641	23877	11960	贵港市
	9398		10240	21965		桂平市
202620	6900		62958			玉林市
1380			419	13694		北流市
	100		1294	200	42565	百色市
			19746	200	313	靖西市
3602			18076			平果市
		2673	36809		1723	贺州市
15657	7934		6463	1677		河池市
350					626	来宾市
						合山市
27655			1917	13	45443	崇左市
	2050		2852	1330	2433	凭祥市
28972	**479154**		**66085**	**10649**	**230807**	**海 南**
28972	47724		3172	4672	156752	海口市
			6297	982	43081	三亚市
	391377				1955	儋州市
			7920		19535	五指山市
	13176		1400	600		琼海市
					297	文昌市
	3377		4	4395	1200	万宁市
	23500		47292		7987	东方市
2568200	**1448778**		**1503822**	**1089495**	**1216293**	**重 庆**
2568200	1448778		1503822	1089495	1216293	重庆市
2405567	**1419542**	**24200**	**1142605**	**5104612**	**1949641**	**四 川**
1331525	85890		178397	1000874	1230560	成都市
	2218		48428	3450	2772	简阳市
9000				4218	4037	都江堰市
			500	83787		彭州市

2-2-2 续表 13

计量单位:万元

城市名称 Name of Cities	本年实际到位资金合计 The Total Funds Actually Available for The Reported Year	上年末结余资金 The Balance of The Previous Year	本年资金来源		
			小计 Subtotal	国家预算资金 State Budgetary Fund	
					中央预算资金 Central Budgetary Fund
邛崃市	87243	981	86262		
崇州市	97331		97331		
自贡市	980112	3716	976396	129004	9533
攀枝花市	147221	8522	138699	35623	35313
泸州市	557800		557800	4525	3625
德阳市	625972	27222	598750	111834	4715
广汉市	280454		280454	12885	12885
什邡市	81831	8335	73496	2718	2718
绵竹市	53412	13612	39800	350	
绵阳市	772820	190330	582490	119611	10940
江油市	91506	7457	84049		
广元市	307850	19142	288708	98859	62894
遂宁市	425392	9000	416392	28345	19345
射洪市	156226	5000	151226	12416	12416
内江市	349851		349851	60178	10463
隆昌市	101252		101252	9250	9250
乐山市	209756	6972	202784	24155	3400
峨眉山市	67170		67170	8356	2988
南充市	408177		408177	19492	
阆中市	88552		88552	12900	
眉山市	71130	235	70895	66895	5000
宜宾市	614280		614280	23699	4932
广安市	420346		420346		
华蓥市	28200		28200		
达州市	658249		658249	240570	2680
万源市	67730		67730	8400	7900
雅安市	244880	7186	237694		
巴中市	291739		291739	27850	
资阳市	499458		499458	115563	16056
马尔康市	1008	1008			
康定市	6048	3902	2146	2146	2146
会理市	18035	50	17985		
西昌市	30440		30440	4938	
贵　州	**2432878**	**341841**	**2091037**	**112805**	**17808**
贵阳市	1079148	212242	866906	30653	12908
清镇市	3020	10	3010		
六盘水市					
盘州市	262215		262215		
遵义市	55410	14924	40486	11511	
赤水市	3362	2300	1062	20	
仁怀市	31812	1290	30522		
安顺市	257405	106149	151256	41581	4400
毕节市	80321	4926	75395	903	

continued 13

Measurement Unit:10000RMB

国内贷款 Domestic Loan	债券 Securities	利用外资 Foreign Investment	自筹资金 Self-Raised Funds	其他资金 Other Funds	各项应付款 Sum Payable This Year	城市名称 Name of Cities
Sources of Fund						
			6755	79507		邛崃市
				97331		崇州市
174151	167611		18026	487604	61787	自贡市
	4228		22370	76478	1950	攀枝花市
7000	220300		58000	267975		泸州市
93100	79425	12000	41544	260847	10811	德阳市
700	42680		1350	222839		广汉市
50000	20778					什邡市
13831	22628			2991		绵竹市
94122	147191		101987	119579	19418	绵阳市
29292			7593	47164		江油市
9391	21300	12200	6220	140738	118799	广元市
14287	90650		7815	275295		遂宁市
58950	7000			72860	3734	射洪市
106940	24482			158251		内江市
7103	82599		300	2000		隆昌市
80700	48958			48971	168473	乐山市
	2556			56258	67170	峨眉山市
140000			195355	53330	1764	南充市
	19000		30652	26000		阆中市
				4000	74258	眉山市
8000	133725		176659	272197		宜宾市
			18693	401653		广安市
			4000	24200		华蓥市
	13092		3288	401299		达州市
	15381			43949	32000	万源市
4266	46500		5000	181928	2599	雅安市
5294	17050		155680	85865	5000	巴中市
167915	104300		36008	75672	144509	资阳市
						马尔康市
						康定市
			17985			会理市
				25502		西昌市
53000	**17152**	**19500**	**642828**	**1245752**	**717996**	**贵　州**
38000			21391	776862	550	贵阳市
	3010					清镇市
					449381	六盘水市
			262215			盘州市
		19500	8106	1369	9632	遵义市
			100	942	1711	赤水市
15000			13013	2509	17258	仁怀市
			6900	102775		安顺市
			11367	63125	595	毕节市

2-2-2 续表 14

计量单位:万元

城市名称 Name of Cities	本年实际到位资金合计 The Total Funds Actually Available for The Reported Year	上年末结余资金 The Balance of The Previous Year	本年资金来源		
			小计 Subtotal	国家预算资金 State Budgetary Fund	中央预算资金 Central Budgetary Fund
黔西市	25089		25089		
铜仁市	39893		39893	27601	
兴义市	356827		356827	500	500
兴仁市	71687		71687		
凯里市	166533		166533		
都匀市	36		36	36	
福泉市	120		120		
云　南	**1628033**	**70738**	**1557295**	**287994**	**84259**
昆明市	306808	61107	245701	48461	36683
安宁市	2266		2266		
曲靖市	163738	6189	157549	68396	
宣威市	95051		95051		
玉溪市	133639		133639		
澄江市	657		657		
保山市	124312		124312	18712	
腾冲市	11199		11199	10499	5322
昭通市	7311		7311	3000	
水富市	13300		13300		
丽江市	2000		2000		
普洱市	63782		63782	1000	1000
临沧市					
禄丰市	4105		4105		
楚雄市	74417		74417	42321	
个旧市	25134		25134	500	
开远市					
蒙自市	41788		41788	34928	
弥勒市	77841		77841	13169	13169
文山市	1837		1837		
景洪市	303978		303978	8015	8015
大理市	89033	870	88163		
瑞丽市	52627		52627	8355	5786
芒市					
泸水市	3896		3896	3896	
香格里拉市	29314	2572	26742	26742	14284
西　藏	**188749**	**86856**	**101893**	**10986**	**9902**
拉萨市	45943	24468	21475		
日喀则市	23810	4010	19800	3000	3000
昌都市					
林芝市	1114		1114		
山南市	59574	20562	39012	6902	6902
那曲市	58308	37816	20492	1084	
陕　西	**9704855**	**1580223**	**8124632**	**1493003**	**83179**
西安市	8206599	1170149	7036450	1169581	3045

continued 14

Measurement Unit:10000RMB

Sources of Fund					各　项 应付款	城市名称
国内贷款 Domestic Loan	债券 Securities	利用外资 Foreign Investment	自筹资金 Self-Raised Funds	其他资金 Other Funds	Sum Payable This Year	Name of Cities
	2142		2569	20378		黔西市
			12292		238869	铜仁市
	12000		261669	82658		兴义市
			34533	37154		兴仁市
			8553	157980		凯里市
						都匀市
			120			福泉市
55920	**272353**		**216788**	**724240**	**545226**	**云　南**
	74500		67731	55009	188921	昆明市
			819	1447	2000	安宁市
45032	27382		16739		42407	曲靖市
				95051		宣威市
3886	5971		8716	115066		玉溪市
			657		2822	澄江市
	85000		11800	8800	24300	保山市
			700			腾冲市
			3311	1000	55803	昭通市
				13300		水富市
			2000		1800	丽江市
			11719	51063		普洱市
					7600	临沧市
957			3148		45788	禄丰市
			32096			楚雄市
			12956	11678		个旧市
					48691	开远市
	5000		1860			蒙自市
2500	54000		7982	190		弥勒市
			1837			文山市
			846	295117		景洪市
	20500		21985	45678	33275	大理市
3545			9886	30841		瑞丽市
						芒市
					62908	泸水市
					28911	香格里拉市
	39608		**51299**		**1500**	**西　藏**
			21475			拉萨市
	16800					日喀则市
						昌都市
			1114			林芝市
	3400		28710		1500	山南市
	19408					那曲市
2231125	**182281**	**540**	**2712341**	**1505342**	**817628**	**陕　西**
2156705	111800		2285824	1312540	706235	西安市

2-2-2 续表 15

计量单位:万元

城市名称 Name of Cities	本年实际到位资金合计 The Total Funds Actually Available for The Reported Year	上年末结余资金 The Balance of The Previous Year	本年资金来源 小计 Subtotal	国家预算资金 State Budgetary Fund	中央预算资金 Central Budgetary Fund
铜川市	35120	10000	25120	14397	
宝鸡市	166583	1799	164784	112904	
咸阳市	446863	374824	72039		
彬州市	57194		57194	54284	54284
兴平市	43152	4112	39040	37040	
渭南市	87230		87230	53440	22940
韩城市					
华阴市	53147		53147	150	150
延安市	20766	3228	17538	3890	1100
子长市					
汉中市	207971	3596	204375	4785	1000
榆林市	74529		74529	24507	
神木市	88500		88500	3000	
安康市	133451		133451	660	660
旬阳市	47092	12515	34577	5015	
商洛市	24550		24550	850	
杨凌区	12108		12108	8500	
甘　肃	**2836836**	**493290**	**2343546**	**263145**	**197556**
兰州市	827948	268550	559398	101740	51291
嘉峪关市	78224	530	77694	8270	2220
金昌市	112132	8844	103288	1795	1688
白银市	115343	680	114663	5728	5728
天水市	1006486	210982	795504	91298	85215
武威市	170901		170901	3405	3405
张掖市	19172		19172		
平凉市	46946		46946		
华亭市	4718		4718		
酒泉市	157382		157382		
玉门市	52901	1000	51901	4300	4300
敦煌市	11828		11828	7919	7919
庆阳市	20554		20554	2829	2829
定西市	94953		94953		
陇南市	48832	2045	46787	2900	
临夏市	30706		30706	2410	2410
合作市	37810	659	37151	30551	30551
青　海	**270202**	**37902**	**232300**	**168885**	**33079**
西宁市	169945	30661	139284	118180	9300
海东市	25456	3523	21933	13849	2317
同仁市					
玉树市					
茫崖市					
格尔木市	74801	3718	71083	36856	21462
德令哈市					

continued 15

Measurement Unit:10000RMB

Sources of Fund					各项应付款	城市名称
国内贷款 Domestic Loan	债券 Securities	利用外资 Foreign Investment	自筹资金 Self-Raised Funds	其他资金 Other Funds	Sum Payable This Year	Name of Cities
	1300		6830	2593	7962	铜川市
15120	1323		26287	9150		宝鸡市
	6400		64689	950		咸阳市
			2910			彬州市
			2000			兴平市
			33790		460	渭南市
					4634	韩城市
	11750		41247			华阴市
400	3200		6314	3734	5237	延安市
						子长市
			157785	41805	14055	汉中市
	4700		9422	35900		榆林市
	36500		3500	45500	76800	神木市
58000	3800	540	39481	30970		安康市
			29562			旬阳市
			1500	22200	2245	商洛市
900	1508		1200			杨凌区
215412	**370635**	**9705**	**257888**	**1226761**	**805886**	**甘　肃**
113542	100220	9705	80103	154088	312916	兰州市
	50979			18445	5583	嘉峪关市
60000	23275		9744	8474	8308	金昌市
	27900		1822	79213	24887	白银市
36370	21664		94143	552029	204746	天水市
	17500			149996	153401	武威市
			1095	18077		张掖市
			26130	20816	5577	平凉市
			4718		5819	华亭市
				157382		酒泉市
	29600			18001		玉门市
	3909					敦煌市
			17725			庆阳市
	45488			49465		定西市
	39100		4787			陇南市
5500	11000		11021	775	84649	临夏市
			6600			合作市
	24522		**17116**	**21777**	**4011**	**青　海**
	7000		1065	13039	821	西宁市
	1437		804	5843		海东市
						同仁市
						玉树市
						茫崖市
	16085		15247	2895	3190	格尔木市
						德令哈市

2-2-2 续表 16

计量单位:万元

城市名称 Name of Cities	本年实际到位资金合计 The Total Funds Actually Available for The Reported Year	上年末结余资金 The Balance of The Previous Year	本年资金来源		
			小计 Subtotal	国家预算资金 State Budgetary Fund	
					中央预算资金 Central Budgetary Fund
宁　夏	**353222**	**17632**	**335590**	**112975**	**54980**
银川市	196507	7385	189122	70850	23366
灵武市	6538		6538	1469	1469
宁东能源化工基地					
石嘴山市	57270	8123	49147	20099	18392
吴忠市	17062	2124	14938	3968	185
青铜峡市	24277		24277	2727	285
固原市	8805		8805	5765	3186
中卫市	42763		42763	8097	8097
新　疆	**1420872**	**139042**	**1281830**	**236055**	**81813**
乌鲁木齐市	360672	27039	333633	19701	
克拉玛依市	269368	13770	255598	28359	24508
吐鲁番市	3152		3152	200	200
哈密市	182430	7567	174863	32848	6343
昌吉市	34224	5853	28371	2000	
阜康市	21876		21876	6119	5500
博乐市	65000		65000	2000	2000
阿拉山口市	54480		54480	9900	
库尔勒市	1800	1800			
阿克苏市	60685		60685	28039	2994
库车市	30353		30353	3200	400
阿图什市	17689	7062	10627	3616	3616
喀什市	131741	74451	57290	900	900
和田市	42670		42670	9440	9440
伊宁市	2500		2500		
奎屯市	27960	1500	26460	3433	3433
霍尔果斯市	6205		6205	600	600
塔城市	28462		28462	28462	14650
乌苏市	20567		20567	1200	1200
沙湾市	5154		5154	2154	
阿勒泰市	53884		53884	53884	6029
新疆兵团	**210976**	**9666**	**201310**	**118119**	**18154**
石河子市	46497		46497	46497	
阿拉尔市	48514		48514	21822	16954
图木舒克市	1980		1980		
五家渠市	14838		14838		
北屯市	11048	5524	5524		
铁门关市	1350	550	800	800	
双河市					
可克达拉市	72684		72684	47000	
昆玉市	5892	3592	2300	2000	1200
胡杨河市	8173		8173		
新星市					

continued 16

Measurement Unit: 10000RMB

Sources of Fund					各项应付款	城市名称
国内贷款 Domestic Loan	债券 Securities	利用外资 Foreign Investment	自筹资金 Self-Raised Funds	其他资金 Other Funds	Sum Payable This Year	Name of Cities
97762	**37287**	**3621**	**51807**	**32138**	**53557**	**宁　夏**
72591	25240		20441		48774	银川市
	2000			3069		灵武市
						宁东能源化工基地
13821	3357		4148	7722	1504	石嘴山市
1500	6690			2780	3279	吴忠市
			21550			青铜峡市
				3040		固原市
9850		3621	5668	15527		中卫市
200478	**591775**	**1360**	**146969**	**105193**	**232809**	**新　疆**
170478	36213		44645	62596	54751	乌鲁木齐市
30000	161938		11965	23336	45	克拉玛依市
	1578		1374		3400	吐鲁番市
	136637		4999	379	2770	哈密市
			26371			昌吉市
	14397	1360			21876	阜康市
	63000				450	博乐市
	31000		13580			阿拉山口市
					110133	库尔勒市
	6000		22646	4000		阿克苏市
	17588		9565			库车市
	7000			11	807	阿图什市
	50424		2000	3966		喀什市
	24000		8824	406	30417	和田市
				2500	8160	伊宁市
	20000		1000	2027		奎屯市
				5605		霍尔果斯市
						塔城市
	19000			367		乌苏市
	3000					沙湾市
						阿勒泰市
	50514		**6993**	**25684**	**8478**	**新疆兵团**
					1823	石河子市
	26692				3460	阿拉尔市
	1800		180		3195	图木舒克市
	12343		2495			五家渠市
	5524					北屯市
						铁门关市
						双河市
				25684		可克达拉市
			300			昆玉市
	4155		4018			胡杨河市
						新星市

居民生活数据

Data by Residents Living

三、城市供水

Urban Water Supply

简要说明

城市供水指通过供水设施向单位和居民的生活、生产和其他各项建设提供符合国家标准用水的活动，包括公共供水和自建设施供水。

本部分主要包括城市供水的生产能力、供应量、服务情况等内容，并按公共供水企业和自建设施供水单位分别统计。

Brief Introduction

Urban water supply refers to supplying water that meets national quality standard to institutions and urban residents through water supply facilities. It includes water supply by public suppliers and by suppliers with self-built facilities.

This section covers such indicators as production capacity, total quantity of water supplied and relevant service, etc. Statistics on urban water supply by water suppliers and by suppliers with self-built facilities is separately presented.

3 全国历年城市供水情况(1978—2023)
National Urban Water Supply in Past Years(1978—2023)

年份 Year	综合生产能力（万立方米/日） Integrated Production Capacity (10000 cu. m/day)	供水管道长度（公里） Length of Water Supply Pipelines (km)	供水总量（万立方米） Total Quantity of Water Supply (10000 cu. m)	生活用量 Residential Use	用水人口（万人） Population with Access to Water Supply (10000 persons)	人均日生活用水量（升） Daily Water Consumption Per Capita (liter)	供水普及率（%） Water Coverage Rate (%)
1978	2530.4	35984	787507	275854	6267.1	120.6	81.6
1979	2714.0	39406	832201	309206	6951.0	121.8	82.3
1980	2979.0	42859	883427	339130	7278.0	127.6	81.4
1981	3258.0	46966	969943	367823	7729.3	130.4	53.7
1982	3424.9	51513	1011319	391422	8102.2	132.4	56.7
1983	3539.0	56852	1065956	421968	8370.9	138.1	52.5
1984	3960.9	62892	1176474	465651	8900.7	143.3	49.5
1985	4019.7	67350	1280238	519493	9424.3	151.0	45.1
1986	10407.9	72557	2773921	706971	11757.9	161.9	51.3
1987	11363.6	77864	2984697	759702	12684.6	164.1	50.4
1988	12715.8	86231	3385847	873800	14049.9	170.4	47.6
1989	12821.1	92281	3936648	930619	14786.3	172.4	47.4
1990	14220.3	97183	3823425	1001021	15611.1	175.7	48.0
1991	14584.0	102299	4085073	1159929	16213.2	196.0	54.8
1992	16036.4	111780	4298437	1172919	17280.8	186.0	56.2
1993	16927.9	123007	4502341	1282543	18636.4	188.6	55.2
1994	18215.1	131052	4894620	1422453	20083.0	194.0	56.0
1995	19250.4	138701	4815653	1581451	22165.7	195.4	58.7
1996	19990.0	202613	4660652	1670673	21997.0	208.1	60.7
1997	20565.8	215587	4767788	1757157	22550.1	213.5	61.2
1998	20991.8	225361	4704732	1810355	23169.1	214.1	61.9
1999	21551.9	238001	4675076	1896225	23885.7	217.5	63.5
2000	21842.0	254561	4689838	1999960	24809.2	220.2	63.9
2001	22900.0	289338	4661194	2036492	25832.8	216.0	72.26
2002	23546.0	312605	4664574	2131919	27419.9	213.0	77.85
2003	23967.1	333289	4752548	2246665	29124.5	210.9	86.15
2004	24753.0	358410	4902755	2334625	30339.7	210.8	88.85
2005	24719.8	379332	5020601	2437374	32723.4	204.1	91.09
2006	26965.6	430426	5405246	2220459	32304.1	188.3	86.67(97.04)
2007	25708.4	447229	5019488	2263676	34766.5	178.4	93.83
2008	26604.1	480084	5000762	2274266	35086.7	178.2	94.73
2009	27046.8	510399	4967467	2334082	36214.2	176.6	96.12
2010	27601.5	539778	5078745	2371488	38156.7	171.4	96.68
2011	26668.7	573774	5134222	2476520	39691.3	170.9	97.04
2012	27177.3	591872	5230326	2572473	41026.5	171.8	97.16
2013	28373.4	646413	5373022	2676463	42261.4	173.5	97.56
2014	28673.3	676727	5466613	2756911	43476.3	173.7	97.64
2015	29678.3	710206	5604728	2872695	45112.6	174.5	98.07
2016	30320.7	756623	5806911	3031376	46958.4	176.9	98.42
2017	30475.0	797355	5937591	3153968	48303.5	178.9	98.30
2018	31211.8	865017	6146244	3300567	50310.6	179.7	98.36
2019	30897.8	920082	6283010	3401160	51778.0	180.0	98.78
2020	32072.7	1006910	6295420	3484644	53217.4	179.4	98.99
2021	31737.7	1059901	6733442	3753783	55580.9	185.0	99.38
2022	31510.4	1102976	6744063	3785485	56141.8	184.7	99.39
2023	33621.0	1153126	6875588	3893837	56504.7	188.8	99.43

注：1. 1978年至1985年综合供水生产能力为系统内数；1978年至1995年供水管道长度为系统内数。
2. 自2006年起，供水普及率指标按城区人口和城区暂住人口合计为分母计算，括号中的数据为往年同口径数据。

Notes：1. Integrated production capacity from 1978 to 1985 is limited to the statistical figure in building sector; Length of water supply pipelines from 1978 to 1995 is limited to the statistical figure in building sector.
2. Since 2006, water coverage rate has been calculated based on denominator which combines both permanent and temporary residents in urban areas, and the data in brackets are the same index but calculated by the method of past years.

3-1 2023年按省分列的城市供水

地区名称 Name of Regions	综合生产能力（万立方米/日）Integrated Production Capacity (10000cu. m/day)	地下水 Underground Water	供水管道长度（公里）Length of Water Supply Pipelines (km)	建成区 In Built District	供水总量（万立方米）Total Quantity of Water Supply (10000cu. m)	生产运营用水 The Quantity of Water for Production and Operation
全国	**33620.99**	**3446.88**	**1153125.52**	**1016288.70**	**6875588.29**	**1700797.99**
北京	743.98	250.08	19927.85	12116.50	153615.78	11832.06
天津	519.10	15.00	23164.37	22374.96	106554.45	37069.64
河北	865.78	284.00	25820.95	24876.24	163082.51	40251.99
山西	399.73	200.80	16902.32	14974.81	94639.47	24706.89
内蒙古	418.94	238.38	13308.61	12248.55	81537.64	22841.99
辽宁	1375.02	271.57	42438.65	39221.93	275322.82	68386.19
吉林	685.54	94.12	15123.94	14788.24	107712.56	24175.32
黑龙江	619.98	199.69	25604.29	25152.81	128254.85	31536.89
上海	1248.50		40437.38	40437.38	295507.33	42285.85
江苏	4486.93	62.88	140883.85	104691.38	649799.25	225898.54
浙江	2215.35	0.43	112217.87	81491.17	476939.75	163271.90
安徽	1283.01	91.75	38959.95	37556.46	273391.02	86622.15
福建	975.24	13.31	39813.74	38797.64	203368.41	36254.19
江西	738.11	1.72	33891.54	31659.93	167276.66	33891.07
山东	1975.95	487.05	62694.58	58827.30	405819.62	150327.48
河南	1342.93	290.80	33658.55	32178.76	245462.75	50511.58
湖北	1687.26	7.13	58223.85	56249.64	341788.40	91518.77
湖南	1074.72	29.65	44508.50	38238.95	250835.46	47033.67
广东	4378.17	6.07	153177.91	135647.67	1017935.76	242135.49
广西	791.28	22.61	27997.78	27042.02	204923.63	38206.09
海南	207.74	17.99	7956.84	3473.70	53655.76	3645.33
重庆	852.51	1.80	28232.21	25705.58	188005.57	41784.84
四川	1446.99	80.81	57361.04	54623.46	360567.08	51798.16
贵州	488.81	18.51	27076.63	24673.12	98484.52	19231.09
云南	601.59	23.04	19497.52	17944.98	118814.61	22944.58
西藏	69.77	24.97	1783.85	1759.95	20044.72	1220.40
陕西	634.36	188.80	13121.39	12562.81	137471.26	35355.32
甘肃	418.88	65.06	7296.23	6336.46	60389.87	14589.21
青海	127.41	110.37	3556.61	3221.22	30473.74	10877.02
宁夏	270.06	81.26	3440.49	3004.88	39908.90	8214.02
新疆	597.15	260.41	12601.48	12136.65	103485.47	16091.69
新疆兵团	80.20	6.82	2444.75	2273.55	20518.67	6288.58

Urban Water Supply by Province(2023)

公共服务用水 The Quantity of Water for Public Service	居民家庭用水 The Quantity of Water for Household Use	其他用水 The Quantity of Water for Other Purposes	用水户数（户） Number of Households with Access to Water Supply(unit)	家庭用户 Household User	用水人口（万人） Population with Access to Water Supply (10000 persons)	地区名称 Name of Regions
1048662.80	**2833871.17**	**302125.29**	**230042132**	**208419021**	**56504.65**	**全　国**
50281.34	66891.42	2978.18	7344473	7129413	1919.80	北　京
14611.23	39954.79	5.64	5380897	5164982	1166.04	天　津
22323.79	68560.26	9253.03	7411565	6809879	2212.05	河　北
10713.87	47984.25	2162.69	3610709	2865134	1303.42	山　西
11492.91	28995.76	4780.10	5138833	4557201	964.34	内蒙古
40210.81	97767.04	9427.21	14030728	12919853	2242.31	辽　宁
17525.06	36772.14	3171.94	6710497	6125374	1191.11	吉　林
20002.34	46147.93	7821.89	7968939	7193629	1376.59	黑龙江
76267.10	115210.90	9951.18	9785190	9245944	2487.45	上　海
75276.05	214308.45	51117.29	20772122	18754324	3738.28	江　苏
73666.72	179789.76	10220.86	13273042	11982213	3189.45	浙　江
39466.14	103223.87	10189.80	9771670	8899086	1969.89	安　徽
38438.05	87641.15	12352.90	6052816	5345535	1468.69	福　建
25089.10	75142.94	5446.95	6788037	6266245	1156.45	江　西
52135.62	146865.23	13276.15	14089423	13280117	4174.42	山　东
35640.77	115390.09	13482.79	9327686	8377033	2887.11	河　南
27662.88	153918.81	8392.50	9317056	8747869	2440.35	湖　北
35280.54	114432.44	12426.02	7431355	6682639	1860.83	湖　南
182729.84	423367.31	32101.15	20250218	17329907	6725.16	广　东
31937.21	102403.76	2191.32	3728215	3298361	1349.60	广　西
7189.39	30015.32	6091.75	413089	363967	334.67	海　南
27185.49	82632.16	8672.01	8240820	7475940	1588.26	重　庆
52205.84	180520.27	18234.76	13115678	11553140	3022.29	四　川
7298.05	53679.19	2143.65	3918575	3451166	902.82	贵　州
19070.17	52373.96	3205.59	4520071	3967999	1083.23	云　南
2164.00	7840.99	3305.53	257724	207241	97.68	西　藏
8569.23	72310.33	5104.01	4780346	4499705	1442.84	陕　西
9714.46	26503.22	4593.42	1553564	1450200	705.37	甘　肃
4267.20	9487.92	2366.57	302685	277607	215.82	青　海
10608.72	10468.15	3896.94	1377252	1217286	307.57	宁　夏
15409.47	38099.85	21283.14	2919432	2556477	867.16	新　疆
4229.41	5171.51	2478.33	459425	423555	113.60	新疆兵团

3-2 2023年按省分列的城市供水(公共供水)

地区名称 Name of Regions	综合生产能力(万立方米/日) Integrated Production Capacity (10000 cu. m/day)		水厂个数(个) Number of Water Plants (unit)		供水管道长度(公里) Length of Water Supply Pipelines (km)	供水总量(万立方米)			
		地下水 Underground Water		地下水 Underground Water		合计 Total	售水量		
							小计 Subtotal	生产运营用水 The Quantity of Water for Production and Operation	公共服务用水 The Quantity of Water for Public Service
全国	**29784.26**	**2515.39**	**3002**	**767**	**1134976.67**	**6506053.67**	**5515922.63**	**1392544.73**	**1020734.01**
北京	709.42	215.52	68	44	19297.70	149449.71	127816.93	11257.03	47895.52
天津	488.50	15.00	32	7	23107.95	103660.44	88747.29	34175.63	14611.23
河北	787.69	221.83	144	74	23964.29	152960.85	130267.41	31805.17	21729.48
山西	373.26	174.33	79	59	16321.29	90470.10	81398.33	22530.32	10584.79
内蒙古	354.27	189.77	84	77	13121.71	69470.83	56043.95	14388.76	9809.63
辽宁	1185.30	196.81	156	61	41052.33	247874.29	188342.72	48996.49	36903.49
吉林	392.19	38.84	71	18	14701.11	90139.66	64071.56	9045.38	16644.18
黑龙江	553.89	147.91	92	53	24872.93	115417.01	92671.21	21869.33	19014.12
上海	1248.50		40		40437.38	295507.33	243715.03	42285.85	76267.10
江苏	3069.40	33.00	118	5	139938.40	586020.78	502821.86	162820.22	74744.79
浙江	2115.60		122		111373.38	460908.33	410917.82	147916.97	73526.62
安徽	1055.72	67.22	83	11	37581.80	237059.80	203170.74	54668.54	36019.28
福建	958.37	10.90	91	11	39721.98	198913.82	170231.70	32070.76	38438.05
江西	724.50	0.50	78		33633.61	165509.26	137802.66	32750.50	25054.90
山东	1777.71	368.18	297	108	61166.81	362142.11	318926.97	111760.77	50148.51
河南	1171.39	160.05	142	58	32574.26	220706.55	190269.03	34253.45	29672.93
湖北	1497.13		118		57282.22	315500.15	255204.71	67727.65	27129.11
湖南	1055.40	14.50	95	10	42760.25	248529.63	206866.84	45851.63	34729.44
广东	4168.89	2.00	247	3	152910.30	1014009.11	876407.14	238269.24	182679.44
广西	733.45	15.40	81	4	26794.24	191075.77	160890.52	25294.86	31874.14
海南	204.00	14.25	19		7756.24	52806.98	46093.01	3428.62	6986.87
重庆	792.57		102		28184.51	185027.41	157296.34	39094.52	27164.70
四川	1357.11	28.35	180	13	57125.92	355124.66	297316.61	48008.36	51224.80
贵州	488.48	18.40	83	5	27072.83	98442.01	82309.47	19227.00	7290.38
云南	526.11	12.10	118	9	19429.20	111248.35	90028.04	16645.66	19070.17
西藏	65.79	20.99	18	11	1783.85	19969.72	14455.92	1145.40	2164.00
陕西	572.88	131.73	86	42	12704.45	129302.47	113170.10	30319.81	7303.51
甘肃	398.80	64.99	44	19	7126.46	60017.97	55028.41	14532.05	9601.56
青海	80.66	63.66	13	9	3260.51	21150.10	17675.07	1751.56	4261.04
宁夏	227.28	49.28	25	16	3058.49	36688.38	29967.31	7072.40	9425.82
新疆	569.80	233.06	62	34	12415.52	100431.42	87830.10	15292.22	14535.00
新疆兵团	80.20	6.82	14	6	2444.75	20518.67	18167.83	6288.58	4229.41

Urban Water Supply by Province(Public Water Suppliers)(2023)

Total Quantity of Water Supply(10000cu. m)				用水户数（户）		用水人口（万人）	地区名称
Water Sold		免费供水量			居民家庭		
居民家庭用水 The Quantity of Water for Household Use	其他用水 The Quantity of Water for Other Purposes	The Quantity of Free Water Supply	生活用水 Domestic Water Use	Number of Households with Access to Water Supply(unit)	Households	Population with Access to Water Supply (10000persons)	Name of Regions
2810871.27	**291772.62**	**160199.65**	**11303.23**	**228841292**	**207427112**	**56202.20**	**全　国**
65737.69	2926.69	698.00	33.31	7302333	7091884	1827.63	北　京
39954.79	5.64	683.78		5380894	5164982	1166.04	天　津
67582.56	9150.20	3708.92	267.27	7357226	6759646	2202.36	河　北
46167.11	2116.11	574.68	10.36	3503143	2768526	1285.68	山　西
27460.36	4385.20	3070.75	12.79	5123450	4546464	962.58	内蒙古
94487.65	7955.09	19075.17	2278.88	13687691	12595449	2207.14	辽　宁
36172.03	2209.97	5544.39	63.10	6667347	6084533	1178.67	吉　林
44442.07	7345.69	2157.04	140.92	7907121	7135030	1365.84	黑龙江
115210.90	9951.18	8938.02		9785190	9245944	2487.45	上　海
214289.62	50967.23	8612.02	1799.08	20750186	18752134	3736.36	江　苏
179253.37	10220.86	4205.43	171.42	13236666	11947247	3179.33	浙　江
102733.52	9749.40	5622.64	95.08	9734737	8882826	1964.15	安　徽
87369.99	12352.90	6006.90	33.12	6045326	5342520	1468.44	福　建
74667.61	5329.65	2827.75	387.20	6768425	6250141	1154.01	江　西
145085.94	11931.75	3741.47	470.11	13982939	13204725	4147.71	山　东
113797.55	12545.10	3061.11	303.70	9261868	8319838	2865.74	河　南
152097.25	8250.70	14698.73	587.97	9214517	8696394	2432.91	湖　北
113891.04	12394.73	11233.93	2068.46	7425493	6679567	1855.68	湖　南
423362.31	32096.15	15317.00	435.88	20242071	17321907	6722.66	广　东
101601.49	2120.03	6121.27	115.97	3707894	3281722	1342.19	广　西
29586.07	6091.45	1039.18	9.13	412974	363958	328.78	海　南
82519.05	8518.07	1936.45	352.07	8231043	7466172	1586.15	重　庆
180178.45	17905.00	8412.94	746.32	13102920	11545368	3018.96	四　川
53648.44	2143.65	2345.23	54.47	3918125	3450731	902.69	贵　州
51436.71	2875.50	6562.27	317.76	4519248	3967448	1083.09	云　南
7840.99	3305.53	3939.65	186.29	257724	207241	97.68	西　藏
71350.97	4195.81	3259.05	24.10	4732021	4454463	1430.11	陕　西
26343.72	4551.08	1190.29	109.27	1539952	1437005	702.17	甘　肃
9322.87	2339.60	1415.28	195.65	295343	270707	214.23	青　海
10344.00	3125.09	2962.05		1376535	1216876	307.44	宁　夏
37763.64	20239.24	1173.62	23.55	2911465	2552109	864.73	新　疆
5171.51	2478.33	64.64	10.00	459425	423555	113.60	新疆兵团

3-3 2023年按省分列的城市供水(自建设施供水)

地区名称 Name of Regions	综合生产能力(万立方米/日) Integrated Production Capacity (10000cu. m/day)	地下水 Underground Water	供水管道长度(公里) Length of Water Supply Pipelines (km)	建成区 In Built District	供水总量(万立方米) 合计 Total	生产运营用水 The Quantity of Water for Production and Operation
全　国	**3836.73**	**931.49**	**18148.85**	**13331.36**	**369534.62**	**308253.26**
北　京	34.56	34.56	630.15		4166.07	575.03
天　津	30.60		56.42	56.42	2894.01	2894.01
河　北	78.09	62.17	1856.66	1662.96	10121.66	8446.82
山　西	26.47	26.47	581.03	134.71	4169.37	2176.57
内蒙古	64.67	48.61	186.90	154.90	12066.81	8453.23
辽　宁	189.72	74.76	1386.32	952.22	27448.53	19389.70
吉　林	293.35	55.28	422.83	276.83	17572.90	15129.94
黑龙江	66.09	51.78	731.36	642.30	12837.84	9667.56
上　海						
江　苏	1417.53	29.88	945.45	839.43	63778.47	63078.32
浙　江	99.75	0.43	844.49	791.49	16031.42	15354.93
安　徽	227.29	24.53	1378.15	1320.55	36331.22	31953.61
福　建	16.87	2.41	91.76	91.76	4454.59	4183.43
江　西	13.61	1.22	257.93	233.87	1767.40	1140.57
山　东	198.24	118.87	1527.77	1342.17	43677.51	38566.71
河　南	171.54	130.75	1084.29	762.20	24756.20	16258.13
湖　北	190.13	7.13	941.63	591.22	26288.25	23791.12
湖　南	19.32	15.15	1748.25	1125.45	2305.83	1182.04
广　东	209.28	4.07	267.61	18.58	3926.65	3866.25
广　西	57.83	7.21	1203.54	1126.97	13847.86	12911.23
海　南	3.74	3.74	200.60	0.60	848.78	216.71
重　庆	59.94	1.80	47.70	40.00	2978.16	2690.32
四　川	89.88	52.46	235.12	56.83	5442.42	3789.80
贵　州	0.33	0.11	3.80	3.80	42.51	4.09
云　南	75.48	10.94	68.32	47.32	7566.26	6298.92
西　藏	3.98	3.98			75.00	75.00
陕　西	61.48	57.07	416.94	359.75	8168.79	5035.51
甘　肃	20.08	0.07	169.77	132.57	371.90	57.16
青　海	46.75	46.71	296.10	54.50	9323.64	9125.46
宁　夏	42.78	31.98	382.00	326.00	3220.52	1141.62
新　疆	27.35	27.35	185.96	185.96	3054.05	799.47
新疆兵团						

Urban Water Supply by Province(Suppliers with Self-Built Facilities)(2023)

Total Quantity of Water Supply(10000cu. m)			用水户数（户）		用水人口（万人）	
公共服务用水 The Quantity of Water for Public Service	居民家庭用水 The Quantity of Water for Household Use	其他用水 The Quantity of Water for Other Purposes	Number of Households with Access to Water Supply(unit)	居民家庭 Households	Population with Access to Water Supply (10000 persons)	地区名称 Name of Regions
27928.79	**22999.90**	**10352.67**	**1200840**	**991909**	**302.45**	**全　国**
2385.82	1153.73	51.49	42140	37529	92.17	北　京
			3			天　津
594.31	977.70	102.83	54339	50233	9.69	河　北
129.08	1817.14	46.58	107566	96608	17.74	山　西
1683.28	1535.40	394.90	15383	10737	1.76	内蒙古
3307.32	3279.39	1472.12	343037	324404	35.17	辽　宁
880.88	600.11	961.97	43150	40841	12.44	吉　林
988.22	1705.86	476.20	61818	58599	10.75	黑龙江
						上　海
531.26	18.83	150.06	21936	2190	1.92	江　苏
140.10	536.39		36376	34966	10.12	浙　江
3446.86	490.35	440.40	36933	16260	5.74	安　徽
	271.16		7490	3015	0.25	福　建
34.20	475.33	117.30	19612	16104	2.44	江　西
1987.11	1779.29	1344.40	106484	75392	26.71	山　东
5967.84	1592.54	937.69	65818	57195	21.37	河　南
533.77	1821.56	141.80	102539	51475	7.44	湖　北
551.10	541.40	31.29	5862	3072	5.15	湖　南
50.40	5.00	5.00	8147	8000	2.50	广　东
63.07	802.27	71.29	20321	16639	7.41	广　西
202.52	429.25	0.30	115	9	5.89	海　南
20.79	113.11	153.94	9777	9768	2.11	重　庆
981.04	341.82	329.76	12758	7772	3.33	四　川
7.67	30.75		450	435	0.13	贵　州
	937.25	330.09	823	551	0.14	云　南
						西　藏
1265.72	959.36	908.20	48325	45242	12.73	陕　西
112.90	159.50	42.34	13612	13195	3.20	甘　肃
6.16	165.05	26.97	7342	6900	1.59	青　海
1182.90	124.15	771.85	717	410	0.13	宁　夏
874.47	336.21	1043.90	7967	4368	2.43	新　疆
						新疆兵团

3-4 2023 年按城市分列的城市供水

城市名称 Name of Cities	综合生产能力（万立方米/日） Integrated Production Capacity (10000cu. m/day)	地下水 Underground Water	供水管道长度（公里） Length of Water Supply Pipelines (km)	建成区 In Built District	供水总量（万立方米） Total Quantity of Water Supply (10000cu. m)	生产运营用水 The Quantity of Water for Production and Operation
全　国	**33620.99**	**3446.88**	**1153125.52**	**1016288.70**	**6875588.29**	**1700797.99**
北　京	**743.98**	**250.08**	**19927.85**	**12116.50**	**153615.78**	**11832.06**
天　津	**519.10**	**15.00**	**23164.37**	**22374.96**	**106554.45**	**37069.64**
河　北	**865.78**	**284.00**	**25820.95**	**24876.24**	**163082.51**	**40251.99**
石家庄市	164.91	11.75	3488.19	3469.16	34790.18	11495.35
晋州市	8.00		135.00	135.00	1315.00	523.00
新乐市	6.50		337.37	296.00	1012.30	230.00
唐山市	94.90	40.53	3009.79	3009.79	18727.23	3422.93
滦州市	4.00	4.00	354.92	354.92	1336.69	279.80
遵化市	9.00	9.00	177.50	177.50	1274.64	94.69
迁安市	4.00	4.00	388.40	388.40	1301.00	22.00
秦皇岛市	55.80	1.00	1342.72	1292.72	12813.53	2407.66
邯郸市	89.70	37.00	2074.50	2064.10	16729.70	6100.50
武安市	8.29	5.26	581.00	578.50	2042.06	659.00
邢台市	68.80	47.00	2952.39	2952.39	6856.90	427.26
南宫市	3.75		126.00	121.00	507.77	
沙河市	8.60	2.50	226.22	226.22	1008.02	178.00
保定市	56.52	14.90	1652.39	1625.39	11993.85	1616.98
涿州市	8.71	7.00	271.00	271.00	3339.27	955.38
安国市	4.50	0.50	134.15	134.15	1197.17	156.15
高碑店市	9.50	3.00	325.20	295.52	1668.16	298.00
张家口市	29.97	28.97	982.32	978.32	6900.15	984.55
承德市	22.22	13.22	797.46	573.26	5365.61	1966.25
平泉市	4.00	4.00	313.50	221.00	1136.22	340.00
沧州市	22.00		607.00	607.00	5518.85	1595.00
泊头市	5.50		172.00	172.00	1026.00	81.00
任丘市	15.00	3.00	691.44	691.44	2116.26	895.97
黄骅市	24.50		1236.00	912.00	1709.10	426.00
河间市	5.00		376.93	376.93	1083.24	177.02
廊坊市	54.47	23.82	977.71	867.88	6494.78	1106.17
霸州市	2.60	1.00	306.80	306.80	619.80	125.00
三河市	8.00	8.00	219.62	219.62	2748.00	1010.00
衡水市	24.69	8.30	556.36	556.36	4894.30	1064.58
深州市	4.00		125.31	125.31	880.00	165.27
辛集市	23.35	6.25	197.61	192.41	2548.82	998.00
定州市	15.00		684.15	684.15	2127.91	450.48
山　西	**399.73**	**200.80**	**16902.32**	**14974.81**	**94639.47**	**24706.89**
太原市	117.00	51.00	4700.00	4700.00	31520.27	10393.38
古交市	6.43	1.43	239.11	239.11	1619.67	1042.75
大同市	70.00	30.00	1083.33	1083.33	11938.74	5380.85

National Urban Water Supply by City(2023)

公共服务用水 The Quantity of Water for Public Service	居民家庭用水 The Quantity of Water for Household Use	其他用水 The Quantity of Water for Other Purposes	用水户数(户) Number of Households with Access to Water Supply(unit)	家庭用户 Household User	用水人口(万人) Population with Access to Water Supply (10000 persons)	城市名称 Name of Cities
1048662.80	**2833871.17**	**302125.29**	**230042132**	**208419021**	**56504.65**	**全　国**
50281.34	**66891.42**	**2978.18**	**7344473**	**7129413**	**1919.80**	**北　京**
14611.23	**39954.79**	**5.64**	**5380897**	**5164982**	**1166.04**	**天　津**
22323.79	**68560.26**	**9253.03**	**7411565**	**6809879**	**2212.05**	**河　北**
3048.52	15784.57	1126.10	826743	719728	544.40	石家庄市
360.00	311.00		8285	6880	13.96	晋州市
43.00	446.00	148.00	38375	27604	9.59	新乐市
3202.24	7347.40	1442.25	978528	925871	205.74	唐山市
167.10	650.38	11.30	72768	71060	27.50	滦州市
20.20	861.03	79.62	94633	94633	26.87	遵化市
218.20	885.40		110000	84800	36.00	迁安市
3438.76	3889.28	357.75	757066	715551	140.30	秦皇岛市
842.70	7515.45	24.00	666063	633218	212.08	邯郸市
567.70	552.89	9.58	36534	33099	25.57	武安市
1018.63	2662.26	1808.96	493477	427226	79.99	邢台市
119.67	309.53	0.70	20627	18252	13.75	南宫市
117.88	418.00	251.00	79362	71526	11.14	沙河市
3888.27	5092.51	104.57	266691	226244	204.81	保定市
345.65	1096.35	214.20	74095	69092	28.25	涿州市
122.77	259.37	586.98	43252	40046	12.72	安国市
126.82	653.36	146.21	65192	61794	15.33	高碑店市
908.60	3024.27	18.30	674333	625967	114.29	张家口市
203.62	2037.43	135.43	323969	302705	55.15	承德市
224.20	478.69	3.54	82711	74874	19.08	平泉市
505.00	2758.00	0.85	421558	389454	76.64	沧州市
161.00	619.00		98366	89466	16.98	泊头市
77.00	1017.53	1.80	157150	154069	32.75	任丘市
290.00	934.00	2.00	98636	86161	28.96	黄骅市
207.27	530.05	0.60	94903	84756	16.90	河间市
432.50	2755.17	1667.49	138243	123300	64.71	廊坊市
30.00	412.00		45681	40443	13.98	霸州市
100.00	1050.00	310.00	76958	76493	23.10	三河市
716.94	2219.13	395.41	313354	287874	65.05	衡水市
239.75	314.64	83.47	52294	51616	18.60	深州市
500.00	670.00	45.82	61368	59415	23.16	辛集市
79.80	1005.57	277.10	140350	136662	34.70	定州市
10713.87	**47984.25**	**2162.69**	**3610709**	**2865134**	**1303.42**	**山　西**
2434.42	15744.27	42.37	964231	927677	392.59	太原市
	429.22		51577	28951	16.36	古交市
997.94	4790.98	35.41	347788	328570	159.21	大同市

3-4 续表 1

城市名称 Name of Cities	综合生产能力（万立方米/日） Integrated Production Capacity (10000cu. m/day)	地下水 Underground Water	供水管道长度（公里） Length of Water Supply Pipelines (km)	建成区 In Built District	供水总量（万立方米） Total Quantity of Water Supply (10000cu. m)	生产运营用水 The Quantity of Water for Production and Operation
阳泉市	36.62	3.06	620.79	620.79	4826.44	885.10
长治市	20.73	20.73	1456.19	1286.63	7215.99	656.08
晋城市	21.01	13.01	753.08	753.08	4359.65	364.47
高平市	2.50	2.50	454.90	454.90	812.43	
朔州市	13.30	12.20	756.00	435.00	4241.82	1152.98
怀仁市	5.00	2.00	722.14	722.14	961.07	97.44
晋中市	16.10	6.63	632.02	615.00	4881.16	922.92
介休市	3.81	3.81	160.25	35.00	951.10	232.67
运城市	15.75	5.10	1015.95	976.68	4392.81	301.06
永济市	5.00	5.00	94.00	94.00	1302.00	720.07
河津市	8.25	8.25	1396.38	329.30	1430.02	247.06
忻州市	15.03	5.03	581.22	525.22	2745.33	567.98
原平市	8.80	8.80	235.20	188.20	1142.55	240.92
临汾市	8.90	2.00	657.34	607.31	3253.80	515.12
侯马市	3.50	3.50	215.22	215.22	1240.39	108.66
霍州市	4.80	4.80	391.80	391.80	1441.84	537.66
吕梁市	8.50	3.25	267.20	267.20	1940.39	100.42
孝义市	5.50	5.50	277.70	277.70	1772.00	160.00
汾阳市	3.20	3.20	192.50	157.20	650.00	79.30
内蒙古	**418.94**	**238.38**	**13308.61**	**12248.55**	**81537.64**	**22841.99**
呼和浩特市	76.38	36.38	2166.70	2166.70	18726.04	2913.00
包头市	103.72	11.72	2002.49	2002.49	16825.59	5315.75
乌海市	15.16	15.16	1158.10	842.00	2739.01	97.25
赤峰市	48.15	37.65	1220.74	1186.24	9644.77	3819.44
通辽市	28.50	28.50	444.66	412.66	5820.80	2185.87
霍林郭勒市	13.13	8.13	305.00	305.00	4162.59	2414.59
鄂尔多斯市	31.80	31.80	2042.99	1698.91	4251.20	1121.81
呼伦贝尔市	27.25	7.77	612.22	612.22	5496.40	1779.08
满洲里市	3.23	3.23	197.41	121.53	1002.50	217.65
牙克石市	5.00	5.00	229.00	229.00	1204.40	384.40
扎兰屯市	7.20	4.00	145.00	145.00	1491.46	832.92
额尔古纳市	2.00	2.00	111.55	106.55	165.00	14.30
根河市	2.18	1.80	34.00	34.00	184.14	2.10
巴彦淖尔市	12.80	2.80	293.41	293.41	2118.80	594.24
乌兰察布市	7.55	7.55	464.82	464.82	2762.22	555.42
丰镇市	9.30	9.30	396.00	378.00	814.00	30.00
锡林浩特市	6.89	6.89	570.57	570.57	1975.32	196.00
二连浩特市	3.00	3.00	498.40	263.90	464.40	233.17
乌兰浩特市	13.20	13.20	337.50	337.50	1532.00	135.00
阿尔山市	2.50	2.50	78.05	78.05	157.00	

continued 1

公共服务用水 The Quantity of Water for Public Service	居民家庭用水 The Quantity of Water for Household Use	其他用水 The Quantity of Water for Other Purposes	用水户数（户） Number of Households with Access to Water Supply(unit)	家庭用户 Household User	用水人口（万人） Population with Access to Water Supply (10000 persons)	城市名称 Name of Cities
459.00	1897.51	787.01	192581	182389	60.00	阳泉市
1888.65	4124.84		356148	257542	97.11	长治市
1374.85	2099.49	19.66	92922	89006	58.88	晋城市
311.09	464.86	1.29	63049	59956	14.55	高平市
20.00	2858.76		166000	141000	48.00	朔州市
124.14	597.78	6.24	56050	50385	24.00	怀仁市
424.02	2863.86	25.66	562221	84172	88.81	晋中市
	624.27	1.83	44396	42056	23.12	介休市
1177.52	2566.12	57.00	65009	59731	57.00	运城市
105.23	415.25		19944	17724	17.00	永济市
135.31	810.00	0.80	59510	48454	23.01	河津市
44.94	1198.19	621.15	107581	105444	34.35	忻州市
39.24	516.15	6.74	25844	21867	20.18	原平市
232.57	2132.73	1.66	225921	223674	61.40	临汾市
10.56	818.74	180.51	35468	34058	16.11	侯马市
78.47	651.22	0.94	86660	80270	15.01	霍州市
235.92	1027.31	370.42	21549	19577	33.53	吕梁市
521.00	958.00	4.00	55381	52552	31.00	孝义市
99.00	394.70		10879	10079	12.20	汾阳市
11492.91	**28995.76**	**4780.10**	**5138833**	**4557201**	**964.34**	**内蒙古**
3683.04	6395.00	524.00	1101931	992986	271.70	呼和浩特市
1786.99	4507.45	3000.40	1017270	918346	194.01	包头市
94.21	2295.07		243733	233365	45.21	乌海市
1575.13	2883.73	211.30	507797	457146	85.66	赤峰市
998.48	1628.87	74.29	323114	277170	50.14	通辽市
420.42	854.60	322.82	72815	56608	12.60	霍林郭勒市
454.08	1928.10	254.31	326591	281911	63.30	鄂尔多斯市
809.90	2304.92	37.06	308485	262045	39.55	呼伦贝尔市
114.69	310.44	31.53	104847	90207	13.32	满洲里市
184.77	502.93	34.20	93300	78200	13.30	牙克石市
73.26	512.00	11.08	76744	55000	13.14	扎兰屯市
20.50	111.55	3.20	23537	19788	3.62	额尔古纳市
29.30	123.84	10.92	21813	19052	3.80	根河市
208.40	930.90	5.02	270806	243039	41.70	巴彦淖尔市
147.35	1459.62	93.77	189042	183000	28.73	乌兰察布市
12.47	535.00		41163	41000	11.26	丰镇市
567.62	746.56	151.20	193724	164942	32.42	锡林浩特市
10.30	146.53		37653	25273	5.53	二连浩特市
302.00	697.00	15.00	172677	147423	32.75	乌兰浩特市
	121.65		11791	10700	2.60	阿尔山市

3-4 续表 2

城市名称 Name of Cities	综合生产能力（万立方米/日） Integrated Production Capacity (10000cu. m/day)	地下水 Underground Water	供水管道长度（公里） Length of Water Supply Pipelines (km)	建成区 In Built District	供水总量（万立方米） Total Quantity of Water Supply (10000cu. m)	生产运营用水 The Quantity of Water for Production and Operation
辽　宁	**1375.02**	**271.57**	**42438.65**	**39221.93**	**275322.82**	**68386.19**
沈阳市	361.91	154.90	4530.51	3462.60	72748.40	13634.72
新民市	5.25	0.50	272.81	272.81	1722.68	100.59
大连市	217.60	0.15	7379.99	7379.99	46432.84	10526.54
庄河市	20.00	3.90	1102.92	1102.92	3352.40	410.76
瓦房店市	23.00		1047.44	1042.93	3538.19	694.08
鞍山市	56.90	3.82	3252.60	3252.60	14213.37	5658.24
海城市	10.00	10.00	488.30	488.00	2550.00	
抚顺市	98.07		2500.96	2457.96	22997.45	7842.16
本溪市	117.40	6.40	1448.56	1448.56	14910.97	9311.38
丹东市	46.87	0.94	1150.00	1150.00	8969.86	1362.56
东港市	12.50		338.50	338.50	2221.00	868.00
凤城市	5.03	1.03	623.58	400.58	1557.32	
锦州市	79.00	26.00	2154.00	2154.00	11258.00	1844.00
凌海市	3.90	0.30	243.19	213.19	1303.87	1.30
北镇市	3.23	0.23	125.01	107.06	671.20	33.64
营口市	45.00	6.00	3208.00	3208.00	10998.00	2732.00
盖州市	6.50	6.50	270.68	270.68	907.00	82.73
大石桥市	6.68	1.56	1549.55	1549.55	1958.60	223.09
阜新市	43.00	5.00	1939.50	1640.80	7403.89	2287.33
辽阳市	32.97	15.72	1237.19	1237.19	7618.52	763.41
灯塔市	5.09	1.60	236.70	100.17	1245.61	91.73
盘锦市	83.60	17.60	2686.61	2616.11	14094.30	6178.30
铁岭市	11.60		977.20	261.56	3427.89	73.27
调兵山市	8.00	1.00	405.99	405.99	1938.75	831.99
开原市	6.70	0.70	201.88	201.88	1209.02	182.55
朝阳市	23.37	2.37	616.20	616.20	4716.40	84.00
北票市	9.00		396.00	396.00	1584.00	161.00
凌源市	9.00	3.00	415.60	415.60	1712.60	137.00
葫芦岛市	17.60	0.25	990.58	944.50	5691.60	1847.50
兴城市	3.90		549.00		1511.34	307.12
沈抚改革创新示范区	2.35	2.10	99.60	86.00	857.75	115.20
吉　林	**685.54**	**94.12**	**15123.94**	**14788.24**	**107712.56**	**24175.32**
长春市	134.91	7.96	6333.42	6196.42	41417.82	4817.34
榆树市	12.00	2.00	205.95	205.95	1162.89	63.10
德惠市	4.20	1.20	419.55	419.55	1126.51	142.73
公主岭市	11.35	2.50	323.30	323.30	2228.83	525.97
吉林市	278.50	4.00	1467.06	1467.06	23124.00	11851.00
蛟河市	3.14	0.04	79.00	79.00	631.17	59.71
桦甸市	4.40	0.40	154.70	154.70	611.00	61.01

continued 2

公共服务用水 The Quantity of Water for Public Service	居民家庭用水 The Quantity of Water for Household Use	其他用水 The Quantity of Water for Other Purposes	用水户数（户） Number of Households with Access to Water Supply(unit)	家庭用户 Household User	用水人口（万人） Population with Access to Water Supply (10000 persons)	城市名称 Name of Cities
40210. 81	**97767. 04**	**9427. 21**	**14030728**	**12919853**	**2242. 31**	**辽　宁**
14079. 69	32799. 12	909. 31	4091994	3886739	592. 00	沈阳市
424. 16	662. 94	174. 22	84565	77690	10. 96	新民市
8375. 16	17206. 81	3015. 78	2634024	2278984	403. 22	大连市
611. 84	1435. 44	379. 20	307169	285712	29. 10	庄河市
485. 80	979. 48	182. 35	216409	201924	39. 93	瓦房店市
1689. 17	4551. 00	16. 96	737865	700657	143. 97	鞍山市
45. 00	1105. 00		144107	134426	24. 43	海城市
1628. 96	3734. 17	616. 50	770143	730019	116. 69	抚顺市
1666. 79	2243. 79	564. 87	483861	451084	70. 38	本溪市
226. 82	2747. 48	269. 00	435335	407680	66. 04	丹东市
152. 00	765. 00	28. 00	118042	97263	16. 27	东港市
	775. 72	0. 60	81303	81303	17. 91	凤城市
1703. 00	3121. 00	355. 00	279039	243094	93. 76	锦州市
103. 94	697. 46	236. 15	65211	60848	10. 55	凌海市
187. 60	311. 30	13. 66	66721	60861	12. 06	北镇市
1585. 00	3459. 00	55. 00	530718	493611	93. 72	营口市
20. 68	585. 99		74232	74232	17. 55	盖州市
62. 49	1032. 95	1. 67	173418	155802	21. 50	大石桥市
786. 54	1495. 00	1835. 61	357335	322267	67. 97	阜新市
1077. 18	3654. 61		423737	395666	76. 61	辽阳市
207. 75	728. 73		36471	33077	10. 71	灯塔市
2035. 00	3882. 00	40. 00	442668	397047	64. 05	盘锦市
655. 65	1773. 34	0. 71	311176	280294	51. 02	铁岭市
219. 75	465. 77		91435	84875	17. 18	调兵山市
103. 47	630. 44	4. 02	91196	75817	19. 46	开原市
932. 90	1411. 40	720. 60	311152	287283	51. 55	朝阳市
165. 00	801. 00	8. 00	90958	85178	13. 52	北票市
486. 00	607. 00		75000	68800	12. 10	凌源市
124. 25	2750. 97		309129	286913	54. 80	葫芦岛市
248. 42	738. 13		139000	127000	15. 00	兴城市
120. 80	615. 00		57315	53707	8. 30	沈抚改革创新示范区
17525. 06	**36772. 14**	**3171. 94**	**6710497**	**6125374**	**1191. 11**	**吉　林**
11081. 34	14051. 75	408. 67	2549632	2368892	490. 06	长春市
151. 22	655. 45	71. 32	126726	112340	28. 96	榆树市
219. 94	563. 40	12. 44	142493	122981	23. 20	德惠市
415. 03	809. 29	51. 89	83288	75890	19. 67	公主岭市
335. 00	5148. 00	1170. 00	944837	844846	136. 85	吉林市
53. 93	372. 25	30. 38	86486	78428	12. 00	蛟河市
84. 45	390. 44		79151	71095	13. 76	桦甸市

3-4 续表 3

城市名称 Name of Cities	综合生产能力（万立方米/日） Integrated Production Capacity（10000cu. m/day）	地下水 Underground Water	供水管道长度（公里） Length of Water Supply Pipelines（km）	建成区 In Built District	供水总量（万立方米） Total Quantity of Water Supply（10000cu. m）	生产运营用水 The Quantity of Water for Production and Operation
舒兰市	5.00		128.60	128.60	771.88	93.67
磐石市	28.60	28.10	121.10	121.10	788.28	38.85
四平市	18.22	2.02	806.00	806.00	4052.66	524.41
双辽市	10.08	9.00	156.27	156.27	2477.59	2025.72
辽源市	16.45	0.31	246.29	246.20	3048.97	1046.18
通化市	16.10		647.97	647.97	2971.39	125.41
集安市	5.64	0.19	50.73	50.73	965.31	142.86
白山市	16.90	1.94	485.68	485.68	2556.29	457.60
临江市	1.62	0.05	151.00	110.00	472.88	82.08
松原市	22.20	8.20	383.62	383.62	3648.85	244.60
扶余市	2.40	2.40	56.60	56.60	445.61	76.84
白城市	11.00	11.00	345.00	345.00	2094.04	272.87
洮南市	3.87	3.87	164.89	164.89	398.60	66.42
大安市	5.20	5.20	179.54	147.54	590.08	166.89
延吉市	21.23	0.10	430.32	430.32	4430.02	325.02
图们市	1.60	0.19	118.60	118.60	426.48	90.89
敦化市	8.08	0.08	179.01	146.80	1692.91	187.91
珲春市	10.00		342.87	342.87	1099.97	39.97
龙井市	3.56	0.06	112.90	92.90	520.63	26.04
和龙市	4.00		196.61	196.61	951.00	55.00
梅河口市	20.00	0.81	255.86	255.86	1872.35	504.30
长白山保护开发区管理委员会	5.29	2.50	581.50	508.10	1134.55	60.93
黑龙江	**619.98**	**199.69**	**25604.29**	**25152.81**	**128254.85**	**31536.89**
哈尔滨市	205.94	46.04	7886.25	7646.07	42849.92	5346.18
尚志市	5.50		237.86	237.86	1584.20	241.30
五常市	6.80	2.00	220.37	220.37	1524.00	156.00
齐齐哈尔市	41.51	18.66	962.60	962.60	8526.51	1462.86
讷河市	2.12	2.12	77.50	77.50	425.35	27.69
鸡西市	27.70	1.91	1455.00	1455.00	5481.61	1933.66
虎林市	2.10	2.10	235.84	235.84	490.00	72.00
密山市			138.10	138.10	745.00	80.50
鹤岗市	20.10	3.50	635.20	632.70	3426.30	1011.80
双鸭山市	18.02	9.02	1150.57	1080.51	3383.00	205.00
大庆市	103.19	37.59	6481.94	6481.94	26925.97	13517.38
伊春市	21.11	11.29	708.48	708.48	2432.07	777.14
铁力市	2.60	2.60	236.00	235.90	569.49	67.47
佳木斯市	22.37	22.37	658.90	580.34	4611.61	1025.29
同江市	2.00	2.00	299.25	299.25	400.00	13.40
抚远市	2.00	2.00	61.30	61.30	239.50	11.40
富锦市	8.00	8.00	98.74	98.74	876.40	261.90

continued 3

公共服务用水 The Quantity of Water for Public Service	居民家庭用水 The Quantity of Water for Household Use	其他用水 The Quantity of Water for Other Purposes	用水户数(户) Number of Households with Access to Water Supply(unit)	家庭用户 Household User	用水人口(万人) Population with Access to Water Supply (10000 persons)	城市名称 Name of Cities
146.38	340.76	12.15	60914	54396	9.00	舒兰市
179.99	386.07	45.00	69602	63494	11.87	磐石市
465.53	1417.00	464.72	320827	290059	53.36	四平市
43.42	323.95	8.50	67581	61867	10.19	双辽市
306.02	981.60		262210	245807	42.00	辽源市
562.86	1045.51	27.99	177418	164906	39.50	通化市
95.63	232.87	22.50	44886	40110	7.14	集安市
248.38	1121.27		216268	191568	38.39	白山市
33.24	263.61	0.83	38612	35157	9.25	临江市
570.00	1843.50	85.50	240519	223613	46.42	松原市
56.40	227.37	8.00	35157	33634	7.02	扶余市
278.82	953.46	66.89	148969	136699	25.40	白城市
46.11	252.44	0.05	68917	59989	12.00	洮南市
12.90	314.00	10.20	74628	57084	10.65	大安市
497.25	2271.38	20.19	388916	354001	59.22	延吉市
28.52	178.35	23.72	27104	25316	4.20	图们市
264.00	584.00	404.00	82012	75301	20.74	敦化市
320.91	497.39		118130	107777	18.89	珲春市
55.99	280.20		63566	59141	6.36	龙井市
32.00	245.00	206.00	31123	29396	7.65	和龙市
244.80	805.51	12.00	125670	110300	20.00	梅河口市
695.00	216.32	9.00	34855	31287	7.36	长白山保护开发区管理委员会
20002.34	**46147.93**	**7821.89**	**7968939**	**7193629**	**1376.59**	**黑龙江**
10423.48	15951.78	2888.94	3002774	2734204	515.02	哈尔滨市
225.40	847.37	1.50	51579	51074	12.72	尚志市
189.00	832.00		88292	78746	19.00	五常市
1644.45	4294.85	91.04	707316	660184	103.99	齐齐哈尔市
51.09	285.48	1.09	69446	59392	9.14	讷河市
1248.43	1306.90		327498	296213	60.73	鸡西市
59.00	264.20	4.80	48496	39994	6.15	虎林市
63.00	430.00	11.70	45947	42146	8.23	密山市
255.00	1475.90	19.30	310998	289913	48.75	鹤岗市
207.00	2294.00	117.00	182651	168402	43.90	双鸭山市
1836.29	4205.44	3741.79	754142	700045	142.18	大庆市
164.10	1106.30	56.30	187792	160555	40.83	伊春市
40.00	377.00	20.00	33175	31135	9.60	铁力市
511.87	2307.29	86.08	266314	232178	53.25	佳木斯市
43.00	152.90	13.50	42923	34725	6.08	同江市
22.00	175.10	11.00	21315	18510	3.43	抚远市
158.10	410.30	20.00	46741	43297	12.55	富锦市

3-4 续表 4

城市名称 Name of Cities	综合生产能力（万立方米/日） Integrated Production Capacity (10000cu. m/day)	地下水 Underground Water	供水管道长度（公里） Length of Water Supply Pipelines (km)	建成区 In Built District	供水总量（万立方米） Total Quantity of Water Supply (10000cu. m)	生产运营用水 The Quantity of Water for Production and Operation
七台河市	20. 32	0. 32	863. 35	863. 35	2945. 41	840. 94
牡丹江市	30. 43	0. 45	928. 82	928. 82	6914. 23	1058. 57
海林市	4. 69	0. 14	91. 23	91. 23	794. 13	33. 00
宁安市	3. 00		90. 99	89. 93	450. 00	4. 50
穆棱市	2. 40	0. 20	144. 87	144. 87	440. 14	32. 19
绥芬河市	8. 03	0. 03	171. 01	131. 78	932. 18	87. 91
东宁市	3. 00		69. 00	62. 27	433. 95	3. 20
黑河市	2. 70		169. 41	169. 41	866. 10	54. 79
北安市	5. 00		143. 17	143. 17	875. 74	239. 51
五大连池市	1. 30	1. 30	121. 00	121. 00	401. 75	5. 60
嫩江市	2. 00		266. 56	266. 56	748. 03	100. 00
绥化市	18. 40	12. 40	356. 60	348. 60	3536. 63	1649. 97
安达市	10. 00	6. 00	91. 50	91. 50	1171. 58	312. 45
肇东市	7. 31	2. 31	156. 61	151. 55	2484. 26	838. 33
海伦市	8. 74	3. 74	255. 80	255. 80	649. 79	46. 96
漠河市	1. 60	1. 60	140. 47	140. 47	120. 00	18. 00
上　海	**1248. 50**		**40437. 38**	**40437. 38**	**295507. 33**	**42285. 85**
江　苏	**4486. 93**	**62. 88**	**140883. 85**	**104691. 38**	**649799. 25**	**225898. 54**
南京市	714. 14		22152. 50	22152. 50	139448. 80	46798. 58
无锡市	265. 00	0. 12	10900. 00	6540. 00	50838. 43	21519. 55
江阴市	114. 00		2513. 00	1958. 00	9066. 00	4544. 00
宜兴市	77. 14	0. 04	2309. 34	2284. 72	11490. 73	5435. 96
徐州市	174. 65	32. 00	4131. 68	3528. 67	45152. 13	13776. 88
新沂市	25. 60	5. 60	970. 00	625. 00	4447. 22	1015. 06
邳州市	24. 70	7. 70	910. 60	910. 60	4696. 46	2004. 81
常州市	222. 34		21807. 69	4358. 21	40576. 22	14170. 14
溧阳市	15. 00		1303. 25	1015. 64	5714. 23	1409. 57
苏州市	445. 44	0. 26	11881. 08	10606. 11	81851. 11	30643. 61
常熟市	87. 50		4157. 71	2002. 00	14372. 71	5002. 11
张家港市	80. 00		2652. 00	1275. 00	6581. 00	2102. 00
昆山市	150. 00		3479. 60	1592. 30	19281. 26	7162. 32
太仓市	73. 08	0. 35	435. 54	435. 54	5137. 93	1999. 79
南通市	1050. 94	4. 29	6991. 35	5602. 34	36402. 98	14317. 08
海安市	25. 00		1836. 00	408. 00	4956. 82	1137. 32
启东市	24. 50		1081. 82	1081. 82	3383. 00	1155. 00
如皋市	42. 30	1. 20	1874. 40	1865. 90	5618. 04	2133. 85
连云港市	60. 70		2884. 18	2884. 18	16793. 52	3815. 37
淮安市	140. 00	3. 00	6183. 36	5848. 09	28367. 13	13534. 44
盐城市	116. 68	0. 05	6751. 50	6276. 60	16510. 04	3705. 79
东台市	30. 28	0. 01	1223. 84	783. 78	2933. 99	809. 86

continued 4

公共服务用水 The Quantity of Water for Public Service	居民家庭用水 The Quantity of Water for Household Use	其他用水 The Quantity of Water for Other Purposes	用水户数（户） Number of Households with Access to Water Supply(unit)	家庭用户 Household User	用水人口（万人） Population with Access to Water Supply (10000 persons)	城市名称 Name of Cities
319.80	872.55	23.47	209939	184657	38.96	七台河市
1426.90	1980.27	91.69	489228	444328	67.74	牡丹江市
85.00	303.00	275.13	84211	77165	8.70	海林市
69.50	260.00	1.00	40310	36865	7.48	宁安市
32.77	269.10	11.80	23932	23822	5.67	穆棱市
49.87	395.67	28.39	55038	50000	6.51	绥芬河市
49.79	264.37	0.63	61027	54861	7.27	东宁市
149.66	520.25		98000	88000	14.00	黑河市
107.26	364.43	13.10	73010	64420	11.75	北安市
40.65	228.17	22.87	41929	36759	7.32	五大连池市
45.16	353.75	37.22	87488	63527	13.00	嫩江市
238.64	1264.92	57.90	238382	194894	37.58	绥化市
66.13	550.00	72.00	79078	72000	15.40	安达市
97.65	1363.34	0.05	99235	83917	20.63	肇东市
64.35	386.00	91.40	90032	67000	16.40	海伦市
18.00	55.30	11.20	10701	10701	2.63	漠河市
76267.10	**115210.90**	**9951.18**	**9785190**	**9245944**	**2487.45**	**上　海**
75276.05	**214308.45**	**51117.29**	**20772122**	**18754324**	**3738.28**	**江　苏**
17024.47	43598.60	10358.91	3841228	3678914	701.00	南京市
4538.67	17563.38	1114.68	1661633	1515248	301.59	无锡市
667.00	2290.00	1172.00	151884	128056	41.37	江阴市
1222.07	3363.20	339.00	334387	311487	55.12	宜兴市
1820.84	8870.73	15287.60	1139086	1029162	212.01	徐州市
162.16	2187.50	588.77	179476	161383	31.00	新沂市
181.48	1500.98	629.08	188389	173583	44.62	邳州市
4614.49	15594.33	488.17	1168538	789407	215.37	常州市
1873.98	1497.16		163325	152872	28.56	溧阳市
14143.58	26329.10	1249.40	2354180	2217742	509.43	苏州市
1551.57	5754.86	238.84	356237	327110	58.75	常熟市
1532.00	2281.00	151.00	312221	300293	39.56	张家港市
3074.65	4705.84	2762.25	686966	617117	83.22	昆山市
291.07	1947.14	355.22	211222	189865	35.10	太仓市
5028.75	10070.14	2797.53	1236736	1096982	212.84	南通市
913.65	2249.28	165.43	371249	222968	28.22	海安市
355.00	1329.00	276.00	204823	189226	26.40	启东市
676.58	1921.51		257334	241359	35.20	如皋市
2619.28	7420.07	133.66	618698	539228	104.80	连云港市
956.89	10866.62	607.74	863342	769367	157.28	淮安市
3272.19	5556.93	1183.95	751572	715866	147.36	盐城市
202.34	1552.88	16.87	106577	96313	37.30	东台市

3-4 续表 5

城市名称 Name of Cities	综合生产能力（万立方米/日） Integrated Production Capacity (10000cu. m/day)	地下水 Underground Water	供水管道长度（公里） Length of Water Supply Pipelines (km)	建成区 In Built District	供水总量（万立方米） Total Quantity of Water Supply (10000cu. m)	生产运营用水 The Quantity of Water for Production and Operation
扬州市	121. 23	4. 18	4731. 51	4731. 51	27483. 12	5325. 66
仪征市	48. 16	0. 20	1246. 37	568. 37	2334. 00	775. 12
高邮市	44. 98	2. 51	618. 00	562. 00	4803. 00	1581. 00
镇江市	80. 00		2595. 60	2589. 60	15395. 73	5849. 41
丹阳市	30. 00		589. 60	535. 00	4467. 00	1775. 00
扬中市	11. 50		578. 32	272. 35	3189. 46	525. 64
句容市	10. 00		1091. 00	1091. 00	2444. 74	792. 98
泰州市	56. 44	1. 01	3230. 70	3188. 99	12967. 11	3590. 09
兴化市	20. 00		659. 05	659. 05	2139. 00	265. 00
靖江市	25. 00		933. 00	933. 00	2963. 20	853. 67
泰兴市	25. 00		2032. 22	2032. 22	3237. 00	870. 00
宿迁市	55. 63	0. 36	4148. 04	3493. 29	14756. 14	5501. 88
浙　江	**2215. 35**	**0. 43**	**112217. 87**	**81491. 17**	**476939. 75**	**163271. 90**
杭州市	567. 00		30279. 72	27633. 67	134759. 09	33176. 21
建德市	20. 00		951. 50	319. 00	1963. 71	263. 92
宁波市	305. 00	0. 30	14786. 45	4675. 94	79582. 58	38594. 15
余姚市	40. 50		2398. 46	1537. 46	6625. 28	2401. 20
慈溪市	49. 00		1407. 01	803. 21	4493. 07	1090. 68
温州市	151. 00		3960. 64	3740. 64	31222. 74	7654. 06
瑞安市	26. 00		778. 06	427. 80	2591. 44	550. 44
乐清市	40. 50		2548. 00	695. 00	4518. 97	1192. 55
龙港市	25. 00		500. 00	450. 00	4542. 50	981. 67
嘉兴市	96. 30		2486. 86	1998. 76	15026. 14	5399. 51
海宁市	33. 84		1298. 13	990. 25	5502. 58	2445. 64
平湖市	29. 50		930. 23	811. 77	3673. 56	1468. 72
桐乡市	45. 00		1703. 54	1419. 94	5330. 02	2352. 53
湖州市	70. 00		6243. 35	6241. 35	13051. 52	3044. 55
绍兴市	277. 45		9586. 78	3668. 78	48398. 32	31131. 50
诸暨市	53. 80	0. 01	2803. 00	2750. 00	9476. 50	3785. 00
嵊州市	14. 32		1525. 29	1525. 29	4649. 75	2235. 36
金华市	63. 19	0. 12	2787. 58	1780. 00	15979. 02	4025. 19
兰溪市	17. 00		3793. 64	933. 79	4280. 50	1825. 04
义乌市	38. 82		3158. 19	3158. 19	13475. 66	3786. 51
东阳市	35. 00		1856. 00	1856. 00	6097. 36	1279. 11
永康市	20. 08		1596. 75	1596. 75	4803. 94	1655. 60
衢州市	40. 00		1421. 19	1421. 19	7241. 00	1623. 00
江山市	10. 85		584. 67	584. 67	1764. 94	456. 60
舟山市	30. 00		2787. 00	2787. 00	6377. 00	1300. 00
台州市	57. 00		6230. 98	4038. 33	20611. 84	4590. 02
玉环市	4. 40		378. 84	378. 84	2646. 91	666. 60

continued 5

公共服务用水 The Quantity of Water for Public Service	居民家庭用水 The Quantity of Water for Household Use	其他用水 The Quantity of Water for Other Purposes	用水户数（户） Number of Households with Access to Water Supply(unit)	家庭用户 Household User	用水人口（万人） Population with Access to Water Supply (10000 persons)	城市名称 Name of Cities
3631.14	6706.03	7906.64	783047	705086	138.67	扬州市
188.65	847.64		127063	108780	21.19	仪征市
901.00	1496.00	182.00	161679	156127	24.68	高邮市
1654.80	5575.91	930.39	519705	474249	89.35	镇江市
249.00	1743.00	238.00	232833	212451	34.65	丹阳市
273.36	1806.12		75384	69427	15.10	扬中市
42.20	1221.52		166100	151898	20.29	句容市
561.82	6897.21	195.29	528215	479753	98.72	泰州市
92.00	1369.00		149439	136386	22.35	兴化市
49.80	1707.56	61.77	107166	101969	24.90	靖江市
79.00	1640.00	56.00	200342	187059	29.81	泰兴市
830.57	4848.21	1631.10	562046	507591	112.47	宿迁市
73666.72	**179789.76**	**10220.86**	**13273042**	**11982213**	**3189.45**	**浙　江**
26398.87	54239.17	5924.39	3071041	2826404	1002.40	杭州市
260.08	1191.10	1.63	130667	114274	15.39	建德市
12142.38	20755.84	33.07	2108196	1971198	382.73	宁波市
553.31	2762.49	6.25	280776	253214	47.07	余姚市
435.00	2511.39	134.00	249427	230182	56.62	慈溪市
5892.62	13263.61	428.69	659212	597539	269.94	温州市
98.90	1742.54	4.43	143772	129987	54.61	瑞安市
681.92	2351.64	8.03	131919	96024	54.16	乐清市
412.07	2034.31		156402	152719	24.03	龙港市
2881.65	4569.46	704.28	552894	509150	97.72	嘉兴市
984.73	1639.16	91.41	167685	155156	38.28	海宁市
209.64	1496.39	16.79	167437	155421	27.41	平湖市
104.70	2087.18	92.56	142096	125231	39.79	桐乡市
2968.10	5118.85	597.44	640880	584725	78.08	湖州市
3898.52	10951.31	289.21	1148403	1038244	168.60	绍兴市
920.00	3256.00	346.00	351219	325712	74.99	诸暨市
182.98	1763.23		127864	94721	34.74	嵊州市
3232.00	7388.98	101.23	368393	241709	99.24	金华市
295.82	1283.50	223.93	94786	87778	23.70	兰溪市
1435.46	6838.38	75.38	238464	189669	118.00	义乌市
994.54	3050.87	13.30	147545	142029	46.79	东阳市
175.42	2337.18		120672	104420	25.75	永康市
1979.00	2278.00	26.00	356914	327798	41.58	衢州市
161.41	860.57	36.57	127801	87388	16.15	江山市
813.00	2977.00	694.00	370629	344955	67.45	舟山市
3798.07	9691.71	49.82	565236	510649	136.10	台州市
97.18	1651.87	18.85	70420	64364	21.08	玉环市

3-4 续表 6

城市名称 Name of Cities	综合生产能力(万立方米/日) Integrated Production Capacity (10000cu. m/day)	地下水 Underground Water	供水管道长度(公里) Length of Water Supply Pipelines (km)	建成区 In Built District	供水总量(万立方米) Total Quantity of Water Supply (10000cu. m)	生产运营用水 The Quantity of Water for Production and Operation
温岭市	10.00		628.00	610.00	6328.00	1435.15
临海市	15.00		1135.46	985.00	4747.40	1157.50
丽水市	20.00		1204.00	1204.00	5959.61	1448.69
龙泉市	9.80		468.55	468.55	1218.80	255.20
安　徽	**1283.01**	**91.75**	**38959.95**	**37556.46**	**273391.02**	**86622.15**
合肥市	293.30	0.02	3997.83	3997.83	71747.55	14318.79
巢湖市	22.00		766.00	765.70	4952.05	2570.37
芜湖市	140.01		4103.45	4103.45	34974.72	12429.07
无为市	22.00		1134.28	602.50	2891.50	741.42
蚌埠市	78.00	0.33	2193.87	2173.87	18859.42	7289.56
淮南市	54.39	10.90	1844.10	1467.12	15095.65	5033.32
马鞍山市	130.49		2344.33	2260.39	16664.70	8979.86
淮北市	31.71	30.94	1397.00	1397.00	7507.92	2021.89
铜陵市	61.00		2051.40	2045.40	11462.29	3620.25
安庆市	52.40	0.05	1332.09	1332.09	13413.32	7120.05
潜山市	7.50		480.00	440.00	1311.28	70.46
桐城市	10.50		390.00	350.00	2120.00	415.00
黄山市	25.85	0.85	1566.61	1554.41	5215.18	1755.80
滁州市	40.51		1285.64	1285.64	11855.13	4724.10
天长市	15.00	5.00	690.80	690.80	3016.15	658.42
明光市	9.05	0.51	852.22	851.60	1818.57	325.57
阜阳市	106.56	7.21	3984.68	3984.68	11327.22	4176.84
界首市	7.59	3.59	384.50	384.50	1520.05	432.39
宿州市	25.15	19.80	1002.52	984.45	6443.93	2206.87
六安市	48.50		1315.14	1309.54	8168.69	1144.92
亳州市	32.50	12.50	1271.69	1003.69	6339.86	1538.12
池州市	16.00		737.97	737.97	4725.72	789.28
宣城市	29.00	0.05	2307.63	2307.63	6132.31	1954.62
广德市	11.00		830.00	830.00	2970.01	1375.18
宁国市	13.00		696.20	696.20	2857.80	930.00
福　建	**975.24**	**13.31**	**39813.74**	**38797.64**	**203368.41**	**36254.19**
福州市	229.96	1.76	5996.08	5996.08	43108.42	7167.95
福清市	28.60		2425.87	1945.92	7187.66	1138.36
厦门市	213.85		9761.80	9761.80	51625.69	10085.95
莆田市	46.09	0.65	2087.24	2087.24	13828.15	6183.18
三明市	33.50		2167.67	2167.67	5148.39	621.96
永安市	10.00		427.09	427.09	2274.67	491.59
泉州市	85.00		5997.51	5997.51	18848.02	1898.29
石狮市	64.00		1242.50	1242.50	5047.42	698.29
晋江市	45.00		1310.84	1310.84	11848.36	1823.81

continued 6

公共服务用水 The Quantity of Water for Public Service	居民家庭用水 The Quantity of Water for Household Use	其他用水 The Quantity of Water for Other Purposes	用水户数（户） Number of Households with Access to Water Supply(unit)	家庭用户 Household User	用水人口（万人） Population with Access to Water Supply (10000 persons)	城市名称 Name of Cities
230. 55	4034. 55	63. 40	146740	130192	33. 78	温岭市
197. 70	2311. 80		170200	157769	40. 96	临海市
1010. 40	2734. 38	240. 20	189175	167414	42. 89	丽水市
220. 70	617. 30		76177	66178	9. 42	龙泉市
39466. 14	**103223. 87**	**10189. 80**	**9771670**	**8899086**	**1969. 89**	**安　徽**
18177. 45	32193. 14		2657132	2565294	652. 21	合肥市
442. 00	1190. 00	48. 00	131461	130029	33. 14	巢湖市
2850. 93	10192. 38	4374. 18	713906	635318	165. 52	芜湖市
325. 00	1442. 58	16. 70	88429	79206	19. 85	无为市
5465. 35	4368. 42	22. 00	562900	518918	99. 48	蚌埠市
1730. 21	5918. 67	509. 37	418062	392500	130. 20	淮南市
1877. 82	3503. 71	762. 21	439790	405850	82. 43	马鞍山市
706. 65	3629. 11	46. 05	450902	422827	71. 51	淮北市
385. 20	4802. 58	1186. 81	327517	290306	62. 58	铜陵市
684. 18	4161. 18	61. 83	443538	404416	77. 90	安庆市
50. 00	776. 19	200. 85	64533	60195	12. 30	潜山市
152. 00	1147. 00	45. 00	156910	142272	16. 70	桐城市
242. 34	2300. 73	191. 70	273276	236396	35. 33	黄山市
770. 59	4259. 77	532. 42	430759	396372	71. 85	滁州市
372. 63	868. 30	768. 52	148662	131905	19. 35	天长市
227. 05	897. 67	59. 11	111534	100196	18. 75	明光市
284. 20	5426. 75	12. 20	556547	502527	115. 90	阜阳市
44. 76	836. 90		98273	90459	18. 31	界首市
1029. 29	2636. 66	7. 04	366721	305662	62. 57	宿州市
982. 00	3226. 16	509. 30	303429	297630	60. 68	六安市
719. 61	2699. 00	19. 50	302629	228975	41. 72	亳州市
1218. 38	1733. 38	520. 33	236150	172730	31. 05	池州市
668. 17	2615. 37	57. 95	259160	235393	35. 65	宣城市
37. 53	1095. 22	50. 73	100000	60000	16. 91	广德市
22. 80	1303. 00	188. 00	129450	93710	18. 00	宁国市
38438. 05	**87641. 15**	**12352. 90**	**6052816**	**5345535**	**1468. 69**	**福　建**
10852. 87	17482. 94	431. 49	1449728	1345437	373. 56	福州市
1200. 87	2829. 51	7. 23	247011	215129	46. 79	福清市
9039. 09	21430. 53	6191. 14	680622	575723	417. 07	厦门市
1440. 40	5051. 54	143. 80	353365	290114	80. 55	莆田市
1102. 22	2454. 74	313. 16	266317	228829	37. 18	三明市
948. 08	680. 15	8. 19	117517	99184	17. 30	永安市
3641. 76	9560. 94	1007. 68	615845	526021	134. 06	泉州市
974. 25	2531. 63	38. 85	91961	84033	35. 71	石狮市
4686. 31	4255. 85	211. 40	276894	217388	34. 99	晋江市

3-4 续表 7

城市名称 Name of Cities	综合生产能力（万立方米/日） Integrated Production Capacity (10000cu. m/day)	地下水 Underground Water	供水管道长度（公里） Length of Water Supply Pipelines (km)	建成区 In Built District	供水总量（万立方米） Total Quantity of Water Supply (10000cu. m)	生产运营用水 The Quantity of Water for Production and Operation
南安市	15.00		353.11	353.11	1934.31	543.00
漳州市	68.50		1825.77	1383.64	12723.52	1269.53
南平市	25.00		785.43	697.24	4456.44	638.53
邵武市	9.00		316.92	316.92	2135.22	633.50
武夷山市	9.20		504.32	504.32	1805.28	3.19
建瓯市	4.50		186.95	186.95	1289.88	212.93
龙岩市	32.32	10.90	3173.55	3173.55	8411.38	1810.20
漳平市	6.00		188.40	188.39	1601.04	235.88
宁德市	29.72		574.32	574.32	5479.05	45.46
福安市	8.00		205.31	205.31	2185.04	367.89
福鼎市	12.00		283.06	277.24	2430.47	384.70
江　西	**738.11**	**1.72**	**33891.54**	**31659.93**	**167276.66**	**33891.07**
南昌市	193.50		7963.00	7963.00	47397.00	8368.00
景德镇市	26.61	0.01	1056.61	1056.61	7377.55	1396.68
乐平市	6.80	0.70	350.57	321.54	1990.85	749.79
萍乡市	21.00		882.77	882.77	5949.84	554.38
九江市	42.00		3602.60	2645.46	13191.00	3184.00
瑞昌市	10.00		472.59	472.59	2350.65	471.49
共青城市	11.00		299.00	273.00	1274.00	474.00
庐山市	3.00		147.63	147.63	858.33	149.66
新余市	35.50		1620.00	1620.00	7748.00	2559.00
鹰潭市	22.50		835.86	835.86	4867.66	833.53
贵溪市	11.00		396.00	386.00	1920.00	300.00
赣州市	97.00		5224.74	5098.16	22774.19	4419.08
瑞金市	9.00		393.57	393.57	1643.28	62.27
龙南市	13.00		190.02	190.02	2294.50	866.04
吉安市	37.50		1814.70	1814.70	7200.00	2637.00
井冈山市	2.00		68.00	40.29	252.90	62.72
宜春市	36.00		2758.99	2758.99	8774.42	2412.20
丰城市	16.00		1362.00	1362.00	2512.67	268.91
樟树市	11.20	1.01	298.28	298.28	3277.78	1281.36
高安市	21.00		305.00	305.00	2522.00	460.16
抚州市	46.50		1441.50	1135.50	10324.86	1701.30
上饶市	58.00		1614.42	1389.71	9919.64	450.26
德兴市	8.00		793.69	269.25	855.54	229.24
山　东	**1975.95**	**487.05**	**62694.58**	**58827.30**	**405819.62**	**150327.48**
济南市	289.66	111.16	7636.96	7636.96	54515.70	5698.85
青岛市	235.24	3.83	8918.84	8918.84	59901.77	17895.13
胶州市	9.50		861.06	861.06	4321.22	992.48
平度市	17.10	4.10	704.00	704.00	2881.00	982.00

continued 7

公共服务用水 The Quantity of Water for Public Service	居民家庭用水 The Quantity of Water for Household Use	其他用水 The Quantity of Water for Other Purposes	用水户数（户） Number of Households with Access to Water Supply(unit)	家庭用户 Household User	用水人口（万人） Population with Access to Water Supply (10000 persons)	城市名称 Name of Cities
131.64	937.91	32.91	164075	148589	18.92	南安市
2160.69	5110.13	758.58	503267	441834	75.10	漳州市
836.43	2352.99	27.85	276770	248159	34.58	南平市
20.90	987.15	154.80	111865	100073	11.49	邵武市
243.04	470.86	850.02	59929	57967	9.03	武夷山市
90.75	714.99	71.76	69520	59532	11.85	建瓯市
309.55	4337.77	308.58	321119	290732	49.63	龙岩市
8.89	687.07	211.68	57792	48994	8.78	漳平市
556.69	2647.73	1576.01	211453	194064	36.85	宁德市
23.86	1401.56	2.70	94564	90956	17.12	福安市
169.76	1715.16	5.07	83202	82777	18.13	福鼎市
25089.10	**75142.94**	**5446.95**	**6788037**	**6266245**	**1156.45**	**江　西**
12120.00	18345.00	545.00	1693859	1595655	350.50	南昌市
1176.22	3487.96	281.00	304904	278209	40.36	景德镇市
196.12	835.21	82.92	77470	74399	16.97	乐平市
849.26	3446.52		281992	261998	44.80	萍乡市
442.00	6589.00	518.00	573022	533006	78.29	九江市
130.73	1025.93	30.52	149348	138443	20.00	瑞昌市
190.00	434.00	4.00	65387	58677	12.73	共青城市
36.67	560.00		38852	34277	6.50	庐山市
483.00	3807.00		411306	384389	50.50	新余市
472.99	1949.43	768.03	259541	226212	25.32	鹰潭市
330.00	1000.00		92785	82118	11.81	贵溪市
2977.98	10939.94	846.81	690573	606962	134.30	赣州市
69.28	1312.07	20.98	62190	62171	22.02	瑞金市
296.12	837.94	120.00	68883	68669	16.36	龙南市
935.00	2262.00	325.00	271124	261047	45.86	吉安市
11.38	145.27	6.21	19210	19210	2.82	井冈山市
627.05	3846.51	17.21	368777	334164	63.20	宜春市
508.94	1308.64	23.65	166473	146326	25.37	丰城市
207.97	1388.35	138.20	126039	116315	19.88	樟树市
413.26	1309.80	13.50	76998	66875	22.36	高安市
1235.32	4809.96	340.60	496570	444637	66.86	抚州市
1377.91	5023.49	1357.77	451469	432122	70.95	上饶市
1.90	478.92	7.55	41265	40364	8.69	德兴市
52135.62	**146865.23**	**13276.15**	**14089423**	**13280117**	**4174.42**	**山　东**
16942.01	21111.97	1528.67	2141068	2056690	672.28	济南市
9342.77	24340.30	28.60	2385426	2261187	599.63	青岛市
821.11	1877.57	3.31	275666	240359	64.03	胶州市
133.00	1342.00		107206	101128	49.99	平度市

3-4 续表 8

城市名称 Name of Cities	综合生产能力（万立方米/日）Integrated Production Capacity (10000cu. m/day)	地下水 Underground Water	供水管道长度（公里）Length of Water Supply Pipelines (km)	建成区 In Built District	供水总量（万立方米）Total Quantity of Water Supply (10000cu. m)	生产运营用水 The Quantity of Water for Production and Operation
莱西市	9.00		556.81	556.81	2994.77	850.73
淄博市	167.77	86.49	3611.50	2779.48	32965.05	18760.37
枣庄市	39.26	31.05	1963.76	1785.09	8723.90	2815.68
滕州市	21.65	18.07	1235.00	1085.00	6369.98	2320.34
东营市	118.00		1638.98	1001.50	15648.55	6301.89
烟台市	106.62	13.17	4831.66	4770.72	18871.77	5979.14
龙口市	8.00		422.28	366.28	1769.00	488.00
莱阳市	10.35	0.35	369.40	364.90	2371.09	502.33
莱州市	10.50		743.79	298.24	2556.88	418.35
招远市	6.88	0.50	452.41	452.41	1692.65	416.00
栖霞市	2.70		136.93	128.43	552.00	64.00
海阳市	11.90		499.00	483.90	1278.07	349.00
潍坊市	81.11	10.61	2462.03	2239.27	20294.38	9977.76
青州市	16.99	12.99	808.99	798.67	3695.52	1428.59
诸城市	31.00	4.20	374.21	374.21	7170.70	4156.00
寿光市	29.90	10.50	769.90	261.22	10325.49	8244.67
安丘市	30.30	0.25	516.63	511.63	5807.73	2867.68
高密市	37.60	13.10	819.98	769.30	8142.54	4761.26
昌邑市	22.86	7.28	122.76	122.76	4360.29	3390.88
济宁市	70.50	44.50	1325.70	1325.70	15657.44	5525.17
曲阜市	11.00	11.00	413.00	413.00	1181.51	266.54
邹城市	14.50	14.50	451.88	439.30	3254.79	909.54
泰安市	32.50	14.00	1677.47	1677.47	6795.57	1101.68
新泰市	15.00	1.00	643.00	642.00	2641.13	761.66
肥城市	6.56	6.56	255.89	255.89	1968.04	440.88
威海市	58.54	0.64	3702.68	3684.48	9013.35	2678.65
荣成市	18.17	0.01	791.10	791.10	3080.33	1087.33
乳山市	22.00		631.21	625.01	2068.14	659.72
日照市	56.50		1981.99	1981.99	12044.88	4565.31
临沂市	81.98	10.98	2870.84	2559.05	15975.76	4764.06
德州市	63.63	0.43	1850.09	1850.09	16694.49	11645.14
乐陵市	5.00		111.19	111.19	927.17	111.31
禹城市	15.00	9.00	439.58	439.58	2674.18	1550.47
聊城市	33.05	24.55	1716.66	1716.66	8137.25	1434.37
临清市	3.77	0.07	224.06	204.06	1205.87	241.58
滨州市	71.20		1449.37	1140.37	11708.52	5768.18
邹平市	36.00	6.00	161.69	159.38	6095.17	4774.35
菏泽市	47.16	16.16	1540.30	1540.30	7485.98	2380.41
河　南	**1342.93**	**290.80**	**33658.55**	**32178.76**	**245462.75**	**50511.58**
郑州市	211.00		6721.80	6602.40	51321.08	3358.07

continued 8

公共服务用水 The Quantity of Water for Public Service	居民家庭用水 The Quantity of Water for Household Use	其他用水 The Quantity of Water for Other Purposes	用水户数（户） Number of Households with Access to Water Supply(unit)	家庭用户 Household User	用水人口（万人） Population with Access to Water Supply (10000 persons)	城市名称 Name of Cities
222.12	1483.06		89208	81321	34.65	莱西市
2532.18	8279.53	174.23	413950	380923	221.23	淄博市
970.36	3740.75	151.77	340509	309824	114.41	枣庄市
275.00	2137.00	887.64	265077	258711	47.75	滕州市
2485.85	4904.63	1011.19	333275	291808	97.86	东营市
3013.62	8232.10	118.96	817796	765646	256.76	烟台市
195.00	911.00	29.00	87631	82404	29.61	龙口市
422.08	1178.36		97295	96129	30.21	莱阳市
36.83	1535.99	326.92	101326	99062	39.00	莱州市
264.29	894.24	1.79	160302	159322	20.11	招远市
128.00	302.00	20.00	44196	38871	14.36	栖霞市
78.00	719.00	84.00	86656	83600	23.50	海阳市
791.42	6944.24	968.66	453289	442543	177.28	潍坊市
19.93	1794.05	8.54	119561	115768	38.32	青州市
557.00	1854.50	274.00	175926	171886	51.82	诸城市
48.65	1729.61	2.10	21192	19107	58.92	寿光市
563.23	1759.73	54.00	130717	127534	45.51	安丘市
368.42	1260.49	1311.88	132109	119096	29.67	高密市
211.00	613.71	63.14	9098	5757	20.31	昌邑市
2146.11	5318.10	922.78	730772	689451	180.34	济宁市
165.90	511.00	85.07	115282	105100	21.84	曲阜市
252.12	1645.73	56.70	112570	111968	36.71	邹城市
1501.00	3515.39	68.00	412307	378343	113.17	泰安市
204.92	1262.38	219.06	130977	118649	43.13	新泰市
73.90	1232.27	34.32	126926	125457	31.63	肥城市
1470.03	3321.12	734.30	591255	537650	109.46	威海市
72.00	1552.00	20.00	129469	129176	44.19	荣成市
129.18	920.13	69.65	84574	83592	21.72	乳山市
1300.70	3723.72	827.12	367000	352000	100.22	日照市
337.16	8883.44	40.18	782487	761219	223.31	临沂市
977.35	3123.36	49.88	405375	372982	95.68	德州市
158.34	544.20	28.03	66466	62785	26.22	乐陵市
61.76	671.24	290.27	113425	106059	19.50	禹城市
925.16	3577.13	1779.18	304489	287108	130.62	聊城市
98.60	657.86	8.90	74603	69225	32.83	临清市
1350.56	2758.00	919.31	312874	307690	82.02	滨州市
88.66	794.10	75.00	82500	82500	24.25	邹平市
400.30	3908.23		357593	290487	100.37	菏泽市
35640.77	**115390.09**	**13482.79**	**9327686**	**8377033**	**2887.11**	**河　南**
10897.82	30640.05	42.48	1860073	1425853	773.33	郑州市

3-4 续表 9

城市名称 Name of Cities	综合生产能力（万立方米/日）Integrated Production Capacity (10000cu. m/day)	地下水 Underground Water	供水管道长度（公里）Length of Water Supply Pipelines (km)	建成区 In Built District	供水总量（万立方米）Total Quantity of Water Supply (10000cu. m)	生产运营用水 The Quantity of Water for Production and Operation
巩义市	6.80	6.05	191.38	143.42	1768.75	13.20
荥阳市	18.90	2.90	620.40	620.40	2908.28	535.22
新密市	7.00	4.20	283.98	283.98	1610.90	
新郑市	16.73	6.73	407.29	364.29	2004.11	24.15
登封市	10.00	4.00	262.29	181.41	1678.01	
开封市	77.40	12.40	2374.54	2374.54	10853.98	3290.49
洛阳市	122.15	24.15	2627.70	2617.11	23135.42	2660.31
平顶山市	56.83	0.06	1133.35	985.75	13008.87	6683.40
舞钢市	8.00	1.00	182.79	144.79	1196.91	484.16
汝州市	14.00	7.52	299.06	299.06	1684.36	21.12
安阳市	72.59	32.59	874.00	874.00	7965.67	734.76
林州市	22.00	5.00	295.68	286.41	2478.63	767.97
鹤壁市	32.95	8.95	669.48	669.48	6585.00	1430.00
新乡市	45.40	0.40	1097.49	1097.49	10452.90	3348.72
长垣市	7.82	0.32	509.52	509.52	2038.70	199.52
卫辉市	15.00	3.00	202.50	179.92	2381.93	804.90
辉县市	19.30	9.30	420.50	32.00	1861.00	262.00
焦作市	83.50	30.00	1281.05	1139.05	8636.95	3769.17
沁阳市	7.60	7.60	191.10	186.10	622.33	132.33
孟州市	3.06	3.06	228.18	214.98	1042.20	139.10
濮阳市	43.81	15.81	974.71	974.71	7311.93	2195.19
许昌市	34.11	14.11	560.64	560.64	5590.89	332.68
禹州市	13.47	0.97	407.39	362.00	2204.76	432.62
长葛市	16.00	0.32	282.00	182.00	2075.92	600.43
漯河市	42.00	4.00	763.74	763.74	6324.71	1063.66
三门峡市	28.78	10.22	436.66	339.87	4975.40	2220.65
义马市	15.33	3.42	192.95	176.95	2002.00	996.00
灵宝市	10.70	6.20	178.42	165.32	2553.00	1464.00
南阳市	66.55	15.41	1460.64	1457.59	9770.42	3232.39
邓州市	14.60	5.00	783.65	783.65	3041.60	455.25
商丘市	28.00	8.00	1626.00	1606.00	7050.00	1077.04
永城市	13.00	13.00	365.24	365.24	3137.00	693.00
信阳市	26.00		1357.73	1357.73	6351.98	543.00
周口市	27.52	5.92	835.05	835.05	5170.28	544.79
项城市	16.40	8.30	529.13	491.65	2848.00	1207.00
驻马店市	23.21	1.00	692.51	674.51	6755.14	1301.31
济源示范区	24.98	8.15	643.01	621.01	3878.39	1777.40
郑州航空港经济综合实验区	40.44	1.74	695.00	655.00	9185.35	1716.58

continued 9

公共服务用水 The Quantity of Water for Public Service	居民家庭用水 The Quantity of Water for Household Use	其他用水 The Quantity of Water for Other Purposes	用水户数（户） Number of Households with Access to Water Supply(unit)	家庭用户 Household User	用水人口（万人） Population with Access to Water Supply (10000 persons)	城市名称 Name of Cities
494.00	829.98	31.94	91100	79516	33.81	巩义市
622.29	1384.00	50.00	170700	149899	28.27	荥阳市
	950.26	375.54	63697	54663	20.95	新密市
393.86	1345.70	0.90	95317	92820	31.20	新郑市
	995.47	380.64	51108	44067	24.25	登封市
1760.61	4418.95		356837	330152	102.40	开封市
7927.96	10078.01	69.77	1017932	992705	282.32	洛阳市
520.07	4260.10		302315	302266	90.09	平顶山市
60.05	513.58	11.36	56001	42531	12.02	舞钢市
171.11	971.93	289.82	85717	77737	34.26	汝州市
1692.71	4402.95	9.66	265884	248909	82.16	安阳市
128.00	1114.83	158.00	68412	67277	22.70	林州市
	1647.06	2927.63	285987	269413	53.07	鹤壁市
	4919.63	452.80	359665	333093	79.36	新乡市
238.28	1057.68	220.96	126788	112187	33.50	长垣市
265.47	884.36	139.20	56688	42743	16.51	卫辉市
420.30	1003.70	52.00	95562	89289	23.29	辉县市
477.14	3321.96	198.84	364592	347812	86.38	焦作市
60.00	297.00	79.00	39855	34816	11.94	沁阳市
72.61	645.39		44778	35820	13.22	孟州市
231.61	3084.96	1235.34	214638	197894	65.54	濮阳市
936.09	3241.05	22.76	233412	212722	67.75	许昌市
35.40	1383.26	14.80	96731	96096	42.08	禹州市
275.39	895.72	53.23	77077	69612	19.70	长葛市
716.84	3082.29	12.25	408902	373340	61.70	漯河市
378.01	1767.22	70.74	84723	76504	51.00	三门峡市
20.00	477.00	307.00	56007	48210	14.45	义马市
48.00	801.00	81.00	54525	44032	18.67	灵宝市
463.45	4940.87	38.54	262124	256433	170.36	南阳市
437.35	1478.00	324.00	98821	97621	38.56	邓州市
387.00	4311.40	37.31	320155	286783	110.60	商丘市
498.84	1769.24	52.00	131735	126733	48.48	永城市
1310.27	3516.50	60.27	348200	314852	66.00	信阳市
1500.32	2193.77	36.61	384742	359527	77.39	周口市
145.00	988.00	116.00	94612	76344	30.72	项城市
1265.91	3053.91	162.96	343672	314887	64.28	驻马店市
30.00	1655.00	2.00	90691	89378	39.80	济源示范区
759.01	1068.31	5365.44	167911	162497	45.00	郑州航空港经济综合实验区

3-4 续表 10

城市名称 Name of Cities	综合生产能力（万立方米/日）Integrated Production Capacity (10000cu. m/day)	地下水 Underground Water	供水管道长度（公里）Length of Water Supply Pipelines (km)	建成区 In Built District	供水总量（万立方米）Total Quantity of Water Supply (10000cu. m)	生产运营用水 The Quantity of Water for Production and Operation
湖　北	**1687.26**	**7.13**	**58223.85**	**56249.64**	**341788.40**	**91518.77**
武汉市	606.23	3.09	25032.79	24767.69	147690.08	36014.42
黄石市	87.73		1396.53	1396.53	13077.60	4019.68
大冶市	23.00		1460.00	1460.00	7185.78	1937.62
十堰市	53.50		2428.16	1714.56	11917.97	2467.67
丹江口市	12.50		465.38	465.38	1837.41	733.88
宜昌市	101.01	0.29	2858.70	2858.70	19216.06	5916.26
宜都市	16.50		612.59	472.68	1918.88	880.17
当阳市	22.90	1.65	798.63	798.63	3217.36	1423.60
枝江市	20.00		367.95	357.95	2867.03	1546.28
襄阳市	95.00		2377.60	2377.60	16489.47	3687.99
老河口市	15.50		487.99	487.99	2365.64	836.73
枣阳市	12.00		381.22	381.22	2150.84	479.49
宜城市	10.45	0.05	425.69	391.33	1593.87	213.03
鄂州市	57.07		1116.07	1116.07	7559.05	4287.65
荆门市	75.23		698.04	670.22	9036.13	5710.55
京山市	22.00		467.81	467.81	1656.42	350.40
钟祥市	15.00		397.10	397.10	2608.00	185.40
孝感市	43.25	1.35	1211.02	1034.93	8255.13	2344.28
应城市	14.50	0.70	304.41	289.41	2449.68	465.16
安陆市	10.81		585.20	580.41	2450.15	706.46
汉川市	13.00		852.47	852.47	3291.94	968.69
荆州市	52.00		1966.16	1966.16	12116.82	3385.03
监利市	15.80		392.00	392.00	3284.87	728.00
石首市	11.00		168.78	168.78	1194.10	123.00
洪湖市	7.50		579.00	451.62	1969.48	311.62
松滋市	10.55		396.48	396.48	1314.50	90.00
黄冈市	27.00		580.00	580.00	4960.00	1010.00
麻城市	6.83		732.47	732.47	2395.17	349.69
武穴市	13.00		680.00	560.00	3122.28	315.00
咸宁市	22.00		1085.99	1085.99	6097.54	1118.49
赤壁市	15.00		540.30	540.30	3427.87	1115.87
随州市	19.00		991.80	991.80	4999.57	222.72
广水市	32.40		741.50	472.80	3045.29	186.61
恩施市	32.00		905.80	905.80	5434.14	981.68
利川市	9.00		552.90	481.44	2310.98	63.56
仙桃市	49.00		1129.32	1129.32	10589.06	4546.44
潜江市	18.00		1155.00	1155.00	3374.00	1272.00
天门市	20.00		901.00	901.00	3318.24	523.65

continued 10

			用水户数（户） Number of Households with Access to Water Supply(unit)		用水人口（万人） Population with Access to Water Supply (10000 persons)	城市名称 Name of Cities
公共服务用水 The Quantity of Water for Public Service	居民家庭用水 The Quantity of Water for Household Use	其他用水 The Quantity of Water for Other Purposes		家庭用户 Household User		
27662.88	**153918.81**	**8392.50**	**9317056**	**8747869**	**2440.35**	**湖　北**
15757.21	66768.01	520.84	3097318	2972911	1132.78	武汉市
1706.29	4424.09	691.86	348107	336539	62.12	黄石市
262.17	3616.47	9.63	202448	200915	31.47	大冶市
609.26	6663.39	211.48	168963	161062	77.37	十堰市
287.87	584.69	5.06	91791	83227	14.72	丹江口市
2809.67	6489.03	5.38	286664	269684	106.06	宜昌市
31.68	720.02	1.28	50525	47334	17.70	宜都市
13.80	1312.93	7.60	71234	67428	21.23	当阳市
2.55	996.10		52493	48776	19.71	枝江市
	6979.29	2724.04	416999	405889	141.80	襄阳市
314.38	860.04	2.38	111301	102925	22.41	老河口市
241.20	1019.76	14.61	107201	104377	29.05	枣阳市
141.81	669.40	326.63	72328	57245	13.47	宜城市
557.18	1608.75	532.23	217637	199109	39.22	鄂州市
	2575.70	16.50	321039	314479	57.15	荆门市
257.78	796.79		96471	75378	18.78	京山市
52.00	1879.88		96699	95580	22.00	钟祥市
589.31	4421.83	22.40	190874	172014	59.20	孝感市
15.19	1031.22	572.83	87144	81945	17.80	应城市
118.80	1119.90	25.79	113190	103631	21.00	安陆市
150.82	1418.36	31.61	120000	70000	19.24	汉川市
326.72	6316.02	104.01	466959	453207	74.36	荆州市
	1570.93	208.06	50980	49126	19.12	监利市
96.00	766.80		55235	54778	15.33	石首市
199.20	914.07	18.50	70237	64978	14.75	洪湖市
46.00	829.50	46.00	47918	47898	13.84	松滋市
789.00	2612.00	64.00	217075	207597	31.43	黄冈市
312.17	1233.37	115.65	116025	114729	21.69	麻城市
175.00	2316.09	60.00	272300	261327	20.50	武穴市
307.20	2690.74	1045.69	257552	220000	38.52	咸宁市
322.00	1307.50	72.50	163595	161984	29.00	赤壁市
45.15	3374.20	77.80	218019	207942	44.68	随州市
184.68	2331.50	78.50	193020	143140	35.19	广水市
83.54	2811.82	15.84	226763	195840	27.81	恩施市
122.43	1358.74	376.36	90930	84305	23.25	利川市
691.51	3917.17		290277	269953	40.00	仙桃市
	1571.00	7.00	125720	120339	20.18	潜江市
43.31	2041.71	380.44	134025	120278	26.42	天门市

3-4 续表 11

城市名称 Name of Cities	综合生产能力（万立方米/日） Integrated Production Capacity (10000cu. m/day)	地下水 Underground Water	供水管道长度（公里） Length of Water Supply Pipelines (km)	建成区 In Built District	供水总量（万立方米） Total Quantity of Water Supply (10000cu. m)	生产运营用水 The Quantity of Water for Production and Operation
湖　南	**1074.72**	**29.65**	**44508.50**	**38238.95**	**250835.46**	**47033.67**
长沙市	265.00		7182.15	7182.15	74539.89	15982.54
宁乡市	28.00		1718.50	1045.00	6993.25	2850.26
浏阳市	34.50	1.50	1950.00	1111.00	8853.00	3650.00
株洲市	90.00		3507.27	3400.90	19425.79	3081.20
醴陵市	10.00		1081.96	1081.96	2716.57	146.74
湘潭市	66.23	15.13	3630.23	1123.33	12286.23	3627.10
湘乡市	10.00		780.00	780.00	2084.84	602.34
韶山市	3.80		372.00	155.50	380.40	60.00
衡阳市	70.00		1717.15	1670.50	13752.00	1355.67
耒阳市	13.87	0.87	588.20	415.30	4303.29	111.80
常宁市	10.00		1100.00	1094.00	1981.50	330.00
邵阳市	38.00		1081.30	1081.30	8770.00	1270.00
武冈市	12.60		552.80	552.80	2585.00	360.00
邵东市	9.50		1040.00	538.00	2696.00	34.00
岳阳市	46.00	0.76	2392.29	2392.29	12890.65	3242.56
汨罗市	6.00		699.02	699.02	1521.29	206.83
临湘市	4.00		246.48	246.48	1126.60	47.60
常德市	42.54	2.54	2708.57	2227.54	12034.42	1203.43
津市市	8.74	0.35	401.00	238.75	1835.03	783.44
张家界市	20.00		701.69	693.69	5046.65	1763.92
益阳市	42.00		871.02	871.02	8872.00	1265.00
沅江市	6.94	3.00	392.12	392.12	1324.70	138.00
郴州市	65.00	3.50	2000.60	2000.60	9204.90	584.11
资兴市	12.00		548.00	548.00	1643.72	218.00
永州市	44.00		1626.27	1469.82	9539.14	1844.17
祁阳市	15.00		729.42	729.42	1954.88	368.91
怀化市	35.00		1971.50	1971.50	7405.00	495.00
洪江市	6.00		312.79	297.79	1120.47	194.54
娄底市	23.00		1220.00	935.00	6740.00	585.00
冷水江市	11.00		188.23	188.23	1438.25	315.51
涟源市	8.00	2.00	416.00	324.00	1648.00	172.00
吉首市	18.00		781.94	781.94	4122.00	144.00
广　东	**4378.17**	**6.07**	**153177.91**	**135647.67**	**1017935.76**	**242135.49**
广州市	850.27		44057.99	34934.46	261675.07	41956.78
韶关市	57.00		3724.73	3232.37	11143.59	866.70
乐昌市	5.00		394.97	394.97	1363.55	305.87
南雄市	8.00		286.94	286.94	985.63	139.26
深圳市	763.20		21489.00	21489.00	187307.00	47924.00
珠海市	151.07	0.39	5640.00	4672.00	48735.48	18180.89

continued 11

公共服务用水 The Quantity of Water for Public Service	居民家庭用水 The Quantity of Water for Household Use	其他用水 The Quantity of Water for Other Purposes	用水户数(户) Number of Households with Access to Water Supply(unit)	家庭用户 Household User	用水人口(万人) Population with Access to Water Supply (10000 persons)	城市名称 Name of Cities
35280.54	**114432.44**	**12426.02**	**7431355**	**6682639**	**1860.83**	**湖　南**
17855.11	27456.69	3487.10	1449588	1356536	520.51	长沙市
94.20	2807.57	13.14	237351	212108	50.76	宁乡市
263.00	3586.00	92.00	230969	200032	56.96	浏阳市
2493.57	9342.94	1401.61	840185	773043	131.00	株洲市
257.98	1591.41	11.57	138020	135189	24.75	醴陵市
460.80	5628.70	1068.20	377077	345442	82.98	湘潭市
122.70	1006.80	182.50	103786	90879	18.45	湘乡市
42.00	212.00	12.00	19030	16800	4.89	韶山市
2943.75	5556.33	1736.63	436753	393799	111.80	衡阳市
258.80	2333.00	21.30	143665	140152	33.22	耒阳市
109.00	1170.00	1.50	96255	67027	13.91	常宁市
1067.00	4144.00	1049.00	339415	310153	57.80	邵阳市
135.00	1495.00	126.00	64772	52890	27.90	武冈市
428.00	1923.00	13.00	138673	130013	34.38	邵东市
707.96	6878.93	106.36	395788	337419	96.42	岳阳市
3.23	865.65	95.79	69574	54164	13.50	汨罗市
99.70	753.90	4.40	50338	49933	12.80	临湘市
2346.47	4648.67	314.65	183105	157035	90.78	常德市
120.00	588.00	37.59	61562	57047	10.69	津市市
143.10	2208.00		139430	119406	22.43	张家界市
569.00	4428.00	63.00	216675	160294	60.95	益阳市
107.00	774.70	58.00	11334	7478	18.97	沅江市
1868.20	5289.97	475.65	364572	343878	70.84	郴州市
138.00	1093.00	48.43	106173	99235	13.80	资兴市
1056.63	4280.74	986.32	272958	220768	62.53	永州市
131.99	1067.43	89.95	81587	77507	29.88	祁阳市
515.00	4505.00	41.00	289570	266113	62.38	怀化市
61.55	613.33	4.57	63345	51934	10.80	洪江市
684.00	3898.00	186.00	285102	267996	50.88	娄底市
7.80	744.68	28.76	39699	29565	11.91	冷水江市
185.00	925.00	70.00	52004	46804	18.95	涟源市
5.00	2616.00	600.00	133000	112000	33.01	吉首市
182729.84	**423367.31**	**32101.15**	**20250218**	**17329907**	**6725.16**	**广　东**
57064.04	114760.45	6396.29	4684665	4267856	1448.81	广州市
1520.27	5601.61	271.18	355764	333312	67.59	韶关市
7.29	942.07		81910	73478	8.44	乐昌市
5.57	638.80		58305	49508	7.47	南雄市
46356.00	75716.00	982.00	3545000	2779000	1766.00	深圳市
10566.32	14529.79	12.16	1015135	910477	204.00	珠海市

3-4 续表 12

城市名称 Name of Cities	综合生产能力（万立方米/日） Integrated Production Capacity (10000cu. m/day)	地下水 Underground Water	供水管道长度（公里） Length of Water Supply Pipelines (km)	建成区 In Built District	供水总量（万立方米） Total Quantity of Water Supply (10000cu. m)	生产运营用水 The Quantity of Water for Production and Operation
汕头市	151.20		7110.51	5840.51	37251.46	6838.34
佛山市	348.80		5083.82	3472.10	52203.73	17387.25
江门市	114.81		3841.30	3841.30	29904.41	7855.86
台山市	192.35		1293.57	1293.57	3605.04	401.42
开平市	29.15		760.63	716.50	5307.70	2269.32
鹤山市	29.06		775.46	775.46	2888.48	259.63
恩平市	13.44	0.01	2926.54	2341.23	3278.23	983.68
湛江市	65.60	5.60	2166.11	2166.11	16891.39	2069.00
廉江市	10.00		489.54	489.54	3427.29	1265.27
雷州市	5.00		536.00	536.00	1847.00	280.00
吴川市	16.00		1574.70	1574.70	2127.37	
茂名市	47.20		2293.81	2271.69	9751.85	1411.04
高州市	10.00		424.18	394.01	2704.03	74.34
化州市	9.80		316.48	254.78	2444.89	161.90
信宜市	7.50		444.10	395.00	1873.99	49.40
肇庆市	60.00		2982.98	2951.28	16508.18	4224.95
四会市	24.00		766.20	766.20	5999.12	868.34
惠州市	190.01	0.01	3961.54	3961.54	41333.64	16544.02
梅州市	31.00		660.00	580.00	8619.34	9.41
兴宁市	15.00		484.91	484.82	3910.11	175.13
汕尾市	33.00		673.83	673.83	5629.87	1854.21
陆丰市	18.00		265.00	265.00	2583.00	200.00
河源市	36.00		1546.87	1252.57	8320.69	1428.98
阳江市	52.80		2268.69	1297.10	12891.68	3031.78
阳春市	15.03		1207.00	1207.00	2997.48	127.10
清远市	41.00		1532.72	1532.72	12612.59	1495.59
英德市	11.00		450.29	355.78	3478.13	
连州市	6.00		170.60	168.60	1240.07	269.80
东莞市	656.30		23655.91	22606.23	155157.25	52787.97
中山市	112.58	0.06	2035.96	2035.96	13376.58	2869.21
潮州市	72.00		988.04	968.04	12386.30	1839.98
揭阳市	44.00		1776.60	1295.19	10978.84	2031.40
普宁市	43.00		598.59	351.77	5700.61	730.30
云浮市	20.00		792.55	792.55	4028.10	235.00
罗定市	13.00		729.25	729.25	3467.00	732.37
广　西	**791.28**	**22.61**	**27997.78**	**27042.02**	**204923.63**	**38206.09**
南宁市	228.50	3.00	5839.12	5839.12	67084.32	4863.76
横州市	12.00		309.34	309.34	3817.96	2505.87
柳州市	86.77	0.49	3141.16	3141.16	31814.66	10308.38
桂林市	86.50	2.00	3300.02	3297.02	16739.19	2053.85
荔浦市	4.10		240.07	240.07	1236.00	428.04
梧州市	47.18	1.03	826.36	800.79	9267.22	2261.11

continued 12

公共服务用　水 The Quantity of Water for Public Service	居民家庭用　水 The Quantity of Water for Household Use	其他用水 The Quantity of Water for Other Purposes	用水户数（户） Number of Households with Access to Water Supply(unit)	家庭用户 Household User	用水人口（万人） Population with Access to Water Supply (10000 persons)	城市名称 Name of Cities
4297.80	17227.02	2893.07	809441	682658	247.67	汕头市
7254.36	21445.32	1133.62	1589027	1348027	227.35	佛山市
4518.05	8710.50	5101.52	808003	710904	146.95	江门市
749.93	1786.45	291.27	185355	169948	20.80	台山市
116.48	2539.20	21.94	145531	124139	30.17	开平市
66.52	1733.33	480.73	138746	121076	20.70	鹤山市
95.84	1696.70	178.48	126480	95175	17.30	恩平市
3878.02	8018.23	449.10	473915	424688	97.43	湛江市
200.68	1230.83	70.51	112934	102912	20.29	廉江市
8.00	1125.00	186.00	98807	89807	23.60	雷州市
	1246.05	653.57	83926	70686	27.92	吴川市
1216.11	5920.96	4.12	239052	213408	91.90	茂名市
495.41	1612.54	225.58	115670	103378	37.50	高州市
220.69	1756.09	33.68	97681	80672	33.69	化州市
98.81	1482.08	16.47	160515	147572	30.78	信宜市
2483.87	6667.61	138.69	441057	395499	80.95	肇庆市
1478.71	2967.08	100.34	201328	175443	22.25	四会市
1151.71	18030.06	305.77	559100	486094	258.98	惠州市
82.22	6860.00	185.00	354000	346500	49.00	梅州市
372.80	2141.45		141476	124330	23.70	兴宁市
67.84	2411.06		96521	88750	31.40	汕尾市
40.00	1742.00	100.00	79000	69000	24.96	陆丰市
465.26	4181.33	812.90	217012	190849	32.74	河源市
854.76	5205.75	1772.80	47677	35444	56.41	阳江市
305.71	2104.00	62.00	110003	100000	25.00	阳春市
3223.92	6424.40	110.38	276972	234044	69.43	清远市
690.45	1447.05		111886	96221	16.16	英德市
163.20	690.51	8.20	45649	34175	14.56	连州市
30395.80	49958.89	619.98	1409746	1012763	1096.86	东莞市
466.72	4903.70	2230.68	425277	374121	86.12	中山市
1249.15	6018.33	1557.26	277260	228261	83.24	潮州市
	4262.78	3559.20	189125	162623	78.50	揭阳市
455.53	3516.66	12.10	163671	142684	53.09	普宁市
43.00	2336.23	692.33	116572	82917	27.80	云浮市
3.00	1779.40	432.23	61024	51508	17.65	罗定市
31937.21	**102403.76**	**2191.32**	**3728215**	**3298361**	**1349.60**	**广　西**
11455.38	37818.46	666.25	505145	459348	432.62	南宁市
265.31	839.75	11.20	56481	26643	19.62	横州市
4322.55	13280.51		526015	475358	190.14	柳州市
4883.23	6956.71	616.19	788698	721109	104.32	桂林市
7.00	552.57	120.00	53755	48981	7.89	荔浦市
1780.70	4283.39	62.20	195900	170808	62.15	梧州市

3-4 续表 13

城市名称 Name of Cities	综合生产能力（万立方米/日）Integrated Production Capacity (10000cu. m/day)	地下水 Underground Water	供水管道长度（公里）Length of Water Supply Pipelines (km)	建成区 In Built District	供水总量（万立方米）Total Quantity of Water Supply (10000cu. m)	生产运营用水 The Quantity of Water for Production and Operation
岑溪市	9.20		884.66	273.00	1891.82	510.02
北海市	26.27	11.27	1794.66	1794.66	8889.26	1171.29
防城港市	23.20		1402.33	1402.33	5848.71	1585.27
东兴市	10.00		247.00	247.00	1599.75	
钦州市	30.07	0.07	1427.62	1427.62	7798.66	1854.92
贵港市	36.15	1.49	1565.98	1500.98	7840.11	2296.97
桂平市	8.00		532.00	352.00	2285.20	209.40
玉林市	40.16	1.36	1039.81	1039.81	9077.56	2594.84
北流市	12.00		377.90	357.90	3692.33	1752.33
百色市	25.00		964.00	964.00	5678.09	1678.54
靖西市	4.50		174.36	174.36	1144.00	28.00
平果市	13.00		316.94	316.94	1991.00	364.00
贺州市	10.00		1075.46	1054.03	3710.01	287.42
河池市	39.98	1.00	604.93	604.93	4850.08	663.93
来宾市	12.00		1140.00	1140.00	4353.34	200.15
合山市	5.00		127.60	127.60	565.37	56.00
崇左市	12.00		380.77	351.67	3003.49	482.00
凭祥市	9.70	0.90	285.69	285.69	745.50	50.00
海　南	**207.74**	**17.99**	**7956.84**	**3473.70**	**53655.76**	**3645.33**
海口市	81.64	17.89	1688.05	835.26	25092.22	2214.25
三亚市	63.20		4186.79	781.40	17602.82	807.87
儋州市	10.00		262.28	262.28	2829.13	18.04
五指山市	2.50		194.39	194.39	746.20	7.44
琼海市	15.00		136.00		2342.00	396.00
文昌市	10.40	0.10	284.68	284.68	1759.95	61.63
万宁市	15.00		894.55	894.55	1209.76	45.82
东方市	10.00		310.10	221.14	2073.68	94.28
重　庆	**852.51**	**1.80**	**28232.21**	**25705.58**	**188005.57**	**41784.84**
重庆市	852.51	1.80	28232.21	25705.58	188005.57	41784.84
四　川	**1446.99**	**80.81**	**57361.04**	**54623.46**	**360567.08**	**51798.16**
成都市	510.71	3.75	19927.75	19912.23	161984.26	15556.05
简阳市	17.00		373.01	330.01	2948.57	347.06
都江堰市	24.40	3.00	519.29	518.89	4181.25	745.55
彭州市	52.00	34.00	1105.64	1103.45	2507.00	256.00
邛崃市	11.07	1.07	336.07	336.07	2396.65	1082.43
崇州市	8.00	8.00	360.00	285.00	2395.00	522.00
自贡市	39.20		4572.02	4572.02	7579.64	2001.40
攀枝花市	49.90		1646.33	1646.33	10599.18	4619.17
泸州市	59.25		3614.85	3614.85	12663.99	1204.22
德阳市	49.35	5.18	779.76	779.76	8931.04	2256.57
广汉市	16.50	6.50	473.26	465.96	3491.95	612.31
什邡市	8.00		425.00	263.45	2783.10	640.70

continued 13

公共服务用水 The Quantity of Water for Public Service	居民家庭用水 The Quantity of Water for Household Use	其他用水 The Quantity of Water for Other Purposes	用水户数（户） Number of Households with Access to Water Supply(unit)	家庭用户 Household User	用水人口（万人） Population with Access to Water Supply (10000 persons)	城市名称 Name of Cities
44.00	1045.14		81094	52436	19.40	岑溪市
1990.21	4583.21		156955	149746	66.90	北海市
744.52	2462.17	21.54	50601	50601	25.04	防城港市
319.15	945.27	34.60	25323	24539	10.00	东兴市
1345.82	3403.00	11.82	200643	188843	41.70	钦州市
1493.72	2986.45	55.39	148676	139999	40.71	贵港市
483.60	1317.20		61035	58722	19.37	桂平市
255.31	4698.11	21.22	199098	162884	77.71	玉林市
103.00	1569.00		66450	54900	22.92	北流市
450.58	2832.12	12.49	79536	71698	40.49	百色市
29.00	925.00	18.00	41265	41140	17.56	靖西市
177.00	1190.00		76877	75850	19.44	平果市
227.40	2166.11	453.58	66438	55987	26.90	贺州市
186.61	3351.59	10.69	143929	114930	35.95	河池市
798.12	2670.50	70.15	117334	113569	35.59	来宾市
9.00	419.00	2.00	14902	14815	5.29	合山市
558.00	1553.00		51098	4498	19.65	崇左市
8.00	555.50	4.00	20967	20957	8.24	凭祥市
7189.39	**30015.32**	**6091.75**	**413089**	**363967**	**334.67**	**海　南**
3435.79	14601.14	1916.78	121418	94195	215.88	海口市
2425.31	8451.26	3902.68	89237	82803	55.61	三亚市
93.49	1914.94	231.80	61778	60744	18.57	儋州市
46.22	544.77	12.61	21666	21454	5.73	五指山市
82.00	1599.00	6.00	34919	29054	10.37	琼海市
415.44	1065.89	14.50	21894	15980	13.73	文昌市
210.54	715.62	7.38	30175	30175	7.54	万宁市
480.60	1122.70		32002	29562	7.24	东方市
27185.49	**82632.16**	**8672.01**	**8240820**	**7475940**	**1588.26**	**重　庆**
27185.49	82632.16	8672.01	8240820	7475940	1588.26	重庆市
52205.84	**180520.27**	**18234.76**	**13115678**	**11553140**	**3022.29**	**四　川**
34172.62	78757.17	6570.25	4022592	3550177	1287.86	成都市
267.31	1476.67	157.93	156558	139904	33.23	简阳市
284.06	1607.18	719.21	176313	155654	26.16	都江堰市
279.00	1212.00	320.00	96180	88615	27.46	彭州市
127.08	882.09	73.37	100470	89106	24.45	邛崃市
355.00	1096.00	152.00	89662	79268	18.10	崇州市
	4565.99	78.59	463486	436605	99.08	自贡市
1700.16	2993.28		335468	311218	49.13	攀枝花市
1253.26	7541.10	390.25	506987	448743	118.18	泸州市
292.65	4281.64	178.32	375707	348687	65.72	德阳市
448.55	1763.35	166.72	195068	85132	27.47	广汉市
331.20	988.08	194.82	56534	48178	16.43	什邡市

3-4 续表 14

城市名称 Name of Cities	综合生产能力（万立方米/日）Integrated Production Capacity (10000cu. m/day)	地下水 Underground Water	供水管道长度（公里）Length of Water Supply Pipelines (km)	建成区 In Built District	供水总量（万立方米）Total Quantity of Water Supply (10000cu. m)	生产运营用水 The Quantity of Water for Production and Operation
绵竹市	8.00	8.00	151.50	151.10	2445.80	350.70
绵阳市	70.20	4.40	5338.47	4727.45	18196.04	3691.77
江油市	16.00		990.01	990.01	3356.66	570.36
广元市	28.56	1.90	944.83	896.57	6029.31	1428.57
遂宁市	54.14		1366.15	1364.65	9720.29	1479.92
射洪市	7.77		221.50	210.00	2304.22	541.80
内江市	21.63		1018.47	855.47	6807.29	389.22
隆昌市	7.20		804.02	578.00	2511.30	719.24
乐山市	36.00		2558.88	1529.36	9841.19	1162.73
峨眉山市	13.68		263.80	263.80	3126.00	498.90
南充市	55.00		1180.00	1180.00	15071.25	1842.18
阆中市	14.50		329.00	282.00	3672.48	1233.06
眉山市	35.51	0.01	902.61	793.93	7363.29	1032.84
宜宾市	78.00		1545.38	1436.08	11752.08	1840.47
广安市	21.00		837.00	837.00	4679.95	175.97
华蓥市	2.90		301.00	301.00	1005.95	52.76
达州市	30.00		1037.00	1037.00	7069.86	1747.31
万源市	9.00	5.00	138.21	138.21	760.00	40.00
雅安市	20.50		699.55	699.55	4547.20	896.00
巴中市	17.94		668.00	645.00	5371.00	467.00
资阳市	19.00		691.40	691.40	4344.71	823.30
马尔康市	3.60		58.00	58.00	729.00	
康定市	1.68		129.75	76.33	457.00	4.00
会理市	4.80		289.79	289.79	622.68	65.60
西昌市	25.00		763.74	763.74	6320.90	901.00
贵　州	**488.81**	**18.51**	**27076.63**	**24673.12**	**98484.52**	**19231.09**
贵阳市	179.50	14.50	7680.07	7680.07	42472.73	7862.55
清镇市	15.33	0.11	340.53	340.53	2959.39	1487.42
六盘水市	48.80		2721.42	2721.42	5751.24	904.07
盘州市	11.78		713.89	447.89	1215.55	368.61
遵义市	52.70		6298.89	4688.61	14033.86	4110.79
赤水市	8.00		433.00	433.00	1078.75	15.00
仁怀市	20.80		2910.42	2900.00	2920.23	68.32
安顺市	30.50		720.36	720.36	4689.29	1205.52
毕节市	19.90		591.51	591.51	3646.13	427.16
黔西市	5.50		245.86	165.18	1703.02	254.74
铜仁市	27.00		398.00	398.00	4773.83	368.93
兴义市	26.10		1454.20	1203.20	4672.20	945.20
兴仁市	7.00		254.00	254.00	777.79	65.00
凯里市	16.90	3.90	935.61	820.05	3743.13	740.21
都匀市	15.00		998.87	929.30	3024.72	384.37
福泉市	4.00		380.00	380.00	1022.66	23.20

continued 14

公共服务用水 The Quantity of Water for Public Service	居民家庭用水 The Quantity of Water for Household Use	其他用水 The Quantity of Water for Other Purposes	用水户数(户) Number of Households with Access to Water Supply(unit)	家庭用户 Household User	用水人口(万人) Population with Access to Water Supply (10000 persons)	城市名称 Name of Cities
162.30	763.70	949.90	47345	36011	15.01	绵竹市
2368.72	9410.36	381.18	800702	687186	147.24	绵阳市
42.01	1971.21	238.00	230995	216258	30.03	江油市
295.42	3224.36	106.56	249613	232938	55.94	广元市
1109.20	3985.96	1630.01	424099	385495	61.54	遂宁市
97.50	1314.07	71.77	155487	115757	30.23	射洪市
868.54	4139.85	187.16	393181	351281	64.98	内江市
	1327.85	30.69	149934	135518	20.02	隆昌市
171.74	4907.67	2466.43	478412	436777	76.40	乐山市
516.30	1622.00	126.60	199836	180235	19.72	峨眉山市
1315.84	8816.13	789.50	620000	540000	128.00	南充市
82.00	1736.95	112.00	180016	162075	28.37	阆中市
880.00	4147.02	11.00	403941	372355	60.64	眉山市
1392.87	5691.39	923.36	386279	319114	119.98	宜宾市
947.67	2702.94	144.34	318084	285531	47.74	广安市
37.33	629.38	109.04	65811	62162	11.20	华蓥市
432.54	3630.00	599.86	412967	381786	112.55	达州市
15.00	515.00	20.00	32000	26000	8.00	万源市
553.00	1324.00	99.00	174954	141399	25.54	雅安市
370.00	4377.00	40.00	299792	261333	58.32	巴中市
565.97	2245.38	35.20	255353	232772	38.43	资阳市
140.00	487.00	20.00	7630	7620	3.29	马尔康市
3.00	371.00	5.00	8030	6707	4.65	康定市
40.00	380.50	21.70	20528	19879	7.20	会理市
288.00	3635.00	115.00	225664	175664	54.00	西昌市
7298.05	**53679.19**	**2143.65**	**3918575**	**3451166**	**902.82**	**贵　州**
4498.00	21866.04	434.78	1705144	1599783	298.79	贵阳市
18.93	1047.85	26.07	145915	128649	24.13	清镇市
36.00	3388.33	356.28	25496	25323	58.70	六盘水市
12.79	627.92		71850	64313	22.66	盘州市
939.56	7326.66	194.31	545779	375831	137.00	遵义市
50.00	762.86	146.69	65000	55000	11.57	赤水市
38.92	2409.76	42.18	132620	121010	26.26	仁怀市
51.78	2674.21	19.78	125632	105587	41.33	安顺市
118.64	1923.06	362.13	134650	126295	62.00	毕节市
81.27	1022.88	41.73	71247	63794	24.18	黔西市
401.56	2875.00	291.76	255500	229600	43.24	铜仁市
515.80	2493.10	142.97	246515	207551	44.73	兴义市
23.60	522.00	10.00	58000	52000	17.96	兴仁市
296.72	2024.71	24.44	146025	130776	41.60	凯里市
105.67	1974.61	50.53	139355	123112	35.06	都匀市
108.81	740.20		49847	42542	13.61	福泉市

3-4 续表 15

城市名称 Name of Cities	综合生产能力（万立方米/日） Integrated Production Capacity (10000cu. m/day)	地下水 Underground Water	供水管道长度（公里） Length of Water Supply Pipelines (km)	建成区 In Built District	供水总量（万立方米） Total Quantity of Water Supply (10000cu. m)	生产运营用水 The Quantity of Water for Production and Operation
云　南	**601.59**	**23.04**	**19497.52**	**17944.98**	**118814.61**	**22944.58**
昆明市	310.45	12.12	6900.83	6900.83	56444.19	9763.38
安宁市	15.40	3.21	602.37	508.73	2547.68	697.77
曲靖市	37.09	0.06	1046.85	1029.85	7994.29	2914.28
宣威市	10.00		280.78	247.21	1396.48	28.64
玉溪市	22.90	0.90	522.51	107.83	4349.83	1080.24
澄江市	1.00		251.05		300.65	91.20
保山市	15.00	1.00	1239.00	705.80	4042.00	363.00
腾冲市	9.50	4.50	950.00	950.00	1004.77	228.17
昭通市	10.00		389.00	389.00	3757.00	1293.00
水富市	2.00		171.00	171.00	535.13	154.31
丽江市	12.00		888.80	888.80	2461.95	24.86
普洱市	9.10		331.00	331.00	2610.00	541.00
临沧市	6.50		343.53	343.53	1704.81	439.00
禄丰市	3.00		141.20	141.20	1004.00	320.00
楚雄市	17.20		927.51	852.96	3964.64	1647.88
个旧市	9.70		337.55	330.70	1578.44	378.11
开远市	6.23	1.23	317.40	317.40	1751.02	223.09
蒙自市	14.50		705.54	705.54	2864.14	199.86
弥勒市	6.00		361.00	361.00	884.07	26.50
文山市	15.02	0.02	811.94	811.94	3005.50	629.18
景洪市	14.00		310.15	310.15	3475.42	735.11
大理市	29.00		609.64	609.64	6736.00	506.00
瑞丽市	7.00		262.37	261.37	1557.00	400.00
芒市	8.00		499.00	414.00	1315.00	250.00
泸水市	6.00		112.00	70.00	451.00	10.00
香格里拉市	5.00		185.50	185.50	1079.60	
西　藏	**69.77**	**24.97**	**1783.85**	**1759.95**	**20044.72**	**1220.40**
拉萨市	43.17	10.82	1163.80	1153.50	14363.56	1015.28
日喀则市	8.40	8.40	137.00	137.00	1240.00	
昌都市	5.00		168.00	168.00	850.00	50.00
林芝市	4.20	2.25	120.00	120.00	935.00	11.00
山南市	3.50	3.50	89.05	89.05	1064.00	58.52
那曲市	5.50		106.00	92.40	1592.16	85.60
陕　西	**634.36**	**188.80**	**13121.39**	**12562.81**	**137471.26**	**35355.32**
西安市	344.72	91.92	6524.46	6174.33	84828.29	23671.55
铜川市	18.56	3.50	476.66	463.36	3029.13	1114.52
宝鸡市	43.40	11.60	1571.42	1569.74	7959.79	2273.51
咸阳市	40.02	10.02	420.52	420.52	7818.58	1358.22
彬州市	1.80		105.70	99.80	616.00	103.80
兴平市	14.50	11.50	111.80	104.60	3103.90	1472.45
渭南市	30.45	12.95	450.71	380.54	5893.48	1540.70

continued 15

			用水户数（户）		用水人口（万人）	城市名称
公共服务用水 The Quantity of Water for Public Service	居民家庭用水 The Quantity of Water for Household Use	其他用水 The Quantity of Water for Other Purposes	Number of Households with Access to Water Supply(unit)	家庭用户 Household User	Population with Access to Water Supply (10000 persons)	Name of Cities
19070.17	**52373.96**	**3205.59**	**4520071**	**3967999**	**1083.23**	**云　南**
13324.74	20894.05	2033.65	2253419	1955200	499.14	昆明市
748.26	727.33	7.05	119592	109849	24.86	安宁市
489.23	3471.18	44.25	185682	175679	79.50	曲靖市
48.12	1166.46	10.31	76091	72437	29.48	宣威市
570.03	2055.65	7.28	156241	139901	36.35	玉溪市
3.00	146.07	2.30	38263	34919		澄江市
367.00	2766.00	105.00	113000	113000	30.20	保山市
	496.45	180.41	25711	22625	14.80	腾冲市
1.80	1657.00	6.20	121575	108216	37.92	昭通市
39.35	207.01	0.00	20024	19531	5.35	水富市
1115.66	935.50	21.43	113175	83888	22.75	丽江市
826.00	730.00	3.00	80950	12282	26.31	普洱市
12.10	974.00	23.90	61978	53236	16.28	临沧市
50.00	405.00	60.00	13450	12300	7.14	禄丰市
53.99	1690.73	4.66	159330	137089	36.56	楚雄市
3.46	820.25	80.54	109459	103691	16.53	个旧市
7.75	850.46	333.39	90455	82766	17.20	开远市
365.35	1630.92	191.28	182132	175402	29.02	蒙自市
62.16	606.31	61.94	41068	39261	15.84	弥勒市
474.53	1437.32		169406	153100	25.93	文山市
294.04	1911.27		54385	53719	24.47	景洪市
	3898.00	10.00	169432	162655	41.90	大理市
10.00	998.00	8.00	49082	38634	17.91	瑞丽市
11.00	811.00		86104	82074	17.00	芒市
80.00	267.00	5.00	15186	14297	4.50	泸水市
112.60	821.00	6.00	14881	12248	6.29	香格里拉市
2164.00	**7840.99**	**3305.53**	**257724**	**207241**	**97.68**	**西　藏**
1859.90	3567.67	3175.00	148506	107880	58.49	拉萨市
31.90	1012.00	100.00	36521	35659	11.68	日喀则市
190.00	540.00		25910	25180	9.20	昌都市
76.00	742.40	9.60	14267	11633	6.20	林芝市
	829.92	9.57	16000	15635	6.53	山南市
6.20	1149.00	11.36	16520	11254	5.58	那曲市
8569.23	**72310.33**	**5104.01**	**4780346**	**4499705**	**1442.84**	**陕　西**
1313.21	45933.35	3044.71	3408318	3231786	786.22	西安市
460.41	1154.00		133661	132726	40.10	铜川市
861.48	4293.96	32.66	243024	229167	101.42	宝鸡市
1725.38	4202.23	56.83	48148	43258	102.43	咸阳市
126.70	322.10		31958	31085	11.58	彬州市
330.48	1089.05	120.81	81105	79490	20.18	兴平市
823.45	2227.30	772.36	174951	170979	55.47	渭南市

3-4 续表 16

城市名称 Name of Cities	综合生产能力（万立方米/日）Integrated Production Capacity (10000cu. m/day)	地下水 Underground Water	供水管道长度（公里）Length of Water Supply Pipelines (km)	建成区 In Built District	供水总量（万立方米）Total Quantity of Water Supply (10000cu. m)	生产运营用水 The Quantity of Water for Production and Operation
韩城市	7.00	3.20	372.50	304.70	1184.26	13.34
华阴市	8.45	8.45	120.42	120.42	830.00	231.00
延安市	21.00		359.29	344.89	3549.95	1008.82
子长市	3.00		126.42	126.42	456.00	45.00
汉中市	28.61	18.61	624.52	624.52	4511.13	126.95
榆林市	28.25	10.45	807.66	807.66	4345.74	580.36
神木市	6.50		236.06	235.06	2130.96	518.30
安康市	14.00		370.95	370.95	3422.60	867.10
旬阳市	2.50		139.60	139.60	465.20	48.50
商洛市	7.00	2.00	130.70	130.70	1597.25	164.20
杨凌区	14.60	4.60	172.00	145.00	1729.00	217.00
甘　肃	**418.88**	**65.06**	**7296.23**	**6336.46**	**60389.87**	**14589.21**
兰州市	204.10		2023.10	1592.10	29438.67	9610.32
嘉峪关市	17.91	17.91	763.06	655.72	3956.11	621.79
金昌市	34.80		351.69	351.69	2722.89	457.53
白银市	20.00	0.00	348.61	348.58	2858.31	30.00
天水市	19.93	4.93	355.00	355.00	3319.00	1079.00
武威市	20.00		274.00	274.00	2667.29	550.30
张掖市	13.58	8.07	469.90	432.70	2489.70	112.60
平凉市	5.50	5.50	423.30	423.30	1362.72	121.98
华亭市	1.85	1.85	125.00	125.00	604.49	228.04
酒泉市	26.00	14.00	423.40	49.20	3120.34	661.35
玉门市	1.70	1.70	164.00	164.00	399.00	65.00
敦煌市	8.00	6.00	366.87	366.87	1167.17	493.59
庆阳市	5.61		429.01	429.01	1784.22	275.00
定西市	10.00	1.60	251.14	241.14	960.10	182.45
陇南市	3.50	3.50	152.55	152.55	708.86	37.26
临夏市	18.90		291.60	291.60	2235.00	63.00
合作市	7.50		84.00	84.00	596.00	
青　海	**127.41**	**110.37**	**3556.61**	**3221.22**	**30473.74**	**10877.02**
西宁市	42.69	32.65	1631.86	1561.06	12157.72	751.58
海东市	4.40	1.80	396.79	396.79	1571.90	181.72
同仁市	1.40		90.00	90.00	310.00	46.00
玉树市	3.00		385.60	385.60	1084.60	30.72
茫崖市	1.20	1.20	69.98	69.98	417.60	124.71
格尔木市	59.40	59.40	663.96	405.37	11717.62	8372.62
德令哈市	15.32	15.32	318.42	312.42	3214.30	1369.67
宁　夏	**270.06**	**81.26**	**3440.49**	**3004.88**	**39908.90**	**8214.02**
银川市	89.56	19.56	1179.97	1179.97	23819.48	3372.60
灵武市	1.80	1.80	113.83	110.83	656.58	50.80

continued 16

公共服务用水 The Quantity of Water for Public Service	居民家庭用水 The Quantity of Water for Household Use	其他用水 The Quantity of Water for Other Purposes	用水户数（户） Number of Households with Access to Water Supply(unit)	家庭用户 Household User	用水人口（万人） Population with Access to Water Supply (10000 persons)	城市名称 Name of Cities
16.00	762.06	270.96	48878	42251	17.34	韩城市
74.00	349.00	20.00	31230	27230	11.82	华阴市
91.33	2005.19	56.79	242947	237692	46.33	延安市
40.00	217.00	117.00	17073	16917	12.58	子长市
725.23	2813.30	93.80	82195	67617	56.55	汉中市
776.99	2200.61	35.31	69361	61235	68.35	榆林市
254.96	824.20	252.03	41709	22140	25.02	神木市
309.29	1868.27	29.90	58500	45228	35.51	安康市
26.80	347.50	3.00	21713	21616	10.44	旬阳市
332.52	855.21	8.85	8516	6858	24.20	商洛市
281.00	846.00	189.00	37059	32430	17.30	杨凌区
9714.46	**26503.22**	**4593.42**	**1553564**	**1450200**	**705.37**	**甘　肃**
5216.04	12484.79	1068.10	55348	45736	321.38	兰州市
363.33	882.80	1251.63	152311	142188	24.86	嘉峪关市
285.75	977.21	614.90	75174	72172	16.35	金昌市
904.06	1519.24	137.21	97465	95387	35.22	白银市
2.00	1711.00		203333	203000	61.00	天水市
660.30	770.35	220.23	178171	166099	34.32	武威市
106.31	1709.49	321.80	77512	71958	29.69	张掖市
180.62	867.41	56.38	146383	136025	30.81	平凉市
42.80	277.68	7.50	28200	26196	11.41	华亭市
743.12	1070.14	322.81	180974	156681	32.75	酒泉市
95.00	95.00	46.00	16590	14789	6.74	玉门市
54.28	303.67	197.17	70684	61950	7.89	敦煌市
266.00	1010.00	129.00	21750	15735	21.66	庆阳市
175.42	368.88	140.20	50150	48359	19.76	定西市
86.43	490.56	9.43	40500	36900	18.30	陇南市
290.00	1771.00	21.00	130485	130485	27.43	临夏市
243.00	194.00	50.06	28534	26540	5.80	合作市
4267.20	**9487.92**	**2366.57**	**302685**	**277607**	**215.82**	**青　海**
3356.41	5858.36	634.25	154859	146724	148.37	西宁市
265.09	815.36	145.01	48252	41992	23.24	海东市
25.00	180.00	22.00	8770	8050	4.18	同仁市
7.20	1030.08	7.60	30350	25638	11.41	玉树市
44.42	145.01	60.00	9280	9280	4.64	茫崖市
239.31	1268.39	1497.71	31591	29624	18.46	格尔木市
329.77	190.72		19583	16299	5.52	德令哈市
10608.72	**10468.15**	**3896.94**	**1377252**	**1217286**	**307.57**	**宁　夏**
7137.66	4918.01	3469.22	646683	558595	163.10	银川市
18.10	526.29	29.31	69656	53216	11.00	灵武市

3-4 续表 17

城市名称 Name of Cities	综合生产能力（万立方米/日） Integrated Production Capacity (10000cu. m/day)	地下水 Underground Water	供水管道长度（公里） Length of Water Supply Pipelines (km)	建成区 In Built District	供水总量（万立方米） Total Quantity of Water Supply (10000cu. m)	生产运营用水 The Quantity of Water for Production and Operation
宁东能源化工基地	80.00		282.00		270.00	
石嘴山市	67.70	44.90	841.03	772.42	8337.89	3790.73
吴忠市	14.00	12.00	327.80	327.80	2975.68	793.89
青铜峡市	3.00	3.00	270.00	270.00	1095.00	206.00
固原市	8.50		283.00	201.00	1321.00	
中卫市	5.50		142.86	142.86	1433.27	
新　疆	**597.15**	**260.41**	**12601.48**	**12136.65**	**103485.47**	**16091.69**
乌鲁木齐市	234.26	61.76	2614.50	2614.50	37600.19	4414.99
克拉玛依市	55.00	2.00	2045.80	2045.80	9409.97	3407.87
吐鲁番市	11.50		366.00	366.00	1862.30	75.83
哈密市	22.53	13.03	874.32	838.70	6175.67	994.03
昌吉市	35.00		508.00	405.00	3220.12	128.12
阜康市	5.00	1.50	208.80	208.80	617.86	11.53
博乐市	5.17	1.33	392.87	392.87	2075.68	345.28
阿拉山口市	6.00		254.00	254.00	222.20	159.00
库尔勒市	43.00	43.00	620.75	389.54	11570.65	2470.72
阿克苏市	40.00	40.00	540.00	540.00	4430.00	1650.00
库车市	16.53	16.53	689.70	689.70	1931.23	89.03
阿图什市	3.20	3.00	75.84	75.84	790.00	27.77
喀什市	30.70	30.70	462.65	462.65	5704.00	787.00
和田市	8.00	8.00	337.42	337.42	2270.00	10.00
伊宁市	41.50	21.50	948.00	948.00	7745.00	367.00
奎屯市	9.50	9.50	257.27	257.27	1460.00	284.00
霍尔果斯市	2.50	2.50	182.00	87.00	996.00	139.80
塔城市	4.06	4.06	396.56	396.56	1402.40	31.00
乌苏市	12.00	2.00	270.00	270.00	1893.50	507.50
沙湾市	6.00		227.00	227.00	1237.00	108.42
阿勒泰市	5.70		330.00	330.00	871.70	82.80
新疆兵团	**80.20**	**6.82**	**2444.75**	**2273.55**	**20518.67**	**6288.58**
石河子市	35.00		689.56	689.56	10609.00	4617.00
阿拉尔市	8.00		124.00	124.00	1479.88	26.64
图木舒克市	20.00		270.00	201.00	3035.00	569.00
五家渠市	3.29	3.29	130.00	130.00	1200.85	149.48
北屯市	5.00		188.14	188.14	1473.18	566.97
铁门关市	1.60	1.60	280.00	280.00	711.75	63.74
双河市	2.00	1.00	130.00	119.00	708.00	25.00
可克达拉市	1.37		337.15	245.95	498.00	66.72
昆玉市	3.00		185.00	185.00	350.00	15.00
胡杨河市	0.70	0.70	100.90	100.90	273.00	89.03
新星市	0.24	0.23	10.00	10.00	180.01	100.00

continued 17

公共服务用水 The Quantity of Water for Public Service	居民家庭用水 The Quantity of Water for Household Use	其他用水 The Quantity of Water for Other Purposes	用水户数（户） Number of Households with Access to Water Supply(unit)	家庭用户 Household User	用水人口（万人） Population with Access to Water Supply (10000 persons)	城市名称 Name of Cities
32.00	157.00		22581	22581	6.77	宁东能源化工基地
2022.19	1509.15	263.82	161431	142454	40.63	石嘴山市
599.58	1034.67	130.99	190178	166717	27.96	吴忠市
56.00	744.00		79243	79243	14.23	青铜峡市
398.00	732.00	3.60	85480	85480	26.83	固原市
345.19	847.03		122000	109000	17.05	中卫市
15409.47	**38099.85**	**21283.14**	**2919432**	**2556477**	**867.16**	**新　疆**
3181.54	17283.89	7907.74	517880	497302	399.42	乌鲁木齐市
1656.18	1741.80	1720.22	200029	191784	45.13	克拉玛依市
226.99	618.69	196.72	33873	33723	9.87	吐鲁番市
731.36	960.97	2650.04	192731	178777	34.77	哈密市
550.00	1700.00	220.00	226902	140902	43.98	昌吉市
221.00	307.33		63093	52882	10.37	阜康市
462.79	767.10	294.81	107771	90760	17.82	博乐市
26.00	24.00		4632	3446	1.40	阿拉山口市
3035.93	2528.28	2989.40	336587	203679	61.90	库尔勒市
170.00	2175.00	25.00	153216	151896	45.78	阿克苏市
323.87	1256.42		79875	74817	18.58	库车市
52.97	549.81	49.45	28540	27190	10.06	阿图什市
1789.00	1965.00	606.00	220036	201800	48.30	喀什市
623.00	892.00	527.00	100000	98570	26.82	和田市
493.00	2739.00	2790.00	320000	300000	40.53	伊宁市
454.30	519.60	22.00	123234	121234	14.77	奎屯市
440.00	259.20	63.00	20154	19591	2.52	霍尔果斯市
245.00	376.00	530.90	56008	49532	6.10	塔城市
551.52	431.34	147.39	66767	56754	11.87	乌苏市
60.02	576.29	370.00	20112	20112	9.72	沙湾市
115.00	428.13	173.47	47992	41726	7.45	阿勒泰市
4229.41	**5171.51**	**2478.33**	**459425**	**423555**	**113.60**	**新疆兵团**
2193.00	2262.00	234.00	210596	192593	47.00	石河子市
7.29	849.19	379.65	55718	55190	18.68	阿拉尔市
453.00	218.00	1658.00	33084	26385	8.74	图木舒克市
499.58	435.26	4.07	51655	51287	9.60	五家渠市
349.66	302.55		51000	43000	6.80	北屯市
29.00	554.92		10271	10039	4.54	铁门关市
461.00	79.00	109.00	7242	7242	4.42	双河市
	326.88		9593	8574	2.34	可克达拉市
190.00	59.00	82.00	12710	12200	3.00	昆玉市
6.88	54.71	1.61	12811	12300	2.42	胡杨河市
40.00	30.00	10.00	4745	4745	6.06	新星市

3-5 2023年按城市分列的城市供水(公共供水)

城市名称 Name of Cities	综合生产能力(万立方米/日) Integrated Production Capacity (10000 cu. m/day)	地下水 Underground Water	水厂个数(个) Number of Water Plants (unit)	地下水 Underground Water	供水管道长度(公里) Length of Water Supply Pipelines (km)	供水总量(万立方米) 合计 Total	售水量 小计 Subtotal	生产运营用水 The Quantity of Water for Production and Operation
全　国	**29784.3**	**2515.4**	**3002**	**767**	**1134976.67**	**6506053.67**	**5515922.63**	**1392544.73**
北　京	**709.4**	**215.5**	**68**	**44**	**19297.70**	**149449.71**	**127816.93**	**11257.03**
天　津	**488.5**	**15.0**	**32**	**7**	**23107.95**	**103660.44**	**88747.29**	**34175.63**
河　北	**787.7**	**221.8**	**144**	**74**	**23964.29**	**152960.85**	**130267.41**	**31805.17**
石家庄市	162.5	9.3	24	13	3464.19	34122.58	30786.94	11479.20
晋州市	8.0		1		135.00	1315.00	1194.00	523.00
新乐市	6.5		2		337.37	1012.30	867.00	230.00
唐山市	87.9	34.9	18	11	2951.69	17413.42	14101.01	2480.30
滦州市	4.0	4.0	1	1	354.92	1336.69	1108.58	279.80
遵化市	9.0	9.0	2	2	177.50	1274.64	1055.54	94.69
迁安市	4.0	4.0	3	3	388.40	1301.00	1125.60	22.00
秦皇岛市	52.5	1.0	10	1	1260.22	11627.39	8907.31	1221.52
邯郸市	80.8	37.0	8	4	2074.50	13487.20	11240.15	2858.00
武安市	6.5	3.5	2	1	473.00	1641.57	1388.68	331.00
邢台市	37.8	16.0	7	3	1813.93	6492.10	5552.31	62.46
南宫市	3.8		1		126.00	507.77	429.90	
沙河市	8.6	2.5	3	1	226.22	1008.02	964.88	178.00
保定市	48.3	9.0	6	2	1451.39	11060.34	9768.82	1012.80
涿州市	8.7	7.0	2	2	271.00	3339.27	2611.58	955.38
安国市	4.0		1		131.15	1022.18	950.28	72.16
高碑店市	9.5	3.0	2	1	325.20	1668.16	1224.39	298.00
张家口市	30.0	29.0	8	8	982.32	6900.15	4935.72	984.55
承德市	15.8	6.8	6	4	787.46	4221.84	3198.96	822.48
平泉市	2.0	2.0	1	1	104.50	695.65	605.86	12.00
沧州市	22.0		2		607.00	5518.85	4858.85	1595.00
泊头市	5.5		2		172.00	1026.00	861.00	81.00
任丘市	15.0	3.0	2	1	691.44	2116.26	1992.30	895.97
黄骅市	24.5		5		1236.00	1709.10	1652.00	426.00
河间市	5.0		1		376.93	1083.24	914.94	177.02
廊坊市	54.5	23.8	9	7	977.71	6494.78	5961.33	1106.17
霸州市	2.6	1.0	2	1	306.80	619.80	567.00	125.00
三河市	8.0	8.0	3	3	219.62	2748.00	2470.00	1010.00
衡水市	23.4	7.0	5	3	549.46	4668.64	4170.40	877.92
深州市	4.0		1		125.31	880.00	803.13	165.27
辛集市	18.1	1.0	2	1	181.91	2521.00	2186.00	978.00
定州市	15.0		2		684.15	2127.91	1812.95	450.48
山　西	**373.3**	**174.3**	**79**	**59**	**16321.29**	**90470.10**	**81398.33**	**22530.32**
太原市	117.0	51.0	8	7	4700.00	31520.27	28614.44	10393.38
古交市	5.0		2		172.00	1503.00	1355.30	985.80
大同市	60.0	20.0	11	10	1083.33	11830.79	11097.23	5309.56

Urban Water Supply by City (Public Water Suppliers) (2023)

Total Quantity of Water Supply (10000cu. m)					用水户数(户)		用水人口(万人)	城市名称
Water Sold			免费供水量			居民家庭		
公共服务用水 The Quantity of Water for Public Service	居民家庭用水 The Quantity of Water for Household Use	其他用水 The Quantity of Water for Other Purposes	The Quantity of Free Water Supply	生活用水 Domestic Water Use	Number of Households with Access to Water Supply (unit)	Households	Population with Access to Water Supply (10000 persons)	Name of Cities
1020734.01	**2810871.27**	**291772.62**	**160199.65**	**11303.23**	**228841292**	**207427112**	**56202.20**	**全　国**
47895.52	**65737.69**	**2926.69**	**698.00**	**33.31**	**7302333**	**7091884**	**1827.63**	**北　京**
14611.23	**39954.79**	**5.64**	**683.78**		**5380894**	**5164982**	**1166.04**	**天　津**
21729.48	**67582.56**	**9150.20**	**3708.92**	**267.27**	**7357226**	**6759646**	**2202.36**	**河　北**
2975.32	15210.82	1121.60	81.88	11.32	807300	700290	540.11	石家庄市
360.00	311.00		3.00		8285	6880	13.96	晋州市
43.00	446.00	148.00	0.30		38375	27604	9.59	新乐市
2927.86	7327.54	1365.31	800.46		976128	923471	205.02	唐山市
167.10	650.38	11.30	19.11		72768	71060	27.50	滦州市
20.20	861.03	79.62			94633	94633	26.87	遵化市
218.20	885.40		38.40		110000	84800	36.00	迁安市
3438.76	3889.28	357.75	871.40		757049	715551	140.30	秦皇岛市
842.70	7515.45	24.00	66.20	35.20	666060	633218	212.08	邯郸市
495.30	552.80	9.58	11.99		36510	33098	23.61	武安市
1018.63	2662.26	1808.96	7.29		493477	427226	79.99	邢台市
119.67	309.53	0.70	2.00		20627	18252	13.75	南宫市
117.88	418.00	251.00			79362	71526	11.14	沙河市
3766.94	4884.51	104.57	47.01		243516	204621	203.96	保定市
345.65	1096.35	214.20	274.39		74095	69092	28.25	涿州市
122.77	168.37	586.98	11.50	1.68	43000	39800	12.53	安国市
126.82	653.36	146.21	167.56		65192	61794	15.33	高碑店市
908.60	3024.27	18.30	907.55	99.10	674333	625967	114.29	张家口市
203.62	2037.43	135.43	276.67	110.82	323804	302705	55.15	承德市
175.20	416.69	1.97	0.40		80011	74189	18.90	平泉市
505.00	2758.00	0.85			421558	389454	76.64	沧州市
161.00	619.00		0.35	0.35	98366	89466	16.98	泊头市
77.00	1017.53	1.80	0.60	0.60	157150	154069	32.75	任丘市
290.00	934.00	2.00	1.00		98636	86161	28.96	黄骅市
207.27	530.05	0.60			94903	84756	16.90	河间市
432.50	2755.17	1667.49	10.99		138243	123300	64.71	廊坊市
30.00	412.00		0.80	0.20	45681	40443	13.98	霸州市
100.00	1050.00	310.00	8.00	8.00	76958	76493	23.10	三河市
712.94	2196.13	383.41	2.12		307464	282034	63.55	衡水市
239.75	314.64	83.47	0.25		52294	51616	18.60	深州市
500.00	670.00	38.00	35.00		61098	59415	23.16	辛集市
79.80	1005.57	277.10	62.70		140350	136662	34.70	定州市
10584.79	**46167.11**	**2116.11**	**574.68**	**10.36**	**3503143**	**2768526**	**1285.68**	**山　西**
2434.42	15744.27	42.37			964231	927677	392.59	太原市
	369.50				42857	20769	14.88	古交市
997.94	4754.32	35.41			347654	328545	158.08	大同市

3-5 续表 1

城市名称 Name of Cities	综合生产能力(万立方米/日) Integrated Production Capacity (10000 cu. m/day)	地下水 Underground Water	水厂个数(个) Number of Water Plants (unit)	地下水 Underground Water	供水管道长度(公里) Length of Water Supply Pipelines (km)	供水总量(万立方米) 合计 Total	售水量 小计 Subtotal	生产运营用水 The Quantity of Water for Production and Operation
阳泉市	36.0	2.4	2	2	620.79	4581.89	3784.07	858.70
长治市	20.1	20.1	3	3	1451.79	7057.99	6511.57	537.08
晋城市	21.0	13.0	4	3	753.08	4358.05	3856.87	362.87
高平市	2.5	2.5	2	2	454.90	812.43	777.24	
朔州市	7.2	6.1	6	3	435.00	2420.95	2210.87	578.99
怀仁市	5.0	2.0	3	2	722.14	961.07	825.60	97.44
晋中市	16.0	6.5	5	2	615.00	4862.87	4218.17	908.94
介休市	3.2	3.2	2	2	125.25	762.95	670.62	232.67
运城市	15.8	5.1	6	1	1015.95	4392.81	4101.70	301.06
永济市	3.0	3.0	1	1	91.00	630.46	569.01	102.53
河津市	8.3	8.3	4	4	1396.38	1430.02	1193.17	247.06
忻州市	13.3	3.3	4	3	525.22	2161.13	1848.06	42.38
原平市	6.0	6.0	1	1	188.20	955.00	615.50	106.00
临汾市	8.9	2.0	2	1	657.34	3253.80	2882.08	515.12
侯马市	3.5	3.5	1	1	215.22	1240.39	1118.47	108.66
霍州市	4.8	4.8	2	2	391.80	1441.84	1268.29	537.66
吕梁市	8.5	3.3	3	2	267.20	1940.39	1734.07	100.42
孝义市	5.5	5.5	5	5	277.70	1772.00	1643.00	160.00
汾阳市	2.8	2.8	2	2	162.00	580.00	503.00	44.00
内蒙古	**354.3**	**189.8**	**84**	**77**	**13121.71**	**69470.83**	**56043.95**	**14388.76**
呼和浩特市	76.1	36.1	11	10	2166.70	18606.00	13395.00	2913.00
包头市	97.0	5.0	6	4	2002.49	16125.59	13910.59	5124.75
乌海市	15.2	15.2	4	4	1158.10	2739.01	2486.53	97.25
赤峰市	40.0	29.5	11	9	1179.64	8024.77	6869.60	2199.44
通辽市	13.5	13.5	5	5	394.66	3929.80	2996.51	835.87
霍林郭勒市	3.1	3.1	4	4	305.00	858.06	707.90	150.36
鄂尔多斯市	31.8	31.8	11	11	2042.99	4251.20	3758.30	1121.81
呼伦贝尔市	14.8	2.8	3	2	533.42	2650.62	2085.18	180.02
满洲里市	3.0	3.0	1	1	197.41	921.26	593.07	136.41
牙克石市	3.0	3.0	2	2	220.00	720.40	622.30	2.40
扎兰屯市	4.0	4.0	1	1	145.00	696.00	633.80	65.29
额尔古纳市	2.0	2.0	1	1	111.55	165.00	149.55	14.30
根河市	1.8	1.8	1	1	34.00	184.00	166.02	2.00
巴彦淖尔市	12.8	2.8	3	2	293.41	2118.80	1738.56	594.24
乌兰察布市	7.4	7.4	6	6	464.82	2709.37	2203.31	509.42
丰镇市	3.7	3.7	3	3	388.00	784.00	547.47	
锡林浩特市	6.5	6.5	3	3	570.57	1833.55	1519.61	74.03
二连浩特市	3.0	3.0	3	3	498.40	464.40	390.00	233.17
乌兰浩特市	13.2	13.2	3	3	337.50	1532.00	1149.00	135.00
阿尔山市	2.5	2.5	2	2	78.05	157.00	121.65	

continued 1

Total Quantity of Water Supply(10000cu. m)					用水户数(户) Number of Households with Access to Water Supply (unit)		用水人口(万人) Population with Access to Water Supply (10000 persons)	城市名称 Name of Cities
Water Sold			免费供水量 The Quantity of Free Water Supply			居民家庭 Households		
公共服务用水 The Quantity of Water for Public Service	居民家庭用水 The Quantity of Water for Household Use	其他用水 The Quantity of Water for Other Purposes		生活用水 Domestic Water Use				
459.00	1679.36	787.01	199.72	0.27	182581	172389	57.00	阳泉市
1859.65	4114.84				354553	256059	96.42	长治市
1374.85	2099.49	19.66	21.84		92922	89006	58.88	晋城市
311.09	464.86	1.29			63049	59956	14.55	高平市
20.00	1611.88				94000	79000	46.00	朔州市
124.14	597.78	6.24	8.62		56050	50385	24.00	怀仁市
424.02	2859.81	25.40	0.94	0.94	562194	84145	88.71	晋中市
	436.12	1.83	20.00		37195	34859	16.00	介休市
1177.52	2566.12	57.00	7.05	6.40	65009	59731	57.00	运城市
51.23	415.25				19884	17724	17.00	永济市
135.31	810.00	0.80	2.75	2.75	59510	48454	23.01	河津市
38.10	1186.51	581.07	32.33		106081	103979	34.08	忻州市
	509.00	0.50	180.50		22894	19017	19.23	原平市
232.57	2132.73	1.66	3.61		225921	223674	61.40	临汾市
10.56	818.74	180.51			35468	34058	16.11	侯马市
78.47	651.22	0.94			86660	80270	15.01	霍州市
235.92	1027.31	370.42	97.32		21549	19577	33.53	吕梁市
521.00	958.00	4.00			55381	52552	31.00	孝义市
99.00	360.00				7500	6700	11.20	汾阳市
9809.63	**27460.36**	**4385.20**	**3070.75**	**12.79**	**5123450**	**4546464**	**962.58**	**内蒙古**
3563.00	6395.00	524.00	2203.00		1101931	992986	271.70	呼和浩特市
1308.99	4507.45	2969.40			1017024	918346	194.01	包头市
94.21	2295.07		9.00		243733	233365	45.21	乌海市
1575.13	2883.73	211.30			507666	457146	85.66	赤峰市
498.48	1587.87	74.29	244.95		322114	276815	50.04	通辽市
181.64	375.90				72003	55978	12.40	霍林郭勒市
454.08	1928.10	254.31	30.00		326591	281911	63.30	鄂尔多斯市
558.84	1319.26	27.06	143.68	10.00	298769	255545	38.23	呼伦贝尔市
114.69	310.44	31.53	157.88		104832	90207	13.32	满洲里市
132.77	472.93	14.20			90000	75000	13.17	牙克石市
56.51	512.00				76744	55000	13.14	扎兰屯市
20.50	111.55	3.20			23537	19788	3.62	额尔古纳市
29.30	123.80	10.92			21761	19000	3.79	根河市
208.40	930.90	5.02	33.64		270806	243039	41.70	巴彦淖尔市
140.50	1459.62	93.77	11.73		189000	183000	28.73	乌兰察布市
12.47	535.00		103.95		41153	41000	11.26	丰镇市
547.82	746.56	151.20	132.92	2.79	193665	164942	32.42	锡林浩特市
10.30	146.53				37653	25273	5.53	二连浩特市
302.00	697.00	15.00			172677	147423	32.75	乌兰浩特市
	121.65				11791	10700	2.60	阿尔山市

3-5 续表 2

城市名称 Name of Cities	综合生产能力(万立方米/日) Integrated Production Capacity (10000 cu. m/day)	地下水 Underground Water	水厂个数(个) Number of Water Plants (unit)	地下水 Underground Water	供水管道长度(公里) Length of Water Supply Pipelines (km)	供水总量(万立方米) 合计 Total	售水量 小计 Subtotal	生产运营用水 The Quantity of Water for Production and Operation
辽 宁	**1185.3**	**196.8**	**156**	**61**	**41052.33**	**247874.29**	**188342.72**	**48996.49**
沈阳市	329.4	122.4	28	18	4530.51	64581.82	53256.26	9413.75
新民市	5.3	0.5	1	1	272.81	1722.68	1361.91	100.59
大连市	217.5		12		7379.99	46424.01	39115.46	10526.54
庄河市	10.0		1		551.46	1933.78	1418.62	205.38
瓦房店市	23.0		3		1047.44	3538.19	2341.71	694.08
鞍山市	53.0		8	1	3252.60	13607.00	11309.00	5167.00
海城市	10.0	10.0	3	3	488.30	2550.00	1150.00	
抚顺市	85.0		7		2457.96	18227.45	9051.79	3072.16
本溪市	42.0		6		1148.56	6447.71	5323.57	1624.68
丹东市	32.3		6		1150.00	8300.00	3936.00	1191.00
东港市	12.5		1		338.50	2221.00	1813.00	868.00
凤城市	4.0		1		383.00	1421.00	640.00	
锦州市	79.0	26.0	7	6	2154.00	11258.00	7023.00	1844.00
凌海市	3.9	0.3	5	4	243.19	1303.87	1038.85	1.30
北镇市	3.2	0.2	3	2	125.01	671.20	546.20	33.64
营口市	45.0	6.0	8	4	3208.00	10998.00	7831.00	2732.00
盖州市	6.5	6.5	2	2	270.68	907.00	689.40	82.73
大石桥市	6.7	1.6	3	2	1549.55	1958.60	1320.20	223.09
阜新市	43.0	5.0	5	1	1939.50	7403.89	6404.48	2287.33
辽阳市	18.4	1.1	4	1	1161.69	7343.12	5219.80	488.01
灯塔市	5.0	1.6	1		150.70	1215.00	997.60	91.63
盘锦市	64.0	11.0	7	2	2616.11	12712.00	10753.00	4796.00
铁岭市	11.6		4		977.20	3427.89	2502.97	73.27
调兵山市	8.0	1.0	1		405.99	1938.75	1517.51	831.99
开原市	6.3	0.3	2	1	197.20	1063.14	774.60	45.00
朝阳市	21.0		2		616.20	4108.40	2540.90	84.00
北票市	9.0		2		396.00	1584.00	1135.00	161.00
凌源市	9.0	3.0	3	2	415.60	1712.60	1230.00	137.00
葫芦岛市	17.6	0.3	16	11	990.58	5691.60	4722.72	1847.50
兴城市	3.9		3		549.00	1511.34	1293.67	307.12
沈抚改革创新示范区	0.3		1		85.00	91.25	84.50	66.70
吉 林	**392.2**	**38.8**	**71**	**18**	**14701.11**	**90139.66**	**64071.56**	**9045.38**
长春市	128.0	1.1	8	1	6189.42	39875.44	28816.72	4057.28
榆树市	10.0		1		201.07	980.30	758.50	
德惠市	4.0	1.0	2	1	398.00	1053.51	865.51	89.76
公主岭市	9.0	0.2	2		318.60	1373.54	946.89	70.62
吉林市	50.5		5		1319.06	12991.00	8371.00	1749.00
蛟河市	3.1		1		78.00	618.00	503.10	54.75
桦甸市	4.0		1		144.00	592.00	516.90	57.30

continued 2

Total Quantity of Water Supply(10000cu. m)					用水户数（户）		用水人口（万人）	城市名称
Water Sold			免费供水量			居民家庭		
公共服务用水 The Quantity of Water for Public Service	居民家庭用水 The Quantity of Water for Household Use	其他用水 The Quantity of Water for Other Purposes	The Quantity of Free Water Supply	生活用水 Domestic Water Use	Number of Households with Access to Water Supply (unit)	Households	Population with Access to Water Supply (10000 persons)	Name of Cities
36903.49	**94487.65**	**7955.09**	**19075.17**	**2278.88**	**13687691**	**12595449**	**2207.14**	**辽　宁**
12296.08	31290.06	256.37	5238.66	357.10	3984270	3779117	568.00	沈阳市
424.16	662.94	174.22	117.80	117.80	84565	77690	10.96	新民市
8366.33	17206.81	3015.78	507.62	0.51	2633969	2278984	403.22	大连市
305.92	717.72	189.60			153583	142856	29.00	庄河市
485.80	979.48	182.35	190.15	44.15	216409	201924	39.93	瓦房店市
1591.00	4551.00		254.00		737790	700657	143.97	鞍山市
45.00	1105.00		600.00	550.00	144107	134426	24.43	海城市
1628.96	3734.17	616.50	3181.27	1043.70	770133	730019	116.69	抚顺市
890.23	2243.79	564.87			478861	451084	70.38	本溪市
	2476.00	269.00	2663.00		432291	404680	65.16	丹东市
152.00	765.00	28.00	21.00		118042	97263	16.27	东港市
	640.00				69000	69000	17.40	凤城市
1703.00	3121.00	355.00	2830.00		279039	243094	93.76	锦州市
103.94	697.46	236.15			65211	60848	10.55	凌海市
187.60	311.30	13.66	56.00		66721	60861	12.06	北镇市
1585.00	3459.00	55.00	1128.00		530718	493611	93.72	营口市
20.68	585.99				74232	74232	17.55	盖州市
62.49	1032.95	1.67			173418	155802	21.50	大石桥市
786.54	1495.00	1835.61	70.00		357335	322267	67.97	阜新市
1077.18	3654.61		915.55		423731	395665	76.61	辽阳市
207.65	698.32		15.00		31556	28162	9.03	灯塔市
2035.00	3882.00	40.00	12.00		442653	397047	64.05	盘锦市
655.65	1773.34	0.71	79.82	74.72	311176	280294	51.02	铁岭市
219.75	465.77		3.40		91435	84875	17.18	调兵山市
99.16	630.44				91167	75817	19.46	开原市
932.90	1411.40	112.60	926.20		311152	287283	51.55	朝阳市
165.00	801.00	8.00	103.00	78.00	90958	85178	13.52	北票市
486.00	607.00		20.00		75000	68800	12.10	凌源市
124.25	2750.97		135.90	12.90	309129	286913	54.80	葫芦岛市
248.42	738.13		6.80		139000	127000	15.00	兴城市
17.80					1040		0.30	沈抚改革创新示范区
16644.18	**36172.03**	**2209.97**	**5544.39**	**63.10**	**6667347**	**6084533**	**1178.67**	**吉　林**
10705.54	13996.69	57.21	1965.86		2547911	2367669	489.46	长春市
123.80	632.40	2.30	78.50		126650	112334	27.58	榆树市
211.90	563.40	0.45	0.60		142400	122981	23.20	德惠市
283.87	567.91	24.49	152.49		64484	57189	13.82	公主岭市
335.00	5117.00	1170.00	740.00		940700	840749	135.83	吉林市
45.72	372.25	30.38	2.51		86486	78428	12.00	蛟河市
78.50	381.10				78476	70427	13.58	桦甸市

3-5 续表 3

城市名称 Name of Cities	综合生产能力（万立方米/日） Integrated Production Capacity (10000 cu. m/day)	地下水 Underground Water	水厂个数（个） Number of Water Plants (unit)	地下水 Underground Water	供水管道长度（公里） Length of Water Supply Pipelines (km)	供水总量（万立方米） 合计 Total	售水量 小计 Subtotal	生产运营用水 The Quantity of Water for Production and Operation
舒兰市	5.0		1		128.60	771.88	592.96	93.67
磐石市	2.6	2.1	3	2	121.10	779.50	641.13	36.39
四平市	16.2		3		806.00	3316.00	2135.00	279.00
双辽市	3.4	3.4	2	2	156.27	436.00	360.00	45.50
辽源市	15.0		5		246.29	2519.72	1804.55	518.10
通化市	16.1		4		647.97	2971.39	1761.77	125.41
集安市	3.0		1		50.73	935.48	464.03	122.53
白山市	16.9	1.9	6	3	485.68	2556.29	1827.25	457.60
临江市	1.5		1		146.00	430.86	337.74	49.96
松原市	22.0	8.0	5	2	383.62	3641.25	2736.00	237.00
扶余市	1.3	1.3	1	1	52.60	420.00	343.00	57.50
白城市	9.5	9.5	2	2	270.00	1563.00	1041.00	80.00
洮南市	3.0	3.0	2	2	164.89	327.05	293.47	3.15
大安市	4.9	4.9	3	2	175.54	498.08	411.99	98.89
延吉市	21.0		2		430.32	4348.31	3032.13	263.57
图们市	1.4		2		118.60	414.99	309.99	80.40
敦化市	8.0		1		179.01	1667.00	1414.00	162.00
珲春市	10.0		1		342.87	1099.97	858.27	39.97
龙井市	3.5		1		112.90	500.00	341.60	14.60
和龙市	4.0		1		196.61	951.00	538.00	55.00
梅河口市	10.0		1		255.86	1373.55	1067.81	85.50
长白山保护开发区管理委员会	5.3	2.5	3		581.50	1134.55	981.25	60.93
黑龙江	**553.9**	**147.9**	**92**	**53**	**24872.93**	**115417.01**	**92671.21**	**21869.33**
哈尔滨市	188.1	29.8	12	8	7886.25	40770.44	32530.90	3718.04
尚志市	5.5		2		237.86	1584.20	1315.57	241.30
五常市	6.8	2.0	2	1	220.37	1524.00	1177.00	156.00
齐齐哈尔市	33.6	13.6	8	7	738.90	5696.30	4662.99	92.07
讷河市	2.0	2.0	1	1	66.00	389.00	329.00	2.33
鸡西市	23.0		2		1136.00	3903.33	2910.71	388.30
虎林市	2.1	2.1	2	2	235.84	490.00	400.00	72.00
密山市					138.10	745.00	585.20	80.50
鹤岗市	16.6		2		632.70	2813.30	2149.00	544.80
双鸭山市	18.0	9.0	8	6	1118.57	3381.00	2821.00	205.00
大庆市	94.9	29.3	11	7	6481.94	25493.97	21868.90	12415.93
伊春市	19.6	11.3	9	6	708.48	1870.07	1541.84	279.14
铁力市	2.5	2.5	1	1	236.00	565.00	499.98	62.98
佳木斯市	21.0	21.0	2	2	580.34	4136.81	3455.73	564.69
同江市	2.0	2.0	1	1	299.25	400.00	222.80	13.40
抚远市	2.0	2.0	1	1	61.30	239.50	219.50	11.40
富锦市	6.0	6.0	2	2	98.24	582.40	556.30	33.90

continued 3

Total Quantity of Water Supply(10000cu. m)					用水户数（户）		用水人口（万人）	
Water Sold			免 费 供水量			居民家庭		城市名称
公共服务用 水 The Quantity of Water for Public Service	居民家庭用 水 The Quantity of Water for Household Use	其他用水 The Quantity of Water for Other Purposes	The Quantity of Free Water Supply	生活用水 Domestic Water Use	Number of Households with Access to Water Supply (unit)	Households	Population with Access to Water Supply (10000 persons)	Name of Cities
146.38	340.76	12.15			60914	54396	9.00	舒兰市
173.67	386.07	45.00	26.48		69602	63494	11.87	磐石市
439.00	1417.00		395.00		320627	290059	53.36	四平市
35.50	270.50	8.50			66442	60767	10.05	双辽市
304.85	981.60		198.00		262155	245807	42.00	辽源市
562.86	1045.51	27.99	618.36		177418	164906	39.50	通化市
86.13	232.87	22.50	286.69		44886	40110	7.14	集安市
248.38	1121.27		136.72		216268	191568	38.39	白山市
24.17	263.61		18.17		38578	35157	9.25	临江市
570.00	1843.50	85.50	109.50	36.00	240511	223613	46.42	松原市
53.50	224.00	8.00	25.00	0.30	33854	32354	6.70	扶余市
121.00	781.00	59.00	156.00		134387	122995	22.50	白城市
37.83	252.44	0.05	0.05		68866	59989	12.00	洮南市
8.90	303.00	1.20	20.88		74505	57022	10.60	大安市
484.65	2271.38	12.53	295.00	10.00	388821	354001	59.22	延吉市
27.52	178.35	23.72	36.00		27081	25316	4.20	图们市
264.00	584.00	404.00	9.00	3.00	82012	75301	20.74	敦化市
320.91	497.39		3.93		118130	107777	18.89	珲春市
46.80	280.20		31.25	1.80	63535	59141	6.36	龙井市
32.00	245.00	206.00	222.00		31123	29396	7.65	和龙市
176.80	805.51		14.00	12.00	125670	110300	20.00	梅河口市
695.00	216.32	9.00	2.40		34855	31287	7.36	长白山保护开发区管理委员会
19014.12	**44442.07**	**7345.69**	**2157.04**	**140.92**	**7907121**	**7135030**	**1365.84**	**黑龙江**
10094.17	15874.91	2843.78	287.61		2999424	2730854	513.82	哈尔滨市
225.40	847.37	1.50	0.10		51579	51074	12.72	尚志市
189.00	832.00		83.00		88292	78746	19.00	五常市
1620.21	2859.67	91.04	107.77		665121	618084	96.87	齐齐哈尔市
50.00	276.67		1.73	1.73	68342	58351	8.86	讷河市
1243.71	1278.70				326965	295680	60.60	鸡西市
59.00	264.20	4.80	30.00		48496	39994	6.15	虎林市
63.00	430.00	11.70	21.00		45947	42146	8.23	密山市
109.00	1475.90	19.30	0.18		310866	289913	48.75	鹤岗市
205.00	2294.00	117.00	197.00	93.50	180651	168402	43.90	双鸭山市
1616.57	4205.44	3630.96	13.63	4.72	754045	700045	142.18	大庆市
132.10	1085.30	45.30	105.43	11.43	186768	159566	40.53	伊春市
40.00	377.00	20.00	20.00		33175	31135	9.60	铁力市
497.67	2307.29	86.08	268.41		266270	232178	53.25	佳木斯市
43.00	152.90	13.50	117.32		42923	34725	6.08	同江市
22.00	175.10	11.00	6.00		21315	18510	3.43	抚远市
95.10	410.30	17.00	3.00		46589	43297	12.55	富锦市

3-5 续表 4

城市名称 Name of Cities	综合生产能力（万立方米/日） Integrated Production Capacity (10000 cu. m/day)	地下水 Underground Water	水厂个数（个） Number of Water Plants (unit)	地下水 Underground Water	供水管道长度（公里） Length of Water Supply Pipelines (km)	供水总量（万立方米）合计 Total	售水量 小计 Subtotal	生产运营用水 The Quantity of Water for Production and Operation
七台河市	20.0		2		816.75	2911.00	2022.35	832.38
牡丹江市	25.0		2		928.82	5931.12	3574.32	172.47
海林市	4.0		1		90.23	543.00	445.00	33.00
宁安市	3.0		1		90.99	450.00	335.00	4.50
穆棱市	2.2		1		137.87	374.37	280.09	23.33
绥芬河市	8.0		2		171.01	924.59	554.25	83.21
东宁市	3.0		1		69.00	433.95	317.99	3.20
黑河市	2.7		1		169.41	866.10	724.70	54.79
北安市	5.0		1		143.17	875.74	724.30	239.51
五大连池市	1.3	1.3	1	1	121.00	401.75	297.29	5.60
嫩江市	2.0		1		266.56	748.03	536.13	100.00
绥化市	16.5	10.5	5	4	348.60	3122.20	2797.00	1371.13
安达市	6.0	2.0	2	1	91.50	858.00	687.00	
肇东市	5.0		1		156.61	1646.26	1461.37	0.33
海伦市	5.0		2		254.80	626.58	565.50	46.10
漠河市	1.6	1.6	2	2	140.47	120.00	102.50	18.00
上　海	**1248.5**		**40**		**40437.38**	**295507.33**	**243715.03**	**42285.85**
江　苏	**3069.4**	**33.0**	**118**	**5**	**139938.40**	**586020.78**	**502821.86**	**162820.22**
南京市	531.2		15		21670.59	122691.38	101023.14	30075.07
无锡市	245.0		6		10900.00	48293.10	42190.95	18974.22
江阴市	110.0		3		2476.00	8068.00	7675.00	3630.00
宜兴市	50.0		1		2304.42	7706.80	6576.30	1652.03
徐州市	125.0	29.0	8	4	4131.68	36537.05	31140.97	5249.93
新沂市	20.0		1		910.00	3687.22	3193.49	385.06
邳州市	14.0	4.0	2	1	868.00	2916.11	2536.00	264.46
常州市	186.0		5		21791.09	36610.52	30901.43	10204.44
溧阳市	15.0		1		1303.25	5714.23	4780.71	1409.57
苏州市	365.0		11		11881.08	72164.58	62679.16	21140.33
常熟市	87.5		3		4157.71	14372.71	12547.38	5002.11
张家港市	80.0		2		2652.00	6581.00	6066.00	2102.00
昆山市	150.0		3		3479.60	19281.26	17705.06	7162.32
太仓市	70.0		2		435.54	5118.24	4573.53	1980.10
南通市	210.0		4		6991.35	31295.86	27106.38	9325.20
海安市	25.0		1		1836.00	4956.82	4465.68	1137.32
启东市	24.5		1		1081.82	3383.00	3115.00	1155.00
如皋市	40.0		2		1865.90	5340.94	4454.84	1856.75
连云港市	60.7		7		2884.18	16793.52	13988.38	3815.37
淮安市	74.0		5		6107.36	23806.07	21404.63	8995.51
盐城市	115.0		4		6747.10	15932.80	13141.62	3128.55
东台市	30.0		1		1223.06	2832.06	2480.02	707.93

continued 4

Total Quantity of Water Supply(10000cu. m)					用水户数(户)		用水人口(万人)	城市名称
Water Sold			免 费 供水量					
公共服务用水 The Quantity of Water for Public Service	居民家庭用水 The Quantity of Water for Household Use	其他用水 The Quantity of Water for Other Purposes	The Quantity of Free Water Supply	生活用水 Domestic Water Use	Number of Households with Access to Water Supply (unit)	居民家庭 Households	Population with Access to Water Supply (10000 persons)	Name of Cities
319. 48	847. 40	23. 09	258. 33		209888	184649	38. 70	七台河市
1336. 30	1980. 27	85. 28	266. 19		489054	444328	67. 74	牡丹江市
85. 00	296. 00	31. 00			83611	76565	8. 50	海林市
69. 50	260. 00	1. 00	27. 00		40310	36865	7. 48	宁安市
26. 72	218. 24	11. 80	26. 49		23002	23002	5. 45	穆棱市
46. 98	395. 67	28. 39	96. 57		55000	50000	6. 51	绥芬河市
49. 79	264. 37	0. 63	0. 42		61027	54861	7. 27	东宁市
149. 66	520. 25		2. 40	0. 54	98000	88000	14. 00	黑河市
107. 26	364. 43	13. 10	6. 80		73010	64420	11. 75	北安市
40. 65	228. 17	22. 87			41929	36759	7. 32	五大连池市
45. 16	353. 75	37. 22	90. 25		87488	63527	13. 00	嫩江市
188. 64	1212. 13	25. 10	33. 23		229115	185736	36. 54	绥化市
65. 00	550. 00	72. 00	70. 00	29. 00	79000	72000	15. 40	安达市
97. 65	1363. 34	0. 05	1. 20		99218	83917	20. 63	肇东市
63. 40	386. 00	70. 00	5. 48		90000	67000	16. 40	海伦市
18. 00	55. 30	11. 20	10. 50		10701	10701	2. 63	漠河市
76267. 10	**115210. 90**	**9951. 18**	**8938. 02**		**9785190**	**9245944**	**2487. 45**	**上 海**
74744. 79	**214289. 62**	**50967. 23**	**8612. 02**	**1799. 08**	**20750186**	**18752134**	**3736. 36**	**江 苏**
17024. 47	43580. 75	10342. 85	2928. 16	19. 05	3838980	3676904	699. 10	南京市
4538. 67	17563. 38	1114. 68	82. 22		1661524	1515248	301. 59	无锡市
667. 00	2290. 00	1088. 00	33. 00		151856	128056	41. 37	江阴市
1222. 07	3363. 20	339. 00	61. 50	35. 50	334325	311487	55. 12	宜兴市
1732. 71	8870. 73	15287. 60	1111. 84	912. 07	1138136	1029162	212. 01	徐州市
82. 16	2187. 50	538. 77	0. 29	0. 29	174283	161383	31. 00	新沂市
141. 48	1500. 98	629. 08	2. 06		188389	173583	44. 62	邳州市
4614. 49	15594. 33	488. 17	980. 71		1168411	789407	215. 37	常州市
1873. 98	1497. 16		108. 21		163325	152872	28. 56	溧阳市
13960. 33	26329. 10	1249. 40	432. 26	1. 91	2353769	2217742	509. 43	苏州市
1551. 57	5754. 86	238. 84	68. 16		356237	327110	58. 75	常熟市
1532. 00	2281. 00	151. 00	38. 00		312221	300293	39. 56	张家港市
3074. 65	4705. 84	2762. 25	95. 24		686938	617117	83. 22	昆山市
291. 07	1947. 14	355. 22	54. 00		211213	189865	35. 10	太仓市
4913. 51	10070. 14	2797. 53	226. 71	4. 80	1236683	1096982	212. 84	南通市
913. 65	2249. 28	165. 43	16. 26	16. 26	371249	222968	28. 22	海安市
355. 00	1329. 00	276. 00	11. 00		204823	189226	26. 40	启东市
676. 58	1921. 51		202. 00		257303	241359	35. 20	如皋市
2619. 28	7420. 07	133. 66	185. 65		618698	539228	104. 80	连云港市
935. 74	10865. 64	607. 74	1155. 53	723. 14	861982	769187	157. 26	淮安市
3272. 19	5556. 93	1183. 95	226. 70	2. 43	751557	715866	147. 36	盐城市
202. 34	1552. 88	16. 87	20. 82	1. 66	106571	96313	37. 30	东台市

3-5 续表 5

城市名称 Name of Cities	综合生产能力(万立方米/日) Integrated Production Capacity (10000 cu. m/day)	地下水 Underground Water	水厂个数(个) Number of Water Plants (unit)	地下水 Underground Water	供水管道长度(公里) Length of Water Supply Pipelines (km)	供水总量(万立方米) 合计 Total	售水量 小计 Subtotal	生产运营用水 The Quantity of Water for Production and Operation
扬州市	110.0		5		4731.12	24725.65	20812.00	2568.19
仪征市	15.0		1		1084.87	2334.00	1811.41	775.12
高邮市	15.0		2		585.00	4237.00	3594.00	1015.00
镇江市	70.0		3		2583.60	14690.73	13305.51	5144.41
丹阳市	30.0		2		589.60	4467.00	4005.00	1775.00
扬中市	11.5		1		578.32	3189.46	2605.12	525.64
句容市	10.0		1		1091.00	2444.74	2056.70	792.98
泰州市	55.0		5		3230.70	12888.92	11166.22	3511.90
兴化市	20.0		3		659.05	2139.00	1726.00	265.00
靖江市	25.0		1		933.00	2963.20	2672.80	853.67
泰兴市	25.0		2		2032.22	3237.00	2645.00	870.00
宿迁市	55.0		4		4142.19	14620.81	12676.43	5370.04
浙　江	**2115.6**		**122**		**111373.38**	**460908.33**	**410917.82**	**147916.97**
杭州市	567.0		21		30279.72	134759.09	119738.64	33176.21
建德市	20.0		2		951.50	1963.71	1716.73	263.92
宁波市	275.0		8		14721.45	72246.58	64189.44	31258.15
余姚市	40.5		5		2398.46	6625.28	5723.25	2401.20
慈溪市	46.0		4		1241.80	3669.00	3347.00	803.00
温州市	151.0		12		3960.64	31222.74	27238.98	7654.06
瑞安市	26.0		2		778.06	2591.44	2396.31	550.44
乐清市	40.5		4		2548.00	4518.97	4234.14	1192.55
龙港市	25.0		3		500.00	4542.50	3428.05	981.67
嘉兴市	96.3		3		2486.86	15026.14	13554.90	5399.51
海宁市	30.0		1		1298.13	4102.91	3761.27	1045.97
平湖市	29.5		2		930.23	3673.56	3191.54	1468.72
桐乡市	45.0		3		1703.54	5330.02	4636.97	2352.53
湖州市	70.0		3		6243.35	13051.52	11728.94	3044.55
绍兴市	226.6		12		9338.10	45324.87	43197.09	28178.42
诸暨市	50.0		3		2750.00	8089.50	6920.00	2398.00
嵊州市	12.0		1		1510.89	4179.00	3710.82	1784.34
金华市	60.0		3		2787.58	14816.84	13585.22	2863.01
兰溪市	17.0		3		3793.64	4280.50	3628.29	1825.04
义乌市	37.0		3		3158.19	13261.36	11921.43	3572.21
东阳市	35.0		2		1856.00	6097.36	5337.82	1279.11
永康市	20.0		1		1593.59	4784.94	4149.20	1636.60
衢州市	40.0		3		1146.15	7241.00	5906.00	1623.00
江山市	10.0		1		564.67	1619.94	1370.15	311.60
舟山市	30.0		3		2787.00	6377.00	5784.00	1300.00
台州市	57.0		5		6230.98	20611.84	18129.62	4590.02
玉环市	4.4		3		378.84	2646.91	2434.50	666.60

continued 5

Total Quantity of Water Supply(10000cu. m)					用水户数（户）		用水人口（万人）	城市名称
Water Sold			免费供水量			居民家庭		
公共服务用水 The Quantity of Water for Public Service	居民家庭用水 The Quantity of Water for Household Use	其他用水 The Quantity of Water for Other Purposes	免费供水量 The Quantity of Free Water Supply	生活用水 Domestic Water Use	Number of Households with Access to Water Supply (unit)	Households	Population with Access to Water Supply (10000 persons)	Name of Cities
3631. 14	6706. 03	7906. 64	0. 18	0. 18	782985	705086	138. 67	扬州市
188. 65	847. 64		10. 00		116000	108780	21. 19	仪征市
901. 00	1496. 00	182. 00	83. 00	53. 00	161586	156127	24. 68	高邮市
1654. 80	5575. 91	930. 39	70. 81		519675	474249	89. 35	镇江市
249. 00	1743. 00	238. 00	37. 00		232833	212451	34. 65	丹阳市
273. 36	1806. 12		201. 13		75384	69427	15. 10	扬中市
42. 20	1221. 52		0. 10	0. 10	166100	151898	20. 29	句容市
561. 82	6897. 21	195. 29	59. 20	23. 00	528215	479753	98. 72	泰州市
92. 00	1369. 00		58. 00		149439	136386	22. 35	兴化市
49. 80	1707. 56	61. 77	11. 09		107166	101969	24. 90	靖江市
79. 00	1640. 00	56. 00	39. 00	3. 50	200342	187059	29. 81	泰兴市
827. 08	4848. 21	1631. 10	2. 19	2. 19	561988	507591	112. 47	宿迁市
73526. 62	**179253. 37**	**10220. 86**	**4205. 43**	**171. 42**	**13236666**	**11947247**	**3179. 33**	**浙　江**
26398. 87	54239. 17	5924. 39	2044. 70	3. 62	3071041	2826404	1002. 40	杭州市
260. 08	1191. 10	1. 63	9. 59	4. 08	130667	114274	15. 39	建德市
12142. 38	20755. 84	33. 07	136. 00	26. 00	2107985	1971198	382. 73	宁波市
553. 31	2762. 49	6. 25	26. 05	5. 38	280776	253214	47. 07	余姚市
435. 00	1975. 00	134. 00			213856	195216	46. 50	慈溪市
5892. 62	13263. 61	428. 69	300. 60		659212	597539	269. 94	温州市
98. 90	1742. 54	4. 43	9. 34	0. 86	143772	129987	54. 61	瑞安市
681. 92	2351. 64	8. 03	3. 22		131919	96024	54. 16	乐清市
412. 07	2034. 31		35. 00	8. 51	156402	152719	24. 03	龙港市
2881. 65	4569. 46	704. 28	15. 77	15. 77	552894	509150	97. 72	嘉兴市
984. 73	1639. 16	91. 41	11. 64	0. 90	167643	155156	38. 28	海宁市
209. 64	1496. 39	16. 79	5. 00	4. 75	167437	155421	27. 41	平湖市
104. 70	2087. 18	92. 56	0. 91	0. 91	142096	125231	39. 79	桐乡市
2968. 10	5118. 85	597. 44	96. 31		640880	584725	78. 08	湖州市
3778. 15	10951. 31	289. 21	69. 07	7. 61	1148149	1038244	168. 60	绍兴市
920. 00	3256. 00	346. 00	8. 50	8. 50	351165	325712	74. 99	诸暨市
163. 25	1763. 23		6. 90	6. 90	127858	94721	34. 74	嵊州市
3232. 00	7388. 98	101. 23	57. 15	2. 46	368293	241709	99. 24	金华市
295. 82	1283. 50	223. 93			94786	87778	23. 70	兰溪市
1435. 46	6838. 38	75. 38	124. 00	4. 18	238450	189669	118. 00	义乌市
994. 54	3050. 87	13. 30	96. 56		147545	142029	46. 79	东阳市
175. 42	2337. 18		49. 89	2. 40	120629	104420	25. 75	永康市
1979. 00	2278. 00	26. 00	476. 00		356842	327798	41. 58	衢州市
161. 41	860. 57	36. 57	16. 21	14. 28	127792	87388	16. 15	江山市
813. 00	2977. 00	694. 00	22. 80	12. 60	370629	344955	67. 45	舟山市
3798. 07	9691. 71	49. 82	81. 43	16. 05	565236	510649	136. 10	台州市
97. 18	1651. 87	18. 85	3. 64	2. 61	70420	64364	21. 08	玉环市

3-5 续表 6

城市名称 Name of Cities	综合生产能力（万立方米/日）Integrated Production Capacity (10000 cu. m/day)	地下水 Underground Water	水厂个数（个）Number of Water Plants (unit)	地下水 Underground Water	供水管道长度（公里）Length of Water Supply Pipelines (km)	供水总量（万立方米）合计 Total	售水量 小计 Subtotal	生产运营用水 The Quantity of Water for Production and Operation
温岭市	10.0		1		628.00	6328.00	5763.65	1435.15
临海市	15.0		2		1135.46	4747.40	3667.00	1157.50
丽水市	20.0		2		1204.00	5959.61	5433.67	1448.69
龙泉市	9.8		1		468.55	1218.80	1093.20	255.20
安　徽	**1055.7**	**67.2**	**83**	**11**	**37581.80**	**237059.80**	**203170.74**	**54668.54**
合肥市	285.0		7		3997.83	69777.06	62718.89	12375.25
巢湖市	22.0		3		766.00	4952.05	4250.37	2570.37
芜湖市	111.5		8		3983.45	30194.29	25066.13	7648.64
无为市	20.0		2		1132.28	2486.88	2121.08	336.80
蚌埠市	50.0		2		2173.87	11829.92	10115.83	3091.33
淮南市	42.0		5		1844.07	10616.61	8712.53	1355.12
马鞍山市	45.0		2		1296.33	11236.44	9695.34	3551.60
淮北市	26.7	26.7	1	1	1312.00	6861.97	5757.75	1375.94
铜陵市	42.0		3		2045.40	9772.29	8304.84	1930.25
安庆市	36.0		3		1332.09	9548.32	8162.24	3255.05
潜山市	7.5		2		480.00	1311.28	1097.50	70.46
桐城市	10.5		3		390.00	2120.00	1759.00	415.00
黄山市	25.0		7		1566.61	4907.53	4182.92	1448.15
滁州市	40.0		4		1275.84	11680.44	10112.19	4549.41
天长市	12.0	2.0	2	1	690.80	2592.00	2243.72	277.91
明光市	8.0		2		850.50	1781.17	1472.00	288.17
阜阳市	102.0	7.0	4	1	3972.58	9669.32	8242.09	2596.84
界首市	7.5	3.5	2	1	384.50	1488.00	1282.00	431.30
宿州市	18.0	17.0	5	4	953.72	3900.33	3336.26	229.32
六安市	47.5		3		1309.54	7820.27	5513.96	796.50
亳州市	31.0	11.0	4	3	1270.69	6215.79	4852.16	1414.05
池州市	16.0		2		737.97	4725.72	4261.37	789.28
宣城市	26.5		4		2289.53	5744.31	4908.11	1566.62
广德市	11.0		1		830.00	2970.01	2558.66	1375.18
宁国市	13.0		2		696.20	2857.80	2443.80	930.00
福　建	**958.4**	**10.9**	**91**	**11**	**39721.98**	**198913.82**	**170231.70**	**32070.76**
福州市	228.2		13		5927.08	42897.42	35724.25	6978.11
福清市	28.0		3		2425.87	6977.97	4966.28	928.67
厦门市	213.9		12		9761.80	51625.69	46746.71	10085.95
莆田市	35.5		3		2077.08	10594.25	9585.02	2949.28
三明市	33.5		7		2167.67	5148.39	4492.08	621.96
永安市	10.0		2		427.09	2274.67	2128.01	491.59
泉州市	85.0		6		5997.51	18848.02	16108.67	1898.29
石狮市	64.0		2		1242.50	5047.42	4243.02	698.29
晋江市	45.0		1		1310.84	11848.36	10977.37	1823.81

continued 6

Total Quantity of Water Supply(10000cu. m)					用水户数（户）		用水人口（万人）	城市名称
Water Sold			免　费供水量					
公共服务用　水 The Quantity of Water for Public Service	居民家庭用　水 The Quantity of Water for Household Use	其他用水 The Quantity of Water for Other Purposes	The Quantity of Free Water Supply	生活用水 Domestic Water Use	Number of Households with Access to Water Supply (unit)	居民家庭 Households	Population with Access to Water Supply (10000 persons)	Name of Cities
230.55	4034.55	63.40	110.00	15.00	146740	130192	33.78	温岭市
197.70	2311.80		381.10		170200	157769	40.96	临海市
1010.40	2734.38	240.20	0.55	0.55	189175	167414	42.89	丽水市
220.70	617.30		7.50	7.50	76177	66178	9.42	龙泉市
36019.28	**102733.52**	**9749.40**	**5622.64**	**95.08**	**9734737**	**8882826**	**1964.15**	**安　徽**
18150.50	32193.14		1765.35		2657132	2565294	652.21	合肥市
442.00	1190.00	48.00	56.00		131461	130029	33.14	巢湖市
2850.93	10192.38	4374.18	1101.75	55.73	713860	635318	165.52	芜湖市
325.00	1442.58	16.70	14.80		88425	79206	19.85	无为市
3042.08	3982.42				556064	513418	97.08	蚌埠市
1335.57	5918.67	103.17	57.88		418040	392500	130.20	淮南市
1877.82	3503.71	762.21	765.42		439788	405850	82.43	马鞍山市
706.65	3629.11	46.05			439310	422827	71.51	淮北市
385.20	4802.58	1186.81	42.10		327510	290306	62.58	铜陵市
684.18	4161.18	61.83	29.38		443534	404416	77.90	安庆市
50.00	776.19	200.85	3.28		64533	60195	12.30	潜山市
152.00	1147.00	45.00	3.00		156910	142272	16.70	桐城市
242.34	2300.73	191.70	63.49	22.18	273276	236396	35.33	黄山市
770.59	4259.77	532.42	59.62		430758	396372	71.85	滁州市
352.51	844.78	768.52	2.04	1.01	146186	129455	18.79	天长市
227.05	897.67	59.11	82.37		111534	100196	18.75	明光市
258.50	5386.75		2.91	2.91	551217	497197	115.22	阜阳市
13.80	836.90		1.00	0.50	98256	90459	18.31	界首市
504.07	2595.83	7.04			356491	302682	60.47	宿州市
982.00	3226.16	509.30	1132.20		303412	297630	60.68	六安市
719.61	2699.00	19.50	418.20		302629	228975	41.72	亳州市
1218.38	1733.38	520.33	15.10	10.00	236150	172730	31.05	池州市
668.17	2615.37	57.95	5.75	1.75	258811	235393	35.65	宣城市
37.53	1095.22	50.73			100000	60000	16.91	广德市
22.80	1303.00	188.00	1.00	1.00	129450	93710	18.00	宁国市
38438.05	**87369.99**	**12352.90**	**6006.90**	**33.12**	**6045326**	**5342520**	**1468.44**	**福　建**
10852.87	17461.78	431.49	2112.18		1447198	1343422	373.56	福州市
1200.87	2829.51	7.23	1126.61		247011	215129	46.79	福清市
9039.09	21430.53	6191.14	109.69		680622	575723	417.07	厦门市
1440.40	5051.54	143.80	9.93	9.48	353255	290114	80.55	莆田市
1102.22	2454.74	313.16	26.81		266317	228829	37.18	三明市
948.08	680.15	8.19	12.06	7.24	117517	99184	17.30	永安市
3641.76	9560.94	1007.68	16.65	1.29	615845	526021	134.06	泉州市
974.25	2531.63	38.85	20.33	0.65	91961	84033	35.71	石狮市
4686.31	4255.85	211.40	0.33	0.33	276894	217388	34.99	晋江市

3-5 续表 7

城市名称 Name of Cities	综合生产能力（万立方米/日） Integrated Production Capacity (10000 cu. m/day)	地下水 Underground Water	水厂个数（个） Number of Water Plants (unit)	地下水 Underground Water	供水管道长度（公里） Length of Water Supply Pipelines (km)	供水总量（万立方米）合计 Total	售水量 小计 Subtotal	生产运营用水 The Quantity of Water for Production and Operation
南安市	15.0		1		353.11	1934.31	1645.46	543.00
漳州市	68.5		7		1825.77	12723.52	9298.93	1269.53
南平市	25.0		3		785.43	4456.44	3855.80	638.53
邵武市	9.0		3		316.92	2135.22	1796.35	633.50
武夷山市	9.2		3		504.32	1805.28	1567.11	3.19
建瓯市	4.5		2	2	186.95	1289.88	1090.43	212.93
龙岩市	28.4	10.9	14	9	3160.95	7611.38	5966.10	1260.20
漳平市	6.0		2		188.40	1601.04	1143.52	235.88
宁德市	29.7		4		574.32	5479.05	4825.89	45.46
福安市	8.0		2		205.31	2185.04	1796.01	367.89
福鼎市	12.0		1		283.06	2430.47	2274.69	384.70
江　西	**724.5**	**0.5**	**78**		**33633.61**	**165509.26**	**137802.66**	**32750.50**
南昌市	193.5		11		7963.00	47397.00	39378.00	8368.00
景德镇市	25.0		2		1048.25	6789.99	5754.30	809.12
乐平市	5.0	0.5	1		306.20	1334.31	1207.50	348.24
萍乡市	21.0		4		882.77	5949.84	4850.16	554.38
九江市	42.0		4		3602.60	13191.00	10733.00	3184.00
瑞昌市	10.0		1		472.59	2350.65	1658.67	471.49
共青城市	5.0		1		224.00	1144.00	972.00	379.00
庐山市	3.0		1		147.63	858.33	746.33	149.66
新余市	35.5		3		1620.00	7748.00	6849.00	2559.00
鹰潭市	22.5		4		835.86	4867.66	4023.98	833.53
贵溪市	11.0		2		396.00	1920.00	1630.00	300.00
赣州市	97.0		6		5224.74	22774.19	19183.81	4419.08
瑞金市	9.0		2		393.57	1643.28	1464.60	62.27
龙南市	10.0		3		125.02	2212.40	2038.00	838.00
吉安市	37.5		5		1814.70	7200.00	6159.00	2637.00
井冈山市	2.0		1		68.00	252.90	225.58	62.72
宜春市	36.0		4		2758.99	8774.42	6902.97	2412.20
丰城市	16.0		2		1362.00	2512.67	2110.14	268.91
樟树市	10.0		2		233.08	2966.58	2704.68	1252.94
高安市	21.0		4		305.00	2522.00	2196.72	460.16
抚州市	46.5		7		1441.50	10324.86	8087.18	1701.30
上饶市	58.0		7		1614.42	9919.64	8209.43	450.26
德兴市	8.0		1		793.69	855.54	717.61	229.24
山　东	**1777.7**	**368.2**	**297**	**108**	**61166.81**	**362142.11**	**318926.97**	**111760.77**
济南市	282.9	104.4	38	23	7636.96	52880.81	43646.61	4742.13
青岛市	234.4	3.5	37	4	8902.76	59632.62	51337.65	17625.98
胶州市	9.5		3		861.06	4321.22	3694.47	992.48
平度市	17.1	4.1	3	2	704.00	2881.00	2457.00	982.00

continued 7

公共服务用水 The Quantity of Water for Public Service	居民家庭用水 The Quantity of Water for Household Use	其他用水 The Quantity of Water for Other Purposes	免费供水量 The Quantity of Free Water Supply	生活用水 Domestic Water Use	用水户数(户) Number of Households with Access to Water Supply (unit)	居民家庭 Households	用水人口(万人) Population with Access to Water Supply (10000 persons)	城市名称 Name of Cities
Total Quantity of Water Supply(10000cu. m) — Water Sold								
131. 64	937. 91	32. 91	32. 85		164075	148589	18. 92	南安市
2160. 69	5110. 13	758. 58	1543. 96	0. 17	503267	441834	75. 10	漳州市
836. 43	2352. 99	27. 85	65. 35		276770	248159	34. 58	南平市
20. 90	987. 15	154. 80	39. 55		111865	100073	11. 49	邵武市
243. 04	470. 86	850. 02			59929	57967	9. 03	武夷山市
90. 75	714. 99	71. 76	0. 20	0. 11	69520	59532	11. 85	建瓯市
309. 55	4087. 77	308. 58	495. 18	12. 77	316269	289732	49. 38	龙岩市
8. 89	687. 07	211. 68	214. 52	1. 08	57792	48994	8. 78	漳平市
556. 69	2647. 73	1576. 01	82. 55	0. 00	211453	194064	36. 85	宁德市
23. 86	1401. 56	2. 70	98. 15		94564	90956	17. 12	福安市
169. 76	1715. 16	5. 07			83202	82777	18. 13	福鼎市
25054. 90	**74667. 61**	**5329. 65**	**2827. 75**	**387. 20**	**6768425**	**6250141**	**1154. 01**	**江　西**
12120. 00	18345. 00	545. 00	225. 00	225. 00	1693859	1595655	350. 50	南昌市
1176. 22	3487. 96	281. 00	15. 00	15. 00	304899	278209	40. 36	景德镇市
193. 54	664. 00	1. 72	28. 00	11. 82	73335	71182	16. 33	乐平市
849. 26	3446. 52		108. 66		281992	261998	44. 80	萍乡市
442. 00	6589. 00	518. 00	61. 00	60. 00	573022	533006	78. 29	九江市
130. 73	1025. 93	30. 52	60. 60		149348	138443	20. 00	瑞昌市
165. 00	428. 00				65282	58572	12. 43	共青城市
36. 67	560. 00				38852	34277	6. 50	庐山市
483. 00	3807. 00		1. 00		411306	384389	50. 50	新余市
472. 99	1949. 43	768. 03	128. 09	28. 00	259541	226212	25. 32	鹰潭市
330. 00	1000. 00		0. 00		92785	82118	11. 81	贵溪市
2977. 98	10939. 94	846. 81	0. 23	0. 23	690573	606962	134. 30	赣州市
69. 28	1312. 07	20. 98	91. 56	6. 31	62190	62171	22. 02	瑞金市
293. 00	787. 00	120. 00	18. 20	1. 20	66103	66103	15. 84	龙南市
935. 00	2262. 00	325. 00	132. 00		271124	261047	45. 86	吉安市
11. 38	145. 27	6. 21	1. 22	0. 83	19210	19210	2. 82	井冈山市
627. 05	3846. 51	17. 21	468. 96	26. 34	368777	334164	63. 20	宜春市
508. 94	1308. 64	23. 65	12. 15	1. 00	166473	146326	25. 37	丰城市
204. 47	1141. 17	106. 10	4. 80	4. 20	113452	106099	18. 90	樟树市
413. 26	1309. 80	13. 50	26. 00		76998	66875	22. 36	高安市
1235. 32	4809. 96	340. 60	658. 68	6. 00	496570	444637	66. 86	抚州市
1377. 91	5023. 49	1357. 77	786. 05	0. 72	451469	432122	70. 95	上饶市
1. 90	478. 92	7. 55	0. 55	0. 55	41265	40364	8. 69	德兴市
50148. 51	**145085. 94**	**11931. 75**	**3741. 47**	**470. 11**	**13982939**	**13204725**	**4147. 71**	**山　东**
16499. 44	20877. 32	1527. 72	2224. 73	9. 52	2131086	2046897	667. 87	济南市
9342. 77	24340. 30	28. 60	634. 85	373. 75	2385426	2261187	599. 63	青岛市
821. 11	1877. 57	3. 31	15. 65	2. 40	275666	240359	64. 03	胶州市
133. 00	1342. 00		47. 00	0. 40	107206	101128	49. 99	平度市

3-5 续表 8

城市名称 Name of Cities	综合生产能力（万立方米/日） Integrated Production Capacity (10000 cu. m/day)	地下水 Underground Water	水厂个数（个） Number of Water Plants (unit)	地下水 Underground Water	供水管道长度（公里） Length of Water Supply Pipelines (km)	供水总量(万立方米) 合计 Total	售水量 小计 Subtotal	生产运营用水 The Quantity of Water for Production and Operation
莱西市	9.0		1		556.81	2994.77	2555.91	850.73
淄博市	148.7	69.5	32	19	3276.10	30184.57	26965.83	16435.97
枣庄市	30.4	24.4	10	9	1963.76	6751.81	5706.47	1047.11
滕州市	18.0	18.0	3	3	1215.00	5400.00	4650.00	1370.00
东营市	118.0		11		1638.98	15648.55	14703.56	6301.89
烟台市	105.1	11.7	19	7	4801.64	18793.94	17265.99	5951.87
龙口市	8.0		1		422.28	1769.00	1623.00	488.00
莱阳市	10.0		3		364.90	2361.10	2092.78	493.00
莱州市	10.5		4		743.79	2556.88	2318.09	418.35
招远市	6.9	0.5	4	1	452.41	1692.65	1576.32	416.00
栖霞市	2.7		1		136.93	552.00	514.00	64.00
海阳市	11.1		4		493.00	1200.07	1152.00	271.00
潍坊市	67.5	5.0	12	4	2393.03	18385.73	16773.43	8077.79
青州市	14.5	10.5	4	1	786.59	3292.10	2847.69	1025.17
诸城市	21.0		3		370.21	4822.20	4493.00	2125.00
寿光市	23.0	7.0	4	3	759.90	8514.38	8213.92	6458.02
安丘市	29.0		4		501.63	5416.73	4853.64	2530.68
高密市	24.1	1.6	6	2	747.78	4576.41	4135.92	1568.91
昌邑市	14.0	4.0	2	1	103.20	1126.39	1044.83	405.98
济宁市	50.0	30.0	9	7	1300.70	10739.49	8994.21	1545.17
曲阜市	10.0	10.0	1	1	383.00	1003.00	850.00	123.00
邹城市	10.5	10.5	8	8	283.88	2385.87	1995.17	151.71
泰安市	32.0	14.0	6	4	1677.47	6652.50	6043.00	1101.68
新泰市	11.0		3		453.00	2460.01	2266.90	660.11
肥城市	6.6	6.6	3	3	255.89	1968.04	1781.37	440.88
威海市	55.0		6		3646.44	8660.17	7850.92	2343.24
荣成市	18.0		8		791.10	3019.00	2670.00	1026.00
乳山市	21.0		2		625.01	1971.00	1681.54	562.58
日照市	56.5		7		1981.99	12044.88	10416.85	4565.31
临沂市	71.0		6		2500.67	14122.58	12171.66	3668.14
德州市	38.0		4		1850.09	7342.29	6443.53	2342.82
乐陵市	5.0		1		111.19	927.17	841.88	111.31
禹城市	9.0	3.0	2	1	439.58	1130.54	1030.10	53.85
聊城市	32.5	24.0	6	2	1716.66	8056.65	7635.24	1368.57
临清市	3.7		1		204.06	1201.13	1002.20	236.84
滨州市	65.7		8		1449.37	10571.64	9659.17	4631.30
邹平市	36.0	6.0	4	3	161.69	6095.17	5732.11	4774.35
菏泽市	31.0		3		1502.30	6036.05	5239.01	1411.85
河　南	**1171.4**	**160.1**	**142**	**58**	**32574.26**	**220706.55**	**190269.03**	**34253.45**
郑州市	211.0		11		6721.80	51321.08	44938.42	3358.07

continued 8

Total Quantity of Water Supply(10000cu. m)					用水户数(户)		用水人口(万人)	城市名称
Water Sold			免费供水量			居民家庭		
公共服务用水 The Quantity of Water for Public Service	居民家庭用水 The Quantity of Water for Household Use	其他用水 The Quantity of Water for Other Purposes	The Quantity of Free Water Supply	生活用水 Domestic Water Use	Number of Households with Access to Water Supply (unit)	Households	Population with Access to Water Supply (10000 persons)	Name of Cities
222.12	1483.06		4.94		89208	81321	34.65	莱西市
2082.89	8279.53	167.44	11.01		413319	380923	221.23	淄博市
852.84	3740.75	65.77	1.16	0.11	337523	309824	114.41	枣庄市
275.00	2137.00	868.00	25.00	15.00	265072	258711	47.75	滕州市
2485.85	4904.63	1011.19	22.72		333275	291808	97.86	东营市
3007.86	8187.30	118.96	59.82		816755	764640	256.54	烟台市
195.00	911.00	29.00	29.00		87631	82404	29.61	龙口市
421.42	1178.36				97290	96129	30.21	莱阳市
36.83	1535.99	326.92	1.00		101326	99062	39.00	莱州市
264.29	894.24	1.79			160302	159322	20.11	招远市
128.00	302.00	20.00			44196	38871	14.36	栖霞市
78.00	719.00	84.00	0.07	0.07	86600	83600	23.50	海阳市
785.49	6944.24	965.91			453156	442543	177.28	潍坊市
19.93	1794.05	8.54	92.14		119518	115768	38.32	青州市
422.00	1844.00	102.00	11.20		173056	171060	51.32	诸城市
24.19	1729.61	2.10			20987	19107	58.92	寿光市
563.23	1759.73				130680	127534	45.51	安丘市
144.00	1260.49	1162.52	19.00		132035	119096	29.67	高密市
97.00	538.71	3.14			6195	5189	20.15	昌邑市
2049.11	5144.66	255.27	211.00	25.00	724561	683479	177.32	济宁市
131.00	511.00	85.00			115204	105100	21.84	曲阜市
199.23	1620.35	23.88	25.00	25.00	110212	110212	36.30	邹城市
1501.00	3372.32	68.00	0.50		403128	375343	111.16	泰安市
187.37	1207.16	212.26			125661	113430	41.36	新泰市
73.90	1232.27	34.32	3.48		126926	125457	31.63	肥城市
1452.68	3321.12	733.88	17.39	0.38	591036	537650	109.46	威海市
72.00	1552.00	20.00			129464	129176	44.19	荣成市
129.18	920.13	69.65	2.29		84571	83592	21.72	乳山市
1300.70	3723.72	827.12	94.77	18.45	367000	352000	100.22	日照市
168.57	8320.26	14.69	158.81		735329	718530	210.66	临沂市
977.35	3123.36		1.24		405260	372982	95.68	德州市
158.34	544.20	28.03	2.03	0.03	66466	62785	26.22	乐陵市
32.55	663.35	280.35			113246	106029	19.30	禹城市
910.36	3577.13	1779.18			304450	287108	130.62	聊城市
98.60	657.86	8.90			74603	69225	32.83	临清市
1350.56	2758.00	919.31			312874	307690	82.02	滨州市
88.66	794.10	75.00	11.97		82500	82500	24.25	邹平市
365.09	3462.07		13.70		342940	285954	99.01	菏泽市
29672.93	**113797.55**	**12545.10**	**3061.11**	**303.70**	**9261868**	**8319838**	**2865.74**	**河 南**
10897.82	30640.05	42.48	178.12	157.32	1860073	1425853	773.33	郑州市

3-5 续表 9

城市名称 Name of Cities	综合生产能力（万立方米/日） Integrated Production Capacity (10000 cu. m/day)	地下水 Underground Water	水厂个数（个） Number of Water Plants (unit)	地下水 Underground Water	供水管道长度（公里） Length of Water Supply Pipelines (km)	供水总量（万立方米） 合计 Total	售水量 小计 Subtotal	生产运营用水 The Quantity of Water for Production and Operation
巩义市	6.8	6.0	3	2	183.38	1755.63	1356.00	7.52
荥阳市	16.9	0.9	2	1	567.40	2459.88	2143.11	275.22
新密市	7.0	4.2	5	4	283.98	1610.90	1325.80	
新郑市	13.5	3.5	2	1	364.29	1831.60	1592.10	
登封市	6.0		5		258.29	1660.46	1358.56	
开封市	72.0	7.0	4	2	2370.04	9164.00	7780.07	2546.21
洛阳市	109.9	11.9	12	8	2601.70	18889.19	16489.82	2365.31
平顶山市	51.0		4		1133.35	10882.30	9337.00	4569.50
舞钢市	5.0		1		144.79	1076.32	948.56	379.16
汝州市	9.0	2.5	3	2	299.06	1596.60	1366.22	
安阳市	72.0	32.0	7	3	856.00	7752.27	6626.68	565.16
林州市	22.0	5.0	4	1	295.68	2478.63	2168.80	767.97
鹤壁市	24.7	0.7	5	1	666.48	4922.00	4341.69	
新乡市	45.0		3		1082.49	10306.90	8575.15	3202.72
长垣市	7.5		1		509.52	1937.64	1615.38	137.52
卫辉市	12.0		2		197.50	1886.93	1598.93	444.90
辉县市	17.0	7.0	3	2	388.50	1384.00	1261.00	12.00
焦作市	53.5		2	2	1139.05	5980.95	5111.11	1113.17
沁阳市	1.6	1.6	1	1	156.10	470.00	416.00	36.00
孟州市	3.0	3.0	2	2	228.18	1020.30	835.20	117.20
濮阳市	28.0		3	1	926.82	7186.15	6621.32	2121.44
许昌市	34.0	14.0	4	2	560.64	5551.08	4492.77	317.10
禹州市	12.5		2		403.69	1850.76	1512.08	213.02
长葛市	8.0		2	1	280.00	1408.20	1157.05	229.48
漯河市	27.0	1.0	8	2	633.74	6324.71	4875.04	1063.66
三门峡市	22.5	6.5	6	3	418.66	3523.32	2984.54	917.78
义马市	13.2	2.0	2	1	162.95	1228.00	1026.00	529.00
灵宝市	6.5	2.0	3	2	150.32	1020.00	861.00	134.00
南阳市	57.4	13.6	8	6	1381.64	8240.75	7145.58	1810.17
邓州市	11.5	2.5	4	1	768.65	2684.00	2337.00	334.00
商丘市	28.0	8.0	2	1	1626.00	7050.00	5812.75	1077.04
永城市	8.5	8.5	3	3	353.24	2120.00	1996.08	
信阳市	26.0		2		1357.73	6351.98	5430.04	543.00
周口市	23.0	1.4	3		826.55	5082.95	4188.16	514.07
项城市	14.0	6.0	1	1	502.13	2199.00	1807.00	642.00
驻马店市	22.0		2		674.51	6314.18	5343.13	1138.48
济源示范区	23.0	8.0	3	2	639.41	3155.99	2742.00	1055.00
郑州航空港经济综合实验区	40.0	1.3	2		460.00	9027.90	8751.89	1716.58
湖　北	**1497.1**		**118**		**57282.22**	**315500.15**	**255204.71**	**67727.65**
武汉市	551.0		17		24756.69	138291.91	109662.31	27088.42

continued 9

Total Quantity of Water Supply(10000cu. m)					用水户数(户)		用水人口(万人)	城市名称
Water Sold			免费供水量			居民家庭		
公共服务用水 The Quantity of Water for Public Service	居民家庭用水 The Quantity of Water for Household Use	其他用水 The Quantity of Water for Other Purposes	The Quantity of Free Water Supply	生活用水 Domestic Water Use	Number of Households with Access to Water Supply (unit)	Households	Population with Access to Water Supply (10000 persons)	Name of Cities
494.00	822.54	31.94	69.96		90151	78630	33.40	巩义市
571.29	1247.00	49.60			167500	146699	27.57	荥阳市
	950.26	375.54	0.22		63697	54663	20.95	新密市
245.50	1345.70	0.90	2.10	2.10	95268	92820	31.20	新郑市
	977.92	380.64			50108	43067	23.83	登封市
1398.33	3835.53		23.00		351312	325529	99.54	开封市
4010.63	10048.01	65.87	84.80	44.39	1017143	991920	282.16	洛阳市
507.40	4260.10		96.00		302315	302266	90.09	平顶山市
53.85	507.75	7.80	0.90	0.20	54512	41288	11.81	舞钢市
104.47	971.93	289.82	52.00		85717	77737	34.26	汝州市
1688.91	4362.95	9.66	182.21		259945	243079	79.66	安阳市
128.00	1114.83	158.00	51.06		68412	67277	22.70	林州市
	1647.06	2694.63	5.00		285646	269413	53.07	鹤壁市
	4919.63	452.80	250.00		359551	333093	79.36	新乡市
215.75	1045.10	217.01	4.16	1.30	126443	111968	33.43	长垣市
185.47	849.36	119.20	72.00		54788	40983	15.66	卫辉市
308.30	940.70				90969	84800	22.05	辉县市
477.14	3321.96	198.84	117.77	56.71	364513	347812	86.38	焦作市
24.00	285.00	71.00	4.00		38250	33390	11.40	沁阳市
72.61	645.39				44777	35820	13.22	孟州市
179.58	3084.96	1235.34			214498	197894	65.54	濮阳市
911.86	3241.05	22.76	466.87		233372	212722	67.75	许昌市
	1299.06		35.86	0.52	88754	88196	39.10	禹州市
95.39	832.18		14.91		75489	68212	19.20	长葛市
716.84	3082.29	12.25	660.00		408421	373340	61.70	漯河市
359.88	1651.14	55.74	0.66	0.66	78233	70534	48.53	三门峡市
20.00	477.00				56001	48210	14.45	义马市
8.00	638.00	81.00			51914	41531	18.17	灵宝市
374.40	4933.87	27.14	56.35	40.50	257121	251465	167.36	南阳市
201.00	1478.00	324.00	100.00		98821	97621	38.56	邓州市
387.00	4311.40	37.31	3.67		320155	286783	110.60	商丘市
373.84	1598.24	24.00			122755	120753	46.98	永城市
1310.27	3516.50	60.27	133.00		348200	314852	66.00	信阳市
1452.61	2184.87	36.61	138.79		384226	359047	77.24	周口市
122.00	953.00	90.00	95.00		90737	73809	30.41	项城市
987.78	3053.91	162.96	157.21		343599	314887	64.28	驻马店市
30.00	1655.00	2.00	5.49		90691	89378	39.80	济源示范区
759.01	1068.31	5207.99			167791	162497	45.00	郑州航空港经济综合实验区
27129.11	**152097.25**	**8250.70**	**14698.73**	**587.97**	**9214517**	**8696394**	**2432.91**	**湖　北**
15640.66	66412.39	520.84	7203.25	116.25	3091349	2966983	1131.12	武汉市

3-5 续表 10

城市名称 Name of Cities	综合生产能力（万立方米/日） Integrated Production Capacity (10000 cu. m/day)	地下水 Underground Water	水厂个数（个） Number of Water Plants (unit)	地下水 Underground Water	供水管道长度（公里） Length of Water Supply Pipelines (km)	供水总量（万立方米） 合计 Total	售水量 小计 Subtotal	生产运营用水 The Quantity of Water for Production and Operation
黄石市	63.0		3		1314.53	11011.16	8775.48	2141.93
大冶市	23.0		1		1460.00	7185.78	5825.89	1937.62
十堰市	53.5		8		2428.16	11917.97	9951.80	2467.67
丹江口市	11.5		3		465.38	1537.41	1311.50	433.88
宜昌市	85.0		10		2803.70	16671.01	12675.29	3534.34
宜都市	16.5		3		612.59	1918.88	1633.15	880.17
当阳市	20.0		2		740.54	2841.46	2382.03	1047.70
枝江市	16.0		2		357.95	1990.34	1668.24	669.59
襄阳市	95.0		4		2377.60	16489.47	13391.32	3687.99
老河口市	15.5		4		487.99	2365.64	2013.53	836.73
枣阳市	12.0		2		381.22	2150.84	1755.06	479.49
宜城市	10.0		1		422.75	1570.86	1327.86	190.02
鄂州市	45.5		3		1056.07	3623.73	3050.49	352.33
荆门市	42.0		4		651.54	6515.00	5781.62	3189.42
京山市	11.0		2		467.81	1656.42	1404.97	350.40
钟祥市	15.0		2		397.10	2608.00	2117.28	185.40
孝感市	40.0		2		1191.02	7068.93	6191.62	1333.08
应城市	13.8		2		289.41	2383.82	2018.54	426.69
安陆市	10.0		1		570.00	2265.86	1786.66	681.74
汉川市	13.0		2		852.47	3291.94	2569.48	968.69
荆州市	50.0		4		1966.16	12010.82	10025.78	3385.03
监利市	15.0		2		390.00	3244.87	2466.99	720.00
石首市	11.0		1		168.78	1194.10	985.80	123.00
洪湖市	7.5		2		579.00	1969.48	1443.39	311.62
松滋市	10.0		2		385.48	1303.00	1000.00	90.00
黄冈市	27.0		2		580.00	4960.00	4475.00	1010.00
麻城市	6.8		2		732.47	2395.17	2010.88	349.69
武穴市	13.0		2		680.00	3122.28	2866.09	315.00
咸宁市	22.0		3		1085.99	6097.54	5162.12	1118.49
赤壁市	10.0		1		538.00	2615.00	2005.00	303.00
随州市	19.0		2		991.80	4999.57	3719.87	222.72
广水市	19.5		3		456.00	1792.00	1528.00	95.00
恩施市	32.0		6		905.80	5434.14	3892.88	981.68
利川市	9.0		2		552.90	2310.98	1921.09	63.56
仙桃市	45.0		3		1129.32	10002.53	8568.59	3959.91
潜江市	18.0		2		1155.00	3374.00	2850.00	1272.00
天门市	20.0		1		901.00	3318.24	2989.11	523.65
湖　南	**1055.4**	**14.5**	**95**	**10**	**42760.25**	**248529.63**	**206866.84**	**45851.63**
长沙市	265.0		8		7182.15	74539.89	64781.44	15982.54
宁乡市	28.0		2		1718.50	6993.25	5765.17	2850.26

continued 10

Total Quantity of Water Supply(10000cu. m)					用水户数（户） Number of Households with Access to Water Supply (unit)		用水人口（万人） Population with Access to Water Supply (10000 persons)	城市名称 Name of Cities
Water Sold			免费供水量 The Quantity of Free Water Supply			居民家庭 Households		
公共服务用水 The Quantity of Water for Public Service	居民家庭用水 The Quantity of Water for Household Use	其他用水 The Quantity of Water for Other Purposes		生活用水 Domestic Water Use				
1593.86	4347.83	691.86	496.12		345950	334897	61.45	黄石市
262.17	3616.47	9.63	613.24		202448	200915	31.47	大冶市
609.26	6663.39	211.48	280.95	60.00	168963	161062	77.37	十堰市
287.87	584.69	5.06			91791	83227	14.72	丹江口市
2646.54	6489.03	5.38	1422.78		286646	269684	106.06	宜昌市
31.68	720.02	1.28	17.34		50525	47334	17.70	宜都市
13.80	1312.93	7.60	211.95		71228	67428	21.23	当阳市
2.55	996.10		26.91		52493	48776	19.71	枝江市
	6979.29	2724.04	775.00		416999	405889	141.80	襄阳市
314.38	860.04	2.38			111301	102925	22.41	老河口市
241.20	1019.76	14.61	83.08		107201	104377	29.05	枣阳市
141.81	669.40	326.63			72325	57245	13.47	宜城市
557.18	1608.75	532.23	36.87		217637	199109	39.22	鄂州市
	2575.70	16.50	15.30	15.30	321032	314479	57.15	荆门市
257.78	796.79				96471	75378	18.78	京山市
52.00	1879.88		52.00		96699	95580	22.00	钟祥市
571.31	4264.83	22.40	61.31	1.00	187674	168914	57.94	孝感市
13.51	1006.37	571.97	67.75		85348	81048	17.63	应城市
116.50	963.62	24.80	119.23		111127	101625	20.46	安陆市
150.82	1418.36	31.61	394.67		120000	70000	19.24	汉川市
326.72	6294.47	19.56	97.00		460867	447208	72.84	荆州市
	1550.93	196.06	273.94		50860	49011	18.98	监利市
96.00	766.80		20.30		55235	54778	15.33	石首市
199.20	914.07	18.50	218.32		70237	64978	14.75	洪湖市
46.00	818.00	46.00	98.00		47730	47710	13.78	松滋市
789.00	2612.00	64.00			217075	207597	31.43	黄冈市
312.17	1233.37	115.65	168.72	166.23	116025	114729	21.69	麻城市
175.00	2316.09	60.00	11.28	11.28	272300	261327	20.50	武穴市
307.20	2690.74	1045.69	19.13	5.85	257552	220000	38.52	咸宁市
322.00	1307.50	72.50	350.10		163595	161984	29.00	赤壁市
45.15	3374.20	77.80	458.59	208.81	218019	207942	44.68	随州市
65.00	1333.00	35.00	112.40		112100	111540	33.77	广水市
83.54	2811.82	15.84	725.47		226763	195840	27.81	恩施市
122.43	1358.74	376.36	130.21	3.25	90930	84305	23.25	利川市
691.51	3917.17		89.52		290277	269953	40.00	仙桃市
	1571.00	7.00			125720	120339	20.18	潜江市
43.31	2041.71	380.44	48.00		134025	120278	26.42	天门市
34729.44	**113891.04**	**12394.73**	**11233.93**	**2068.46**	**7425493**	**6679567**	**1855.68**	**湖　南**
17855.11	27456.69	3487.10	40.00	40.00	1449588	1356536	520.51	长沙市
94.20	2807.57	13.14	153.08	3.36	237351	212108	50.76	宁乡市

3-5 续表 11

城市名称 Name of Cities	综合生产能力（万立方米/日） Integrated Production Capacity (10000 cu. m/day)	地下水 Underground Water	水厂个数（个） Number of Water Plants (unit)	地下水 Underground Water	供水管道长度（公里） Length of Water Supply Pipelines (km)	供水总量（万立方米） 合计 Total	售水量 小计 Subtotal	生产运营用水 The Quantity of Water for Production and Operation
浏阳市	34.5	1.5	6	2	1950.00	8853.00	7591.00	3650.00
株洲市	90.0		5		3507.27	19425.79	16319.32	3081.20
醴陵市	10.0		1		1081.96	2716.57	2007.70	146.74
湘潭市	54.0	3.0	6	2	1982.30	11800.73	10299.30	3351.80
湘乡市	10.0		1		780.00	2084.84	1914.34	602.34
韶山市	3.8		2		372.00	380.40	326.00	60.00
衡阳市	70.0		4		1717.15	13752.00	11592.38	1355.67
耒阳市	13.0		2		544.00	4012.19	2433.80	60.00
常宁市	10.0		1		1100.00	1981.50	1610.50	330.00
邵阳市	38.0		3		1081.30	8770.00	7530.00	1270.00
武冈市	12.6		2		552.80	2585.00	2116.00	360.00
邵东市	9.5		2		1040.00	2696.00	2398.00	34.00
岳阳市	43.0		3		2359.29	11901.15	9946.31	2842.06
汨罗市	6.0		1		699.02	1521.29	1171.50	206.83
临湘市	4.0		2		246.48	1126.60	905.60	47.60
常德市	41.5	1.5	5	2	2707.57	11974.42	8453.22	1143.43
津市市	7.5		1		401.00	1477.00	1171.00	427.00
张家界市	20.0		5		701.69	5046.65	4115.02	1763.92
益阳市	42.0		3		871.02	8872.00	6325.00	1265.00
沅江市	6.0	3.0	3	2	370.00	1203.00	956.00	100.00
郴州市	65.0	3.5	3	1	2000.60	9204.90	8217.93	584.11
资兴市	12.0		3		548.00	1643.72	1497.43	218.00
永州市	44.0		4		1626.27	9539.14	8167.86	1844.17
祁阳市	15.0		2		729.42	1954.88	1658.28	368.91
怀化市	35.0		2		1971.50	7405.00	5556.00	495.00
洪江市	6.0		2		312.79	1120.47	873.99	194.54
娄底市	23.0		3		1220.00	6740.00	5353.00	585.00
冷水江市	11.0		2		188.23	1438.25	1096.75	315.51
涟源市	8.0	2.0	3	1	416.00	1648.00	1352.00	172.00
吉首市	18.0		3		781.94	4122.00	3365.00	144.00
广　东	**4168.9**	**2.0**	**247**	**3**	**152910.30**	**1014009.11**	**876407.14**	**238269.24**
广州市	850.3		36		44057.99	261675.07	220177.56	41956.78
韶关市	57.0		6		3724.73	11143.59	8259.76	866.70
乐昌市	5.0		1		394.97	1363.55	1255.23	305.87
南雄市	8.0		1		286.94	985.63	783.63	139.26
深圳市	763.2		46		21489.00	187307.00	170978.00	47924.00
珠海市	143.3		9		5640.00	47625.57	42179.25	17070.98
汕头市	151.2		12		7110.51	37251.46	31256.23	6838.34
佛山市	348.8		8		5083.82	52203.73	47220.55	17387.25
江门市	103.5		7		3841.30	28530.75	24812.27	6482.20

continued 11

Total Quantity of Water Supply(10000cu. m)					用水户数(户)		用水人口(万人)	城市名称
Water Sold			免费供水量			居民家庭		
公共服务用水 The Quantity of Water for Public Service	居民家庭用水 The Quantity of Water for Household Use	其他用水 The Quantity of Water for Other Purposes	The Quantity of Free Water Supply	生活用水 Domestic Water Use	Number of Households with Access to Water Supply (unit)	Households	Population with Access to Water Supply (10000 persons)	Name of Cities
263.00	3586.00	92.00	69.00	40.00	230969	200032	56.96	浏阳市
2493.57	9342.94	1401.61	188.81	42.37	840185	773043	131.00	株洲市
257.98	1591.41	11.57	217.80	48.00	138020	135189	24.75	醴陵市
312.00	5568.50	1067.00	596.00	596.00	376625	345000	81.97	湘潭市
122.70	1006.80	182.50	20.30	7.56	103786	90879	18.45	湘乡市
42.00	212.00	12.00	4.40	1.20	19030	16800	4.89	韶山市
2943.75	5556.33	1736.63	455.49		436753	393799	111.80	衡阳市
213.00	2155.00	5.80	951.00	115.00	142155	138642	31.82	耒阳市
109.00	1170.00	1.50	20.00	10.00	96255	67027	13.91	常宁市
1067.00	4144.00	1049.00	38.00	38.00	339415	310153	57.80	邵阳市
135.00	1495.00	126.00	45.00	45.00	64772	52890	27.90	武冈市
428.00	1923.00	13.00	29.00	4.00	138673	130013	34.38	邵东市
382.46	6615.43	106.36	481.75	37.20	395475	337123	94.35	岳阳市
3.23	865.65	95.79	97.57	52.06	69574	54164	13.50	汨罗市
99.70	753.90	4.40	25.10	4.70	50338	49933	12.80	临湘市
2346.47	4648.67	314.65	1765.97	184.73	183096	157035	90.78	常德市
120.00	588.00	36.00	132.00	2.00	61551	57047	10.69	津市市
143.10	2208.00		878.40	337.20	139430	119406	22.43	张家界市
569.00	4428.00	63.00	1692.00	41.00	216675	160294	60.95	益阳市
76.00	735.00	45.00	150.00	78.00	7767	6654	18.30	沅江市
1868.20	5289.97	475.65	435.55	77.95	364572	343878	70.84	郴州市
138.00	1093.00	48.43	78.03	6.41	106173	99235	13.80	资兴市
1056.63	4280.74	986.32	480.28	76.21	272958	220768	62.53	永州市
131.99	1067.43	89.95	87.63	87.63	81587	77507	29.88	祁阳市
515.00	4505.00	41.00	1197.00	3.00	289570	266113	62.38	怀化市
61.55	613.33	4.57	49.27	2.88	63345	51934	10.80	洪江市
684.00	3898.00	186.00	487.00	71.00	285102	267996	50.88	娄底市
7.80	744.68	28.76	110.50	5.30	39699	29565	11.91	冷水江市
185.00	925.00	70.00	98.00	8.00	52004	46804	18.95	涟源市
5.00	2616.00	600.00	160.00	2.70	133000	112000	33.01	吉首市
182679.44	**423362.31**	**32096.15**	**15317.00**	**435.88**	**20242071**	**17321907**	**6722.66**	**广　东**
57064.04	114760.45	6396.29	7459.86		4684665	4267856	1448.81	广州市
1520.27	5601.61	271.18	363.58		355764	333312	67.59	韶关市
7.29	942.07		9.86	0.25	81910	73478	8.44	乐昌市
5.57	638.80				58305	49508	7.47	南雄市
46356.00	75716.00	982.00	333.00		3545000	2779000	1766.00	深圳市
10566.32	14529.79	12.16	80.19	56.89	1015095	910477	204.00	珠海市
4297.80	17227.02	2893.07	1296.74	167.06	809441	682658	247.67	汕头市
7254.36	21445.32	1133.62	32.91	14.45	1589027	1348027	227.35	佛山市
4518.05	8710.50	5101.52	12.14	0.15	807965	710904	146.95	江门市

3-5 续表 12

城市名称 Name of Cities	综合生产能力(万立方米/日) Integrated Production Capacity (10000 cu. m/day)	地下水 Underground Water	水厂个数(个) Number of Water Plants (unit)	地下水 Underground Water	供水管道长度(公里) Length of Water Supply Pipelines (km)	供水总量(万立方米) 合计 Total	售水量 小计 Subtotal	生产运营用水 The Quantity of Water for Production and Operation
台山市	12.0		1		1293.57	3508.79	3132.82	305.17
开平市	27.0		3		760.63	4524.70	4163.94	1486.32
鹤山市	29.0		2		775.46	2881.78	2533.51	252.93
恩平市	12.0		1		2926.54	2939.26	2615.73	644.72
湛江市	62.0	2.0	6	2	2150.53	16766.39	14289.35	1954.00
廉江市	10.0		2		489.54	3427.29	2767.29	1265.27
雷州市	5.0		1		536.00	1847.00	1599.00	280.00
吴川市	16.0		2		1574.70	2127.37	1899.62	
茂名市	47.2		3	1	2293.81	9751.85	8552.23	1411.04
高州市	10.0		1		424.18	2704.03	2407.87	74.34
化州市	9.8		1		316.48	2444.89	2172.36	161.90
信宜市	7.5		1		444.10	1873.99	1646.76	49.40
肇庆市	60.0		6		2982.98	16508.18	13515.12	4224.95
四会市	24.0		3		766.20	5999.12	5414.47	868.34
惠州市	190.0		9		3961.54	41332.84	36030.76	16543.22
梅州市	31.0		4		660.00	8619.34	7136.63	9.41
兴宁市	15.0		1		484.91	3910.11	2689.38	175.13
汕尾市	33.0		2		673.83	5629.87	4333.11	1854.21
陆丰市	18.0		2		265.00	2583.00	2082.00	200.00
河源市	36.0		4		1546.87	8320.69	6888.47	1428.98
阳江市	52.8		3		2019.66	12891.68	10865.09	3031.78
阳春市	15.0		1		1204.00	2986.67	2588.00	117.00
清远市	41.0		3		1532.72	12612.59	11254.29	1495.59
英德市	11.0		1		450.29	3478.13	2137.50	0.00
连州市	6.0		2		170.60	1240.07	1131.71	269.80
东莞市	656.3		37		23655.91	155157.25	133762.64	52787.97
中山市	110.0		3		2035.96	13295.03	10388.76	2837.34
潮州市	72.0		5		988.04	12386.30	10664.72	1839.98
揭阳市	44.0		3		1776.60	10978.84	9853.38	2031.40
普宁市	43.0		4		598.59	5700.61	4714.59	730.30
云浮市	20.0		2		792.55	4028.10	3306.56	235.00
罗定市	13.0		2		729.25	3467.00	2947.00	732.37
广　西	**733.5**	**15.4**	**81**	**4**	**26794.24**	**191075.77**	**160890.52**	**25294.86**
南宁市	228.5	3.0	12	1	5839.12	67084.32	54803.85	4863.76
横州市	7.0		2		309.34	1992.96	1797.13	680.87
柳州市	66.1		7		2354.16	24270.11	20366.89	2941.44
桂林市	84.0		4		3221.62	16561.72	14332.51	1956.21
荔浦市	4.1		1		240.07	1236.00	1107.61	428.04
梧州市	43.2		8		715.82	8339.59	7459.77	1561.92
岑溪市	9.2		2		884.66	1891.82	1599.16	510.02

continued 12

Total Quantity of Water Supply(10000cu. m)					用水户数(户)		用水人口(万人)	城市名称
Water Sold			免费供水量			居民家庭		
公共服务用水 The Quantity of Water for Public Service	居民家庭用水 The Quantity of Water for Household Use	其他用水 The Quantity of Water for Other Purposes	The Quantity of Free Water Supply	生活用水 Domestic Water Use	Number of Households with Access to Water Supply (unit)	Households	Population with Access to Water Supply (10000 persons)	Name of Cities
749.93	1786.45	291.27	24.27	1.97	185355	169948	20.80	台山市
116.48	2539.20	21.94	0.63	0.01	145520	124139	30.17	开平市
66.52	1733.33	480.73	26.00	0.89	138746	121076	20.70	鹤山市
95.83	1696.70	178.48	1.88	1.88	126439	95175	17.30	恩平市
3878.02	8013.23	444.10	332.44	3.53	465915	416688	94.93	湛江市
200.68	1230.83	70.51	152.68		112934	102912	20.29	廉江市
8.00	1125.00	186.00	8.00	8.00	98807	89807	23.60	雷州市
	1246.05	653.57	6.71		83926	70686	27.92	吴川市
1216.11	5920.96	4.12	89.90		239052	213408	91.90	茂名市
495.41	1612.54	225.58	19.96		115670	103378	37.50	高州市
220.69	1756.09	33.68	28.42		97681	80672	33.69	化州市
98.81	1482.08	16.47	23.70		160515	147572	30.78	信宜市
2483.87	6667.61	138.69	227.62	3.66	441057	395499	80.95	肇庆市
1478.71	2967.08	100.34	99.33	11.31	201328	175443	22.25	四会市
1151.71	18030.06	305.77	196.00	0.69	559100	486094	258.98	惠州市
82.22	6860.00	185.00	591.71		354000	346500	49.00	梅州市
372.80	2141.45		11.12		141476	124330	23.70	兴宁市
67.84	2411.06		766.78		96521	88750	31.40	汕尾市
40.00	1742.00	100.00	259.85		79000	69000	24.96	陆丰市
465.26	4181.33	812.90	337.71	21.34	217012	190849	32.74	河源市
854.76	5205.75	1772.80	43.58	2.33	47677	35444	56.41	阳江市
305.00	2104.00	62.00	1.00		110000	100000	25.00	阳春市
3223.92	6424.40	110.38	1.41	1.41	276972	234044	69.43	清远市
690.45	1447.05		791.01		111886	96221	16.16	英德市
163.20	690.51	8.20	1.20		45649	34175	14.56	连州市
30395.80	49958.89	619.98	545.64	0.20	1409746	1012763	1096.86	东莞市
417.04	4903.70	2230.68	184.63		425263	374121	86.12	中山市
1249.15	6018.33	1557.26			277260	228261	83.24	潮州市
	4262.78	3559.20	268.70		189125	162623	78.50	揭阳市
455.53	3516.66	12.10	190.89	8.86	163671	142684	53.09	普宁市
43.00	2336.23	692.33	392.96	131.00	116572	82917	27.80	云浮市
3.00	1779.40	432.23	102.99		61024	51508	17.65	罗定市
31874.14	**101601.49**	**2120.03**	**6121.27**	**115.97**	**3707894**	**3281722**	**1342.19**	**广　西**
11455.38	37818.46	666.25	4676.74	5.90	505145	459348	432.62	南宁市
265.31	839.75	11.20	0.25	0.25	56481	26643	19.62	横州市
4322.55	13102.90		834.48	14.48	525932	475334	188.62	柳州市
4883.23	6919.66	573.41	338.81	2.83	788298	720759	104.14	桂林市
7.00	552.57	120.00			53755	48981	7.89	荔浦市
1778.20	4058.44	61.21	47.61	47.61	188848	163770	58.03	梧州市
44.00	1045.14		3.78	3.78	81094	52436	19.40	岑溪市

3-5 续表 13

城市名称 Name of Cities	综合生产能力(万立方米/日) Integrated Production Capacity (10000 cu. m/day)	地下水 Underground Water	水厂个数(个) Number of Water Plants (unit)	地下水 Underground Water	供水管道长度(公里) Length of Water Supply Pipelines (km)	供水总量(万立方米) 合计 Total	售水量 小计 Subtotal	生产运营用水 The Quantity of Water for Production and Operation
北海市	25.0	10.0	2	1	1794.66	8617.45	7472.90	1152.94
防城港市	23.2		4		1402.33	5848.71	4813.50	1585.27
东兴市	10.0		2		247.00	1599.75	1299.02	
钦州市	30.0		3		1426.42	7776.32	6593.22	1832.58
贵港市	31.7	1.4	6	1	1450.98	7097.56	6089.98	1591.42
桂平市	8.0		1		532.00	2285.20	2010.20	209.40
玉林市	38.8		4		1039.81	8581.77	7073.69	2192.84
北流市	7.5		2		347.90	2236.00	1968.00	311.00
百色市	25.0		5		964.00	5678.09	4973.73	1678.54
靖西市	4.5		1		174.36	1144.00	1000.00	28.00
平果市	13.0		2		316.94	1991.00	1731.00	364.00
贺州市	10.0		1		1075.46	3710.01	3134.51	287.42
河池市	31.0	1.0	7	1	604.73	4665.19	4027.93	479.04
来宾市	12.0		2		1140.00	4353.34	3738.92	200.15
合山市	3.0		1		107.60	503.37	424.00	8.00
崇左市	10.0		1		324.77	2903.49	2493.00	382.00
凭祥市	8.7		1		280.49	708.00	580.00	50.00
海　南	**204.0**	**14.3**	**19**		**7756.24**	**52806.98**	**46093.01**	**3428.62**
海口市	78.0	14.3	4		1488.05	24279.00	21354.74	2031.80
三亚市	63.2		6		4186.79	17602.82	15587.12	807.87
儋州市	10.0		1		262.28	2829.13	2258.27	18.04
五指山市	2.5		2		194.39	746.20	611.04	7.44
琼海市	15.0		2		136.00	2342.00	2083.00	396.00
文昌市	10.3		2		284.08	1724.39	1521.90	27.37
万宁市	15.0		1		894.55	1209.76	979.36	45.82
东方市	10.0		1		310.10	2073.68	1697.58	94.28
重　庆	**792.6**		**102**		**28184.51**	**185027.41**	**157296.34**	**39094.52**
重庆市	792.6		102		28184.51	185027.41	157296.34	39094.52
四　川	**1357.1**	**28.4**	**180**	**13**	**57125.92**	**355124.66**	**297316.61**	**48008.36**
成都市	499.4	3.7	33	2	19927.75	160601.62	133673.45	14568.57
简阳市	16.0		2		330.01	2836.84	2137.24	325.48
都江堰市	23.9	2.6	5	3	516.89	4001.33	3176.08	744.41
彭州市	18.0		1		1103.45	2481.00	2041.00	240.00
邛崃市	10.0		1		336.07	2223.59	1991.91	953.88
崇州市	8.0	8.0	1	1	360.00	2395.00	2125.00	522.00
自贡市	39.2		4		4572.02	7579.64	6645.98	2001.40
攀枝花市	49.9		10		1646.33	10599.18	9312.61	4619.17
泸州市	59.3		6		3614.85	12663.99	10388.83	1204.22
德阳市	45.3	2.8	4	1	740.23	8191.04	6269.18	1588.57
广汉市	10.0		1		465.96	3108.88	2607.86	407.81
什邡市	8.0		1		425.00	2783.10	2154.80	640.70

continued 13

Total Quantity of Water Supply(10000cu. m)					用水户数（户）		用水人口（万人）	城市名称
Water Sold			免 费 供水量			居民家庭		
公共服务用水 The Quantity of Water for Public Service	居民家庭用水 The Quantity of Water for Household Use	其他用水 The Quantity of Water for Other Purposes	The Quantity of Free Water Supply	生活用水 Domestic Water Use	Number of Households with Access to Water Supply (unit)	Households	Population with Access to Water Supply (10000 persons)	Name of Cities
1990.21	4329.75		54.09	7.58	150174	142979	66.16	北海市
744.52	2462.17	21.54	102.51		50601	50601	25.04	防城港市
319.15	945.27	34.60	19.23	19.23	25323	24539	10.00	东兴市
1345.82	3403.00	11.82	0.33	0.33	200639	188843	41.70	钦州市
1478.24	2986.45	33.87	19.34	2.19	148676	139999	40.71	贵港市
483.60	1317.20		5.00		61035	58722	19.37	桂平市
212.22	4647.41	21.22	0.10	0.10	195098	162084	77.47	玉林市
103.00	1554.00				65870	54630	22.76	北流市
450.58	2832.12	12.49	3.23	3.23	79536	71698	40.49	百色市
29.00	925.00	18.00			41265	41140	17.56	靖西市
177.00	1190.00				76877	75850	19.44	平果市
227.40	2166.11	453.58	13.51	6.20	66438	55987	26.90	贺州市
186.61	3351.59	10.69	1.00	1.00	143928	114930	35.95	河池市
798.12	2670.50	70.15	0.40	0.40	117334	113569	35.59	来宾市
7.00	409.00		0.37	0.37	14139	14065	5.14	合山市
558.00	1553.00		0.49	0.49	51091	4498	19.65	崇左市
8.00	522.00				20317	20317	7.94	凭祥市
6986.87	**29586.07**	**6091.45**	**1039.18**	**9.13**	**412974**	**363958**	**328.78**	**海　南**
3233.67	14172.49	1916.78	821.13		121314	94194	210.00	海口市
2425.31	8451.26	3902.68	92.79	4.87	89237	82803	55.61	三亚市
93.49	1914.94	231.80	63.49		61778	60744	18.57	儋州市
46.22	544.77	12.61	4.20	4.20	21666	21454	5.73	五指山市
82.00	1599.00	6.00	2.00		34919	29054	10.37	琼海市
415.04	1065.29	14.20	24.03	0.06	21883	15972	13.72	文昌市
210.54	715.62	7.38	29.14		30175	30175	7.54	万宁市
480.60	1122.70		2.40		32002	29562	7.24	东方市
27164.70	**82519.05**	**8518.07**	**1936.45**	**352.07**	**8231043**	**7466172**	**1586.15**	**重　庆**
27164.70	82519.05	8518.07	1936.45	352.07	8231043	7466172	1586.15	重庆市
51224.80	**180178.45**	**17905.00**	**8412.94**	**746.32**	**13102920**	**11545368**	**3018.96**	**四　川**
34031.82	78757.17	6315.89	4651.48	303.02	4022592	3550177	1287.86	成都市
216.61	1443.85	151.30	255.00		148408	133554	31.34	简阳市
105.28	1607.18	719.21	224.55	3.86	176302	155654	26.16	都江堰市
276.00	1205.00	320.00	30.00		95630	88113	27.36	彭州市
82.57	882.09	73.37			100449	89106	24.45	邛崃市
355.00	1096.00	152.00	35.00	22.00	89662	79268	18.10	崇州市
	4565.99	78.59	35.40		463486	436605	99.08	自贡市
1700.16	2993.28		34.27	9.58	335468	311218	49.13	攀枝花市
1253.26	7541.10	390.25	227.18	145.83	506987	448743	118.18	泸州市
220.65	4281.64	178.32	834.33		375707	348687	65.72	德阳市
328.55	1763.35	108.15	19.25		192018	85132	27.47	广汉市
331.20	988.08	194.82	196.64		56534	48178	16.43	什邡市

3-5 续表 14

城市名称 Name of Cities	综合生产能力（万立方米/日） Integrated Production Capacity (10000 cu. m/day)	地下水 Underground Water	水厂个数（个） Number of Water Plants (unit)	地下水 Underground Water	供水管道长度（公里） Length of Water Supply Pipelines (km)	供水总量（万立方米）合计 Total	售水量 小计 Subtotal	生产运营用水 The Quantity of Water for Production and Operation
绵竹市	7.5	7.5	3	3	148.30	2400.60	2181.40	320.70
绵阳市	66.1	3.8	15	3	5338.47	16917.08	14573.07	2613.77
江油市	16.0		4		990.01	3356.66	2821.58	570.36
广元市	24.5		6		932.33	5768.48	4794.08	1213.03
遂宁市	52.6		8		1364.65	9676.75	8161.55	1436.38
射洪市	6.0		1		210.00	1920.22	1641.14	157.80
内江市	21.6		4		1018.47	6807.29	5584.77	389.22
隆昌市	7.2		2		804.02	2511.30	2077.78	719.24
乐山市	36.0		10		2558.88	9841.19	8708.57	1162.73
峨眉山市	13.7		4		263.80	3126.00	2763.80	498.90
南充市	55.0		4		1180.00	15071.25	12763.65	1842.18
阆中市	14.5		2		329.00	3672.48	3164.01	1233.06
眉山市	35.5		5		902.61	7361.82	6069.39	1031.37
宜宾市	65.0		5		1445.38	11722.08	9818.09	1830.47
广安市	21.0		3		837.00	4679.95	3970.92	175.97
华蓥市	2.9		1		301.00	1005.95	828.51	52.76
达州市	30.0		4		1037.00	7069.86	6409.71	1747.31
万源市	4.0		2		138.21	760.00	590.00	40.00
雅安市	20.5		5		699.55	4547.20	2872.00	896.00
巴中市	17.9		3		668.00	5371.00	5254.00	467.00
资阳市	19.0		3		691.40	4344.71	3669.85	823.30
马尔康市	2.6		3		58.00	422.00	340.00	
康定市	1.3		4		117.75	362.00	288.00	4.00
会理市	4.8		3		289.79	622.68	507.80	65.60
西昌市	25.0		7		763.74	6320.90	4939.00	901.00
贵　州	**488.5**	**18.4**	**83**	**5**	**27072.83**	**98442.01**	**82309.47**	**19227.00**
贵阳市	179.5	14.5	12	2	7680.07	42472.73	34661.37	7862.55
清镇市	15.0		2		336.73	2916.88	2537.76	1483.33
六盘水市	48.8		5		2721.42	5751.24	4684.68	904.07
盘州市	11.8		9		713.89	1215.55	1009.32	368.61
遵义市	52.7		9		6298.89	14033.86	12571.32	4110.79
赤水市	8.0		2		433.00	1078.75	974.55	15.00
仁怀市	20.8		9		2910.42	2920.23	2559.18	68.32
安顺市	30.5		4		720.36	4689.29	3951.29	1205.52
毕节市	19.9		4		591.51	3646.13	2830.99	427.16
黔西市	5.5		3		245.86	1703.02	1400.62	254.74
铜仁市	27.0		5		398.00	4773.83	3937.25	368.93
兴义市	26.1		5		1454.20	4672.20	4097.07	945.20
兴仁市	7.0		3		254.00	777.79	620.60	65.00
凯里市	16.9	3.9	7	3	935.61	3743.13	3086.08	740.21
都匀市	15.0		2		998.87	3024.72	2515.18	384.37

continued 14

Total Quantity of Water Supply(10000cu. m)					用水户数（户）		用水人口（万人）	城市名称
Water Sold			免费供水量			居民家庭		
公共服务用水 The Quantity of Water for Public Service	居民家庭用水 The Quantity of Water for Household Use	其他用水 The Quantity of Water for Other Purposes	The Quantity of Free Water Supply	生活用水 Domestic Water Use	Number of Households with Access to Water Supply (unit)	Households	Population with Access to Water Supply (10000 persons)	Name of Cities
147.30	763.70	949.70	20.00	15.00	47335	36011	15.01	绵竹市
2167.76	9410.36	381.18	98.31	89.15	800702	687186	147.24	绵阳市
42.01	1971.21	238.00	0.10	0.10	230995	216258	30.03	江油市
250.13	3224.36	106.56	24.77		249584	232938	55.94	广元市
1109.20	3985.96	1630.01	257.70	5.23	424097	385495	61.54	遂宁市
97.50	1314.07	71.77	33.79	7.96	155482	115757	30.23	射洪市
868.54	4139.85	187.16	98.63		393181	351281	64.98	内江市
	1327.85	30.69			149934	135518	20.02	隆昌市
171.74	4907.67	2466.43	142.11	5.45	478412	436777	76.40	乐山市
516.30	1622.00	126.60	4.20	4.20	199836	180235	19.72	峨眉山市
1315.84	8816.13	789.50	360.00	19.74	620000	540000	128.00	南充市
82.00	1736.95	112.00	149.09		180016	162075	28.37	阆中市
880.00	4147.02	11.00	62.00	34.00	403941	372355	60.64	眉山市
1382.87	5691.39	913.36	154.56	1.00	386279	319114	119.98	宜宾市
947.67	2702.94	144.34	20.00		318084	285531	47.74	广安市
37.33	629.38	109.04			65811	62162	11.20	华蓥市
432.54	3630.00	599.86			412967	381786	112.55	达州市
15.00	515.00	20.00			32000	26000	8.00	万源市
553.00	1324.00	99.00	18.50	4.50	174954	141399	25.54	雅安市
370.00	4377.00	40.00	80.00	60.40	299792	261333	58.32	巴中市
565.97	2245.38	35.20	30.08		255353	232772	38.43	资阳市
40.00	280.00	20.00			7530	7530	3.00	马尔康市
3.00	276.00	5.00	13.00	5.30	7200	5877	3.60	康定市
40.00	380.50	21.70	10.00	10.00	20528	19879	7.20	会理市
288.00	3635.00	115.00	293.00		225664	175664	54.00	西昌市
7290.38	**53648.44**	**2143.65**	**2345.23**	**54.47**	**3918125**	**3450731**	**902.69**	**贵　州**
4498.00	21866.04	434.78	1724.48	17.56	1705144	1599783	298.79	贵阳市
11.26	1017.10	26.07	32.63		145465	128214	24.00	清镇市
36.00	3388.33	356.28			25496	25323	58.70	六盘水市
12.79	627.92				71850	64313	22.66	盘州市
939.56	7326.66	194.31	358.50		545779	375831	137.00	遵义市
50.00	762.86	146.69			65000	55000	11.57	赤水市
38.92	2409.76	42.18	23.92		132620	121010	26.26	仁怀市
51.78	2674.21	19.78			125632	105587	41.33	安顺市
118.64	1923.06	362.13	137.57	32.01	134650	126295	62.00	毕节市
81.27	1022.88	41.73	0.58		71247	63794	24.18	黔西市
401.56	2875.00	291.76			255500	229600	43.24	铜仁市
515.80	2493.10	142.97	0.63	0.20	246515	207551	44.73	兴义市
23.60	522.00	10.00			58000	52000	17.96	兴仁市
296.72	2024.71	24.44	2.70	2.70	146025	130776	41.60	凯里市
105.67	1974.61	50.53	12.00	2.00	139355	123112	35.06	都匀市

3-5 续表 15

城市名称 Name of Cities	综合生产能力（万立方米/日） Integrated Production Capacity (10000 cu. m/day)	地下水 Underground Water	水厂个数（个） Number of Water Plants (unit)	地下水 Underground Water	供水管道长度（公里） Length of Water Supply Pipelines (km)	供水总量（万立方米）合计 Total	售水量 小计 Subtotal	生产运营用水 The Quantity of Water for Production and Operation
福泉市	4.0		2		380.00	1022.66	872.21	23.20
云　南	**526.1**	**12.1**	**118**	**9**	**19429.20**	**111248.35**	**90028.04**	**16645.66**
昆明市	247.0	3.0	20	1	6900.12	49048.29	38619.92	3475.54
安宁市	7.7	2.7	3	2	602.37	2547.68	2180.41	697.77
曲靖市	37.0		12		1045.77	7986.67	6911.32	2907.83
宣威市	10.0		4		280.78	1396.48	1253.53	28.64
玉溪市	22.9	0.9	7	2	522.51	4349.83	3713.20	1080.24
澄江市	1.0		1		251.05	300.65	242.57	91.20
保山市	15.0	1.0	5	2	1239.00	4042.00	3601.00	363.00
腾冲市	9.5	4.5	4	2	950.00	1004.77	905.03	228.17
昭通市	10.0		3		389.00	3757.00	2958.00	1293.00
水富市	2.0		2		171.00	535.13	400.67	154.31
丽江市	12.0		3		888.80	2461.95	2097.45	24.86
普洱市	9.1		6		331.00	2610.00	2100.00	541.00
临沧市	6.5		3		343.53	1704.81	1449.00	439.00
禄丰市	3.0		1		141.20	1004.00	835.00	320.00
楚雄市	17.2		4		927.51	3964.64	3397.26	1647.88
个旧市	9.7		11		337.55	1578.44	1282.36	378.11
开远市	5.0		2		311.07	1593.88	1257.55	223.09
蒙自市	14.5		2		705.54	2864.14	2387.41	199.86
弥勒市	6.0		2		361.00	884.07	756.91	26.50
文山市	15.0		4		807.74	2999.90	2535.43	624.55
景洪市	14.0		3		310.15	3475.42	2940.42	735.11
大理市	29.0		8		609.64	6736.00	4414.00	506.00
瑞丽市	7.0		1		262.37	1557.00	1416.00	400.00
芒市	8.0		1		499.00	1315.00	1072.00	250.00
泸水市	3.0		2		56.00	451.00	362.00	10.00
香格里拉市	5.0		4		185.50	1079.60	939.60	
西　藏	**65.8**	**21.0**	**18**	**11**	**1783.85**	**19969.72**	**14455.92**	**1145.40**
拉萨市	39.2	6.8	5	4	1163.80	14288.56	9542.85	940.28
日喀则市	8.4	8.4	2	2	137.00	1240.00	1143.90	
昌都市	5.0		2		168.00	850.00	780.00	50.00
林芝市	4.2	2.3	2	1	120.00	935.00	839.00	11.00
山南市	3.5	3.5	4	4	89.05	1064.00	898.01	58.52
那曲市	5.5		3		106.00	1592.16	1252.16	85.60
陕　西	**572.9**	**131.7**	**86**	**42**	**12704.45**	**129302.47**	**113170.10**	**30319.81**
西安市	322.4	69.6	26	13	6327.52	83702.46	72836.99	23301.30
铜川市	14.3	2.0	6	2	456.86	2309.79	2009.59	427.54
宝鸡市	33.5	3.3	6	4	1564.92	6645.79	6147.61	1152.19
咸阳市	39.2	9.2	5	4	420.52	7522.01	7046.09	1082.07
彬州市	1.8		2		105.70	616.00	552.60	103.80

continued 15

Total Quantity of Water Supply(10000cu. m)					用水户数（户）		用水人口（万人）	城市名称
Water Sold			免费供水量 The Quantity of Free Water Supply			居民家庭 Households		
公共服务用水 The Quantity of Water for Public Service	居民家庭用水 The Quantity of Water for Household Use	其他用水 The Quantity of Water for Other Purposes		生活用水 Domestic Water Use	Number of Households with Access to Water Supply (unit)		Population with Access to Water Supply (10000 persons)	Name of Cities
108.81	740.20	0.00	52.22		49847	42542	13.61	福泉市
19070.17	**51436.71**	**2875.50**	**6562.27**	**317.76**	**4519248**	**3967448**	**1083.09**	**云　南**
13324.74	19957.77	1861.87	3371.65	8.92	2252807	1954849	499.05	昆明市
748.26	727.33	7.05			119592	109849	24.86	安宁市
489.23	3471.18	43.08	272.81	86.85	185677	175679	79.50	曲靖市
48.12	1166.46	10.31	11.40	3.43	76091	72437	29.48	宣威市
570.03	2055.65	7.28	6.42	4.00	156241	139901	36.35	玉溪市
3.00	146.07	2.30	2.30	0.30	38263	34919		澄江市
367.00	2766.00	105.00	66.00	30.00	113000	113000	30.20	保山市
	496.45	180.41	15.00	8.00	25711	22625	14.80	腾冲市
1.80	1657.00	6.20	490.00	138.00	121575	108216	37.92	昭通市
39.35	207.01		0.50	0.20	20024	19531	5.35	水富市
1115.66	935.50	21.43	214.50	10.52	113175	83888	22.75	丽江市
826.00	730.00	3.00	0.03		80950	12282	26.31	普洱市
12.10	974.00	23.90	90.00		61978	53236	16.28	临沧市
50.00	405.00	60.00	80.00	15.00	13450	12300	7.14	禄丰市
53.99	1690.73	4.66	4.22		159330	137089	36.56	楚雄市
3.46	820.25	80.54	130.81		109459	103691	16.53	个旧市
7.75	850.46	176.25	92.11	11.54	90455	82766	17.20	开远市
365.35	1630.92	191.28	46.80		182132	175402	29.02	蒙自市
62.16	606.31	61.94	62.16		41068	39261	15.84	弥勒市
474.53	1436.35		152.56		169200	152900	25.88	文山市
294.04	1911.27				54385	53719	24.47	景洪市
	3898.00	10.00	1228.00		169432	162655	41.90	大理市
10.00	998.00	8.00	1.00	1.00	49082	38634	17.91	瑞丽市
11.00	811.00		114.00		86104	82074	17.00	芒市
80.00	267.00	5.00	50.00		15186	14297	4.50	泸水市
112.60	821.00	6.00	60.00		14881	12248	6.29	香格里拉市
2164.00	**7840.99**	**3305.53**	**3939.65**	**186.29**	**257724**	**207241**	**97.68**	**西　藏**
1859.90	3567.67	3175.00	3684.70	1.70	148506	107880	58.49	拉萨市
31.90	1012.00	100.00			36521	35659	11.68	日喀则市
190.00	540.00				25910	25180	9.20	昌都市
76.00	742.40	9.60			14267	11633	6.20	林芝市
	829.92	9.57	59.95	20.59	16000	15635	6.53	山南市
6.20	1149.00	11.36	195.00	164.00	16520	11254	5.58	那曲市
7303.51	**71350.97**	**4195.81**	**3259.05**	**24.10**	**4732021**	**4454463**	**1430.11**	**陕　西**
824.31	45804.63	2906.75	2670.61		3379818	3203486	777.16	西安市
428.05	1154.00				133642	132726	40.10	铜川市
670.38	4292.38	32.66	140.83		241992	228159	101.00	宝鸡市
1704.96	4202.23	56.83			48148	43258	102.43	咸阳市
126.70	322.10		8.00	4.00	31958	31085	11.58	彬州市

3-5 续表 16

城市名称 Name of Cities	综合生产能力（万立方米/日） Integrated Production Capacity (10000 cu. m/day)	地下水 Underground Water	水厂个数（个） Number of Water Plants (unit)	地下水 Underground Water	供水管道长度（公里） Length of Water Supply Pipelines (km)	供水总量（万立方米）合计 Total	售水量 小计 Subtotal	生产运营用水 The Quantity of Water for Production and Operation
兴平市	4.5	1.5	2	1	101.20	656.90	565.79	7.45
渭南市	23.6	6.1	9	6	394.81	4020.30	3490.63	655.57
韩城市	5.0	1.2	2	2	304.50	1183.70	1061.80	13.34
华阴市	5.5	5.5	2		79.42	590.00	434.00	61.00
延安市	21.0		4		359.29	3549.95	3162.13	1008.82
子长市	3.0		1	1	126.42	456.00	419.00	45.00
汉中市	26.3	16.3	3	2	606.32	4358.82	3606.97	66.27
榆林市	28.3	10.5	7	4	807.66	4345.74	3593.27	580.36
神木市	6.5		2		236.06	2130.96	1849.49	518.30
安康市	14.0		2		370.95	3422.60	3074.56	867.10
旬阳市	2.5		1		139.60	465.20	425.80	48.50
商洛市	7.0	2.0	2	2	130.70	1597.25	1360.78	164.20
杨凌区	14.6	4.6	4	3	172.00	1729.00	1533.00	217.00
甘　肃	**398.8**	**65.0**	**44**	**19**	**7126.46**	**60017.97**	**55028.41**	**14532.05**
兰州市	204.1		10	1	2023.10	29438.67	28379.25	9610.32
嘉峪关市	17.9	17.9	3	3	763.06	3956.11	3119.55	621.79
金昌市	14.8		1		219.12	2372.59	1985.09	421.97
白银市	20.0		3		348.61	2858.31	2590.51	30.00
天水市	19.9	4.9	2	1	355.00	3319.00	2792.00	1079.00
武威市	20.0		2		274.00	2667.29	2201.18	550.30
张掖市	13.5	8.0	2	1	432.70	2468.10	2228.60	91.00
平凉市	5.5	5.5	3	3	423.30	1362.72	1226.39	121.98
华亭市	1.9	1.9	2	2	125.00	604.49	556.02	228.04
酒泉市	26.0	14.0	3	2	423.40	3120.34	2797.42	661.35
玉门市	1.7	1.7	1	1	164.00	399.00	301.00	65.00
敦煌市	8.0	6.0	3	2	366.87	1167.17	1048.71	493.59
庆阳市	5.6		2		429.01	1784.22	1680.00	275.00
定西市	10.0	1.6	2	2	251.14	960.10	866.95	182.45
陇南市	3.5	3.5	2	1	152.55	708.86	623.68	37.26
临夏市	18.9		2		291.60	2235.00	2145.00	63.00
合作市	7.5		1		84.00	596.00	487.06	
青　海	**80.7**	**63.7**	**13**	**9**	**3260.51**	**21150.10**	**17675.07**	**1751.56**
西宁市	42.6	32.6	5	4	1619.36	12143.36	10586.24	748.34
海东市	2.6		1		369.79	1296.40	1131.68	90.72
同仁市	1.4		1		90.00	310.00	273.00	46.00
玉树市	3.0		1		385.60	1084.60	1075.60	30.72
茫崖市	1.2	1.2	1	1	69.98	417.60	374.14	124.71
格尔木市	19.7	19.7	2	2	428.36	3832.03	3492.44	489.59
德令哈市	10.1	10.1	2	2	297.42	2066.11	741.97	221.48
宁　夏	**227.3**	**49.3**	**25**	**16**	**3058.49**	**36688.38**	**29967.31**	**7072.40**
银川市	85.0	15.0	4	2	1179.97	22156.15	17234.16	3245.01

continued 16

Total Quantity of Water Supply(10000cu. m)					用水户数(户)		用水人口(万人)	城市名称
Water Sold			免费供水量			居民家庭		
公共服务用水 The Quantity of Water for Public Service	居民家庭用水 The Quantity of Water for Household Use	其他用水 The Quantity of Water for Other Purposes	The Quantity of Free Water Supply	生活用水 Domestic Water Use	Number of Households with Access to Water Supply (unit)	Households	Population with Access to Water Supply (10000 persons)	Name of Cities
126.48	396.05	35.81			78950	77735	19.73	兴平市
505.43	2219.83	109.80	206.40	8.40	166961	164779	55.13	渭南市
16.00	761.50	270.96	6.00		48783	42156	17.31	韩城市
64.00	304.00	5.00	70.00		27480	24130	11.10	华阴市
91.33	2005.19	56.79			242947	237692	46.33	延安市
40.00	217.00	117.00			17073	16917	12.58	子长市
724.31	2730.27	86.12	100.70	11.40	77411	62833	54.84	汉中市
776.99	2200.61	35.31			69361	61235	68.35	榆林市
254.96	824.20	252.03			41709	22140	25.02	神木市
309.29	1868.27	29.90	0.47		58500	45228	35.51	安康市
26.80	347.50	3.00	0.80	0.30	21713	21616	10.44	旬阳市
332.52	855.21	8.85	39.24		8516	6858	24.20	商洛市
281.00	846.00	189.00	16.00		37059	32430	17.30	杨凌区
9601.56	**26343.72**	**4551.08**	**1190.29**	**109.27**	**1539952**	**1437005**	**702.17**	**甘　肃**
5216.04	12484.79	1068.10	10.02	6.32	55348	45736	321.38	兰州市
363.33	882.80	1251.63	408.63		152311	142188	24.86	嘉峪关市
172.85	817.71	572.56	12.69	0.20	61562	58977	13.15	金昌市
904.06	1519.24	137.21	13.00	4.00	97465	95387	35.22	白银市
2.00	1711.00		377.00		203333	203000	61.00	天水市
660.30	770.35	220.23	102.00		178171	166099	34.32	武威市
106.31	1709.49	321.80	12.00	12.00	77512	71958	29.69	张掖市
180.62	867.41	56.38	24.74	24.74	146383	136025	30.81	平凉市
42.80	277.68	7.50	6.00	6.00	28200	26196	11.41	华亭市
743.12	1070.14	322.81	3.80		180974	156681	32.75	酒泉市
95.00	95.00	46.00	51.00		16590	14789	6.74	玉门市
54.28	303.67	197.17	9.46		70684	61950	7.89	敦煌市
266.00	1010.00	129.00	51.00		21750	15735	21.66	庆阳市
175.42	368.88	140.20	13.20	1.20	50150	48359	19.76	定西市
86.43	490.56	9.43	21.75	18.17	40500	36900	18.30	陇南市
290.00	1771.00	21.00	24.00	0.24	130485	130485	27.43	临夏市
243.00	194.00	50.06	50.00	36.40	28534	26540	5.80	合作市
4261.04	**9322.87**	**2339.60**	**1415.28**	**195.65**	**295343**	**270707**	**214.23**	**青　海**
3351.26	5858.36	628.28	356.31	2.50	154852	146724	148.37	西宁市
265.09	651.86	124.01	54.08	2.43	41117	35292	22.70	海东市
25.00	180.00	22.00	15.00		8770	8050	4.18	同仁市
7.20	1030.08	7.60			30350	25638	11.41	玉树市
44.42	145.01	60.00			9280	9280	4.64	茫崖市
238.30	1266.84	1497.71			31391	29424	17.41	格尔木市
329.77	190.72		989.89	190.72	19583	16299	5.52	德令哈市
9425.82	**10344.00**	**3125.09**	**2962.05**		**1376535**	**1216876**	**307.44**	**宁　夏**
6109.95	4918.01	2961.19	2936.80		646567	558595	163.10	银川市

3-5 续表 17

城市名称 Name of Cities	综合生产能力（万立方米/日） Integrated Production Capacity (10000 cu. m/day)	地下水 Underground Water	水厂个数（个） Number of Water Plants (unit)	地下水 Underground Water	供水管道长度（公里） Length of Water Supply Pipelines (km)	供水总量（万立方米）合计 Total	售水量 小计 Subtotal	生产运营用水 The Quantity of Water for Production and Operation
灵武市	1.8	1.8	1	1	110.83	651.28	619.20	45.50
宁东能源化工基地	80.0		2		282.00	270.00	189.00	
石嘴山市	29.5	17.5	6	5	462.03	6786.00	6034.00	2782.00
吴忠市	14.0	12.0	4	3	327.80	2975.68	2559.13	793.89
青铜峡市	3.0	3.0	4	4	270.00	1095.00	1006.00	206.00
固原市	8.5		2		283.00	1321.00	1133.60	
中卫市	5.5		2	1	142.86	1433.27	1192.22	
新　疆	**569.8**	**233.1**	**62**	**34**	**12415.52**	**100431.42**	**87830.10**	**15292.22**
乌鲁木齐市	220.0	47.5	9	2	2488.00	34800.19	29988.16	3784.99
克拉玛依市	55.0	2.0	7	1	2045.80	9409.97	8526.07	3407.87
吐鲁番市	11.5		3		366.00	1862.30	1118.23	75.83
哈密市	22.5	13.0	4	2	874.32	6166.77	5327.50	993.59
昌吉市	35.0	0.0	2	1	508.00	3220.12	2598.12	128.12
阜康市	5.0	1.5	3	1	208.80	617.86	539.86	11.53
博乐市	5.2	1.3	3	2	392.87	2075.68	1869.98	345.28
阿拉山口市	6.0		2	1	254.00	222.20	209.00	159.00
库尔勒市	43.0	43.0	1	1	620.75	11570.65	11024.33	2470.72
阿克苏市	40.0	40.0	2	2	540.00	4430.00	4020.00	1650.00
库车市	15.5	15.5	3	3	630.50	1814.98	1553.07	
阿图什市	3.2	3.0	1	1	75.84	790.00	680.00	27.77
喀什市	18.7	18.7	4	4	462.65	5597.00	5040.00	707.00
和田市	8.0	8.0	2	2	337.42	2270.00	2052.00	10.00
伊宁市	41.5	21.5	4	3	948.00	7745.00	6389.00	367.00
奎屯市	9.5	9.5	3	3	257.27	1460.00	1279.90	284.00
霍尔果斯市	2.5	2.5	1	1	182.00	996.00	902.00	139.80
塔城市	4.0	4.0	2	2	396.30	1380.50	1161.00	31.00
乌苏市	12.0	2.0	1	1	270.00	1893.50	1637.75	507.50
沙湾市	6.0		3	1	227.00	1237.00	1114.73	108.42
阿勒泰市	5.7		2		330.00	871.70	799.40	82.80
新疆兵团	**80.2**	**6.8**	**14**	**6**	**2444.75**	**20518.67**	**18167.83**	**6288.58**
石河子市	35.0		2	1	689.56	10609.00	9306.00	4617.00
阿拉尔市	8.0		2		124.00	1479.88	1262.77	26.64
图木舒克市	20.0		1		270.00	3035.00	2898.00	569.00
五家渠市	3.3	3.3	1	1	130.00	1200.85	1088.39	149.48
北屯市	5.0		1		188.14	1473.18	1219.18	566.97
铁门关市	1.6	1.6	1	1	280.00	711.75	647.66	63.74
双河市	2.0	1.0	2	1	130.00	708.00	674.00	25.00
可克达拉市	1.4		1		337.15	498.00	393.60	66.72
昆玉市	3.0		1		185.00	350.00	346.00	15.00
胡杨河市	0.7	0.7	1	1	100.90	273.00	152.23	89.03
新星市	0.2	0.2	1	1	10.00	180.01	180.00	100.00

continued 17

Total Quantity of Water Supply(10000cu. m)					用水户数（户）		用水人口（万人）	城市名称
Water Sold			免 费 供水量			居民家庭		
公共服务用 水 The Quantity of Water for Public Service	居民家庭用 水 The Quantity of Water for Household Use	其他用水 The Quantity of Water for Other Purposes	The Quantity of Free Water Supply	生活用水 Domestic Water Use	Number of Households with Access to Water Supply (unit)	Households	Population with Access to Water Supply (10000 persons)	Name of Cities
18.10	526.29	29.31			69655	53216	11.00	灵武市
32.00	157.00				22581	22581	6.77	宁东能源化工基地
1867.00	1385.00		12.00		160831	142044	40.50	石嘴山市
599.58	1034.67	130.99	10.85		190178	166717	27.96	吴忠市
56.00	744.00				79243	79243	14.23	青铜峡市
398.00	732.00	3.60	2.40		85480	85480	26.83	固原市
345.19	847.03				122000	109000	17.05	中卫市
14535.00	**37763.64**	**20239.24**	**1173.62**	**23.55**	**2911465**	**2552109**	**864.73**	**新 疆**
2341.54	16973.89	6887.74	180.26	18.11	511980	494452	397.32	乌鲁木齐市
1656.18	1741.80	1720.22	99.92		200029	191784	45.13	克拉玛依市
226.99	618.69	196.72	528.62		33873	33723	9.87	吐鲁番市
722.90	960.97	2650.04			192713	178777	34.77	哈密市
550.00	1700.00	220.00	2.00	1.00	226902	140902	43.98	昌吉市
221.00	307.33				63093	52882	10.37	阜康市
462.79	767.10	294.81			107771	90760	17.82	博乐市
26.00	24.00				4632	3446	1.40	阿拉山口市
3035.93	2528.28	2989.40	46.32	4.44	336587	203679	61.90	库尔勒市
170.00	2175.00	25.00			153216	151896	45.78	阿克苏市
322.86	1230.21				77862	73299	18.25	库车市
52.97	549.81	49.45			28540	27190	10.06	阿图什市
1764.00	1965.00	604.00			220000	201800	48.30	喀什市
623.00	892.00	527.00	20.00		100000	98570	26.82	和田市
493.00	2739.00	2790.00	282.00		320000	300000	40.53	伊宁市
454.30	519.60	22.00			123234	121234	14.77	奎屯市
440.00	259.20	63.00			20154	19591	2.52	霍尔果斯市
245.00	376.00	509.00			56008	49532	6.10	塔城市
551.52	431.34	147.39			66767	56754	11.87	乌苏市
60.02	576.29	370.00			20112	20112	9.72	沙湾市
115.00	428.13	173.47	14.50		47992	41726	7.45	阿勒泰市
4229.41	**5171.51**	**2478.33**	**64.64**	**10.00**	**459425**	**423555**	**113.60**	**新疆兵团**
2193.00	2262.00	234.00			210596	192593	47.00	石河子市
7.29	849.19	379.65			55718	55190	18.68	阿拉尔市
453.00	218.00	1658.00			33084	26385	8.74	图木舒克市
499.58	435.26	4.07			51655	51287	9.60	五家渠市
349.66	302.55				51000	43000	6.80	北屯市
29.00	554.92				10271	10039	4.54	铁门关市
461.00	79.00	109.00	20.00	10.00	7242	7242	4.42	双河市
	326.88		44.64		9593	8574	2.34	可克达拉市
190.00	59.00	82.00			12710	12200	3.00	昆玉市
6.88	54.71	1.61			12811	12300	2.42	胡杨河市
40.00	30.00	10.00			4745	4745	6.06	新星市

3-6 2023年按城市分列的城市供水(自建设施供水)

城市名称 Name of Cities	综合生产能力(万立方米/日) Integrated Production Capacity (10000cu. m/day)	地下水 Underground Water	供水管道长度(公里) Length of Water Supply Pipelines (km)	建成区 In Built District	供水总量(万立方米) 合计 Total	生产运营用水 The Quantity of Water for Production and Operation
全 国	**3836.7**	**931.5**	**18148.9**	**13331.4**	**369534.62**	**308253.26**
北 京	**34.6**	**34.6**	**630.2**		**4166.07**	**575.03**
天 津	**30.6**		**56.4**	**56.4**	**2894.01**	**2894.01**
河 北	**78.1**	**62.2**	**1856.7**	**1663.0**	**10121.66**	**8446.82**
石家庄市	2.4	2.4	24.0	5.0	667.60	16.15
晋州市						
新乐市						
唐山市	7.0	5.6	58.1	58.1	1313.81	942.63
滦州市						
遵化市						
迁安市						
秦皇岛市	3.3		82.5	32.5	1186.14	1186.14
邯郸市	8.9				3242.50	3242.50
武安市	1.8	1.8	108.0	108.0	400.49	328.00
邢台市	31.0	31.0	1138.5	1138.5	364.80	364.80
南宫市						
沙河市						
保定市	8.2	5.9	201.0	174.0	933.51	604.18
涿州市						
安国市	0.5	0.5	3.0	3.0	174.99	83.99
高碑店市						
张家口市						
承德市	6.4	6.4	10.0	10.0	1143.77	1143.77
平泉市	2.0	2.0	209.0	116.5	440.57	328.00
沧州市						
泊头市						
任丘市						
黄骅市						
河间市						
廊坊市						
霸州市						
三河市						
衡水市	1.3	1.3	6.9	6.9	225.66	186.66
深州市						
辛集市	5.3	5.3	15.7	10.5	27.82	20.00
定州市						
山 西	**26.5**	**26.5**	**581.0**	**134.7**	**4169.37**	**2176.57**
太原市						
古交市	1.4	1.4	67.1	67.1	116.67	56.95
大同市	10.0	10.0			107.95	71.29

Urban Water Supply by City(Suppliers with Self-Built Facilities)(2023)

Total Quantity of Water Supply(10000cu. m)			用水户数(户)		用水人口(万人)	城市名称
公共服务用　水 The Quantity of Water for Public Service	居民家庭用　水 The Quantity of Water for Household Use	其他用水 The Quantity of Water for Other Purposes	Number of Households with Access to Water Supply(unit)	居民家庭 Households	Population with Access to Water Supply (10000 persons)	Name of Cities
27928.79	**22999.90**	**10352.67**	**1200840**	**991909**	**302.45**	**全　国**
2385.82	**1153.73**	**51.49**	**42140**	**37529**	**92.17**	**北　京**
			3			**天　津**
594.31	**977.70**	**102.83**	**54339**	**50233**	**9.69**	**河　北**
73.20	573.75	4.50	19443	19438	4.29	石家庄市
						晋州市
						新乐市
274.38	19.86	76.94	2400	2400	0.72	唐山市
						滦州市
						遵化市
						迁安市
			17			秦皇岛市
			3			邯郸市
72.40	0.09		24	1	1.96	武安市
						邢台市
						南宫市
						沙河市
121.33	208.00		23175	21623	0.85	保定市
						涿州市
	91.00		252	246	0.19	安国市
						高碑店市
						张家口市
			165			承德市
49.00	62.00	1.57	2700	685	0.18	平泉市
						沧州市
						泊头市
						任丘市
						黄骅市
						河间市
						廊坊市
						霸州市
						三河市
4.00	23.00	12.00	5890	5840	1.50	衡水市
						深州市
		7.82	270			辛集市
						定州市
129.08	**1817.14**	**46.58**	**107566**	**96608**	**17.74**	**山　西**
						太原市
	59.72		8720	8182	1.48	古交市
	36.66		134	25	1.13	大同市

3-6 续表 1

城市名称 Name of Cities	综合生产能力（万立方米/日） Integrated Production Capacity (10000cu. m/day)	地下水 Underground Water	供水管道长度（公里） Length of Water Supply Pipelines (km)	建成区 In Built District	供水总量(万立方米) 合计 Total	生产运营用水 The Quantity of Water for Production and Operation
阳泉市	0.7	0.7			244.55	26.40
长治市	0.6	0.6	4.4	4.4	158.00	119.00
晋城市					1.60	1.60
高平市						
朔州市	6.1	6.1	321.0		1820.87	573.99
怀仁市						
晋中市	0.1	0.1	17.0		18.29	13.98
介休市	0.6	0.6	35.0	35.0	188.15	
运城市						
永济市	2.0	2.0	3.0	3.0	671.54	617.54
河津市						
忻州市	1.7	1.7	56.0		584.20	525.60
原平市	2.8	2.8	47.0		187.55	134.92
临汾市						
侯马市						
霍州市						
吕梁市						
孝义市						
汾阳市	0.5	0.5	30.5	25.2	70.00	35.30
内蒙古	**64.7**	**48.6**	**186.9**	**154.9**	**12066.81**	**8453.23**
呼和浩特市	0.3	0.3			120.04	
包头市	6.7	6.7			700.00	191.00
乌海市						
赤峰市	8.2	8.2	41.1	41.1	1620.00	1620.00
通辽市	15.0	15.0	50.0	18.0	1891.00	1350.00
霍林郭勒市	10.0	5.0			3304.53	2264.23
鄂尔多斯市						
呼伦贝尔市	12.5	5.0	78.8	78.8	2845.78	1599.06
满洲里市	0.2	0.2			81.24	81.24
牙克石市	2.0	2.0	9.0	9.0	484.00	382.00
扎兰屯市	3.2				795.46	767.63
额尔古纳市						
根河市	0.4				0.14	0.10
巴彦淖尔市						
乌兰察布市	0.2	0.2			52.85	46.00
丰镇市	5.6	5.6	8.0	8.0	30.00	30.00
锡林浩特市	0.4	0.4			141.77	121.97
二连浩特市						
乌兰浩特市						
阿尔山市						
辽　宁	**189.7**	**74.8**	**1386.3**	**952.2**	**27448.53**	**19389.70**
沈阳市	32.5	32.5			8166.58	4220.97

continued 1

Total Quantity of Water Supply(10000cu. m)			用水户数(户) Number of Households with Access to Water Supply(unit)		用水人口(万人) Population with Access to Water Supply (10000 persons)	城市名称 Name of Cities
公共服务用水 The Quantity of Water for Public Service	居民家庭用水 The Quantity of Water for Household Use	其他用水 The Quantity of Water for Other Purposes		居民家庭 Households		
	218.15		10000	10000	3.00	阳泉市
29.00	10.00		1595	1483	0.69	长治市
						晋城市
						高平市
	1246.88		72000	62000	2.00	朔州市
						怀仁市
	4.05	0.26	27	27	0.10	晋中市
	188.15		7201	7197	7.12	介休市
						运城市
54.00			60			永济市
						河津市
6.84	11.68	40.08	1500	1465	0.27	忻州市
39.24	7.15	6.24	2950	2850	0.95	原平市
						临汾市
						侯马市
						霍州市
						吕梁市
						孝义市
	34.70		3379	3379	1.00	汾阳市
1683.28	**1535.40**	**394.90**	**15383**	**10737**	**1.76**	**内蒙古**
120.04						呼和浩特市
478.00		31.00	246			包头市
						乌海市
			131			赤峰市
500.00	41.00		1000	355	0.10	通辽市
238.78	478.70	322.82	812	630	0.20	霍林郭勒市
						鄂尔多斯市
251.06	985.66	10.00	9716	6500	1.32	呼伦贝尔市
			15			满洲里市
52.00	30.00	20.00	3300	3200	0.13	牙克石市
16.75		11.08				扎兰屯市
						额尔古纳市
	0.04		52	52	0.01	根河市
						巴彦淖尔市
6.85			42			乌兰察布市
			10			丰镇市
19.80			59			锡林浩特市
						二连浩特市
						乌兰浩特市
						阿尔山市
3307.32	**3279.39**	**1472.12**	**343037**	**324404**	**35.17**	**辽　宁**
1783.61	1509.06	652.94	107724	107622	24.00	沈阳市

3-6 续表 2

城市名称 Name of Cities	综合生产能力(万立方米/日) Integrated Production Capacity (10000cu. m/day)	地下水 Underground Water	供水管道长度(公里) Length of Water Supply Pipelines (km)	建成区 In Built District	供水总量(万立方米) 合计 Total	生产运营用水 The Quantity of Water for Production and Operation
新民市						
大连市	0.2	0.2			8.83	
庄河市	10.0	3.9	551.5	551.5	1418.62	205.38
瓦房店市						
鞍山市	3.9	3.8			606.37	491.24
海城市						
抚顺市	13.1		43.0		4770.00	4770.00
本溪市	75.4	6.4	300.0	300.0	8463.26	7686.70
丹东市	14.6	0.9			669.86	171.56
东港市						
凤城市	1.0	1.0	240.6	17.6	136.32	
锦州市						
凌海市						
北镇市						
营口市						
盖州市						
大石桥市						
阜新市						
辽阳市	14.6	14.6	75.5	75.5	275.40	275.40
灯塔市	0.1		86.0		30.61	0.10
盘锦市	19.6	6.6	70.5		1382.30	1382.30
铁岭市						
调兵山市						
开原市	0.4	0.4	4.7	4.7	145.88	137.55
朝阳市	2.4	2.4			608.00	
北票市						
凌源市						
葫芦岛市						
兴城市						
沈抚改革创新示范区	2.1	2.1	14.6	3.0	766.50	48.50
吉　林	**293.4**	**55.3**	**422.8**	**276.8**	**17572.90**	**15129.94**
长春市	6.9	6.9	144.0	7.0	1542.38	760.06
榆树市	2.0	2.0	4.9	4.9	182.59	63.10
德惠市	0.2	0.2	21.6	21.6	73.00	52.97
公主岭市	2.4	2.4	4.7	4.7	855.29	455.35
吉林市	228.0	4.0	148.0	148.0	10133.00	10102.00
蛟河市	0.0	0.0	1.0	1.0	13.17	4.96
桦甸市	0.4	0.4	10.7	10.7	19.00	3.71
舒兰市						
磐石市	26.0	26.0			8.78	2.46
四平市	2.0	2.0			736.66	245.41

continued 2

公共服务用水 The Quantity of Water for Public Service	居民家庭用水 The Quantity of Water for Household Use	其他用水 The Quantity of Water for Other Purposes	用水户数（户） Number of Households with Access to Water Supply (unit)	居民家庭 Households	用水人口（万人） Population with Access to Water Supply (10000 persons)	城市名称 Name of Cities
Total Quantity of Water Supply (10000cu. m)						
						新民市
8.83			55			大连市
305.92	717.72	189.60	153586	142856	0.10	庄河市
						瓦房店市
98.17		16.96	75			鞍山市
						海城市
			10			抚顺市
776.56			5000			本溪市
226.82	271.48		3044	3000	0.88	丹东市
						东港市
	135.72	0.60	12303	12303	0.51	凤城市
						锦州市
						凌海市
						北镇市
						营口市
						盖州市
						大石桥市
						阜新市
			6	1		辽阳市
0.10	30.41		4915	4915	1.68	灯塔市
			15			盘锦市
						铁岭市
						调兵山市
4.31		4.02	29			开原市
		608.00				朝阳市
						北票市
						凌源市
						葫芦岛市
						兴城市
103.00	615.00		56275	53707	8.00	沈抚改革创新示范区
880.88	**600.11**	**961.97**	**43150**	**40841**	**12.44**	**吉　林**
375.80	55.06	351.46	1721	1223	0.60	长春市
27.42	23.05	69.02	76	6	1.38	榆树市
8.04		11.99	93			德惠市
131.16	241.38	27.40	18804	18701	5.85	公主岭市
	31.00		4137	4097	1.02	吉林市
8.21						蛟河市
5.95	9.34		675	668	0.18	桦甸市
						舒兰市
6.32						磐石市
26.53		464.72	200			四平市

3-6 续表 3

城市名称 Name of Cities	综合生产能力（万立方米/日） Integrated Production Capacity (10000cu. m/day)	地下水 Underground Water	供水管道长度（公里） Length of Water Supply Pipelines (km)	建成区 In Built District	供水总量（万立方米）合计 Total	生产运营用水 The Quantity of Water for Production and Operation
双辽市	6.7	5.6			2041.59	1980.22
辽源市	1.5	0.3			529.25	528.08
通化市						
集安市	2.6	0.2			29.83	20.33
白山市						
临江市	0.1	0.1	5.0		42.02	32.12
松原市	0.2	0.2			7.60	7.60
扶余市	1.1	1.1	4.0	4.0	25.61	19.34
白城市	1.5	1.5	75.0	75.0	531.04	192.87
洮南市	0.9	0.9			71.55	63.27
大安市	0.3	0.3	4.0		92.00	68.00
延吉市	0.2	0.1			81.71	61.45
图们市	0.2	0.2			11.49	10.49
敦化市	0.1	0.1			25.91	25.91
珲春市						
龙井市	0.1	0.1			20.63	11.44
和龙市						
梅河口市	10.0	0.8			498.80	418.80
长白山保护开发区管理委员会						
黑龙江	**66.1**	**51.8**	**731.4**	**642.3**	**12837.84**	**9667.56**
哈尔滨市	17.8	16.2			2079.48	1628.14
尚志市						
五常市						
齐齐哈尔市	8.0	5.1	223.7	223.7	2830.21	1370.79
讷河市	0.1	0.1	11.5	11.5	36.35	25.36
鸡西市	4.7	1.9	319.0	319.0	1578.28	1545.36
虎林市						
密山市						
鹤岗市	3.5	3.5	2.5		613.00	467.00
双鸭山市	0.0	0.0	32.0	32.0	2.00	
大庆市	8.3	8.3			1432.00	1101.45
伊春市	1.5				562.00	498.00
铁力市	0.1	0.1			4.49	4.49
佳木斯市	1.4	1.4	78.6		474.80	460.60
同江市						
抚远市						
富锦市	2.0	2.0	0.5	0.5	294.00	228.00
七台河市	0.3	0.3	46.6	46.6	34.41	8.56
牡丹江市	5.4	0.5			983.11	886.10
海林市	0.7	0.1	1.0	1.0	251.13	

continued 3

Total Quantity of Water Supply(10000cu. m)			用水户数(户) Number of Households with Access to Water Supply(unit)		用水人口(万人) Population with Access to Water Supply(10000 persons)	城市名称 Name of Cities
公共服务用水 The Quantity of Water for Public Service	居民家庭用水 The Quantity of Water for Household Use	其他用水 The Quantity of Water for Other Purposes		居民家庭 Households		
7. 92	53. 45		1139	1100	0. 14	双辽市
1. 17			55			辽源市
						通化市
9. 50						集安市
						白山市
9. 07		0. 83	34			临江市
			8			松原市
2. 90	3. 37		1303	1280	0. 32	扶余市
157. 82	172. 46	7. 89	14582	13704	2. 90	白城市
8. 28			51			洮南市
4. 00	11. 00	9. 00	123	62	0. 05	大安市
12. 60		7. 66	95			延吉市
1. 00			23			图们市
						敦化市
						珲春市
9. 19			31			龙井市
						和龙市
68. 00		12. 00				梅河口市
						长白山保护开发区管理委员会
988. 22	**1705. 86**	**476. 20**	**61818**	**58599**	**10. 75**	**黑龙江**
329. 31	76. 87	45. 16	3350	3350	1. 20	哈尔滨市
						尚志市
						五常市
24. 24	1435. 18		42195	42100	7. 12	齐齐哈尔市
1. 09	8. 81	1. 09	1104	1041	0. 28	讷河市
4. 72	28. 20		533	533	0. 13	鸡西市
						虎林市
						密山市
146. 00			132			鹤岗市
2. 00			2000			双鸭山市
219. 72		110. 83	97			大庆市
32. 00	21. 00	11. 00	1024	989	0. 30	伊春市
						铁力市
14. 20			44			佳木斯市
						同江市
						抚远市
63. 00		3. 00	152			富锦市
0. 32	25. 15	0. 38	51	8	0. 26	七台河市
90. 60		6. 41	174			牡丹江市
	7. 00	244. 13	600	600	0. 20	海林市

3-6 续表 4

城市名称 Name of Cities	综合生产能力(万立方米/日) Integrated Production Capacity (10000cu. m/day)	地下水 Underground Water	供水管道长度(公里) Length of Water Supply Pipelines (km)	建成区 In Built District	供水总量(万立方米) 合计 Total	生产运营用水 The Quantity of Water for Production and Operation
宁安市						
穆棱市	0.2	0.2	7.0	7.0	65.77	8.86
绥芬河市	0.0	0.0			7.59	4.70
东宁市						
黑河市						
北安市						
五大连池市						
嫩江市						
绥化市	1.9	1.9	8.0		414.43	278.84
安达市	4.0	4.0			313.58	312.45
肇东市	2.3	2.3			838.00	838.00
海伦市	3.7	3.7	1.0	1.0	23.21	0.86
漠河市						
上　海						
江　苏	**1417.5**	**29.9**	**945.5**	**839.4**	**63778.47**	**63078.32**
南京市	182.9		481.9	481.9	16757.42	16723.51
无锡市	20.0	0.1			2545.33	2545.33
江阴市	4.0		37.0		998.00	914.00
宜兴市	27.1	0.0	4.9		3783.93	3783.93
徐州市	49.7	3.0			8615.08	8526.95
新沂市	5.6	5.6	60.0	60.0	760.00	630.00
邳州市	10.7	3.7	42.6	42.6	1780.35	1740.35
常州市	36.3		16.6		3965.70	3965.70
溧阳市						
苏州市	80.4	0.3			9686.53	9503.28
常熟市						
张家港市						
昆山市						
太仓市	3.1	0.4			19.69	19.69
南通市	840.9	4.3			5107.12	4991.88
海安市						
启东市						
如皋市	2.3	1.2	8.5		277.10	277.10
连云港市						
淮安市	66.0	3.0	76.0	76.0	4561.06	4538.93
盐城市	1.7	0.1	4.4	4.4	577.24	577.24
东台市	0.3	0.0	0.8	0.8	101.93	101.93
扬州市	11.2	4.2	0.4	0.4	2757.47	2757.47
仪征市	33.2	0.2	161.5	161.5		
高邮市	30.0	2.5	33.0		566.00	566.00
镇江市	10.0		12.0	6.0	705.00	705.00

continued 4

Total Quantity of Water Supply(10000cu. m)			用水户数（户）		用水人口（万人）	城市名称
公共服务用水 The Quantity of Water for Public Service	居民家庭用水 The Quantity of Water for Household Use	其他用水 The Quantity of Water for Other Purposes	Number of Households with Access to Water Supply(unit)	居民家庭 Households	Population with Access to Water Supply (10000 persons)	Name of Cities
						宁安市
6. 05	50. 86		930	820	0. 22	穆棱市
2. 89			38			绥芬河市
						东宁市
						黑河市
						北安市
						五大连池市
						嫩江市
50. 00	52. 79	32. 80	9267	9158	1. 04	绥化市
1. 13			78			安达市
			17			肇东市
0. 95		21. 40	32			海伦市
						漠河市
						上　海
531. 26	**18. 83**	**150. 06**	**21936**	**2190**	**1. 92**	**江　苏**
	17. 85	16. 06	2248	2010	1. 90	南京市
			109			无锡市
		84. 00	28			江阴市
			62			宜兴市
88. 13			950			徐州市
80. 00		50. 00	5193			新沂市
40. 00						邳州市
			127			常州市
						溧阳市
183. 25			411			苏州市
						常熟市
						张家港市
			28			昆山市
			9			太仓市
115. 24			53			南通市
						海安市
						启东市
			31			如皋市
						连云港市
21. 15	0. 98		1360	180	0. 02	淮安市
			15			盐城市
			6			东台市
			62			扬州市
			11063			仪征市
			93			高邮市
			30			镇江市

3-6 续表 5

城市名称 Name of Cities	综合生产能力(万立方米/日) Integrated Production Capacity (10000cu. m/day)	地下水 Underground Water	供水管道长度(公里) Length of Water Supply Pipelines (km)	建成区 In Built District	供水总量(万立方米) 合计 Total	生产运营用水 The Quantity of Water for Production and Operation
丹阳市						
扬中市						
句容市						
泰州市	1.4	1.0			78.19	78.19
兴化市						
靖江市						
泰兴市						
宿迁市	0.6	0.4	5.9	5.9	135.33	131.84
浙　江	**99.8**	**0.4**	**844.5**	**791.5**	**16031.42**	**15354.93**
杭州市						
建德市						
宁波市	30.0	0.3	65.0	65.0	7336.00	7336.00
余姚市						
慈溪市	3.0		165.2	165.2	824.07	287.68
温州市						
瑞安市						
乐清市						
龙港市						
嘉兴市						
海宁市	3.8				1399.67	1399.67
平湖市						
桐乡市						
湖州市						
绍兴市	50.9		248.7	248.7	3073.45	2953.08
诸暨市	3.8	0.0	53.0		1387.00	1387.00
嵊州市	2.3		14.4	14.4	470.75	451.02
金华市	3.2	0.1			1162.18	1162.18
兰溪市						
义乌市	1.8				214.30	214.30
东阳市						
永康市	0.1		3.2	3.2	19.00	19.00
衢州市			275.0	275.0		
江山市	0.9		20.0	20.0	145.00	145.00
舟山市						
台州市						
玉环市						
温岭市						
临海市						
丽水市						
龙泉市						

continued 5

Total Quantity of Water Supply(10000cu. m)			用水户数（户） Number of Households with Access to Water Supply(unit)		用水人口（万人） Population with Access to Water Supply (10000 persons)	城市名称 Name of Cities
公共服务用水 The Quantity of Water for Public Service	居民家庭用水 The Quantity of Water for Household Use	其他用水 The Quantity of Water for Other Purposes		居民家庭 Households		
						丹阳市
						扬中市
						句容市
						泰州市
						兴化市
						靖江市
						泰兴市
3. 49			58			宿迁市
140. 10	**536. 39**		**36376**	**34966**	**10. 12**	**浙　江**
						杭州市
						建德市
			211			宁波市
						余姚市
	536. 39		35571	34966	10. 12	慈溪市
						温州市
						瑞安市
						乐清市
						龙港市
						嘉兴市
			42			海宁市
						平湖市
						桐乡市
						湖州市
120. 37			254			绍兴市
			54			诸暨市
19. 73			6			嵊州市
			100			金华市
						兰溪市
			14			义乌市
						东阳市
			43			永康市
			72			衢州市
			9			江山市
						舟山市
						台州市
						玉环市
						温岭市
						临海市
						丽水市
						龙泉市

3-6 续表6

城市名称 Name of Cities	综合生产能力(万立方米/日) Integrated Production Capacity (10000cu. m/day)	地下水 Underground Water	供水管道长度(公里) Length of Water Supply Pipelines (km)	建成区 In Built District	供水总量(万立方米) 合计 Total	生产运营用水 The Quantity of Water for Production and Operation
安徽	**227.3**	**24.5**	**1378.2**	**1320.6**	**36331.22**	**31953.61**
合肥市	8.3	0.0			1970.49	1943.54
巢湖市						
芜湖市	28.5		120.0	120.0	4780.43	4780.43
无为市	2.0		2.0		404.62	404.62
蚌埠市	28.0	0.3	20.0		7029.50	4198.23
淮南市	12.4	10.9	0.0		4479.04	3678.20
马鞍山市	85.5		1048.0	1043.0	5428.26	5428.26
淮北市	5.0	4.2	85.0	85.0	645.95	645.95
铜陵市	19.0		6.0		1690.00	1690.00
安庆市	16.4	0.1			3865.00	3865.00
潜山市						
桐城市						
黄山市	0.9	0.9			307.65	307.65
滁州市	0.5		9.8	9.8	174.69	174.69
天长市	3.0	3.0			424.15	380.51
明光市	1.1	0.5	1.7	1.1	37.40	37.40
阜阳市	4.6	0.2	12.1	12.1	1657.90	1580.00
界首市	0.1	0.1			32.05	1.09
宿州市	7.2	2.8	48.8	31.5	2543.60	1977.55
六安市	1.0		5.6		348.42	348.42
亳州市	1.5	1.5	1.0		124.07	124.07
池州市						
宣城市	2.5	0.1	18.1	18.1	388.00	388.00
广德市						
宁国市						
福建	**16.9**	**2.4**	**91.8**	**91.8**	**4454.59**	**4183.43**
福州市	1.8	1.8	69.0	69.0	211.00	189.84
福清市	0.6				209.69	209.69
厦门市						
莆田市	10.6	0.7	10.2	10.2	3233.90	3233.90
三明市						
永安市						
泉州市						
石狮市						
晋江市						
南安市						
漳州市						
南平市						
邵武市						
武夷山市						

continued 6

Total Quantity of Water Supply(10000cu. m) 公共服务用水 The Quantity of Water for Public Service	居民家庭用水 The Quantity of Water for Household Use	其他用水 The Quantity of Water for Other Purposes	用水户数(户) Number of Households with Access to Water Supply(unit)	居民家庭 Households	用水人口(万人) Population with Access to Water Supply(10000 persons)	城市名称 Name of Cities
3446.86	**490.35**	**440.40**	**36933**	**16260**	**5.74**	**安　徽**
26.95						合肥市
						巢湖市
			46			芜湖市
			4			无为市
2423.27	386.00	22.00	6836	5500	2.40	蚌埠市
394.64		406.20	22			淮南市
			2			马鞍山市
			11592			淮北市
			7			铜陵市
			4			安庆市
						潜山市
						桐城市
						黄山市
			1			滁州市
20.12	23.52		2476	2450	0.56	天长市
						明光市
25.70	40.00	12.20	5330	5330	0.68	阜阳市
30.96			17			界首市
525.22	40.83		10230	2980	2.10	宿州市
			17			六安市
						亳州市
						池州市
			349			宣城市
						广德市
						宁国市
	271.16		**7490**	**3015**	**0.25**	**福　建**
	21.16		2530	2015		福州市
						福清市
						厦门市
			110			莆田市
						三明市
						永安市
						泉州市
						石狮市
						晋江市
						南安市
						漳州市
						南平市
						邵武市
						武夷山市

3-6 续表 7

城市名称 Name of Cities	综合生产能力(万立方米/日) Integrated Production Capacity (10000cu. m/day)	地下水 Underground Water	供水管道长度(公里) Length of Water Supply Pipelines (km)	建成区 In Built District	供水总量(万立方米) 合计 Total	生产运营用水 The Quantity of Water for Production and Operation
建瓯市						
龙岩市	3. 9		12. 6	12. 6	800. 00	550. 00
漳平市						
宁德市						
福安市						
福鼎市						
江　西	**13. 6**	**1. 2**	**257. 9**	**233. 9**	**1767. 40**	**1140. 57**
南昌市						
景德镇市	1. 6	0. 0	8. 4	8. 4	587. 56	587. 56
乐平市	1. 8	0. 2	44. 4	42. 3	656. 54	401. 55
萍乡市						
九江市						
瑞昌市						
共青城市	6. 0		75. 0	53. 0	130. 00	95. 00
庐山市						
新余市						
鹰潭市						
贵溪市						
赣州市						
瑞金市						
龙南市	3. 0		65. 0	65. 0	82. 10	28. 04
吉安市						
井冈山市						
宜春市						
丰城市						
樟树市	1. 2	1. 0	65. 2	65. 2	311. 20	28. 42
高安市						
抚州市						
上饶市						
德兴市						
山　东	**198. 2**	**118. 9**	**1527. 8**	**1342. 2**	**43677. 51**	**38566. 71**
济南市	6. 8	6. 8			1634. 89	956. 72
青岛市	0. 9	0. 3	16. 1	16. 1	269. 15	269. 15
胶州市						
平度市						
莱西市						
淄博市	19. 1	17. 0	335. 4	300. 4	2780. 48	2324. 40
枣庄市	8. 9	6. 7			1972. 09	1768. 57
滕州市	3. 7	0. 1	20. 0	11. 0	969. 98	950. 34
东营市						
烟台市	1. 5	1. 5	30. 0	30. 0	77. 83	27. 27

continued 7

Total Quantity of Water Supply(10000cu. m)			用水户数（户） Number of Households with Access to Water Supply(unit)		用水人口（万人） Population with Access to Water Supply (10000 persons)	城市名称 Name of Cities
公共服务用水 The Quantity of Water for Public Service	居民家庭用水 The Quantity of Water for Household Use	其他用水 The Quantity of Water for Other Purposes		居民家庭 Households		
						建瓯市
	250.00		4850	1000	0.25	龙岩市
						漳平市
						宁德市
						福安市
						福鼎市
34.20	**475.33**	**117.30**	**19612**	**16104**	**2.44**	**江　西**
						南昌市
			5			景德镇市
2.58	171.21	81.20	4135	3217	0.64	乐平市
						萍乡市
						九江市
						瑞昌市
25.00	6.00	4.00	105	105	0.30	共青城市
						庐山市
						新余市
						鹰潭市
						贵溪市
						赣州市
						瑞金市
3.12	50.94		2780	2566	0.52	龙南市
						吉安市
						井冈山市
						宜春市
						丰城市
3.50	247.18	32.10	12587	10216	0.98	樟树市
						高安市
						抚州市
						上饶市
						德兴市
1987.11	**1779.29**	**1344.40**	**106484**	**75392**	**26.71**	**山　东**
442.57	234.65	0.95	9982	9793	4.41	济南市
						青岛市
						胶州市
						平度市
						莱西市
449.29		6.79	631			淄博市
117.52		86.00	2986			枣庄市
		19.64	5			滕州市
						东营市
5.76	44.80		1041	1006	0.22	烟台市

3-6 续表 8

城市名称 Name of Cities	综合生产能力（万立方米/日） Integrated Production Capacity (10000cu. m/day)	地下水 Underground Water	供水管道长度（公里） Length of Water Supply Pipelines (km)	建成区 In Built District	供水总量（万立方米） 合计 Total	生产运营用水 The Quantity of Water for Production and Operation
龙口市						
莱阳市	0.4	0.4	4.5		9.99	9.33
莱州市						
招远市						
栖霞市						
海阳市	0.8		6.0		78.00	78.00
潍坊市	13.6	5.6	69.0	69.0	1908.65	1899.97
青州市	2.5	2.5	22.4	22.4	403.42	403.42
诸城市	10.0	4.2	4.0	4.0	2348.50	2031.00
寿光市	6.9	3.5	10.0		1811.11	1786.65
安丘市	1.3	0.3	15.0	10.0	391.00	337.00
高密市	13.5	11.5	72.2	72.2	3566.13	3192.35
昌邑市	8.9	3.3	19.6	19.6	3233.90	2984.90
济宁市	20.5	14.5	25.0	25.0	4917.95	3980.00
曲阜市	1.0	1.0	30.0	30.0	178.51	143.54
邹城市	4.0	4.0	168.0	168.0	868.92	757.83
泰安市	0.5				143.07	
新泰市	4.0	1.0	190.0	190.0	181.12	101.55
肥城市						
威海市	3.5	0.6	56.2	38.0	353.18	335.41
荣成市	0.2	0.0			61.33	61.33
乳山市	1.0		6.2		97.14	97.14
日照市						
临沂市	11.0	11.0	370.2	298.5	1853.18	1095.92
德州市	25.6	0.4			9352.20	9302.32
乐陵市						
禹城市	6.0	6.0			1543.64	1496.62
聊城市	0.6	0.6			80.60	65.80
临清市	0.1	0.1	20.0		4.74	4.74
滨州市	5.5				1136.88	1136.88
邹平市						
菏泽市	16.2	16.2	38.0	38.0	1449.93	968.56
河　南	**171.5**	**130.8**	**1084.3**	**762.2**	**24756.20**	**16258.13**
郑州市						
巩义市	0.1	0.1	8.0	8.0	13.12	5.68
荥阳市	2.0	2.0	53.0	53.0	448.40	260.00
新密市						
新郑市	3.2	3.2	43.0		172.51	24.15
登封市	4.0	4.0	4.0		17.55	
开封市	5.4	5.4	4.5	4.5	1689.98	744.28

continued 8

Total Quantity of Water Supply(10000cu. m)			用水户数(户)		用水人口(万人)	城市名称
公共服务用水 The Quantity of Water for Public Service	居民家庭用水 The Quantity of Water for Household Use	其他用水 The Quantity of Water for Other Purposes	Number of Households with Access to Water Supply(unit)	居民家庭 Households	Population with Access to Water Supply (10000 persons)	Name of Cities
						龙口市
0.66			5			莱阳市
						莱州市
						招远市
						栖霞市
			56			海阳市
5.93		2.75	133			潍坊市
			43			青州市
135.00	10.50	172.00	2870	826	0.50	诸城市
24.46			205			寿光市
		54.00	37			安丘市
224.42		149.36	74			高密市
114.00	75.00	60.00	2903	568	0.16	昌邑市
97.00	173.44	667.51	6211	5972	3.02	济宁市
34.90		0.07	78			曲阜市
52.89	25.38	32.82	2358	1756	0.41	邹城市
	143.07		9179	3000	2.01	泰安市
17.55	55.22	6.80	5316	5219	1.77	新泰市
						肥城市
17.35		0.42	219			威海市
			5			荣成市
			3			乳山市
						日照市
168.59	563.18	25.49	47158	42689	12.65	临沂市
		49.88	115			德州市
						乐陵市
29.21	7.89	9.92	179	30	0.20	禹城市
14.80			39			聊城市
						临清市
						滨州市
						邹平市
35.21	446.16		14653	4533	1.36	菏泽市
5967.84	**1592.54**	**937.69**	**65818**	**57195**	**21.37**	**河　南**
						郑州市
	7.44		949	886	0.41	巩义市
51.00	137.00	0.40	3200	3200	0.70	荥阳市
						新密市
148.36			49			新郑市
	17.55		1000	1000	0.42	登封市
362.28	583.42		5525	4623	2.86	开封市

3-6 续表 9

城市名称 Name of Cities	综合生产能力（万立方米/日）Integrated Production Capacity (10000cu. m/day)	地下水 Underground Water	供水管道长度（公里）Length of Water Supply Pipelines (km)	建成区 In Built District	供水总量（万立方米）合计 Total	生产运营用水 The Quantity of Water for Production and Operation
洛阳市	12.3	12.3	26.0	24.0	4246.23	295.00
平顶山市	5.8	0.1			2126.57	2113.90
舞钢市	3.0	1.0	38.0		120.59	105.00
汝州市	5.0	5.0			87.76	21.12
安阳市	0.6	0.6	18.0	18.0	213.40	169.60
林州市						
鹤壁市	8.3	8.3	3.0	3.0	1663.00	1430.00
新乡市	0.4	0.4	15.0	15.0	146.00	146.00
长垣市	0.3	0.3			101.06	62.00
卫辉市	3.0	3.0	5.0		495.00	360.00
辉县市	2.3	2.3	32.0	32.0	477.00	250.00
焦作市	30.0	30.0	142.0		2656.00	2656.00
沁阳市	6.0	6.0	35.0	30.0	152.33	96.33
孟州市	0.1	0.1			21.90	21.90
濮阳市	15.8	15.8	47.9	47.9	125.78	73.75
许昌市	0.1	0.1			39.81	15.58
禹州市	1.0	1.0	3.7		354.00	219.60
长葛市	8.0	0.3	2.0		667.72	370.95
漯河市	15.0	3.0	130.0	130.0		
三门峡市	6.3	3.7	18.0	1.7	1452.08	1302.87
义马市	2.1	1.4	30.0	30.0	774.00	467.00
灵宝市	4.2	4.2	28.1	15.0	1533.00	1330.00
南阳市	9.1	1.8	79.0	76.0	1529.67	1422.22
邓州市	3.1	2.5	15.0	15.0	357.60	121.25
商丘市						
永城市	4.5	4.5	12.0	12.0	1017.00	693.00
信阳市						
周口市	4.5	4.5	8.5	8.5	87.33	30.72
项城市	2.4	2.3	27.0		649.00	565.00
驻马店市	1.2	1.0	18.0		440.96	162.83
济源示范区	2.0	0.2	3.6	3.6	722.40	722.40
郑州航空港经济综合实验区	0.4	0.4	235.0	235.0	157.45	
湖　北	**190.1**	**7.1**	**941.6**	**591.2**	**26288.25**	**23791.12**
武汉市	55.2	3.1	276.1	11.0	9398.17	8926.00
黄石市	24.7		82.0	82.0	2066.44	1877.75
大冶市						
十堰市						
丹江口市	1.0				300.00	300.00
宜昌市	16.0	0.3	55.0	55.0	2545.05	2381.92

continued 9

Total Quantity of Water Supply(10000cu. m)			用水户数(户) Number of Households with Access to Water Supply(unit)		用水人口(万人) Population with Access to Water Supply(10000 persons)	城市名称 Name of Cities
公共服务用水 The Quantity of Water for Public Service	居民家庭用水 The Quantity of Water for Household Use	其他用水 The Quantity of Water for Other Purposes		居民家庭 Households		
3917.33	30.00	3.90	789	785	0.16	洛阳市
12.67						平顶山市
6.20	5.83	3.56	1489	1243	0.21	舞钢市
66.64						汝州市
3.80	40.00		5939	5830	2.50	安阳市
						林州市
		233.00	341			鹤壁市
			114			新乡市
22.53	12.58	3.95	345	219	0.07	长垣市
80.00	35.00	20.00	1900	1760	0.85	卫辉市
112.00	63.00	52.00	4593	4489	1.24	辉县市
			79			焦作市
36.00	12.00	8.00	1605	1426	0.54	沁阳市
			1			孟州市
52.03			140			濮阳市
24.23			40			许昌市
35.40	84.20	14.80	7977	7900	2.98	禹州市
180.00	63.54	53.23	1588	1400	0.50	长葛市
			481			漯河市
18.13	116.08	15.00	6490	5970	2.47	三门峡市
		307.00	6			义马市
40.00	163.00		2611	2501	0.50	灵宝市
89.05	7.00	11.40	5003	4968	3.00	南阳市
236.35						邓州市
						商丘市
125.00	171.00	28.00	8980	5980	1.50	永城市
						信阳市
47.71	8.90		516	480	0.15	周口市
23.00	35.00	26.00	3875	2535	0.31	项城市
278.13			73			驻马店市
						济源示范区
		157.45	120			郑州航空港经济综合实验区
533.77	**1821.56**	**141.80**	**102539**	**51475**	**7.44**	**湖　北**
116.55	355.62		5969	5928	1.66	武汉市
112.43	76.26		2157	1642	0.67	黄石市
						大冶市
						十堰市
						丹江口市
163.13			18			宜昌市

3-6 续表 10

城市名称 Name of Cities	综合生产能力(万立方米/日) Integrated Production Capacity (10000cu. m/day)	地下水 Underground Water	供水管道长度(公里) Length of Water Supply Pipelines (km)	建成区 In Built District	供水总量(万立方米) 合计 Total	生产运营用水 The Quantity of Water for Production and Operation
宜都市						
当阳市	2.9	1.7	58.1	58.1	375.90	375.90
枝江市	4.0		10.0		876.69	876.69
襄阳市						
老河口市						
枣阳市						
宜城市	0.5	0.1	2.9	2.9	23.01	23.01
鄂州市	11.6		60.0	60.0	3935.32	3935.32
荆门市	33.2		46.5	18.7	2521.13	2521.13
京山市	11.0					
钟祥市						
孝感市	3.3	1.4	20.0	20.0	1186.20	1011.20
应城市	0.7	0.7	15.0		65.86	38.47
安陆市	0.8		15.2	10.4	184.29	24.72
汉川市						
荆州市	2.0				106.00	
监利市	0.8		2.0	2.0	40.00	8.00
石首市						
洪湖市						
松滋市	0.6		11.0	11.0	11.50	
黄冈市						
麻城市						
武穴市						
咸宁市						
赤壁市	5.0		2.3	2.3	812.87	812.87
随州市						
广水市	12.9		285.5	257.8	1253.29	91.61
恩施市						
利川市						
仙桃市	4.0				586.53	586.53
潜江市						
天门市						
湖　南	**19.3**	**15.2**	**1748.3**	**1125.5**	**2305.83**	**1182.04**
长沙市						
宁乡市						
浏阳市						
株洲市						
醴陵市						
湘潭市	12.2	12.1	1647.9	1038.0	485.50	275.30
湘乡市						

continued 10

Total Quantity of Water Supply(10000cu. m)			用水户数（户） Number of Households with Access to Water Supply(unit)		用水人口（万人） Population with Access to Water Supply (10000 persons)	城市名称 Name of Cities
公共服务用水 The Quantity of Water for Public Service	居民家庭用水 The Quantity of Water for Household Use	其他用水 The Quantity of Water for Other Purposes		居民家庭 Households		
						宜都市
			6			当阳市
						枝江市
						襄阳市
						老河口市
						枣阳市
			3			宜城市
						鄂州市
			7			荆门市
						京山市
						钟祥市
18.00	157.00		3200	3100	1.26	孝感市
1.68	24.85	0.86	1796	897	0.17	应城市
2.30	156.28	0.99	2063	2006	0.54	安陆市
						汉川市
	21.55	84.45	6092	5999	1.52	荆州市
	20.00	12.00	120	115	0.14	监利市
						石首市
						洪湖市
	11.50		188	188	0.06	松滋市
						黄冈市
						麻城市
						武穴市
						咸宁市
						赤壁市
						随州市
119.68	998.50	43.50	80920	31600	1.42	广水市
						恩施市
						利川市
						仙桃市
						潜江市
						天门市
551.10	**541.40**	**31.29**	**5862**	**3072**	**5.15**	**湖　南**
						长沙市
						宁乡市
						浏阳市
						株洲市
						醴陵市
148.80	60.20	1.20	452	442	1.01	湘潭市
						湘乡市

3-6 续表 11

城市名称 Name of Cities	综合生产能力（万立方米/日） Integrated Production Capacity (10000cu. m/day)	地下水 Underground Water	供水管道长度（公里） Length of Water Supply Pipelines (km)	建成区 In Built District	供水总量（万立方米） 合计 Total	生产运营用水 The Quantity of Water for Production and Operation
韶山市						
衡阳市						
耒阳市	0.9	0.9	44.2	31.3	291.10	51.80
常宁市						
邵阳市						
武冈市						
邵东市						
岳阳市	3.0	0.8	33.0	33.0	989.50	400.50
汨罗市						
临湘市						
常德市	1.0	1.0	1.0	1.0	60.00	60.00
津市市	1.2	0.4			358.03	356.44
张家界市						
益阳市						
沅江市	0.9		22.1	22.1	121.70	38.00
郴州市						
资兴市						
永州市						
祁阳市						
怀化市						
洪江市						
娄底市						
冷水江市						
涟源市						
吉首市						
广 东	**209.3**	**4.1**	**267.6**	**18.6**	**3926.65**	**3866.25**
广州市						
韶关市						
乐昌市						
南雄市						
深圳市						
珠海市	7.8	0.4			1109.91	1109.91
汕头市						
佛山市						
江门市	11.3				1373.66	1373.66
台山市	180.4				96.25	96.25
开平市	2.2				783.00	783.00
鹤山市	0.1				6.70	6.70
恩平市	1.4	0.0			338.97	338.96
湛江市	3.6	3.6	15.6	15.6	125.00	115.00

continued 11

公共服务用水 The Quantity of Water for Public Service	居民家庭用水 The Quantity of Water for Household Use	其他用水 The Quantity of Water for Other Purposes	用水户数（户） Number of Households with Access to Water Supply(unit)	居民家庭 Households	用水人口（万人） Population with Access to Water Supply (10000 persons)	城市名称 Name of Cities
Total Quantity of Water Supply(10000cu. m)						
						韶山市
						衡阳市
45.80	178.00	15.50	1510	1510	1.40	耒阳市
						常宁市
						邵阳市
						武冈市
						邵东市
325.50	263.50		313	296	2.07	岳阳市
						汨罗市
						临湘市
			9			常德市
		1.59	11			津市市
						张家界市
						益阳市
31.00	39.70	13.00	3567	824	0.67	沅江市
						郴州市
						资兴市
						永州市
						祁阳市
						怀化市
						洪江市
						娄底市
						冷水江市
						涟源市
						吉首市
50.40	**5.00**	**5.00**	**8147**	**8000**	**2.50**	**广　东**
						广州市
						韶关市
						乐昌市
						南雄市
						深圳市
			40			珠海市
						汕头市
						佛山市
			38			江门市
						台山市
			11			开平市
						鹤山市
0.01			41			恩平市
	5.00	5.00	8000	8000	2.50	湛江市

3-6 续表 12

城市名称 Name of Cities	综合生产能力(万立方米/日) Integrated Production Capacity (10000cu. m/day)	地下水 Underground Water	供水管道长度(公里) Length of Water Supply Pipelines (km)	建成区 In Built District	供水总量(万立方米) 合计 Total	生产运营用水 The Quantity of Water for Production and Operation
廉江市						
雷州市						
吴川市						
茂名市						
高州市						
化州市						
信宜市						
肇庆市						
四会市						
惠州市	0.0	0.0			0.80	0.80
梅州市						
兴宁市						
汕尾市						
陆丰市						
河源市						
阳江市			249.0			
阳春市	0.0		3.0	3.0	10.81	10.10
清远市						
英德市						
连州市						
东莞市						
中山市	2.6	0.1			81.55	31.87
潮州市						
揭阳市						
普宁市						
云浮市						
罗定市						
广　西	**57.8**	**7.2**	**1203.5**	**1127.0**	**13847.86**	**12911.23**
南宁市						
横州市	5.0				1825.00	1825.00
柳州市	20.7	0.5	787.0	787.0	7544.55	7366.94
桂林市	2.5	2.0	78.4	75.4	177.47	97.64
荔浦市						
梧州市	4.0	1.0	110.5	85.0	927.63	699.19
岑溪市						
北海市	1.3	1.3			271.81	18.35
防城港市						
东兴市						
钦州市	0.1	0.1	1.2	1.2	22.34	22.34
贵港市	4.5	0.1	115.0	115.0	742.55	705.55

continued 12

Total Quantity of Water Supply(10000cu. m)			用水户数(户) Number of Households with Access to Water Supply(unit)		用水人口(万人) Population with Access to Water Supply(10000 persons)	城市名称 Name of Cities
公共服务用水 The Quantity of Water for Public Service	居民家庭用水 The Quantity of Water for Household Use	其他用水 The Quantity of Water for Other Purposes		居民家庭 Households		
						廉江市
						雷州市
						吴川市
						茂名市
						高州市
						化州市
						信宜市
						肇庆市
						四会市
						惠州市
						梅州市
						兴宁市
						汕尾市
						陆丰市
						河源市
						阳江市
0.71			3			阳春市
						清远市
						英德市
						连州市
						东莞市
49.68			14			中山市
						潮州市
						揭阳市
						普宁市
						云浮市
						罗定市
63.07	**802.27**	**71.29**	**20321**	**16639**	**7.41**	**广　西**
						南宁市
						横州市
	177.61		83	24	1.52	柳州市
	37.05	42.78	400	350	0.18	桂林市
						荔浦市
2.50	224.95	0.99	7052	7038	4.12	梧州市
						岑溪市
	253.46		6781	6767	0.74	北海市
						防城港市
						东兴市
			4			钦州市
15.48		21.52				贵港市

3-6 续表 13

城市名称 Name of Cities	综合生产能力（万立方米/日） Integrated Production Capacity (10000cu. m/day)	地下水 Underground Water	供水管道长度（公里） Length of Water Supply Pipelines (km)	建成区 In Built District	供水总量（万立方米）合计 Total	生产运营用水 The Quantity of Water for Production and Operation
桂平市						
玉林市	1.4	1.4			495.79	402.00
北流市	4.5		30.0	10.0	1456.33	1441.33
百色市						
靖西市						
平果市						
贺州市						
河池市	9.0		0.2	0.2	184.89	184.89
来宾市						
合山市	2.0		20.0	20.0	62.00	48.00
崇左市	2.0		56.0	28.0	100.00	100.00
凭祥市	1.0	0.9	5.2	5.2	37.50	
海　南	**3.7**	**3.7**	**200.6**	**0.6**	**848.78**	**216.71**
海口市	3.6	3.6	200.0		813.22	182.45
三亚市						
儋州市						
五指山市						
琼海市						
文昌市	0.1	0.1	0.6	0.6	35.56	34.26
万宁市						
东方市						
重　庆	**59.9**	**1.8**	**47.7**	**40.0**	**2978.16**	**2690.32**
重庆市	59.9	1.8	47.7	40.0	2978.16	2690.32
四　川	**89.9**	**52.5**	**235.1**	**56.8**	**5442.42**	**3789.80**
成都市	11.4	0.1			1382.64	987.48
简阳市	1.0		43.0		111.73	21.58
都江堰市	0.5	0.4	2.4	2.0	179.92	1.14
彭州市	34.0	34.0	2.2		26.00	16.00
邛崃市	1.1	1.1			173.06	128.55
崇州市						
自贡市						
攀枝花市						
泸州市						
德阳市	4.1	2.4	39.5	39.5	740.00	668.00
广汉市	6.5	6.5	7.3		383.07	204.50
什邡市						
绵竹市	0.5	0.5	3.2	2.8	45.20	30.00
绵阳市	4.1	0.6			1278.96	1078.00
江油市						
广元市	4.1	1.9	12.5	12.5	260.83	215.54

continued 13

公共服务用水 The Quantity of Water for Public Service	居民家庭用水 The Quantity of Water for Household Use	其他用水 The Quantity of Water for Other Purposes	用水户数（户） Number of Households with Access to Water Supply(unit)	居民家庭 Households	用水人口（万人） Population with Access to Water Supply (10000 persons)	城市名称 Name of Cities
Total Quantity of Water Supply(10000cu. m)						
						桂平市
43.09	50.70		4000	800	0.24	玉林市
	15.00		580	270	0.16	北流市
						百色市
						靖西市
						平果市
						贺州市
			1			河池市
						来宾市
2.00	10.00	2.00	763	750	0.15	合山市
			7			崇左市
	33.50	4.00	650	640	0.30	凭祥市
202.52	**429.25**	**0.30**	**115**	**9**	**5.89**	**海　南**
202.12	428.65		104	1	5.88	海口市
						三亚市
						儋州市
						五指山市
						琼海市
0.40	0.60	0.30	11	8	0.01	文昌市
						万宁市
						东方市
20.79	**113.11**	**153.94**	**9777**	**9768**	**2.11**	**重　庆**
20.79	113.11	153.94	9777	9768	2.11	重庆市
981.04	**341.82**	**329.76**	**12758**	**7772**	**3.33**	**四　川**
140.80		254.36				成都市
50.70	32.82	6.63	8150	6350	1.89	简阳市
178.78			11			都江堰市
3.00	7.00		550	502	0.10	彭州市
44.51			21			邛崃市
						崇州市
						自贡市
						攀枝花市
						泸州市
72.00						德阳市
120.00		58.57	3050			广汉市
						什邡市
15.00		0.20	10			绵竹市
200.96						绵阳市
						江油市
45.29			29			广元市

3-6 续表 14

城市名称 Name of Cities	综合生产能力(万立方米/日) Integrated Production Capacity (10000cu. m/day)	地下水 Underground Water	供水管道长度(公里) Length of Water Supply Pipelines (km)	建成区 In Built District	供水总量(万立方米) 合计 Total	生产运营用水 The Quantity of Water for Production and Operation
遂宁市	1.5		1.5		43.54	43.54
射洪市	1.8		11.5		384.00	384.00
内江市						
隆昌市						
乐山市						
峨眉山市						
南充市						
阆中市						
眉山市	0.0	0.0			1.47	1.47
宜宾市	13.0		100.0		30.00	10.00
广安市						
华蓥市						
达州市						
万源市	5.0	5.0				
雅安市						
巴中市						
资阳市						
马尔康市	1.0				307.00	
康定市	0.4		12.0		95.00	
会理市						
西昌市						
贵　州	**0.3**	**0.1**	**3.8**	**3.8**	**42.51**	**4.09**
贵阳市						
清镇市	0.3	0.1	3.8	3.8	42.51	4.09
六盘水市						
盘州市						
遵义市						
赤水市						
仁怀市						
安顺市						
毕节市						
黔西市						
铜仁市						
兴义市						
兴仁市						
凯里市						
都匀市						
福泉市						
云　南	**75.5**	**10.9**	**68.3**	**47.3**	**7566.26**	**6298.92**
昆明市	63.5	9.1	0.7	0.7	7395.90	6287.84

continued 14

Total Quantity of Water Supply(10000cu. m)			用水户数(户) Number of Households with Access to Water Supply(unit)		用水人口(万人) Population with Access to Water Supply(10000 persons)	城市名称 Name of Cities
公共服务用水 The Quantity of Water for Public Service	居民家庭用水 The Quantity of Water for Household Use	其他用水 The Quantity of Water for Other Purposes		居民家庭 Households		
			2			遂宁市
			5			射洪市
						内江市
						隆昌市
						乐山市
						峨眉山市
						南充市
						阆中市
						眉山市
10. 00		10. 00				宜宾市
						广安市
						华蓥市
						达州市
						万源市
						雅安市
						巴中市
						资阳市
100. 00	207. 00		100	90	0. 29	马尔康市
	95. 00		830	830	1. 05	康定市
						会理市
						西昌市
7. 67	**30. 75**		**450**	**435**	**0. 13**	**贵　州**
						贵阳市
7. 67	30. 75		450	435	0. 13	清镇市
						六盘水市
						盘州市
						遵义市
						赤水市
						仁怀市
						安顺市
						毕节市
						黔西市
						铜仁市
						兴义市
						兴仁市
						凯里市
						都匀市
						福泉市
	937. 25	**330. 09**	**823**	**551**	**0. 14**	**云　南**
	936. 28	171. 78	612	351	0. 09	昆明市

3-6 续表 15

城市名称 Name of Cities	综合生产能力(万立方米/日) Integrated Production Capacity (10000cu. m/day)	地下水 Underground Water	供水管道长度(公里) Length of Water Supply Pipelines (km)	建成区 In Built District	供水总量(万立方米) 合计 Total	生产运营用水 The Quantity of Water for Production and Operation
安宁市	7.7	0.5				
曲靖市	0.1	0.1	1.1	1.1	7.62	6.45
宣威市						
玉溪市						
澄江市						
保山市						
腾冲市						
昭通市						
水富市						
丽江市						
普洱市						
临沧市						
禄丰市						
楚雄市						
个旧市						
开远市	1.2	1.2	6.3	6.3	157.14	
蒙自市						
弥勒市						
文山市	0.0	0.0	4.2	4.2	5.60	4.63
景洪市						
大理市						
瑞丽市						
芒市						
泸水市	3.0		56.0	35.0		
香格里拉市						
西　藏	**4.0**	**4.0**			**75.00**	**75.00**
拉萨市	4.0	4.0			75.00	75.00
日喀则市						
昌都市						
林芝市						
山南市						
那曲市						
陕　西	**61.5**	**57.1**	**416.9**	**359.8**	**8168.79**	**5035.51**
西安市	22.3	22.3	196.9	183.8	1125.83	370.25
铜川市	4.3	1.5	19.8	19.8	719.34	686.98
宝鸡市	9.9	8.3	6.5	5.2	1314.00	1121.32
咸阳市	0.8	0.8			296.57	276.15
彬州市						
兴平市	10.0	10.0	10.6	3.4	2447.00	1465.00
渭南市	6.9	6.9	55.9	20.4	1873.18	885.13

continued 15

Total Quantity of Water Supply(10000cu. m)			用水户数(户)		用水人口(万人)	城市名称
公共服务用水 The Quantity of Water for Public Service	居民家庭用水 The Quantity of Water for Household Use	其他用水 The Quantity of Water for Other Purposes	Number of Households with Access to Water Supply(unit)	居民家庭 Households	Population with Access to Water Supply (10000 persons)	Name of Cities
						安宁市
		1.17	5			曲靖市
						宣威市
						玉溪市
						澄江市
						保山市
						腾冲市
						昭通市
						水富市
						丽江市
						普洱市
						临沧市
						禄丰市
						楚雄市
						个旧市
		157.14				开远市
						蒙自市
						弥勒市
	0.97		206	200	0.05	文山市
						景洪市
						大理市
						瑞丽市
						芒市
						泸水市
						香格里拉市
						西　藏
						拉萨市
						日喀则市
						昌都市
						林芝市
						山南市
						那曲市
1265.72	**959.36**	**908.20**	**48325**	**45242**	**12.73**	**陕　西**
488.90	128.72	137.96	28500	28300	9.06	西安市
32.36			19			铜川市
191.10	1.58		1032	1008	0.42	宝鸡市
20.42						咸阳市
						彬州市
204.00	693.00	85.00	2155	1755	0.45	兴平市
318.02	7.47	662.56	7990	6200	0.34	渭南市

3-6 续表 16

城市名称 Name of Cities	综合生产能力（万立方米/日）Integrated Production Capacity (10000cu. m/day)	地下水 Underground Water	供水管道长度（公里）Length of Water Supply Pipelines (km)	建成区 In Built District	供水总量（万立方米）合计 Total	生产运营用水 The Quantity of Water for Production and Operation
韩城市	2.0	2.0	68.0	68.0	0.56	
华阴市	3.0	3.0	41.0	41.0	240.00	170.00
延安市						
子长市						
汉中市	2.3	2.3	18.2	18.2	152.31	60.68
榆林市						
神木市						
安康市						
旬阳市						
商洛市						
杨凌区						
甘　肃	**20.1**	**0.1**	**169.8**	**132.6**	**371.90**	**57.16**
兰州市						
嘉峪关市						
金昌市	20.0		132.6	132.6	350.30	35.56
白银市						
天水市						
武威市						
张掖市	0.1	0.1	37.2		21.60	21.60
平凉市						
华亭市						
酒泉市						
玉门市						
敦煌市						
庆阳市						
定西市						
陇南市						
临夏市						
合作市						
青　海	**46.8**	**46.7**	**296.1**	**54.5**	**9323.64**	**9125.46**
西宁市	0.1	0.0	12.5	12.5	14.36	3.24
海东市	1.8	1.8	27.0	27.0	275.50	91.00
同仁市						
玉树市						
茫崖市						
格尔木市	39.7	39.7	235.6		7885.59	7883.03
德令哈市	5.2	5.2	21.0	15.0	1148.19	1148.19
宁　夏	**42.8**	**32.0**	**382.0**	**326.0**	**3220.52**	**1141.62**
银川市	4.6	4.6			1663.33	127.59
灵武市	0.0	0.0	3.0		5.30	5.30

continued 16

Total Quantity of Water Supply(10000cu. m)			用水户数（户）Number of Households with Access to Water Supply(unit)		用水人口（万人）Population with Access to Water Supply (10000 persons)	城市名称 Name of Cities
公共服务用水 The Quantity of Water for Public Service	居民家庭用水 The Quantity of Water for Household Use	其他用水 The Quantity of Water for Other Purposes		居民家庭 Households		
	0.56		95	95	0.03	韩城市
10.00	45.00	15.00	3750	3100	0.72	华阴市
						延安市
						子长市
0.92	83.03	7.68	4784	4784	1.71	汉中市
						榆林市
						神木市
						安康市
						旬阳市
						商洛市
						杨凌区
112.90	**159.50**	**42.34**	**13612**	**13195**	**3.20**	**甘　肃**
						兰州市
						嘉峪关市
112.90	159.50	42.34	13612	13195	3.20	金昌市
						白银市
						天水市
						武威市
						张掖市
						平凉市
						华亭市
						酒泉市
						玉门市
						敦煌市
						庆阳市
						定西市
						陇南市
						临夏市
						合作市
6.16	**165.05**	**26.97**	**7342**	**6900**	**1.59**	**青　海**
5.15	0.00	5.97	7		0.00	西宁市
	163.50	21.00	7135	6700	0.54	海东市
						同仁市
						玉树市
						茫崖市
1.01	1.55		200	200	1.05	格尔木市
						德令哈市
1182.90	**124.15**	**771.85**	**717**	**410**	**0.13**	**宁　夏**
1027.71		508.03	116			银川市
			1			灵武市

3-6 续表 17

城市名称 Name of Cities	综合生产能力(万立方米/日) Integrated Production Capacity (10000cu. m/day)	地下水 Underground Water	供水管道长度(公里) Length of Water Supply Pipelines (km)	建成区 In Built District	供水总量(万立方米) 合计 Total	生产运营用水 The Quantity of Water for Production and Operation
宁东能源化工基地						
石嘴山市	38.2	27.4	379.0	326.0	1551.89	1008.73
吴忠市						
青铜峡市						
固原市						
中卫市						
新　疆	**27.4**	**27.4**	**186.0**	**186.0**	**3054.05**	**799.47**
乌鲁木齐市	14.3	14.3	126.5	126.5	2800.00	630.00
克拉玛依市						
吐鲁番市						
哈密市	0.0	0.0			8.90	0.44
昌吉市						
阜康市						
博乐市						
阿拉山口市						
库尔勒市						
阿克苏市						
库车市	1.0	1.0	59.2	59.2	116.25	89.03
阿图什市						
喀什市	12.0	12.0			107.00	80.00
和田市						
伊宁市						
奎屯市						
霍尔果斯市						
塔城市	0.1	0.1	0.3	0.3	21.90	
乌苏市						
沙湾市						
阿勒泰市						
新疆兵团						
石河子市						
阿拉尔市						
图木舒克市						
五家渠市						
北屯市						
铁门关市						
双河市						
可克达拉市						
昆玉市						
胡杨河市						
新星市						

continued 17

Total Quantity of Water Supply(10000cu. m)			用水户数(户) Number of Households with Access to Water Supply(unit)		用水人口(万人) Population with Access to Water Supply (10000 persons)	城市名称 Name of Cities
公共服务用水 The Quantity of Water for Public Service	居民家庭用水 The Quantity of Water for Household Use	其他用水 The Quantity of Water for Other Purposes		居民家庭 Households		
						宁东能源化工基地
155.19	124.15	263.82	600	410	0.13	石嘴山市
						吴忠市
						青铜峡市
						固原市
						中卫市
874.47	**336.21**	**1043.90**	**7967**	**4368**	**2.43**	**新　疆**
840.00	310.00	1020.00	5900	2850	2.10	乌鲁木齐市
					0.00	克拉玛依市
						吐鲁番市
8.46			18			哈密市
						昌吉市
						阜康市
						博乐市
						阿拉山口市
						库尔勒市
						阿克苏市
1.01	26.21		2013	1518	0.33	库车市
						阿图什市
25.00		2.00	36			喀什市
						和田市
						伊宁市
						奎屯市
						霍尔果斯市
		21.90				塔城市
						乌苏市
						沙湾市
						阿勒泰市
						新疆兵团
						石河子市
						阿拉尔市
						图木舒克市
						五家渠市
						北屯市
						铁门关市
						双河市
						可克达拉市
						昆玉市
						胡杨河市
						新星市

四、城市节约用水

Urban Water Conservation

简要说明

本部分主要反映城市节约用水情况，只统计设有节约用水管理机构的城市，汇总量均不代表全社会。主要包括设有节约用水管理机构城市的计划用水量、实际用水量、节约用水量等内容。

Brief Introduction

This section mainly demonstrates status of urban water conservation. Statistics only covers cities with water conservation authorities, therefore the data does not represent the situation of the whole society. Main indicators include planned quantity of water use, actual quantity of water used, quantity of water saved, etc.

4 全国历年城市节约用水情况(1991—2023)

National Urban Water Conservation in Past Years(1991—2023)

年份 Year	计划用水量 (万立方米) Planned Quantity of Water Use (10000 cu. m)	新水取用量 (万立方米) Fresh Water Used (10000 cu. m)	工业用水重复利用量 (万立方米) Quantity of Industrial Water Recycled (10000 cu. m)	节约用水量 (万立方米) Quantity of Water Saved (10000 cu. m)
1991	1977024	1921307	1985326	211259
1992	2077092	1939390	2843918	205087
1993	2076928	2004922	3000109	218317
1994	2299596	2497236	3375652	276241
1995	2123215	1930610	3626086	235113
1996	6285246	2166806	3345351	235194
1997	2004412	1875974	4429175	260885
1998	2490390	2343370	3978967	278835
1999	2409254	2223035	3966355	287284
2000	2153979	2071731	3811945	353569
2001	2504134	2126401	3881683	377733
2002	2463717	2091365	4849164	372352
2003	2353286	2015528	4572711	338758
2004	2441914	2048488	4183937	393426
2005	2676425	2300332	5670096	376093
2006		2356268	5535492	415755
2007		2295192	6026048	454794
2008		2121034	6547258	659114
2009		2064014	6130645	628692
2010		2161262	6872928	407152
2011		1694727	6334101	406578
2012		1838306	7388185	400806
2013		1876372	6526517	382760
2014		1950107	6930588	405234
2015		1922051	7160130	403133
2016		1971043	7644277	576220
2017		2455307	8211738	648227
2018		2290261	8556264	508437
2019		2333077	9081103	499888
2020		2350149	10305444	707572
2021		2559406	10359838	738645
2022		2943120	11611625	707498
2023		3082355	12798568	799255

注：自 2006 年起，不统计计划用水量指标。

Note：From 2006，"Planned Quantity of Water Use" has not been counted.

4-1 2023年按省分列的全国城市节约用水

计量单位:万立方米

地区名称 Name of Regions	计划用水户数(户) Planned Water Consumers (unit)	自备水计划用水户数 Planned Self-Produced Water Consumers	计划用水户实际用水量 合计 Total	工业 Industry	新水取用量 Fresh Water Used	工业 Industry	重复利用量 Water Reused
全　国	2069855	36318	16575105	14093110	3082355	1294542	13492750
北　京	42882	5558	763717	539192	240437	21052	523280
天　津	13732	1160	1192877	1176197	44616	27966	1148261
河　北	8011	1258	322358	288754	49044	17559	273314
山　西	5345	209	456176	393639	82946	23862	373229
内蒙古	435893	417	229034	211821	40002	23183	189032
辽　宁	70344	396	663224	604074	79326	36185	583898
吉　林	23904	2003	237222	176477	115684	55732	121538
黑龙江	2066	1369	350552	264020	148187	61727	202365
上　海	187687		108027	42857	108027	42857	
江　苏	32233	1362	2922040	2353449	420716	224154	2501324
浙　江	45846	1659	1082502	960003	209015	133931	873488
安　徽	7612	97	820697	784676	100389	65573	720308
福　建	121089		195393	157859	58921	25409	136471
江　西	6287	232	96110	46179	74738	25120	21373
山　东	70694	3379	1833451	1558011	241746	121689	1591705
河　南	36923	8479	788752	740622	79366	37562	709386
湖　北	145318	143	1055252	988479	109722	62597	945530
湖　南	92399	303	175080	138930	57252	26214	117827
广　东	139806	286	1319138	1127255	305384	124493	1013753
广　西	9502	136	413508	338811	88657	18151	324851
海　南	3879	104	59789	3816	59780	3814	9
重　庆	8069	74	426108	361237	64076	27246	362032
四　川	29203	4445	276508	192166	101112	23389	175396
贵　州	8328	280	74421	35497	47739	11939	26682
云　南	167129	273	127478	107508	30110	10538	97367
西　藏	368		1451		1451		
陕　西	6703	742	48133	24410	35584	11929	12549
甘　肃	289367	49	268815	242087	40529	14719	228286
青　海	1370	7	2888	663	2888	663	
宁　夏	1009	261	232654	225383	17598	10327	215056
新　疆	8624	1637	26565	5114	23244	2155	3321
新疆兵团	48233		5188	3927	4069	2808	1119

Urban Water Conservation by Province(2023)

Measurement Unit:10000cu. m

Actual Quantity of Water Used				节约用水量 Water Saved		节水措施投资总额(万元) Total Investment in Water-Saving Measures (10000 RMB)	地区名称 Name of Regions
工业 Industry	超计划定额用水量 Water Quantity Consumed in Excess of Quota	重复利用率(%) Reuse Rate (%)	工业 Industry		工业 Industry		
12798568	**21772**	**81.40**	**90.81**	**799255**	**593590**	**855167**	**全国**
518140	184	68.52	96.10	9346	625	16103	北京
1148231	1645	96.26	97.62	320	311	876	天津
271195	26	84.79	93.92	5764	4001	383	河北
369777	809	81.82	93.94	15969	9528	3604	山西
188638	418	82.53	89.06	1455	789	12442	内蒙古
567889	152	88.04	94.01	17404	8875	3733	辽宁
120745	679	51.23	68.42	5680	2154	2562	吉林
202293	228	57.73	76.62	123806	111951	223	黑龙江
				3017	1633	74143	上海
2129294	2477	85.60	90.48	67554	51104	31129	江苏
826072	893	80.69	86.05	46436	33420	100528	浙江
719103	730	87.77	91.64	31151	27961	48300	安徽
132450	2680	69.84	83.90	20133	12366	2879	福建
21059	1400	22.24	45.60	9093	3964	4858	江西
1436322	413	86.81	92.19	53773	42107	111763	山东
703060	664	89.94	94.93	35086	22480	1020	河南
925882	507	89.60	93.67	60986	52666	22092	湖北
112717	765	67.30	81.13	117940	112879	12561	湖南
1002762	3239	76.85	88.96	72667	34393	139062	广东
320659	603	78.56	94.64	13663	7517	6788	广西
2	558	0.02	0.05	152	6	48659	海南
333990	371	84.96	92.46	22795	19701	143472	重庆
168777	400	63.43	87.83	19336	8725	12926	四川
23558	552	35.85	66.37	14720	14216	5337	贵州
96970	675	76.38	90.20	6745	216	24069	云南
							西藏
12481	84	26.07	51.13	8532	3962	4237	陕西
227368	19	84.92	93.92	5650	2286	13692	甘肃
							青海
215056	419	92.44	95.42	3217	1761	7606	宁夏
2959	182	12.50	57.86	6864	1996	120	新疆
1119		21.57	28.50				新疆兵团

4-2 2023年按城市分列的全国城市节约用水

计量单位：万立方米

城市名称 Name of Cities	计划用水户数（户） Planned Water Consumers (unit)	自备水计划用水户数 Planned Self-Produced Water Consumers	计划用水户实际用水量 合计 Total	工业 Industry	新水取用量 Fresh Water Used	工业 Industry	重复利用量 Water Reused
全　国	**2069855**	**36318**	**16575105**	**14093110**	**3082355**	**1294542**	**13492750**
北　京	**42882**	**5558**	**763717**	**539192**	**240437**	**21052**	**523280**
天　津	**13732**	**1160**	**1192877**	**1176197**	**44616**	**27966**	**1148261**
河　北	**8011**	**1258**	**322358**	**288754**	**49044**	**17559**	**273314**
石家庄市	2002		30300	25926	5510	1491	24790
晋州市							
新乐市							
唐山市	1463	96	72102	69836	3648	1381	68454
滦州市							
遵化市							
迁安市							
秦皇岛市	1469	17	107243	103752	5767	2276	101476
邯郸市	12	3	13601	3253	13200	3203	401
武安市	39	14	3521	2634	995	272	2526
邢台市	902	664	2912	2282	2912	2282	
南宫市							
沙河市							
保定市	857	114	29351	27291	3360	1299	25992
涿州市							
安国市							
高碑店市							
张家口市	320	15	1154		1154		
承德市	165	165	9109	4797	6868	2556	2241
平泉市	128	128	336	336	280	280	56
沧州市	370		45361	44015	1911	565	43450
泊头市	36	12	1548	281	867	239	681
任丘市	79		1895	1349	1121	724	774
黄骅市							
河间市							
廊坊市							
霸州市							
三河市							
衡水市	32		1831	908	488	26	1343
深州市							
辛集市	81		1004	1004	754	754	250
定州市	56	30	1090	1090	210	210	880
山　西	**5345**	**209**	**456176**	**393639**	**82946**	**23862**	**373229**
太原市	1177	154	382842	345063	54737	16959	328104
古交市							
大同市	419		44644	36481	12636	5967	32008

Urban Water Conservation by City(2023)

Measurement Unit:10000cu. m

Actual Quantity of Water Used				节约用水量		节水措施投资总额(万元)	城市名称
工业 Industry	超计划定额用水量 Water Quantity Consumed in Excess of Quota	重复利用率(%) Reuse Rate (%)	工业 Industry	Water Saved	工业 Industry	Total Investment in Water-Saving Measures (10000 RMB)	Name of Cities
12798568	**21772**	**81.40**	**90.81**	**799255**	**593590**	**855167**	**全国**
518140	**184**	**68.52**	**96.10**	**9346**	**625**	**16103**	**北京**
1148231	**1645**	**96.26**	**97.62**	**320**	**311**	**876**	**天津**
271195	**26**	**84.79**	**93.92**	**5764**	**4001**	**383**	**河北**
24435		81.81	94.25	1211	443		石家庄市
							晋州市
							新乐市
68454		94.94	98.02				唐山市
							滦州市
							遵化市
							迁安市
101476		94.62	97.81	551	259		秦皇岛市
50		2.95	1.54	16	15	10	邯郸市
2363	2	71.74	89.69	2824	2774	48	武安市
							邢台市
							南宫市
							沙河市
25992	0	88.55	95.24				保定市
							涿州市
							安国市
							高碑店市
							张家口市
2241		24.60	46.72			100	承德市
56		16.67	16.67	12	12		平泉市
43450		95.79	98.72	50	50	180	沧州市
42		43.97	14.86	490	10		泊头市
625		40.84	46.33	141	76		任丘市
							黄骅市
							河间市
							廊坊市
							霸州市
							三河市
882		73.35	97.09	24	2		衡水市
							深州市
250		24.90	24.90	85			辛集市
880	24	80.73	80.73	360	360	45	定州市
369777	**809**	**81.82**	**93.94**	**15969**	**9528**	**3604**	**山西**
328104	251	85.70	95.09	3026	433	936	太原市
							古交市
30514		71.70	83.64	7000	5000	600	大同市

4-2 续表 1

计量单位：万立方米

城市名称 Name of Cities	计划用水户数（户） Planned Water Consumers (unit)	自备水计划用水户数 Planned Self-Produced Water Consumers	计划用水户实际用水量 合计 Total	工业 Industry	新水取用量 Fresh Water Used	工业 Industry	重复利用量 Water Reused
阳泉市	25	25	42	42	42	42	
长治市	897		2296	5	2291	4	5
晋城市	981	1	11234	7205	3988	362	7246
高平市							
朔州市							
怀仁市							
晋中市	536	7	6549	4186	1188	200	5361
介休市	22		114		114		
运城市	634		1290	72	1290	72	
永济市	16		7		7		
河津市							
忻州市	65		44		41		4
原平市	278	11	459	393	130	65	329
临汾市							
侯马市	33	8	1452	184	1452	184	
霍州市	94		1500		1500		
吕梁市	165		1828	5	1828	5	
孝义市	3	3	1875	4	1703	4	172
汾阳市							
内蒙古	**435893**	**417**	**229034**	**211821**	**40002**	**23183**	**189032**
呼和浩特市							
包头市	1124	246	220325	209170	32072	20917	188253
乌海市							
赤峰市							
通辽市							
霍林郭勒市							
鄂尔多斯市	261808		3857	987	3345	848	512
呼伦贝尔市	211	116	3533	1515	3313	1315	220
满洲里市	15	15	81	80	34	34	47
牙克石市							
扎兰屯市							
额尔古纳市							
根河市							
巴彦淖尔市							
乌兰察布市	58	40	89	69	89	69	
丰镇市							
锡林浩特市							
二连浩特市							
乌兰浩特市	172677		1149		1149		
阿尔山市							

continued 1

Measurement Unit: 10000cu. m

Actual Quantity of Water Used				节约用水量 Water Saved		节水措施投资总额（万元） Total Investment in Water-Saving Measures (10000 RMB)	城市名称 Name of Cities
工业 Industry	超计划定额用水量 Water Quantity Consumed in Excess of Quota	重复利用率（%） Reuse Rate (%)	工业 Industry		工业 Industry		
				56		10	阳泉市
1		0.22	20.00	158	1		长治市
6843		64.50	94.97	70	18		晋城市
							高平市
							朔州市
							怀仁市
3986		81.86	95.22	5361	3986		晋中市
				8			介休市
							运城市
				1		16	永济市
							河津市
	0	8.14		0		53	忻州市
328	0	71.68	83.55	23	2		原平市
							临汾市
				101	87		侯马市
						400	霍州市
				74			吕梁市
	558	9.19		91	1	1589	孝义市
							汾阳市
188638	**418**	**82.53**	**89.06**	**1455**	**789**	**12442**	**内蒙古**
							呼和浩特市
188253	418	85.44	90.00	850	650	11114	包头市
							乌海市
							赤峰市
							通辽市
							霍林郭勒市
139		13.28	14.04	604	139	1183	鄂尔多斯市
200		6.22	13.21				呼伦贝尔市
46		58.00	58.00			15	满洲里市
							牙克石市
							扎兰屯市
							额尔古纳市
							根河市
							巴彦淖尔市
						15	乌兰察布市
							丰镇市
							锡林浩特市
							二连浩特市
				1		115	乌兰浩特市
							阿尔山市

4-2 续表 2

计量单位:万立方米

城市名称 Name of Cities	计划用水户数(户) Planned Water Consumers (unit)	自备水计划用水户数 Planned Self-Produced Water Consumers	计划用水户实际用水量 合 计 Total	 工 业 Industry	 新水取用量 Fresh Water Used	 工 业 Industry	 重复利用量 Water Reused
辽 宁	**70344**	**396**	**663224**	**604074**	**79326**	**36185**	**583898**
沈阳市	5218		191276	180257	19977	8958	171299
新民市							
大连市	3547	55	51174	37381	11633	6031	39541
庄河市	548	208					
瓦房店市	804		154	154	106	106	48
鞍山市	2636						
海城市	2970		1907	184	1590	102	317
抚顺市	292	9	173709	171111	11356	10523	162353
本溪市	159	25	2557		56		2501
丹东市	226	28	16692	745	16692	745	
东港市							
凤城市							
锦州市	503	2	62213	60232	3953	1972	58260
凌海市							
北镇市	4500		170		135		35
营口市	2972	2	52302	45786	6463	3205	45839
盖州市							
大石桥市	16274		400	203	400	203	
阜新市	86		2192	1792	2035	1635	157
辽阳市	45	4	763	565	508	310	255
灯塔市			91	91	91	91	
盘锦市	15	15	85278	85225	1423	1370	83855
铁岭市	29355		215	29	164	2	51
调兵山市	22	20	498	247	298	47	200
开原市							
朝阳市	142	28	21463	19996	2276	809	19187
北票市	30		170	76	170	76	
凌源市							
葫芦岛市							
兴城市							
沈抚改革创新示范区							
吉 林	**23904**	**2003**	**237222**	**176477**	**115684**	**55732**	**121538**
长春市	6043	641	13743	2093	13693	2083	50
榆树市	1575	60	536		515		21
德惠市	160	14	220	98	125	32	95
公主岭市	197	171	5682	5282	855	455	4827
吉林市	457	161	83951	41950	83951	41950	
蛟河市	338	338	865	488	865	488	
桦甸市	43		51	1	51	1	

continued 2

Measurement Unit:10000cu. m

Actual Quantity of Water Used				节约用水量		节水措施投资总额（万元）	城市名称
工业 Industry	超计划定额用水量 Water Quantity Consumed in Excess of Quota	重复利用率（%） Reuse Rate (%)	工业 Industry	Water Saved	工业 Industry	Total Investment in Water-Saving Measures (10000 RMB)	Name of Cities
567889	**152**	**88.04**	**94.01**	**17404**	**8875**	**3733**	**辽宁**
171299		89.56	95.03	5179	2403		沈阳市
							新民市
31350	28	77.27	83.87	1083	433	3412	大连市
							庄河市
48		31.17	31.17	113	47		瓦房店市
							鞍山市
82	35	16.62	44.57	191	82		海城市
160588		93.46	93.85	5039	3250	92	抚顺市
		97.81		218		151	本溪市
				2120	18		丹东市
							东港市
							凤城市
58260		93.65	96.73	423	352	48	锦州市
							凌海市
		20.59		38		30	北镇市
42581		87.64	93.00	978	690		营口市
							盖州市
				1			大石桥市
157	88	7.17	8.78	403	366		阜新市
255		33.43	45.14	193	108		辽阳市
							灯塔市
83855		98.33	98.39	118	80		盘锦市
27	1	23.71	94.68	19	15		铁岭市
200	0	40.16	80.97	200	200		调兵山市
							开原市
19187		89.40	95.95	1022	820		朝阳市
				66	10		北票市
							凌源市
							葫芦岛市
							兴城市
							沈抚改革创新示范区
120745	**679**	**51.23**	**68.42**	**5680**	**2154**	**2562**	**吉林**
10	663	0.36	0.48	1809	4	2315	长春市
		3.92		21	10		榆树市
66		43.18	67.35	46	26	13	德惠市
4827		84.95	91.38	166	97	30	公主岭市
				1136	310		吉林市
				41	11	2	蛟河市
				101	9		桦甸市

4-2 续表 3

计量单位:万立方米

城市名称 Name of Cities	计划用水户数（户） Planned Water Consumers (unit)	自备水计划用水户数 Planned Self-Produced Water Consumers	计划用水户实际用水量 合计 Total	工业 Industry	新水取用量 Fresh Water Used	工业 Industry	重复利用量 Water Reused
舒兰市							
磐石市	23		29	8	29	8	
四平市	200	142	12971	12804	4910	4742	8062
双辽市	29	29	2844	2373	2844	2373	
辽源市	123		512	410	227	125	285
通化市	12683		747	53	138	9	609
集安市	22	22	853	1	853	1	
白山市	151		155	54	155	54	
临江市	34	34	42	42	42	42	
松原市	78		292	144	256	111	36
扶余市							
白城市	285	40	109438	108260	2234	1056	107204
洮南市	67	51	87	63	87	63	
大安市	75	75	416	125	392	101	24
延吉市	95	95	82	61	82	61	
图们市	23	23	11	10	9	8	2
敦化市	55	15	388	343	272	242	116
珲春市	49		2746	1358	2556	1288	190
龙井市	31	31	21	11	21	11	
和龙市	26		19	13	19	13	
梅河口市	87	61	499	431	481	413	18
长白山保护开发区管理委员会	955		21		21		
黑龙江	**2066**	**1369**	**350552**	**264020**	**148187**	**61727**	**202365**
哈尔滨市	1193	692	70050	62853	18136	10992	51914
尚志市							
五常市							
齐齐哈尔市	115	89	254078	181953	116258	44133	137820
讷河市							
鸡西市							
虎林市							
密山市							
鹤岗市							
双鸭山市							
大庆市	97	97	1737	1407	1432	1102	305
伊春市	57	32	1002	986			1002
铁力市							
佳木斯市	82	44	5190	905	4851	566	340
同江市	2	2	17	14	1	1	16
抚远市							
富锦市							

continued 3

Measurement Unit:10000cu. m

Actual Quantity of Water Used				节约用水量		节水措施投资总额（万元）	城市名称
工业 Industry	超计划定额用水量 Water Quantity Consumed in Excess of Quota	重复利用率（%） Reuse Rate（%）	工业 Industry	Water Saved	工业 Industry	Total Investment in Water-Saving Measures（10000 RMB）	Name of Cities
							舒兰市
				11	1		磐石市
8062		62.15	62.96	1476	1361		四平市
							双辽市
285		55.60	69.50	86	68	25	辽源市
44	16	81.48	82.65	75	16	111	通化市
							集安市
							白山市
							临江市
33		12.33	22.92	42	30	3	松原市
							扶余市
107204		97.96	99.02	316	39		白城市
				7	7		洮南市
24		5.72	19.07	142	24	7	大安市
							延吉市
2		17.41	19.07	10	5	20	图们市
101		29.90	29.45	100	42	25	敦化市
70		6.92	5.15	54	54	12	珲春市
				2	2		龙井市
				2	1		和龙市
18		3.61	4.18	38	38		梅河口市
							长白山保护开发区管理委员会
202293	**228**	**57.73**	**76.62**	**123806**	**111951**	**223**	**黑龙江**
51861	220	74.11	82.51	8263	4105	23	哈尔滨市
							尚志市
							五常市
137820		54.24	75.74	102582	95487		齐齐哈尔市
							讷河市
							鸡西市
							虎林市
							密山市
							鹤岗市
							双鸭山市
305	2	17.56	21.69	1305	932	200	大庆市
986		100.00	100.00	670	450		伊春市
							铁力市
340		6.54	37.50	126	126		佳木斯市
13		95.15	94.30	15	15		同江市
							抚远市
							富锦市

4-2 续表 4

计量单位：万立方米

城市名称 Name of Cities	计划用水户数（户） Planned Water Consumers (unit)	自备水计划用水户数 Planned Self-Produced Water Consumers	计划用水户实际用水量 合计 Total	工业 Industry	新水取用量 Fresh Water Used	工业 Industry	重复利用量 Water Reused
七台河市	51	51	15163	13303	5186	3326	9977
牡丹江市	273	174	2489	1789	1722	1022	767
海林市							
宁安市							
穆棱市							
绥芬河市							
东宁市							
黑河市							
北安市							
五大连池市							
嫩江市							
绥化市	118	110	407	392	288	273	119
安达市	78	78	418	418	312	312	105
肇东市							
海伦市							
漠河市							
上　海	**187687**		**108027**	**42857**	**108027**	**42857**	
江　苏	**32233**	**1362**	**2922040**	**2353449**	**420716**	**224154**	**2501324**
南京市	3095		590481	216969	121049	37319	469432
无锡市	1810		60181	53374	19198	12407	40983
江阴市	165		19650	18810	3720	2930	15930
宜兴市	740	62	4130	2853	3387	2148	743
徐州市	978	55	383930	373177	13562	10202	370368
新沂市	158	60	22304	22304	6181	6181	16123
邳州市	83	14	33821	30780	4821	1780	29000
常州市	4542	105	258652	254149	23147	19354	235505
溧阳市	232		18267	16391	1469	1165	16799
苏州市	8525	411	422432	381039	43479	28194	378952
常熟市	1010		52225	51343	5066	4184	47159
张家港市	563		19264	16250	1801	711	17463
昆山市	1774	28	103652	64601	12114	7550	91538
太仓市	414	9	7451	5425	1423	1047	6028
南通市	1319	51	168059	159736	18118	11938	149941
海安市							
启东市	276		3484	3243	1313	1303	2171
如皋市	371	31	13021	12146	2409	2134	10612
连云港市	1059	17	215414	201543	23057	10952	192357
淮安市	600	58	40180	37590	5660	3590	34520
盐城市	281	15	8615	4611	8072	4069	542
东台市	137	6	16839	16628	911	700	15928

continued 4

Measurement Unit:10000cu. m

Actual Quantity of Water Used				节约用水量 Water Saved		节水措施投资总额(万元) Total Investment in Water-Saving Measures (10000 RMB)	城市名称 Name of Cities
工业 Industry	超计划定额用水量 Water Quantity Consumed in Excess of Quota	重复利用率(%) Reuse Rate (%)	工业 Industry		工业 Industry		
9977		65.80	75.00	9977	9977		七台河市
767	0	30.81	42.86	767	767		牡丹江市
							海林市
							宁安市
							穆棱市
							绥芬河市
							东宁市
							黑河市
							北安市
							五大连池市
							嫩江市
119	5	29.24	30.36	101	92		绥化市
105		25.17	25.17				安达市
							肇东市
							海伦市
							漠河市
				3017	**1633**	**74143**	**上　海**
2129294	**2477**	**85.60**	**90.48**	**67554**	**51104**	**31129**	**江　苏**
179650		79.50	82.80	5739	1923	1325	南京市
40967	43	68.10	76.75	5491	4740	3218	无锡市
15880		81.07	84.42	322	300	295	江阴市
706		17.99	24.73	461		832	宜兴市
362975		96.47	97.27	1381	1040	80	徐州市
16123		72.29	72.29	523	523	1200	新沂市
29000		85.75	94.22	900	900	150	邳州市
234795		91.05	92.38	8580	6692	3237	常州市
15226		91.96	92.89	394	284	685	溧阳市
352846	25	89.71	92.60	5443	4259	6186	苏州市
47159		90.30	91.85	1452	732	224	常熟市
15539	1	90.65	95.62	1013	948	282	张家港市
57051	5	88.31	88.31	1250	950	3000	昆山市
4378		80.90	80.70	1046	889	786	太仓市
147797	31	89.22	92.53	2169	840	260	南通市
							海安市
1940	4	62.31	59.82	1326	1183		启东市
10012		81.50	82.43	372			如皋市
190591	2357	89.30	94.57	3359	2807	3951	连云港市
34000		85.91	90.45	5600	4600	1000	淮安市
542		6.30	11.76	4258	4238		盐城市
15928		94.59	95.79				东台市

4-2 续表 5

计量单位:万立方米

城市名称 Name of Cities	计划用水户数(户) Planned Water Consumers (unit)	自备水计划用水户数 Planned Self-Produced Water Consumers	计划用水户实际用水量 合计 Total	工业 Industry	新水取用量 Fresh Water Used	工业 Industry	重复利用量 Water Reused
扬州市	910	62	78287	75900	7753	5417	70534
仪征市	260	56	74055	40166	41520	7631	32535
高邮市	302	93	19955	19955	14635	14635	5320
镇江市	1116	30	208427	206876	14277	12726	194150
丹阳市	503		4714	3928	2619	1833	2095
扬中市	148		606	451	106	101	500
句容市	86		562	356	467	279	95
泰州市	187	13	13522	10405	4026	909	9496
兴化市	251	128	5812	3931	4567	2691	1245
靖江市							
泰兴市							
宿迁市	338	58	54049	48517	10789	8075	43261
浙　江	**45846**	**1659**	**1082502**	**960003**	**209015**	**133931**	**873488**
杭州市	7597	1019	72088	38192	49796	18019	22292
建德市	471		1197	743	993	608	204
宁波市	3821	211	326644	315191	47093	38516	279551
余姚市							
慈溪市	11172		1061	363	1061	363	
温州市	3325		43070	35106	12816	5957	30254
瑞安市							
乐清市	408						
龙港市							
嘉兴市	956		19033	16233	4054	1255	14979
海宁市	670		12793	12017	3041	2265	9752
平湖市	1205		23290	22697	3120	2528	20170
桐乡市	68		6023	4819	981	785	5042
湖州市	531		19146	15235	3977	2551	15169
绍兴市	3801	254	246928	212378	40405	33063	206523
诸暨市	654	54	20571	17294	4108	3591	16463
嵊州市	583	6	17780	17427	2249	2114	15531
金华市	1648		12130	9500	3298	1425	8832
兰溪市							
义乌市	14	14	16978	13645	4933	2400	12045
东阳市	790	21	6236	5164	1883	892	4353
永康市	272	43	20706	18849	1314	819	19392
衢州市	908	10	174972	172917	13473	11550	161499
江山市	9	9	145	133	145	133	
舟山市	609		14074	8664	3495	1473	10579
台州市	3149		7237	6116	2824	1946	4413
玉环市	1429						

continued 5

Measurement Unit: 10000cu. m

Actual Quantity of Water Used				节约用水量		节水措施投资总额(万元)	城市名称
工业 Industry	超计划定额用水量 Water Quantity Consumed in Excess of Quota	重复利用率(%) Reuse Rate (%)	工业 Industry	Water Saved	工业 Industry	Total Investment in Water-Saving Measures (10000 RMB)	Name of Cities
70483		90.10	92.86	1196	717	420	扬州市
32535		43.93	81.00	7	7		仪征市
5320		26.66	26.66	801	4		高邮市
194150		93.15	93.85	820	490		镇江市
2095		44.44	53.34	556	389	72	丹阳市
350		82.51	77.61	130	1	580	扬中市
78		16.85	21.86	124	53		句容市
9496		70.23	91.26	10327	10156		泰州市
1240		21.42	31.54	248	248		兴化市
							靖江市
							泰兴市
40443	11	80.04	83.36	2263	1191	3346	宿迁市
826072	**893**	**80.69**	**86.05**	**46436**	**33420**	**100528**	**浙　江**
20173	103	30.92	52.82	4057	1135	40722	杭州市
135		17.04	18.17	317	167	130	建德市
276675	21	85.58	87.78	5216	4072		宁波市
							余姚市
	6			2082			慈溪市
29149	6	70.24	83.03	3613	2258	884	温州市
							瑞安市
							乐清市
							龙港市
14979	19	78.70	92.27	843	345	18	嘉兴市
9752		76.23	81.15	127	127	234	海宁市
20170	141	86.60	88.86				平湖市
4034	23	83.71	83.71	1457	1166		桐乡市
12684		79.23	83.25	313	152	200	湖州市
179315	12	83.64	84.43	11750	10494	10918	绍兴市
13703	7	80.03	79.23	486	407	1028	诸暨市
15313		87.35	87.87	2115	1750	587	嵊州市
8075	310	72.81	85.00	632	343	826	金华市
							兰溪市
11245		70.94	82.41	4200	3300	35000	义乌市
4272		69.80	82.72	725	716	1120	东阳市
18030	7	93.65	95.65	214	107	395	永康市
161367	6	92.30	93.32	5358	5129	6159	衢州市
							江山市
7191	19	75.17	83.00	598	502	510	舟山市
4170	171	60.98	68.18	1300	949	87	台州市
						24	玉环市

4-2 续表 6

计量单位:万立方米

城市名称 Name of Cities	计划用水户数(户) Planned Water Consumers (unit)	自备水计划用水户数 Planned Self-Produced Water Consumers	计划用水户实际用水量 合计 Total	工业 Industry	新水取用量 Fresh Water Used	工业 Industry	重复利用量 Water Reused
温岭市	1054	18	765	233	551	142	214
临海市							
丽水市	702		19637	17087	3406	1536	16231
龙泉市							
安 徽	**7612**	**97**	**820697**	**784676**	**100389**	**65573**	**720308**
合肥市	932		97810	86997	23188	12375	74622
巢湖市							
芜湖市	584	8	75031	69204	13957	8131	61074
无为市							
蚌埠市	328	8	42900	40758	3861	1719	39039
淮南市	796		12210	10500	2950	1240	9260
马鞍山市	492	2	277034	275166	13132	11316	263901
淮北市	245	11	10007	9167	2275	1435	7732
铜陵市	637	6	11507	10437	9657	8587	1850
安庆市	371	3	133080	132369	8583	7871	124497
潜山市							
桐城市							
黄山市	687		6916	4788	1894	701	5022
滁州市	619		79888	78745	5171	4027	74717
天长市							
明光市							
阜阳市	507	4	34280	31750	4257	1727	30023
界首市	17	17	32	1	32	1	
宿州市	176	24	6235	5260	3155	2181	3079
六安市	305	7	7812	5804	2810	802	5002
亳州市	425	5	11888	10988	1982	1301	9906
池州市	177		1300	665	998	364	302
宣城市	314	2	12767	12075	2487	1795	10280
广德市							
宁国市							
福 建	**121089**		**195393**	**157859**	**58921**	**25409**	**136471**
福州市	77753		23825	11395	15467	3765	8357
福清市							
厦门市	14355		119857	105623	23865	10400	95992
莆田市	1018		2503	1076	2503	1076	
三明市	3179		25149	25149	1240	1240	23910
永安市							
泉州市	15753		9558	3403	6142	2514	3415
石狮市	983		6958	5522	6958	5522	
晋江市							

continued 6

Measurement Unit: 10000cu. m

Actual Quantity of Water Used 工 业 Industry	超计划定额用水量 Water Quantity Consumed in Excess of Quota	重 复 利用率 (%) Reuse Rate (%)	工 业 Industry	节 约 用水量 Water Saved	工 业 Industry	节水措施投资总额(万元) Total Investment in Water-Saving Measures (10000 RMB)	城市名称 Name of Cities
91		27.97	39.06	671	158		温岭市
							临海市
15551	42	82.65	91.01	361	143	1686	丽水市
							龙泉市
719103	**730**	**87.77**	**91.64**	**31151**	**27961**	**48300**	**安 徽**
74622		76.29	85.78	1420	1200	500	合肥市
							巢湖市
61074	653	81.40	88.25	911	668	5707	芜湖市
							无为市
39039	21	91.00	95.78	951	597	5386	蚌埠市
9260		75.84	88.19	420	280	195	淮南市
263851		95.26	95.89	1202	1041	14450	马鞍山市
7732	0	77.27	84.35	618	230	715	淮北市
1850		16.08	17.73	14834	14834	600	铜陵市
124497	2	93.55	94.05	973	799	327	安庆市
							潜山市
							桐城市
4087		72.62	85.36	5035	4100	766	黄山市
74717		93.53	94.89			4558	滁州市
							天长市
							明光市
30023		87.58	94.56	295	270	1480	阜阳市
							界首市
3079	2	49.39	58.54	3079	3079	3995	宿州市
5002	49	64.03	86.18	488	176	893	六安市
9687	0	83.33	88.16	480	352	1612	亳州市
302		23.23	45.37	310	238	6791	池州市
10280	1	80.52	85.13	135	95	325	宣城市
							广德市
							宁国市
132450	**2680**	**69.84**	**83.90**	**20133**	**12366**	**2879**	**福 建**
7631	1680	35.08	66.96	8513	7561	37	福州市
							福清市
95224	737	80.09	90.15	427	409	472	厦门市
	167			2567	1032		莆田市
23910		95.07	95.07	1392	817		三明市
							永安市
889	96	35.73	26.12	7227	2542	1853	泉州市
							石狮市
							晋江市

4-2 续表 7

计量单位:万立方米

城市名称 Name of Cities	计划用水户数(户) Planned Water Consumers (unit)	自备水计划用水户数 Planned Self-Produced Water Consumers	计划用水户实际用水量 合计 Total	工业 Industry	新水取用量 Fresh Water Used	工业 Industry	重复利用量 Water Reused
南安市							
漳州市	8036		7496	5689	2699	892	4797
南平市							
邵武市							
武夷山市	12		47		47		
建瓯市							
龙岩市							
漳平市							
宁德市							
福安市							
福鼎市							
江　西	**6287**	**232**	**96110**	**46179**	**74738**	**25120**	**21373**
南昌市	1612	23	34366	17499	18973	2154	15393
景德镇市	2507	5	7071	5694	2278	911	4793
乐平市	53	53	14224	5332	14115	5223	109
萍乡市	547	131	22803	10246	22425	9868	378
九江市							
瑞昌市							
共青城市							
庐山市							
新余市							
鹰潭市	233		4281	609	4281	609	
贵溪市							
赣州市	757		6855	3649	6855	3649	
瑞金市							
龙南市	81		1237	868	697	563	540
吉安市							
井冈山市							
宜春市							
丰城市							
樟树市	58	20	4040	1499	3880	1360	160
高安市							
抚州市							
上饶市	423		451		451		
德兴市	16		783	783	783	783	
山　东	**70694**	**3379**	**1833451**	**1558011**	**241746**	**121689**	**1591705**
济南市	4141	245	192010	156304	38272	5432	153738
青岛市	38367	37	206958	182840	20091	13364	186867
胶州市	1211		11053	7304	4326	577	6727
平度市	711		6715	6112	1074	484	5641

continued 7

Measurement Unit: 10000cu. m

Actual Quantity of Water Used				节约用水量 Water Saved		节水措施投资总额（万元） Total Investment in Water-Saving Measures (10000 RMB)	城市名称 Name of Cities
工业 Industry	超计划定额用水量 Water Quantity Consumed in Excess of Quota	重复利用率（%） Reuse Rate (%)	工业 Industry		工业 Industry		
							南安市
4797		64.00	84.32	5	5	516	漳州市
							南平市
							邵武市
				3			武夷山市
							建瓯市
							龙岩市
							漳平市
							宁德市
							福安市
							福鼎市
21059	**1400**	**22.24**	**45.60**	**9093**	**3964**	**4858**	**江　西**
15345	0	44.79	87.69	3202	701	4336	南昌市
4783		67.78	84.00	1617	626	229	景德镇市
109		0.77	2.04	109	109	43	乐平市
378		1.66	3.69	102			萍乡市
							九江市
							瑞昌市
							共青城市
							庐山市
							新余市
	1400						鹰潭市
							贵溪市
				1013	588	150	赣州市
							瑞金市
305		43.65	35.14	2700	1600	90	龙南市
							吉安市
							井冈山市
							宜春市
							丰城市
139		3.96	9.27	350	340	10	樟树市
							高安市
							抚州市
							上饶市
							德兴市
1436322	**413**	**86.81**	**92.19**	**53773**	**42107**	**111763**	**山　东**
150872	121	80.07	96.52	5582	2040	935	济南市
169476	9	90.29	92.69	14470	10854	35805	青岛市
6727		60.86	92.10	389	301	13285	胶州市
5628		84.01	92.08	324	219	48	平度市

4-2 续表 8

计量单位:万立方米

城市名称 Name of Cities	计划用水户数(户) Planned Water Consumers (unit)	自备水计划用水户数 Planned Self-Produced Water Consumers	计划用水户实际用水量 合计 Total	工业 Industry	新水取用量 Fresh Water Used	工业 Industry	重复利用量 Water Reused
莱西市	132		1889	1889	140	140	1749
淄博市	785	509	283279	272146	14929	9959	268349
枣庄市	1035	41	20545	19625	3844	2944	16701
滕州市	569	5	7922	7227	1466	1300	6456
东营市	2506		217223	212853	9820	5461	207403
烟台市	1514	624	21768	17559	7727	5269	14041
龙口市	84		8882	4691	1777	703	7106
莱阳市	778	5	3575	2968	924	502	2651
莱州市	863		1132	1066	69	65	1063
招远市	53		4211	4070	548	407	3663
栖霞市	96		600	168	90	18	510
海阳市	106	56	1307	1132	267	232	1040
潍坊市	7240	133	98331	55304	14646	5015	83685
青州市	486	43	37569	19636	3639	1879	33930
诸城市	515	380	5543	1351	5461	1269	82
寿光市	822	75	33963	20654	3876	2381	30087
安丘市	732	11	24324	22127	3162	2655	21162
高密市	483	74	11512	11512	1792	1792	9720
昌邑市	32	32	3234	3216	594	594	2640
济宁市	571	239	112533	69944	13717	6507	98816
曲阜市	85	22	2168	1297	1047	176	1121
邹城市	95	35	23856	23528	890	562	22965
泰安市	388		13407	7108	2395	936	11013
新泰市	538	9	12376	3699	2704	389	9672
肥城市	331		2642	2267	507	225	2135
威海市	391	191	51956	51079	3359	2698	48597
荣成市	68	5	4091	2487	2202	598	1890
乳山市	41	3	11379	11096	569	555	10810
日照市	2056		129677	117052	21867	16016	107809
临沂市	1782	189	52695	37296	18169	3090	34526
德州市	115	59	17769	17674	9352	9302	8417
乐陵市							
禹城市	179	179	1543	1497	1543	1497	
聊城市							
临清市							
滨州市	467	2	136588	134222	12601	11357	123987
邹平市	139		39730	38683	3410	2363	36320
菏泽市	187	176	17496	7329	8880	2974	8616
河　南	**36923**	**8479**	**788752**	**740622**	**79366**	**37562**	**709386**
郑州市							

continued 8

Measurement Unit:10000cu. m

Actual Quantity of Water Used				节约用水量		节水措施投资总额(万元)	城市名称
工业 Industry	超计划定额用水量 Water Quantity Consumed in Excess of Quota	重复利用率(%) Reuse Rate (%)	工业 Industry	Water Saved	工业 Industry	Total Investment in Water-Saving Measures (10000 RMB)	Name of Cities
1749		92.59	92.59	188	188	85	莱西市
262186	11	94.73	96.34	981	981	463	淄博市
16681		81.29	85.00	1168	906	100	枣庄市
5926	58	81.50	82.01	74	50		滕州市
207392		95.48	97.43	2104	1659	40	东营市
12291	2	64.50	69.99	4938	4886	16830	烟台市
3988		80.00	85.01	285	269	17000	龙口市
2466		74.15	83.09	1408	865		莱阳市
1000		93.88	93.88	253	207		莱州市
3663		86.99	90.00	100	100	100	招远市
150		85.00	89.29	180	150	110	栖霞市
900		79.57	79.51	380	360	760	海阳市
50288	93	85.11	90.93	2432	1328	1431	潍坊市
17756		90.31	90.43	679	679	486	青州市
82		1.47	6.05				诸城市
18273		88.59	88.47	434	408	782	寿光市
19472	6	87.00	88.00	375	271	656	安丘市
9720		84.43	84.43	356	356	354	高密市
2622		81.63	81.53	28	28	420	昌邑市
63437	69	87.81	90.70	557	503	2926	济宁市
1121		51.70	86.43	1121	1121	140	曲阜市
22965		96.27	97.61	189	180	468	邹城市
6172	1	82.14	86.83	266	117	512	泰安市
3310	24	78.15	89.49	519	333	800	新泰市
2042		80.81	90.07	66	33	401	肥城市
48381		93.53	94.72	2662	2662	400	威海市
1890		46.19	75.97	523	276		荣成市
10541		95.00	95.00	88	56	50	乳山市
101036	19	83.14	86.32	755	637	3620	日照市
34206		65.52	91.71			960	临沂市
8372		47.37	47.37				德州市
							乐陵市
							禹城市
							聊城市
							临清市
122865		90.77	91.54	5079	4349	8998	滨州市
36320		91.42	93.89	420	380	41	邹平市
4355		49.25	59.42	4397	4355	2757	菏泽市
703060	**664**	**89.94**	**94.93**	**35086**	**22480**	**1020**	**河　南**
							郑州市

4-2 续表 9

计量单位：万立方米

城市名称 Name of Cities	计划用水户数（户） Planned Water Consumers (unit)	自备水计划用水户数 Planned Self-Produced Water Consumers	计划用水户实际用水量 合计 Total	工业 Industry	新水取用量 Fresh Water Used	工业 Industry	重复利用量 Water Reused
巩义市	198	3	310		283		27
荥阳市	50	40	1190	770	740	400	450
新密市	264		629	43	593	19	36
新郑市	49	49	173	24	26	4	147
登封市	5	5	7		7		
开封市	494	171	7838	5980	2953	1114	4886
洛阳市	23228	287	100637	93063	9668	2094	90969
平顶山市	566	41	9148	7776	6539	5558	2609
舞钢市	4	4	1897	1727	1112	942	785
汝州市							
安阳市	327	8	93718	79744	17962	3987	75757
林州市	160		83	24	2		82
鹤壁市	341	42	170665	167615	6464	3429	164201
新乡市	407	29	116020	114381	5010	3372	111009
长垣市	212	60	183	80	106	74	76
卫辉市							
辉县市							
焦作市							
沁阳市							
孟州市							
濮阳市	217	108	172499	171781	3925	3207	168574
许昌市	332	28	1039	203	1039	203	
禹州市	318	230	115	26	115	26	
长葛市							
漯河市	838	481	21872	18642	2664	1643	19208
三门峡市	6482	6154	21216	19466	4916	3394	16300
义马市	135	6	1598	1044	1044	941	554
灵宝市							
南阳市	849	215	29809	29809	1866	1866	27943
邓州市	139	107	747	133	735	121	12
商丘市							
永城市	261	153	7618	3661	6798	2841	820
信阳市							
周口市	332	44	3188	2477	871	160	2317
项城市							
驻马店市	434	73	20110	17022	2224	1196	17886
济源示范区	21	21	1446	1401	206	206	1240
郑州航空港经济综合实验区	260	120	4997	3730	1499	765	3499
湖　北	**145318**	**143**	**1055252**	**988479**	**109722**	**62597**	**945530**
武汉市	20639	43	622323	590351	52648	36014	569675

continued 9

Measurement Unit:10000cu. m

Actual Quantity of Water Used				节约用水量		节水措施投资总额（万元）	城市名称
工业 Industry	超计划定额用水量 Water Quantity Consumed in Excess of Quota	重复利用率（%） Reuse Rate（%）	工业 Industry	Water Saved	工业 Industry	Total Investment in Water-Saving Measures（10000 RMB）	Name of Cities
		8.72		27			巩义市
370		37.82	48.05	900	838		荥阳市
24	7	5.72	56.47	13	9	5	新密市
21		85.00	85.01	174	3		新郑市
				1		10	登封市
4866	21	62.33	81.38	1331	692		开封市
90969	2	90.39	97.75	11	11		洛阳市
2218		28.52	28.52	4532	3852		平顶山市
785		41.38	45.45	58	58		舞钢市
							汝州市
75757		80.83	95.00	5388	1196		安阳市
24		97.89	100.00				林州市
164186		96.21	97.95	5696	3995		鹤壁市
111009	28	95.68	97.05	1892	1072	266	新乡市
6	16	41.85	7.69				长垣市
							卫辉市
							辉县市
							焦作市
							沁阳市
							孟州市
168574		97.72	98.13	2658	2110	35	濮阳市
				633			许昌市
	2					50	禹州市
							长葛市
16999	28	87.82	91.19	2023	1209		漯河市
16072		76.83	82.56	522	498	280	三门峡市
103		34.65	9.87				义马市
							灵宝市
27943		93.74	93.74	185	185	94	南阳市
12		1.61	9.01	12	12	69	邓州市
							商丘市
820	555	10.77	22.40	1283	762		永城市
							信阳市
2317	6	72.68	93.54	750	43	15	周口市
							项城市
15826		88.94	92.97	2259	1774	196	驻马店市
1195		85.73	85.27	1240	1195		济源示范区
2965		70.01	79.49	3499	2965	0	郑州航空港经济综合实验区
925882	**507**	**89.60**	**93.67**	**60986**	**52666**	**22092**	**湖　北**
554337	198	91.54	93.90	9642	3603	15019	武汉市

4-2 续表 10

计量单位:万立方米

城市名称 Name of Cities	计划用水户数(户) Planned Water Consumers (unit)	自备水计划用水户数 Planned Self-Produced Water Consumers	计划用水户实际用水量 合计 Total	工业 Industry	新水取用量 Fresh Water Used	工业 Industry	重复利用量 Water Reused
黄石市	2022	2	36376	32982	5647	4020	30729
大冶市							
十堰市							
丹江口市							
宜昌市	450	18	55421	52611	8726	5916	46695
宜都市							
当阳市							
枝江市	20		126	50	126	50	
襄阳市	52		10682	7664	4439	1420	6244
老河口市	23385		1186	444	984	256	202
枣阳市							
宜城市	3	3	22	22	22	22	
鄂州市	1105	23	160437	158969	6287	4818	154151
荆门市			133190	128358	10475	5644	122714
京山市							
钟祥市							
孝感市	41	41	1203	1027	1187	1011	16
应城市							
安陆市							
汉川市							
荆州市	1650		17410	14240	3221	1842	14189
监利市							
石首市	6239		1645	332	823	166	823
洪湖市							
松滋市							
黄冈市	15	11	10063	1088	10063	1088	
麻城市							
武穴市							
咸宁市							
赤壁市							
随州市	115		4223	272	4178	269	45
广水市	89580		944	70	897	61	48
恩施市							
利川市							
仙桃市							
潜江市							
天门市	2	2					
湖　南	**92399**	**303**	**175080**	**138930**	**57252**	**26214**	**117827**
长沙市	3670		121337	102982	34687	16332	86650
宁乡市							

continued 10

Measurement Unit:10000cu. m

Actual Quantity of Water Used				节约用水量		节水措施投资总额(万元)	城市名称
工业 Industry	超计划定额用水量 Water Quantity Consumed in Excess of Quota	重复利用率(%) Reuse Rate (%)	工业 Industry	Water Saved	工业 Industry	Total Investment in Water-Saving Measures (10000 RMB)	Name of Cities
28962		84.48	87.81	406	361		黄石市
							大冶市
							十堰市
							丹江口市
46695		84.26	88.75	46695	46695	3500	宜昌市
							宜都市
							当阳市
				17	11	100	枝江市
6244		58.45	81.47	91	91		襄阳市
188		17.03	42.34	168	94	42	老河口市
							枣阳市
				15	15	135	宜城市
154151		96.08	96.97	428	257	715	鄂州市
122714		92.14	95.60	1005	1005	1344	荆门市
							京山市
							钟祥市
16		1.30	1.52	16	16		孝感市
							应城市
							安陆市
							汉川市
12398	309	81.50	87.06	398	237	1037	荆州市
							监利市
166		50.00	50.00				石首市
							洪湖市
							松滋市
				1973	153		黄冈市
							麻城市
							武穴市
							咸宁市
							赤壁市
3		1.07	1.10	129	129	200	随州市
9		5.06	12.21	4			广水市
							恩施市
							利川市
							仙桃市
							潜江市
							天门市
112717	**765**	**67.30**	**81.13**	**117940**	**112879**	**12561**	**湖　南**
86650	582	71.41	84.14	86650	86650	4720	长沙市
							宁乡市

4-2 续表 11

计量单位:万立方米

城市名称 Name of Cities	计划用水户数(户) Planned Water Consumers (unit)	自备水计划用水户数 Planned Self-Produced Water Consumers	计划用水户实际用水量 合计 Total	工业 Industry	新水取用量 Fresh Water Used	工业 Industry	重复利用量 Water Reused
浏阳市							
株洲市							
醴陵市							
湘潭市	631		37		37		
湘乡市	478		4590		1890		2700
韶山市							
衡阳市							
耒阳市							
常宁市							
邵阳市	55		1436	1091	546	451	890
武冈市							
邵东市							
岳阳市	1011	303	9453	9453	5422	5422	4031
汨罗市							
临湘市	50338		1127		1127		
常德市	31953		31556	21163	11548	3279	20008
津市市							
张家界市							
益阳市	909		5448	4214	1927	716	3521
沅江市							
郴州市							
资兴市	3345		69	27	42	14	27
永州市							
祁阳市							
怀化市							
洪江市	9		27	1	27	1	
娄底市							
冷水江市							
涟源市							
吉首市							
广　东	**139806**	**286**	**1319138**	**1127255**	**305384**	**124493**	**1013753**
广州市	13102		300497	251261	63121	24612	237375
韶关市	86	51	168889	149255	26283	6649	142606
乐昌市							
南雄市	2		31		31		
深圳市	117415		504125	462683	78179	36737	425946
珠海市	3792		189862	185051	20071	15260	169791
汕头市	33		38869	38379	1850	1360	37019
佛山市	230	6	5489	2305	4905	1847	584
江门市	40	38	10345	1543	10089	1287	256

continued 11

Measurement Unit:10000cu. m

Actual Quantity of Water Used				节约用水量		节水措施投资总额（万元）	城市名称
工 业 Industry	超计划定额用水量 Water Quantity Consumed in Excess of Quota	重 复 利用率（%） Reuse Rate（%）	工 业 Industry	Water Saved	工 业 Industry	Total Investment in Water-Saving Measures（10000 RMB）	Name of Cities
							浏阳市
							株洲市
							醴陵市
	35						湘潭市
		58.82		568		3000	湘乡市
							韶山市
							衡阳市
							耒阳市
							常宁市
640		61.98	58.66	345	305	780	邵阳市
							武冈市
							邵东市
4031		42.64	42.64	4537	4537	2985	岳阳市
							汨罗市
							临湘市
17884	108	63.40	84.51	20008	17884	880	常德市
							津市市
							张家界市
3498	40	64.63	83.01	5824	3498		益阳市
							沅江市
							郴州市
14		39.31	49.69	7	5	195	资兴市
							永州市
							祁阳市
							怀化市
				0		1	洪江市
							娄底市
							冷水江市
							涟源市
							吉首市
1002762	**3239**	**76.85**	**88.96**	**72667**	**34393**	**139062**	**广 东**
226649	130	78.99	90.20	42066	10742	19423	广州市
142606		84.44	95.55	2000	1000	500	韶关市
							乐昌市
				31			南雄市
425946	2063	84.49	92.06	13399	10366	111251	深圳市
169791	59	89.43	91.75	10751	10751	6546	珠海市
37019	0	95.24	96.46	484	278		汕头市
458		10.64	19.89	653	553	1272	佛山市
256		2.47	16.58	2034	636		江门市

4-2 续表 12

计量单位:万立方米

城市名称 Name of Cities	计划用水户数(户) Planned Water Consumers (unit)	自备水计划用水户数 Planned Self-Produced Water Consumers	计划用水户实际用水量 合计 Total	工业 Industry	新水取用量 Fresh Water Used	工业 Industry	重复利用量 Water Reused
台山市							
开平市	10		9687	3245	9687	3245	
鹤山市							
恩平市	47	41	5688	1571	5688	1571	
湛江市							
廉江市	63	63	12668	45	12668	45	
雷州市							
吴川市							
茂名市							
高州市							
化州市							
信宜市							
肇庆市	35		1161	408	1161	408	
四会市							
惠州市							
梅州市							
兴宁市							
汕尾市	15		1332	1179	1332	1179	
陆丰市	5		125		125		
河源市							
阳江市							
阳春市	9	3	180	47	180	47	
清远市							
英德市							
连州市	3	2	334	194	181	181	153
东莞市	4822		62955	29519	62955	29519	
中山市	14	14	104	55	82	32	23
潮州市							
揭阳市							
普宁市	15						
云浮市	25	25	205	40	205	40	
罗定市	43	43	6591	475	6591	475	
广 西	**9502**	**136**	**413508**	**338811**	**88657**	**18151**	**324851**
南宁市	2410		24403	11786	14560	1943	9843
横州市							
柳州市	4289	56	250414	228939	28746	7345	221668
桂林市	1061	46	20954	12196	6854	2054	14100
荔浦市	68	9	23355	1024	23195	1024	160
梧州市	22	22	1306	1239	766	699	540
岑溪市							

continued 12

Measurement Unit:10000cu. m

Actual Quantity of Water Used				节约用水量		节水措施投资总额(万元)	城市名称
工业 Industry	超计划定额用水量 Water Quantity Consumed in Excess of Quota	重复利用率(%) Reuse Rate (%)	工业 Industry	Water Saved	工业 Industry	Total Investment in Water-Saving Measures (10000 RMB)	Name of Cities
							台山市
	21						开平市
							鹤山市
							恩平市
							湛江市
				1183	34		廉江市
							雷州市
							吴川市
							茂名市
							高州市
							化州市
							信宜市
							肇庆市
							四会市
							惠州市
							梅州市
							兴宁市
							汕尾市
							陆丰市
							河源市
							阳江市
				20			阳春市
							清远市
							英德市
13		45.81	6.70	22	10	70	连州市
	962						东莞市
23		21.89	41.77	23	23		中山市
							潮州市
							揭阳市
							普宁市
							云浮市
	4						罗定市
320659	**603**	**78.56**	**94.64**	**13663**	**7517**	**6788**	**广西**
9843		40.34	83.51	5343	5343	1402	南宁市
							横州市
221594	457	88.52	96.79	2212	704	257	柳州市
10142		67.29	83.16	1250	930	380	桂林市
		0.69				50	荔浦市
540		41.35	43.58	540	540	100	梧州市
							岑溪市

4-2 续表 13

计量单位:万立方米

城市名称 Name of Cities	计划用水户数(户) Planned Water Consumers (unit)	自备水计划用水户数 Planned Self-Produced Water Consumers	计划用水户实际用水量 合计 Total	工业 Industry	新水取用量 Fresh Water Used	工业 Industry	重复利用量 Water Reused
北海市	1315		90007	82009	11467	3469	78540
防城港市							
东兴市							
钦州市	337	3	3069	1617	3069	1617	
贵港市							
桂平市							
玉林市							
北流市							
百色市							
靖西市							
平果市							
贺州市							
河池市							
来宾市							
合山市							
崇左市							
凭祥市							
海　南	**3879**	**104**	**59789**	**3816**	**59780**	**3814**	**9**
海口市	2402	101	5043	951	5043	951	
三亚市	619		5667	94	5667	94	
儋州市							
五指山市	2		746		746		
琼海市	737		164	8	164	8	
文昌市	45	3	2865	38	2856	36	9
万宁市							
东方市	74		45304	2725	45304	2725	
重　庆	**8069**	**74**	**426108**	**361237**	**64076**	**27246**	**362032**
重庆市	8069	74	426108	361237	64076	27246	362032
四　川	**29203**	**4445**	**276508**	**192166**	**101112**	**23389**	**175396**
成都市	14876	206	224229	153502	79303	14782	144926
简阳市							
都江堰市	46	9	421	65	387	31	34
彭州市							
邛崃市	104	21	594	458	594	458	
崇州市							
自贡市	248	1	6110	4253	2253	396	3857
攀枝花市							
泸州市							
德阳市	125		5128	5095	416	383	4712
广汉市	70	70	516	453	116	53	400

continued 13

Measurement Unit:10000cu. m

Actual Quantity of Water Used				节约用水量		节水措施投资总额（万元）	城市名称
工业 Industry	超计划定额用水量 Water Quantity Consumed in Excess of Quota	重复利用率（%） Reuse Rate（%）	工业 Industry	Water Saved	工业 Industry	Total Investment in Water-Saving Measures（10000 RMB）	Name of Cities
78540	146	87.26	95.77	3235		4599	北海市
							防城港市
							东兴市
				1084			钦州市
							贵港市
							桂平市
							玉林市
							北流市
							百色市
							靖西市
							平果市
							贺州市
							河池市
							来宾市
							合山市
							崇左市
							凭祥市
2	**558**	**0.02**	**0.05**	**152**	**6**	**48659**	**海 南**
	394					10	海口市
	159					47300	三亚市
							儋州市
				3			五指山市
	5						琼海市
2		0.31	5.26	60	6	25	文昌市
							万宁市
				89		1324	东方市
333990	**371**	**84.96**	**92.46**	**22795**	**19701**	**143472**	**重 庆**
333990	371	84.96	92.46	22795	19701	143472	重庆市
168777	**400**	**63.43**	**87.83**	**19336**	**8725**	**12926**	**四 川**
138720	379	64.63	90.37	11915	2702	791	成都市
							简阳市
34	11	8.01	52.00	34	34		都江堰市
							彭州市
							邛崃市
							崇州市
3857		63.13	90.69	821	612	548	自贡市
							攀枝花市
							泸州市
4712	10	91.89	92.48	2016	2016	356	德阳市
400		77.45	88.21	400	400		广汉市

4-2 续表 14

计量单位:万立方米

城市名称 Name of Cities	计划用水户数(户) Planned Water Consumers (unit)	自备水计划用水户数 Planned Self-Produced Water Consumers	计划用水户实际用水量 合计 Total	工业 Industry	新水取用量 Fresh Water Used	工业 Industry	重复利用量 Water Reused
什邡市							
绵竹市							
绵阳市	755	174	4678	4126	2669	2117	2009
江油市							
广元市	733	29	2320	569	2223	471	97
遂宁市	486		10553	7991	3546	1039	7006
射洪市							
内江市	235	23	12853	12203	2205	1557	10648
隆昌市	2029		258	178	193	132	65
乐山市							
峨眉山市							
南充市	20		1245	1130	315	305	930
阆中市							
眉山市	102	12	1635	936	986	520	649
宜宾市			3070	588	3070	588	
广安市							
华蓥市							
达州市	8435	3900	1942	287	1880	225	62
万源市							
雅安市	8						
巴中市							
资阳市	290		842	311	842	311	
马尔康市							
康定市							
会理市	44		113	20	113	20	
西昌市	597						
贵 州	**8328**	**280**	**74421**	**35497**	**47739**	**11939**	**26682**
贵阳市	7132	54	22770	10748	12272	2631	10498
清镇市	350	54	16936	5217	14777	3429	2159
六盘水市							
盘州市							
遵义市	260						
赤水市							
仁怀市							
安顺市	180	22	9796	5378	5155	1068	4641
毕节市							
黔西市							
铜仁市							
兴义市							
兴仁市							

continued 14

Measurement Unit: 10000cu. m

Actual Quantity of Water Used				节约用水量		节水措施投资总额（万元）	城市名称
工业 Industry	超计划定额用水量 Water Quantity Consumed in Excess of Quota	重复利用率（%） Reuse Rate (%)	工业 Industry	Water Saved	工业 Industry	Total Investment in Water-Saving Measures (10000 RMB)	Name of Cities
							什邡市
							绵竹市
2009		42.95	48.69	1648	1037		绵阳市
							江油市
97		4.19	17.10	191	60	805	广元市
6953		66.40	87.00	115	55	750	遂宁市
							射洪市
10646		82.84	87.24	595	566	9478	内江市
46		25.19	25.88	235	128	18	隆昌市
							乐山市
							峨眉山市
825		74.70	73.01	930	825	180	南充市
							阆中市
416		39.70	44.44	170	27		眉山市
							宜宾市
							广安市
							华蓥市
62		3.19	21.60	190	190		达州市
							万源市
				3			雅安市
							巴中市
				73	73		资阳市
							马尔康市
							康定市
							会理市
							西昌市
23558	**552**	**35.85**	**66.37**	**14720**	**14216**	**5337**	**贵州**
8117	550	46.10	75.52	566	416	1194	贵阳市
1788	2	12.75	34.28			1518	清镇市
							六盘水市
							盘州市
							遵义市
							赤水市
							仁怀市
4310		47.38	80.14	4769	4416	2105	安顺市
							毕节市
							黔西市
							铜仁市
							兴义市
							兴仁市

4-2 续表 15

计量单位:万立方米

城市名称 Name of Cities	计划用水户数(户) Planned Water Consumers (unit)	自备水计划用水户数 Planned Self-Produced Water Consumers	计划用水户实际用水量 合计 Total	工业 Industry	新水取用量 Fresh Water Used	工业 Industry	重复利用量 Water Reused
凯里市	122		7845	7144	958	258	6886
都匀市	199	65	3348	270	3138	60	210
福泉市	85	85	13726	6740	11439	4493	2288
云 南	**167129**	**273**	**127478**	**107508**	**30110**	**10538**	**97367**
昆明市	9746	261	87870	74424	20332	6886	67538
安宁市	242		1336		1336		
曲靖市							
宣威市							
玉溪市							
澄江市							
保山市							
腾冲市							
昭通市							
水富市							
丽江市							
普洱市							
临沧市							
禄丰市	13450		930	290	900	260	30
楚雄市							
个旧市	70725		1309	136	1174	97	134
开远市							
蒙自市	23319	7	32396	31780	3568	3255	28828
弥勒市							
文山市	5	5	681	681			681
景洪市							
大理市	560		1606	197	1450	41	156
瑞丽市	49082		1350		1350		
芒市							
泸水市							
香格里拉市							
西 藏	**368**		**1451**		**1451**		
拉萨市	368		1451		1451		
日喀则市							
昌都市							
林芝市							
山南市							
那曲市							
陕 西	**6703**	**742**	**48133**	**24410**	**35584**	**11929**	**12549**
西安市	3859	266	24433	6203	24433	6203	
铜川市	668	19	4143	3715	1543	1115	2601

continued 15

Measurement Unit: 10000cu. m

Actual Quantity of Water Used				节约用水量		节水措施投资总额（万元）	城市名称
	超计划定额用水量	重复利用率（%）					
工业 Industry	Water Quantity Consumed in Excess of Quota	Reuse Rate (%)	工业 Industry	Water Saved	工业 Industry	Total Investment in Water-Saving Measures (10000 RMB)	Name of Cities
6886		87.78	96.40	6886	6886		凯里市
210		6.27	77.78	210	210	200	都匀市
2247		16.67	33.33	2289	2288	320	福泉市
96970	**675**	**76.38**	**90.20**	**6745**	**216**	**24069**	**云　南**
67538	589	76.86	90.75	6489		16965	昆明市
						6617	安宁市
							曲靖市
							宣威市
							玉溪市
							澄江市
							保山市
							腾冲市
							昭通市
							水富市
							丽江市
							普洱市
							临沧市
30		3.23	10.34	74	60	200	禄丰市
							楚雄市
40	32	10.27	29.10				个旧市
							开远市
28526		88.99	89.76	2		7	蒙自市
							弥勒市
681		100.00	100.00	25		281	文山市
							景洪市
156	55	9.71	79.19	156	156		大理市
							瑞丽市
							芒市
							泸水市
							香格里拉市
							西　藏
							拉萨市
							日喀则市
							昌都市
							林芝市
							山南市
							那曲市
12481	**84**	**26.07**	**51.13**	**8532**	**3962**	**4237**	**陕　西**
				4830	932	3022	西安市
2601	0	62.77	70.00	2601	2584	200	铜川市

4-2 续表 16

计量单位:万立方米

城市名称 Name of Cities	计划用水户数(户) Planned Water Consumers (unit)	自备水计划用水户数 Planned Self-Produced Water Consumers	计划用水户实际用水量 合计 Total	工业 Industry	新水取用量 Fresh Water Used	工业 Industry	重复利用量 Water Reused
宝鸡市	437	158	10806	9547	2804	1604	8002
咸阳市	74	74	1678	1678	1001	1001	677
彬州市							
兴平市	127	117	2447	1465	2344	1362	103
渭南市	50	50	383	242	373	242	10
韩城市							
华阴市							
延安市	1151		1347	385	1005	43	342
子长市							
汉中市	253	46	1528	718	917	107	611
榆林市							
神木市							
安康市							
旬阳市							
商洛市							
杨凌区	84	12	1367	457	1163	253	204
甘 肃	**289367**	**49**	**268815**	**242087**	**40529**	**14719**	**228286**
兰州市	3140		165376	149576	23576	7776	141800
嘉峪关市	4916	48	3256	1452	2676	950	580
金昌市	2	1	91783	89500	7653	5370	84130
白银市							
天水市							
武威市							
张掖市	85		75	75	75	75	
平凉市							
华亭市							
酒泉市	148500		3899	1331	2797	479	1101
玉门市	16590		406		306		100
敦煌市	70684		1049		1049		
庆阳市	21750		1878		1482		396
定西市	23682		999	154	820	70	179
陇南市	18		94		94		
临夏市							
合作市							
青 海	**1370**	**7**	**2888**	**663**	**2888**	**663**	
西宁市	1370	7	2888	663	2888	663	
海东市							
同仁市							
玉树市							
茫崖市							
格尔木市							
德令哈市							

continued 16

Measurement Unit:10000cu. m

Actual Quantity of Water Used				节约用水量		节水措施投资总额（万元）	城市名称
工 业 Industry	超计划定额用水量 Water Quantity Consumed in Excess of Quota	重复利用率（%） Reuse Rate（%）	工 业 Industry	Water Saved	工 业 Industry	Total Investment in Water-Saving Measures（10000 RMB）	Name of Cities
7943	47	74.05	83.20	628	135		宝鸡市
677		40.36	40.36				咸阳市
							彬州市
103	1	4.21	7.03	103	103	200	兴平市
		2.51				100	渭南市
							韩城市
							华阴市
342	32	25.39	88.83	56	42	715	延安市
							子长市
611	4	39.98	85.14				汉中市
							榆林市
							神木市
							安康市
							旬阳市
							商洛市
204		14.92	44.64	314	166		杨凌区
227368	**19**	**84.92**	**93.92**	**5650**	**2286**	**13692**	**甘 肃**
141800		85.74	94.80	3222	1181		兰州市
502		17.81	34.55	620	216	1500	嘉峪关市
84130		91.66	94.00	570	570	7935	金昌市
							白银市
							天水市
							武威市
							张掖市
							平凉市
							华亭市
852		28.25	64.04	715	250	450	酒泉市
		24.63		270		3000	玉门市
							敦煌市
		21.06				27	庆阳市
84	19	17.92	54.55	253	69	780	定西市
							陇南市
							临夏市
							合作市
							青 海
							西宁市
							海东市
							同仁市
							玉树市
							茫崖市
							格尔木市
							德令哈市

4-2 续表 17

计量单位:万立方米

城市名称 Name of Cities	计划用水户数(户) Planned Water Consumers (unit)	自备水计划用水户数 Planned Self-Produced Water Consumers	计划用水户实际用水量 合计 Total	工业 Industry	新水取用量 Fresh Water Used	工业 Industry	重复利用量 Water Reused
宁 夏	**1009**	**261**	**232654**	**225383**	**17598**	**10327**	**215056**
银川市	747	116	175057	172011	5813	2768	169243
灵武市							
宁东能源化工基地							
石嘴山市	50	50	54178	50520	8710	5052	45468
吴忠市	50						
青铜峡市	162	95	3419	2852	3074	2507	345
固原市							
中卫市							
新 疆	**8624**	**1637**	**26565**	**5114**	**23244**	**2155**	**3321**
乌鲁木齐市	2288	119	15709	3326	13058	747	2651
克拉玛依市							
吐鲁番市	150		437	90	347		90
哈密市	368		387		387		
昌吉市	1521		8489	1511	8281	1303	208
阜康市							
博乐市							
阿拉山口市							
库尔勒市							
阿克苏市							
库车市	2926	1518	676		676		
阿图什市							
喀什市	36		577	187	495	105	82
和田市	1335		290				290
伊宁市							
奎屯市							
霍尔果斯市							
塔城市							
乌苏市							
沙湾市							
阿勒泰市							
新疆兵团	**48233**		**5188**	**3927**	**4069**	**2808**	**1119**
石河子市							
阿拉尔市	133		3917	3917	2798	2798	1119
图木舒克市							
五家渠市							
北屯市	48000		1219		1219		
铁门关市							
双河市							
可克达拉市	100		52	10	52	10	
昆玉市							
胡杨河市							
新星市							

continued 17

Measurement Unit:10000cu. m

Actual Quantity of Water Used				节约用水量 Water Saved		节水措施投资总额(万元) Total Investment in Water-Saving Measures (10000 RMB)	城市名称 Name of Cities
工业 Industry	超计划定额用水量 Water Quantity Consumed in Excess of Quota	重复利用率(%) Reuse Rate (%)	工业 Industry		工业 Industry		
215056	**419**	**92.44**	**95.42**	**3217**	**1761**	**7606**	**宁　夏**
169243	419	96.68	98.39	2474	1068	4768	银川市
							灵武市
							宁东能源化工基地
45468		83.92	90.00	603	563	128	石嘴山市
							吴忠市
345		10.09	12.10	140	130	2710	青铜峡市
							固原市
							中卫市
2959	**182**	**12.50**	**57.86**	**6864**	**1996**	**120**	**新　疆**
2579		16.88	77.54	4126	698		乌鲁木齐市
							克拉玛依市
90		20.59	100.00	550	2		吐鲁番市
				30		119	哈密市
208	182	2.45	13.77	2043	1289		昌吉市
							阜康市
							博乐市
							阿拉山口市
							库尔勒市
							阿克苏市
							库车市
							阿图什市
82		14.21	43.85	24	7		喀什市
		100.00		91		1	和田市
							伊宁市
							奎屯市
							霍尔果斯市
							塔城市
							乌苏市
							沙湾市
							阿勒泰市
1119		**21.57**	**28.50**				**新疆兵团**
							石河子市
1119		28.57	28.57				阿拉尔市
							图木舒克市
							五家渠市
							北屯市
							铁门关市
							双河市
							可克达拉市
							昆玉市
							胡杨河市
							新星市

五、城市燃气

Urban Gas

简要说明

城市燃气指符合《城镇燃气设计规范》的规定，供城市生产和生活做燃料使用的人工煤气、天然气和液化石油气等气体能源。

本部分分人工煤气、天然气和液化石油气三部分，主要包括城市燃气的供应能力、供应量、服务情况等内容。

Brief Introduction

Urban gas is a general designation describing gaseous energy such as man-made coal gas, natural gas and LPG, which is provided for urban production and domestic use according to *code for design of city gas engineering*.

This section includes three parts: statistics on man-made coal gas, natural gas and LPG. Indicators such as supply capacity, quantity of gas supplied, service, etc. are used.

5 全国历年城市燃气情况(1978—2023)

年份 Year	人工煤气 Man-Made Coal Gas 供气总量(万立方米) Total Gas Supplied (10000 cu. m)	居民家庭 Households	用气人口(万人) Population with Access to Gas (10000 persons)	管道长度(公里) Length of Gas Supply Pipeline (km)	天然气 供气总量(万立方米) Total Gas Supplied (10000 cu. m)	居民家庭 Households
1978	172541	66593	450	4157	69078	4103
1979	182748	73557	500	4446	68489	9833
1980	195491	83281	561	4698	58937	4893
1981	199466	90326	594	4830	93970	8575
1982	208819	94896	630	5258	90421	8938
1983	214009	89012	703	5967	49071	9443
1984	231351	96228	768	7353	168568	38258
1985	244754	107060	911	8255	162099	43268
1986	337745	139374	951	7990	435887	65262
1987	686518	170887	1177	11650	501093	77719
1988	667927	171376	1357	13028	573983	73305
1989	841297	204709	1498	14448	591169	91770
1990	1747065	274127	1674	16312	642289	115662
1991	1258088	311430	1867	18181	754616	154302
1992	1495531	305325	2181	20931	628914	152015
1993	1304130	345180	2490	23952	637207	139297
1994	1262712	416453	2889	27716	752436	146938
1995	1266894	456585	3253	33890	673354	163788
1996	1348076	472904	3490	38486	637832	138018
1997	1268944	535412	3735	41475	663001	177121
1998	1675571	480734	3746	42725	688255	195778
1999	1320925	494001	3918	45856	800556	215006
2000	1523615	630937	3944	48384	821476	247580
2001	1369144	494191	4349	50114	995197	247543
2002	1989196	490258	4541	53383	1259334	350479
2003	2020883	583884	4792	57017	1416415	374986
2004	2137225	512026	4654	56419	1693364	454248
2005	2558343	458538	4369	51404	2104951	521389
2006	2964500	381518	4067	50524	2447742	573441
2007	3223512	373522	4022	48630	3086365	662198
2008	3558287	353162	3370	45172	3680393	779917
2009	3615507	307134	2971	40447	4050996	913386
2010	2799380	268764	2802	38877	4875808	1171596
2011	847256	238876	2676	37100	6787997	1301190
2012	769686	215069	2442	33538	7950377	1558311
2013	627989	167886	1943	30467	8882417	1726620
2014	559513	145773	1757	29043	9643783	1968878
2015	471378	108306	1322	21292	10407906	2080061
2016	440944	108716	1085	18513	11717186	2864124
2017	270882	73733	752	11716	12637546	2825027
2018	297893	78957	779	13124	14439538	3135097
2019	276841	56168	675	10915	15279409	3470004
2020	231447	52031	548	9860	15637020	3815984
2021	187234	42792	456	9165	17210612	4119858
2022	181450	35207	381	6718	17677007	4382046
2023	140559	26453	312	5154	18371920	4498118

注：自2006年起，燃气普及率指标按城区人口和城区暂住人口合计为分母计算，括号中的数据为与往年同口径数据。

National Urban Gas in Past Years(1978—2023)

Natural Gas		液化石油气 LPG				燃气普及率(%)
用气人口(万人) Population with Access to Gas (10000 persons)	管道长度(公里) Length of Gas Supply Pipeline (km)	供气总量(吨) Total Gas Supplied (ton)	居民家庭 Households	用气人口(万人) Population with Access to Gas (10000 persons)	管道长度(公里) Length of Gas Supply Pipeline (km)	Gas Coverage Rate (%)
24	560	194533	175744	635	14. 4	
76	751	243576	218797	788	16. 1	
80	921	290460	269502	924	17. 3	
83	1059	330987	308028	995	11. 6	
93	1098	388596	342828	1076	12. 6	
91	1149	456192	414635	1159	12. 3	
135	1965	535289	424318	1435	13. 0	
281	2312	601803	540761	1534	13. 0	
492	2409	1011308	763590	2041	15. 2	
634	5465	1049116	954534	2399	16. 7	
748	6186	1730261	1136883	2764	16. 5	
896	6849	1898003	1259349	3156	17. 8	
972	7316	2190334	1428058	3579	19. 1	
1072	8054	2423988	1694399	4084	23. 7	
1119	8487	2996699	2019620	4796	26. 3	
1180	8889	3150296	2316129	5770	27. 9	
1273	9566	3664948	2817702	6745	30. 4	
1349	10110	4886528	3701504	8355	34. 3	
1470	18752	5758374	3943604	8864	2762	38. 2
1656	22203	5786023	4370979	9350	4086	40. 0
1908	25429	7972947	5478535	9995	4458	41. 8
2225	29510	7612684	4990363	10336	6116	43. 8
2581	33655	10537147	5322828	11107	7419	45. 4
3127	39556	9818313	5583497	13875	10809	60. 42
3686	47652	11363884	6561738	15431	12788	67. 17
4320	57845	11263475	7817094	16834	15349	76. 74
5628	71411	11267120	7041351	17559	20119	81. 53
7104	92043	12220151	7065214	18013	18662	82. 08
8319	121498	12636613	6936513	17100	17469	79. 11(88. 58)
10190	155271	14667692	7280415	18172	17202	87. 40
12167	184084	13291072	6292713	17632	28590	89. 55
14544	218778	13400303	6887600	16924	14236	91. 41
17021	256429	12680054	6338523	16503	13374	92. 04
19028	298972	11658326	6329164	16094	12893	92. 41
21208	342752	11148032	6081312	15683	12651	93. 15
23783	388466	11097298	6130639	15102	13437	94. 25
25973	434571	10828490	5862125	14378	10986	94. 57
28561	498087	10392169	5871062	13955	9009	95. 30
30856	551031	10788042	5739456	13744	8716	95. 75
33934	623253	9988088	5447739	12616	6200	96. 26
36902	698043	10153298	5447936	11782	4841	96. 70
39025	767946	9227179	4917008	11297	4452	97. 29
41302	850552	8337109	4786679	10767	4010	97. 87
44196	929088	8606841	4936380	10180	2910	98. 04
45679	980405	7584586	4444194	9333	2547	98. 06
47115	1039164	7646011	4205423	8406	2942	98. 25

Note: Since 2006, gas coverage rate has been calculated based on denominator which combines both permanent and temporary residents in urban areas, and the data in brackets are the same index but calculated by the method of past years.

5-1-1 2023年按省分列的城市人工煤气

地区名称 Name of Regions	生产能力（万立方米/日） Production Capacity (10000 cu. m/day)	储气能力（万立方米） Gas Storage Capacity (10000 cu. m)	供气管道长度（公里） Length of Gas Supply Pipeline (km)	自制气量（万立方米） Self-Produced Gas (10000 cu. m)	供气总量（万立方米）合计 Total
全　国	**707.30**	**118.80**	**5154.29**	**177769.50**	**140558.80**
北　京					
天　津					
河　北			498.24		40752.82
山　西	157.00	5.00	417.90		46769.67
内蒙古			78.00		1616.49
辽　宁	48.70	38.00	2562.00	4090.00	17365.80
吉　林		8.60	352.00		3388.14
黑龙江		8.00	225.00		2035.00
上　海					
江　苏					
浙　江					
安　徽					
福　建					
江　西	3.00	20.00	85.20	780.00	11261.69
山　东	129.00	1.00	2.90	47085.00	9468.00
河　南	15.00		235.43		
湖　北					
湖　南					
广　东					
广　西	9.60	18.20			2725.76
海　南					
重　庆					
四　川		13.00	647.62		3352.24
贵　州					
云　南					
西　藏					
陕　西					
甘　肃	345.00	7.00	50.00	125814.50	1823.19
青　海					
宁　夏					
新　疆					
新疆兵团					

Urban Man-Made Coal Gas by Province(2023)

Total Gas Supplied(10000 cu. m) 销售气量 Quantity Sold	居民家庭 Households	燃气损失量 Loss Amount	用气户数(户) Number of Household with Access to Gas(unit)	居民家庭 Households	用气人口(万人) Population with Access to Gas (10000 persons)	地区名称 Name of Regions
136447. 65	**26453. 05**	**4111. 15**	**1568889**	**1554353**	**312. 30**	**全　国**
						北　京
						天　津
39223. 23		1529. 59	104			河　北
46148. 24	898. 41	621. 43	55046	54957	13. 74	山　西
1535. 67	1032. 12	80. 82	7112	7085	2. 12	内蒙古
16449. 00	13491. 00	916. 80	1044273	1035317	190. 14	辽　宁
3302. 14	2620. 93	86. 00	178213	177639	44. 20	吉　林
1954. 00	1691. 00	81. 00	108300	104700	30. 60	黑龙江
						上　海
						江　苏
						浙　江
						安　徽
						福　建
10681. 28	344. 76	580. 41	9376	9326	0. 72	江　西
9467. 00		1. 00	1			山　东
						河　南
						湖　北
						湖　南
						广　东
2725. 26	1962. 94	0. 50	499	123	0. 04	广　西
						海　南
						重　庆
3230. 26	2848. 89	121. 98	101962	101552	17. 24	四　川
						贵　州
						云　南
						西　藏
						陕　西
1731. 57	1563. 00	91. 62	64003	63654	13. 50	甘　肃
						青　海
						宁　夏
						新　疆
						新疆兵团

5-1-2 2023年按城市分列的城市人工煤气

城市名称 Name of Cities	生产能力（万立方米/日） Production Capacity (10000 cu. m/day)	储气能力（万立方米） Gas Storage Capacity (10000 cu. m)	供气管道长度（公里） Length of Gas Supply Pipeline (km)	自制气量（万立方米） Self-Produced Gas (10000 cu. m)	供气总量（万立方米） 合计 Total
全　国	**707.30**	**118.80**	**5154.29**	**177769.50**	**140558.80**
河　北			**498.24**		**40752.82**
石家庄市					
晋州市					
新乐市					
唐山市			498.24		40752.82
滦州市					
遵化市					
迁安市					
秦皇岛市					
邯郸市					
武安市					
邢台市					
南宫市					
沙河市					
保定市					
涿州市					
安国市					
高碑店市					
张家口市					
承德市					
平泉市					
沧州市					
泊头市					
任丘市					
黄骅市					
河间市					
廊坊市					
霸州市					
三河市					
衡水市					
深州市					
辛集市					
定州市					
山　西	**157.00**	**5.00**	**417.90**		**46769.67**
太原市					
古交市					
大同市					
阳泉市					
长治市					

Urban Man-Made Coal Gas by City(2023)

Total Gas Supplied(10000 cu. m) 销售气量 Quantity Sold	居民家庭 Households	燃气损失量 Loss Amount	用气户数(户) Number of Household with Access to Gas(unit)	居民家庭 Households	用气人口(万人) Population with Access to Gas (10000 persons)	城市名称 Name of Cities
136447.65	**26453.05**	**4111.15**	**1568889**	**1554353**	**312.30**	**全　国**
39223.23		**1529.59**	**104**			**河　北**
						石家庄市
						晋州市
						新乐市
39223.23		1529.59	104			唐山市
						滦州市
						遵化市
						迁安市
						秦皇岛市
						邯郸市
						武安市
						邢台市
						南宫市
						沙河市
						保定市
						涿州市
						安国市
						高碑店市
						张家口市
						承德市
						平泉市
						沧州市
						泊头市
						任丘市
						黄骅市
						河间市
						廊坊市
						霸州市
						三河市
						衡水市
						深州市
						辛集市
						定州市
46148.24	**898.41**	**621.43**	**55046**	**54957**	**13.74**	**山　西**
						太原市
						古交市
						大同市
						阳泉市
						长治市

5-1-2 续表1

城市名称 Name of Cities	生产能力（万立方米/日） Production Capacity (10000 cu. m/day)	储气能力（万立方米） Gas Storage Capacity (10000 cu. m)	供气管道长度（公里） Length of Gas Supply Pipeline (km)	自制气量（万立方米） Self-Produced Gas (10000 cu. m)	供气总量（万立方米）合计 Total
晋城市					
高平市					
朔州市					
怀仁市					
晋中市					
介休市		5.00	309.90		1049.67
运城市					
永济市					
河津市					
忻州市					
原平市					
临汾市					
侯马市					
霍州市					
吕梁市					
孝义市	157.00		108.00		45720.00
汾阳市					
内蒙古			**78.00**		**1616.49**
呼和浩特市					
包头市			78.00		1616.49
乌海市					
赤峰市					
通辽市					
霍林郭勒市					
鄂尔多斯市					
呼伦贝尔市					
满洲里市					
牙克石市					
扎兰屯市					
额尔古纳市					
根河市					
巴彦淖尔市					
乌兰察布市					
丰镇市					
锡林浩特市					
二连浩特市					
乌兰浩特市					
阿尔山市					
辽　宁	**48.70**	**38.00**	**2562.00**	**4090.00**	**17365.80**
沈阳市					

continued 1

Total Gas Supplied(10000 cu. m)			用气户数(户)		用气人口(万人)	城市名称
销售气量		燃气损失量		居民家庭		
	居民家庭					
Quantity Sold	Households	Loss Amount	Number of Household with Access to Gas(unit)	Households	Population with Access to Gas (10000 persons)	Name of Cities
						晋城市
						高平市
						朔州市
						怀仁市
						晋中市
998.24	898.41	51.43	55024	54957	13.74	介休市
						运城市
						永济市
						河津市
						忻州市
						原平市
						临汾市
						侯马市
						霍州市
						吕梁市
45150.00		570.00	22			孝义市
						汾阳市
1535.67	**1032.12**	**80.82**	**7112**	**7085**	**2.12**	**内蒙古**
						呼和浩特市
1535.67	1032.12	80.82	7112	7085	2.12	包头市
						乌海市
						赤峰市
						通辽市
						霍林郭勒市
						鄂尔多斯市
						呼伦贝尔市
						满洲里市
						牙克石市
						扎兰屯市
						额尔古纳市
						根河市
						巴彦淖尔市
						乌兰察布市
						丰镇市
						锡林浩特市
						二连浩特市
						乌兰浩特市
						阿尔山市
16449.00	**13491.00**	**916.80**	**1044273**	**1035317**	**190.14**	**辽　宁**
						沈阳市

5-1-2 续表 2

城市名称 Name of Cities	生产能力（万立方米/日） Production Capacity (10000 cu. m/day)	储气能力（万立方米） Gas Storage Capacity (10000 cu. m)	供气管道长度（公里） Length of Gas Supply Pipeline (km)	自制气量（万立方米） Self-Produced Gas (10000 cu. m)	供气总量（万立方米）合计 Total
新民市					
大连市					
庄河市					
瓦房店市					
鞍山市	36.37	26.00	2033.00		13274.00
海城市					
抚顺市					
本溪市					
丹东市	12.00	10.50	518.00	3989.00	3989.00
东港市					
凤城市					
锦州市					
凌海市					
北镇市					
营口市					
盖州市					
大石桥市					
阜新市					
辽阳市					
灯塔市					
盘锦市					
铁岭市					
调兵山市					
开原市					
朝阳市					
北票市					
凌源市	0.33	1.50	11.00	101.00	102.80
葫芦岛市					
兴城市					
沈抚改革创新示范区					
吉　林		**8.60**	**352.00**		**3388.14**
长春市					
榆树市					
德惠市					
公主岭市					
吉林市					
蛟河市					
桦甸市					
舒兰市					
磐石市					

continued 2

Total Gas Supplied(10000 cu. m)			用气户数(户)		用气人口(万人)	城市名称
销售气量		燃气损失量		居民家庭		
	居民家庭					
Quantity Sold	Households	Loss Amount	Number of Household with Access to Gas(unit)	Households	Population with Access to Gas (10000 persons)	Name of Cities
						新民市
						大连市
						庄河市
						瓦房店市
12523.00	10055.00	751.00	773163	767534	137.97	鞍山市
						海城市
						抚顺市
						本溪市
3827.00	3337.00	162.00	263110	259783	49.97	丹东市
						东港市
						凤城市
						锦州市
						凌海市
						北镇市
						营口市
						盖州市
						大石桥市
						阜新市
						辽阳市
						灯塔市
						盘锦市
						铁岭市
						调兵山市
						开原市
						朝阳市
						北票市
99.00	99.00	3.80	8000	8000	2.20	凌源市
						葫芦岛市
						兴城市
						沈抚改革创新示范区
3302.14	**2620.93**	**86.00**	**178213**	**177639**	**44.20**	**吉　林**
						长春市
						榆树市
						德惠市
						公主岭市
						吉林市
						蛟河市
						桦甸市
						舒兰市
						磐石市

5-1-2 续表3

城市名称 Name of Cities	生产能力（万立方米/日） Production Capacity (10000 cu. m/day)	储气能力（万立方米） Gas Storage Capacity (10000 cu. m)	供气管道长度（公里） Length of Gas Supply Pipeline (km)	自制气量（万立方米） Self-Produced Gas (10000 cu. m)	供气总量（万立方米）合计 Total
四平市					
双辽市					
辽源市					
通化市		8.60	352.00		3388.14
集安市					
白山市					
临江市					
松原市					
扶余市					
白城市					
洮南市					
大安市					
延吉市					
图们市					
敦化市					
珲春市					
龙井市					
和龙市					
梅河口市					
长白山保护开发区管理委员会					
黑龙江		**8.00**	**225.00**		**2035.00**
哈尔滨市					
尚志市					
五常市					
齐齐哈尔市					
讷河市					
鸡西市					
虎林市					
密山市					
鹤岗市					
双鸭山市					
大庆市					
伊春市					
铁力市					
佳木斯市					
同江市					
抚远市					
富锦市					
七台河市		8.00	225.00		2035.00
牡丹江市					

continued 3

Total Gas Supplied(10000 cu. m)			用气户数（户）		用气人口（万人）	城市名称
销售气量		燃气损失量		居民家庭		
	居民家庭					
Quantity Sold	Households	Loss Amount	Number of Household with Access to Gas(unit)	Households	Population with Access to Gas (10000 persons)	Name of Cities
						四平市
						双辽市
						辽源市
3302. 14	2620. 93	86. 00	178213	177639	44. 20	通化市
						集安市
						白山市
						临江市
						松原市
						扶余市
						白城市
						洮南市
						大安市
						延吉市
						图们市
						敦化市
						珲春市
						龙井市
						和龙市
						梅河口市
						长白山保护开发区管理委员会
1954. 00	**1691. 00**	**81. 00**	**108300**	**104700**	**30. 60**	**黑龙江**
						哈尔滨市
						尚志市
						五常市
						齐齐哈尔市
						讷河市
						鸡西市
						虎林市
						密山市
						鹤岗市
						双鸭山市
						大庆市
						伊春市
						铁力市
						佳木斯市
						同江市
						抚远市
						富锦市
1954. 00	1691. 00	81. 00	108300	104700	30. 60	七台河市
						牡丹江市

5-1-2 续表 4

城市名称 Name of Cities	生产能力（万立方米/日） Production Capacity (10000 cu. m/day)	储气能力（万立方米） Gas Storage Capacity (10000 cu. m)	供气管道长度（公里） Length of Gas Supply Pipeline (km)	自制气量（万立方米） Self-Produced Gas (10000 cu. m)	供气总量（万立方米） 合计 Total
海林市					
宁安市					
穆棱市					
绥芬河市					
东宁市					
黑河市					
北安市					
五大连池市					
嫩江市					
绥化市					
安达市					
肇东市					
海伦市					
漠河市					
江　西	**3.00**	**20.00**	**85.20**	**780.00**	**11261.69**
南昌市					
景德镇市		15.00	34.00		10693.81
乐平市					
萍乡市					
九江市					
瑞昌市					
共青城市					
庐山市					
新余市	3.00	5.00	51.20	780.00	567.88
鹰潭市					
贵溪市					
赣州市					
瑞金市					
龙南市					
吉安市					
井冈山市					
宜春市					
丰城市					
樟树市					
高安市					
抚州市					
上饶市					
德兴市					
山　东	**129.00**	**1.00**	**2.90**	**47085.00**	**9468.00**
济南市					

continued 4

Total Gas Supplied(10000 cu. m)			用气户数（户）		用气人口（万人）	城市名称
销售气量	居民家庭	燃气损失量		居民家庭		
Quantity Sold	Households	Loss Amount	Number of Household with Access to Gas(unit)	Households	Population with Access to Gas (10000 persons)	Name of Cities
						海林市
						宁安市
						穆棱市
						绥芬河市
						东宁市
						黑河市
						北安市
						五大连池市
						嫩江市
						绥化市
						安达市
						肇东市
						海伦市
						漠河市
10681.28	**344.76**	**580.41**	**9376**	**9326**	**0.72**	**江　西**
						南昌市
10345.67	9.15	348.14	210	160	0.02	景德镇市
						乐平市
						萍乡市
						九江市
						瑞昌市
						共青城市
						庐山市
335.61	335.61	232.27	9166	9166	0.70	新余市
						鹰潭市
						贵溪市
						赣州市
						瑞金市
						龙南市
						吉安市
						井冈山市
						宜春市
						丰城市
						樟树市
						高安市
						抚州市
						上饶市
						德兴市
9467.00		**1.00**	**1**			**山　东**
						济南市

5-1-2 续表 5

城市名称 Name of Cities	生产能力（万立方米/日） Production Capacity (10000 cu. m/day)	储气能力（万立方米） Gas Storage Capacity (10000 cu. m)	供气管道长度（公里） Length of Gas Supply Pipeline (km)	自制气量（万立方米） Self-Produced Gas (10000 cu. m)	供气总量（万立方米）合计 Total
青岛市					
胶州市					
平度市					
莱西市					
淄博市					
枣庄市					
滕州市					
东营市					
烟台市					
龙口市					
莱阳市					
莱州市					
招远市					
栖霞市					
海阳市					
潍坊市					
青州市					
诸城市					
寿光市					
安丘市					
高密市					
昌邑市					
济宁市					
曲阜市					
邹城市					
泰安市					
新泰市					
肥城市					
威海市					
荣成市					
乳山市					
日照市					
临沂市					
德州市					
乐陵市					
禹城市					
聊城市					
临清市					
滨州市					
邹平市	129.00	1.00	2.90	47085.00	9468.00

continued 5

Total Gas Supplied(10000 cu. m)			用气户数（户）		用气人口（万人）	城市名称
销售气量		燃气损失量		居民家庭		
	居民家庭					
Quantity Sold	Households	Loss Amount	Number of Household with Access to Gas(unit)	Households	Population with Access to Gas (10000 persons)	Name of Cities
						青岛市
						胶州市
						平度市
						莱西市
						淄博市
						枣庄市
						滕州市
						东营市
						烟台市
						龙口市
						莱阳市
						莱州市
						招远市
						栖霞市
						海阳市
						潍坊市
						青州市
						诸城市
						寿光市
						安丘市
						高密市
						昌邑市
						济宁市
						曲阜市
						邹城市
						泰安市
						新泰市
						肥城市
						威海市
						荣成市
						乳山市
						日照市
						临沂市
						德州市
						乐陵市
						禹城市
						聊城市
						临清市
						滨州市
9467.00		1.00	1			邹平市

5-1-2 续表6

城市名称 Name of Cities	生产能力（万立方米/日） Production Capacity (10000 cu. m/day)	储气能力（万立方米） Gas Storage Capacity (10000 cu. m)	供气管道长度（公里） Length of Gas Supply Pipeline (km)	自制气量（万立方米） Self-Produced Gas (10000 cu. m)	供气总量（万立方米）合计 Total
菏泽市					
河　南	**15.00**		**235.43**		
郑州市					
巩义市					
荥阳市					
新密市					
新郑市					
登封市					
开封市					
洛阳市					
平顶山市					
舞钢市					
汝州市					
安阳市					
林州市					
鹤壁市					
新乡市					
长垣市					
卫辉市					
辉县市					
焦作市					
沁阳市					
孟州市					
濮阳市					
许昌市					
禹州市					
长葛市					
漯河市					
三门峡市					
义马市					
灵宝市					
南阳市					
邓州市					
商丘市					
永城市					
信阳市					
周口市					
项城市					
驻马店市					
济源示范区	15.00		235.43		

continued 6

Total Gas Supplied(10000 cu. m)			用气户数(户)		用气人口(万人)	城市名称
销售气量		燃气损失量		居民家庭		
	居民家庭					
Quantity Sold	Households	Loss Amount	Number of Household with Access to Gas(unit)	Households	Population with Access to Gas (10000 persons)	Name of Cities
						菏泽市
						河　南
						郑州市
						巩义市
						荥阳市
						新密市
						新郑市
						登封市
						开封市
						洛阳市
						平顶山市
						舞钢市
						汝州市
						安阳市
						林州市
						鹤壁市
						新乡市
						长垣市
						卫辉市
						辉县市
						焦作市
						沁阳市
						孟州市
						濮阳市
						许昌市
						禹州市
						长葛市
						漯河市
						三门峡市
						义马市
						灵宝市
						南阳市
						邓州市
						商丘市
						永城市
						信阳市
						周口市
						项城市
						驻马店市
						济源示范区

5-1-2 续表 7

城市名称 Name of Cities	生产能力（万立方米/日）Production Capacity (10000 cu. m/day)	储气能力（万立方米）Gas Storage Capacity (10000 cu. m)	供气管道长度(公里) Length of Gas Supply Pipeline (km)	自制气量（万立方米）Self-Produced Gas (10000 cu. m)	供气总量(万立方米) 合计 Total
郑州航空港经济综合实验区					
广　西	**9.60**	**18.20**			**2725.76**
南宁市					
横州市					
柳州市	9.60	18.20			2725.76
桂林市					
荔浦市					
梧州市					
岑溪市					
北海市					
防城港市					
东兴市					
钦州市					
贵港市					
桂平市					
玉林市					
北流市					
百色市					
靖西市					
平果市					
贺州市					
河池市					
来宾市					
合山市					
崇左市					
凭祥市					
四　川		**13.00**	**647.62**		**3352.24**
成都市					
简阳市					
都江堰市					
彭州市					
邛崃市					
崇州市					
自贡市					
攀枝花市		13.00	647.62		3352.24
泸州市					
德阳市					
广汉市					
什邡市					
绵竹市					
绵阳市					

continued 7

Total Gas Supplied(10000 cu. m) 销售气量 Quantity Sold	居民家庭 Households	燃气损失量 Loss Amount	用气户数(户) Number of Household with Access to Gas(unit)	居民家庭 Households	用气人口(万人) Population with Access to Gas (10000 persons)	城市名称 Name of Cities
						郑州航空港经济综合实验区
2725.26	**1962.94**	**0.50**	**499**	**123**	**0.04**	**广　西**
						南宁市
						横州市
2725.26	1962.94	0.50	499	123	0.04	柳州市
						桂林市
						荔浦市
						梧州市
						岑溪市
						北海市
						防城港市
						东兴市
						钦州市
						贵港市
						桂平市
						玉林市
						北流市
						百色市
						靖西市
						平果市
						贺州市
						河池市
						来宾市
						合山市
						崇左市
						凭祥市
3230.26	**2848.89**	**121.98**	**101962**	**101552**	**17.24**	**四　川**
						成都市
						简阳市
						都江堰市
						彭州市
						邛崃市
						崇州市
						自贡市
3230.26	2848.89	121.98	101962	101552	17.24	攀枝花市
						泸州市
						德阳市
						广汉市
						什邡市
						绵竹市
						绵阳市

5-1-2 续表8

城市名称 Name of Cities	生产能力（万立方米/日） Production Capacity (10000 cu. m/day)	储气能力（万立方米） Gas Storage Capacity (10000 cu. m)	供气管道长度（公里） Length of Gas Supply Pipeline (km)	自制气量（万立方米） Self-Produced Gas (10000 cu. m)	供气总量(万立方米) 合计 Total
江油市					
广元市					
遂宁市					
射洪市					
内江市					
隆昌市					
乐山市					
峨眉山市					
南充市					
阆中市					
眉山市					
宜宾市					
广安市					
华蓥市					
达州市					
万源市					
雅安市					
巴中市					
资阳市					
马尔康市					
康定市					
会理市					
西昌市					
甘　肃	**345.00**	**7.00**	**50.00**	**125814.50**	**1823.19**
兰州市					
嘉峪关市	345.00	7.00	50.00	125814.50	1823.19
金昌市					
白银市					
天水市					
武威市					
张掖市					
平凉市					
华亭市					
酒泉市					
玉门市					
敦煌市					
庆阳市					
定西市					
陇南市					
临夏市					
合作市					

continued 8

Total Gas Supplied(10000 cu. m)			用气户数（户）		用气人口（万人）	城市名称
销售气量		燃气损失量		居民家庭		
	居民家庭					
Quantity Sold	Households	Loss Amount	Number of Household with Access to Gas(unit)	Households	Population with Access to Gas (10000 persons)	Name of Cities
						江油市
						广元市
						遂宁市
						射洪市
						内江市
						隆昌市
						乐山市
						峨眉山市
						南充市
						阆中市
						眉山市
						宜宾市
						广安市
						华蓥市
						达州市
						万源市
						雅安市
						巴中市
						资阳市
						马尔康市
						康定市
						会理市
						西昌市
1731.57	**1563.00**	**91.62**	**64003**	**63654**	**13.50**	**甘　肃**
						兰州市
1731.57	1563.00	91.62	64003	63654	13.50	嘉峪关市
						金昌市
						白银市
						天水市
						武威市
						张掖市
						平凉市
						华亭市
						酒泉市
						玉门市
						敦煌市
						庆阳市
						定西市
						陇南市
						临夏市
						合作市

5-2-1 2023年按省分列的城市天然气

地区名称 Name of Regions	储气能力（万立方米） Gas Storage Capacity (10000 cu. m)	供气管道长度（公里） Length of Gas Supply Pipeline (km)	供气总量(万立方米) 合计 Total	销售气量 Quantity Sold	居民家庭 Households	集中供热 Central Heating
全　国	**248923. 88**	**1039163. 50**	**18371919. 56**	**18071986. 73**	**4498117. 79**	**1719333. 86**
北　京	61284. 80	33758. 74	2011671. 53	1972140. 02	198309. 60	609705. 37
天　津	667. 92	53894. 50	683491. 45	675017. 60	116332. 19	183170. 21
河　北	9083. 75	50258. 36	760147. 99	746666. 24	233521. 45	74010. 94
山　西	2064. 06	31053. 94	363402. 91	358226. 12	94908. 45	8441. 73
内蒙古	446. 33	13792. 21	277107. 54	269901. 54	99400. 95	34025. 77
辽　宁	3029. 98	34521. 57	345485. 91	338980. 00	85803. 39	9853. 31
吉　林	7151. 82	14474. 96	235130. 57	231202. 12	50532. 46	6803. 69
黑龙江	3920. 79	12013. 59	188832. 19	185449. 75	43377. 86	26099. 58
上　海	72900. 00	34584. 92	983385. 41	960453. 38	190274. 98	
江　苏	16467. 11	120165. 95	1818748. 82	1790744. 08	368972. 85	9220. 30
浙　江	2673. 49	67088. 50	1003471. 81	993819. 65	147619. 00	5006. 26
安　徽	4641. 73	37045. 26	530153. 80	516821. 76	201859. 61	58. 00
福　建	1024. 67	19972. 31	374063. 55	370347. 13	39476. 53	
江　西	1678. 57	23665. 50	266260. 42	263636. 61	73837. 17	
山　东	7470. 80	84332. 17	1247045. 11	1227565. 69	307408. 84	131791. 26
河　南	2073. 63	31322. 90	719252. 29	701886. 60	217921. 42	71661. 00
湖　北	6268. 46	57740. 37	660317. 55	643213. 30	199358. 42	913. 77
湖　南	3217. 35	34583. 36	346644. 39	338832. 40	153390. 13	
广　东	3723. 26	49825. 22	1435602. 08	1424785. 50	209905. 53	
广　西	932. 32	12754. 06	215092. 68	213964. 41	58367. 55	
海　南	181. 00	5506. 85	33720. 01	33225. 35	23066. 81	
重　庆	465. 17	27290. 77	614233. 38	603164. 39	234068. 34	2848. 00
四　川	1361. 80	89555. 00	1082111. 46	1061339. 77	486628. 68	280. 00
贵　州	1025. 51	11679. 67	195247. 19	193844. 86	58371. 05	293. 00
云　南	382. 76	11234. 28	79452. 90	78618. 95	24934. 92	
西　藏	166. 00	6253. 02	5500. 00	5225. 00	3125. 00	2100. 00
陕　西	10823. 07	30325. 92	639504. 38	627192. 27	249267. 14	171443. 85
甘　肃	4260. 22	5004. 88	282532. 73	281801. 41	65655. 50	73952. 95
青　海	335. 73	4312. 15	186170. 23	181532. 81	47467. 95	69724. 26
宁　夏	6351. 00	7787. 21	118191. 48	116734. 21	42616. 10	11148. 98
新　疆	12558. 90	20996. 88	603367. 06	599732. 32	154355. 58	212970. 94
新疆兵团	291. 88	2368. 48	66580. 74	65921. 49	17982. 34	3810. 69

Urban Natural Gas by Province(2023)

Total Gas Supplied(10000 cu. m)		用气户数（户）		用气人口（万人）	天然气汽车加气站（座）	
燃气汽车 Gas-Powered Automobiles	燃气损失量 Loss Amount	Number of Household with Access to Gas (unit)	居民家庭 Households	Population with Access to Gas (10000 persons)	Gas Stations for CNG-Fueled Motor Vehicles (unit)	地区名称 Name of Regions
1034657.79	**299932.83**	**218569374**	**213289766**	**47114.77**	**4007**	**全　国**
25426.92	39531.51	7886903	7796250	1478.25	82	北　京
30219.43	8473.85	6350082	6107936	1092.14	73	天　津
53167.28	13481.75	9819460	9485797	2065.56	227	河　北
57526.03	5176.79	5686226	5636251	1239.48	97	山　西
37233.77	7206.00	3440064	3374757	758.09	215	内蒙古
31620.82	6505.91	9425957	9328331	1810.70	175	辽　宁
37399.14	3928.45	4575278	4505657	937.86	241	吉　林
34961.89	3382.44	4938427	4804439	1040.11	199	黑龙江
7267.90	22932.03	8210497	8069543	2047.20	15	上　海
37821.10	28004.74	16729640	16248488	3427.22	181	江　苏
24113.95	9652.16	9325767	9253360	2371.23	92	浙　江
29635.92	13332.04	7985486	7795702	1880.78	127	安　徽
6170.53	3716.42	3557382	3525631	997.31	30	福　建
7893.78	2623.81	4256744	4225756	960.00	46	江　西
58051.90	19479.42	18174362	17912893	3946.27	359	山　东
30085.21	17365.69	11849056	11689335	2603.97	166	河　南
47203.21	17104.25	10613791	10496237	2054.06	163	湖　北
9714.52	7811.99	6985860	6901040	1513.38	62	湖　南
18061.98	10816.58	15702353	15342551	4522.97	65	广　东
6124.51	1128.27	4820860	4788601	925.29	37	广　西
7628.77	494.66	1125074	1121322	275.66	31	海　南
51845.07	11068.99	8592129	8410296	1551.27	114	重　庆
125388.66	20771.69	15364451	14869495	2873.50	284	四　川
3866.76	1402.33	2586969	2564404	649.80	25	贵　州
5495.86	833.95	2482797	1438466	620.92	35	云　南
	275.00	153000	152400	45.00		西　藏
23975.51	12312.11	8193862	8085055	1389.77	199	陕　西
29013.27	731.32	2880650	2705096	634.65	120	甘　肃
14496.88	4637.42	703742	687561	191.39	38	青　海
13511.37	1457.27	1313346	1293303	285.04	112	宁　夏
145607.73	3634.74	4199985	4115314	819.43	337	新　疆
24128.12	659.25	639174	558499	106.47	60	新疆兵团

5-2-2 2023年按城市分列的城市天然气

城市名称 Name of Cities	储气能力（万立方米）Gas Storage Capacity (10000 cu. m)	供气管道长度（公里）Length of Gas Supply Pipeline (km)	供气总量(万立方米) 合计 Total	销售气量 Quantity Sold	居民家庭 Households	集中供热 Central Heating
全 国	**248923.88**	**1039163.50**	**18371919.56**	**18071986.73**	**4498117.79**	**1719333.86**
北 京	**61284.80**	**33758.74**	**2011671.53**	**1972140.02**	**198309.60**	**609705.37**
天 津	**667.92**	**53894.50**	**683491.45**	**675017.60**	**116332.19**	**183170.21**
河 北	**9083.75**	**50258.36**	**760147.99**	**746666.24**	**233521.45**	**74010.94**
石家庄市	1225.90	8565.50	107190.51	106522.07	50869.97	27440.63
晋州市		439.39	16150.23	15959.82	369.83	2017.24
新乐市	100.00	157.00	3260.00	3250.00	1450.00	205.00
唐山市	1201.32	5773.31	68629.96	67415.08	13043.63	554.82
滦州市	32.00	227.90	4864.95	4776.63	620.32	152.40
遵化市	7.00	130.00	3075.93	3031.13	892.03	
迁安市	0.07	662.20	33467.54	33334.54	1092.75	
秦皇岛市	90.00	3558.04	67881.62	67231.37	7693.98	3012.20
邯郸市	144.00	10349.83	62414.31	60032.94	30217.10	180.00
武安市	51.30	801.68	12546.99	12327.00	2152.00	35.00
邢台市	186.20	3110.55	25294.10	24074.10	12148.10	1196.00
南宫市		935.00	5180.90	5125.20	1778.00	281.10
沙河市	1200.00	476.73	81590.15	81590.02	3053.76	203.50
保定市	1308.98	3163.11	49716.51	46796.01	26098.29	4744.89
涿州市	18.15	399.59	6045.21	6006.21	4065.21	1941.00
安国市		214.97	4235.00	4156.00	1800.00	2356.00
高碑店市	54.00	346.56	2002.18	1995.62	1909.23	
张家口市	1518.70	1848.24	16172.22	15822.04	3957.88	2108.70
承德市	9.55	702.89	9370.67	8875.38	1751.44	455.25
平泉市	320.41	65.97	4292.43	4236.17	114.97	83.86
沧州市	16.00	836.10	11212.72	11205.65	5061.72	126.71
泊头市		569.88	2139.36	2097.36	1612.80	
任丘市	98.00	246.00	5321.70	5156.70	4594.00	173.00
黄骅市	52.00	344.00	9921.00	9920.00	2840.00	3065.00
河间市	24.65	111.60	4162.79	4040.83	2353.37	
廊坊市	991.02	2730.20	89622.86	88381.26	40147.93	11836.64
霸州市		327.28	4686.00	4451.00	2100.00	1278.00
三河市	50.00	200.50	915.50	915.00	705.00	
衡水市	70.00	1343.94	12384.00	12206.46	5861.49	
深州市	2.00	320.00	4835.65	4827.65	446.65	2729.00
辛集市	240.50	535.00	26400.00	26000.00	1620.00	7645.00
定州市	72.00	765.40	5165.00	4907.00	1100.00	190.00
山 西	**2064.06**	**31053.94**	**363402.91**	**358226.12**	**94908.45**	**8441.73**
太原市	95.00	7073.00	105269.00	103831.00	29363.00	5500.00
古交市	0.31	199.00	482.10	481.10	420.00	
大同市	0.78	2737.06	19256.12	19228.61	6536.27	

Urban Natural Gas by City(2023)

Total Gas Supplied(10000 cu. m) 燃气汽车 Gas-Powered Automobiles	燃气损失量 Loss Amount	用气户数(户) Number of Household with Access to Gas (unit)	居民家庭 Households	用气人口(万人) Population with Access to Gas (10000 persons)	天然气汽车加气站(座) Gas Stations for CNG-Fueled Motor Vehicles (unit)	城市名称 Name of Cities
1034657.79	**299932.83**	**218569374**	**213289766**	**47114.77**	**4007**	**全　国**
25426.92	**39531.51**	**7886903**	**7796250**	**1478.25**	**82**	**北　京**
30219.43	**8473.85**	**6350082**	**6107936**	**1092.14**	**73**	**天　津**
53167.28	**13481.75**	**9819460**	**9485797**	**2065.56**	**227**	**河　北**
7280.43	668.44	2130338	2125418	529.91	45	石家庄市
	190.41	49781	49575	13.96		晋州市
132.00	10.00	31462	30471	9.29	3	新乐市
2206.16	1214.88	1115497	1110947	195.74	49	唐山市
2626.35	88.32	79632	79362	23.88	2	滦州市
	44.80	82095	81871	25.27		遵化市
7685.61	133.00	103554	102836	30.00	9	迁安市
9501.65	650.25	655080	645726	136.15	13	秦皇岛市
1556.00	2381.37	1003769	1001566	211.64	7	邯郸市
198.00	219.99	115739	115183	24.97	2	武安市
1280.00	1220.00	532779	392491	71.82	12	邢台市
291.10	55.70	40725	37763	11.93	3	南宫市
	0.13	48898	42500	10.88	0	沙河市
97.77	2920.50	1026534	994536	194.47	3	保定市
	39.00	89766	86515	26.95		涿州市
	79.00	33646	33612	10.81		安国市
86.39	6.56	82662	82232	14.51	1	高碑店市
2118.70	350.18	555257	551994	104.22	9	张家口市
511.70	495.29	148107	147195	37.25	3	承德市
4037.34	56.26	51000	8714	1.73	5	平泉市
1320.00	7.07	308536	307121	69.64	2	沧州市
423.87	42.00	67226	67217	16.70	3	泊头市
63.70	165.00	156483	156363	32.46	5	任丘市
1015.00	1.00	82509	69688	22.42	5	黄骅市
97.00	121.96	50198	48979	16.30	2	河间市
4539.61	1241.60	455178	427921	60.61	23	廊坊市
764.00	235.00	48141	47640	13.86	3	霸州市
200.00	0.50	72900	72898	22.10	2	三河市
2940.40	177.54	326050	302518	56.70	6	衡水市
1644.50	8.00	44585	44420	14.32	5	深州市
480.00	400.00	77010	67183	21.20	4	辛集市
70.00	258.00	154323	153342	33.87	1	定州市
57526.03	**5176.79**	**5686226**	**5636251**	**1239.48**	**97**	**山　西**
652.00	1438.00	1849200	1843200	396.29	13	太原市
0.90	1.00	58538	58500	15.88	2	古交市
4539.01	27.51	737046	733264	153.51	18	大同市

5-2-2 续表 1

城市名称 Name of Cities	储气能力（万立方米） Gas Storage Capacity (10000 cu. m)	供气管道长度（公里） Length of Gas Supply Pipeline (km)	供气总量(万立方米) 合计 Total	销售气量 Quantity Sold	居民家庭 Households	集中供热 Central Heating
阳泉市		1774.07	34836.67	34819.70	5021.26	
长治市	34.65	3660.87	28082.58	27796.96	11141.87	
晋城市	13.00	1247.00	10698.84	10311.40	4277.64	
高平市		288.64	5577.52	5499.91	1979.13	33.73
朔州市	30.00	1739.06	7110.81	7059.63	7059.63	
怀仁市		218.02	12214.95	11962.80	742.40	
晋中市	3.00	2579.74	15011.04	14570.87	4108.91	
介休市	174.47	1469.00	50712.58	50709.22	1010.00	600.00
运城市	1580.00	1590.10	11563.48	11043.00	7210.00	
永济市	9.00	141.50	2140.28	2129.31	419.47	
河津市		213.30	2345.89	2298.96	1986.00	
忻州市		419.80	4654.00	4421.30	2918.00	
原平市	80.00	273.43	17219.00	16628.00	759.00	
临汾市		1781.10	11088.04	10808.34	2656.44	
侯马市		716.41	3416.26	3409.00	1223.95	108.00
霍州市		1276.64	987.67	965.38	756.50	
吕梁市	10.85	139.75	1570.00	1530.00	715.00	
孝义市	30.00	1107.81	7066.08	6711.63	2403.98	2200.00
汾阳市	3.00	408.64	12100.00	12010.00	2200.00	
内蒙古	**446.33**	**13792.21**	**277107.54**	**269901.54**	**99400.95**	**34025.77**
呼和浩特市	100.00	4635.48	81708.59	80501.07	20600.44	32838.58
包头市	11.70	3293.83	123539.98	117879.63	64063.08	
乌海市	2.00	1298.74	23707.40	23599.71	2132.34	167.00
赤峰市	61.70	585.67	4989.60	4973.60	2619.98	209.74
通辽市	10.00	1120.22	3979.80	3941.80	2162.00	203.00
霍林郭勒市	11.50	87.00	10160.15	10149.15	36.50	
鄂尔多斯市	123.00	1390.13	13447.97	13420.95	4022.67	607.45
呼伦贝尔市	22.50	98.29	1465.06	1403.80	919.45	
满洲里市	26.80	176.53	228.19	227.35	157.22	
牙克石市	12.00	45.00	179.62	175.34	116.78	
扎兰屯市	4.00	112.30	165.00	164.50	106.20	
额尔古纳市						
根河市						
巴彦淖尔市		114.36	5666.97	5666.96	1180.08	
乌兰察布市	5.00	343.60	3147.00	3143.00	615.00	
丰镇市	10.00	80.20	938.86	936.43	28.06	
锡林浩特市	33.00	264.00	2558.00	2550.00	543.00	
二连浩特市	3.13		647.00	592.00		
乌兰浩特市	10.00	146.86	578.35	576.25	98.15	
阿尔山市						

continued 1

Total Gas Supplied(10000 cu. m)		用气户数		用气人口	天然气汽车加气站	城市名称
燃气汽车 Gas-Powered Automobiles	燃气损失量 Loss Amount	(户) Number of Household with Access to Gas (unit)	居民家庭 Households	(万人) Population with Access to Gas (10000 persons)	(座) Gas Stations for CNG-Fueled Motor Vehicles (unit)	Name of Cities
1044. 62	16. 97	321089	319018	56. 00	1	阳泉市
3423. 56	285. 62	482513	480550	90. 28	8	长治市
407. 46	387. 44	250003	248448	57. 65	5	晋城市
29. 20	77. 61	65732	65556	13. 11	1	高平市
	51. 18	208484	208484	41. 60	2	朔州市
184. 94	252. 15	74585	74306	21. 50	1	怀仁市
23. 00	440. 17	351062	349402	87. 74	10	晋中市
46719. 22	3. 36	70015	69615	8. 10	15	介休市
	520. 48	253685	228803	57. 00		运城市
116. 12	10. 97	33000	32980	11. 35	1	永济市
	46. 93	70000	69000	22. 00		河津市
	232. 70	148668	147886	31. 32	2	忻州市
	591. 00	76816	76300	19. 23		原平市
	279. 70	229206	227813	60. 56		临汾市
180. 00	7. 26	76642	76199	15. 45	2	侯马市
	22. 29	64037	63662	14. 01		霍州市
	40. 00	83125	81903	28. 80		吕梁市
124. 00	354. 45	130962	129863	27. 64	15	孝义市
82. 00	90. 00	51818	51499	10. 46	1	汾阳市
37233. 77	**7206. 00**	**3440064**	**3374757**	**758. 09**	**215**	**内蒙古**
12058. 16	1207. 52	1199223	1186223	256. 22	29	呼和浩特市
6683. 21	5660. 35	1097495	1085963	189. 89	66	包头市
1295. 25	107. 69	192800	185038	48. 17	13	乌海市
2037. 63	16. 00	133487	124991	35. 31	9	赤峰市
1576. 80	38. 00	201891	201413	46. 87	13	通辽市
200. 00	11. 00	4022	4000	1. 07	5	霍林郭勒市
4905. 57	27. 02	228265	225069	62. 20	10	鄂尔多斯市
189. 92	61. 26	43635	43354	15. 42	6	呼伦贝尔市
70. 13	0. 84	8501	8384	2. 52	1	满洲里市
58. 56	4. 28	13360	13206	3. 66	4	牙克石市
58. 30	0. 50	6206	6202	1. 80	2	扎兰屯市
						额尔古纳市
						根河市
2493. 87	0. 01	152110	151645	39. 70	21	巴彦淖尔市
2528. 00	4. 00	63000	44700	23. 74	9	乌兰察布市
908. 37	2. 43	26607	25907	7. 66	6	丰镇市
1990. 00	8. 00	49000	48900	17. 24	7	锡林浩特市
150. 00	55. 00	500			1	二连浩特市
30. 00	2. 10	19962	19762	6. 62	13	乌兰浩特市
						阿尔山市

5-2-2 续表 2

城市名称 Name of Cities	储气能力(万立方米) Gas Storage Capacity (10000 cu. m)	供气管道长度(公里) Length of Gas Supply Pipeline (km)	供气总量(万立方米) 合计 Total	销售气量 Quantity Sold	居民家庭 Households	集中供热 Central Heating
辽　宁	**3029.98**	**34521.57**	**345485.91**	**338980.00**	**85803.39**	**9853.31**
沈阳市	534.00	10971.61	78470.53	76455.86	26971.81	2702.76
新民市	8.60	413.00	4344.92	4341.50	192.00	
大连市	351.00	6703.56	56215.51	55339.21	15197.26	762.54
庄河市	14.40	310.00	1685.31	1617.90	578.15	12.69
瓦房店市	187.80	351.87	2748.26	2677.39	553.40	
鞍山市	370.00	192.85	9612.17	9502.23	75.47	
海城市	43.55	159.97	10550.00	10543.00	2310.00	
抚顺市	9.72	599.09	10579.96	10047.42	2809.75	294.39
本溪市	91.20	1104.00	11500.20	11253.00	2603.04	
丹东市	81.00	357.90	1757.73	1754.00	553.00	704.00
东港市	12.00	255.00	1508.26	1496.75	410.14	40.40
凤城市	12.00	104.87	490.04	489.64	210.00	
锦州市	6.00	1577.73	18778.88	18251.57	5720.00	405.74
凌海市	3.00	24.00	300.00	299.90	7.65	292.15
北镇市	5.20	46.20	418.01	410.50	124.30	5.20
营口市	916.50	1873.18	22365.36	22130.51	6579.01	125.12
盖州市	13.70	221.42	1218.99	1214.22	182.45	128.06
大石桥市	12.90	210.20	19217.00	19210.91	1050.00	2200.00
阜新市	38.00	458.44	5404.81	5249.32	759.50	
辽阳市	54.60	2054.84	10859.79	10532.47	2150.90	328.42
灯塔市	0.20	216.89	2815.30	2800.00	272.00	332.00
盘锦市	3.30	1156.26	14219.48	13847.67	5132.18	1193.84
铁岭市	31.55	955.59	10794.40	10668.00	1315.87	
调兵山市	18.95	353.40	5726.87	5621.07	2197.77	
开原市	8.40	234.80	2181.80	2165.80	296.25	
朝阳市	151.40	544.41	4711.26	4520.40	1115.04	4.50
北票市	12.00	139.48	1622.70	1622.00	138.00	
凌源市	22.20	38.60	748.26	720.88	175.20	
葫芦岛市	3.10	2089.18	18465.00	18463.00	4539.00	256.00
兴城市	3.99	525.24	3352.44	3334.57	1137.00	65.50
沈抚改革创新示范区	9.72	277.99	12822.67	12399.31	447.25	
吉　林	**7151.82**	**14474.96**	**235130.57**	**231202.12**	**50532.46**	**6803.69**
长春市	6600.00	7482.91	99377.32	96160.53	26273.53	4143.78
榆树市	1.60	283.44	2945.83	2861.07	1638.80	474.04
德惠市	11.00	299.00	4254.50	4246.00	505.00	
公主岭市	1.50	420.00	2482.00	2470.21	1332.00	
吉林市	34.39	1250.28	70702.78	70532.89	6426.70	
蛟河市	4.40	22.83	353.56	353.14	35.00	
桦甸市	13.00	34.00	286.00	280.00	24.00	43.00

continued 2

Total Gas Supplied(10000 cu. m)		用气户数(户)		用气人口(万人)	天然气汽车加气站(座)	城市名称
燃气汽车	燃气损失量		居民家庭			
Gas-Powered Automobiles	Loss Amount	Number of Household with Access to Gas (unit)	Households	Population with Access to Gas (10000 persons)	Gas Stations for CNG-Fueled Motor Vehicles (unit)	Name of Cities
31620.82	**6505.91**	**9425957**	**9328331**	**1810.70**	**175**	**辽　宁**
2061.05	2014.67	3454923	3427028	578.50	6	沈阳市
166.00	3.42	32701	32433	6.48	2	新民市
3368.25	876.30	1672956	1662854	377.36	7	大连市
125.04	67.41	69288	68941	18.00	3	庄河市
	70.87	72288	72043	21.60		瓦房店市
3371.50	109.94	10268	10124	2.75	12	鞍山市
2580.00	7.00	65250	64510	7.30	16	海城市
2792.94	532.54	443111	436568	86.38	15	抚顺市
1808.30	247.20	331235	326336	82.00	10	本溪市
497.00	3.73	100800	100353	14.01	1	丹东市
757.54	11.51	57661	57555	14.39	7	东港市
	0.40	28148	27948	4.00		凤城市
	527.31	507655	498585	93.76		锦州市
	0.10	2346	2296	0.50		凌海市
186.00	7.51	8922	8516	4.05	1	北镇市
2875.59	234.85	446553	442636	89.95	14	营口市
130.00	4.77	25711	25389	10.58	3	盖州市
830.53	6.09	39301	39200	5.70	10	大石桥市
1241.33	155.49	128813	128086	38.34	12	阜新市
212.30	327.32	327985	326437	60.17	3	辽阳市
347.00	15.30	46389	46053	10.30	1	灯塔市
3839.36	371.81	476524	457458	82.10	10	盘锦市
1133.04	126.40	275812	274515	39.61	12	铁岭市
217.20	105.80	74022	73194	17.40	3	调兵山市
401.00	16.00	60067	59223	17.76	2	开原市
1331.98	190.86	222049	220895	41.29	13	朝阳市
	0.70	22987	22679	6.78		北票市
372.30	27.38	9368	8100	2.30	5	凌源市
	2.00	283001	281209	55.73		葫芦岛市
975.57	17.87	82505	80008	13.10	5	兴城市
	423.36	47318	47159	8.51	2	沈抚改革创新示范区
37399.14	**3928.45**	**4575278**	**4505657**	**937.86**	**241**	**吉　林**
10871.99	3216.79	2423190	2392857	495.83	61	长春市
748.23	84.76	77711	77511	24.16	3	榆树市
3741.00	8.50	45923	45217	18.32	13	德惠市
1138.21	11.79	121776	119623	15.95	16	公主岭市
3286.98	169.89	629290	626896	119.11	24	吉林市
301.16	0.42	3936	3933	0.98	3	蛟河市
155.00	6.00	3298	3280	0.85	2	桦甸市

5-2-2 续表 3

城市名称 Name of Cities	储气能力（万立方米）Gas Storage Capacity (10000 cu. m)	供气管道长度（公里）Length of Gas Supply Pipeline (km)	供气总量(万立方米) 合计 Total	销售气量 Quantity Sold	居民家庭 Households	集中供热 Central Heating
舒兰市	0.40		198.53	195.12		
磐石市	39.20	43.40	1386.00	1382.99	383.00	
四平市	26.10	947.59	9555.17	9529.71	2945.00	232.00
双辽市	17.80	195.68	5388.91	5337.79	321.51	
辽源市	18.00	263.42	4037.44	3956.71	937.38	
通化市	36.00	37.38	6089.78	6060.56	10.78	1593.66
集安市	9.30	30.60	540.08	538.50	41.84	
白山市	24.86	412.94	1856.10	1846.91	448.42	
临江市	6.00	44.30	244.55	242.43	20.04	37.21
松原市	5.84	680.00	10684.00	10665.00	4989.50	
扶余市	10.00	35.50	1030.00	1025.00	350.00	
白城市	18.00	311.00	1426.00	1404.00	302.00	
洮南市	5.20	35.56	1392.90	1388.69	22.62	
大安市	0.60	216.32	1513.30	1493.20	762.00	172.00
延吉市	44.91	479.52	2809.82	2692.01	772.50	
图们市	15.60	55.84	272.03	267.60	213.80	
敦化市	31.20	150.00	1753.00	1743.00	297.00	
珲春市	28.00	206.12	521.00	518.00	100.00	108.00
龙井市	12.00	85.28	328.87	328.36	147.26	
和龙市	0.60	78.23	93.10	92.90	77.30	
梅河口市	120.00	366.13	3522.00	3508.00	1155.48	
长白山保护开发区管理委员会	16.32	7.69	86.00	81.80		
黑龙江	**3920.79**	**12013.59**	**188832.19**	**185449.75**	**43377.86**	**26099.58**
哈尔滨市	3179.87	5266.27	89382.61	87210.00	17924.58	18647.88
尚志市	8.64	38.95	600.00	590.33	13.85	
五常市	1.50	27.00	288.19	287.81	13.47	48.62
齐齐哈尔市	18.80	241.41	30446.56	30184.63	4228.11	2415.16
讷河市	3.00	71.10	738.58	734.58	294.23	
鸡西市	71.82	328.53	2302.50	2300.80	1148.80	
虎林市	12.23	24.25				
密山市	3.00	45.50	70.80	69.71	38.35	
鹤岗市	45.60	280.11	998.25	959.80	745.17	
双鸭山市	12.00	259.00	1102.00	1078.00	795.00	
大庆市	4.77	2503.00	40037.00	39712.00	10898.00	2507.00
伊春市	8.61	63.79	280.74	266.31	53.47	
铁力市	6.00	72.30	195.60	195.20	28.00	30.00
佳木斯市	82.10	1229.00	5398.00	5110.00	3298.00	
同江市	1.20	80.98	75.00	73.50	42.95	
抚远市						
富锦市	0.05	42.00	280.00	279.31	115.03	50.00

continued 3

Total Gas Supplied(10000 cu. m) 燃气汽车 Gas-Powered Automobiles	燃气损失量 Loss Amount	用气户数(户) Number of Household with Access to Gas (unit)	居民家庭 Households	用气人口(万人) Population with Access to Gas (10000 persons)	天然气汽车加气站(座) Gas Stations for CNG-Fueled Motor Vehicles (unit)	城市名称 Name of Cities
195.12	3.41	365			3	舒兰市
351.00	3.01	52038	51567	10.02	2	磐石市
4514.47	25.46	271538	266922	52.16	18	四平市
526.02	51.12	30324	29603	8.07	3	双辽市
985.48	80.73	122138	121670	29.10	7	辽源市
1208.76	29.22	1718	1664	0.17	5	通化市
239.60	1.58	6681	6631	1.79	2	集安市
762.99	9.19	86424	85878	22.07	8	白山市
136.55	2.12	521	500	0.16	1	临江市
3132.74	19.00	238644	236912	43.78	23	松原市
78.00	5.00	28015	27914	6.20	2	扶余市
1102.00	22.00	48242	42192	12.35	7	白城市
1205.10	4.21	4082	3976	1.31	4	洮南市
559.20	20.10	50036	48934	9.56	4	大安市
1232.49	117.81	110236	104425	24.15	9	延吉市
53.80	4.43	21713	21625	3.90	1	图们市
311.00	10.00	35162	34608	8.79	4	敦化市
310.00	3.00	14255	13995	3.91	5	珲春市
94.83	0.51	16769	16604	4.96	1	龙井市
	0.20	12900	12860	3.21		和龙市
75.62	14.00	118206	107860	17.00	8	梅河口市
81.80	4.20	147			2	长白山保护开发区管理委员会
34961.89	**3382.44**	**4938427**	**4804439**	**1040.11**	**199**	**黑龙江**
14908.00	2172.61	2475000	2383503	496.99	51	哈尔滨市
114.00	9.67	9998	9968	3.04	2	尚志市
170.00	0.38	6215	6208	1.84	2	五常市
1688.57	261.93	547950	542195	103.07	20	齐齐哈尔市
440.34	4.00	31600	30000	8.15	2	讷河市
1152.00	1.70	153787	152899	36.14	10	鸡西市
						虎林市
0.31	1.09	7658	7627	2.04	1	密山市
141.27	38.45	136793	135606	28.18	2	鹤岗市
200.00	24.00	131206	112589	40.10	2	双鸭山市
7136.00	325.00	675500	672640	133.06	57	大庆市
212.84	14.43	3301	3281	0.95	3	伊春市
	0.40	7513	7332	1.80		铁力市
527.00	288.00	297778	295446	55.29	6	佳木斯市
	1.50	7603	7516	2.00		同江市
						抚远市
114.28	0.69	14263	13220	3.14	1	富锦市

5-2-2 续表4

城市名称 Name of Cities	储气能力（万立方米）Gas Storage Capacity (10000 cu. m)	供气管道长度（公里）Length of Gas Supply Pipeline (km)	供气总量(万立方米) 合计 Total	销售气量 Quantity Sold	居民家庭 Households	集中供热 Central Heating
七台河市	310.00	78.22	1138.90	1137.53	93.53	
牡丹江市	52.80	633.64	3564.21	3536.30	1807.75	
海林市	6.50	68.00	133.58	132.00	47.00	
宁安市	3.00	21.96	53.85	52.50	36.86	
穆棱市	9.00	12.11	79.04	78.54	78.54	
绥芬河市	1.00	32.00	30.20	30.00	3.50	
东宁市	3.00	43.10	57.56	57.47	38.17	
黑河市	12.00	187.20	278.00	271.00	72.00	199.00
北安市	6.00	24.00	250.05	250.00	0.20	
五大连池市	3.60	34.45	216.80	215.00	55.00	
嫩江市	3.10	58.76	454.90	454.00	129.00	
绥化市	17.00	101.33	1682.68	1681.81	1023.78	53.16
安达市	3.00	61.23	1067.00	1050.00	165.00	145.00
肇东市	1.60	59.40	7145.89	6973.92	128.52	1940.76
海伦市	30.00	25.00	483.70	477.70	62.00	63.00
漠河市						
上　海	**72900.00**	**34584.92**	**983385.41**	**960453.38**	**190274.98**	
江　苏	**16467.11**	**120165.95**	**1818748.82**	**1790744.08**	**368972.85**	**9220.30**
南京市	5729.00	11804.49	204376.84	201115.13	73433.26	
无锡市	45.00	9346.81	130307.71	126304.95	33008.49	
江阴市	120.00	3312.32	86618.00	86238.00	3135.00	
宜兴市	65.00	2969.20	62961.32	62710.48	5919.70	
徐州市	430.40	3469.33	65105.40	64350.90	24337.49	4318.00
新沂市	22.00	490.00	12039.14	11832.20	2621.00	
邳州市	15.00	767.00	10673.02	10455.00	3442.00	
常州市	5822.00	12148.03	170157.55	167185.55	17021.48	
溧阳市	310.00	1180.00	16536.00	16336.00	3225.00	
苏州市	548.50	12181.20	140948.04	139828.37	38202.27	
常熟市	411.65	3858.86	108726.44	106885.08	5375.32	
张家港市	50.00	2341.74	65582.12	64666.12	7156.35	
昆山市	162.00	4011.98	49632.28	49397.68	13223.35	
太仓市	23.00	1614.59	23850.00	23430.00	4087.70	
南通市	243.43	5335.84	73654.16	71875.37	14680.48	222.25
海安市	60.00	2871.37	21434.00	21098.00	5925.00	
启东市	48.00	1430.00	8858.30	8782.00	2258.00	
如皋市	108.00	2081.10	32446.00	31266.00	8032.43	
连云港市	1104.26	4645.81	142848.58	141652.24	14584.73	
淮安市	127.00	3628.79	41037.92	39860.00	15691.46	
盐城市	60.00	3491.57	30989.78	30018.41	13249.68	3231.42
东台市	10.00	588.30	6731.56	6729.33	1464.20	

continued 4

Total Gas Supplied(10000 cu. m)		用气户数(户)		用气人口(万人)	天然气汽车加气站(座)	城市名称
燃气汽车 Gas-Powered Automobiles	燃气损失量 Loss Amount	Number of Household with Access to Gas (unit)	居民家庭 Households	Population with Access to Gas (10000 persons)	Gas Stations for CNG-Fueled Motor Vehicles (unit)	Name of Cities
1044. 00	1. 37	15582	14825	4. 05	4	七台河市
321. 50	27. 91	247750	246506	64. 33	2	牡丹江市
85. 00	1. 58	4770	4740	1. 91	1	海林市
15. 64	1. 35	4888	4874	2. 45	1	宁安市
	0. 50	9980	9980	3. 42		穆棱市
26. 50	0. 20	581	578	0. 17	1	绥芬河市
19. 30	0. 09	6350	6340	2. 02	1	东宁市
	7. 00	9889	9760	3. 90		黑河市
	0. 05	230	224	0. 07		北安市
93. 00	1. 80	8012	7941	2. 15	1	五大连池市
325. 00	0. 90	15699	15695	4. 60	3	嫩江市
600. 00	0. 87	42000	41002	11. 36	8	绥化市
370. 00	17. 00	33291	33261	11. 59	1	安达市
4904. 64	171. 97	19440	19083	8. 20	13	肇东市
352. 70	6. 00	13800	9600	4. 10	4	海伦市
						漠河市
7267. 90	**22932. 03**	**8210497**	**8069543**	**2047. 20**	**15**	**上　海**
37821. 10	**28004. 74**	**16729640**	**16248488**	**3427. 22**	**181**	**江　苏**
5782. 56	3261. 71	3239072	3216247	650. 72	22	南京市
2285. 64	4002. 76	1544578	1533200	284. 59	11	无锡市
765. 00	380. 00	147825	138756	37. 37	6	江阴市
	250. 84	255167	247454	51. 26		宜兴市
3657. 72	754. 50	895017	885905	196. 48	21	徐州市
205. 00	206. 94	100024	97162	20. 20	3	新沂市
250. 00	218. 02	160052	158030	37. 41	3	邳州市
3972. 64	2972. 00	839168	828349	212. 09	14	常州市
489. 27	200. 00	190390	144557	27. 07	2	溧阳市
1183. 97	1119. 67	1686447	1676812	451. 03	13	苏州市
2196. 29	1841. 36	383522	379946	44. 27	8	常熟市
853. 50	916. 00	206071	202259	38. 18	4	张家港市
1797. 39	234. 60	364212	362616	81. 30	3	昆山市
389. 00	420. 00	245212	244372	33. 61	1	太仓市
633. 58	1778. 79	977673	972717	202. 99	6	南通市
127. 25	336. 00	170544	168846	27. 02	1	海安市
450. 00	76. 30	167856	166373	26. 30	4	启东市
703. 00	1180. 00	207405	206022	34. 30	3	如皋市
302. 30	1196. 34	652019	649286	94. 40	10	连云港市
681. 00	1177. 92	757915	752833	150. 88	3	淮安市
418. 51	971. 37	522828	519623	133. 90	4	盐城市
708. 26	2. 23	96000	95040	31. 21	2	东台市

5-2-2 续表5

城市名称 Name of Cities	储气能力（万立方米） Gas Storage Capacity (10000 cu. m)	供气管道长度（公里） Length of Gas Supply Pipeline (km)	供气总量（万立方米） 合计 Total	销售气量 Quantity Sold	居民家庭 Households	集中供热 Central Heating
扬州市	121.87	3749.76	31016.52	30221.67	14949.10	
仪征市	24.00	684.30	9697.01	9686.01	2088.64	
高邮市	37.00	1740.64	9944.93	9862.93	2182.30	
镇江市	310.00	4079.09	56012.99	55343.63	8929.00	
丹阳市	55.00	1275.00	22203.21	21643.42	3805.10	
扬中市	6.00	1884.85	6510.05	6373.49	1592.54	224.63
句容市	41.00	1019.90	8741.19	8621.28	2539.96	
泰州市	88.00	4847.82	78739.74	78322.52	8180.76	
兴化市	20.00	1623.00	8722.00	8387.00	1951.00	1224.00
靖江市	150.00	1685.96	15204.02	15035.32	3353.83	
泰兴市	25.00	1712.00	18345.00	17848.00	2883.00	
宿迁市	75.00	2295.30	48098.00	47382.00	6443.23	
浙　江	**2673.49**	**67088.50**	**1003471.81**	**993819.65**	**147619.00**	**5006.26**
杭州市	969.48	26103.40	286406.96	282187.97	58073.15	5006.26
建德市	25.00	580.88	2868.04	2868.00	668.97	
宁波市	100.00	7475.41	121446.02	119428.44	22897.69	
余姚市	72.00	1303.51	15047.86	14682.21	2150.79	
慈溪市	70.56	1617.72	31115.53	30958.90	2865.53	
温州市	198.00	2849.82	43493.34	43267.04	6033.68	
瑞安市	21.00	370.00	8912.20	8895.60	236.20	
乐清市	72.00	280.41	2860.83	2835.64	845.51	
龙港市		249.00	4350.00	4236.90	785.88	
嘉兴市	73.00	1193.47	52635.41	51969.62	6595.42	
海宁市	10.00	514.22	17645.94	17548.75	1708.25	
平湖市	42.99	336.97	7605.99	7496.10	1505.84	
桐乡市	24.00	354.90	21532.34	21502.24	1929.50	
湖州市	54.00	1924.21	33499.49	33321.30	6552.66	
绍兴市	91.50	5192.91	147747.56	147149.55	9093.75	
诸暨市	97.00	1820.00	21000.00	20980.00	2905.00	
嵊州市	25.00	601.02	6363.01	6362.82	1078.15	
金华市	57.00	1298.52	20369.99	20255.38	2873.02	
兰溪市	11.00	645.00	15715.00	15691.00	655.00	
义乌市	36.00	612.69	13584.00	13505.71	3170.30	
东阳市	72.00	2782.00	17105.68	16940.47	672.00	
永康市	30.00	596.00	20760.82	20719.82	871.67	
衢州市	55.80	1979.30	23173.31	23021.04	2366.58	
江山市	24.00	171.90	2047.00	2036.00	336.00	
舟山市	186.80	1316.23	9000.20	8938.09	2953.42	
台州市	155.13	1685.30	30803.29	30739.19	3656.46	
玉环市	18.00	417.30	2984.66	2948.66	502.79	

continued 5

Total Gas Supplied(10000 cu. m)		用气户数（户） Number of Household with Access to Gas (unit)		用气人口（万人） Population with Access to Gas (10000 persons)	天然气汽车加气站（座） Gas Stations for CNG-Fueled Motor Vehicles (unit)	城市名称 Name of Cities
燃气汽车 Gas-Powered Automobiles	燃气损失量 Loss Amount		居民家庭 Households			
4151.31	794.85	650289	645877	123.76	12	扬州市
230.00	11.00	94641	94327	19.79	1	仪征市
254.00	82.00	148635	141326	23.86	2	高邮市
461.98	669.36	632842	348671	75.10	4	镇江市
450.00	559.79	191448	189904	31.35	2	丹阳市
1.00	136.56	92813	91070	14.02	1	扬中市
	119.91	152011	151221	17.99	2	句容市
2811.79	417.22	161173	154244	85.60	6	泰州市
401.00	335.00	132405	130317	19.20	1	兴化市
107.14	168.70	161829	158940	21.68	2	靖江市
322.00	497.00	175041	173767	29.48	1	泰兴市
779.00	716.00	327516	322419	98.81	3	宿迁市
24113.95	**9652.16**	**9325767**	**9253360**	**2371.23**	**92**	**浙　江**
5277.32	4218.99	3192038	3172278	840.55	23	杭州市
13.69	0.04	63187	62442	13.31	1	建德市
9704.55	2017.58	1377834	1369090	275.57	25	宁波市
153.24	365.65	140114	138742	30.98	1	余姚市
275.71	156.63	177562	175727	41.86	1	慈溪市
	226.30	536509	533360	227.54		温州市
250.84	16.60	38073	37898	9.66	1	瑞安市
	25.19	49093	48750	14.64		乐清市
	113.10	59555	59013	17.30		龙港市
207.92	665.79	460852	458376	90.08	10	嘉兴市
60.33	97.19	114908	114273	36.38	1	海宁市
	109.89	84095	83602	19.87		平湖市
99.00	30.10	81759	80503	24.92	1	桐乡市
74.00	178.19	325790	320356	72.14	2	湖州市
1437.48	598.01	590289	585768	124.15	6	绍兴市
860.00	20.00	159000	156700	42.00	2	诸暨市
	0.19	68857	68532	17.00		嵊州市
118.24	114.61	271492	268524	75.66	3	金华市
78.00	24.00	67197	65809	20.12	1	兰溪市
	78.29	185135	183607	56.81	0	义乌市
	165.21	83924	83165	22.57		东阳市
	41.00	64473	63418	12.46		永康市
1982.44	152.27	152509	150946	36.68	4	衢州市
28.71	11.00	30429	30221	9.07	1	江山市
975.50	62.11	286610	284665	50.23	4	舟山市
2173.62	64.10	320264	317198	97.50	2	台州市
	36.00	43574	42879	12.87		玉环市

5-2-2 续表 6

城市名称 Name of Cities	储气能力（万立方米） Gas Storage Capacity (10000 cu. m)	供气管道长度（公里） Length of Gas Supply Pipeline (km)	供气总量（万立方米） 合计 Total	销售气量 Quantity Sold	居民家庭 Households	集中供热 Central Heating
温岭市	14.00	1157.00	6735.00	6733.00	1478.00	
临海市	38.23	655.61	7203.27	7171.36	642.00	
丽水市	18.00	923.80	7065.20	7054.98	1434.00	
龙泉市	12.00	80.00	2393.87	2373.87	81.79	
安　徽	**4641.73**	**37045.26**	**530153.80**	**516821.76**	**201859.61**	**58.00**
合肥市	2287.00	7919.54	140096.88	136626.25	52738.31	
巢湖市	99.00	1107.30	9662.60	9662.00	4375.00	
芜湖市	446.00	4487.33	62358.06	60404.06	55003.32	
无为市	9.00	251.94	3360.00	3305.00	1920.00	
蚌埠市	210.00	2640.65	55769.00	52953.00	11955.00	58.00
淮南市	65.47	1731.96	20562.14	19615.16	8396.61	
马鞍山市	60.00	1541.39	32945.00	32575.00	6718.00	
淮北市	54.00	1537.84	17058.00	16578.00	6709.00	
铜陵市	655.00	1276.20	24617.48	24478.53	4321.07	
安庆市	44.00	1108.74	14599.66	14432.08	4175.57	
潜山市	24.00	179.00	1178.75	1168.41	393.08	
桐城市	1.90	497.70	1933.80	1924.00	1025.00	
黄山市	106.40	868.01	6213.59	6149.36	1141.12	
滁州市	48.00	2017.40	25703.15	24838.30	8747.22	
天长市	42.00	715.41	8196.40	8064.50	1472.30	
明光市	52.50	386.87	5289.57	5208.35	881.00	
阜阳市	131.00	1119.14	16027.14	15724.68	6567.71	
界首市	6.36	566.30	1956.00	1931.00	1311.00	
宿州市	36.00	1324.51	11710.82	11430.00	5120.48	
六安市	50.00	1367.00	16144.00	15885.00	6770.00	
亳州市	69.00	1904.60	11814.00	11508.20	4358.80	
池州市	16.50	962.00	5915.07	5854.96	1975.94	
宣城市	58.60	902.81	16831.59	16368.12	2826.79	
广德市	40.00	229.99	12352.00	12291.00	1130.29	
宁国市	30.00	401.63	7859.10	7846.80	1827.00	
福　建	**1024.67**	**19972.31**	**374063.55**	**370347.13**	**39476.53**	
福州市	24.09	2827.62	24379.74	23117.57	9668.77	
福清市	72.00	463.19	17166.83	17080.93	1062.67	
厦门市	74.87	3591.27	44428.80	44104.54	6692.61	
莆田市	15.40	1753.77	26389.81	26075.94	3419.66	
三明市	114.64	1280.85	6314.65	6231.60	3688.41	
永安市	32.76	353.08	2456.44	2443.05	654.40	
泉州市	51.00	1295.15	22933.16	22553.61	3496.37	
石狮市	3.90	791.74	6070.40	6069.80	830.00	
晋江市		1837.00	106158.75	105128.50	2010.37	

continued 6

Total Gas Supplied(10000 cu. m)		用气户数（户）		用气人口（万人）	天然气汽车加气站（座）	城市名称
燃气汽车	燃气损失量		居民家庭			
Gas-Powered Automobiles	Loss Amount	Number of Household with Access to Gas (unit)	Households	Population with Access to Gas (10000 persons)	Gas Stations for CNG-Fueled Motor Vehicles (unit)	Name of Cities
	2.00	129408	128109	29.28		温岭市
343.36	31.91	65305	64116	16.93	3	临海市
	10.22	96731	96287	29.50		丽水市
	20.00	9201	9006	3.60		龙泉市
29635.92	**13332.04**	**7985486**	**7795702**	**1880.78**	**127**	**安　徽**
6027.00	3470.63	2503981	2494152	643.25	31	合肥市
5287.00	0.60	135193	126410	32.65	6	巢湖市
5400.74	1954.00	976595	966716	182.40	18	芜湖市
60.00	55.00	76442	75196	19.25	2	无为市
1031.00	2816.00	390238	382346	97.16	6	蚌埠市
1884.07	946.98	368710	364710	121.57	12	淮南市
755.00	370.00	395096	390904	81.08	3	马鞍山市
217.00	480.00	379421	376132	61.92	5	淮北市
778.99	138.95	276424	274954	56.47	9	铜陵市
914.78	167.58	306790	305000	75.48	3	安庆市
83.26	10.34	27700	27277	9.50	1	潜山市
899.00	9.80	48300	41227	10.80	1	桐城市
131.49	64.23	66178	65746	19.21	1	黄山市
644.01	864.85	308768	305451	70.13	4	滁州市
230.00	131.90	76805	74756	18.35	1	天长市
230.00	81.22	57743	57161	14.20	1	明光市
896.33	302.46	356899	354424	107.80	6	阜阳市
163.00	25.00	55490	55129	13.41	2	界首市
980.46	280.82	342280	244570	60.85	3	宿州市
1376.00	259.00	256155	253490	60.60	4	六安市
338.40	305.80	157752	142421	35.40	1	亳州市
21.92	60.11	132382	131221	28.95	1	池州市
1106.47	463.47	165301	162544	33.95	5	宣城市
	61.00	59993	59393	13.50		广德市
180.00	12.30	64850	64372	12.90	1	宁国市
6170.53	**3716.42**	**3557382**	**3525631**	**997.31**	**30**	**福　建**
1894.06	1262.17	906126	903332	305.96	9	福州市
	85.90	84572	84007	16.26		福清市
1759.46	324.26	756105	752613	275.56	5	厦门市
106.00	313.87	255266	253340	72.56	1	莆田市
270.00	83.05	224786	223441	26.91	5	三明市
776.47	13.39	61371	60771	16.00	1	永安市
719.10	379.55	300761	288940	60.26	3	泉州市
	0.60	68533	68068	22.59		石狮市
	1030.25	168990	166856	28.19		晋江市

5-2-2 续表 7

城市名称 Name of Cities	储气能力（万立方米） Gas Storage Capacity (10000 cu. m)	供气管道长度（公里） Length of Gas Supply Pipeline (km)	供气总量（万立方米） 合计 Total	销售气量 Quantity Sold	居民家庭 Households	集中供热 Central Heating
南安市	50.00	1106.80	51991.00	51852.00	592.88	
漳州市	24.60	1780.77	11355.77	11348.78	1914.20	
南平市	34.00	688.02	1714.52	1690.36	1031.47	
邵武市	16.80	146.54	1051.40	1049.62	341.13	
武夷山市	5.40	133.62	331.42	324.48	51.24	
建瓯市	16.80	56.00	437.87	434.55	121.79	
龙岩市	37.60	777.38	8400.96	8392.74	1852.41	
漳平市	8.75	54.60	300.19	296.06	46.74	
宁德市	66.00	551.31	14937.40	14936.00	1225.58	
福安市	4.06	103.00	16750.57	16749.00	231.00	
福鼎市	372.00	380.60	10493.87	10468.00	544.83	
江　西	**1678.57**	**23665.50**	**266260.42**	**263636.61**	**73837.17**	
南昌市	94.00	6385.11	52284.78	51498.61	19418.33	
景德镇市	42.60	1480.74	16674.39	16342.96	2720.64	
乐平市	3.60	239.31	1446.56	1426.45	292.33	
萍乡市	69.00	2258.60	26378.00	26368.00	13785.00	
九江市	30.00	2065.32	35098.52	34937.43	6146.45	
瑞昌市	91.00	332.90	3150.64	3116.00	764.00	
共青城市	37.50	183.90	1318.58	1316.58	136.00	
庐山市		121.35	873.00	850.10	222.48	
新余市	11.00	960.66	13674.68	13332.88	3961.89	
鹰潭市	40.80	393.00	13238.10	13071.54	1631.76	
贵溪市	30.00	270.37	5423.92	5396.32	673.87	
赣州市	112.00	2099.85	19242.47	19104.17	6550.00	
瑞金市	18.00	280.92	1886.07	1876.07	682.61	
龙南市	12.00	112.00	2705.58	2705.53	197.00	
吉安市	37.00	1658.05	5003.35	4960.12	2610.24	
井冈山市	2.10	11.50	76.15	75.25	34.86	
宜春市	15.00	1529.28	20472.56	20433.86	3683.03	
丰城市		299.00	1089.00	1067.30	843.54	
樟树市	58.00	332.37	1833.00	1811.00	994.00	
高安市	71.01	207.00	9122.00	9071.00	1870.00	
抚州市	686.50	1238.15	13627.00	13568.57	2800.55	
上饶市	207.20	1117.59	20269.85	19934.85	3611.00	
德兴市	10.26	88.53	1372.22	1372.02	207.59	
山　东	**7470.80**	**84332.17**	**1247045.11**	**1227565.69**	**307408.84**	**131791.26**
济南市	4355.70	7647.37	178940.19	174714.08	61899.40	43297.04
青岛市	501.97	11299.76	180293.59	178027.52	34967.69	45664.85
胶州市	7.20	2029.52	19555.62	19257.65	4752.36	2367.20
平度市	12.00	1228.68	12791.79	12641.79	2335.41	

continued 7

Total Gas Supplied(10000 cu. m)		用气户数(户)		用气人口(万人)	天然气汽车加气站(座)	城市名称
燃气汽车 Gas-Powered Automobiles	燃气损失量 Loss Amount	Number of Household with Access to Gas (unit)	居民家庭 Households	Population with Access to Gas (10000 persons)	Gas Stations for CNG-Fueled Motor Vehicles (unit)	Name of Cities
	139.00	66907	66152	9.50		南安市
501.16	6.99	238730	235837	41.95	2	漳州市
	24.16	64625	64454	21.50	1	南平市
	1.78	31382	31101	8.54		邵武市
	6.94	6114	6039	1.80		武夷山市
	3.32	11024	10740	3.13		建瓯市
	8.22	166954	166199	42.36		龙岩市
144.28	4.13	4078	4023	1.39	1	漳平市
	1.40	88794	88238	30.58	1	宁德市
	1.57	15143	15123	2.06	1	福安市
	25.87	37121	36357	10.21		福鼎市
7893.78	**2623.81**	**4256744**	**4225756**	**960.00**	**46**	**江　西**
1711.67	786.17	1420923	1412597	331.83	20	南昌市
1097.25	331.43	172309	170765	35.84	3	景德镇市
	20.11	24818	24591	5.40		乐平市
438.00	10.00	177634	177540	40.40	2	萍乡市
917.05	161.09	399558	397204	69.60	3	九江市
	34.64	47865	47482	16.10		瑞昌市
	2.00	9973	9500	5.16		共青城市
	22.90	14297	14093	4.93		庐山市
	341.80	307204	305626	47.40		新余市
19.76	166.56	103821	102649	22.28	1	鹰潭市
	27.60	41104	40778	8.61		贵溪市
766.00	138.30	421072	419229	101.46	4	赣州市
	10.00	49496	49229	9.83		瑞金市
	0.05	11968	11830	3.52		龙南市
355.77	43.23	199949	198090	42.52	1	吉安市
	0.90	4991	4985	1.86		井冈山市
496.64	38.70	229869	226012	53.93	3	宜春市
	21.70	61840	61535	25.06		丰城市
	22.00	44049	42969	14.04		樟树市
49.00	51.00	65405	65000	17.00	2	高安市
496.79	58.43	224952	222665	52.14	2	抚州市
1545.85	335.00	207626	205372	46.73	5	上饶市
	0.20	16021	16015	4.36		德兴市
58051.90	**19479.42**	**18174362**	**17912893**	**3946.27**	**359**	**山　东**
9897.63	4226.11	3204375	3187732	662.78	40	济南市
12857.04	2266.07	2670089	2644801	584.03	51	青岛市
1117.00	297.97	247471	245835	51.62	5	胶州市
203.06	150.00	148613	148018	43.00	3	平度市

5-2-2 续表8

城市名称 Name of Cities	储气能力（万立方米） Gas Storage Capacity (10000 cu. m)	供气管道长度（公里） Length of Gas Supply Pipeline (km)	供气总量(万立方米) 合计 Total	销售气量 Quantity Sold	居民家庭 Households	集中供热 Central Heating
莱西市	82.80	1326.00	11359.00	11082.00	4000.00	845.00
淄博市	831.40	5221.34	111565.10	109620.84	16406.74	248.94
枣庄市	8.50	2073.25	15945.42	15535.18	5079.60	
滕州市	4.50	1330.15	29014.65	28761.23	3253.61	
东营市	39.60	2658.52	37567.30	36915.22	17429.10	1200.00
烟台市	180.60	4197.44	44486.74	44118.05	11736.82	752.12
龙口市	120.00	1481.70	44272.20	43631.79	2198.00	369.85
莱阳市	27.60	862.45	6550.00	6410.00	1195.00	
莱州市	7.80	485.83	3637.00	3584.00	1258.00	53.00
招远市	0.84	519.40	3230.67	3215.57	936.69	15.42
栖霞市	14.40	385.08	4000.00	3880.00	800.00	860.00
海阳市	30.00	553.05	2198.44	2089.50	1104.05	
潍坊市	447.05	3943.23	52678.71	52236.71	15544.90	9697.13
青州市	8.94	1066.39	9929.77	9675.83	3381.56	1137.50
诸城市	60.00	1498.00	15080.00	15060.00	2527.00	970.00
寿光市	60.00	293.00	9167.00	9017.00	3789.50	71.10
安丘市	8.50	744.20	9005.10	8946.37	2571.76	13.22
高密市	18.00	351.66	11126.28	10914.35	2814.00	
昌邑市	8.00	547.69	4278.63	4176.33	3648.97	350.36
济宁市	90.00	4358.67	44699.00	43874.83	19310.08	
曲阜市		1240.03	6787.44	6605.44	2440.91	
邹城市	2.00	618.51	5571.10	5507.08	4855.67	
泰安市	3.84	3102.71	45247.68	44429.11	4309.88	8926.48
新泰市	6.00	876.99	7238.61	7184.03	1673.91	
肥城市	20.00	413.50	7276.51	7248.24	5034.77	
威海市	126.00	2716.68	19800.69	19386.61	5459.42	226.54
荣成市	6.00	885.84	9423.16	9422.56	2604.00	
乳山市	36.00	415.49	3651.70	3539.25	1231.22	
日照市	68.00	1535.66	25634.67	25419.67	7461.92	985.00
临沂市	155.71	4036.45	75348.36	74638.64	13814.80	1984.54
德州市		4757.25	36470.77	35998.02	5080.33	3167.00
乐陵市	3.40	249.56	4700.00	4695.00	1760.00	
禹城市	54.85	1164.98	8402.27	8329.27	2705.05	4520.27
聊城市		3238.36	61978.60	60879.68	6450.00	3030.00
临清市	7.00	166.40	4596.00	4551.00	2217.00	427.00
滨州市	37.50	1207.68	28825.71	28289.50	7884.69	572.35
邹平市	7.20	622.10	17407.65	17100.00	3671.44	
菏泽市	11.90	981.60	17311.99	16956.75	5813.59	39.35
河　南	**2073.63**	**31322.90**	**719252.29**	**701886.60**	**217921.42**	**71661.00**
郑州市	223.00	3792.20	198511.97	191526.70	52552.00	56380.00

continued 8

Total Gas Supplied(10000 cu. m)		用气户数（户）		用气人口（万人）	天然气汽车加气站（座）	城市名称
燃气汽车 Gas-Powered Automobiles	燃气损失量 Loss Amount	Number of Household with Access to Gas (unit)	居民家庭 Households	Population with Access to Gas (10000 persons)	Gas Stations for CNG-Fueled Motor Vehicles (unit)	Name of Cities
62.60	277.00	145012	144627	30.63	2	莱西市
3436.16	1944.26	908430	772110	217.23	23	淄博市
577.85	410.24	460583	457914	108.32	5	枣庄市
1614.35	253.42	313703	310698	47.75	3	滕州市
2773.27	652.08	455259	450379	97.11	16	东营市
1187.44	368.69	1062027	1059270	247.10	8	烟台市
208.98	640.41	103985	103314	28.18	7	龙口市
190.00	140.00	126875	124464	29.41	6	莱阳市
42.00	53.00	91665	91236	23.63	7	莱州市
70.00	15.10	101416	100743	19.11	1	招远市
156.00	120.00	38111	37995	11.41	3	栖霞市
25.00	108.94	108214	107633	22.31	1	海阳市
3401.57	442.00	863841	856713	171.18	20	潍坊市
2486.15	253.94	191612	190173	37.55	5	青州市
936.00	20.00	181482	180206	43.97	6	诸城市
462.00	150.00	156175	155916	53.10	4	寿光市
	58.73	129293	128441	38.79	6	安丘市
1202.92	211.93	134420	129932	27.47	6	高密市
177.00	102.30	88017	86926	18.90	3	昌邑市
851.01	824.17	866197	862585	172.89	15	济宁市
76.67	182.00	192967	191136	21.84	1	曲阜市
651.41	64.02	165635	164715	36.06	9	邹城市
1899.15	818.57	518479	514809	106.54	13	泰安市
341.74	54.58	80054	79710	36.16	2	新泰市
396.34	28.27	109879	109663	31.08	5	肥城市
382.87	414.08	628019	621012	104.31	9	威海市
379.94	0.60	227273	225437	43.51	3	荣成市
124.50	112.45	83211	82654	21.72	1	乳山市
674.67	215.00	497616	495620	87.47	10	日照市
2825.87	709.72	713399	708110	197.28	9	临沂市
2066.59	472.75	528059	518394	88.59	25	德州市
120.00	5.00	81041	80341	18.36	1	乐陵市
1103.95	73.00	100935	100327	19.69	8	禹城市
1108.00	1098.92	477491	474090	129.00	3	聊城市
639.00	45.00	100135	99780	23.83	2	临清市
0.99	536.21	426052	424911	79.04	2	滨州市
354.00	307.65	97209	96533	23.70	4	邹平市
971.18	355.24	350043	347990	90.62	6	菏泽市
30085.21	**17365.69**	**11849056**	**11689335**	**2603.97**	**166**	**河　南**
5860.00	6985.27	3338477	3319698	706.81	15	郑州市

5-2-2 续表 9

城市名称 Name of Cities	储气能力（万立方米） Gas Storage Capacity (10000 cu. m)	供气管道长度（公里） Length of Gas Supply Pipeline (km)	供气总量（万立方米） 合计 Total	销售气量 Quantity Sold	居民家庭 Households	集中供热 Central Heating
巩义市	150.00	561.00	10907.61	10498.97	3755.12	
荥阳市		435.00	3783.00	3781.00	1563.00	
新密市	10.00	462.88	7228.00	7132.00	1690.20	
新郑市	0.91	259.84	12948.29	12679.29	3776.73	2442.56
登封市	6.00	984.00	9629.00	9553.00	1118.00	
开封市	44.00	1878.87	20176.72	19525.02	7960.90	118.75
洛阳市	100.00	1080.21	88444.81	87539.63	15520.58	1494.90
平顶山市	1100.00	501.20	16701.00	16188.00	6158.00	
舞钢市	2.00	100.85	1460.34	1436.37	901.26	
汝州市		424.99	5894.00	5559.00	2343.00	139.00
安阳市	37.77	1990.55	18560.17	17695.39	7379.39	
林州市	12.20	581.19	4417.67	4201.23	3904.39	
鹤壁市	3.00	633.93	8091.43	8073.65	3626.37	
新乡市		2212.41	24236.00	23293.00	11622.00	749.00
长垣市	15.00	372.00	5473.65	5253.78	3224.09	1849.69
卫辉市		294.87	3513.00	3499.00	1755.00	
辉县市		215.65	8705.09	8655.00	4509.00	
焦作市	35.90	1990.14	36427.00	35825.00	5610.00	
沁阳市		470.00	4193.00	4058.00	1469.00	
孟州市		200.42	2601.85	2473.85	2473.85	
濮阳市		493.79	12684.00	12327.00	7088.00	
许昌市	7.00	816.19	13217.66	13154.76	8406.09	
禹州市	10.00	234.45	14500.00	14150.00	3944.60	1855.00
长葛市	60.00	364.68	33133.56	32628.71	1695.46	3426.50
漯河市	10.00	492.75	13605.04	13435.26	7235.61	
三门峡市	37.10	315.79	9500.00	9431.60	2840.70	
义马市		133.66	1841.48	1765.48	583.18	
灵宝市	11.50	299.89	2991.17	2973.17	827.31	90.00
南阳市	58.10	3152.38	20026.00	19291.00	6692.00	
邓州市	7.00	162.98	953.66	952.86	871.56	
商丘市	6.00	914.89	26756.00	26471.00	5141.00	107.00
永城市	24.50	311.89	5150.00	4975.00	1980.50	
信阳市	25.00	835.99	18900.00	18432.00	7410.00	
周口市	6.00	1060.75	12212.16	12108.52	6048.00	
项城市	0.65	281.54	3205.13	3200.00	2400.00	
驻马店市	55.00	819.77	8178.18	7785.76	5310.95	
济源示范区	16.00	362.57	19401.88	19313.23	4913.12	
郑州航空港经济综合实验区		826.74	11092.77	11044.37	1621.46	3008.60
湖　北	**6268.46**	**57740.37**	**660317.55**	**643213.30**	**199358.42**	**913.77**
武汉市	3655.00	19068.82	278341.92	267727.65	94322.11	

continued 9

Total Gas Supplied(10000 cu. m)		用气户数(户)		用气人口(万人)	天然气汽车加气站(座)	城市名称
燃气汽车	燃气损失量		居民家庭			
Gas-Powered Automobiles	Loss Amount	Number of Household with Access to Gas (unit)	Households	Population with Access to Gas (10000 persons)	Gas Stations for CNG-Fueled Motor Vehicles (unit)	Name of Cities
	408.64	118552	117238	37.53		巩义市
2218.00	2.00	71500	71290	26.90	4	荥阳市
428.98	96.00	113070	112145	19.70	2	新密市
1566.00	269.00	109200	106400	25.42	5	新郑市
485.00	76.00	92535	91819	18.30	3	登封市
818.61	651.70	559064	553332	92.93	14	开封市
1246.06	905.18	1111739	1106132	258.31	13	洛阳市
244.00	513.00	483410	480610	90.09	4	平顶山市
139.13	23.97	46247	45886	12.05	3	舞钢市
	335.00	92899	92480	33.10		汝州市
	864.78	489336	483830	79.06	1	安阳市
80.40	216.44	125356	113709	21.26	1	林州市
693.13	17.78	239194	236775	51.17	3	鹤壁市
659.00	943.00	494996	478633	77.02	3	新乡市
180.00	219.87	158762	158762	33.00	5	长垣市
125.00	14.00	83805	83315	16.00	3	卫辉市
95.00	50.09	98533	95860	22.50	3	辉县市
	602.00	383511	381956	86.38		焦作市
50.00	135.00	48921	48853	12.88	1	沁阳市
	128.00	88452	88452	13.22		孟州市
387.25	357.00	217263	205524	65.54	16	濮阳市
439.67	62.90	385952	382646	65.82	11	许昌市
745.00	350.00	94986	92872	26.78	2	禹州市
115.48	504.85	35860	35322	10.55	1	长葛市
758.79	169.78	175856	162826	42.20	9	漯河市
298.72	68.40	133772	132651	46.81	2	三门峡市
131.79	76.00	39653	39500	13.70	1	义马市
	18.00	48031	47731	16.46		灵宝市
1812.00	735.00	509966	502895	168.63	4	南阳市
80.00	0.80	26588	24599	12.55	11	邓州市
1052.00	285.00	359952	356981	88.50	3	商丘市
37.00	175.00	136600	120450	34.13	2	永城市
7773.00	468.00	335304	330550	52.52	14	信阳市
636.20	103.64	271174	263760	61.46	3	周口市
420.00	5.13	63121	61400	24.21	1	项城市
	392.42	290156	288336	56.98		驻马店市
510.00	88.65	208581	206873	39.80	3	济源示范区
	48.40	168682	167244	43.70		郑州航空港经济综合实验区
47203.21	**17104.25**	**10613791**	**10496237**	**2054.06**	**163**	**湖　北**
18836.25	10614.27	4952391	4927058	943.00	53	武汉市

5-2-2 续表 10

城市名称 Name of Cities	储气能力（万立方米） Gas Storage Capacity (10000 cu. m)	供气管道长度（公里） Length of Gas Supply Pipeline (km)	供气总量(万立方米) 合计 Total	销售气量 Quantity Sold	居民家庭 Households	集中供热 Central Heating
黄石市	19.11	1285.00	40208.96	39560.69	4152.20	
大冶市	9.15	740.80	29206.00	28981.00	1659.00	
十堰市	42.04	2391.25	21316.57	21241.67	6853.37	867.61
丹江口市	11.30	456.50	3782.65	3739.61	721.74	
宜昌市	1824.00	1912.88	27882.98	27361.98	10268.70	
宜都市	54.00	1119.87	7378.50	7378.10	1822.90	
当阳市	9.00	539.10	4804.30	4802.29	1214.63	
枝江市	54.00	388.00	6237.00	5987.00	1376.00	
襄阳市	72.00	1881.80	40580.00	39294.00	11005.00	
老河口市	4.20	915.00	4974.58	4883.51	1529.41	
枣阳市		676.00	5458.44	5316.00	1352.00	
宜城市	3.00	390.00	3390.00	3322.20	932.00	
鄂州市	90.28	754.76	6498.00	6480.00	3020.00	
荆门市	1.39	1232.85	14018.85	13828.19	4060.91	
京山市	16.00	1023.78	2757.25	2689.21	1127.42	
钟祥市	50.00	575.64	3287.00	3200.00	1800.00	
孝感市	30.00	2012.03	12034.43	12032.95	4280.00	
应城市		830.00	2940.71	2844.38	1180.00	6.00
安陆市		574.00	3667.11	3538.90	1082.44	
汉川市	6.10	516.40	5472.43	5440.39	642.70	
荆州市	15.00	2167.81	21698.97	20756.97	6546.69	
监利市	40.00	706.90	3615.00	3460.00	986.00	
石首市	1.28	95.80	427.02	425.77	222.36	
洪湖市	16.90	718.77	2843.00	2802.76	1261.30	
松滋市	1.00	575.02	1128.30	1119.20	995.40	5.20
黄冈市	9.50	992.70	11225.96	11097.83	4098.35	
麻城市	16.00	243.42	3134.85	3024.85	2118.90	
武穴市	4.10	729.00	3370.00	3290.00	1401.00	
咸宁市	82.30	980.90	23370.50	23324.00	2826.92	
赤壁市	2.00	265.00	4347.00	4182.00	1461.00	
随州市	7.50	1225.39	8104.14	8006.46	3552.31	
广水市	15.00	89.00	1829.39	1829.00	995.00	
恩施市	48.16	1826.69	8978.34	8761.92	4308.22	34.21
利川市	10.00	1414.69	5905.91	5731.34	4451.00	
仙桃市	24.03	2055.28	16324.74	16229.17	3863.16	
潜江市	15.00	1838.47	13804.11	13610.85	2990.26	
天门市	10.12	2531.05	5972.64	5911.46	2878.02	0.75
湖　南	**3217.35**	**34583.36**	**346644.39**	**338832.40**	**153390.13**	
长沙市	1100.00	6737.00	92419.00	87503.00	48322.00	
宁乡市	24.00	715.53	15352.00	15143.00	2816.00	

continued 10

Total Gas Supplied(10000 cu. m)		用气户数(户)		用气人口(万人)	天然气汽车加气站(座)	城市名称
燃气汽车 Gas-Powered Automobiles	燃气损失量 Loss Amount	Number of Household with Access to Gas (unit)	居民家庭 Households	Population with Access to Gas (10000 persons)	Gas Stations for CNG-Fueled Motor Vehicles (unit)	Name of Cities
2788. 32	648. 27	255325	247406	58. 76	7	黄石市
568. 00	225. 00	97435	96802	27. 60	2	大冶市
1467. 28	74. 90	467412	464244	71. 85	7	十堰市
94. 72	43. 04	74620	73178	11. 90	1	丹江口市
2271. 42	521. 00	533540	526731	98. 42	10	宜昌市
209. 61	0. 40	77364	75478	15. 67	3	宜都市
354. 60	2. 01	66701	64939	15. 63	3	当阳市
174. 92	250. 00	67555	66374	11. 22	2	枝江市
4692. 00	1286. 00	542116	536789	138. 51	10	襄阳市
124. 64	91. 07	94876	90642	20. 31	1	老河口市
213. 00	142. 44	111766	100702	21. 23	1	枣阳市
145. 00	67. 80	60634	59626	11. 88	1	宜城市
597. 19	18. 00	171290	170113	36. 17	3	鄂州市
1897. 61	190. 66	275197	274258	43. 68	5	荆门市
234. 21	68. 04	92564	91816	18. 00	1	京山市
400. 00	87. 00	42814	39528	13. 25	1	钟祥市
663. 95	1. 48	257847	255206	52. 70	3	孝感市
192. 00	96. 33	93765	92926	16. 79	1	应城市
230. 45	128. 21	80600	74500	19. 27	2	安陆市
170. 00	32. 04	80151	78632	17. 28	1	汉川市
3042. 97	942. 00	328260	325472	58. 46	8	荆州市
275. 00	155. 00	58550	56500	11. 59	3	监利市
141. 22	1. 25	18665	18163	5. 98	2	石首市
133. 60	40. 24	85764	82981	7. 10	2	洪湖市
118. 60	9. 10	36600	35900	12. 32	1	松滋市
1778. 52	128. 13	132545	130500	26. 98	5	黄冈市
138. 00	110. 00	74430	73742	13. 47	3	麻城市
	80. 00	77259	76358	15. 80		武穴市
440. 00	46. 50	158176	157536	31. 68	5	咸宁市
250. 00	165. 00	81650	80671	23. 10	1	赤壁市
566. 85	97. 68	196932	195001	42. 12	2	随州市
146. 00	0. 39	73932	73623	16. 48	1	广水市
1035. 64	216. 42	181127	177343	24. 81	2	恩施市
782. 45	174. 57	109750	107550	21. 95	1	利川市
1110. 00	95. 57	214573	212223	35. 00	5	仙桃市
652. 56	193. 26	168315	166126	18. 68	3	潜江市
266. 63	61. 18	121300	119600	25. 42	1	天门市
9714. 52	**7811. 99**	**6985860**	**6901040**	**1513. 38**	**62**	**湖　南**
1150. 00	4916. 00	1972446	1950500	456. 04	4	长沙市
191. 00	209. 00	139800	137155	41. 80	2	宁乡市

5-2-2 续表11

城市名称 Name of Cities	储气能力（万立方米）Gas Storage Capacity (10000 cu. m)	供气管道长度（公里）Length of Gas Supply Pipeline (km)	供气总量（万立方米）			
			合计 Total	销售气量 Quantity Sold		
					居民家庭 Households	集中供热 Central Heating
浏阳市	33.00	697.00	10403.35	10400.00	4856.00	
株洲市	727.00	2709.02	32901.00	32446.23	13042.19	
醴陵市	100.00	1500.10	30540.90	30531.00	4501.00	
湘潭市	10.00	2515.99	17800.00	17694.00	6751.00	
湘乡市		469.00	3057.20	3053.20	637.04	
韶山市	6.00	162.60	745.03	736.13	435.60	
衡阳市	10.00	5222.09	29546.66	29546.65	9533.33	
耒阳市	18.00	678.00	1305.07	1295.31	948.18	
常宁市	12.00	513.62	978.00	945.00	710.00	
邵阳市	70.00	800.00	8689.00	8489.00	4050.00	
武冈市	15.00	260.12	1105.19	1105.16	740.05	
邵东市	18.00	131.00	1645.84	1645.23	1645.23	
岳阳市	40.00	2456.12	25516.07	25000.00	13000.00	
汨罗市	100.00	193.11	3794.87	3787.51	767.13	
临湘市	1.00	122.00	1354.00	1352.79	1164.83	
常德市	32.88	3158.31	18260.10	17955.90	7828.75	
津市市	24.00	223.56	722.00	716.00	497.50	
张家界市	22.87	530.52	3159.88	3133.93	1599.05	
益阳市	507.30	491.38	10256.61	9656.74	4219.84	
沅江市	6.00	123.56	2520.00	2511.00	1465.00	
郴州市	99.00	1559.77	10861.71	10860.89	10426.50	
资兴市	18.00	366.68	1642.83	1638.80	627.16	
永州市	38.00	502.80	5102.27	5013.75	3990.11	
祁阳市	7.00	372.00	825.00	820.00	700.00	
怀化市	41.00	307.26	3870.31	3812.78	2227.19	
洪江市	13.00	73.72	369.72	365.58	170.79	
娄底市	10.00	666.00	6913.71	6697.15	3057.05	
冷水江市	6.30	92.50	1250.73	1248.33	435.96	
涟源市	60.00	67.00	650.00	645.00	460.00	
吉首市	48.00	166.00	3086.34	3083.34	1765.65	
广　东	**3723.26**	**49825.22**	**1435602.08**	**1424785.50**	**209905.53**	
广州市	385.88	6445.02	182344.58	180181.53	48397.95	
韶关市	46.00	1177.44	13530.00	13482.00	4125.00	
乐昌市	40.00	57.00	664.00	663.03	407.00	
南雄市	10.00	136.00	1892.80	1872.00	355.00	
深圳市	74.26	10071.70	427606.67	427604.93	59992.76	
珠海市	196.42	908.97	32117.33	32092.46	6251.89	
汕头市	102.00	1096.10	10091.82	10091.02	2710.65	
佛山市	151.50	3826.72	87491.48	87092.94	10479.55	
江门市	306.20	1118.81	53271.70	53130.10	2947.10	

continued 11

Total Gas Supplied(10000 cu. m)		用气户数(户)		用气人口(万人)	天然气汽车加气站(座)	城市名称
燃气汽车 Gas-Powered Automobiles	燃气损失量 Loss Amount	Number of Household with Access to Gas (unit)	居民家庭 Households	Population with Access to Gas (10000 persons)	Gas Stations for CNG-Fueled Motor Vehicles (unit)	Name of Cities
	3. 35	132214	125658	32. 02		浏阳市
1072. 00	454. 77	513610	506152	126. 42	6	株洲市
	9. 90	85122	83844	22. 50		醴陵市
680. 00	106. 00	361408	355820	68. 40	2	湘潭市
98. 19	4. 00	51824	51398	17. 40	1	湘乡市
89. 43	8. 90	11125	10316	3. 59	1	韶山市
248. 00	0. 01	629163	623327	105. 85	3	衡阳市
16. 80	9. 76	58635	58162	23. 72		耒阳市
	33. 00	500812	500796	12. 61		常宁市
674. 66	200. 00	243108	241689	50. 22	3	邵阳市
	0. 03	40997	40727	10. 30		武冈市
	0. 61	61858	61858	20. 00		邵东市
510. 00	516. 07	399873	396506	87. 78	4	岳阳市
124. 15	7. 36	36440	35956	9. 10	1	汨罗市
152. 17	1. 21	44943	44513	12. 00	1	临湘市
625. 00	304. 20	365331	352939	70. 00	13	常德市
218. 50	6. 00	32210	31820	7. 31	1	津市市
646. 19	25. 95	68640	67052	17. 99	3	张家界市
215. 40	599. 87	262925	259914	48. 10	3	益阳市
252. 00	9. 00	71874	70987	15. 98	2	沅江市
434. 39	0. 82	224475	223268	56. 49	2	郴州市
	4. 03	39115	38920	6. 58		资兴市
754. 70	88. 52	149322	148532	45. 89	2	永州市
	5. 00	42000	41783	18. 37	1	祁阳市
467. 17	57. 53	128931	128131	51. 00	1	怀化市
	4. 14	13997	13909	4. 72		洪江市
290. 00	216. 56	210754	209531	42. 98	2	娄底市
104. 77	2. 40	28275	28088	7. 30	1	冷水江市
180. 00	5. 00	18231	16523	4. 58	1	涟源市
520. 00	3. 00	46402	45266	16. 34	2	吉首市
18061. 98	**10816. 58**	**15702353**	**15342551**	**4522. 97**	**65**	**广　东**
1344. 40	2163. 05	3280759	3254952	999. 27	4	广州市
233. 00	48. 00	246453	244685	58. 54	2	韶关市
	0. 97	26600	26470	5. 97		乐昌市
	20. 80	28356	28129	6. 31		南雄市
3668. 45	1. 74	5163484	5112634	1636. 04	19	深圳市
1623. 33	24. 87	590948	590734	140. 77	3	珠海市
	0. 80	207261	205749	86. 85		汕头市
5042. 30	398. 54	751535	642773	152. 28	3	佛山市
249. 00	141. 60	361475	359693	94. 37	3	江门市

5-2-2 续表 12

城市名称 Name of Cities	储气能力（万立方米） Gas Storage Capacity (10000 cu. m)	供气管道长度（公里） Length of Gas Supply Pipeline (km)	供气总量(万立方米) 合计 Total	销售气量 Quantity Sold	居民家庭 Households	集中供热 Central Heating
台山市	84.34	84.50	8002.00	7992.00	40.00	
开平市	243.40	411.40	14858.62	14665.73	566.97	
鹤山市	6.60	350.78	13765.64	13764.64	694.66	
恩平市	93.00	135.00	49194.12	47841.50	129.84	
湛江市	100.00	1014.00	11490.79	11265.48	4506.19	
廉江市	24.00	297.48	1044.84	1041.84	452.40	
雷州市	5.00	72.00	575.00	574.00	168.00	
吴川市	15.00	55.00	245.00	240.00	30.00	
茂名市	40.83	1012.50	5404.83	5371.25	4391.38	
高州市	18.00	199.00	1761.57	1756.20	503.74	
化州市	5.40	295.93	712.20	712.00	461.89	
信宜市	60.00	410.00	534.01	533.91	350.35	
肇庆市	98.40	1211.52	89210.60	88481.86	3787.28	
四会市		718.53	24466.00	23810.00	1187.00	
惠州市	225.60	4040.92	32585.48	32317.53	11002.46	
梅州市	66.50	835.71	4072.68	4063.08	2154.00	
兴宁市	6.00	173.00	857.19	843.39	482.35	
汕尾市	5.60	477.00	1417.46	1408.96	578.94	
陆丰市	5.60	268.40	489.75	488.09	321.57	
河源市		740.65	2984.00	2944.00	1067.00	
阳江市	122.40	2166.22	30375.51	30085.29	1964.16	
阳春市	18.00	206.00	1213.00	1195.00	561.00	
清远市	39.00	1536.94	77727.19	77341.03	5475.47	
英德市	76.50	204.23	8568.68	8548.18	694.67	
连州市	12.00	72.00	900.00	895.00	895.00	
东莞市	207.14	4059.68	151242.57	148105.90	24106.00	
中山市	45.00	1387.83	8050.31	7948.61	2717.42	
潮州市	1.99	1013.42	62436.40	62199.79	861.59	
揭阳市	708.00	654.40	10886.00	10826.00	1050.00	
普宁市	46.50	258.25	5324.80	5195.00	1350.70	
云浮市	19.20	407.50	5515.46	5458.23	1261.60	
罗定市	12.00	217.67	680.00	662.00	425.00	
广　西	**932.32**	**12754.06**	**215092.68**	**213964.41**	**58367.55**	
南宁市	196.30	1385.70	37459.91	37161.55	20976.13	
横州市	3.00	65.64	277.85	277.65	192.13	
柳州市	170.26	2296.73	19052.08	18866.41	7889.00	
桂林市	73.00	1976.50	10901.97	10706.97	4720.00	
荔浦市	6.00	50.00	90.25	90.05	90.05	
梧州市	25.40	436.36	26087.23	26059.89	2259.74	
岑溪市	3.00	255.80	217.34	215.49	215.49	

continued 12

Total Gas Supplied(10000 cu. m) 燃气汽车 Gas-Powered Automobiles	燃气损失量 Loss Amount	用气户数(户) Number of Household with Access to Gas (unit)	居民家庭 Households	用气人口(万人) Population with Access to Gas (10000 persons)	天然气汽车加气站(座) Gas Stations for CNG-Fueled Motor Vehicles (unit)	城市名称 Name of Cities
	10.00	7130	7117	1.90		台山市
59.40	192.89	72591	72037	20.81	2	开平市
	1.00	93548	93082	17.79		鹤山市
	1352.62	31195	31136	7.02		恩平市
1146.56	225.31	285098	284099	75.18	7	湛江市
	3.00	38286	38127	10.34		廉江市
	1.00	19066	19000	3.60		雷州市
	5.00	6655	6605	6.92		吴川市
	33.58	181285	181165	53.80		茂名市
	5.37	33506	33287	16.64		高州市
	0.20	33652	33578	9.87		化州市
	0.10	42178	42100	10.71		信宜市
	728.74	269076	268154	67.86		肇庆市
	656.00	64655	64631	16.00		四会市
103.45	267.95	803472	666634	209.62	3	惠州市
	9.60	167341	166619	30.69		梅州市
101.62	13.80	34761	34626	12.12	1	兴宁市
	8.50	40564	40279	13.18		汕尾市
	1.66	21125	21020	7.30		陆丰市
	40.00	109370	108830	24.53		河源市
127.29	290.22	178399	176850	32.74	2	阳江市
	18.00	58673	58205	17.46		阳春市
	386.16	332932	331230	37.80	1	清远市
2752.16	20.50	44817	41639	9.50	5	英德市
	5.00	12300	12300	3.56		连州市
868.15	3136.67	1529682	1519771	489.63	6	东莞市
141.64	101.70	185843	184918	59.47	1	中山市
	236.61	108943	104006	25.41		潮州市
497.00	60.00	77020	76552	23.28	1	揭阳市
	129.80	72973	72780	8.21		普宁市
46.23	57.23	60253	57383	13.29	1	云浮市
58.00	18.00	29093	28972	6.34	1	罗定市
6124.51	**1128.27**	**4820860**	**4788601**	**925.29**	**37**	**广　西**
694.52	298.36	2690132	2677299	320.88	5	南宁市
	0.20	14144	14052	4.32		横州市
645.85	185.67	510626	508069	157.25	2	柳州市
396.96	195.00	329137	320273	73.60	5	桂林市
	0.20	4100	4100	1.65		荔浦市
	27.34	132059	131337	45.45		梧州市
	1.85	17334	17334	6.93		岑溪市

5-2-2 续表 13

城市名称 Name of Cities	储气能力（万立方米）Gas Storage Capacity (10000 cu. m)	供气管道长度（公里）Length of Gas Supply Pipeline (km)	供气总量（万立方米） 合计 Total	销售气量 Quantity Sold	居民家庭 Households	集中供热 Central Heating
北海市	92.08	1555.62	71568.90	71561.84	4696.00	
防城港市	20.40	532.57	4683.41	4657.52	1034.68	
东兴市	12.00	160.26	544.47	531.62	304.68	
钦州市	40.00	1032.73	9923.93	9866.89	3047.21	
贵港市	10.00	249.16	5400.41	5179.21	2596.71	
桂平市	9.00	66.28	722.05	721.90	686.90	
玉林市	18.00	598.08	7015.09	6996.09	4547.46	
北流市	36.00	290.97	3281.59	3279.09	897.31	
百色市	10.23	425.11	8140.39	8099.55	999.73	
靖西市	0.30	33.48	69.51	68.70	68.70	
平果市	60.00	46.44	293.14	288.14	288.14	
贺州市	87.32	228.90	3787.00	3764.55	356.10	
河池市	18.33	511.06	1590.70	1588.33	663.58	
来宾市	13.70	162.87	2683.82	2683.02	1279.98	
合山市	5.30	38.81	60.00	59.99	22.75	
崇左市	22.10	333.99	1216.40	1215.10	510.22	
凭祥市	0.60	21.00	25.24	24.86	24.86	
海　南	**181.00**	**5506.85**	**33720.01**	**33225.35**	**23066.81**	
海口市	63.00	2342.81	23957.92	23579.92	18028.00	
三亚市	50.89	1438.91	5966.41	5890.00	3150.00	
儋州市	7.40	280.00	1290.00	1285.00	751.00	
五指山市	6.00	37.00	110.00	100.00	90.00	
琼海市	41.40	1135.48	617.00	604.00	274.00	
文昌市	1.50	160.00	1171.93	1161.93	372.83	
万宁市	0.30	24.25	49.49	48.50	24.98	
东方市	10.51	88.40	557.26	556.00	376.00	
重　庆	**465.17**	**27290.77**	**614233.38**	**603164.39**	**234068.34**	**2848.00**
重庆市	465.17	27290.77	614233.38	603164.39	234068.34	2848.00
四　川	**1361.80**	**89555.00**	**1082111.46**	**1061339.77**	**486628.68**	**280.00**
成都市	90.42	29069.28	438004.06	430524.93	214310.98	280.00
简阳市	4.50	1076.96	9992.80	9313.22	4252.66	
都江堰市	7.20	1774.00	9583.70	9347.02	4653.66	
彭州市		1774.00	9840.00	9511.00	8422.00	
邛崃市	6.67	554.10	9924.58	9683.58	5057.27	
崇州市		2678.64	21200.79	20161.95	6613.39	
自贡市	24.10	6663.05	29106.35	27623.23	20993.13	
攀枝花市	3.00	789.93	18456.96	18237.56	1573.46	
泸州市	22.15	2559.76	60609.20	59956.60	18716.00	
德阳市	9.50	1769.32	53551.50	53120.70	9534.92	
广汉市	334.50	1467.20	16162.58	16032.00	4375.97	

continued 13

Total Gas Supplied(10000 cu. m)		用气户数（户）		用气人口（万人）	天然气汽车加气站（座）	城市名称
燃气汽车 Gas-Powered Automobiles	燃气损失量 Loss Amount	Number of Household with Access to Gas (unit)	居民家庭 Households	Population with Access to Gas (10000 persons)	Gas Stations for CNG-Fueled Motor Vehicles (unit)	Name of Cities
605.05	7.06	129857	128954	44.30	2	北海市
180.75	25.89	105237	104798	17.00	3	防城港市
9.00	12.85	24448	23753	5.62	1	东兴市
50.82	57.04	184386	183388	28.11	1	钦州市
554.50	221.20	125647	124910	29.28	3	贵港市
35.00	0.15	30351	30350	8.14	1	桂平市
71.72	19.00	167948	166570	65.00	1	玉林市
	2.50	49950	49690	22.14		北流市
979.45	40.84	83624	82848	26.66	2	百色市
	0.81	3275	3275	0.77		靖西市
	5.00	27791	27791	8.34		平果市
872.50	22.45	22140	22000	8.60	5	贺州市
724.07	2.37	52311	52136	15.96	3	河池市
304.32	0.80	78038	77653	22.30	3	来宾市
	0.01	1743	1721	0.58		合山市
	1.30	34147	33865	11.60		崇左市
	0.38	2435	2435	0.81		凭祥市
7628.77	**494.66**	**1125074**	**1121322**	**275.66**	**31**	**海　南**
5551.92	378.00	613127	610954	195.00	11	海口市
263.00	76.41	342680	341677	50.70	7	三亚市
534.00	5.00	21000	20886	5.53	7	儋州市
	10.00	11253	11240	2.20		五指山市
312.30	13.00	31795	31684	5.00	2	琼海市
789.10	10.00	72423	72201	10.50	1	文昌市
1.98	0.99	9954	9944	1.98	1	万宁市
176.47	1.26	22842	22736	4.75	2	东方市
51845.07	**11068.99**	**8592129**	**8410296**	**1551.27**	**114**	**重　庆**
51845.07	11068.99	8592129	8410296	1551.27	114	重庆市
125388.66	**20771.69**	**15364451**	**14869495**	**2873.50**	**284**	**四　川**
53682.48	7479.13	6433797	6307952	1241.90	101	成都市
1173.51	679.58	170306	166240	32.99	2	简阳市
1500.22	236.68	177235	172313	25.44	3	都江堰市
760.00	329.00	189884	189661	24.26	3	彭州市
2940.91	241.00	95386	94441	22.74	3	邛崃市
1259.89	1038.84	192857	187799	16.60	5	崇州市
6629.49	1483.12	631613	550312	101.22	22	自贡市
	219.40	129572	129138	23.88		攀枝花市
5133.66	652.60	456762	445869	115.61	10	泸州市
4018.36	430.80	393556	386033	63.27	8	德阳市
512.10	130.58	169382	167960	25.34	1	广汉市

5-2-2 续表 14

城市名称 Name of Cities	储气能力（万立方米）Gas Storage Capacity (10000 cu. m)	供气管道长度（公里）Length of Gas Supply Pipeline (km)	供气总量(万立方米) 合计 Total	销售气量 Quantity Sold	居民家庭 Households	集中供热 Central Heating
什邡市	400.00	598.00	11842.00	11804.00	5901.00	
绵竹市	4.60	1045.00	13535.00	13486.00	4813.00	
绵阳市	28.78	6250.78	77828.99	76364.22	25371.63	
江油市	4.00	553.80	12980.30	12367.30	8392.30	
广元市	11.80	7058.80	19913.83	18782.48	7514.96	
遂宁市	13.20	3273.19	45150.90	44822.51	8299.42	
射洪市	1.80	787.00	6347.00	5898.00	5310.00	
内江市	30.80	1968.33	17193.84	16883.62	8068.00	
隆昌市	2.00	606.01	3544.92	3485.04	2078.17	
乐山市	0.30	885.73	28177.94	27809.58	11500.74	
峨眉山市		412.81	6822.68	6604.58	3982.65	
南充市	12.00	2313.98	31514.45	31334.45	19336.00	
阆中市	6.00	565.00	6112.20	5842.20	5257.98	
眉山市		645.64	16481.96	16360.56	8232.10	
宜宾市	130.50	4358.02	40225.70	39761.05	18180.37	
广安市	12.00	436.46	10999.97	10636.90	9127.39	
华蓥市	1.50	423.65	2682.00	2549.00	1850.00	
达州市	63.20	1590.19	14950.28	14550.35	11606.50	
万源市	12.00	245.00	1161.92	1132.87	877.29	
雅安市		1543.59	8183.08	7886.41	6620.92	
巴中市	6.00	2090.00	13326.68	12983.32	9581.53	
资阳市	4.42	1346.94	13594.31	13490.22	4783.26	
马尔康市	5.00	53.34	89.00	87.00	83.00	
康定市	1.00	32.50	30.63	30.00	26.30	
会理市	10.02	99.00	104.54	102.48	79.73	
西昌市	98.84	196.00	2884.82	2773.84	1251.00	
贵　州	**1025.51**	**11679.67**	**195247.19**	**193844.86**	**58371.05**	**293.00**
贵阳市	355.30	4912.48	54254.21	53190.40	31685.89	
清镇市	68.00	644.73	14963.70	14932.10	2814.33	
六盘水市	65.00	1211.28	7263.00	7243.00	4420.00	293.00
盘州市	9.00	186.20	1055.00	1054.70	509.40	
遵义市	134.20	1180.52	31562.60	31376.00	5557.74	
赤水市		567.18	4179.00	4174.00	1891.00	
仁怀市	100.00	408.27	36392.00	36387.00	1747.00	
安顺市	48.91	462.78	6601.98	6555.59	2747.27	
毕节市	24.00	372.10	3182.84	3181.84	2009.90	
黔西市	8.00	114.95	349.50	341.50	251.00	
铜仁市	69.10	243.03	2043.69	2028.74	695.84	
兴义市	21.00	352.00	3803.42	3799.62	642.23	
兴仁市	4.50	36.12	89.60	89.00	64.90	

continued 14

Total Gas Supplied(10000 cu. m)		用气户数(户)		用气人口(万人)	天然气汽车加气站(座)	城市名称
燃气汽车 Gas-Powered Automobiles	燃气损失量 Loss Amount	Number of Household with Access to Gas (unit)	居民家庭 Households	Population with Access to Gas (10000 persons)	Gas Stations for CNG-Fueled Motor Vehicles (unit)	Name of Cities
1306.00	38.00	118770	116460	15.53	2	什邡市
1189.00	49.00	101301	101025	14.84	3	绵竹市
7410.51	1464.77	1013882	993469	145.49	25	绵阳市
3975.00	613.00	186516	181013	29.76	10	江油市
1299.94	1131.35	295051	283603	55.09	9	广元市
1836.90	328.39	506203	492421	61.10	7	遂宁市
588.00	449.00	169020	164820	30.12	2	射洪市
3060.00	310.22	333532	327198	64.73	7	内江市
135.23	59.88	90010	79109	19.72	2	隆昌市
3680.00	368.36	489323	476948	73.45	5	乐山市
486.80	218.10	135263	127281	19.64	3	峨眉山市
5777.87	180.00	529725	472431	125.00	13	南充市
584.22	270.00	127875	104002	28.00	2	阆中市
2285.20	121.40	325877	319197	59.10	6	眉山市
2809.00	464.65	457958	452307	118.15	8	宜宾市
1409.51	363.07	325336	322336	46.71	2	广安市
	133.00	60891	60161	11.23		华蓥市
2700.00	399.93	339800	331843	112.86	3	达州市
	29.05	41167	40453	7.00		万源市
478.00	296.67	164306	158448	25.24	1	雅安市
2570.68	343.36	224212	183756	56.34	7	巴中市
2673.34	104.09	216828	213901	36.73	5	资阳市
	2.00	4610	4469	1.30	0	马尔康市
	0.63	1492	1278	0.57	1	康定市
	2.06	9789	9189	3.42		会理市
1522.84	110.98	55364	54659	19.13	3	西昌市
3866.76	**1402.33**	**2586969**	**2564404**	**649.80**	**25**	**贵　州**
	1063.81	1372783	1366916	274.56		贵阳市
	31.60	79691	78610	21.50		清镇市
	20.00	222524	219160	51.45	2	六盘水市
	0.30	45530	44000	13.20		盘州市
1692.38	186.60	251360	248241	85.56	3	遵义市
940.00	5.00	85555	83964	11.00	1	赤水市
116.40	5.00	50454	49259	17.24	2	仁怀市
213.51	46.39	91230	90318	27.84	1	安顺市
287.00	1.00	80539	79968	36.98	1	毕节市
	8.00	15558	15314	5.44	1	黔西市
59.51	14.95	65452	63996	28.83	2	铜仁市
130.00	3.80	39939	39115	15.10	1	兴义市
	0.60	11506	11492	3.50	1	兴仁市

5-2-2 续表15

城市名称 Name of Cities	储气能力（万立方米） Gas Storage Capacity (10000 cu. m)	供气管道长度（公里） Length of Gas Supply Pipeline (km)	供气总量（万立方米） 合计 Total	销售气量 Quantity Sold	居民家庭 Households	集中供热 Central Heating
凯里市	98.00	264.60	16414.81	16400.83	1125.39	
都匀市	13.50	591.88	4631.84	4631.54	1453.16	
福泉市	7.00	131.55	8460.00	8459.00	756.00	
云　南	**382.76**	**11234.28**	**79452.90**	**78618.95**	**24934.92**	
昆明市	57.80	5223.25	36988.91	36579.08	14075.92	
安宁市	1.80	627.33	2730.36	2729.36	2663.53	
曲靖市	95.55	457.81	8010.45	7967.35	655.42	
宣威市	26.00	100.70	3698.37	3597.35	400.80	
玉溪市	3.60	270.45	4065.97	4065.51	250.60	
澄江市	7.90	74.00	638.08	638.07	28.09	
保山市	5.70	816.60	1806.40	1765.00	553.29	
腾冲市	10.00	95.19	852.56	847.56	72.19	
昭通市	25.30	190.60	2089.55	1996.82	523.66	
水富市	5.28	148.37	1705.00	1654.83	839.04	
丽江市	2.40	258.74	2852.26	2849.98	2354.81	
普洱市	10.00	83.80	336.55	336.45	137.89	
临沧市	5.50	37.13	84.70	84.69	84.69	
禄丰市	1.12	50.09	2989.00	2984.20	39.20	
楚雄市	19.10	556.00	2292.98	2289.98	624.04	
个旧市	14.30	45.72	152.45	151.95	3.01	
开远市	6.00	195.04	236.27	227.73	38.94	
蒙自市	5.00	139.00	95.00	94.90	94.90	
弥勒市	20.00	315.22	1299.77	1295.12	289.96	
文山市	15.75	350.40	1071.16	1026.31	220.53	
景洪市	12.56	74.30	335.30	335.20	190.70	
大理市	18.10	651.30	3627.75	3624.00	152.00	
瑞丽市	1.20	121.40	378.97	377.47	195.93	
芒市	6.80	266.19	1025.19	1011.74	377.28	
泸水市	6.00	85.65	89.90	88.30	68.50	
香格里拉市						
西　藏	**166.00**	**6253.02**	**5500.00**	**5225.00**	**3125.00**	**2100.00**
拉萨市	166.00	6253.02	5500.00	5225.00	3125.00	2100.00
日喀则市						
昌都市						
林芝市						
山南市						
那曲市						
陕　西	**10823.07**	**30325.92**	**639504.38**	**627192.27**	**249267.14**	**171443.85**
西安市	8507.00	16293.39	390631.82	381173.82	113017.32	139123.04
铜川市	327.00	761.00	22268.00	22250.00	6672.00	5777.00

continued 15

Total Gas Supplied(10000 cu. m) 燃气汽车 Gas-Powered Automobiles	燃气损失量 Loss Amount	用气户数(户) Number of Household with Access to Gas (unit)	居民家庭 Households	用气人口(万人) Population with Access to Gas (10000 persons)	天然气汽车加气站(座) Gas Stations for CNG-Fueled Motor Vehicles (unit)	城市名称 Name of Cities
264. 62	13. 98	87852	87838	23. 45	2	凯里市
163. 34	0. 30	73835	73246	23. 63	8	都匀市
	1. 00	13161	12967	10. 52		福泉市
5495. 86	**833. 95**	**2482797**	**1438466**	**620. 92**	**35**	**云　南**
570. 63	409. 83	1696265	667907	373. 09	10	昆明市
65. 83	1. 00	123900	123609	24. 21	1	安宁市
657. 39	43. 10	80680	80006	26. 06	4	曲靖市
236. 39	101. 02	16041	15689	5. 96	3	宣威市
	0. 46	63418	63110	24. 92		玉溪市
378. 68	0. 01	5005	5000	1. 89	1	澄江市
363. 18	41. 40	62709	61605	18. 80	1	保山市
	5. 00	17222	17086	4. 00		腾冲市
632. 26	92. 73	49866	49516	27. 12	2	昭通市
613. 00	50. 17	29209	28653	5. 27	1	水富市
492. 89	2. 28	42053	41875	19. 99	1	丽江市
198. 56	0. 10	16000	15800	5. 10	1	普洱市
	0. 01	5760	5760	1. 73		临沧市
42. 87	4. 80	3258	3169	1. 05	1	禄丰市
	3. 00	70273	69850	18. 50		楚雄市
40. 26	0. 50	570	492	0. 15	2	个旧市
	8. 54	10691	10608	3. 18		开远市
	0. 10	10037	10037	4. 01		蒙自市
200. 00	4. 65	13061	12876	3. 98	1	弥勒市
303. 92	44. 85	36407	36180	13. 39	2	文山市
	0. 10	32686	30267	8. 39		景洪市
699. 00	3. 75	25429	25199	9. 80	3	大理市
1. 00	1. 50	39908	32655	10. 01	1	瑞丽市
	13. 45	29400	28654	9. 46		芒市
	1. 60	2949	2863	0. 86		泸水市
						香格里拉市
	275. 00	**153000**	**152400**	**45. 00**		**西　藏**
	275. 00	153000	152400	45. 00		拉萨市
						日喀则市
						昌都市
						林芝市
						山南市
						那曲市
23975. 51	**12312. 11**	**8193862**	**8085055**	**1389. 77**	**199**	**陕　西**
7083. 54	9458. 00	4767823	4725982	778. 00	58	西安市
1440. 00	18. 00	220295	214060	41. 50	7	铜川市

5-2-2 续表 16

城市名称 Name of Cities	储气能力（万立方米） Gas Storage Capacity (10000 cu. m)	供气管道长度（公里） Length of Gas Supply Pipeline (km)	供气总量(万立方米) 合计 Total	销售气量 Quantity Sold	居民家庭 Households	集中供热 Central Heating
宝鸡市	87.00	2481.28	35018.33	34461.48	14420.25	8058.00
咸阳市	1458.00	1755.00	39100.00	38049.00	21790.00	5439.00
彬州市	12.52	113.20	971.87	925.37	401.20	
兴平市	7.20	730.00	4250.00	4090.00	2560.00	
渭南市	21.60	552.73	22111.90	21971.00	17093.00	871.00
韩城市	72.00	261.51	8144.59	7963.93	7166.28	300.00
华阴市	0.20	85.00	1682.90	1662.90	1098.70	407.90
延安市	7.94	1525.93	34294.73	33871.05	18727.82	6587.07
子长市	3.91	357.12	3673.73	3635.01	3260.91	96.50
汉中市	150.00	292.32	11681.07	11660.55	9590.29	1300.00
榆林市	31.30	3647.35	36199.71	36168.81	18181.14	3142.00
神木市		442.63	7693.31	7689.31	4600.00	86.00
安康市	6.60	392.00	6362.30	6343.21	4165.38	194.64
旬阳市	15.60	43.79	732.94	725.34	355.45	
商洛市	115.20	225.67	10141.40	10010.26	4204.00	
杨凌区		366.00	4545.78	4541.23	1963.40	61.70
甘　肃	**4260.22**	**5004.88**	**282532.73**	**281801.41**	**65655.50**	**73952.95**
兰州市	4062.00	1400.34	171154.24	171109.05	38002.24	64061.00
嘉峪关市	50.95	156.89	18594.44	18561.44	855.19	
金昌市	5.10	139.08	11798.54	11791.44	687.93	40.00
白银市	19.30	821.34	21055.15	20814.69	2249.95	115.00
天水市	30.00	300.31	11316.21	11309.37	3625.78	2286.25
武威市	0.90	240.00	6645.65	6587.46	1663.48	
张掖市	9.10	545.42	6509.66	6509.00	2270.00	2399.00
平凉市	7.80	101.52	1891.67	1872.57	702.56	301.48
华亭市	11.05	69.84	397.90	392.52	247.14	
酒泉市	44.00	233.01	3395.65	3317.44	2352.11	
玉门市	13.75	82.00	1845.84	1760.60	375.71	
敦煌市	0.00	114.00	7319.09	7319.00	2900.00	527.00
庆阳市	0.52	244.85	5681.80	5609.80	2696.80	2021.75
定西市	0.75	38.90	1915.05	1911.18	906.08	
陇南市	4.50	86.70	1092.00	1090.00	620.00	110.00
临夏市		342.60	9296.96	9234.97	5227.50	
合作市	0.50	88.08	2622.88	2610.88	273.03	2091.47
青　海	**335.73**	**4312.15**	**186170.23**	**181532.81**	**47467.95**	**69724.26**
西宁市	92.52	2656.16	137503.39	133312.53	26022.60	55596.65
海东市	30.00	663.47	16490.15	16111.69	9735.35	1314.67
同仁市	60.00	23.85	772.00	755.00		711.00
玉树市						
茫崖市	68.70	14.72	874.26	866.40	95.30	571.82
格尔木市	54.51	693.20	22886.96	22843.77	9744.50	8046.00
德令哈市	30.00	260.75	7643.47	7643.42	1870.20	3484.12

continued 16

Total Gas Supplied(10000 cu. m)		用气户数(户)		用气人口(万人)	天然气汽车加气站(座)	城市名称
燃气汽车 Gas-Powered Automobiles	燃气损失量 Loss Amount	Number of Household with Access to Gas (unit)	居民家庭 Households	Population with Access to Gas (10000 persons)	Gas Stations for CNG-Fueled Motor Vehicles (unit)	Name of Cities
2493. 89	556. 85	714921	709599	105. 18	11	宝鸡市
1826. 00	1051. 00	660791	657880	102. 63	12	咸阳市
100. 68	46. 50	27590	27287	7. 64	3	彬州市
48. 00	160. 00	57852	56501	16. 66	5	兴平市
2300. 00	140. 90	303006	278375	51. 66	5	渭南市
497. 65	180. 66	83196	82063	16. 39	6	韩城市
156. 30	20. 00	24721	23410	8. 77	2	华阴市
461. 09	423. 68	277681	271120	40. 32	18	延安市
277. 60	38. 72	28268	27896	10. 77	1	子长市
593. 56	20. 52	219465	219130	52. 36	6	汉中市
2821. 20	30. 90	404320	393862	63. 92	48	榆林市
846. 00	4. 00	116697	113844	23. 39	5	神木市
534. 00	19. 09	118288	117472	29. 45	5	安康市
118. 20	7. 60	16890	16806	4. 22	1	旬阳市
2023. 26	131. 14	60224	58286	19. 61	5	商洛市
354. 54	4. 55	91834	91482	17. 30	1	杨凌区
29013. 27	**731. 32**	**2880650**	**2705096**	**634. 65**	**120**	**甘　肃**
11132. 81	45. 19	1488406	1474205	312. 51	27	兰州市
4528. 50	33. 00	80329	75576	10. 63	9	嘉峪关市
1994. 56	7. 10	59273	58857	12. 67	7	金昌市
1025. 13	240. 46	195266	149521	34. 10	10	白银市
1864. 28	6. 84	241945	195583	58. 67	4	天水市
1152. 06	58. 19	161215	160785	32. 88	6	武威市
1094. 36	0. 66	123899	69953	25. 78	5	张掖市
868. 53	19. 10	84316	82275	27. 95	8	平凉市
140. 00	5. 38	24433	22505	7. 01	7	华亭市
965. 33	78. 21	109678	109036	28. 55	10	酒泉市
1184. 89	85. 24	15326	14021	6. 28	4	玉门市
1024. 00	0. 09	47128	45056	7. 53	4	敦煌市
109. 25	72. 00	94044	93708	18. 92	6	庆阳市
1005. 10	3. 87	40572	40382	14. 13	6	定西市
360. 00	2. 00	28436	28240	8. 47	4	陇南市
564. 47	61. 99	69484	68850	24. 67	3	临夏市
	12. 00	16900	16543	3. 90		合作市
14496. 88	**4637. 42**	**703742**	**687561**	**191. 39**	**38**	**青　海**
9638. 88	4190. 86	488866	485075	145. 20	18	西宁市
467. 65	378. 46	112527	104991	23. 21	4	海东市
	17. 00	7				同仁市
						玉树市
199. 28	7. 86	11115	11003	1. 95	3	茫崖市
3779. 07	43. 19	55832	52952	15. 91	12	格尔木市
412. 00	0. 05	35395	33540	5. 12	1	德令哈市

5-2-2 续表17

城市名称 Name of Cities	储气能力(万立方米) Gas Storage Capacity (10000 cu. m)	供气管道长度(公里) Length of Gas Supply Pipeline (km)	供气总量(万立方米) 合计 Total	销售气量 Quantity Sold	居民家庭 Households	集中供热 Central Heating
宁 夏	**6351.00**	**7787.21**	**118191.48**	**116734.21**	**42616.10**	**11148.98**
银川市	5000.00	3655.45	52081.88	52046.20	18322.32	10776.08
灵武市		338.62	7533.02	7402.48	6842.75	
宁东能源化工基地		469.15	2156.59	2144.95	217.09	116.90
石嘴山市	1241.00	1097.60	20228.17	19788.74	4505.44	
吴忠市	10.00	480.00	8523.00	8316.00	4249.00	110.00
青铜峡市		420.00	3491.00	3323.00	2013.00	
固原市		595.02	4052.82	4039.84	2235.50	146.00
中卫市	100.00	731.37	20125.00	19673.00	4231.00	
新 疆	**12558.90**	**20996.88**	**603367.06**	**599732.32**	**154355.58**	**212970.94**
乌鲁木齐市	12240.00	10490.00	315038.55	315036.44	63110.76	159673.39
克拉玛依市	60.40	796.85	39895.79	39358.98	6650.63	13673.38
吐鲁番市	0.90	645.92	7738.00	7732.00	1464.00	819.00
哈密市	29.60	1085.47	15701.25	15613.82	3102.03	
昌吉市	51.00	2288.60	26229.00	26002.00	8707.00	5264.00
阜康市	3.01	629.82	1266.00	1263.00	898.00	
博乐市	27.00	258.80	5988.43	5928.55	1580.42	
阿拉山口市	0.65	5.70	167.00	166.90	16.00	
库尔勒市		463.08	29134.07	29036.80	5631.00	13139.00
阿克苏市	3.60	585.45	21403.00	21255.31	6829.00	1323.00
库车市		433.70	44549.89	44389.50	3958.60	1634.72
阿图什市		107.00	15654.34	15098.34	5468.36	7953.42
喀什市		1126.00	32173.31	31327.47	25014.99	4746.11
和田市	58.47	853.68	21290.10	20864.19	11072.59	4344.35
伊宁市	56.83	460.02	10034.07	9899.10	4324.97	130.39
奎屯市	3.60	254.62	7674.05	7574.70	3920.54	256.18
霍尔果斯市	0.20	18.10	210.00	205.00	61.00	
塔城市	10.40	45.00	913.13	904.13	509.57	
乌苏市	0.00	200.77	3251.63	3210.43	983.05	
沙湾市	2.80	170.30	4422.16	4242.64	725.00	14.00
阿勒泰市	10.44	78.00	633.29	623.02	328.07	
新疆兵团	**291.88**	**2368.48**	**66580.74**	**65921.49**	**17982.34**	**3810.69**
石河子市	153.88	1059.28	32210.73	31719.29	8980.36	1109.49
阿拉尔市	95.00	62.60	4613.95	4474.84	2231.23	372.40
图木舒克市		479.48	2200.00	2199.97	890.00	
五家渠市		194.40	13420.00	13417.00	2097.39	1741.24
北屯市	8.70	44.14	1149.03	1140.33	278.45	
铁门关市	11.48	63.61	3126.20	3115.30	424.30	
双河市	0.60	31.70	271.80	271.75	70.74	
可克达拉市	3.00	48.00	489.00	486.00	50.00	
昆玉市		32.01	2551.59	2551.58	1067.08	587.56
胡杨河市	0.60	3.71	486.61	483.71	51.23	
新星市	18.62	349.55	6061.83	6061.72	1841.56	

continued 17

Total Gas Supplied(10000 cu. m)		用气户数(户)		用气人口(万人)	天然气汽车加气站(座)	城市名称
燃气汽车 Gas-Powered Automobiles	燃气损失量 Loss Amount	Number of Household with Access to Gas (unit)	居民家庭 Households	Population with Access to Gas (10000 persons)	Gas Stations for CNG-Fueled Motor Vehicles (unit)	Name of Cities
13511. 37	**1457. 27**	**1313346**	**1293303**	**285. 04**	**112**	**宁 夏**
6472. 90	35. 68	698068	696021	159. 13	70	银川市
559. 73	130. 54	77300	73418	10. 46	2	灵武市
1799. 32	11. 64	8631	8419	6. 89	2	宁东能源化工基地
1970. 00	439. 43	197841	188523	40. 50	8	石嘴山市
1331. 00	207. 00	130790	128452	20. 80	6	吴忠市
228. 00	168. 00	53712	53214	13. 72	3	青铜峡市
108. 42	12. 98	48263	47655	16. 80	13	固原市
1042. 00	452. 00	98741	97601	16. 74	8	中卫市
145607. 73	**3634. 74**	**4199985**	**4115314**	**819. 43**	**337**	**新 疆**
38206. 40	2. 11	1881755	1852234	384. 39	96	乌鲁木齐市
9739. 16	536. 81	192474	189421	45. 11	18	克拉玛依市
5443. 00	6. 00	42426	38808	8. 68	22	吐鲁番市
12511. 79	87. 43	169755	169325	34. 56	16	哈密市
6661. 00	227. 00	242421	239421	43. 12	8	昌吉市
365. 00	3. 00	52090	51690	9. 72	2	阜康市
3551. 92	59. 88	63656	60566	16. 11	7	博乐市
150. 80	0. 10	948	922	0. 24	1	阿拉山口市
2859. 51	97. 27	331025	315925	58. 00	45	库尔勒市
10052. 00	147. 69	177788	173188	38. 78	13	阿克苏市
38796. 18	160. 39	61046	58927	17. 86	43	库车市
1645. 56	556. 00	28235	27135	10. 04	3	阿图什市
1566. 37	845. 84	304250	299141	45. 50	18	喀什市
3927. 74	425. 91	139520	132850	26. 78	5	和田市
3638. 73	134. 97	240980	240219	38. 09	9	伊宁市
1932. 06	99. 35	111998	110571	13. 00	6	奎屯市
144. 00	5. 00	8019	8002	2. 30	3	霍尔果斯市
394. 56	9. 00	30000	26000	4. 30	2	塔城市
1879. 22	41. 20	39552	39415	6. 60	14	乌苏市
1945. 70	179. 52	39373	39200	9. 23	4	沙湾市
197. 03	10. 27	42674	42354	7. 02	2	阿勒泰市
24128. 12	**659. 25**	**639174**	**558499**	**106. 47**	**60**	**新疆兵团**
10918. 81	491. 44	366079	303248	47. 12	33	石河子市
1599. 00	139. 11	61847	47676	13. 96	5	阿拉尔市
1309. 97	0. 03	33447	32857	7. 62	4	图木舒克市
1828. 35	3. 00	101985	100590	9. 30	5	五家渠市
790. 32	8. 70	21913	21768	6. 00	3	北屯市
2634. 57	10. 90	9053	8855	4. 44	1	铁门关市
201. 01	0. 05	5211	5091	4. 42	1	双河市
109. 00	3. 00	7515	6778	2. 19	1	可克达拉市
896. 94	0. 01	6785	6385	2. 71	3	昆玉市
409. 42	2. 90	7184	7123	2. 65	1	胡杨河市
3430. 73	0. 11	18155	18128	6. 06	3	新星市

5-3-1 2023年按省分列的城市液化石油气

地区名称 Name of Regions	储气能力(吨) Gas Storage Capacity (ton)	供气管道长度(公里) Length of Gas Supply Pipeline (km)	供气总量(吨) Total Gas Supplied (Ton)		
			合计 Total	销售气量 Quantity Sold	居民家庭 Households
全　国	**872560.92**	**2942.26**	**7646010.75**	**7626259.66**	**4205423.25**
北　京	16860.40	206.00	123023.09	122796.48	104913.71
天　津	3325.80		101923.77	101785.82	36440.63
河　北	11754.89	78.29	88669.19	88243.07	60448.52
山　西	6119.00		62486.57	62034.45	16405.15
内蒙古	7405.40		55035.96	54806.33	36503.58
辽　宁	31666.74	131.17	523543.43	523018.10	96006.24
吉　林	19381.90	38.51	108395.18	107774.06	44948.11
黑龙江	10820.30	109.97	146025.25	145424.77	71270.56
上　海	15540.00	263.23	234026.26	234026.26	119653.60
江　苏	42416.77	694.98	520213.10	519001.62	292638.01
浙　江	31379.98	232.10	726314.00	724574.11	493558.18
安　徽	14112.55	189.82	152668.35	151920.39	77565.45
福　建	14815.09	221.08	303304.67	302627.82	162338.80
江　西	19210.10		166610.03	165384.69	135347.27
山　东	31173.71	1.16	268326.48	266081.20	123938.86
河　南	13025.62	2.50	144953.33	144040.36	117341.24
湖　北	32208.00	44.99	311631.41	310422.15	172451.85
湖　南	19779.30		251440.53	250939.96	179347.35
广　东	280225.54	590.93	2164836.28	2162827.47	1240035.23
广　西	158776.55	2.09	303693.79	302814.36	209661.22
海　南	3522.60		88571.93	88310.34	80120.70
重　庆	4506.41		65532.56	65420.36	24294.89
四　川	19240.31	114.43	222299.41	220641.98	90771.79
贵　州	14576.37		110613.03	110520.99	42620.74
云　南	21678.23	16.94	174895.20	174557.76	55014.31
西　藏	2047.50	1.40	46100.80	46058.41	8378.41
陕　西	13119.00		53963.35	53675.96	46509.80
甘　肃	5234.46		46993.83	46801.15	25325.53
青　海	2485.30		16460.96	16420.45	7330.97
宁　夏	3076.00	0.12	9007.40	8975.50	3829.90
新　疆	2533.10	1.88	49563.58	49499.20	26955.68
新疆兵团	544.00	0.67	4888.03	4834.09	3456.97

Urban LPG Supply by Province(2023)

燃气汽车 Gas-Powered Automobiles	燃气损失量 Loss Amount	用气户数(户) Number of Household with Access to Gas (unit)	居民家庭 Households	用气人口(万人) Population with Access to Gas (10000 persons)	液化气汽车加气站(座) Gas Stations for LPG-Fueled Motor Vehicles (unit)	地区名称 Name of Regions
130677.01	**19751.09**	**35084176**	**31249898**	**8405.80**	**241**	**全　国**
	226.61	2146097	2137038	441.55		北　京
	137.95	418398	380005	67.93		天　津
	426.12	610889	558328	137.66		河　北
	452.12	173519	124526	36.47	1	山　西
1542.00	229.63	587104	497525	190.78	4	内蒙古
47617.28	525.33	1153569	997878	236.32	48	辽　宁
4432.21	621.12	756514	662760	215.00	19	吉　林
33894.70	600.48	766969	706817	223.30	37	黑龙江
		1834238	1735294	440.24		上　海
5740.00	1211.48	2172799	1825732	308.94	8	江　苏
5742.51	1739.89	4003065	3706111	818.22	7	浙　江
	747.96	495534	439086	115.21		安　徽
	676.85	1318391	1238003	468.45		福　建
	1225.34	920495	872986	194.07		江　西
16212.95	2245.28	963162	827390	217.18	53	山　东
897.00	912.97	789468	732959	278.16	14	河　南
	1209.26	1416747	1170917	291.35	2	湖　北
	500.57	1266623	1198305	323.82	5	湖　南
1500.00	2008.81	8155809	6952943	2129.38	1	广　东
	879.43	1691820	1589827	415.19		广　西
	261.59	480594	466602	58.89		海　南
	112.20	135989	90064	32.87		重　庆
1564.44	1657.43	451934	360509	99.54	17	四　川
	92.04	763538	655040	222.65		贵　州
	337.44	668366	540451	218.65		云　南
4847.72	42.39	76819	74360	39.91	13	西　藏
	287.39	304633	227617	61.12		陕　西
5124.00	192.68	177543	150419	45.27	3	甘　肃
	40.51	49235	40468	18.98	5	青　海
	31.90	52980	49174	14.65		宁　夏
1214.20	64.38	245124	208751	37.40	3	新　疆
348.00	53.94	36211	32013	6.65	1	新疆兵团

5-3-2 2023年按城市分列的城市液化石油气

城市名称 Name of Cities	储气能力(吨) Gas Storage Capacity (ton)	供气管道长度(公里) Length of Gas Supply Pipeline (km)	供气总量(吨) Total Gas Supplied (ton) 合计 Total	销售气量 Quantity Sold	居民家庭 Households	燃气汽车 Gas-Powered Automobiles
全　国	**872560.92**	**2942.26**	**7646010.75**	**7626259.66**	**4205423.25**	**130677.01**
北　京	**16860.40**	**206.00**	**123023.09**	**122796.48**	**104913.71**	
天　津	**3325.80**		**101923.77**	**101785.82**	**36440.63**	
河　北	**11754.89**	**78.29**	**88669.19**	**88243.07**	**60448.52**	
石家庄市	1073.00		23382.22	23343.70	12481.00	
晋州市						
新乐市	420.00		429.00	427.00	395.00	
唐山市	2174.79		9173.48	9164.74	5761.35	
滦州市	330.00		1198.00	1193.00	980.00	
遵化市	75.00		1154.00	1150.00	1150.00	
迁安市	647.00		5507.00	5437.00	5437.00	
秦皇岛市	1020.80		7214.23	7143.18	4443.51	
邯郸市	45.00		700.00	680.00	630.00	
武安市	60.00		496.00	495.00	495.00	
邢台市	365.00		1491.20	1484.20	1303.86	
南宫市	155.00	1.00	2770.00	2750.00	2750.00	
沙河市	100.00	0.18	480.00	460.00	460.00	
保定市	178.00		1185.00	1168.00	1037.00	
涿州市	260.00		555.64	550.00	550.00	
安国市	11.60		550.00	540.00	540.00	
高碑店市	25.00		948.40	943.30	343.00	
张家口市	631.00	5.45	4034.70	4002.60	2909.81	
承德市	540.50	60.50	3230.50	3216.18	3151.00	
平泉市	328.00		3283.99	3282.14	3252.72	
沧州市			802.01	802.00	802.00	
泊头市	50.00		238.50	238.48	69.07	
任丘市	1255.00		2019.00	2017.43	105.00	
黄骅市	480.00	0.80	1520.00	1517.00	1463.00	
河间市	180.00		320.00	318.00	318.00	
廊坊市	663.22		8245.27	8232.77	3230.20	
霸州市	60.00		1395.00	1390.00	1390.00	
三河市	130.00	0.30	1160.00	1150.00	1150.00	
衡水市	85.98		2419.35	2415.75	1572.00	
深州市	235.00		967.20	963.60	960.00	
辛集市	130.00	10.06	579.50	579.00	579.00	
定州市	46.00		1220.00	1189.00	740.00	
山　西	**6119.00**		**62486.57**	**62034.45**	**16405.15**	
太原市			35170.00	35000.00	8500.00	
古交市	81.00		266.00	264.00	165.00	
大同市	671.00		4484.00	4438.00	812.00	

Urban LPG Supply by City(2023)

燃气损失量 Loss Amount	用气户数(户) Number of Household with Access to Gas (unit)	居民家庭 Households	用气人口(万人) Population with Access to Gas (10000 persons)	液化气汽车加气站(座) Gas Stations for LPG-Fueled Motor Vehicles (unit)	城市名称 Name of Cities
19751.09	**35084176**	**31249898**	**8405.80**	**241**	**全　国**
226.61	**2146097**	**2137038**	**441.55**		**北　京**
137.95	**418398**	**380005**	**67.93**		**天　津**
426.12	**610889**	**558328**	**137.66**		**河　北**
38.52	96295	81735	14.49		石家庄市
					晋州市
2.00	6140	4410	0.30		新乐市
8.74	30000	27000	10.00		唐山市
5.00	13950	12000	3.62		滦州市
4.00	5000	5000	1.60		遵化市
70.00	17800	17800	6.00		迁安市
71.05	18781	13235	4.15		秦皇岛市
20.00	2862	2172			邯郸市
1.00	2000	2000	0.60		武安市
7.00	23149	22832	7.67		邢台市
20.00	9220	9220	1.82		南宫市
20.00	2000	2000	0.20		沙河市
17.00	20420	20310	4.65		保定市
5.64	1833	1833	1.30		涿州市
10.00	5059	5059	1.52		安国市
5.10	3089	2176	0.52		高碑店市
32.10	137190	133830	8.94		张家口市
14.32	52316	51604	17.69		承德市
1.85	52226	52226	17.33		平泉市
0.01	21100	21100	7.00		沧州市
0.02	332	332	0.19		泊头市
1.57	2078	682	0.29		任丘市
3.00	26694	16473	6.54		黄骅市
2.00	1936	1936	0.60		河间市
12.50	14467	12242	4.10		廊坊市
5.00	810	810	0.12		霸州市
10.00	3487	3487	1.00		三河市
3.60	19103	14492	8.35		衡水市
3.60	10402	10112	4.28		深州市
0.50	8150	8150	1.96		辛集市
31.00	3000	2070	0.83		定州市
452.12	**173519**	**124526**	**36.47**	**1**	**山　西**
170.00	44000	34000	7.31		太原市
2.00	2068	1889	0.48		古交市
46.00	26260	10465	4.10		大同市

5-3-2 续表1

城市名称 Name of Cities	储气能力（吨）Gas Storage Capacity (ton)	供气管道长度（公里）Length of Gas Supply Pipeline (km)	供气总量（吨）Total Gas Supplied (ton) 合计 Total	销售气量 Quantity Sold	居民家庭 Households	燃气汽车 Gas-Powered Automobiles
阳泉市	198.00		1713.00	1713.00	240.27	
长治市	1114.00		3634.50	3618.00	1526.80	
晋城市	70.00		1797.00	1794.32	804.00	
高平市	75.00		1679.77	1679.43	931.08	
朔州市						
怀仁市						
晋中市	160.00		1445.55	1442.00	226.00	
介休市	100.00		650.50	650.00	30.00	
运城市						
永济市	650.00		1720.00	1640.00	980.00	
河津市						
忻州市	100.00		1600.00	1590.00	580.00	
原平市	100.00		490.00	485.00		
临汾市	40.00		1830.00	1827.20	255.00	
侯马市	280.00		1600.00	1520.00	450.00	
霍州市			960.00	958.50	400.00	
吕梁市						
孝义市	80.00		1777.25	1750.00	465.00	
汾阳市	2400.00		1669.00	1665.00	40.00	
内蒙古	**7405.40**		**55035.96**	**54806.33**	**36503.58**	**1542.00**
呼和浩特市	290.00		10514.01	10514.00	5241.00	
包头市	202.00		7266.00	7258.00	112.00	
乌海市	300.00		905.00	900.00	96.00	
赤峰市	2402.00		13237.30	13237.00	11755.00	1482.00
通辽市	800.00		395.00	390.00	286.00	
霍林郭勒市	200.00		852.50	843.00	600.00	
鄂尔多斯市	66.00		1770.00	1760.00	350.00	
呼伦贝尔市	375.00		4006.00	3930.00	3051.00	
满洲里市	771.00		2447.41	2421.82	2348.82	
牙克石市	170.00		1434.00	1432.00	1406.00	
扎兰屯市	302.00		2670.00	2665.00	2665.00	
额尔古纳市	162.40		300.00	298.00	238.00	60.00
根河市	61.00		773.50	767.13	637.00	
巴彦淖尔市	317.00		2015.00	2015.00	2015.00	
乌兰察布市	120.00		2018.00	1995.38	1972.76	
丰镇市	195.00		1220.24	1220.00	600.00	
锡林浩特市	205.00		770.00	760.00	730.00	
二连浩特市	132.00		1310.00	1270.00	1270.00	
乌兰浩特市	235.00		1080.00	1080.00	1080.00	
阿尔山市	100.00		52.00	50.00	50.00	

continued 1

燃气损失量 Loss Amount	用气户数（户） Number of Household with Access to Gas (unit)	居民家庭 Households	用气人口（万人） Population with Access to Gas (10000 persons)	液化气汽车加气站（座） Gas Stations for LPG-Fueled Motor Vehicles (unit)	城市名称 Name of Cities
	1819	913	0.58	1	阳泉市
16.50	34730	29021	6.70		长治市
2.68	9675	9255	1.09		晋城市
0.34	4240	4240	1.48		高平市
					朔州市
					怀仁市
3.55	1362	918	0.29		晋中市
0.50	1210	50	0.20		介休市
					运城市
80.00	24000	12300	5.60		永济市
					河津市
10.00	4000	3000	1.25		忻州市
5.00	570				原平市
2.80	4009	3340	0.84		临汾市
80.00	1720	1500	0.58		侯马市
1.50	3221	3000	1.00		霍州市
					吕梁市
27.25	10005	10005	2.97		孝义市
4.00	630	630	2.00		汾阳市
229.63	**587104**	**497525**	**190.78**	**4**	**内蒙古**
0.01	97010	48505	10.47		呼和浩特市
8.00	12912	5664	2.00		包头市
5.00	1570	116	0.21		乌海市
0.30	96926	91928	49.60	2	赤峰市
5.00	11500	9000	2.70		通辽市
9.50	17550	17550	11.51		霍林郭勒市
10.00	6744	3834	1.10		鄂尔多斯市
76.00	79297	79297	23.91		呼伦贝尔市
25.59	19628	19488	10.70	1	满洲里市
2.00	25543	19588	9.24		牙克石市
5.00	25900	25900	10.78		扎兰屯市
2.00	9500	9500	3.52	1	额尔古纳市
6.37	12091	9293	3.65		根河市
	9600	9600	1.95		巴彦淖尔市
22.62	19600	11310	2.54		乌兰察布市
0.24	10800	7199	3.00		丰镇市
10.00	45900	44720	14.74		锡林浩特市
40.00	16000	16000	5.05		二连浩特市
	67000	67000	23.50		乌兰浩特市
2.00	2033	2033	0.61		阿尔山市

5-3-2 续表 2

城市名称 Name of Cities	储气能力(吨) Gas Storage Capacity (ton)	供气管道长度(公里) Length of Gas Supply Pipeline (km)	供气总量(吨) Total Gas Supplied(ton) 合计 Total	销售气量 Quantity Sold	居民家庭 Households	燃气汽车 Gas-Powered Automobiles
辽　宁	**31666.74**	**131.17**	**523543.43**	**523018.10**	**96006.24**	**47617.28**
沈阳市	3367.00	0.39	46345.40	46344.00	6613.00	
新民市	134.00	0.90	860.00	860.00	705.00	
大连市	5894.00	42.83	279533.00	279493.00	10431.00	43299.00
庄河市	80.00	9.00	619.00	609.00	501.00	100.00
瓦房店市	825.00	3.24	9500.70	9479.00	1320.00	
鞍山市	1880.00		27276.98	27273.98	4352.31	
海城市	1150.00		9900.00	9900.00	4438.00	1500.00
抚顺市	2332.94		19342.58	19296.53	11077.27	
本溪市	1220.00		4593.00	4582.00	2162.00	33.00
丹东市	1050.00		4383.00	4379.87	1292.00	
东港市	114.00	2.50	1048.00	1043.00	744.00	299.00
凤城市	270.00		3570.20	3569.90	2987.55	582.30
锦州市						
凌海市	319.00		2545.00	2545.00	2545.00	
北镇市	524.00		8736.50	8725.00	4805.00	
营口市	1619.00		9358.00	9307.00	6011.00	
盖州市			3630.00	3600.00	3600.00	
大石桥市	3165.00		8701.00	8695.00	7595.00	1100.00
阜新市	200.00		2734.78	2734.78	2421.35	116.98
辽阳市	1165.00	1.65	6783.00	6782.00	5595.00	
灯塔市	50.00		500.00	499.00	100.00	
盘锦市	790.00		8786.86	8747.76	1455.60	
铁岭市	551.80		2842.80	2773.80	940.80	
调兵山市	72.00		650.00	630.00	340.00	
开原市	325.00		985.16	985.16	544.16	
朝阳市	650.00	1.66	3133.00	3111.00	3111.00	
北票市	1039.00		1610.33	1607.32	1566.20	
凌源市	340.00	69.00	3355.00	3339.00	3339.00	
葫芦岛市			45016.00	45016.00		
兴城市	1490.00		4203.14	4089.00	3000.00	
沈抚改革创新示范区	1050.00		3001.00	3001.00	2414.00	587.00
吉　林	**19381.90**	**38.51**	**108395.18**	**107774.06**	**44948.11**	**4432.21**
长春市	6063.00		35757.00	35597.00	4240.00	
榆树市	309.00		2106.60	2104.96	994.70	
德惠市	420.00	1.00	1709.50	1639.40	807.00	
公主岭市	180.00	0.50	1000.50	1000.00	1000.00	
吉林市	4200.00		24447.95	24343.15	6677.84	3622.21
蛟河市	254.00	10.70	4100.00	4083.00	3536.00	530.00

continued 2

燃气损失量 Loss Amount	用气户数（户） Number of Household with Access to Gas (unit)	居民家庭 Households	用气人口（万人） Population with Access to Gas (10000 persons)	液化气汽车加气站（座） Gas Stations for LPG-Fueled Motor Vehicles (unit)	城市名称 Name of Cities
525.33	**1153569**	**997878**	**236.32**	**48**	**辽　宁**
1.40	116860	72335	13.50	7	沈阳市
	23600	15420	3.85		新民市
40.00	62729	57724	14.27	13	大连市
10.00	82101	81513	12.12	1	庄河市
21.70	74975	12470	12.54		瓦房店市
3.00	16123	12787	3.25		鞍山市
	54081	54081	15.80	3	海城市
46.05	144637	138339	28.27		抚顺市
11.00	31339	27838	7.83	1	本溪市
3.13	17729	15668	2.06	1	丹东市
5.00	13742	11995	1.88	4	东港市
0.30	57525	57235	13.81	2	凤城市
					锦州市
	40000	40000	10.05		凌海市
11.50	31609	31609	10.37		北镇市
51.00	36050	33110	3.75	2	营口市
30.00	37000	37000	7.30	1	盖州市
6.00	63750	63750	20.03	10	大石桥市
	15798	14053	4.02	1	阜新市
1.00	64332	62021	16.44		辽阳市
1.00	1500	1000	0.41		灯塔市
39.10	7224	5032			盘锦市
69.00	13253	11292	2.61		铁岭市
20.00	3175	2890	0.22		调兵山市
	11819	6802	1.70		开原市
22.00	36571	36571	12.40		朝阳市
3.01	25424	25324	6.41		北票市
16.00	39269	39269	7.12		凌源市
					葫芦岛市
114.14	25600	25600	1.06		兴城市
	5754	5150	3.25	2	沈抚改革创新示范区
621.12	**756514**	**662760**	**215.00**	**19**	**吉　林**
160.00	109800	68000	19.40		长春市
1.64	15440	11813	4.65		榆树市
70.10	10298	6388	3.53		德惠市
0.50	8260	8260	2.44		公主岭市
104.80	51368	51368	18.43	7	吉林市
17.00	41766	39782	9.95	1	蛟河市

5-3-2 续表3

城市名称 Name of Cities	储气能力（吨） Gas Storage Capacity (ton)	供气管道长度（公里） Length of Gas Supply Pipeline (km)	供气总量（吨） Total Gas Supplied (ton)			
			合计 Total	销售气量 Quantity Sold	居民家庭 Households	燃气汽车 Gas-Powered Automobiles
桦甸市	467.48		1850.00	1830.00	1800.00	30.00
舒兰市	503.20	25.31	949.97	920.07	920.07	
磐石市	66.00		790.50	789.50	689.70	
四平市	405.00		2754.00	2747.90	328.90	
双辽市	125.00	1.00	482.00	475.00	475.00	
辽源市	324.22		3690.27	3634.92	1210.00	
通化市	400.00		1036.00	1036.00		
集安市	170.00		643.00	632.50	498.00	
白山市	346.00		2483.00	2470.00	1275.00	
临江市	125.00		199.29	197.25	197.25	
松原市	1150.00		2338.65	2330.65	1006.00	
扶余市	145.00		922.00	920.00	747.00	
白城市	310.00		1480.00	1472.00	1397.00	
洮南市	158.00		693.38	681.97	681.97	
大安市	105.00		192.84	192.60	192.60	
延吉市	612.00		7032.60	6994.11	6625.00	
图们市	20.00		380.47	379.47	379.47	
敦化市	731.00		3100.00	3090.00	3080.00	
珲春市	1200.00		4200.00	4198.00	4198.00	
龙井市	150.00		364.19	357.14	357.14	
和龙市	95.00		600.00	595.00	470.00	
梅河口市	88.00		1912.00	1912.00	264.00	
长白山保护开发区管理委员会	260.00		1179.47	1150.47	900.47	250.00
黑龙江	**10820.30**	**109.97**	**146025.25**	**145424.77**	**71270.56**	**33894.70**
哈尔滨市	1738.00		31970.50	31940.50	16658.00	
尚志市	170.00		2404.20	2400.00	2400.00	
五常市	580.00		6421.80	6365.80	5065.80	
齐齐哈尔市	792.00		6230.00	6220.00	560.00	
讷河市	95.00		493.00	492.00	93.50	
鸡西市	332.50		10584.00	10547.00	6539.00	4008.00
虎林市	65.00		1205.00	1150.00	920.00	
密山市	193.00		2233.04	2205.00	1458.00	
鹤岗市	242.00		1317.07	1313.57	1313.57	
双鸭山市	410.00		4831.00	4814.00	1062.00	3725.00
大庆市	700.00		9887.34	9875.00	2800.00	1.00
伊春市	776.00		4849.70	4838.00	4515.00	230.00
铁力市	46.00		183.00	180.00	120.00	
佳木斯市	758.00		20855.00	20752.00	165.00	16833.00
同江市	48.00	0.23	230.00	229.50	229.50	
抚远市	180.00		283.00	280.00	250.00	

continued 3

燃气损失量 Loss Amount	用气户数（户） Number of Household with Access to Gas (unit)	居民家庭 Households	用气人口（万人） Population with Access to Gas (10000 persons)	液化气汽车加气站（座） Gas Stations for LPG-Fueled Motor Vehicles (unit)	城市名称 Name of Cities
20.00	50430	30000	10.00	1	桦甸市
29.90	21463	21463	9.00		舒兰市
1.00	2922	2807	0.87		磐石市
6.10	4908	4356	0.72		四平市
7.00	4568	4568	1.68		双辽市
55.35	58070	54861	13.12		辽源市
	393				通化市
10.50	18910	18267	5.47		集安市
13.00	47715	46333	14.88		白山市
2.04	13765	13765	4.13		临江市
8.00	11986	10578	2.23		松原市
2.00	2850	2502	0.31		扶余市
8.00	47867	46421	11.60		白城市
11.41	29323	29323	7.32		洮南市
0.24	1962	1962	0.98		大安市
38.49	89063	79556	35.20	9	延吉市
1.00	2112	2112	0.25		图们市
10.00	21828	21828	10.91		敦化市
2.00	51800	51800	13.44		珲春市
7.05	8512	8512	1.21		龙井市
5.00	8760	6860	4.39		和龙市
	5305	4505	1.59		梅河口市
29.00	15070	14770	7.30	1	长白山保护开发区管理委员会
600.48	**766969**	**706817**	**223.30**	**37**	**黑龙江**
30.00	86597	76191	18.03		哈尔滨市
4.20	33000	33000	9.01		尚志市
56.00	56000	52500	17.26		五常市
10.00	4928	2110	0.80		齐齐哈尔市
1.00	1945	380	0.93		讷河市
37.00	70702	62715	17.11	4	鸡西市
55.00	13500	12000	5.50		虎林市
28.04	14966	14375	4.60		密山市
3.50	46428	46428	9.56		鹤岗市
17.00	10856	9302	3.37	2	双鸭山市
12.34	11940	8720	2.87	1	大庆市
11.70	67905	67589	21.16	1	伊春市
3.00	3500	2700	1.20		铁力市
103.00	3050	2110	0.50	6	佳木斯市
0.50	3400	3400	0.80		同江市
3.00	6500	3500	3.00		抚远市

5-3-2 续表 4

城市名称 Name of Cities	储气能力（吨） Gas Storage Capacity (ton)	供气管道长度（公里） Length of Gas Supply Pipeline (km)	供气总量（吨） Total Gas Supplied (ton)			
			合计 Total	销售气量 Quantity Sold	居民家庭 Households	燃气汽车 Gas-Powered Automobiles
富锦市	600.00		3900.00	3895.30	2696.40	1198.90
七台河市	180.00		1300.50	1300.00	1300.00	
牡丹江市	303.80		9056.16	9046.70	1664.70	4210.00
海林市	220.00		1247.00	1220.00	1110.00	
宁安市	300.00		2009.00	2000.00	1950.00	
穆棱市	55.00		830.28	829.65	829.65	
绥芬河市	160.00		1247.96	1247.51	980.00	
东宁市	50.00		1705.50	1705.00	1705.00	
黑河市	230.00		1405.94	1342.94	1228.14	114.80
北安市	150.00	0.04	4884.25	4860.00	1045.00	3450.00
五大连池市	80.00		155.00	153.80	153.80	
嫩江市	423.00	3.70	1418.00	1415.00	1068.00	
绥化市	350.00		3200.00	3197.50	3197.50	
安达市	149.00		5112.00	5109.00	3890.00	124.00
肇东市	254.00	106.00	3295.00	3220.00	3220.00	
海伦市	130.00		681.00	680.00	483.00	
漠河市	60.00		600.01	600.00	600.00	
上　海	**15540.00**	**263.23**	**234026.26**	**234026.26**	**119653.60**	
江　苏	**42416.77**	**694.98**	**520213.10**	**519001.62**	**292638.01**	**5740.00**
南京市	2390.00	37.90	52679.47	52529.03	18219.06	
无锡市	800.00		18312.65	18312.65	4259.67	
江阴市	2800.00		3313.00	3265.00	1082.00	
宜兴市	600.00		12371.15	12371.15	9982.85	
徐州市	1409.00	575.00	27087.05	27045.00	18964.00	
新沂市	500.00		8800.00	8788.00	6000.00	
邳州市	1580.00		1622.50	1603.00	1585.00	
常州市	2590.00		36567.62	36411.80	1849.21	
溧阳市	1300.00		1227.90	1224.78	1224.78	
苏州市	3710.00		52667.32	52667.32	35425.69	
常熟市	1460.00		20231.86	20181.86	14732.00	
张家港市	879.05		26737.00	26737.00	14831.00	2200.00
昆山市	686.00		9209.00	9209.00	1659.00	2979.00
太仓市	990.00		3802.23	3802.23	1604.42	
南通市	916.91		29538.50	29484.00	19286.00	120.00
海安市	1055.00		4122.00	4109.00	1965.00	20.00
启东市	890.00		2701.00	2700.00	100.00	
如皋市	740.00		1690.00	1680.00	1120.00	
连云港市	3693.00		22440.01	22435.00	21759.33	
淮安市	2677.50		32223.80	32181.00	23554.00	
盐城市	720.84	82.08	21229.00	21179.00	18076.00	421.00

continued 4

燃气损失量 Loss Amount	用气户数（户） Number of Household with Access to Gas (unit)	居民家庭 Households	用气人口（万人） Population with Access to Gas (10000 persons)	液化气汽车加气站（座） Gas Stations for LPG-Fueled Motor Vehicles (unit)	城市名称 Name of Cities
4.70	22057	17680	8.85	2	富锦市
0.50	15736	15736	4.70		七台河市
9.46	16541	13157	3.30	5	牡丹江市
27.00	20859	20859	6.36		海林市
9.00	17336	17336	5.00		宁安市
0.63	9322	9322	2.23		穆棱市
0.45	11500	10300	6.34		绥芬河市
0.50	20000	20000	5.19		东宁市
63.00	37770	28926	10.11	2	黑河市
24.25	13200	10550	4.70	2	北安市
1.20	1860	1860	0.57		五大连池市
3.00	14600	14600	6.20		嫩江市
2.50	50000	50000	24.72		绥化市
3.00	17320	17320	3.88	12	安达市
75.00	45469	45469	11.90		肇东市
1.00	8000	6500	1.00		海伦市
0.01	10182	10182	2.55		漠河市
	1834238	**1735294**	**440.24**		**上　海**
1211.48	**2172799**	**1825732**	**308.94**	**8**	**江　苏**
150.44	333129	306449	48.53		南京市
	58260	57295	17.00		无锡市
48.00	15120	12830	4.00		江阴市
	32537	30916	3.86		宜兴市
42.05	236806	92326	15.53		徐州市
12.00	127169	42078	10.80		新沂市
19.50	23950	23756	7.21		邳州市
155.82	30424	11860	3.28		常州市
3.12	6014	6014	1.49		溧阳市
	236504	222987	58.40		苏州市
50.00	49877	48213	14.48		常熟市
	59689	56980	1.38	1	张家港市
	10211	7894	1.92	1	昆山市
	7176	5567	1.49		太仓市
54.50	121704	119965	9.85	1	南通市
13.00	17508	16489	1.20	1	海安市
1.00	1423	380	0.10		启东市
10.00	4860	4860	0.90		如皋市
5.01	236101	226000	10.40		连云港市
42.80	60950	58366	6.40	3	淮安市
50.00	90343	88912	13.46	1	盐城市

5-3-2 续表 5

城市名称 Name of Cities	储气能力（吨）Gas Storage Capacity (ton)	供气管道长度（公里）Length of Gas Supply Pipeline (km)	供气总量(吨) Total Gas Supplied(ton) 合计 Total	销售气量 Quantity Sold	居民家庭 Households	燃气汽车 Gas-Powered Automobiles
东台市	100.00		1300.64	1293.00	732.00	
扬州市	918.00		23409.00	23206.00	8810.00	
仪征市	630.00		9037.00	9035.00	2350.00	
高邮市	280.00		2929.60	2927.00	1982.00	
镇江市	877.00		14747.00	14730.00	10950.00	
丹阳市	3200.00		18580.00	18430.00	18430.00	
扬中市	231.00		4059.00	4034.00	2220.00	
句容市	150.00		3070.00	3066.00	2210.00	
泰州市	588.47		9956.00	9953.00	6396.00	
兴化市	950.00		15600.00	15560.00	2530.00	
靖江市	620.00		12230.00	12229.00	7725.00	
泰兴市	650.00		1055.00	1050.00	800.00	
宿迁市	835.00		15666.80	15572.80	10224.00	
浙　江	**31379.98**	**232.10**	**726314.00**	**724574.11**	**493558.18**	**5742.51**
杭州市	3813.18		104415.56	104197.44	56493.93	
建德市	200.00		1705.00	1704.00	1363.00	
宁波市	6107.36	41.50	96019.56	95927.08	64008.58	
余姚市	600.00		23200.00	23081.85	20773.67	
慈溪市	200.10		53191.77	53191.77	51993.14	
温州市	2291.94	22.35	39100.24	39083.13	22990.12	2622.11
瑞安市	857.00	100.81	58439.22	58344.68	37912.43	
乐清市	1240.00		10319.28	10119.28	9202.88	
龙港市	260.00		10069.00	10069.00	6041.00	
嘉兴市	1199.50		31499.53	31474.53	11223.00	
海宁市	600.00		3700.00	3696.30	2250.00	
平湖市	100.00		2468.69	2459.88	2459.88	
桐乡市	472.00		8749.00	8708.00	6179.00	
湖州市	835.00		10743.56	10734.20	6498.00	
绍兴市	1442.90	1.26	41803.29	41379.80	28661.25	
诸暨市	1100.00		25882.00	25850.00	20681.00	
嵊州市	615.00		6608.19	6607.00	6521.44	
金华市	900.00		14953.00	14950.00	10513.00	
兰溪市	500.00	4.80	3761.63	3759.63	3759.63	
义乌市	430.00		37984.00	37978.00	15074.00	
东阳市	250.00		19008.76	19008.76	11343.80	
永康市	570.00		21140.00	21122.00	16068.00	
衢州市	615.00		4350.30	4349.70	3629.70	
江山市	348.00	59.78	5072.00	5051.00	5051.00	
舟山市	600.00		17205.64	17205.64	10943.38	
台州市	1041.00		43667.50	43318.66	37731.64	2298.14

continued 5

燃气损失量 Loss Amount	用气户数（户） Number of Household with Access to Gas (unit)	居民家庭 Households	用气人口（万人） Population with Access to Gas (10000 persons)	液化气汽车加气站（座） Gas Stations for LPG-Fueled Motor Vehicles (unit)	城市名称 Name of Cities
7. 64	12229	12080	6. 09		东台市
203. 00	100135	91548	14. 91		扬州市
2. 00	7674	7344	1. 40		仪征市
2. 60	13654	10752	0. 82		高邮市
17. 00	69002	68437	14. 25		镇江市
150. 00	43000	43000	3. 30		丹阳市
25. 00	5208	4250	1. 08		扬中市
4. 00	17500	14200	2. 30		句容市
3. 00	41460	38750	12. 75		泰州市
40. 00	36085	35000	3. 15		兴化市
1. 00	24556	22207	3. 22		靖江市
5. 00	2600	2480	0. 33		泰兴市
94. 00	39941	35547	13. 66		宿迁市
1739. 89	**4003065**	**3706111**	**818. 22**	**7**	**浙　江**
218. 12	751339	721496	161. 85		杭州市
1. 00	3969	3969	2. 08		建德市
92. 48	635714	607028	107. 16		宁波市
118. 15	130467	117421	16. 09		余姚市
	145794	144482	14. 76		慈溪市
17. 11	131705	127171	42. 40	1	温州市
94. 54	260418	246160	44. 95		瑞安市
200. 00	112000	110841	39. 52		乐清市
	22506	22154	6. 73		龙港市
25. 00	124850	40600	7. 64		嘉兴市
3. 70	11400	10300	1. 90		海宁市
8. 81	22855	22855	7. 54		平湖市
41. 00	39896	34208	14. 87		桐乡市
9. 36	45154	34182	5. 94		湖州市
423. 49	242973	230617	44. 45		绍兴市
32. 00	113514	109222	32. 99		诸暨市
1. 19	45827	45296	17. 74		嵊州市
3. 00	137095	120780	23. 58		金华市
2. 00	12605	12605	3. 58		兰溪市
6. 00	203959	193635	61. 19		义乌市
	205705	202568	24. 22		东阳市
18. 00	78194	77526	13. 29		永康市
0. 60	21165	20165	4. 90		衢州市
21. 00	23600	23600	7. 08		江山市
	105496	97637	17. 22		舟山市
348. 84	180250	177062	38. 60	3	台州市

5-3-2 续表6

城市名称 Name of Cities	储气能力(吨) Gas Storage Capacity (ton)	供气管道长度(公里) Length of Gas Supply Pipeline (km)	供气总量(吨) Total Gas Supplied(ton) 合计 Total	销售气量 Quantity Sold	居民家庭 Households	燃气汽车 Gas-Powered Automobiles
玉环市	243.00	1.60	5035.56	5031.06	4021.25	
温岭市	300.00		6570.00	6550.00	4848.00	240.00
临海市	2559.00		6171.72	6171.72	4369.46	582.26
丽水市	680.00		6705.00	6695.00	6200.00	
龙泉市	410.00		6775.00	6755.00	4753.00	
安　徽	**14112.55**	**189.82**	**152668.35**	**151920.39**	**77565.45**	
合肥市	571.00		35000.00	34950.00	5081.00	
巢湖市	1300.00		548.00	545.00	300.00	
芜湖市	3575.00	2.10	21637.41	21631.70	8043.26	
无为市	500.00		1071.00	1058.00	480.00	
蚌埠市	420.00	13.00	1287.91	1287.41	1287.41	
淮南市	736.00		6025.00	6017.00	6009.00	
马鞍山市	150.00		1828.00	1828.00	828.00	
淮北市			8159.00	8159.00	8159.00	
铜陵市	240.00		6103.00	6100.00	2435.00	
安庆市	283.00		7045.00	7045.00	1541.00	
潜山市	68.00	0.22	1305.00	1280.00	1000.00	
桐城市	70.00	21.00	6155.49	6120.00	6120.00	
黄山市	528.00	153.50	5925.03	5905.80	5555.80	
滁州市	486.50		4031.44	4018.16	767.98	
天长市	173.00		984.00	984.00	913.00	
明光市	340.00		3765.00	3650.00	3100.00	
阜阳市	1590.00		13360.00	13300.00	9000.00	
界首市	280.00		1904.00	1902.00	1902.00	
宿州市	300.00		2733.00	2720.00	2707.00	
六安市	71.05		163.07	163.02	163.02	
亳州市	1000.00		12346.00	12076.30	5953.98	
池州市	380.00		2011.00	1962.00	698.00	
宣城市	500.00		1950.00	1890.00	400.00	
广德市	150.00		2201.00	2200.00	1021.00	
宁国市	401.00		5130.00	5128.00	4100.00	
福　建	**14815.09**	**221.08**	**303304.67**	**302627.82**	**162338.80**	
福州市	4050.20	221.08	49412.59	49214.59	14747.18	
福清市	256.15		4998.50	4998.50	3423.50	
厦门市	2175.00		91618.14	91481.99	25449.54	
莆田市	229.20		19536.50	19509.00	14224.52	
三明市	390.00		4216.60	4179.50	4179.50	
永安市	375.00		937.78	932.83	807.93	
泉州市	2470.00		26120.00	26120.00	10310.00	
石狮市	275.00		10068.00	10068.00	8654.00	

continued 6

燃气损失量 Loss Amount	用气户数（户） Number of Household with Access to Gas (unit)	居民家庭 Households	用气人口（万人） Population with Access to Gas (10000 persons)	液化气汽车加气站（座） Gas Stations for LPG-Fueled Motor Vehicles (unit)	城市名称 Name of Cities
4. 50	28651	25451	8. 21		玉环市
20. 00	16300	13800	4. 50	2	温岭市
	71727	71160	24. 03	1	临海市
10. 00	28000	27000	13. 39		丽水市
20. 00	49937	15120	5. 82		龙泉市
747. 96	**495534**	**439086**	**115. 21**		**安　徽**
50. 00	38230	28230	9. 00		合肥市
3. 00	3530	1460	0. 47		巢湖市
5. 71	75330	63691	12. 71		芜湖市
13. 00	4626	2856	0. 60		无为市
0. 50	5481	5481	2. 32		蚌埠市
8. 00	28880	28880	8. 63		淮南市
	4817	3355	1. 35		马鞍山市
	28665	28665	9. 59		淮北市
3. 00	32156	21247	6. 11		铜陵市
	17476	15457	2. 42		安庆市
25. 00	5100	5100	2. 10		潜山市
35. 49	19000	19000	5. 65		桐城市
19. 23	59667	59339	14. 51		黄山市
13. 28	5330	4070	1. 72		滁州市
	3316	3168	1. 00		天长市
115. 00	15250	13940	3. 65		明光市
60. 00	32696	28277	8. 10		阜阳市
2. 00	16130	16130	4. 90		界首市
13. 00	3280	3280	1. 72		宿州市
0. 05	515	515	0. 10		六安市
269. 70	20964	18921	6. 30		亳州市
49. 00	10321	9528	2. 05		池州市
60. 00	6098	5109	2. 00		宣城市
1. 00	10976	9477	3. 41		广德市
2. 00	47700	43910	4. 80		宁国市
676. 85	**1318391**	**1238003**	**468. 45**		**福　建**
198. 00	170755	157112	66. 36		福州市
	49175	47591	30. 09		福清市
136. 15	388279	353572	141. 50		厦门市
27. 50	52780	45846	7. 98		莆田市
37. 10	31245	31245	10. 29		三明市
4. 95	12005	11705	1. 26		永安市
	113620	109620	73. 53		泉州市
	39926	38126	13. 12		石狮市

5-3-2 续表 7

城市名称 Name of Cities	储气能力（吨） Gas Storage Capacity (ton)	供气管道长度（公里） Length of Gas Supply Pipeline (km)	供气总量（吨） Total Gas Supplied (ton)			
			合计 Total	销售气量 Quantity Sold	居民家庭 Households	燃气汽车 Gas-Powered Automobiles
晋江市	135.00		1253.00	1250.80	1250.80	
南安市	413.00		24943.00	24934.00	21198.00	
漳州市	650.00		17922.12	17917.96	13348.25	
南平市	446.00		3170.00	3135.00	3135.00	
邵武市	150.70		2230.00	2210.00	2003.00	
武夷山市	450.00		2400.00	2319.27	2240.00	
建瓯市	280.00		2090.54	2053.24	1912.30	
龙岩市	281.84		6448.60	6446.84	3845.99	
漳平市	94.00		1859.00	1850.00	1841.00	
宁德市	220.00		5825.30	5825.30	5825.29	
福安市	1259.00		14676.00	14642.00	10404.00	
福鼎市	215.00		13579.00	13539.00	13539.00	
江　西	**19210.10**		**166610.03**	**165384.69**	**135347.27**	
南昌市	2163.00		19215.91	19194.53	19194.53	
景德镇市	500.00		5204.00	5198.00	2390.00	
乐平市	341.00		2198.00	2196.00	2180.00	
萍乡市	1950.00		10256.00	10251.00	4950.00	
九江市	612.00		10096.02	10080.42	2997.42	
瑞昌市	280.00		6778.00	6763.00	6763.00	
共青城市	46.00		914.20	908.00	620.00	
庐山市	310.00		753.00	730.00	730.00	
新余市	390.00		2740.00	2740.00	2420.00	
鹰潭市	695.00		4399.00	4296.00	4296.00	
贵溪市	625.00		5006.00	4953.00	3285.00	
赣州市	1069.00		15640.84	15455.34	14454.34	
瑞金市	360.00		8176.00	7998.00	7998.00	
龙南市	1610.00		4232.36	4230.00	3312.00	
吉安市	645.00		7271.00	7271.00	5197.00	
井冈山市	85.00		411.00	411.00	411.00	
宜春市	568.00		8370.00	8285.00	8200.00	
丰城市	1915.00		3562.00	3562.00	3143.00	
樟树市	100.10		4480.00	4450.00	4239.38	
高安市	1482.00		7800.00	7751.00	5135.00	
抚州市	1605.00		20678.00	20633.00	20633.00	
上饶市	1419.00		14315.00	13917.00	9333.00	
德兴市	440.00		4113.70	4111.40	3465.60	
山　东	**31173.71**	**1.16**	**268326.48**	**266081.20**	**123938.86**	**16212.95**
济南市	1916.00		44830.59	44713.88	8987.26	
青岛市	2061.51		24939.92	24931.22	11517.00	2169.47
胶州市	640.00		4780.00	4778.00	4565.00	

continued 7

燃气损失量 Loss Amount	用气户数（户） Number of Household with Access to Gas (unit)	居民家庭 Households	用气人口（万人） Population with Access to Gas (10000 persons)	液化气汽车加气站（座） Gas Stations for LPG-Fueled Motor Vehicles (unit)	城市名称 Name of Cities
2.20	12830	12830	6.80		晋江市
9.00	83789	74795	9.40		南安市
4.16	122469	119200	32.83		漳州市
35.00	41586	41586	12.60		南平市
20.00	11680	11120	2.92		邵武市
80.73	30000	29500	7.22		武夷山市
37.30	18943	18607	8.72		建瓯市
1.76	23573	22942	7.27		龙岩市
9.00	17320	17320	7.32		漳平市
	16800	15179	6.27		宁德市
34.00	52631	51122	15.05		福安市
40.00	28985	28985	7.92		福鼎市
1225.34	**920495**	**872986**	**194.07**		**江　西**
21.38	124011	124011	17.74		南昌市
6.00	25172	23153	4.62		景德镇市
2.00	38115	37002	12.01		乐平市
5.00	22836	22797	3.53		萍乡市
15.60	28254	27232	8.57		九江市
15.00	18788	18788	3.35		瑞昌市
6.20	14950	11000	7.64		共青城市
23.00	6980	6980	1.57		庐山市
	22300	21080	2.30		新余市
103.00	26786	26786	3.03		鹰潭市
53.00	27380	27120	3.20		贵溪市
185.50	167814	165014	32.70		赣州市
178.00	51827	51827	12.62		瑞金市
2.36	55789	53687	12.71		龙南市
	16993	15845	3.03		吉安市
	3151	3151	0.96		井冈山市
85.00	52000	48000	9.20		宜春市
	1464	1464	0.44		丰城市
30.00	32385	14125	5.57		樟树市
49.00	23662	23662	5.35		高安市
45.00	64080	64080	14.67		抚州市
398.00	80846	74870	24.76		上饶市
2.30	14912	11312	4.50		德兴市
2245.28	**963162**	**827390**	**217.18**	**53**	**山　东**
116.71	54339	36059	9.50		济南市
8.70	89629	80070	15.60	6	青岛市
2.00	61438	60638	12.41		胶州市

5-3-2 续表 8

城市名称 Name of Cities	储气能力（吨） Gas Storage Capacity (ton)	供气管道长度（公里） Length of Gas Supply Pipeline (km)	供气总量（吨） Total Gas Supplied (ton) 合计 Total	销售气量 Quantity Sold	居民家庭 Households	燃气汽车 Gas-Powered Automobiles
平度市	1600.00		3687.00	3667.00	3661.00	
莱西市	500.00		6898.00	6835.00	5969.00	466.00
淄博市	1610.00		15138.80	15078.03	1735.05	
枣庄市	717.00		7764.59	7675.72	5890.80	
滕州市						
东营市	1458.00		1376.55	1365.40	664.60	
烟台市	2280.68		25383.67	24379.15	5815.85	1873.70
龙口市	458.00		2415.00	2407.80	2301.00	
莱阳市	360.00		1500.00	1500.00	1120.00	380.00
莱州市	390.00		3253.00	3250.00	2986.00	50.00
招远市	170.00		1005.92	1004.00	490.00	370.00
栖霞市	323.00		2560.00	2500.00	2140.00	
海阳市	255.00		3927.00	3917.00	1273.00	1127.00
潍坊市	1171.80		15100.00	14982.00	6878.00	
青州市	232.00		1378.00	1348.00	540.00	
诸城市	800.00		6650.00	6640.00	6640.00	
寿光市	550.00		4432.00	4422.00	1026.00	
安丘市	169.00		1320.00	1268.00	1014.40	
高密市	457.00		1703.00	1687.60	781.00	
昌邑市	300.00		1597.00	1588.00	1588.00	
济宁市	640.00		8004.50	7706.20	1402.00	
曲阜市	563.00		1960.00	1959.00		
邹城市	239.00	0.66	403.10	401.43	131.22	
泰安市	55.00		2822.25	2810.10	648.50	
新泰市	178.00	0.50	4657.00	4634.00	770.00	289.00
肥城市	160.00		456.93	452.15	146.39	
威海市	1320.00		13963.30	13943.07	1804.77	6488.78
荣成市	668.00		4535.55	4534.00	1656.00	2878.00
乳山市	100.00		144.31	143.35		121.00
日照市	667.80		6721.00	6708.00	6637.00	
临沂市	1447.86		20350.95	20255.90	18755.60	
德州市	401.10		7123.35	7098.84	3768.66	
乐陵市	400.00		2900.00	2898.00	2898.00	
禹城市	800.00		1753.00	1720.00	302.10	
聊城市	2660.00		4760.00	4758.00	1810.00	
临清市	899.96		1701.70	1701.60	1701.60	
滨州市	55.00		847.00	844.60	844.60	
邹平市	841.00		209.80	209.46	209.46	
菏泽市	659.00		3372.70	3365.70	2870.00	

continued 8

燃气损失量 Loss Amount	用气户数（户） Number of Household with Access to Gas (unit)	居民家庭 Households	用气人口（万人） Population with Access to Gas (10000 persons)	液化气汽车加气站（座） Gas Stations for LPG-Fueled Motor Vehicles (unit)	城市名称 Name of Cities
20. 00	24918	24593	6. 99		平度市
63. 00	33156	30039	4. 02	6	莱西市
60. 77	28062	21753	4. 00		淄博市
88. 87	31779	30643	5. 96		枣庄市
					滕州市
11. 15	9070	7100	0. 75		东营市
1004. 52	88098	76004	7. 00	10	烟台市
7. 20	7523	6387	1. 43		龙口市
	4844	3692	0. 91	1	莱阳市
3. 00	49003	28332	15. 37	1	莱州市
1. 92	4852	4145	1. 00	1	招远市
60. 00	16000	14510	3. 09		栖霞市
10. 00	7155	5528	1. 12	2	海阳市
118. 00	27872	19102	6. 10		潍坊市
30. 00	3800	1900	0. 77		青州市
10. 00	21500	21500	7. 85		诸城市
10. 00	18997	17155	5. 82		寿光市
52. 00	22400	17920	6. 72		安丘市
15. 40	9645	8718	2. 20		高密市
9. 00	4591	4591	1. 41		昌邑市
298. 30	36042	29444	5. 89		济宁市
1. 00	1023				曲阜市
1. 67	3416	1957	0. 65		邹城市
12. 15	17897	11634	6. 63		泰安市
23. 00	15862	13861	6. 97	1	新泰市
4. 78	1835	1256	0. 55		肥城市
20. 23	26710	20424	5. 15	13	威海市
1. 55	6040	4689	0. 68	8	荣成市
0. 96	326			4	乳山市
13. 00	50565	50485	12. 73		日照市
95. 05	98915	96985	23. 83		临沂市
24. 51	9567	3560	5. 81		德州市
2. 00	17500	17500	7. 86		乐陵市
33. 00	1001	980	0. 24		禹城市
2. 00	7144	5740	1. 62		聊城市
0. 10	16186	16186	9. 00		临清市
2. 40	9466	9466	2. 98		滨州市
0. 34	3496	3496	0. 55		邹平市
7. 00	21500	19348	6. 02		菏泽市

5-3-2 续表 9

城市名称 Name of Cities	储气能力（吨） Gas Storage Capacity (ton)	供气管道长度（公里） Length of Gas Supply Pipeline (km)	供气总量(吨) Total Gas Supplied(ton)			
			合计 Total	销售气量 Quantity Sold	居民家庭 Households	燃气汽车 Gas-Powered Automobiles
河　南	**13025.62**	**2.50**	**144953.33**	**144040.36**	**117341.24**	**897.00**
郑州市	970.00		10683.57	10682.06	919.24	
巩义市	53.50		330.00	330.00		
荥阳市	450.00		828.00	826.00	628.00	
新密市	270.00		552.50	550.00	550.00	
新郑市	240.00		3704.60	3701.00	1644.00	
登封市	264.00		3700.00	3696.00	3696.00	
开封市	1350.00		24660.00	24520.00	23100.00	
洛阳市	431.12		15784.25	15768.62	15764.22	
平顶山市						
舞钢市						
汝州市	205.00		2000.00	1995.00	1270.00	725.00
安阳市	73.00		5868.52	5802.50	3125.50	
林州市	48.00		801.71	800.00	728.00	
鹤壁市	85.00		885.00	880.00	880.00	
新乡市	540.00		1247.00	1197.00	1125.00	
长垣市	180.00		1502.80	1500.00	1500.00	
卫辉市	60.00		659.38	658.38	658.38	
辉县市	200.00		408.00	393.00	229.00	
焦作市						
沁阳市	100.00		1031.80	1010.00	518.00	
孟州市						
濮阳市						
许昌市	540.00		5982.20	5945.00	2091.00	
禹州市	563.00		4862.80	4820.20	4231.40	
长葛市	100.00		2346.00	2230.00	2000.00	
漯河市	1050.00		10868.00	10855.00	10832.00	
三门峡市	370.00		2448.50	2437.50	2427.50	
义马市	119.00		810.00	805.00	800.00	
灵宝市	150.00		580.00	560.00	560.00	
南阳市	670.00	2.50	587.00	585.00	585.00	
邓州市	1500.00		5104.00	5100.00	5042.00	
商丘市	750.00		13788.00	13760.00	13600.00	
永城市	140.00		3708.00	3610.00	3610.00	
信阳市	300.00		7154.00	7117.00	6092.00	172.00
周口市	569.00		5427.70	5368.10	4240.00	
项城市	360.00		2042.00	2038.00	2025.00	
驻马店市	200.00		2070.00	1980.00	1980.00	
济源示范区						
郑州航空港经济综合实验区	125.00		2528.00	2520.00	890.00	

continued 9

燃气损失量 Loss Amount	用气户数（户） Number of Household with Access to Gas (unit)	居民家庭 Households	用气人口（万人） Population with Access to Gas (10000 persons)	液化气汽车加气站（座） Gas Stations for LPG-Fueled Motor Vehicles (unit)	城市名称 Name of Cities
912.97	**789468**	**732959**	**278.16**	**14**	**河　南**
1.51	25185	9658	66.50		郑州市
	570				巩义市
2.00	7605	6012	1.37		荥阳市
2.50	4500	4500	1.18		新密市
3.60	17840	8900	4.46		新郑市
4.00	12000	12000	4.00		登封市
140.00	71250	68810	9.47		开封市
15.63	82039	82039	22.34		洛阳市
					平顶山市
					舞钢市
5.00	4450	3738	1.16	3	汝州市
66.02	13290	11582	3.10		安阳市
1.71	7876	7185	1.44		林州市
5.00	5500	5500	1.90		鹤壁市
50.00	6170	6050	1.88		新乡市
2.80	4900	4900	0.60		长垣市
1.00	2200	2200	0.50		卫辉市
15.00	2989	2803	0.80		辉县市
					焦作市
21.80	1480	1480	1.00		沁阳市
					孟州市
					濮阳市
37.20	6294	5811	1.90		许昌市
42.60	62540	62540	15.46		禹州市
116.00	25600	25600	9.21		长葛市
13.00	51380	45000	19.00	9	漯河市
11.00	21490	19454	4.19		三门峡市
5.00	3500	3200	0.75		义马市
20.00	6900	6900	2.20		灵宝市
2.00	5555	5555	1.73		南阳市
4.00	56787	55255	25.97		邓州市
28.00	109400	106160	18.50		商丘市
98.00	31950	31950	13.25		永城市
37.00	42310	41290	13.48	2	信阳市
59.60	58130	50635	15.70		周口市
4.00	19438	19402	6.51		项城市
90.00	14000	14000	7.30		驻马店市
					济源示范区
8.00	4350	2850	1.31		郑州航空港经济综合实验区

5-3-2 续表10

城市名称 Name of Cities	储气能力(吨) Gas Storage Capacity (ton)	供气管道长度(公里) Length of Gas Supply Pipeline (km)	供气总量(吨) Total Gas Supplied(ton) 合计 Total	销售气量 Quantity Sold	居民家庭 Households	燃气汽车 Gas-Powered Automobiles
湖　北	**32208.00**	**44.99**	**311631.41**	**310422.15**	**172451.85**	
武汉市	9124.50	16.09	171403.94	170903.94	68281.34	
黄石市	2282.00		17599.00	17599.00	6605.00	
大冶市	340.00		5835.00	5832.40	5215.30	
十堰市	518.00	0.66	6182.00	6175.00	4413.23	
丹江口市		20.40	550.00	549.00	549.00	
宜昌市	1219.00		8172.28	8165.00	5013.00	
宜都市	120.00		2133.10	2072.30	1841.60	
当阳市	201.00		2596.30	2588.20	1248.96	
枝江市	218.00		2950.00	2930.00	2400.00	
襄阳市	2555.00		3842.00	3840.00	2440.00	
老河口市	2530.00		2239.60	2230.00	2230.00	
枣阳市	875.00		5880.00	5878.80	5878.80	
宜城市	188.00		2387.00	2384.00	2384.00	
鄂州市	300.00		4033.21	4003.21	2148.25	
荆门市	2274.50	7.34	6766.84	6725.22	6725.22	
京山市	50.00		394.74	394.54	394.54	
钟祥市	300.00		6000.00	5950.00	5500.00	
孝感市	334.00		5000.60	5000.00	1880.00	
应城市	135.00		853.50	853.30	806.00	
安陆市	180.00		906.85	900.00	460.00	
汉川市	200.00		987.00	983.44	983.44	
荆州市	1200.00		8635.26	8628.12	8628.12	
监利市	330.00		6283.50	6270.00	5515.00	
石首市	488.00		2580.23	2576.35	2576.35	
洪湖市	300.00		2083.26	2083.24	2083.24	
松滋市	500.00		581.90	580.60	580.60	
黄冈市	239.00		2114.00	2108.99	1222.56	
麻城市	826.00		8056.00	8056.00	3741.00	
武穴市	400.00		1500.00	1320.00	1320.00	
咸宁市	1025.00		4910.00	4894.50	3421.00	
赤壁市	840.00	0.50	1790.00	1780.00	1780.00	
随州市	290.00		2468.30	2466.00	1740.00	
广水市	117.00		2232.00	2151.00	1518.30	
恩施市	969.00		5212.00	5170.00	4870.00	
利川市	100.00		682.00	680.00	680.00	
仙桃市	290.00		1790.00	1742.00	1420.00	
潜江市	250.00		2300.00	2298.00	2298.00	
天门市	100.00		1700.00	1660.00	1660.00	
湖　南	**19779.30**		**251440.53**	**250939.96**	**179347.35**	
长沙市	1496.30		72693.00	72693.00	42005.00	

continued 10

燃气损失量 Loss Amount	用气户数（户） Number of Household with Access to Gas (unit)	居民家庭 Households	用气人口（万人） Population with Access to Gas (10000 persons)	液化气汽车加气站（座） Gas Stations for LPG-Fueled Motor Vehicles (unit)	城市名称 Name of Cities
1209.26	**1416747**	**1170917**	**291.35**	**2**	**湖　北**
500.00	635199	494808	101.21		武汉市
	24635	21001	3.00		黄石市
2.60	9424	7819	3.87		大冶市
7.00	31102	29993	5.51		十堰市
1.00	5980	5980	2.30		丹江口市
7.28	36504	30445	6.90		宜昌市
60.80	48000	45000	2.00		宜都市
8.10	17938	10315	5.59		当阳市
20.00	21400	21400	8.49	2	枝江市
2.00	7464	6690	3.29		襄阳市
9.60	21000	21000	2.10		老河口市
1.20	31280	31280	7.82		枣阳市
3.00	10478	10478	1.59		宜城市
30.00	18052	12580	3.05		鄂州市
41.62	37566	37566	13.47		荆门市
0.20	5632	5632	0.78		京山市
50.00	33502	32402	8.75		钟祥市
0.60	30000	12000	6.20		孝感市
0.20	9757	5921	1.01		应城市
6.85	6500	5900	1.73		安陆市
3.56	9640	9640	1.93		汉川市
7.14	69836	69836	15.86		荆州市
13.50	26780	25895	5.91		监利市
3.88	21368	21368	9.02		石首市
0.02	32788	32788	7.40		洪湖市
1.30	5755	5755	1.50		松滋市
5.01	30296	25254	4.45		黄冈市
	10700	7490	8.29		麻城市
180.00	12000	12000	4.00		武穴市
15.50	23900	19250	7.28		咸宁市
10.00	19000	19000	5.90		赤壁市
2.30	11189	6857	2.36		随州市
81.00	45450	16965	17.29		广水市
42.00	18130	15210	2.97		恩施市
2.00	3450	3450	1.03		利川市
48.00	16985	13882	5.00		仙桃市
2.00	8010	8010	1.50		潜江市
40.00	10057	10057	1.00		天门市
500.57	**1266623**	**1198305**	**323.82**	**5**	**湖　南**
	257876	235442	62.39		长沙市

5-3-2 续表 11

城市名称 Name of Cities	储气能力（吨） Gas Storage Capacity (ton)	供气管道长度（公里） Length of Gas Supply Pipeline (km)	供气总量(吨) Total Gas Supplied(ton)			
			合计 Total	销售气量 Quantity Sold	居民家庭 Households	燃气汽车 Gas-Powered Automobiles
宁乡市	600.00		6697.80	6685.56	6375.00	
浏阳市	784.00		10429.00	10426.00	9383.00	
株洲市	1166.00		7800.00	7695.00	5100.00	
醴陵市	656.00		11982.00	11979.40	3511.00	
湘潭市	1200.00		12200.00	12200.00	12200.00	
湘乡市	760.00		425.00	420.00	420.00	
韶山市	160.00		1116.63	1090.50	976.00	
衡阳市	500.00		8520.00	8500.00	7150.00	
耒阳市	120.00		4307.20	4300.00	4300.00	
常宁市	450.00		827.00	810.00	810.00	
邵阳市	590.00		3719.00	3690.00	2950.00	
武冈市	98.00		4528.00	4528.00	4203.00	
邵东市	270.00		5460.00	5437.00	4278.00	
岳阳市	1128.00		22600.00	22529.00	9922.68	
汨罗市	300.00		2150.00	2145.50	1415.00	
临湘市	504.00		3456.00	3455.00	3325.00	
常德市	669.00		12660.00	12614.00	6680.00	
津市市	541.00		1680.00	1679.80	1611.20	
张家界市	585.00		7690.60	7687.15	6412.25	
益阳市	1239.00		9800.00	9800.00	9800.00	
沅江市	150.00		1588.00	1561.00	1561.00	
郴州市	1475.00		9167.75	9167.00	9167.00	
资兴市	720.00		3431.00	3421.00	2912.00	
永州市	725.00		5128.05	5128.05	4123.05	
祁阳市	860.00		2837.00	2832.00	2650.00	
怀化市	900.00		7200.00	7200.00	5900.00	
洪江市	155.00		1459.00	1452.50	1302.50	
娄底市	162.00		3140.00	3130.00	3000.00	
冷水江市	86.00		913.50	903.50	799.67	
涟源市	650.00		3485.00	3480.00	3005.00	
吉首市	80.00		2350.00	2300.00	2100.00	
广　东	**280225.54**	**590.93**	**2164836.28**	**2162827.47**	**1240035.23**	**1500.00**
广州市	5976.40	1.83	579436.19	579377.60	269151.63	
韶关市	732.00		12135.00	12090.00	7925.00	
乐昌市	539.00		3268.00	3205.00	3205.00	
南雄市	260.00		2569.00	2560.00	2052.00	
深圳市	82581.40		269501.55	269501.55	156129.10	
珠海市	23152.00	3.95	89630.39	89630.39	62741.27	
汕头市	114500.00	403.83	157872.10	157712.10	103061.54	
佛山市	1700.00	12.13	87324.02	87323.02	23072.56	

continued 11

燃气损失量 Loss Amount	用气户数（户） Number of Household with Access to Gas (unit)	居民家庭 Households	用气人口（万人） Population with Access to Gas (10000 persons)	液化气汽车加气站（座） Gas Stations for LPG-Fueled Motor Vehicles (unit)	城市名称 Name of Cities
12.24	33520	32875	8.96		宁乡市
3.00	76942	72726	24.94		浏阳市
105.00	18650	16900	2.98		株洲市
2.60	23846	23804	2.10		醴陵市
	48000	48000	14.30		湘潭市
5.00	3500	3500	1.05		湘乡市
26.13	7005	6889	1.30		韶山市
20.00	20500	19000	5.75		衡阳市
7.20	51253	51253	7.75		耒阳市
17.00	2910	2910	1.30		常宁市
29.00	37900	32900	6.80		邵阳市
	52960	52100	17.60		武冈市
23.00	25975	20873	14.38		邵东市
71.00	33266	27563	8.86		岳阳市
4.50	17500	13850	3.87		汨罗市
1.00	25892	25690	0.80		临湘市
46.00	52391	47608	19.03		常德市
0.20	16438	16388	3.10		津市市
3.45	47500	43445	3.32		张家界市
	46027	46027	9.20		益阳市
27.00	24510	24510	1.63	2	沅江市
0.75	49888	49888	13.22		郴州市
10.00	31000	30700	6.07		资兴市
	67900	65740	16.53		永州市
5.00	25200	25050	10.96		祁阳市
	30000	28000	10.00		怀化市
6.50	18700	18350	5.10		洪江市
10.00	24896	24496	7.20	2	娄底市
10.00	13678	13328	4.01		冷水江市
5.00	60000	58000	14.30	1	涟源市
50.00	21000	20500	15.02		吉首市
2008.81	**8155809**	**6952943**	**2129.38**	**1**	**广　东**
58.59	1564885	1383726	424.80		广州市
45.00	40510	38371	9.05		韶关市
63.00	34302	34302	2.47		乐昌市
9.00	35680	34130	1.16		南雄市
	1128202	371829	130.14		深圳市
	230663	220486	60.33		珠海市
160.00	372645	365400	156.39		汕头市
1.00	272325	250126	67.25		佛山市

5-3-2 续表12

城市名称 Name of Cities	储气能力（吨） Gas Storage Capacity (ton)	供气管道长度（公里） Length of Gas Supply Pipeline (km)	供气总量（吨） Total Gas Supplied (ton)			
			合计 Total	销售气量 Quantity Sold	居民家庭 Households	燃气汽车 Gas-Powered Automobiles
江门市	2672. 50		57206. 85	57085. 79	24889. 00	
台山市	1143. 00		30367. 54	30362. 54	18645. 00	
开平市	1743. 00	20. 00	14100. 10	14099. 00	10722. 00	
鹤山市	363. 60		5259. 53	5259. 53	1950. 22	
恩平市	570. 50	102. 00	5607. 00	5603. 79	4769. 00	
湛江市	1847. 18		38674. 54	38469. 54	28860. 64	
廉江市	800. 00		4290. 50	4271. 00	4271. 00	
雷州市	116. 61	3. 25	3092. 78	3044. 36	2890. 00	
吴川市	200. 00		3680. 00	3678. 00	3678. 00	
茂名市	9400. 00		28015. 77	27991. 32	22802. 33	
高州市	250. 00		4381. 97	4381. 45	3505. 16	
化州市	1174. 50		12045. 50	12045. 20	11863. 40	
信宜市	417. 60		8621. 16	8601. 16	8601. 16	
肇庆市	1282. 00		16667. 45	16660. 15	7691. 38	
四会市	761. 00		11849. 92	11848. 91	8698. 30	
惠州市	2385. 50	2. 50	82906. 74	82862. 06	56589. 02	
梅州市	971. 00	7. 00	8590. 01	8590. 00	8390. 00	
兴宁市	625. 00	6. 70	6943. 00	6905. 00	6800. 00	
汕尾市	350. 00		5347. 00	5347. 00	4536. 00	
陆丰市	300. 00	0. 50	4411. 54	4402. 00	4377. 00	
河源市	543. 00		12305. 00	12305. 00	9965. 00	
阳江市	2455. 00		16496. 71	16465. 51	16465. 51	
阳春市	532. 00		14364. 79	14244. 79	14165. 79	
清远市	1703. 60	0. 42	31689. 21	31643. 21	18220. 41	
英德市	664. 09		4689. 46	4686. 46	2685. 10	
连州市	600. 00		3300. 00	3280. 00	2200. 00	
东莞市	6998. 06	17. 00	372232. 41	372144. 24	192414. 04	
中山市	174. 00		17007. 11	16990. 61	14038. 00	
潮州市		4. 10	53439. 55	53439. 35	20938. 84	
揭阳市	7455. 00		24744. 50	24529. 50	22979. 00	1500. 00
普宁市	1040. 00	5. 72	47875. 40	47630. 40	41949. 10	
云浮市	547. 00		7242. 99	7064. 94	6861. 73	
罗定市	700. 00		5654. 00	5496. 00	5286. 00	
广　西	**158776. 55**	**2. 09**	**303693. 79**	**302814. 36**	**209661. 22**	
南宁市	2649. 10	2. 09	128009. 14	127577. 18	68470. 81	
横州市	172. 00		3342. 00	3337. 00	3337. 00	
柳州市	5693. 00		21589. 54	21589. 04	16856. 03	
桂林市	1980. 70		16136. 51	16121. 00	14550. 60	
荔浦市	379. 00		1402. 50	1400. 00	1200. 00	
梧州市	820. 00		7653. 68	7649. 68	6946. 21	

continued 12

燃气损失量 Loss Amount	用气户数（户） Number of Household with Access to Gas (unit)	居民家庭 Households	用气人口（万人） Population with Access to Gas (10000 persons)	液化气汽车加气站（座） Gas Stations for LPG-Fueled Motor Vehicles (unit)	城市名称 Name of Cities
121.06	135165	127392	51.92		江门市
5.00	52855	52591	18.72		台山市
1.10	33415	30034	9.16		开平市
	26928	25313	2.76		鹤山市
3.21	61248	60386	10.13		恩平市
205.00	225986	214982	22.25		湛江市
19.50	33725	33725	9.95		廉江市
48.42	56207	55807	20.00		雷州市
2.00	33528	33528	21.00		吴川市
24.45	131284	107480	38.51		茂名市
0.52	40300	39980	20.15		高州市
0.30	58350	56781	23.34		化州市
20.00	75629	75629	19.77		信宜市
7.30	38071	34508	13.07		肇庆市
1.01	19186	19121	6.12		四会市
44.68	274547	260841	38.89		惠州市
0.01	34120	33000	16.12		梅州市
38.00	60820	59220	11.57		兴宁市
	56060	55360	18.22		汕尾市
9.54	49467	47001	17.66		陆丰市
	49051	48021	8.20		河源市
31.20	67467	67467	23.10		阳江市
120.00	71627	71612	7.00		阳春市
46.00	93401	85780	30.89		清远市
3.00	46838	35359	6.66		英德市
20.00	32000	31000	11.00		连州市
88.17	1997100	1880724	594.07		东莞市
16.50	79406	78481	25.41		中山市
0.20	136687	136687	57.83		潮州市
215.00	122149	122149	55.22	1	揭阳市
245.00	153667	150022	44.88		普宁市
178.05	57881	52681	13.27		云浮市
158.00	72432	71911	10.95		罗定市
879.43	**1691820**	**1589827**	**415.19**		**广　西**
431.96	446621	408225	111.54		南宁市
5.00	55112	55112	15.30		横州市
0.50	146832	139302	31.42		柳州市
15.51	125199	111591	30.33		桂林市
2.50	19800	19420	6.24		荔浦市
4.00	63215	58746	11.75		梧州市

5-3-2 续表 13

城市名称 Name of Cities	储气能力（吨） Gas Storage Capacity (ton)	供气管道长度（公里） Length of Gas Supply Pipeline (km)	供气总量（吨） Total Gas Supplied (ton) 合计 Total	销售气量 Quantity Sold	居民家庭 Households	燃气汽车 Gas-Powered Automobiles
岑溪市	615.00		4722.00	4714.00	4714.00	
北海市	3643.28		13142.90	13142.75	10028.96	
防城港市	89794.00		4424.50	4416.00	3545.00	
东兴市	70.00		1156.00	1154.00	1152.00	
钦州市	45300.00		13460.00	13386.50	6821.00	
贵港市	915.60		14541.43	14532.43	9896.76	
桂平市	495.00		7882.80	7881.48	7268.80	
玉林市	630.00		9440.20	9440.10	9440.00	
北流市	150.00		2990.74	2898.62	2763.76	
百色市	1630.75		6854.71	6825.55	4558.70	
靖西市	350.00		5682.00	5672.30	4860.00	
平果市	150.00		3028.08	3027.78	3027.78	
贺州市	925.00		8673.00	8622.00	5000.00	
河池市	811.00		13947.86	13936.36	12975.36	
来宾市	800.00		6923.82	6844.95	6008.95	
合山市	200.00		969.00	946.00	816.00	
崇左市	518.12		4931.38	4929.64	2653.50	
凭祥市	85.00		2790.00	2770.00	2770.00	
海　南	**3522.60**		**88571.93**	**88310.34**	**80120.70**	
海口市	1539.70		44999.21	44995.00	44995.00	
三亚市	445.00		11587.43	11344.65	7747.90	
儋州市	660.00		8100.00	8095.00	7880.00	
五指山市	55.00		1729.00	1729.00	1073.00	
琼海市	522.00		14127.10	14125.10	11429.20	
文昌市	132.00		3439.60	3439.60	3439.60	
万宁市	84.00		2586.00	2579.00	1686.00	
东方市	84.90		2003.59	2002.99	1870.00	
重　庆	**4506.41**		**65532.56**	**65420.36**	**24294.89**	
重庆市	4506.41		65532.56	65420.36	24294.89	
四　川	**19240.31**	**114.43**	**222299.41**	**220641.98**	**90771.79**	**1564.44**
成都市	2853.40		144206.44	144099.81	51697.56	
简阳市	423.00		680.00	671.00	466.00	
都江堰市	198.00		246.48	245.87	102.03	
彭州市	40.00		967.00	960.00	890.00	
邛崃市	171.00		929.00	924.00	389.00	
崇州市	3000.00		6787.06	6685.48	2082.25	
自贡市	138.00		1329.80	1300.00	1300.00	
攀枝花市	299.00		2127.62	2125.14	1481.98	
泸州市	445.00		981.00	966.50	893.70	
德阳市	992.50		3451.07	3435.26	1142.57	

continued 13

燃气损失量 Loss Amount	用气户数（户） Number of Household with Access to Gas (unit)	居民家庭 Households	用气人口（万人） Population with Access to Gas (10000 persons)	液化气汽车加气站（座） Gas Stations for LPG-Fueled Motor Vehicles (unit)	城市名称 Name of Cities
8.00	56597	56597	12.15		岑溪市
0.15	55465	53891	22.00		北海市
8.50	20637	19523	7.99		防城港市
2.00	12140	11909	4.34		东兴市
73.50	113689	100688	13.59		钦州市
9.00	102063	98688	11.43		贵港市
1.32	27318	25866	11.23		桂平市
0.10	37200	33000	12.63		玉林市
92.12	16832	15112	0.78		北流市
29.16	43440	40818	13.59		百色市
9.70	57572	57572	16.43		靖西市
0.30	37000	37000	11.10		平果市
51.00	72250	71129	18.30		贺州市
11.50	68802	64973	19.99		河池市
78.87	36334	34200	12.88		来宾市
23.00	13492	13265	4.70		合山市
1.74	44210	43200	8.05		崇左市
20.00	20000	20000	7.43		凭祥市
261.59	**480594**	**466602**	**58.89**		**海　南**
4.21	282944	282944	21.00		海口市
242.78	52994	47194	4.91		三亚市
5.00	45400	38400	13.04		儋州市
	11000	11000	3.27		五指山市
2.00	38847	38847	5.49		琼海市
	15622	15622	3.22		文昌市
7.00	19225	18316	5.48		万宁市
0.60	14562	14279	2.48		东方市
112.20	**135989**	**90064**	**32.87**		**重　庆**
112.20	135989	90064	32.87		重庆市
1657.43	**451934**	**360509**	**99.54**	**17**	**四　川**
106.63	191733	156158	39.68	3	成都市
9.00	4702	4178	0.24		简阳市
0.61	1549	1201	0.36		都江堰市
7.00	15121	10551	3.20		彭州市
5.00	1682	1533	0.42		邛崃市
101.58	12929	10616	1.44		崇州市
29.80	1904	1904	0.30		自贡市
2.48	11583	9444	3.57		攀枝花市
14.50	6781	5202	2.11		泸州市
15.81	7635	5414	2.47		德阳市

5-3-2 续表 14

城市名称 Name of Cities	储气能力(吨) Gas Storage Capacity (ton)	供气管道长度(公里) Length of Gas Supply Pipeline (km)	供气总量(吨) Total Gas Supplied(ton) 合计 Total	销售气量 Quantity Sold	居民家庭 Households	燃气汽车 Gas-Powered Automobiles
广汉市	1861.00		6124.41	6124.30	1666.34	
什邡市	320.00		563.00	563.00	489.00	
绵竹市	123.25		721.00	720.00	680.00	
绵阳市	653.40	0.68	2688.97	2678.97	2165.97	
江油市	232.00		970.23	970.00	663.00	
广元市	336.00		753.00	746.70	687.00	
遂宁市	87.00		881.00	880.00	67.00	
射洪市						
内江市	1050.00		9598.36	9147.36	1053.85	
隆昌市	182.76	0.50	207.08	207.07	44.83	
乐山市		38.00	5238.91	5206.26	2398.42	
峨眉山市	725.00		1666.00	1663.00	98.56	1564.44
南充市	880.00	1.20	4990.00	4800.00	3650.00	
阆中市	85.00	1.00	1210.00	1150.00	600.00	
眉山市	185.00		242.70	240.23	77.00	
宜宾市	242.00		3673.55	3673.05	3170.05	
广安市	73.00		502.74	502.64	482.64	
华蓥市	191.00		851.68	851.68	533.44	
达州市	170.00	0.35	510.40	510.30	510.30	
万源市	49.00		670.00	670.00	670.00	
雅安市	410.00	0.47	2053.41	2053.41	881.00	
巴中市	370.00	2.23	1975.50	1975.00	1975.00	
资阳市	165.00		311.00	307.00	132.00	
马尔康市	640.00		730.00	710.00	710.00	
康定市	405.00		1417.00	1405.00	1276.30	
会理市	185.00		842.00	820.95	505.00	
西昌市	1060.00	70.00	11202.00	10653.00	5140.00	
贵　州	**14576.37**		**110613.03**	**110520.99**	**42620.74**	
贵阳市	6099.00		52000.00	52000.00	10500.00	
清镇市	190.00		1489.80	1489.80	390.00	
六盘水市	190.00		3510.00	3477.00	330.00	
盘州市			1924.00	1924.00	1924.00	
遵义市	1165.72		8945.26	8945.06	8100.06	
赤水市	50.00		257.00	255.00	100.00	
仁怀市	50.00		2817.44	2815.00	2812.00	
安顺市	285.00		9454.12	9454.12	2262.27	
毕节市	929.00		8777.04	8758.57	2758.48	
黔西市	450.00		3219.00	3219.00	2422.00	
铜仁市	1407.00		2601.83	2596.83	1055.35	
兴义市	695.00		4650.00	4641.00	3823.00	

continued 14

燃气损失量 Loss Amount	用气户数（户） Number of Household with Access to Gas (unit)	居民家庭 Households	用气人口（万人） Population with Access to Gas (10000 persons)	液化气汽车加气站（座） Gas Stations for LPG-Fueled Motor Vehicles (unit)	城市名称 Name of Cities
0.11	6320	5716	2.13		广汉市
	9876	1240	1.00		什邡市
1.00	2109	2001	0.16		绵竹市
10.00	3083	2353	1.17		绵阳市
0.23	3220	1120	0.27		江油市
6.30	4757	4516	0.81		广元市
1.00	3520	1020	0.42		遂宁市
					射洪市
451.00	18592	3011	0.25		内江市
0.01	301	175	0.30		隆昌市
32.65	15702	15702	1.35		乐山市
3.00	690	422	0.15	7	峨眉山市
190.00	13200	12400	2.00		南充市
60.00	1800	1321	0.37		阆中市
2.47	3400	1460	0.48		眉山市
0.50	5223	4656	2.59	2	宜宾市
0.10	3291	2696	0.45		广安市
	2257	1514	0.35		华蓥市
0.10	573	573	0.10		达州市
	5000	5000	1.00		万源市
	2454	2052	0.21		雅安市
0.50	5884	5884	1.98	4	巴中市
4.00	1905	810	1.70		资阳市
20.00	3200	3200	1.55		马尔康市
12.00	14900	12406	3.60	1	康定市
21.05	9668	9170	1.95		会理市
549.00	55390	53890	19.41		西昌市
92.04	**763538**	**655040**	**222.65**		**贵　州**
	125000	80000	24.00		贵阳市
	8394	5203	3.00		清镇市
33.00	12230	6181	4.13		六盘水市
	23503	23503	9.40		盘州市
0.20	167782	166996	52.46		遵义市
2.00	1532	1000	0.40		赤水市
2.44	75912	74312	7.00		仁怀市
	55324	31030	13.31		安顺市
18.47	86214	78880	22.09		毕节市
	51025	47533	17.86		黔西市
5.00	30025	26825	11.41		铜仁市
9.00	24021	18406	26.20		兴义市

5-3-2 续表 15

城市名称 Name of Cities	储气能力（吨） Gas Storage Capacity (ton)	供气管道长度（公里） Length of Gas Supply Pipeline (km)	供气总量（吨） Total Gas Supplied (ton) 合计 Total	销售气量 Quantity Sold	居民家庭 Households	燃气汽车 Gas-Powered Automobiles
兴仁市	383.96		946.00	926.00	926.00	
凯里市	1397.69		6372.17	6370.49	2545.54	
都匀市	809.00		2351.37	2351.12	1542.04	
福泉市	475.00		1298.00	1298.00	1130.00	
云　南	**21678.23**	**16.94**	**174895.20**	**174557.76**	**55014.31**	
昆明市	8265.00		119819.59	119794.29	23653.00	
安宁市	280.00		2104.24	2058.04	142.28	
曲靖市	3709.70	15.51	8416.96	8352.80	5186.16	
宣威市	226.00	0.83	849.15	834.65	800.34	
玉溪市	799.85	0.60	5657.44	5600.33	1020.96	
澄江市	2020.00		600.00	599.50	599.50	
保山市	1542.00		1958.70	1931.00	667.50	
腾冲市	123.00		2170.96	2168.25	1710.01	
昭通市	286.00		344.00	332.00	332.00	
水富市	80.00		132.00	132.00	132.00	
丽江市	305.00		2728.40	2725.40	1945.60	
普洱市	216.00		1980.00	1960.00	896.00	
临沧市	75.00		4496.96	4486.88	2817.22	
禄丰市	432.23		851.85	848.95	848.95	
楚雄市	160.00		1306.09	1303.09	1057.80	
个旧市	170.00		1736.00	1733.90	80.00	
开远市	465.00		1479.12	1465.63	482.74	
蒙自市	240.00		3014.72	3012.00	1205.00	
弥勒市	220.00		650.10	646.00	436.00	
文山市	350.45		2322.40	2320.88	2320.88	
景洪市	400.00		3721.70	3721.70	3215.80	
大理市	410.00		4351.95	4350.50	1980.30	
瑞丽市	450.00		1738.90	1723.00	1699.00	
芒市	210.00		1075.00	1075.00	1075.00	
泸水市	115.00		488.97	485.97	342.27	
香格里拉市	128.00		900.00	896.00	368.00	
西　藏	**2047.50**	**1.40**	**46100.80**	**46058.41**	**8378.41**	**4847.72**
拉萨市	1050.00		37344.24	37302.85	332.85	4155.72
日喀则市	281.00	1.40	1951.00	1951.00	1673.00	270.00
昌都市	130.00		860.70	860.00	630.00	220.00
林芝市	150.00		4188.30	4188.00	4188.00	
山南市	252.00		932.00	932.00	730.00	202.00
那曲市	184.50		824.56	824.56	824.56	
陕　西	**13119.00**		**53963.35**	**53675.96**	**46509.80**	
西安市	3900.00		22763.19	22652.67	21678.53	

continued 15

燃气损失量 Loss Amount	用气户数（户） Number of Household with Access to Gas (unit)	居民家庭 Households	用气人口（万人） Population with Access to Gas (10000 persons)	液化气汽车加气站（座） Gas Stations for LPG-Fueled Motor Vehicles (unit)	城市名称 Name of Cities
20.00	25650	25650	9.56		兴仁市
1.68	38491	34007	11.49		凯里市
0.25	35904	34112	8.45		都匀市
	2531	1402	1.89		福泉市
337.44	**668366**	**540451**	**218.65**		**云　南**
25.30	199537	172346	63.52		昆明市
46.20	3334	1444	0.34		安宁市
64.16	48750	34726	11.57		曲靖市
14.50	41005	38219	19.11		宣威市
57.11	15897	13045	4.40		玉溪市
0.50	3020	3020	0.85		澄江市
27.70	16120	9020	4.60		保山市
2.71	4555	2134	1.72		腾冲市
12.00	4263	4263	3.24		昭通市
	270	270	0.08		水富市
3.00	8055	6188	2.15		丽江市
20.00	63660	28900	17.90		普洱市
10.08	29032	21496	8.40		临沧市
2.90	10784	10784	5.54		禄丰市
3.00	30700	26680	14.91		楚雄市
2.10	1897	812	0.24		个旧市
13.49	3874	2940	1.16		开远市
2.72	25080	18810	7.60		蒙自市
4.10	10360	8480	2.45		弥勒市
1.52	19900	19900	7.36		文山市
	54520	52017	11.50		景洪市
1.45	39258	32654	13.90		大理市
15.90	14820	14820	7.90		瑞丽市
	6314	6314	2.14		芒市
3.00	7761	6586	2.92		泸水市
4.00	5600	4583	3.15		香格里拉市
42.39	**76819**	**74360**	**39.91**	**13**	**西　藏**
41.39	3820	3451	10.25	7	拉萨市
	18900	18900	8.01	3	日喀则市
0.70	13285	11195	5.40	2	昌都市
0.30	24006	24006	6.05		林芝市
	9050	9050	6.00	1	山南市
	7758	7758	4.20		那曲市
287.39	**304633**	**227617**	**61.12**		**陕　西**
110.52	118311	60822	15.27		西安市

5-3-2 续表 16

城市名称 Name of Cities	储气能力（吨） Gas Storage Capacity (ton)	供气管道长度（公里） Length of Gas Supply Pipeline (km)	供气总量（吨） Total Gas Supplied (ton) 合计 Total	销售气量 Quantity Sold	居民家庭 Households	燃气汽车 Gas-Powered Automobiles
铜川市	300.00		842.54	826.60	6.00	
宝鸡市	175.00		2487.00	2472.00	544.00	
咸阳市						
彬州市	404.00		850.00	848.06	309.00	
兴平市	200.00		2130.01	2130.00	2130.00	
渭南市	1842.00		1774.10	1757.00	1419.00	
韩城市	160.00		856.70	846.50	189.50	
华阴市	90.00		445.00	440.00	440.00	
延安市	560.00		4703.58	4703.26	4571.36	
子长市	55.00		761.40	760.20	405.00	
汉中市	3620.00		3175.67	3131.00	3122.00	
榆林市	255.00		2898.80	2892.00	2387.00	
神木市	165.00		500.00	490.00	410.00	
安康市	815.00		5100.00	5100.00	5100.00	
旬阳市	98.00		2462.00	2420.00	2383.00	
商洛市	480.00		2213.36	2206.67	1415.41	
杨凌区						
甘　肃	**5234.46**		**46993.83**	**46801.15**	**25325.53**	**5124.00**
兰州市	1195.10		20826.23	20771.91	8623.90	
嘉峪关市	635.00		1861.24	1829.74	1475.25	
金昌市	42.00		1440.00	1427.90	510.00	
白银市	565.00		707.00	702.00	459.60	
天水市	162.00		1127.62	1122.00	552.00	
武威市	408.00		691.10	688.70	608.70	
张掖市	187.00		9674.70	9663.00	4539.00	5124.00
平凉市	50.00		84.02	80.39	80.39	
华亭市	137.00		290.10	287.00	273.00	
酒泉市	230.00		1940.22	1938.19	1938.19	
玉门市	119.00		501.30	499.60	499.60	
敦煌市	144.30		788.96	788.60	788.60	
庆阳市	195.00		1860.00	1841.00	1841.00	
定西市	229.86		643.34	641.12	509.80	
陇南市	650.00		1503.00	1500.00	1500.00	
临夏市	240.00		2735.00	2705.00	811.50	
合作市	45.20		320.00	315.00	315.00	
青　海	**2485.30**		**16460.96**	**16420.45**	**7330.97**	
西宁市	231.00		11566.00	11558.00	2478.00	
海东市						
同仁市	226.00		209.00	203.00	200.00	
玉树市	482.30		1353.10	1345.10	1345.10	
茫崖市	75.00		360.00	353.52	347.04	
格尔木市	1271.00		2837.86	2827.83	2827.83	
德令哈市	200.00		135.00	133.00	133.00	

continued 16

燃气损失量 Loss Amount	用气户数（户） Number of Household with Access to Gas (unit)	居民家庭 Households	用气人口（万人） Population with Access to Gas (10000 persons)	液化气汽车加气站（座） Gas Stations for LPG-Fueled Motor Vehicles (unit)	城市名称 Name of Cities
15.94	3262	22			铜川市
15.00	14520	8360	0.37		宝鸡市
					咸阳市
1.94	4127	3894	1.39		彬州市
0.01	11741	11741	4.00		兴平市
17.10	16362	15974	2.56		渭南市
10.20	3623	1756	0.87		韩城市
5.00	7200	7200	2.90		华阴市
0.32	34042	33789	6.84		延安市
1.20	4500	3750	2.18		子长市
44.67	20028	18608	4.64		汉中市
6.80	7062	6731	1.41		榆林市
10.00	5500	4000	1.38		神木市
	18480	18480	5.75		安康市
42.00	14030	13160	5.95		旬阳市
6.69	21845	19330	5.61		商洛市
					杨凌区
192.68	**177543**	**150419**	**45.27**	**3**	**甘　肃**
54.32	32549	23836	7.97		兰州市
31.50	6000	4350	0.73		嘉峪关市
12.10	1800	1020	3.68		金昌市
5.00	2450	2170	0.80		白银市
5.62	8425	6306	2.29		天水市
2.40	1710	1710	0.48		武威市
11.70	16406	14315	3.91	3	张掖市
3.63	240	240	0.06		平凉市
3.10	5249	4726	1.78		华亭市
2.03	24658	24658	4.01		酒泉市
1.70	1400	1400	0.46		玉门市
0.36	2170	2170	0.30		敦煌市
19.00	6177	6177	1.88		庆阳市
2.22	8873	8224	4.38		定西市
3.00	39000	39000	9.60		陇南市
30.00	14796	4477	1.80		临夏市
5.00	5640	5640	1.14		合作市
40.51	**49235**	**40468**	**18.98**	**5**	**青　海**
8.00	12407	3640	2.09	1	西宁市
					海东市
6.00	4310	4310	1.70		同仁市
8.00	21797	21797	11.72		玉树市
6.48	2652	2652	0.92	4	茫崖市
10.03	6844	6844	2.15		格尔木市
2.00	1225	1225	0.40		德令哈市

5-3-2 续表 17

城市名称 Name of Cities	储气能力（吨） Gas Storage Capacity (ton)	供气管道长度（公里） Length of Gas Supply Pipeline (km)	供气总量（吨） Total Gas Supplied (ton) 合计 Total	销售气量 Quantity Sold	居民家庭 Households	燃气汽车 Gas-Powered Automobiles
宁　夏	**3076.00**	**0.12**	**9007.40**	**8975.50**	**3829.90**	
银川市	336.00		3687.00	3687.00	810.00	
灵武市	1200.00	0.12	191.80	191.00	182.40	
宁东能源化工基地	120.00		1920.00	1920.00	400.00	
石嘴山市						
吴忠市	500.00		1470.00	1470.00	735.00	
青铜峡市	105.00		653.00	652.50	652.50	
固原市	815.00		1085.60	1055.00	1050.00	
中卫市						
新　疆	**2533.10**	**1.88**	**49563.58**	**49499.20**	**26955.68**	**1214.20**
乌鲁木齐市	950.00		25102.00	25101.87	8973.40	
克拉玛依市	40.00		1462.30	1460.80	0.80	
吐鲁番市	100.00		270.00	260.40	260.40	
哈密市			1660.00	1660.00	1500.00	
昌吉市	100.00	0.78	3461.85	3456.90	3456.90	
阜康市	50.00		995.04	994.94	994.94	
博乐市	46.00		443.74	443.34	443.34	
阿拉山口市	1.50		240.01	240.00	240.00	
库尔勒市	50.00	0.60	3000.00	3000.00	3000.00	
阿克苏市	350.00		5451.70	5430.00	3200.00	
库车市	280.00		363.52	362.50	362.50	
阿图什市	52.00		600.00	590.00	365.00	
喀什市	100.00		1760.00	1759.00	880.00	879.00
和田市	18.60		492.25	491.55	55.50	335.20
伊宁市	80.00		780.00	780.00	390.00	
奎屯市	50.00		1567.77	1561.00	1216.00	
霍尔果斯市			122.00	122.00	122.00	
塔城市	90.00	0.20	613.00	612.90	612.90	
乌苏市	80.00		450.90	450.00	390.00	
沙湾市	25.00	0.30	382.50	380.00	150.00	
阿勒泰市	70.00		345.00	342.00	342.00	
新疆兵团	**544.00**	**0.67**	**4888.03**	**4834.09**	**3456.97**	**348.00**
石河子市						
阿拉尔市	300.00		2696.11	2671.32	2671.32	
图木舒克市	50.00	0.40	580.65	580.50	232.35	348.00
五家渠市	44.00	0.27	872.52	863.52	50.00	
北屯市	150.00		620.00	600.00	400.00	
铁门关市			18.75	18.75	3.30	
双河市						
可克达拉市						
昆玉市			100.00	100.00	100.00	
胡杨河市						
新星市						

continued 17

燃气损失量 Loss Amount	用气户数（户） Number of Household with Access to Gas (unit)	居民家庭 Households	用气人口（万人） Population with Access to Gas (10000 persons)	液化气汽车加气站（座） Gas Stations for LPG-Fueled Motor Vehicles (unit)	城市名称 Name of Cities
31.90	**52980**	**49174**	**14.65**		**宁　夏**
	13034	11421	3.91		银川市
0.80	1800	1760	0.54		灵武市
	3431	3132			宁东能源化工基地
					石嘴山市
	8000	7200	1.50		吴忠市
0.50	2997	2997	0.50		青铜峡市
30.60	23718	22664	8.20		固原市
					中卫市
64.38	**245124**	**208751**	**37.40**	**3**	**新　疆**
0.13	117923	91649	10.36		乌鲁木齐市
1.50	320	13	0.02		克拉玛依市
9.60	3490	3490	1.11		吐鲁番市
	13440	13240			哈密市
4.95	2272	2272	0.68		昌吉市
0.10	6596	6596	0.65		阜康市
0.40	5980	5980	1.71		博乐市
0.01	4100	4100	1.16		阿拉山口市
	17000	17000	3.50		库尔勒市
21.70	24000	23200	7.00		阿克苏市
1.02	3017	3017	0.70		库车市
10.00	300	40	0.02		阿图什市
1.00	9700	5900	2.80	2	喀什市
0.70	904	151	0.04	1	和田市
	14980	12194	2.38		伊宁市
6.77	3686	3584	1.73		奎屯市
	1900	1900	0.22		霍尔果斯市
0.10	7000	7000	1.60		塔城市
0.90	5116	4275	1.02		乌苏市
2.50	1100	850	0.30		沙湾市
3.00	2300	2300	0.40		阿勒泰市
53.94	**36211**	**32013**	**6.65**	**1**	**新疆兵团**
					石河子市
24.79	25520	25520	4.33		阿拉尔市
0.15	6125	2642	1.12	1	图木舒克市
9.00	1041	800	0.28		五家渠市
20.00	3271	2900	0.85		北屯市
	125	22	0.03		铁门关市
					双河市
					可克达拉市
	129	129	0.04		昆玉市
					胡杨河市
					新星市

六、城市集中供热

Urban Central Heating

简要说明

城市供热指向热用户供应热能的活动，可分为集中供热和分散供热。本部分只包括集中供热，集中供热指从一个或多个热源通过热网向城市的热用户供给生产和生活热能的方式，要求具有一定的规模。

Brief Introduction

Urban heating is to supply heat energy to urban users in two ways: central heating and individual heating. This section is only about central heating, which is to deliver heat from one or more heat sources through network to urban end-users for industrial and domestic purposes.

6 全国历年城市集中供热情况(1981—2023)

National Urban Central Heating in Past Years(1981—2023)

年份 Year	供热能力 Heating Capacity		供热总量 Total Heat Supplied		管道长度(公里) Length of Pipelines(km)		集中供热面积(万平方米) Heated Area (10000 sq. m)
	蒸汽(吨/小时) Steam (ton/hour)	热水(兆瓦) Hot Water (mega watts)	蒸汽(万吉焦) Steam (10000 gigajoules)	热水(万吉焦) Hot Water (10000 gigajoules)	蒸汽 Steam	热水 Hot Water	
1981	754	440	641	183	79	280	1167
1982	883	718	627	241	37	491	1451
1983	965	987	650	332	67	586	1841
1984	1421	1222	996	454	71	761	2445
1985	1406	1360	896	521	76	954	2742
1986	9630	36103	3467	2704	183	1335	9907
1987	16258	27601	6669	3650	163	1576	15282
1988	18550	32746	5978	4848	209	2193	13883
1989	20177	25987	6782	4334	401	2678	19386
1990	20341	20128	7117	21658	157	3100	21263
1991	21495	29663	8195	21065	656	3952	27651
1992	25491	45386	9267	26670	362	4230	32832
1993	31079	48437	10633	29036	532	5161	44164
1994	34848	52466	10335	32056	670	6399	50992
1995	67601	117286	16414	75161	909	8456	64645
1996	62316	103960	17615	56307	9577	24012	73433
1997	65207	69539	20604	62661	7054	25446	80755
1998	66427	71720	17463	64684	6933	27375	86540
1999	70146	80591	22169	69771	7733	30506	96775
2000	74148	97417	23828	83321	7963	35819	110766
2001	72242	126249	37655	100192	9183	43926	146329
2002	83346	148579	57438	122728	10139	48601	155567
2003	92590	171472	59136	128950	11939	58028	188956
2004	98262	174442	69447	125194	12775	64263	216266
2005	106723	197976	71493	139542	14772	71338	252056
2006	95204	217699	67794	148011	14012	79943	265853
2007	94009	224660	66374	158641	14116	88870	300591
2008	94454	305695	69082	187467	16045	104551	348948
2009	93193	286106	63137	200051	14317	110490	379574
2010	105084	315717	66397	224716	15122	124051	435668
2011	85273	338742	51777	229245	13381	133957	473784
2012	86452	365278	51609	243818	12690	147390	518368
2013	84362	403542	53242	266462	12259	165877	571677
2014	84664	447068	55614	276546	12476	174708	611246
2015	80699	472556	49703	302110	11692	192721	672205
2016	78307	493254	41501	318044	12180	201390	738663
2017	98328	647827	57985	310300	276288		830858
2018	92322	578244	57731	323665	371120		878050
2019	100943	550530	65067	327475	392917		925137
2020	103471	566181	65054	345004	425982		988209
2021	118784	593226	68164	357715	461493		1060316
2022	125543	600194	67113	361226	493417		1112500
2023	123908	631206	65489	362974	523671		1154896

注：1981年至1995年热水供热能力计量单位为兆瓦/小时；1981年至2000年蒸汽供热总量计量单位为万吨。

Notes: Heating capacity through hot water from 1981 to 1995 is measured with the unit of megawatts/hour; Heating capacity through steam from 1981 to 2000 is measured with the unit of 10000 tons.

6-1 2023年按省分列的城市集中供热

地区名称 Name of Regions	蒸汽 Steam						热水		
	供热能力（吨/小时） Heating Capacity (ton/hour)	热电厂供热 Heating by Co-Generation	锅炉房供热 Heating by Boilers	供热总量（万吉焦） Total Heat Supplied (10000 gigajoules)	热电厂供热 Heating by Co-Generation	锅炉房供热 Heating by Boilers	供热能力（兆瓦） Heating Capacity (mega watts)	热电厂供热 Heating by Co-Generation	锅炉房供热 Heating By Boilers
全　国	**123908**	**115113**	**8755**	**65489**	**61838**	**3607**	**631206**	**317785**	**231815**
北　京							52380	9973	
天　津	1875	1785	90	806	787	19	32643	10866	21777
河　北	5925	5545	380	3762	3717	45	52242	31977	12297
山　西	20373	19723	650	11981	11426	556	33001	22001	7762
内蒙古	5591	5591		3338	3338		55147	43160	11610
辽　宁	20859	19979	880	11428	11009	419	75358	26520	46625
吉　林	1783	1703	80	990	990		49267	20983	27325
黑龙江	12402	11813	589	6521	6202	320	53362	32257	20520
上　海									
江　苏	6208	5844	364	700	530	170	25		25
浙　江									
安　徽	3160	3160		2568	2568		208	8	
福　建									
江　西									
山　东	24050	21544	2467	11452	10551	902	75295	52450	17790
河　南	5377	5001	376	2616	2385	189	27751	21808	3987
湖　北	1943	1943		1678	1678		1600		0
湖　南									
广　东									
广　西									
海　南									
重　庆									
四　川									
贵　州							280		102
云　南							471		50
西　藏							46	46	
陕　西	8520	5908	2612	3859	2905	954	32686	14527	13123
甘　肃	795	795		741	741		20529	9481	10785
青　海							10272	668	9604
宁　夏	2004	2004		1019	1019		11513	6780	529
新　疆	517	485	32	241	209	32	41213	13606	26965
新疆兵团	2525	2290	235	1787	1784	2	5916	675	940

Urban Central Heating by Province(2023)

Hot Water 供热总量(万吉焦) Total Heat Supplied (10000 gigajoules)	热电厂供热 Heating by Co-Generation	锅炉房供热 Heating by Boilers	管道长度(公里) Length of Pipelines (km)	一级管网 First Class	二级管网 Second Class	供热面积(万平方米) Heated Area (10000 sq. m)	住宅 Housing	公共建筑 Public Building	地区名称 Name of Regions
362974	**206224**	**123964**	**523671**	**131407**	**392264**	**1154896**	**877468**	**260542**	**全　国**
20515	5640		68666	4827	63840	72113	49105	23009	北　京
15771	6922	8850	37301	9317	27985	60117	46663	13453	天　津
31084	18608	6248	56192	11778	44414	106871	86332	19373	河　北
18098	14595	3228	28112	9935	18177	85659	63363	20288	山　西
32650	25668	6982	28519	7121	21399	71281	46667	19020	内蒙古
56480	21101	33434	67797	14603	53194	149371	110671	37695	辽　宁
26889	14942	11572	38942	8649	30293	69149	48786	19935	吉　林
42125	26375	14979	25992	6432	19560	91584	65786	25777	黑龙江
									上　海
14		14	460	443	17	4021	4021		江　苏
									浙　江
11	2		864	851	13	2689	1593	1089	安　徽
									福　建
									江　西
44882	30220	11113	105360	31651	73709	206646	175418	31142	山　东
15149	12046	1765	16374	10253	6121	66551	57792	7336	河　南
35		0	534	333	201	1982	1722		湖　北
									湖　南
									广　东
									广　西
									海　南
									重　庆
			80	20	60	19		19	四　川
85		20	55	29	26	233	144	88	贵　州
90		3	492	153	340	209	115	90	云　南
112	112		300	40	260	186	56	130	西　藏
14124	7332	5457	5798	3942	1855	56548	44773	9236	陕　西
12893	6221	6571	15085	3334	11751	31946	22568	9174	甘　肃
3541	427	3114	1162	355	807	7362	5240	2122	青　海
6340	5432	418	6785	1995	4790	16173	12553	3499	宁　夏
20503	10194	9515	16298	4395	11902	47384	30270	15944	新　疆
1581	387	680	2503	951	1552	6803	3830	2121	新疆兵团

6-2 2023年按城市分列的城市集中供热

城市名称 Name of Cities	蒸汽 Steam 供热能力（吨/小时） Heating Capacity (ton/hour)	热电厂供热 Heating by Co-Generation	锅炉房供热 Heating by Boilers	供热总量（万吉焦） Total Heat Supplied (10000 gigajoules)	热电厂供热 Heating by Co-Generation	锅炉房供热 Heating by Boilers	热水 供热能力（兆瓦） Heating Capacity (mega watts)	热电厂供热 Heating by Co-Generation	锅炉房供热 Heating By Boilers
全　国	**123908**	**115113**	**8755**	**65489**	**61838**	**3607**	**631206**	**317785**	**231815**
北　京							**52380**	**9973**	
天　津	**1875**	**1785**	**90**	**806**	**787**	**19**	**32643**	**10866**	**21777**
河　北	**5925**	**5545**	**380**	**3762**	**3717**	**45**	**52242**	**31977**	**12297**
石家庄市	2770	2770		2195	2195		9546	2102	4108
晋州市							338	140	198
新乐市	280	280		270	270				
唐山市							6573	6346	227
滦州市							340		
遵化市							900	700	
迁安市							1300	794	
秦皇岛市							5467	4266	1201
邯郸市							3870	3670	
武安市							681	681	
邢台市							3748	2300	
南宫市	40		40	30		30	119		
沙河市									
保定市							2531	1606	450
涿州市	390	390		269	269		359	348	11
安国市							1014		
高碑店市							442		442
张家口市	1740	1740		739	739		3742	2600	1142
承德市	105	105		100	100		1828	1457	302
平泉市							360		360
沧州市							1869	1745	124
泊头市							348		290
任丘市							558	558	
黄骅市							820		820
河间市							276		276
廊坊市	340		340	15		15	2232	825	1407
霸州市							281		281
三河市							466		466
衡水市							1748	1748	
深州市									
辛集市	260	260		145	145		486	91	191
定州市									
山　西	**20373**	**19723**	**650**	**11981**	**11426**	**556**	**33001**	**22001**	**7762**
太原市	11068	11068		5947	5947		4874		4334
古交市							397	397	
大同市							5115	5115	
阳泉市							3002	2815	11

County Seat Central Heating by Province(2023)

Hot Water			管道长度（公里）			供热面积（万平方米）			
供热总量（万吉焦） Total Heat Supplied (10000 gigajoules)	热电厂供热 Heating by Co-Generation	锅炉房供热 Heating by Boilers	Length of Pipelines (km)	一级管网 First Class	二级管网 Second Class	Heated Area (10000 sq. m)	住宅 Housing	公共建筑 Public Building	城市名称 Name of Cities
362974	**206224**	**123964**	**523671**	**131407**	**392264**	**1154896.0**	**877468.1**	**260542.1**	**全　国**
20515	**5640**		**68666**	**4827**	**63840**	**72113.2**	**49104.6**	**23008.6**	**北　京**
15771	**6922**	**8850**	**37301**	**9317**	**27985**	**60116.8**	**46663.5**	**13453.3**	**天　津**
31084	**18608**	**6248**	**56192**	**11778**	**44414**	**106870.9**	**86332.0**	**19372.7**	**河　北**
5574	1440	1332	16725	2943	13782	26901.8	21705.3	4760.3	石家庄市
130	63	67	178	49	129	572.6	521.8	50.8	晋州市
			96	43	53	423.0	380.0	43.0	新乐市
3458	3401	57	4397	869	3527	9343.4	7937.0	1406.5	唐山市
350			313	63	250	719.0	637.1	81.9	滦州市
396	310		497	128	369	1278.0	1123.0	155.0	遵化市
1116	582		617	202	415	2553.0	1765.0	768.0	迁安市
2855	2287	568	8434	1153	7281	9327.8	7332.3	1986.7	秦皇岛市
1883	1683		2508	1134	1374	8291.5	6830.4	1461.1	邯郸市
498	498		408	4	404	1550.0	1307.0	243.0	武安市
1203	120		1125	498	627	4293.1	3688.9	604.2	邢台市
108			173	7	166	333.0	308.0	22.0	南宫市
85			131	131		308.2	262.4	45.8	沙河市
1568	1457	106	3043	781	2262	6977.6	5621.6	1356.0	保定市
43	40	3	473	81	393	979.0	722.0		涿州市
423									安国市
259		232	287	142	145	795.0	612.8	85.0	高碑店市
2313	1692	621	3819	829	2990	8124.8	6120.0	2004.8	张家口市
1078	1018	11	1600	427	1173	3296.6	2306.1	908.1	承德市
343		343	450	118	332	755.0	591.4	163.6	平泉市
991	984	7	4741	531	4210	4450.5	3698.1	752.4	沧州市
160		160	571	114	457	470.0	400.0	70.0	泊头市
540	540		344	86	257	1470.1	1131.6	338.5	任丘市
996		996	690	308	382	1569.0	1156.0	152.0	黄骅市
186		186	327	63	265	757.0	672.8	84.2	河间市
1300	595	705	1069	263	806	3137.4	2325.2	812.2	廊坊市
220		160	324	100	224	369.1	358.5	10.6	霸州市
200		200	446	66	380	463.6	410.0	53.6	三河市
1250	1250		1269	277	992	2734.0	2311.6	422.4	衡水市
172	172		282	42	240	537.0	508.0	29.0	深州市
887	35	495	687	212	475	2212.9	1808.2	404.0	辛集市
500	440		169	114	55	1878.0	1780.0	98.0	定州市
18098	**14595**	**3228**	**28112**	**9935**	**18177**	**85659.2**	**63363.1**	**20287.8**	**山　西**
1059		820	2005	2005		22690.0	15883.0	6807.0	太原市
271	271		600	148	452	850.0	650.0	200.0	古交市
3970	3970		5200	1277	3923	10019.8	7923.0	2096.8	大同市
1179	1174	5	1689	458	1231	3623.2	2917.0	706.2	阳泉市

6-2 续表 1

城市名称 Name of Cities	蒸汽 Steam 供热能力（吨/小时） Heating Capacity (ton/hour)	热电厂供热 Heating by Co-Generation	锅炉房供热 Heating by Boilers	供热总量（万吉焦） Total Heat Supplied (10000 gigajoules)	热电厂供热 Heating by Co-Generation	锅炉房供热 Heating by Boilers	热水 供热能力（兆瓦） Heating Capacity (mega watts)	热电厂供热 Heating by Co-Generation	锅炉房供热 Heating By Boilers
长治市	5070	4420	650	3906	3350	556	1730	1660	70
晋城市							2580	2580	
高平市	690	690		384	384		308		308
朔州市							174	174	
怀仁市							1008	1008	
晋中市	980	980		955	955		2568	320	1976
介休市							522		522
运城市							1176	1176	
永济市									
河津市							568	568	
忻州市							1065	1065	
原平市							541		541
临汾市							1500	1500	
侯马市							780	780	
霍州市							529	529	
吕梁市							3998	1748	
孝义市	2565	2565		790	790				
汾阳市							566	566	
内蒙古	**5591**	**5591**		**3338**	**3338**		**55147**	**43160**	**11610**
呼和浩特市							14047	8320	5727
包头市							7000	6910	90
乌海市							2341	2341	
赤峰市	180	180		153	153		3555	2923	632
通辽市	2875	2875		1351	1351		858		858
霍林郭勒市							2800	2800	
鄂尔多斯市	710	710		537	537		8548	8049	499
呼伦贝尔市	581	581		394	394		3035	3035	
满洲里市	525	525		433	433		255		255
牙克石市							1054	400	654
扎兰屯市							480	190	290
额尔古纳市							556	225	331
根河市							146	146	
巴彦淖尔市							1566	880	686
乌兰察布市							2251	1333	918
丰镇市							425	425	
锡林浩特市							3390	3013	
二连浩特市							380		380
乌兰浩特市	720	720		470	470		2170	2170	
阿尔山市							290		290
辽 宁	**20859**	**19979**	**880**	**11428**	**11009**	**419**	**75358**	**26520**	**46625**
沈阳市	774	258	516	247	65	182	28928	8538	20365

continued 1

Hot Water			管道长度（公里） Length of Pipelines (km)			供热面积（万平方米） Heated Area (10000 sq. m)			城市名称 Name of Cities
供热总量（万吉焦） Total Heat Supplied (10000 gigajoules)	热电厂供热 Heating by Co-Generation	锅炉房供热 Heating by Boilers		一级管网 First Class	二级管网 Second Class		住宅 Housing	公共建筑 Public Building	
732	669	63	3785	1363	2422	10089. 1	6910. 1	2244. 0	长治市
1426	1426		1953	719	1235	3862. 6	2698. 1	1164. 5	晋城市
201		201	1560	265	1295	1105. 0	906. 0	199. 0	高平市
285	285		127	104	23	4274. 9	3055. 3	1219. 6	朔州市
789	789		557	153	404	1709. 0	1346. 2	362. 8	怀仁市
1535	423	1076	4056	1218	2838	7126. 4	5512. 9	1546. 5	晋中市
573		573	213	213		1932. 0	1546. 0		介休市
1014	1014		232	172	60	3590. 0	2847. 0	743. 0	运城市
			161	48	113				永济市
309	309		528	152	376	987. 6	883. 3	104. 3	河津市
886	886		1621	265	1356	2406. 8	1896. 7	510. 2	忻州市
491		491	460	173	288	1056. 0	879. 2	176. 8	原平市
1212	1212		1476	586	889	3045. 0	2329. 0	716. 0	临汾市
449	449		252	94	158	797. 0	627. 1	169. 9	侯马市
365	365		196	68	128	606. 3	402. 3	204. 0	霍州市
769	769		766	121	644	2961. 0	2129. 4	831. 6	吕梁市
			418	220	198	1630. 0	1010. 0		孝义市
584	584		258	114	145	1297. 5	1011. 7	285. 7	汾阳市
32650	**25668**	**6982**	**28519**	**7121**	**21399**	**71280. 6**	**46666. 5**	**19020. 2**	**内蒙古**
7106	3541	3565	6742	1379	5363	17765. 7	14212. 6	3553. 1	呼和浩特市
4677	4189	488	3220	651	2569	12616. 0	7965. 1	4650. 9	包头市
1139	1138		1095	311	783	2404. 7	1774. 6	630. 1	乌海市
3482	3330	152	2809	594	2215	7023. 0	4357. 0	2666. 0	赤峰市
694		694	1244	438	806	4138. 8	3094. 4	1044. 4	通辽市
591	591		622	148	474	729. 4	564. 6	164. 4	霍林郭勒市
3175	3173	2	3816	1216	2600	6006. 0	1544. 7	1207. 3	鄂尔多斯市
1914	1914		706	344	363	3239. 3	2239. 2	998. 5	呼伦贝尔市
98		98	292	136	156	1101. 3	672. 4	429. 0	满洲里市
775	342	433	215	75	140	1140. 5	754. 0	386. 5	牙克石市
401	191	210	158	75	84	783. 0	345. 0	197. 5	扎兰屯市
217	65	152	57	57		272. 0	172. 0	100. 0	额尔古纳市
184	184		87	62	25	216. 0	143. 0	73. 0	根河市
2149	2149		3414	454	2960	3250. 0	2278. 0	972. 0	巴彦淖尔市
1645	881	764	1017	341	676	3524. 4	2521. 5	1002. 9	乌兰察布市
375	375		173	36	137	600. 0	450. 0		丰镇市
2561	2561		411	411		2676. 0	1819. 7		锡林浩特市
284		284	488	128	360	619. 4	374. 1	245. 3	二连浩特市
1044	1044		1824	192	1632	2973. 4	1267. 9	633. 6	乌兰浩特市
141		141	130	74	56	201. 7	116. 8	65. 7	阿尔山市
56480	**21101**	**33434**	**67797**	**14603**	**53194**	**149370. 7**	**110670. 6**	**37694. 7**	**辽　宁**
21568	6488	15052	19979	3956	16023	45004. 3	32670. 1	12334. 2	沈阳市

6-2 续表 2

城市名称 Name of Cities	蒸汽 Steam 供热能力（吨/小时）Heating Capacity (ton/hour)	热电厂供热 Heating by Co-Generation	锅炉房供热 Heating by Boilers	供热总量（万吉焦）Total Heat Supplied (10000 gigajoules)	热电厂供热 Heating by Co-Generation	锅炉房供热 Heating by Boilers	热水 供热能力（兆瓦）Heating Capacity (mega watts)	热电厂供热 Heating by Co-Generation	锅炉房供热 Heating By Boilers
新民市							550		550
大连市	9471	9121	350	4113	3879	234	11195	2298	8897
庄河市							1052		1052
瓦房店市	269	255	14	100	97	3	1323		1323
鞍山市							4658		3853
海城市							1051	294	757
抚顺市							3440	2605	160
本溪市							2331	695	1308
丹东市	2890	2890		2104	2104		251		251
东港市							565	565	
凤城市							348	348	
锦州市	85	85		78	78		3304	2164	1141
凌海市							507		507
北镇市							322		322
营口市	2789	2789		1620	1620		1294		1198
盖州市							486		486
大石桥市							553		553
阜新市	1643	1643		1334	1334		481		481
辽阳市	350	350		245	245		2570	1775	612
灯塔市	355	355		197	197		70	70	
盘锦市	900	900		1080	1080		1516	96	1420
铁岭市							1627	1627	
调兵山市							310	250	60
开原市	700	700							
朝阳市							2320	2060	260
北票市	263	263		170	170		244	244	
凌源市									
葫芦岛市	370	370		141	141		2545	1709	736
兴城市							505	413	92
沈抚改革创新示范区							1013	770	243
吉　林	**1783**	**1703**	**80**	**990**	**990**		**49267**	**20983**	**27325**
长春市							21828	7910	13840
榆树市							990		990
德惠市							963		963
公主岭市	440	440		218	218		600	232	368
吉林市	240	160	80				4244	3219	781
蛟河市							697		690
桦甸市	208	208		207	207		128		128
舒兰市							545	405	140
磐石市							826		826
四平市							1180	590	

continued 2

Hot Water			管道长度（公里）			供热面积（万平方米）			城市名称
供热总量（万吉焦） Total Heat Supplied (10000 gigajoules)	热电厂供热 Heating by Co-Generation	锅炉房供热 Heating by Boilers	Length of Pipelines (km)	一级管网 First Class	二级管网 Second Class	Heated Area (10000 sq. m)	住宅 Housing	公共建筑 Public Building	Name of Cities
310		310	1087	160	927	753.0	569.0	184.1	新民市
7954	1834	6120	9544	3212	6332	28481.6	20209.7	8271.9	大连市
756		756	537	253	284	1400.0	1073.0	319.0	庄河市
569		562	1067	248	819	1688.9	1271.8	417.1	瓦房店市
4416		3691	4441	817	3624	8750.0	6703.5	2046.5	鞍山市
758	216	542	591	149	442	2066.0	1688.0	378.0	海城市
3025	2615	104	3297	687	2610	6049.0	4752.0	1297.0	抚顺市
1567	543	798	2420	515	1905	3946.7	3020.3	926.4	本溪市
179		179	1958	255	1703	4454.7	3441.3	1013.4	丹东市
338	338		280	60	219	1080.0	750.0	255.0	东港市
257	257		359	50	309	534.0	458.0	76.0	凤城市
2206	1840	366	2440	595	1845	5839.0	4378.0	1460.5	锦州市
451		451	203	36	168	875.0	504.0		凌海市
258		198	188	91	97	552.0	462.2	89.8	北镇市
399		336	1813	469	1344	4378.7	3282.7	1095.9	营口市
202		202	247	95	152	505.0	474.5	30.5	盖州市
450		450	425	90	335	1032.7	822.3	209.3	大石桥市
205		186	3670	338	3332	4355.3	3495.0	860.3	阜新市
2305	1460	573	1689	323	1365	4261.0	3258.5	996.6	辽阳市
12	12		455	94	361	570.0	504.0		灯塔市
1300	48	1252	2694	568	2126	6072.6	4579.6	1493.0	盘锦市
973	973		1147	350	797	3702.7	2742.7	952.5	铁岭市
535	503	32	606	125	481	992.9	797.1	195.8	调兵山市
			521	110	411	878.0	698.0	180.0	开原市
2424	2224	200	1559	283	1276	3728.0	2918.0	810.0	朝阳市
73	73		201	43	158	628.3	517.3	105.4	北票市
									凌源市
2104	1051	972	2879	273	2606	4092.0	2893.0	1189.0	葫芦岛市
296	278	18	424	83	341	807.0	297.0	105.0	兴城市
589	348	84	1077	275	802	1892.2	1440.2	402.3	沈抚改革创新示范区
26889	**14942**	**11572**	**38942**	**8649**	**30293**	**69149.1**	**48786.1**	**19935.3**	**吉　林**
10620	6435	4150	14256	3537	10719	27973.0	18335.0	9638.0	长春市
863		863	331	133	198	1323.0	1009.0	314.0	榆树市
772		772	618	110	508	1264.3	968.7	264.4	德惠市
504	218	286	2188	212	1976	1664.0	1221.0	443.0	公主岭市
2983	2715	206	6329	1104	5225	9547.4	7045.6	2501.8	吉林市
341		341	259	70	189	789.4	580.0	209.4	蛟河市
43		43	397	113	284	605.2	420.7	184.5	桦甸市
275	155	120	213	65	149	742.3	571.9	170.4	舒兰市
390		390	484	121	363	798.1	599.9	198.3	磐石市
880	670		1485	395	1090	2223.0	1633.0	590.0	四平市

6-2 续表 3

城市名称 Name of Cities	蒸汽 Steam 供热能力（吨/小时） Heating Capacity (ton/hour)	热电厂供热 Heating by Co-Generation	锅炉房供热 Heating by Boilers	供热总量（万吉焦） Total Heat Supplied (10000 gigajoules)	热电厂供热 Heating by Co-Generation	锅炉房供热 Heating by Boilers	热水 供热能力（兆瓦） Heating Capacity (mega watts)	热电厂供热 Heating by Co-Generation	锅炉房供热 Heating By Boilers
双辽市							1270	1270	
辽源市	240	240		140	140		1132	660	472
通化市							1232	600	592
集安市							274		274
白山市	10	10		2	2		1155	1106	49
临江市							280		280
松原市							1730	680	1050
扶余市							581		581
白城市							2400	1909	491
洮南市	495	495		348	348				
大安市							459		459
延吉市							2869	895	1974
图们市							149		149
敦化市	150	150		75	75		1048		1048
珲春市							660	660	
龙井市							251	82	169
和龙市							425	425	
梅河口市							942	340	602
长白山保护开发区管理委员会							409		409
黑龙江	**12402**	**11813**	**589**	**6521**	**6202**	**320**	**53362**	**32257**	**20520**
哈尔滨市	2982	2393	589	1315	996	320	19848	12198	7650
尚志市	75	75		75	75		773	116	472
五常市							692		692
齐齐哈尔市							4431	2033	2398
讷河市							417		417
鸡西市	1073	1073		1126	1126		874	178	689
虎林市	357	357		264	264		130	130	
密山市	525	525		241	241				
鹤岗市	3870	3870		1428	1428		116		116
双鸭山市							1454	700	754
大庆市							7841	3395	4164
伊春市							1605	1081	496
铁力市	650	650		426	426				
佳木斯市							1667	1230	437
同江市	355	355		154	154		116	116	
抚远市							155	155	
富锦市							437	437	
七台河市	819	819		206	206		1924	1924	
牡丹江市	491	491		522	522		2414	2414	
海林市							482		482
宁安市	140	140		70	70		232	116	116

continued 3

Hot Water			管道长度（公里） Length of Pipelines (km)	一级管网 First Class	二级管网 Second Class	供热面积（万平方米） Heated Area (10000 sq. m)	住宅 Housing	公共建筑 Public Building	城市名称 Name of Cities
供热总量（万吉焦） Total Heat Supplied (10000 gigajoules)	热电厂供热 Heating by Co-Generation	锅炉房供热 Heating by Boilers							
226	226		442	144	299	457.9	346.9	111.0	双辽市
762	607	154	1555	330	1224	2390.6	1757.6	632.9	辽源市
856	574	214	1255	291	964	2468.7	1820.8	647.9	通化市
251		251	280	48	232	432.0	310.0	122.0	集安市
664	642	22	1354	167	1187	1576.5	1211.8	161.3	白山市
262		262	201	54	148	504.8	354.3	150.5	临江市
1213	580	634	1002	227	775	2561.0	1999.8	561.2	松原市
395		395	304	96	208	569.7	347.0	213.5	扶余市
740	740		819	138	681	1941.8	1468.5	473.3	白城市
			371	94	278	685.5	499.0	186.5	洮南市
404		404	278	88	190	690.7	511.0	40.3	大安市
1282	596	687	1406	347	1059	3219.4	2411.9	807.6	延吉市
150		150	157	36	121	221.0	165.8	55.2	图们市
575		575	1122	226	896	1077.3	794.4	282.8	敦化市
400	400		550	159	391	935.3	663.5	271.9	珲春市
178	32	146	196	64	132	317.0	246.3	53.7	龙井市
110	110		95	22	73	356.0	235.0	121.0	和龙市
568	243	325	594	158	436	1306.7	952.1	354.6	梅河口市
182		182	401	101	300	507.8	305.7	174.5	长白山保护开发区管理委员会
42125	**26375**	**14979**	**25992**	**6432**	**19560**	**91584.0**	**65786.2**	**25777.4**	**黑龙江**
18720	11344	7375	6880	1981	4900	38769.0	27722.0	11047.0	哈尔滨市
483	196	197	252	49	203	781.5	572.0	209.5	尚志市
451		451	120	43	78	1021.0	816.3	204.7	五常市
2563	1879	684	1157	229	928	6406.3	4484.4	1921.9	齐齐哈尔市
340		340	137	59	78	565.0	396.0	169.0	讷河市
817	118	686	867	209	658	2893.7	2017.6	876.2	鸡西市
69	69		212	80	131	475.0	304.3	170.8	虎林市
			297	62	235	593.6	406.6	187.0	密山市
46		46	1004	283	721	2868.4	2113.1	755.3	鹤岗市
1537	702	785	885	167	718	2284.2	1694.6	589.6	双鸭山市
5723	3317	2089	6516	1246	5270	9763.7	6135.0	3628.7	大庆市
1120	683	427	688	141	547	1780.2	1631.3	133.7	伊春市
			192	59	133	550.0	420.0	130.0	铁力市
1667	1230	397	594	224	370	3441.2	2584.0	857.2	佳木斯市
48	48		234	47	187	392.7	263.7	129.0	同江市
120	120		161	57	104	237.5	157.5	80.0	抚远市
337	337		193	79	114	607.3	463.8	143.5	富锦市
936	936		548	116	432	1944.0	1430.3	513.7	七台河市
1566	1566		908	282	626	4685.1	3480.3	1204.8	牡丹江市
294		294	213	85	128	540.0	445.0	95.0	海林市
226	70	80	204	67	138	427.8	291.1	131.5	宁安市

6-2 续表 4

城市名称 Name of Cities	蒸汽 Steam						热水		
	供热能力（吨/小时） Heating Capacity (ton/hour)	热电厂供热 Heating by Co-Generation	锅炉房供热 Heating by Boilers	供热总量（万吉焦） Total Heat Supplied (10000 gigajoules)	热电厂供热 Heating by Co-Generation	锅炉房供热 Heating by Boilers	供热能力（兆瓦） Heating Capacity (mega watts)	热电厂供热 Heating by Co-Generation	锅炉房供热 Heating By Boilers
穆棱市							282	282	
绥芬河市							640		640
东宁市							92	92	
黑河市							1004	943	
北安市							810	660	150
五大连池市	450	450		228	228				
嫩江市							670	670	
绥化市							2277	2254	
安达市							568	568	
肇东市							638		638
海伦市	615	615		468	468		565	565	
漠河市							210		210
江　苏	**6208**	**5844**	**364**	**700**	**530**	**170**	**25**		**25**
南京市									
无锡市									
江阴市									
宜兴市									
徐州市	6208	5844	364	700	530	170			
新沂市							25		25
邳州市									
常州市									
溧阳市									
苏州市									
常熟市									
张家港市									
昆山市									
太仓市									
南通市									
海安市									
启东市									
如皋市									
连云港市									
淮安市									
盐城市									
东台市									
扬州市									
仪征市									
高邮市									
镇江市									
丹阳市									
扬中市									

continued 4

Hot Water 供热总量(万吉焦) Total Heat Supplied (10000 gigajoules)	热电厂供热 Heating by Co-Generation	锅炉房供热 Heating by Boilers	管道长度(公里) Length of Pipelines (km)	一级管网 First Class	二级管网 Second Class	供热面积(万平方米) Heated Area (10000 sq. m)	住宅 Housing	公共建筑 Public Building	城市名称 Name of Cities
242	242		150	44	106	345.3	278.3	67.0	穆棱市
371		371	266	73	194	676.2	425.2	251.0	绥芬河市
232	232		274	36	238	440.0	324.0	116.0	东宁市
774	682		580	150	430	1295.7	860.0	435.7	黑河市
450	385	65	320	45	275	736.2	455.0	281.2	北安市
			291	46	245	376.2	272.2	104.0	五大连池市
426	426		354	90	264	768.0	578.0	190.0	嫩江市
1182	1098		382	128	254	2538.7	2070.0	468.7	绥化市
495	495		380	83	297	993.2	804.2	188.9	安达市
487		487	404	96	308	1265.0	1136.0	129.0	肇东市
200	200		194	53	141	959.9	653.3	306.6	海伦市
206		206	133	25	109	162.6	101.2	61.4	漠河市
14		**14**	**460**	**443**	**17**	**4020.8**	**4020.8**		**江　苏**
									南京市
									无锡市
									江阴市
									宜兴市
			437	437		3982.7	3982.7		徐州市
14		14	23	6	17	38.1	38.1		新沂市
									邳州市
									常州市
									溧阳市
									苏州市
									常熟市
									张家港市
									昆山市
									太仓市
									南通市
									海安市
									启东市
									如皋市
									连云港市
									淮安市
									盐城市
									东台市
									扬州市
									仪征市
									高邮市
									镇江市
									丹阳市
									扬中市

6-2 续表 5

城市名称 Name of Cities	蒸汽 Steam 供热能力（吨/小时）Heating Capacity (ton/hour)	热电厂供热 Heating by Co-Generation	锅炉房供热 Heating by Boilers	供热总量（万吉焦）Total Heat Supplied (10000 gigajoules)	热电厂供热 Heating by Co-Generation	锅炉房供热 Heating by Boilers	热水 供热能力（兆瓦）Heating Capacity (mega watts)	热电厂供热 Heating by Co-Generation	锅炉房供热 Heating By Boilers
句容市									
泰州市									
兴化市									
靖江市									
泰兴市									
宿迁市									
安　徽	**3160**	**3160**		**2568**	**2568**		**208**	**8**	
合肥市	2175	2175		1313	1313				
巢湖市									
芜湖市									
无为市									
蚌埠市							8	8	
淮南市	320	320		491	491				
马鞍山市									
淮北市									
铜陵市									
安庆市									
潜山市									
桐城市									
黄山市									
滁州市	310	310		558	558				
天长市									
明光市									
阜阳市									
界首市									
宿州市	250	250		26	26		200		
六安市									
亳州市									
池州市	105	105		180	180				
宣城市									
广德市									
宁国市									
山　东	**24050**	**21544**	**2467**	**11452**	**10551**	**902**	**75295**	**52450**	**17790**
济南市	1826	1395	431	1344	1234	110	11833	4898	5651
青岛市	6070	5115	915	2673	2549	124	10107	3761	5665
胶州市	247	175	72	223	133	90	1045		1045
平度市	335	335		250	250		349	46	303
莱西市	414	276	138	326	263	63	342		302
淄博市	86	86		39	39		4313	4208	
枣庄市							2448	2398	
滕州市							960	960	

continued 5

Hot Water 供热总量(万吉焦) Total Heat Supplied (10000 gigajoules)	热电厂供热 Heating by Co-Generation	锅炉房供热 Heating by Boilers	管道长度(公里) Length of Pipelines (km)	一级管网 First Class	二级管网 Second Class	供热面积(万平方米) Heated Area (10000 sq. m)	住宅 Housing	公共建筑 Public Building	城市名称 Name of Cities
									句容市
									泰州市
									兴化市
									靖江市
									泰兴市
									宿迁市
11	**2**		**864**	**851**	**13**	**2688.7**	**1593.4**	**1088.9**	**安　徽**
			610	610		2580.0	1500.0	1080.0	合肥市
									巢湖市
									芜湖市
									无为市
2	2		2		2	2.4	2.4		蚌埠市
			43	43		40.0	40.0		淮南市
									马鞍山市
									淮北市
									铜陵市
									安庆市
									潜山市
									桐城市
									黄山市
			101	101					滁州市
									天长市
									明光市
									阜阳市
									界首市
9			77	66	11	59.9	51.0	8.9	宿州市
									六安市
									亳州市
			31	31		6.4			池州市
									宣城市
									广德市
									宁国市
44882	**30220**	**11113**	**105360**	**31651**	**73709**	**206646.3**	**175418.2**	**31142.3**	**山　东**
8716	3871	4259	13766	5350	8416	34871.1	29617.6	5253.5	济南市
4905	2101	2487	15942	4106	11837	29747.0	24998.4	4748.7	青岛市
903		903	1213	467	746	2833.9	2440.4	393.5	胶州市
232	96	135	923	203	720	1874.5	1691.6	182.9	平度市
371		347	1382	329	1053	1765.7	1642.8	122.9	莱西市
3471	3447		5195	1769	3426	10052.4	8835.0	1217.5	淄博市
1451	1407		2812	721	2091	5247.4	4853.5	394.0	枣庄市
648	648		2993	212	2782	3390.6	3154.5	236.1	滕州市

6-2 续表 6

城市名称 Name of Cities	蒸汽 Steam 供热能力（吨/小时）Heating Capacity (ton/hour)	热电厂供热 Heating by Co-Generation	锅炉房供热 Heating by Boilers	供热总量（万吉焦）Total Heat Supplied (10000 gigajoules)	热电厂供热 Heating by Co-Generation	锅炉房供热 Heating by Boilers	热水 供热能力（兆瓦）Heating Capacity (mega watts)	热电厂供热 Heating by Co-Generation	锅炉房供热 Heating By Boilers
东营市	1910	1910		396	396		3155	1995	1160
烟台市	1340	1190	150	568	521	47	4133	2557	1396
龙口市							930	930	
莱阳市	300		300	172		172	336		336
莱州市	546	455	91	470	410	60			
招远市							498	468	
栖霞市							143	97	46
海阳市							507		29
潍坊市							3444	2477	747
青州市	150	150		172	172		576		139
诸城市	880	880		750	750		231	231	
寿光市	195	195		71	71		720	720	
安丘市	800	800		346	346				
高密市							750	750	
昌邑市	300		300	167		167	128		128
济宁市							3654	3654	
曲阜市							467	467	
邹城市							2014	2014	
泰安市							1703	1563	140
新泰市	1065	1065		363	363				
肥城市	1050	1050					174		174
威海市	2423	2423		1376	1376		774	774	
荣成市	1061	991	70	717	649	68	43		43
乳山市	150	150		38	38		536	446	90
日照市							4148	3693	
临沂市							3354	2944	286
德州市							1836	1836	
乐陵市							392	280	112
禹城市	813	813		158	158		116	116	
聊城市							2056	1696	
临清市							470		
滨州市	1530	1530		553	553		1164	1024	
邹平市							390	390	
菏泽市	560	560		280	280		5058	5058	
河　南	**5377**	**5001**	**376**	**2616**	**2385**	**189**	**27751**	**21808**	**3987**
郑州市	100		100	18		18	7043	3760	3109
巩义市							440	440	
荥阳市	72	72		63	63		147	147	
新密市							200	200	
新郑市	225		225	120		120			
登封市							818	818	

continued 6

Hot Water			管道长度(公里) Length of Pipelines (km)			供热面积(万平方米) Heated Area (10000 sq. m)			城市名称 Name of Cities
供热总量(万吉焦) Total Heat Supplied (10000 gigajoules)	热电厂供热 Heating by Co-Generation	锅炉房供热 Heating by Boilers		一级管网 First Class	二级管网 Second Class		住宅 Housing	公共建筑 Public Building	
2152	1611	506	4485	852	3633	7266.0	6052.8	1213.2	东营市
2032	870	1113	6354	1907	4447	17698.6	13199.1	4426.0	烟台市
493	493		378	200	178	1500.0	1312.1	188.0	龙口市
175		175	909	145	764	1250.0	1076.0	174.0	莱阳市
			263	145	119	1703.6	1455.8	247.8	莱州市
431	406		859	142	717	1381.6	1230.3	151.3	招远市
139	122	17	305	65	240	373.2	346.6	26.6	栖霞市
465		30	633	255	378	1726.9	1577.3	149.6	海阳市
2029	1584	276	6671	1705	4965	12506.0	10213.9	2292.2	潍坊市
702		144	906	289	617	2531.7	2361.4	170.3	青州市
109	109		576	245	331	1455.6	1390.0	65.6	诸城市
535	535		2720	527	2193	2900.0	2298.0	602.0	寿光市
			546	321	225	1230.5	1155.6	74.9	安丘市
295	295		368	237	131	993.3	831.5	161.8	高密市
109		109	1143	163	980	998.0	974.2	23.8	昌邑市
1969	1969		4017	1622	2395	5630.1	5098.6	531.5	济宁市
278	278		1019	245	774	1564.3	1376.7	187.6	曲阜市
856	856		844	168	676	1873.9	1707.5	166.4	邹城市
807	807		2797	983	1814	5058.6	4456.8	601.8	泰安市
			910	213	698	1505.0	1394.0	111.0	新泰市
331		331	265	155	109	1316.0	1200.0	116.0	肥城市
732	732		5098	1437	3662	10522.2	7631.9	2890.1	威海市
22		22	1651	442	1209	1498.8	1239.8	259.0	荣成市
352	186	15	397	215	182	850.0	794.0	56.0	乳山市
1001	744		2922	1019	1902	3043.1	2652.9	390.2	日照市
3187	2856	191	3623	1665	1958	8970.0	8405.7	564.3	临沂市
1287	1287		3458	976	2482	4009.5	3186.6	822.9	德州市
187	133	54	176	66	111	435.0	415.0	14.0	乐陵市
80	80		1026	237	788	804.9	743.7	61.2	禹城市
1464	1091		896	318	578	4981.3	4562.8	418.5	聊城市
291			1255	133	1121	930.0	836.6	93.4	临清市
742	672		973	593	380	5525.6	4488.7	1030.8	滨州市
353	353		348	107	241	1031.0	872.0	159.0	邹平市
580	580		2346	704	1642	1799.4	1646.9	152.5	菏泽市
15149	**12046**	**1765**	**16374**	**10253**	**6121**	**66551.1**	**57792.4**	**7336.3**	**河　南**
4080	2398	1553	3945	3839	107	24217.0	20169.1	3096.9	郑州市
179	179		99	99		938.0	790.0	148.0	巩义市
189	189		219	123	96	703.0	652.5	50.5	荥阳市
103	103		100	75	25	348.0	309.0	39.0	新密市
			170	20	150	229.8	197.9	30.9	新郑市
110	110		181	98	83	332.0	286.0	46.0	登封市

6-2 续表 7

城市名称 Name of Cities	蒸汽 Steam 供热能力（吨/小时） Heating Capacity (ton/hour)	热电厂供热 Heating by Co-Generation	锅炉房供热 Heating by Boilers	供热总量（万吉焦） Total Heat Supplied (10000 gigajoules)	热电厂供热 Heating by Co-Generation	锅炉房供热 Heating by Boilers	热水 供热能力（兆瓦） Heating Capacity (mega watts)	热电厂供热 Heating by Co-Generation	锅炉房供热 Heating By Boilers
开封市							1182	1013	169
洛阳市	635	585	50	440	347	50	2749	2549	
平顶山市	1065	1065		270	270		719	719	
舞钢市							21	21	
汝州市									
安阳市							420		420
林州市							700	700	
鹤壁市	100	100		31	31		1279	895	54
新乡市	400	400		281	281		1629	1629	
长垣市							260	260	
卫辉市	200	200		50	50		135	135	
辉县市							110	110	
焦作市							2547	2547	
沁阳市	212	212		10	10				
孟州市									
濮阳市							1580	1580	
许昌市	550	550		362	362		700	700	
禹州市	500	500		290	290				
长葛市	88	88		80	80		50		
漯河市	80	80		183	183		40	40	
三门峡市							475	472	
义马市							160	160	
灵宝市							58	46	12
南阳市	161	160	1	81	80	1	709	488	221
邓州市									
商丘市							1301	1301	
永城市	310	310		220	220		79	79	
信阳市									
周口市									
项城市									
驻马店市	509	509		84	84		626	626	
济源示范区	170	170		35	35		1200		
郑州航空港经济综合实验区							375	373	2
湖　北	**1943**	**1943**		**1678**	**1678**		**1600**		**0**
武汉市									
黄石市	223	223		50	50				
大冶市									
十堰市	910	910		648	648				
丹江口市									
宜昌市									
宜都市									

continued 7

Hot Water 供热总量（万吉焦） Total Heat Supplied (10000 gigajoules)	热电厂供热 Heating by Co-Generation	锅炉房供热 Heating by Boilers	管道长度（公里） Length of Pipelines (km)	一级管网 First Class	二级管网 Second Class	供热面积（万平方米） Heated Area (10000 sq. m)	住宅 Housing	公共建筑 Public Building	城市名称 Name of Cities
580	580		1240	435	805	3800.0	3471.6	328.4	开封市
2277	1606		2121	818	1303	8594.0	7639.1	900.6	洛阳市
382	382		380	241	139	1572.0	1423.0	149.0	平顶山市
6	6		58	39	19	17.0	17.0		舞钢市
									汝州市
887	835	3	612	612		3068.5	2876.4	192.1	安阳市
430	430		274	114	160	930.0	887.0	43.0	林州市
531	337	19	756	370	386	1445.9	1254.2	190.8	鹤壁市
860	860		483	483		2502.0	2148.0	353.0	新乡市
260	260		175	116	59	570.0	534.0		长垣市
29	29		31	31		226.7	226.7		卫辉市
112	112		50	50		368.0	345.0		辉县市
447	447		201	100	101	2613.0	2363.0	250.0	焦作市
			21	21		26.0	20.7	5.2	沁阳市
									孟州市
813	813		2158	340	1818	2438.2	2109.7	328.5	濮阳市
235	235		393	222	171	1440.0	1272.0	168.0	许昌市
			99	74	25	590.0	510.0	80.0	禹州市
5			42	42		275.0	275.0		长葛市
96	96		157	102	55	554.2	348.9	205.4	漯河市
366	366		219	215	5	1168.6	1018.3	150.3	三门峡市
175	175		55	55		590.0	520.0	70.0	义马市
12	7	5	20	20		22.6	22.6		灵宝市
535	351	184	521	354	167	1663.0	1265.5	287.0	南阳市
									邓州市
500	500		395	349	47	1470.9	1358.2		商丘市
60	60		516	238	278	722.2	670.9		永城市
									信阳市
11	11								周口市
									项城市
438	438		139	139		1739.2	1600.1	139.2	驻马店市
310			336	327	9	1025.5	941.9	3.0	济源示范区
133	133	0	208	94	115	350.9	269.2	81.7	郑州航空港经济综合实验区
35		**0**	**534**	**333**	**201**	**1982.1**	**1722.1**		**湖　北**
									武汉市
			31	31					黄石市
									大冶市
			416	216	201	1656.0	1656.0		十堰市
									丹江口市
									宜昌市
									宜都市

6-2 续表 8

城市名称 Name of Cities	蒸汽 Steam						热水		
	供热能力（吨/小时） Heating Capacity (ton/hour)	热电厂供热 Heating by Co-Generation	锅炉房供热 Heating by Boilers	供热总量（万吉焦） Total Heat Supplied (10000 gigajoules)	热电厂供热 Heating by Co-Generation	锅炉房供热 Heating by Boilers	供热能力（兆瓦） Heating Capacity (mega watts)	热电厂供热 Heating by Co-Generation	锅炉房供热 Heating By Boilers
当阳市									
枝江市									
襄阳市	130	130		98	98				
老河口市									
枣阳市									
宜城市									
鄂州市									
荆门市							1600		
京山市									
钟祥市									
孝感市									
应城市	680	680		882	882				
安陆市									
汉川市									
荆州市									
监利市									
石首市									
洪湖市									
松滋市									
黄冈市									
麻城市									
武穴市									
咸宁市									
赤壁市									
随州市									
广水市									
恩施市									
利川市									
仙桃市									
潜江市									
天门市							0		0
四　川									
成都市									
简阳市									
都江堰市									
彭州市									
邛崃市									
崇州市									
自贡市									
攀枝花市									
泸州市									

continued 8

Hot Water			管道长度（公里）Length of Pipelines (km)	一级管网 First Class	二级管网 Second Class	供热面积（万平方米）Heated Area (10000 sq. m)	住宅 Housing	公共建筑 Public Building	城市名称 Name of Cities
供热总量（万吉焦）Total Heat Supplied (10000 gigajoules)	热电厂供热 Heating by Co-Generation	锅炉房供热 Heating by Boilers							
									当阳市
									枝江市
			57	57		326.0	66.0		襄阳市
									老河口市
									枣阳市
									宜城市
									鄂州市
35									荆门市
									京山市
									钟祥市
									孝感市
			29	29					应城市
									安陆市
									汉川市
									荆州市
									监利市
									石首市
									洪湖市
									松滋市
									黄冈市
									麻城市
									武穴市
									咸宁市
									赤壁市
									随州市
									广水市
									恩施市
									利川市
									仙桃市
									潜江市
0		0	1		1	0.1	0.1		天门市
			80	**20**	**60**	**19.5**		**19.5**	**四　川**
									成都市
									简阳市
									都江堰市
									彭州市
									邛崃市
									崇州市
									自贡市
									攀枝花市
									泸州市

6-2 续表 9

城市名称 Name of Cities	蒸汽 Steam						热水		
	供热能力（吨/小时） Heating Capacity (ton/hour)	热电厂供热 Heating by Co-Generation	锅炉房供热 Heating by Boilers	供热总量（万吉焦） Total Heat Supplied (10000 gigajoules)	热电厂供热 Heating by Co-Generation	锅炉房供热 Heating by Boilers	供热能力（兆瓦） Heating Capacity (mega watts)	热电厂供热 Heating by Co-Generation	锅炉房供热 Heating By Boilers
德阳市									
广汉市									
什邡市									
绵竹市									
绵阳市									
江油市									
广元市									
遂宁市									
射洪市									
内江市									
隆昌市									
乐山市									
峨眉山市									
南充市									
阆中市									
眉山市									
宜宾市									
广安市									
华蓥市									
达州市									
万源市									
雅安市									
巴中市									
资阳市									
马尔康市									
康定市									
会理市									
西昌市									
贵　州							**280**		**102**
贵阳市									
清镇市									
六盘水市							280		102
盘州市									
遵义市									
赤水市									
仁怀市									
安顺市									
毕节市									
黔西市									
铜仁市									
兴义市									

continued 9

Hot Water 供热总量（万吉焦）Total Heat Supplied (10000 gigajoules)	热电厂供热 Heating by Co-Generation	锅炉房供热 Heating by Boilers	管道长度（公里）Length of Pipelines (km)	一级管网 First Class	二级管网 Second Class	供热面积（万平方米）Heated Area (10000 sq. m)	住宅 Housing	公共建筑 Public Building	城市名称 Name of Cities
									德阳市
									广汉市
									什邡市
									绵竹市
									绵阳市
									江油市
									广元市
									遂宁市
									射洪市
									内江市
									隆昌市
									乐山市
									峨眉山市
									南充市
									阆中市
									眉山市
									宜宾市
									广安市
									华蓥市
									达州市
									万源市
									雅安市
									巴中市
									资阳市
			25		25	19.5		19.5	马尔康市
			55	20	35				康定市
									会理市
									西昌市
85		**20**	**55**	**29**	**26**	**232.6**	**144.0**	**88.4**	**贵　州**
									贵阳市
									清镇市
85		20	55	29	26	232.6	144.0	88.4	六盘水市
									盘州市
									遵义市
									赤水市
									仁怀市
									安顺市
									毕节市
									黔西市
									铜仁市
									兴义市

6-2 续表 10

城市名称 Name of Cities	蒸汽 Steam						热水		
	供热能力（吨/小时） Heating Capacity (ton/hour)	热电厂供热 Heating by Co-Generation	锅炉房供热 Heating by Boilers	供热总量（万吉焦） Total Heat Supplied (10000 gigajoules)	热电厂供热 Heating by Co-Generation	锅炉房供热 Heating by Boilers	供热能力（兆瓦） Heating Capacity (mega watts)	热电厂供热 Heating by Co-Generation	锅炉房供热 Heating By Boilers
兴仁市									
凯里市									
都匀市									
福泉市									
云　南							**471**		**50**
昆明市									
安宁市									
曲靖市									
宣威市									
玉溪市									
澄江市									
保山市									
腾冲市									
昭通市									
水富市									
丽江市									
普洱市									
临沧市									
禄丰市									
楚雄市									
个旧市									
开远市									
蒙自市									
弥勒市									
文山市									
景洪市									
大理市									
瑞丽市									
芒市									
泸水市									
香格里拉市							471		50
西　藏							**46**	**46**	
拉萨市									
日喀则市									
昌都市									
林芝市									
山南市									
那曲市							46	46	
陕　西	**8520**	**5908**	**2612**	**3859**	**2905**	**954**	**32686**	**14527**	**13123**
西安市	4617	2965	1652	1528	756	771	21785	8508	9398
铜川市							780	780	

continued 10

Hot Water			管道长度(公里)			供热面积(万平方米)			城市名称
供热总量(万吉焦) Total Heat Supplied (10000 gigajoules)	热电厂供热 Heating by Co-Generation	锅炉房供热 Heating by Boilers	Length of Pipelines (km)	一级管网 First Class	二级管网 Second Class	Heated Area (10000 sq. m)	住宅 Housing	公共建筑 Public Building	Name of Cities
									兴仁市
									凯里市
									都匀市
									福泉市
90		**3**	**492**	**153**	**340**	**209.1**	**114.6**	**90.0**	**云　南**
									昆明市
									安宁市
									曲靖市
									宣威市
									玉溪市
									澄江市
									保山市
									腾冲市
									昭通市
									水富市
									丽江市
									普洱市
									临沧市
									禄丰市
									楚雄市
									个旧市
									开远市
									蒙自市
									弥勒市
									文山市
									景洪市
									大理市
									瑞丽市
									芒市
									泸水市
90		3	492	153	340	209.1	114.6	90.0	香格里拉市
112	**112**		**300**	**40**	**260**	**186.0**	**56.0**	**130.0**	**西　藏**
									拉萨市
									日喀则市
									昌都市
									林芝市
									山南市
112	112		300	40	260	186.0	56.0	130.0	那曲市
14124	**7332**	**5457**	**5798**	**3942**	**1855**	**56548.1**	**44772.7**	**9236.4**	**陕　西**
9629	4686	3723	2945	2093	852	39232.4	32258.6	6757.6	西安市
255	255		82	82		719.2	639.2	80.0	铜川市

6-2 续表 11

城市名称 Name of Cities	蒸汽 Steam						热水		
	供热能力（吨/小时） Heating Capacity (ton/hour)	热电厂供热 Heating by Co-Generation	锅炉房供热 Heating by Boilers	供热总量（万吉焦） Total Heat Supplied (10000 gigajoules)	热电厂供热 Heating by Co-Generation	锅炉房供热 Heating by Boilers	供热能力（兆瓦） Heating Capacity (mega watts)	热电厂供热 Heating by Co-Generation	锅炉房供热 Heating By Boilers
宝鸡市	390	390		110	110		1665	400	1265
咸阳市	1135	175	960	192	9	183	1093		1093
彬州市							700	700	
兴平市	40	40		74	74				
渭南市	60	60		50	50		1552	1445	104
韩城市							303		257
华阴市	30	30		6	6		198		198
延安市	570	570		458	458		722		722
子长市							88		88
汉中市							29	29	
榆林市	1528	1528		1208	1208				
神木市							2010	2010	
安康市							58		
旬阳市									
商洛市							1050		
杨凌区	150	150		234	234		655	655	
甘　肃	**795**	**795**		**741**	**741**		**20529**	**9481**	**10785**
兰州市							7569	2288	5148
嘉峪关市							1112	1112	
金昌市	95	95		72	72		805	805	
白银市							1279	1204	73
天水市							1148		1148
武威市	700	700		669	669		745		745
张掖市							1413	783	630
平凉市							1328	1200	
华亭市							389	389	
酒泉市							1700	1700	
玉门市							162		162
敦煌市							266		266
庆阳市							962		962
定西市							938		938
陇南市							87		87
临夏市							435		435
合作市							191		191
青　海							**10272**	**668**	**9604**
西宁市							8967	668	8299
海东市							230		230
同仁市							45		45
玉树市							102		102
茫崖市							154		154
格尔木市							473		473
德令哈市							301		301

continued 11

Hot Water 供热总量（万吉焦） Total Heat Supplied (10000 gigajoules)	热电厂供热 Heating by Co-Generation	锅炉房供热 Heating by Boilers	管道长度（公里） Length of Pipelines (km)	一级管网 First Class	二级管网 Second Class	供热面积（万平方米） Heated Area (10000 sq. m)	住宅 Housing	公共建筑 Public Building	城市名称 Name of Cities
1138	369	768	354	320	34	4095. 0	2948. 5	517. 7	宝鸡市
386		386	314	233	81	1561. 3	1442. 5	74. 7	咸阳市
198	198		153	39	114	540. 0	480. 0	60. 0	彬州市
			15	15		73. 8	73. 8		兴平市
630	567	59	134	83	50	1383. 4	1040. 7	157. 6	渭南市
160		128	91	55	36	520. 5	386. 5	134. 0	韩城市
74		68	30	23	7	254. 0			华阴市
250		235	387	177	210	1755. 6	1298. 6	457. 0	延安市
90		90	25	6	19	130. 0	70. 0	60. 0	子长市
12	12		135	47	88	40. 3	35. 4		汉中市
			586	457	129	3186. 0	2497. 0	683. 0	榆林市
984	984		405	170	235	1481. 0	1000. 0		神木市
16			22	22		50. 8	29. 7	21. 1	安康市
									旬阳市
42						121. 1	103. 0		商洛市
261	261		121	121		1403. 6	469. 2	233. 6	杨凌区
12893	**6221**	**6571**	**15085**	**3334**	**11751**	**31946. 3**	**22567. 9**	**9174. 5**	**甘　肃**
3919	1500	2320	5436	1321	4115	11425. 9	8084. 4	3332. 0	兰州市
821	821		1793	196	1598	2215. 0	1494. 8	720. 1	嘉峪关市
512	512		327	77	250	1457. 9	1013. 0	444. 9	金昌市
789	749	40	815	204	612	1873. 0	1402. 0	277. 0	白银市
927		927	271	170	100	1536. 6	1237. 1	299. 5	天水市
263		263	1062	267	795	2321. 4	1310. 1	1011. 3	武威市
1135	550	585	767	132	634	2511. 2	1802. 0	709. 2	张掖市
729	729		194	106	87	1760. 6	1199. 2	561. 4	平凉市
295	295		112	59	53	498. 0	358. 6	139. 4	华亭市
1065	1065		543	177	366	1625. 0	1225. 0	400. 0	酒泉市
158		158	191	50	141	320. 0	203. 0	117. 0	玉门市
202		200	140	30	110	355. 0	282. 2	72. 8	敦煌市
688		688	2403	297	2106	1758. 2	1241. 0	517. 2	庆阳市
636		636	671	79	592	1278. 0	965. 5	312. 5	定西市
71		71	83	41	42	145. 6	122. 1	23. 0	陇南市
467		467	187	97	90	595. 0	451. 9	143. 1	临夏市
216		216	89	30	59	270. 0	176. 0	94. 0	合作市
3541	**427**	**3114**	**1162**	**355**	**807**	**7361. 6**	**5239. 7**	**2121. 9**	**青　海**
2746	427	2319	727	129	598	5800. 0	4475. 0	1325. 0	西宁市
35		35	19	13	6	65. 0	35. 0	30. 0	海东市
56		56	42	42		151. 0	96. 0	55. 0	同仁市
70		70	90	60	30	163. 0	102. 0	61. 0	玉树市
45		45	32	31	1	75. 6	34. 8	40. 8	茫崖市
494		494	194	22	172	948. 0	418. 0	530. 0	格尔木市
95		95	59	59		159. 0	78. 9	80. 1	德令哈市

6-2 续表 12

城市名称 Name of Cities	蒸汽 Steam 供热能力（吨/小时）Heating Capacity (ton/hour)	热电厂供热 Heating by Co-Generation	锅炉房供热 Heating by Boilers	供热总量（万吉焦）Total Heat Supplied (10000 gigajoules)	热电厂供热 Heating by Co-Generation	锅炉房供热 Heating by Boilers	热水 供热能力（兆瓦）Heating Capacity (mega watts)	热电厂供热 Heating by Co-Generation	锅炉房供热 Heating By Boilers
宁　夏	**2004**	**2004**		**1019**	**1019**		**11513**	**6780**	**529**
银川市							5135	4765	353
灵武市							3599		
宁东能源化工基地	660	660		104	104				
石嘴山市	1344	1344		916	916		60		60
吴忠市							567	567	
青铜峡市							588		
固原市							864	748	116
中卫市							700	700	
新　疆	**517**	**485**	**32**	**241**	**209**	**32**	**41213**	**13606**	**26965**
乌鲁木齐市							22134	4551	17583
克拉玛依市							2755	771	1936
吐鲁番市							485		485
哈密市							2198	1562	636
昌吉市	517	485	32	241	209	32	2302	1798	504
阜康市							658	450	
博乐市							902		902
阿拉山口市							161		161
库尔勒市							1164	778	
阿克苏市							1198	1138	60
库车市							499	499	
阿图什市							604		604
喀什市							1909	838	1072
和田市									
伊宁市							1764	1100	664
奎屯市							122	122	
霍尔果斯市							344		344
塔城市							565		565
乌苏市									
沙湾市							819		819
阿勒泰市							630		630
新疆兵团	**2525**	**2290**	**235**	**1787**	**1784**	**2**	**5916**	**675**	**940**
石河子市	1920	1920		1438	1438				
阿拉尔市							3000		
图木舒克市							369	369	
五家渠市							1300		
北屯市	370	370		346	346				
铁门关市	235		235	2		2			
双河市							370		369
可克达拉市							265		265
昆玉市							56	56	
胡杨河市							250	250	
新星市				1			306		306

continued 12

Hot Water 供热总量（万吉焦） Total Heat Supplied (10000 gigajoules)	热电厂供热 Heating by Co-Generation	锅炉房供热 Heating by Boilers	管道长度（公里） Length of Pipelines (km)	一级管网 First Class	二级管网 Second Class	供热面积（万平方米） Heated Area (10000 sq. m)	住宅 Housing	公共建筑 Public Building	城市名称 Name of Cities
6340	**5432**	**418**	**6785**	**1995**	**4790**	**16172. 6**	**12553. 5**	**3499. 3**	**宁　夏**
3626	3610	13	3414	942	2472	8682. 6	6994. 7	1686. 0	银川市
195			177	86	91	481. 0	394. 0	37. 0	灵武市
			45	45		202. 4	133. 1	69. 3	宁东能源化工基地
34		34	1461	269	1192	1864. 6	1393. 8	403. 0	石嘴山市
603	603		643	318	325	1795. 0	1355. 2	439. 9	吴忠市
292			426	39	388	672. 0	438. 0	234. 0	青铜峡市
1126	755	371	404	169	234	1621. 0	1230. 8	390. 2	固原市
465	465		215	127	88	854. 0	614. 0	240. 0	中卫市
20503	**10194**	**9515**	**16298**	**4395**	**11902**	**47383. 6**	**30269. 9**	**15944. 1**	**新　疆**
8222	2782	5440	6636	1430	5206	22300. 0	14400. 0	7900. 0	乌鲁木齐市
1789	527	742	1690	319	1372	3097. 7	1831. 7	1266. 0	克拉玛依市
338		338	287	161	126	560. 0	446. 0		吐鲁番市
1205	1157	48	1752	402	1350	2476. 1	1842. 4	632. 8	哈密市
1760	1679	10	1580	350	1230	3555. 9	1912. 3	1431. 1	昌吉市
372	230		514	145	368	761. 1	482. 7	278. 4	阜康市
523		523	382	124	258	1067. 0	668. 5	398. 4	博乐市
30		30	94	34	60	106. 0	35. 0	71. 0	阿拉山口市
578	515					1424. 6	806. 0	618. 5	库尔勒市
807	740	68	391	259	132	1895. 8	1282. 8	613. 0	阿克苏市
364	364		136	91	45	841. 4	536. 9	304. 5	库车市
262		262	153	65	89	372. 5	204. 0	168. 5	阿图什市
989	639	350	806	205	601	1852. 2	1324. 3	527. 9	喀什市
									和田市
1260	884	376	415	402	13	3405. 0	2385. 0	830. 0	伊宁市
317	317		255	54	201	535. 0	268. 0	267. 0	奎屯市
154		154	119	64	55	385. 0	142. 0		霍尔果斯市
365		365	309	51	258	684. 4	443. 4	241. 0	塔城市
360	360		327	77	250	650. 0	520. 0	100. 0	乌苏市
461		461	144	61	84	740. 0	444. 0	296. 0	沙湾市
348		348	309	102	207	674. 0	295. 0		阿勒泰市
1581	**387**	**680**	**2503**	**951**	**1552**	**6803. 4**	**3830. 3**	**2120. 7**	**新疆兵团**
			855	240	615	2983. 6	2062. 7	920. 7	石河子市
197			515	215	300	512. 0	312. 0	200. 0	阿拉尔市
215	215		160	90	70	362. 0	220. 0		图木舒克市
294			30	15	15	740. 8	494. 1	246. 7	五家渠市
			205	66	139	490. 0	297. 0	193. 0	北屯市
			136	88	48	186. 8	52. 4	134. 3	铁门关市
350		327	133	30	103	599. 0	121. 0	189. 0	双河市
146		146	246	138	108	296. 6	139. 3	157. 3	可克达拉市
11	11		17	5	12	28. 4	1. 7	26. 7	昆玉市
161	161		163	45	118	420. 0			胡杨河市
207		207	43	19	24	184. 1	130. 0	53. 0	新星市

居民出行数据

Data by Residents Travel

七、城市轨道交通

Urban Rail Transit System

简要说明

城市轨道交通指采用轨道结构进行承重和导向的车辆运输系统，依据城市交通总体规划的要求，设置全封闭或部分封闭的专用轨道线路，以列车或单车形式，运送相当规模客流量的公共交通方式。包括地铁、轻轨、单轨、有轨、磁浮、自动导向轨道系统和市域快速轨道系统。

本部分共分城市轨道交通（建成）和城市轨道交通（在建）两部分，主要包括城市轨道交通已建成和正在建设的线路条数、长度、车站数等内容。

Brief Introduction

Urban rail transit system is a vehicular transit system supported and guided by rails. It is a public transit mode for transporting large volume of passengers, and it operates singly or in multi-car trains on fixed rails in closed or semi-closed right-of-way in accordance with urban transport master plan. It includes subway, light rail, monorail, cable car, maglev, automated guideway transit, and intracity rapid rail systems.

This section is divided into two parts: urban rail transit system (completed) and urban rail transit system (under construction). The section mainly includes such items as number and total length of transit lines, number of stations, etc., both completed and under construction.

7 全国历年城市轨道交通情况(1978—2023)
National Urban Rail Transit System in Past Years(1978—2023)

年份 Year	建成轨道交通的城市个数(个) Number of Cities with Completed Rail Transport Lines (unit)	建成轨道交通线路长度(公里) The Length of Completed Rail Transport Lines (km)	正在建设轨道交通的城市个数(个) Number of Cities with Rail Transport Lines under Construction (unit)	正在建设轨道交通线路长度(公里) The Length of Rail Transport Lines under Construction (km)
1978	1	23		
1979	1	23		
1980	1	23		
1981	1	23		
1982	1	23		
1983	1	23		
1984	2	47		
1985	2	47		
1986	2	47		
1987	2	47		
1988	2	47		
1989	2	47		
1990	2	47		
1991	2	47		
1992	2	47		
1993	2	47		
1994	2	47		
1995	3	63		
1996	3	63		
1997	3	63		
1998	4	81		
1999	4	81		
2000	4	117		
2001	5	172		
2002	5	200		
2003	5	347		
2004	7	400		
2005	10	444		
2006	10	621		
2007	10	775		
2008	10	855		
2009	10	838. 88	28	1991. 36
2010	12	1428. 87	28	1741. 07
2011	12	1672. 42	28	1891. 29
2012	16	2005. 53	29	2060. 43
2013	16	2213. 28	35	2760. 38
2014	22	2714. 79	36	3004. 37
2015	24	3069. 23	38	3994. 15
2016	30	3586. 34	39	4870. 18
2017	32	4515. 91	50	4913. 56
2018	34	5062. 70	50	5400. 25
2019	41	5980. 55	49	5594. 08
2020	42	7641. 09	45	5093. 55
2021	50	8571. 43	48	5172. 30
2022	55	9575. 01	44	4802. 89
2023	57	10442. 95	45	5061. 32

注：2000 年及以前年份，大连、鞍山、长春、哈尔滨的有轨电车没有统计在内；2017 年至 2021 年，对建成轨道交通线路长度的历史数据进行了修订。

Notes：For the year 2000 and before, the streetcar systems in Dalian, Anshan, Changchun and Harbin City were not included when collecting data on the number of cities with completed rail transport lines and the length of lines. The length of completed rail transport lines from 2017 to 2021 has beeen revised.

7-1-1 2023年按省分列的城市轨道交通(建成)

地区名称 Name of Regions	线路长度(公里) Length of Lines(km)										
	合计 Total	地铁 Subway	轻轨 Light Rail	单轨 Monorail	有轨 Cable Car	磁浮 Maglev	快轨 Fast Track	APM APM	按敷设方式 By Ways of Laying		
									地面线 Surface Lines	地下线 Underground Lines	高架线 Elevated Lines
全　国	**10442.95**	**9410.61**	**230.13**	**124.84**	**461.69**	**59.85**	**151.93**	**3.90**	**764.76**	**7679.70**	**1998.49**
北　京	868.03	835.63			21.00	11.40			74.00	631.43	162.60
天　津	293.86	233.75	52.25		7.86				16.82	216.98	60.06
河　北	76.40	76.40								76.40	
山　西	23.65	23.65								23.65	
内蒙古	49.03	49.03							0.34	45.84	2.85
辽　宁	499.22	400.49			98.73				149.28	261.93	88.01
吉　林	113.20	43.00	70.20						19.44	52.78	40.98
黑龙江	79.72	79.72								79.72	
上　海	831.58	795.39			6.29	29.90			16.40	550.37	264.81
江　苏	1271.81	1155.08			81.63		35.10		125.90	844.47	301.44
浙　江	871.33	732.44	8.26		13.80		116.83		20.53	649.08	201.72
安　徽	247.87	201.55		46.32						198.73	49.14
福　建	241.35	241.35							2.58	227.15	11.62
江　西	128.31	128.31							0.20	122.62	5.49
山　东	410.29	401.52			8.77				11.38	277.00	121.91
河　南	316.53	316.53							2.09	292.75	21.69
湖　北	562.78	486.73			76.05				68.58	370.87	123.33
湖　南	256.22	208.03	29.64			18.55			2.98	196.75	56.49
广　东	1357.93	1263.71	50.06		40.26			3.90	103.43	1101.91	152.59
广　西	128.44	128.44								128.44	
海　南	8.37				8.37				8.37		
重　庆	509.64	396.00	19.72	78.52	15.40				25.16	296.67	187.81
四　川	616.17	558.97			57.20				56.77	496.12	63.28
贵　州	75.71	75.71							3.31	66.43	5.97
云　南	179.14	165.74			13.40				15.77	141.59	21.78
西　藏											
陕　西	350.85	350.85							28.50	267.43	54.92
甘　肃	47.90	34.97			12.93				12.93	34.97	
青　海											
宁　夏											
新　疆	27.62	27.62								27.62	
新疆兵团											

Urban Rail Transit System(completed) by Province(2023)

车站数(个) Number of Stations (unit)				换乘站数(个)	配置车辆数(辆) Number of Vehicles in Service(unit)								地区名称
合计 Total	地面站 Surface Lines	地下站 Under-ground Lines	高架站 Elevated Lines	Number of Transfer Stations (unit)	合计 Total	地铁 Subway	轻轨 Light Rail	单轨 Monorail	有轨 Cable Car	磁浮 Maglev	快轨 Fast Track	APM APM	Name of Regions
6812	**633**	**5298**	**881**	**1813**	**57942**	**55763**	**468**	**732**	**778**	**155**	**39**	**7**	**全　国**
513	39	403	71	189	9640	9470			50	120			北　京
225	20	174	31	59	1530	1370	152		8				天　津
63		63		20	486	486							河　北
23		23		7	144	144							山　西
44	1	40	3	10	312	312							内蒙古
357	136	192	29	76	1360	1249			111				辽　宁
107	21	44	42	23	159	51	108						吉　林
66		66		9	822	822							黑龙江
508	12	385	111	188	7474	7416			44	14			上　海
812	85	618	109	147	6243	6149			91		3		江　苏
513	17	415	81	137	4509	4388	68		17		36		浙　江
201		163	38	35	1680	1440		240					安　徽
179		176	3	69	1471	1471							福　建
103		99	4	24	906	906							江　西
221	12	168	41	33	1671	1664			7				山　东
218	8	209	1	85	447	447							河　南
390	85	236	69	81	3174	3078			96				湖　北
160	1	148	11	61	1589	1536	32			21			湖　南
798	70	667	61	218	5306	5203	8		88			7	广　东
104		104		20	135	135							广　西
15	15				14				14				海　南
317	23	183	111	97	2374	1767	100	492	15				重　庆
405	56	326	23	113	4796	4594			202				四　川
57	2	50	5	22	498	498							贵　州
129	15	106	8	38	529	511			18				云　南
													西　藏
222	3	190	29	43	458	458							陕　西
41	12	29		4	53	36			17				甘　肃
													青　海
													宁　夏
21		21		5	162	162							新　疆
													新疆兵团

7-1-2 2023年按城市分列的城市轨道交通(建成)

城市名称 Name of Cities	线路长度(公里) Length of Lines(km)										
	合计 Total	地铁 Subway	轻轨 Light Rail	单轨 Monorail	有轨 Cable Car	磁浮 Maglev	快轨 Fast Track	APM APM	按敷设方式 By Ways of Laying		
									地面线 Surface Lines	地下线 Underground Lines	高架线 Elevated Lines
全　国	**10442.95**	**9410.61**	**230.13**	**124.84**	**461.69**	**59.85**	**151.93**	**3.90**	**764.76**	**7679.70**	**1998.49**
北　京	**868.03**	**835.63**			**21.00**	**11.40**			**74.00**	**631.43**	**162.60**
天　津	**293.86**	**233.75**	**52.25**		**7.86**				**16.82**	**216.98**	**60.06**
河　北	**76.40**	**76.40**								**76.40**	
石家庄市	76.40	76.40								76.40	
山　西	**23.65**	**23.65**								**23.65**	
太原市	23.65	23.65								23.65	
内蒙古	**49.03**	**49.03**							**0.34**	**45.84**	**2.85**
呼和浩特市	49.03	49.03							0.34	45.84	2.85
辽　宁	**499.22**	**400.49**			**98.73**				**149.28**	**261.93**	**88.01**
沈阳市	227.04	163.26			63.78				63.78	163.26	
大连市	260.63	237.23			23.40				73.95	98.67	88.01
沈抚改革创新示范区	11.55				11.55				11.55		
吉　林	**113.20**	**43.00**	**70.20**						**19.44**	**52.78**	**40.98**
长春市	113.20	43.00	70.20						19.44	52.78	40.98
黑龙江	**79.72**	**79.72**								**79.72**	
哈尔滨市	79.72	79.72								79.72	
上　海	**831.58**	**795.39**			**6.29**	**29.90**			**16.40**	**550.37**	**264.81**
江　苏	**1271.81**	**1155.08**			**81.63**		**35.10**		**125.90**	**844.47**	**301.44**
南京市	612.15	595.44			16.71				34.23	321.06	256.86
无锡市	113.56	113.56							0.10	99.57	13.89
徐州市	64.09	64.09							0.09	63.44	0.56
常州市	53.30	53.30								49.87	3.43
苏州市	295.48	251.26			44.22				35.68	245.54	14.26
南通市	60.09	60.09								60.09	
连云港市	35.10						35.10		35.10		
淮安市	20.70				20.70				20.70		
句容市	17.34	17.34								4.90	12.44
浙　江	**871.33**	**732.44**	**8.26**		**13.80**		**116.83**		**20.53**	**649.08**	**201.72**
杭州市	516.17	516.17								483.19	32.98
宁波市	185.17	185.17								115.15	70.02
温州市	116.83						116.83		4.52	20.93	91.38
嘉兴市	13.80				13.80				12.92	0.88	
海宁市	8.26		8.26							8.26	
绍兴市	31.10	31.10							3.09	20.67	7.34
安　徽	**247.87**	**201.55**		**46.32**						**198.73**	**49.14**
合肥市	201.55	201.55								197.32	4.23
芜湖市	46.32			46.32						1.41	44.91
福　建	**241.35**	**241.35**							**2.58**	**227.15**	**11.62**
福州市	143.05	143.05							0.67	135.62	6.76

Urban Rail Transit System(completed) by City(2023)

车站数(个) Number of Stations (unit)				换乘站数(个)	配置车辆数(辆) Number of Vehicles in Service(unit)								城市名称
合计 Total	地面站 Surface Lines	地下站 Under-ground Lines	高架站 Elevated Lines	Number of Transfer Stations (unit)	合计 Total	地铁 Subway	轻轨 Light Rail	单轨 Monorail	有轨 Cable Car	磁浮 Maglev	快轨 Fast Track	APM APM	Name of Cities
6812	**633**	**5298**	**881**	**1813**	**57942**	**55763**	**468**	**732**	**778**	**155**	**39**	**7**	**全　国**
513	**39**	**403**	**71**	**189**	**9640**	**9470**			**50**	**120**			**北　京**
225	**20**	**174**	**31**	**59**	**1530**	**1370**	**152**		**8**				**天　津**
63		**63**		**20**	**486**	**486**							**河　北**
63		63		20	486	486							石家庄市
23		**23**		**7**	**144**	**144**							**山　西**
23		23		7	144	144							太原市
44	**1**	**40**	**3**	**10**	**312**	**312**							**内蒙古**
44	1	40	3	10	312	312							呼和浩特市
357	**136**	**192**	**29**	**76**	**1360**	**1249**			**111**				**辽　宁**
202	80	122		56	1161	1128			33				沈阳市
145	46	70	29	20	194	121			73				大连市
10	10				5				5				沈抚改革创新示范区
107	**21**	**44**	**42**	**23**	**159**	**51**	**108**						**吉　林**
107	21	44	42	23	159	51	108						长春市
66		**66**		**9**	**822**	**822**							**黑龙江**
66		66		9	822	822							哈尔滨市
508	**12**	**385**	**111**	**188**	**7474**	**7416**			**44**	**14**			**上　海**
812	**85**	**618**	**109**	**147**	**6243**	**6149**			**91**		**3**		**江　苏**
324	32	206	86	57	3454	3434			20				南京市
88		79	9	7	624	624							无锡市
54		53	1	17	67	67							徐州市
44		41	3	6	342	342							常州市
224	25	192	7	54	1391	1346			45				苏州市
45		45		4	336	336							南通市
5	5			2	3						3		连云港市
23	23				26				26				淮安市
5		2	3										句容市
513	**17**	**415**	**81**	**137**	**4509**	**4388**	**68**		**17**		**36**		**浙　江**
310		299	11	95	3306	3306							杭州市
127		93	34	36	1020	1020							宁波市
38	2	4	32	4	36						36		温州市
16	15	1			17				17				嘉兴市
3		3			68		68						海宁市
19		15	4	2	62	62							绍兴市
201		**163**	**38**	**35**	**1680**	**1440**		**240**					**安　徽**
166		162	4	33	1440	1440							合肥市
35		1	34	2	240			240					芜湖市
179		**176**	**3**	**69**	**1471**	**1471**							**福　建**
102		101	1	46	724	724							福州市

7-1-2 续表1

城市名称 Name of Cities	线路长度(公里) Length of Lines(km)								按敷设方式 By Ways of Laying		
	合计 Total	地铁 Subway	轻轨 Light Rail	单轨 Monorail	有轨 Cable Car	磁浮 Maglev	快轨 Fast Track	APM APM	地面线 Surface Lines	地下线 Underg-round Lines	高架线 Elevated Lines
厦门市	98.30	98.30							1.91	91.53	4.86
江 西	**128.31**	**128.31**							**0.20**	**122.62**	**5.49**
南昌市	128.31	128.31							0.20	122.62	5.49
山 东	**410.29**	**401.52**			**8.77**				**11.38**	**277.00**	**121.91**
济南市	84.02	84.02							0.55	65.78	17.69
青岛市	326.27	317.50			8.77				10.83	211.22	104.22
河 南	**316.53**	**316.53**							**2.09**	**292.75**	**21.69**
郑州市	293.56	293.56							1.59	271.18	20.79
洛阳市	22.97	22.97							0.50	21.57	0.90
湖 北	**562.78**	**486.73**			**76.05**				**68.58**	**370.87**	**123.33**
武汉市	535.88	486.73			49.15				46.73	368.89	120.26
黄石市	26.90				26.90				21.85	1.98	3.07
湖 南	**256.22**	**208.03**	**29.64**			**18.55**			**2.98**	**196.75**	**56.49**
长沙市	226.58	208.03				18.55			0.68	196.75	29.15
湘潭市	29.64		29.64						2.30		27.34
广 东	**1357.93**	**1263.71**	**50.06**		**40.26**			**3.90**	**103.43**	**1101.91**	**152.59**
广州市	583.88	572.28			7.70			3.90	22.11	532.51	29.26
深圳市	565.44	553.72			11.72				14.85	471.61	78.98
佛山市	88.17	67.33			20.84				8.43	64.06	15.68
肇庆市	50.06		50.06						25.03		25.03
东莞市	37.78	37.78							0.41	33.73	3.64
普宁市	32.60	32.60							32.60		
广 西	**128.44**	**128.44**								**128.44**	
南宁市	128.44	128.44								128.44	
海 南	**8.37**				**8.37**				**8.37**		
三亚市	8.37				8.37				8.37		
重 庆	**509.64**	**396.00**	**19.72**	**78.52**	**15.40**				**25.16**	**296.67**	**187.81**
重庆市	509.64	396.00	19.72	78.52	15.40				25.16	296.67	187.81
四 川	**616.17**	**558.97**			**57.20**				**56.77**	**496.12**	**63.28**
成都市	598.27	558.97			39.30				41.59	496.12	60.56
都江堰市	17.90				17.90				15.18		2.72
贵 州	**75.71**	**75.71**							**3.31**	**66.43**	**5.97**
贵阳市	75.71	75.71							3.31	66.43	5.97
云 南	**179.14**	**165.74**			**13.40**				**15.77**	**141.59**	**21.78**
昆明市	165.74	165.74							2.37	141.59	21.78
蒙自市	13.40				13.40				13.40		
陕 西	**350.85**	**350.85**							**28.50**	**267.43**	**54.92**
西安市	350.85	350.85							28.50	267.43	54.92
甘 肃	**47.90**	**34.97**			**12.93**				**12.93**	**34.97**	
兰州市	34.97	34.97								34.97	
天水市	12.93				12.93				12.93		
新 疆	**27.62**	**27.62**								**27.62**	
乌鲁木齐市	27.62	27.62								27.62	

continued 1

车站数(个) Number of Stations (unit)				换乘站数(个)	配置车辆数(辆) Number of Vehicles in Service (unit)								城市名称
合计 Total	地面站 Surface Lines	地下站 Under-ground Lines	高架站 Elevated Lines	Number of Transfer Stations (unit)	合计 Total	地铁 Subway	轻轨 Light Rail	单轨 Monorail	有轨 Cable Car	磁浮 Maglev	快轨 Fast Track	APM APM	Name of Cities
77		75	2	23	747	747							厦门市
103		**99**	**4**	**24**	**906**	**906**							**江　西**
103		99	4	24	906	906							南昌市
221	**12**	**168**	**41**	**33**	**1671**	**1664**			**7**				**山　东**
43		35	8	4	76	76							济南市
178	12	133	33	29	1595	1588			7				青岛市
218	**8**	**209**	**1**	**85**	**447**	**447**							**河　南**
199	8	191		82	315	315							郑州市
19		18	1	3	132	132							洛阳市
390	**85**	**236**	**69**	**81**	**3174**	**3078**			**96**				**湖　北**
361	58	236	67	81	3142	3078			64				武汉市
29	27		2		32				32				黄石市
160	**1**	**148**	**11**	**61**	**1589**	**1536**	**32**			**21**			**湖　南**
156		148	8	60	1557	1536				21			长沙市
4	1		3	1	32		32						湘潭市
798	**70**	**667**	**61**	**218**	**5306**	**5203**	**8**		**88**			**7**	**广　东**
319	31	288		76	574	560			7			7	广州市
392	21	324	47	121	4492	4432			60				深圳市
65	14	41	10	17	110	89			21				佛山市
6	3		3		8		8						肇庆市
15		14	1	4	120	120							东莞市
1	1				2	2							普宁市
104		**104**		**20**	**135**	**135**							**广　西**
104		104		20	135	135							南宁市
15	**15**				**14**				**14**				**海　南**
15	15				14				14				三亚市
317	**23**	**183**	**111**	**97**	**2374**	**1767**	**100**	**492**	**15**				**重　庆**
317	23	183	111	97	2374	1767	100	492	15				重庆市
405	**56**	**326**	**23**	**113**	**4796**	**4594**			**202**				**四　川**
383	36	326	21	113	4774	4594			180				成都市
22	20		2		22				22				都江堰市
57	**2**	**50**	**5**	**22**	**498**	**498**							**贵　州**
57	2	50	5	22	498	498							贵阳市
129	**15**	**106**	**8**	**38**	**529**	**511**			**18**				**云　南**
114		106	8	38	511	511							昆明市
15	15				18				18				蒙自市
222	**3**	**190**	**29**	**43**	**458**	**458**							**陕　西**
222	3	190	29	43	458	458							西安市
41	**12**	**29**		**4**	**53**	**36**			**17**				**甘　肃**
29		29		4	36	36							兰州市
12	12				17				17				天水市
21		**21**		**5**	**162**	**162**							**新　疆**
21		21		5	162	162							乌鲁木齐市

7-2-1 2023年按省分列的城市轨道交通(在建)

地区名称 Name of Regions	线路长度(公里) Length of Lines(km)										
	合计 Total	地铁 Subway	轻轨 Light Rail	单轨 Monorail	有轨 Cable Car	磁浮 Maglev	快轨 Fast Track	APM APM	按敷设方式 By Ways of Laying		
									地面线 Surface Lines	地下线 Underground Lines	高架线 Elevated Lines
全 国	**5061.32**	**4504.78**	**242.81**		**52.18**	**4.46**	**226.39**	**30.70**	**122.83**	**4097.56**	**840.93**
北 京	260.37	260.37							25.10	199.47	35.80
天 津	207.09	207.09							0.35	157.82	48.92
河 北	61.79	61.79								61.79	
山 西	28.74	28.74								28.74	
内蒙古											
辽 宁	147.17	147.17								130.67	16.50
吉 林	122.93	120.25	2.68						1.00	121.19	0.74
黑龙江	12.99	12.99								12.99	
上 海	236.25	236.25								229.66	6.59
江 苏	622.44	620.56			1.88				9.89	493.96	118.59
浙 江	612.16	428.53	183.63						12.23	405.35	194.58
安 徽	130.27	130.27							0.31	98.45	31.51
福 建	199.44	137.04					62.40		0.94	156.72	41.78
江 西	31.75	31.75								28.30	3.45
山 东	382.62	351.92						30.70	0.23	326.77	55.62
河 南	142.71	142.71								139.71	3.00
湖 北	155.39	155.39							0.25	144.17	10.97
湖 南	66.01	61.55				4.46				52.34	13.67
广 东	796.38	689.58	56.50		50.30				51.48	680.09	64.81
广 西	3.90	3.90								3.90	
海 南											
重 庆	278.15	261.75					16.40		7.54	216.55	54.06
四 川	282.94	135.35					147.59		8.92	165.18	108.84
贵 州	73.35	73.35								64.31	9.04
云 南	26.76	26.76							4.59	21.91	0.26
西 藏											
陕 西	118.61	118.61								96.41	22.20
甘 肃											
青 海											
宁 夏											
新 疆	61.11	61.11								61.11	
新疆兵团											

Urban Rail Transit System(under construction) by Province(2023)

车站数(个) Number of Stations (unit)				换乘站数(个)	配置车辆数(辆) Number of Vehicles in Service(unit)								地区名称
合计 Total	地面站 Surface Lines	地下站 Under-ground Lines	高架站 Elevated Lines	Number of Transfer Stations (unit)	合计 Total	地铁 Subway	轻轨 Light Rail	单轨 Monorail	有轨 Cable Car	磁浮 Maglev	快轨 Fast Track	APM APM	Name of Regions
2838	**39**	**2540**	**259**	**980**	**20683**	**19721**	**474**		**12**	**12**	**435**	**29**	**全 国**
123	11	103	9	67	2668	2668							北 京
141	2	119	20	58	1116	1116							天 津
52		52		14									河 北
24		24		7	162	162							山 西
													内蒙古
107		98	9	41	930	930							辽 宁
81	1	78	2	28	49	49							吉 林
12		12		1									黑龙江
125		124	1	52	1872	1872							上 海
376	5	346	25	146	3490	3490							江 苏
263	1	218	44	65	1570	1096	474						浙 江
67		58	9	12	594	594							安 徽
87		76	11	31	967	847					120		福 建
19		17	2	3	336	336							江 西
286	2	239	45	74	2065	2036						29	山 东
92		91	1	36	226	226							河 南
78		76	2	44	1024	1024							湖 北
38		34	4	15	400	388				12			湖 南
415	15	382	18	81	40	28			12				广 东
3		3											广 西
													海 南
126	2	102	22	60	840	816					24		重 庆
138		116	22	73	1469	1178					291		四 川
42		40	2	11	384	384							贵 州
19		18	1	7	55	55							云 南
													西 藏
75		65	10	35									陕 西
													甘 肃
													青 海
													宁 夏
49		49		19	426	426							新 疆
													新疆兵团

7-2-2 2023年按城市分列的城市轨道交通(在建)

城市名称 Name of Cities	线路长度(公里) Length of Lines(km)										
	合计 Total	地铁 Subway	轻轨 Light Rail	单轨 Monorail	有轨 Cable Car	磁浮 Maglev	快轨 Fast Track	APM APM	按敷设方式 By Ways of Laying		
									地面线 Surface Lines	地下线 Underground Lines	高架线 Elevated Lines
全　国	**5061.32**	**4504.78**	**242.81**		**52.18**	**4.46**	**226.39**	**30.70**	**122.83**	**4097.56**	**840.93**
北　京	**260.37**	**260.37**							**25.10**	**199.47**	**35.80**
天　津	**207.09**	**207.09**							**0.35**	**157.82**	**48.92**
河　北	**61.79**	**61.79**								**61.79**	
石家庄市	61.79	61.79								61.79	
山　西	**28.74**	**28.74**								**28.74**	
太原市	28.74	28.74								28.74	
辽　宁	**147.17**	**147.17**								**130.67**	**16.50**
沈阳市	124.16	124.16								107.66	16.50
大连市	23.01	23.01								23.01	
吉　林	**122.93**	**120.25**	**2.68**						**1.00**	**121.19**	**0.74**
长春市	122.93	120.25	2.68						1.00	121.19	0.74
黑龙江	**12.99**	**12.99**								**12.99**	
哈尔滨市	12.99	12.99								12.99	
上　海	**236.25**	**236.25**								**229.66**	**6.59**
江　苏	**622.44**	**620.56**			**1.88**				**9.89**	**493.96**	**118.59**
南京市	209.39	209.39							4.28	175.09	30.02
无锡市	114.50	114.50							0.20	83.65	30.65
徐州市	55.62	55.62								55.62	
常州市	30.90	30.90								30.90	
苏州市	212.03	210.15			1.88				5.41	148.70	57.92
浙　江	**612.16**	**428.53**	**183.63**						**12.23**	**405.35**	**194.58**
杭州市	153.43	153.43								153.43	
宁波市	241.00	241.00								166.07	74.93
绍兴市	34.10	34.10								34.10	
金华市	107.17		107.17						6.83	26.22	74.12
东阳市	24.06		24.06							7.73	16.33
台州市	52.40		52.40						5.40	17.80	29.20
安　徽	**130.27**	**130.27**							**0.31**	**98.45**	**31.51**
合肥市	130.27	130.27							0.31	98.45	31.51
福　建	**199.44**	**137.04**					**62.40**		**0.94**	**156.72**	**41.78**
福州市	86.95	24.55					62.40		0.60	70.07	16.28
厦门市	112.49	112.49							0.34	86.65	25.50
江　西	**31.75**	**31.75**								**28.30**	**3.45**
南昌市	31.75	31.75								28.30	3.45

Urban Rail Transit System (under construction) by City (2023)

车站数(个) Number of Stations (unit)				换乘站数(个)	配置车辆数(辆) Number of Vehicles in Service (unit)								城市名称
合计 Total	地面站 Surface Lines	地下站 Under-ground Lines	高架站 Elevated Lines	Number of Transfer Stations (unit)	合计 Total	地铁 Subway	轻轨 Light Rail	单轨 Monorail	有轨 Cable Car	磁浮 Maglev	快轨 Fast Track	APM APM	Name of Cities
2838	**39**	**2540**	**259**	**980**	**20683**	**19721**	**474**		**12**	**12**	**435**	**29**	**全　国**
123	**11**	**103**	**9**	**67**	**2668**	**2668**							**北　京**
141	**2**	**119**	**20**	**58**	**1116**	**1116**							**天　津**
52		**52**		**14**									**河　北**
52		52		14									石家庄市
24		**24**		**7**	**162**	**162**							**山　西**
24		24		7	162	162							太原市
107		**98**	**9**	**41**	**930**	**930**							**辽　宁**
90		81	9	34	930	930							沈阳市
17		17		7									大连市
81	**1**	**78**	**2**	**28**	**49**	**49**							**吉　林**
81	1	78	2	28	49	49							长春市
12		**12**		**1**									**黑龙江**
12		12		1									哈尔滨市
125		**124**	**1**	**52**	**1872**	**1872**							**上　海**
376	**5**	**346**	**25**	**146**	**3490**	**3490**							**江　苏**
129	1	119	9	62	1526	1526							南京市
61		55	6	19	700	700							无锡市
41	1	40		16	61	61							徐州市
25		25			180	180							常州市
120	3	107	10	49	1023	1023							苏州市
263	**1**	**218**	**44**	**65**	**1570**	**1096**	**474**						**浙　江**
89		89		26									杭州市
98		83	15	36	826	826							宁波市
23	1	22			270	270							绍兴市
31		13	18	2	300		300						金华市
7		4	3		50		50						东阳市
15		7	8	1	124		124						台州市
67		**58**	**9**	**12**	**594**	**594**							**安　徽**
67		58	9	12	594	594							合肥市
87		**76**	**11**	**31**	**967**	**847**					**120**		**福　建**
33		30	3	15	418	298					120		福州市
54		46	8	16	549	549							厦门市
19		**17**	**2**	**3**	**336**	**336**							**江　西**
19		17	2	3	336	336							南昌市

7-2-2 续表 1

城市名称 Name of Cities	线路长度(公里) Length of Lines(km)										
	合计 Total	地铁 Subway	轻轨 Light Rail	单轨 Monorail	有轨 Cable Car	磁浮 Maglev	快轨 Fast Track	APM APM	按敷设方式 By Ways of Laying		
									地面线 Surface Lines	地下线 Underground Lines	高架线 Elevated Lines
山　东	**382.62**	**351.92**						**30.70**	**0.23**	**326.77**	**55.62**
济南市	194.91	164.21						30.70		139.53	55.38
青岛市	187.71	187.71							0.23	187.24	0.24
河　南	**142.71**	**142.71**								**139.71**	**3.00**
郑州市	124.49	124.49								121.49	3.00
洛阳市	18.22	18.22								18.22	
湖　北	**155.39**	**155.39**							**0.25**	**144.17**	**10.97**
武汉市	155.39	155.39							0.25	144.17	10.97
湖　南	**66.01**	**61.55**				**4.46**				**52.34**	**13.67**
长沙市	49.18	44.72				4.46				44.98	4.20
湘潭市	16.83	16.83								7.36	9.47
广　东	**796.38**	**689.58**	**56.50**		**50.30**				**51.48**	**680.09**	**64.81**
广州市	287.30	287.30								287.30	
深圳市	202.97	202.97							0.42	200.76	1.79
佛山市	134.54	124.71			9.83				7.06	109.87	17.61
东莞市	74.60	74.60							0.53	66.16	7.91
揭阳市	56.50		56.50						3.00	16.00	37.50
普宁市	40.47				40.47				40.47		
广　西	**3.90**	**3.90**								**3.90**	
南宁市	3.90	3.90								3.90	
重　庆	**278.15**	**261.75**					**16.40**		**7.54**	**216.55**	**54.06**
重庆市	278.15	261.75					16.40		7.54	216.55	54.06
四　川	**282.94**	**135.35**					**147.59**		**8.92**	**165.18**	**108.84**
成都市	223.94	135.35					88.59		5.92	155.18	62.84
眉山市	59.00						59.00		3.00	10.00	46.00
贵　州	**73.35**	**73.35**								**64.31**	**9.04**
贵阳市	73.35	73.35								64.31	9.04
云　南	**26.76**	**26.76**							**4.59**	**21.91**	**0.26**
昆明市	26.76	26.76							4.59	21.91	0.26
陕　西	**118.61**	**118.61**								**96.41**	**22.20**
西安市	118.61	118.61								96.41	22.20
新　疆	**61.11**	**61.11**								**61.11**	
乌鲁木齐市	61.11	61.11								61.11	

continued 1

车站数（个）Number of Stations (unit)				换乘站数（个）	配置车辆数（辆）Number of Vehicles in Service (unit)								城市名称
合计 Total	地面站 Surface Lines	地下站 Under-ground Lines	高架站 Elevated Lines	Number of Transfer Stations (unit)	合计 Total	地铁 Subway	轻轨 Light Rail	单轨 Monorail	有轨 Cable Car	磁浮 Maglev	快轨 Fast Track	APM APM	Name of Cities
286	**2**	**239**	**45**	**74**	**2065**	**2036**						**29**	**山　东**
153	1	108	44	28	199	170						29	济南市
133	1	131	1	46	1866	1866							青岛市
92		**91**	**1**	**36**	**226**	**226**							**河　南**
77		76	1	33	112	112							郑州市
15		15		3	114	114							洛阳市
78		**76**	**2**	**44**	**1024**	**1024**							**湖　北**
78		76	2	44	1024	1024							武汉市
38		**34**	**4**	**15**	**400**	**388**				**12**			**湖　南**
35		33	2	14	384	372				12			长沙市
3		1	2	1	16	16							湘潭市
415	**15**	**382**	**18**	**81**	**40**	**28**			**12**				**广　东**
145		145											广州市
138		137	1	51									深圳市
84	12	65	7	17	40	28			12				佛山市
34		31	3	10									东莞市
11	1	4	6	2									揭阳市
3	2		1	1									普宁市
3		**3**											**广　西**
3		3											南宁市
126	**2**	**102**	**22**	**60**	**840**	**816**					**24**		**重　庆**
126	2	102	22	60	840	816					24		重庆市
138		**116**	**22**	**73**	**1469**	**1178**					**291**		**四　川**
125		111	14	67	1446	1178					268		成都市
13		5	8	6	23						23		眉山市
42		**40**	**2**	**11**	**384**	**384**							**贵　州**
42		40	2	11	384	384							贵阳市
19		**18**	**1**	**7**	**55**	**55**							**云　南**
19		18	1	7	55	55							昆明市
75		**65**	**10**	**35**									**陕　西**
75		65	10	35									西安市
49		**49**		**19**	**426**	**426**							**新　疆**
49		49		19	426	426							乌鲁木齐市

八、城市道路和桥梁

Urban Road and Bridge

简要说明

城市道路指城市供车辆、行人通行的，具备一定技术条件的道路、桥梁、隧道及其附属设施。城市道路由车行道和人行道等组成。在统计时只统计路面宽度在3.5米（含3.5米）以上的各种铺装道路，包括开放型工业区和住宅区道路在内。

本部分包括城市道路、桥梁和防洪，主要包括道路长度和面积、防洪堤长度等内容。

北京市的城市道路分为两部分：北京市城内八区、亦庄开发区和按照北京市总体规划划定的五环内高速公路里程，以及10个远郊区城区范围内道路。

Brief Introduction

Urban roads refer to roads, bridges, tunnels and auxiliary facilities that are provided for vehicles and passengers for transportation. Urban roads consist of drive lanes and sidewalks. In the statistics, only paved roads with width of 3.5m or above are counted, including roads in open industrial parks and residential communities are included in statistics.

This section includes statistics on roads, bridges and flood control, employing such indicators as length of roads, surface area of roads, length of flood control dikes, etc.

Urban roads in Beijing are composed of two parts: Freeways within 8 urban districts, Yizhuang Economic Development Zone and the areas within the 5th Ring Road; Roads within the county seats of 10 counties in the suburb.

8 全国历年城市道路和桥梁情况（1978—2023）
National Urban Road and Bridge in Past Years（1978—2023）

年份 Year	道路长度（公里）Length of Roads（km）	道路面积（万平方米）Surface Area of Roads（10000 sq. m）	防洪堤长度（公里）Length of Flood Control Dikes（km）	人均城市道路面积（平方米）Urban Road Surface Area Per Capita（sq. m）
1978	26966	22539	3443	2.93
1979	28391	24069	3670	2.85
1980	29485	25255	4342	2.82
1981	30277	26022	4446	1.81
1982	31934	27976	5201	1.96
1983	33934	29962	5577	1.88
1984	36410	33019	6170	1.84
1985	38282	35872	5998	1.72
1986	71886	69856	9952	3.05
1987	78453	77885	10732	3.10
1988	88634	91355	12894	3.10
1989	96078	100591	14506	3.22
1990	94820	101721	15500	3.13
1991	88791	99135	13892	3.35
1992	96689	110526	16015	3.59
1993	104897	124866	16729	3.70
1994	111058	137602	16575	3.84
1995	130308	164886	18885	4.36
1996	132583	179871	18475	4.96
1997	138610	192165	18880	5.22
1998	145163	206136	19550	5.51
1999	152385	222158	19842	5.91
2000	159617	237849	20981	6.13
2001	176016	249431	23798	6.98
2002	191399	277179	25503	7.87
2003	208052	315645	29426	9.34
2004	222964	352955	29515	10.34
2005	247015	392166	41269	10.92
2006	241351	411449	38820	11.04(12.36)
2007	246172	423662	32274	11.43
2008	259740	452433	33147	12.21
2009	269141	481947	34698	12.79
2010	294443	521322	36153	13.21
2011	308897	562523	35051	13.75
2012	327081	607449	33926	14.39
2013	336304	644155		14.87
2014	352333	683028		15.34
2015	364978	717675		15.60
2016	382454	753819		15.80
2017	397830	788853		16.05
2018	432231	854268		16.70
2019	459304	909791		17.36
2020	492650	969803		18.04
2021	532476	1053655		18.84
2022	552163	1089330		19.28
2023	564394	1120760		19.72

注：1. 自2006年起，人均城市道路面积按城区人口和城区暂住人口合计为分母计算，括号内为与往年同口径数据。
2. 自2013年起，不再统计防洪堤长度数据。

Notes：1. Since 2006, urban road surface per capita has been calculated based on denominator which combines both permanent and temporary residents in urban areas, and the data in brackets are the same index calculated by the method of past years.
2. Starting from 2013, the data on the length of flood prevention dike has been unavailable.

8-1 2023年按省分列的城市道路和桥梁

地区名称 Name of Regions	道路长度（公里） Length of Roads (km)	建成区 In Built District	道路面积（万平方米） Surface Area of Roads (10000 sq. m)	人行道面积 Surface Area of Sidewalks	建成区 In Built District	桥梁数（座） Number of Bridges (unit)
全 国	**564394. 28**	**497441. 75**	**1120760. 25**	**244422. 20**	**1003600. 08**	**89300**
北 京	9027. 17		17037. 24	3091. 99		2486
天 津	9826. 71	8365. 60	19130. 39	4382. 51	15855. 04	1328
河 北	20934. 66	20035. 74	44422. 47	10433. 67	42227. 84	2779
山 西	9903. 30	9040. 92	23140. 40	5101. 79	21650. 46	1493
内蒙古	11522. 17	9683. 75	23278. 44	6024. 31	21793. 91	577
辽 宁	24812. 24	22126. 06	46091. 20	12215. 59	41926. 12	2176
吉 林	11875. 47	10200. 57	21641. 12	4797. 48	19477. 80	1083
黑龙江	14434. 15	13524. 14	23000. 23	4849. 62	22248. 29	1219
上 海	5965. 00	5965. 00	12381. 00	3104. 00	12381. 00	3132
江 苏	54810. 80	46278. 30	96381. 91	15361. 95	82048. 74	14540
浙 江	34998. 63	30193. 94	69197. 92	15205. 10	59691. 25	14901
安 徽	20887. 82	20230. 00	49580. 89	10642. 37	47707. 41	2730
福 建	17372. 26	15911. 91	34275. 16	6711. 94	32226. 61	2794
江 西	14608. 88	14214. 23	31225. 87	6785. 22	29822. 16	1314
山 东	54280. 19	47242. 16	110627. 46	21818. 74	96817. 08	6226
河 南	21053. 01	20196. 88	51215. 83	11824. 79	47420. 91	2106
湖 北	26132. 46	25628. 64	51757. 54	12642. 77	51217. 17	2408
湖 南	19395. 26	17765. 58	40042. 80	9681. 59	37676. 89	1512
广 东	57805. 80	48331. 07	101059. 51	19396. 84	88159. 50	9889
广 西	16169. 86	15593. 12	33072. 66	6175. 76	29225. 20	1310
海 南	5289. 92	4961. 40	8503. 10	2620. 93	7848. 76	252
重 庆	12719. 41	12307. 56	27582. 24	8359. 76	26888. 84	2841
四 川	30358. 50	27959. 83	60684. 00	15305. 83	56169. 37	4373
贵 州	14272. 96	10565. 68	23713. 33	5019. 44	19626. 49	1368
云 南	10022. 15	9322. 37	20909. 71	4799. 55	19359. 54	1403
西 藏	1191. 57	857. 92	2127. 77	725. 96	1974. 03	65
陕 西	11295. 94	9140. 72	26437. 01	6510. 50	23589. 38	1003
甘 肃	7313. 81	7115. 87	15455. 78	3705. 88	15004. 73	745
青 海	1700. 69	1462. 37	4289. 65	1054. 25	3923. 78	241
宁 夏	3039. 90	2885. 04	8412. 85	1490. 87	7766. 91	255
新 疆	9513. 57	8687. 11	20189. 44	3754. 54	18616. 03	691
新疆兵团	1860. 02	1648. 27	3895. 33	826. 66	3258. 84	60

Urban Road and Bridge by Province(2023)

大桥及特大桥 Great Bridge and Grand Bridge	立交桥 Intersection	道路照明灯盏数(盏) Number of Road Lamps (unit)	安装路灯道路长度(公里) Length of The Road with Street Lamp (km)	地下综合管廊长度(公里) Length of The Utility Tunnel (km)	新建地下综合管廊长度(公里) Length of The New-bwilt Utility Tunnel (km)	地区名称 Name of Regions
12360	**6748**	**34817012**	**439442.62**	**7796.04**	**1366.08**	**全　国**
613	479	319379	8515.00	222.10		北　京
243	167	439773	9193.52	31.62	0.35	天　津
445	410	1185156	14716.77	174.75	62.19	河　北
296	212	594699	7510.37	57.75	7.94	山　西
109	70	638866	7575.40	67.76		内蒙古
342	257	1378602	17366.07	118.44	1.15	辽　宁
235	127	611062	8587.63	217.03	8.88	吉　林
279	273	717814	10845.36	28.30	2.46	黑龙江
3	51	724412	5965.00	106.07	8.39	上　海
972	409	3987095	42978.82	301.35	16.91	江　苏
810	197	2000926	26461.17	251.64	248.57	浙　江
324	380	1320383	17607.34	190.95	7.00	安　徽
546	113	1203080	11655.43	452.33	30.03	福　建
209	100	1087407	12232.34	168.72	6.87	江　西
510	245	2364201	39498.88	964.58	32.13	山　东
193	226	1170015	15302.06	178.55	174.55	河　南
477	237	1380077	21737.41	614.96	72.79	湖　北
466	142	982968	14982.33	207.92	15.16	湖　南
2229	976	4060788	53984.20	515.16	52.82	广　东
260	179	877352	9452.08	263.89	58.92	广　西
21	11	182765	2338.86	61.31		海　南
732	389	966548	11604.97	105.92	54.37	重　庆
803	343	2212567	25083.18	889.59	142.29	四　川
432	248	854872	8420.80	72.67	0.27	贵　州
251	97	884623	8452.76	384.13	76.00	云　南
7	1	37063	617.07	10.62	10.62	西　藏
240	183	790927	8868.81	576.94	68.38	陕　西
157	106	464630	4905.08	62.89	9.64	甘　肃
3	5	153283	1100.00	124.02	9.60	青　海
34	19	292177	2739.02	47.50		宁　夏
108	95	801299	7895.81	307.65	175.15	新　疆
11	1	132203	1249.08	18.93	12.65	新疆兵团

8-2 2023年按城市分列的城市道路和桥梁

城市名称 Name of Cities	道路长度（公里） Length of Roads (km)	建成区 In Built District	道路面积（万平方米） Surface Area of Roads (10000 sq. m)	人行道面积 Surface Area of Sidewalks	建成区 In Built District	桥梁数（座） Number of Bridges (unit)
全　国	**564394.28**	**497441.75**	**1120760.25**	**244422.20**	**1003600.08**	**89300**
北　京	**9027.17**		**17037.24**	**3091.99**		**2486**
天　津	**9826.71**	**8365.60**	**19130.39**	**4382.51**	**15855.04**	**1328**
河　北	**20934.66**	**20035.74**	**44422.47**	**10433.67**	**42227.84**	**2779**
石家庄市	3659.70	3334.81	8873.03	1851.86	8156.38	1285
晋州市	153.70	153.70	327.23	82.17	327.23	15
新乐市	151.93	151.93	278.48	59.66	278.48	4
唐山市	2225.85	2225.85	4376.64	874.34	4376.64	143
滦州市	274.75	274.75	474.19	109.32	474.19	8
遵化市	224.37	224.37	546.90	161.08	546.90	26
迁安市	384.39	384.39	765.51	217.09	765.51	8
秦皇岛市	1233.79	1213.79	2561.77	667.99	2498.08	205
邯郸市	1728.98	1692.68	4273.16	1228.07	4013.44	142
武安市	356.92	356.92	753.98	164.34	753.98	22
邢台市	1028.64	1028.64	2598.29	789.70	2598.29	243
南宫市	132.47	132.47	351.63	120.80	351.63	
沙河市	185.02	153.21	319.44	82.12	316.66	
保定市	1838.12	1795.49	3063.21	882.24	2454.49	18
涿州市	414.74	313.27	690.17	198.97	595.16	6
安国市	142.96	133.65	296.22	82.63	273.92	
高碑店市	194.62	177.56	434.03	92.40	372.25	4
张家口市	896.02	883.36	2091.46	443.07	2072.46	118
承德市	675.00	654.32	1293.56	206.92	1216.78	104
平泉市	153.04	151.50	373.67	105.70	364.55	11
沧州市	804.44	804.44	1670.77	233.35	1670.77	37
泊头市	171.48	171.48	305.37	80.27	305.37	13
任丘市	479.87	479.87	789.50	149.30	789.50	28
黄骅市	712.00	478.00	1156.52	176.52	1002.60	66
河间市	181.20	181.20	411.11	109.50	411.11	19
廊坊市	710.28	690.78	1574.25	285.58	1509.25	103
霸州市	141.86	141.86	268.16	32.83	268.16	2
三河市	190.87	190.87	489.27	93.90	489.27	17
衡水市	654.03	640.66	1297.94	316.01	1277.54	91
深州市	267.91	267.91	365.51	129.18	365.51	10
辛集市	294.48	280.78	637.86	225.86	618.10	16
定州市	271.23	271.23	713.64	180.90	713.64	15
山　西	**9903.30**	**9040.92**	**23140.40**	**5101.79**	**21650.46**	**1493**
太原市	2902.92	2902.92	7184.80	1561.55	7184.80	871
古交市	314.92	132.08	293.63	108.11	171.40	26
大同市	1049.18	852.05	2258.09	502.79	2156.50	55

Urban Road and Bridge by City(2023)

大桥及特大桥 Great Bridge and Grand Bridge	立交桥 Intersection	道路照明灯盏数(盏) Number of Road Lamps (unit)	安装路灯道路长度(公里) Length of The Road with Street Lamp (km)	地下综合管廊长度(公里) Length of The Utility Tunnel (km)	新建地下综合管廊长度(公里) Length of The New-bwilt Utility Tunnel (km)	城市名称 Name of Cities
12360	**6748**	**34817012**	**439443**	**7796. 0**	**1366. 1**	**全　国**
613	**479**	**319379**	**8515**	**222. 1**		**北　京**
243	**167**	**439773**	**9194**	**31. 6**	**0. 4**	**天　津**
445	**410**	**1185156**	**14717**	**174. 8**	**62. 2**	**河　北**
293	248	167134	2091	28. 6	5. 5	石家庄市
	3	6484	115			晋州市
	4	8120	135			新乐市
14	34	174420	2132	7. 1		唐山市
	4	28991	223			滦州市
		7611	188			遵化市
2		17928	203			迁安市
8	24	69665	1021	29. 5		秦皇岛市
24	15	151208	1534	2. 9	2. 9	邯郸市
2		12556	109			武安市
23	2	81792	655	27. 9		邢台市
		9617	128			南宫市
		12794	137			沙河市
	5	56459	635	10. 4		保定市
		9481	130			涿州市
		7495	114			安国市
2	1	8983	195			高碑店市
30	21	42304	833	3. 6	3. 6	张家口市
26		50684	562	8. 6	22. 8	承德市
		11642	101	18. 5	18. 5	平泉市
1	9	41068	399	17. 3		沧州市
		11807	171			泊头市
		11307	129	6. 0	6. 0	任丘市
	11	36669	680			黄骅市
		14549	144			河间市
10	13	54470	663	3. 5	2. 4	廊坊市
		8296	128	0. 4		霸州市
		6008	97			三河市
10	7	29279	433	1. 6	0. 6	衡水市
		6846	159	4. 0		深州市
	6	9339	219	5. 0		辛集市
	3	20150	253			定州市
296	**212**	**594699**	**7510**	**57. 8**	**7. 9**	**山　西**
186	99	141022	2268	10. 2		太原市
2		6658	92			古交市
12	9	70121	647	3. 4		大同市

8-2 续表 1

城市名称 Name of Cities	道路长度（公里） Length of Roads (km)	建成区 In Built District	道路面积（万平方米） Surface Area of Roads (10000 sq. m)	人行道面积 Surface Area of Sidewalks	建成区 In Built District	桥梁数（座） Number of Bridges (unit)
阳泉市	717.92	686.62	1003.07	238.95	926.89	88
长治市	751.42	751.42	1649.67	289.64	1649.67	82
晋城市	441.64	417.35	966.39	259.84	933.17	74
高平市	163.60	152.60	268.00	43.00	268.00	15
朔州市	294.23	81.60	764.56	206.15	196.64	30
怀仁市	194.24	194.24	548.29	152.65	548.29	3
晋中市	648.90	619.79	2207.76	460.47	1899.97	87
介休市	151.18	151.18	250.93	39.94	250.93	4
运城市	540.72	540.72	1087.12	251.43	1087.12	9
永济市	131.00	127.40	293.94	104.42	293.44	14
河津市	124.42	99.42	417.58	142.05	367.00	13
忻州市	351.68	351.68	939.13	173.01	939.13	14
原平市	94.39	94.39	229.60	47.50	229.60	4
临汾市	267.54	220.70	788.71	167.53	697.34	24
侯马市	110.28	110.28	333.31	89.61	333.31	12
霍州市	98.12	98.12	166.46	38.66	166.46	11
吕梁市	184.88	182.06	442.88	88.03	433.19	42
孝义市	235.86	140.04	668.82	82.57	539.95	9
汾阳市	134.26	134.26	377.66	53.89	377.66	6
内蒙古	**11522.17**	**9683.75**	**23278.44**	**6024.31**	**21793.91**	**577**
呼和浩特市	1265.96	1132.78	3273.47	595.33	3060.18	180
包头市	1830.57	1786.32	3656.92	1178.27	3551.72	88
乌海市	1677.84	311.80	2411.31	559.20	1930.90	16
赤峰市	772.92	769.03	2146.70	635.60	1891.93	45
通辽市	554.63	554.63	1254.52	209.20	1254.52	17
霍林郭勒市	167.05	167.05	420.25	90.00	420.25	16
鄂尔多斯市	1257.91	1159.94	2996.33	892.48	2766.24	43
呼伦贝尔市	454.25	453.76	942.72	150.44	942.72	14
满洲里市	337.71	158.19	506.94	93.72	306.16	20
牙克石市	112.90	112.90	360.00	78.00	360.00	4
扎兰屯市	188.61	188.61	428.94	191.25	428.94	30
额尔古纳市	143.17	135.37	128.58	9.50	128.59	
根河市	54.38	54.38	128.54	27.25	128.54	9
巴彦淖尔市	726.72	726.72	1166.44	457.99	1166.44	10
乌兰察布市	606.35	606.35	1132.45	250.35	1132.45	31
丰镇市	275.96	270.68	419.06	80.44	419.06	18
锡林浩特市	351.31	351.31	741.11	232.32	741.11	10
二连浩特市	177.69	177.69	280.80	75.10	280.80	2
乌兰浩特市	476.71	476.71	761.38	212.87	761.38	14
阿尔山市	89.53	89.53	121.98	5.00	121.98	10

continued 1

大桥及特大桥 Great Bridge and Grand Bridge	立交桥 Intersection	道路照明灯盏数（盏） Number of Road Lamps (unit)	安装路灯道路长度（公里） Length of The Road with Street Lamp (km)	地下综合管廊长度（公里） Length of The Utility Tunnel (km)	新建地下综合管廊长度（公里） Length of The New-bwilt Utility Tunnel (km)	城市名称 Name of Cities
19	1	13058	194			阳泉市
3	10	34736	619			长治市
5	6	24654	413	6.4		晋城市
		8200	78			高平市
17	7	41186	603			朔州市
3		18495	137			怀仁市
4	26	49692	486	4.1		晋中市
2	4	20943	153			介休市
1	8	22626	170	2.9	1.9	运城市
	5	9672	89			永济市
3	2	11709	132	3.2	3.2	河津市
4	10	25474	352	1.0	1.0	忻州市
	4	3910	52			原平市
8	8	34845	245	23.4	1.8	临汾市
	11	10813	110	3.3		侯马市
		6299	89			霍州市
22		11670	222			吕梁市
2	1	19721	225			孝义市
3	1	9195	135			汾阳市
109	**70**	**638866**	**7575**	**67.8**		**内蒙古**
10	20	86237	898			呼和浩特市
29	7	130588	1463	42.2		包头市
	3	9730	168			乌海市
9	5	64110	401	25.6		赤峰市
7	5	29958	564			通辽市
5	2	7928	90			霍林郭勒市
29	1	71593	1155			鄂尔多斯市
8	1	39037	436			呼伦贝尔市
2	5	7889	170			满洲里市
2	2	5759	58			牙克石市
		17101	149			扎兰屯市
		2581	104			额尔古纳市
		1422	50			根河市
	3	21087	390			巴彦淖尔市
1	6	72845	475			乌兰察布市
1		9406	185			丰镇市
		23852	288			锡林浩特市
	2	7421	148			二连浩特市
6	8	25838	325			乌兰浩特市
		4484	60			阿尔山市

8-2 续表 2

城市名称 Name of Cities	道路长度（公里） Length of Roads (km)	建成区 In Built District	道路面积（万平方米） Surface Area of Roads (10000 sq. m)	人行道面积 Surface Area of Sidewalks	建成区 In Built District	桥梁数（座） Number of Bridges (unit)
辽 宁	**24812.24**	**22126.06**	**46091.20**	**12215.59**	**41926.12**	**2176**
沈阳市	5826.85	4685.82	10573.39	2959.27	9005.22	542
新民市	83.82	82.49	194.10	44.08	194.10	6
大连市	3947.78	3752.00	7971.86	2248.22	7495.25	532
庄河市	292.05	277.31	551.62	80.32	526.80	12
瓦房店市	530.43	529.13	1351.92	380.87	1346.20	79
鞍山市	1610.82	1547.10	3032.11	438.84	2901.76	53
海城市	263.22	176.80	587.47	72.71	295.64	11
抚顺市	1263.21	1263.21	1848.29	662.81	1848.29	111
本溪市	1260.27	1006.27	2218.25	790.40	1774.08	100
丹东市	659.28	610.38	1233.00	469.10	1210.32	67
东港市	173.64	173.64	414.30	74.53	414.30	8
凤城市	108.12	108.12	301.91	72.26	301.91	14
锦州市	620.01	620.01	1035.66	338.16	1035.66	27
凌海市	113.94	113.66	211.26	31.24	211.26	1
北镇市	107.42	97.88	132.01	24.35	122.48	
营口市	1463.46	1463.46	3234.45	657.99	3234.45	44
盖州市	623.38	542.78	378.95	40.71	368.95	33
大石桥市	137.09	137.09	307.42	91.51	307.42	13
阜新市	477.30	426.30	938.40	225.74	848.40	34
辽阳市	1163.59	1156.85	1574.40	375.88	1566.86	95
灯塔市	197.85	79.44	239.27	36.54	124.32	8
盘锦市	922.97	870.97	1982.18	430.51	1981.92	82
铁岭市	282.35	282.35	629.52	174.76	592.68	37
调兵山市	143.46	143.46	208.30	10.39	208.30	7
开原市	121.70	121.70	261.62	46.32	261.62	21
朝阳市	278.37	278.36	733.90	258.96	733.90	41
北票市	169.75	169.75	393.23	87.91	393.23	22
凌源市	206.90	125.17	431.15	79.41	236.23	22
葫芦岛市	1217.72	773.86	1944.11	640.00	1442.38	24
兴城市	203.08	200.56	451.39	223.78	301.43	53
沈抚改革创新示范区	342.41	310.14	725.76	148.02	640.76	77
吉 林	**11875.47**	**10200.57**	**21641.12**	**4797.48**	**19477.80**	**1083**
长春市	4450.57	3417.55	8771.39	1637.27	7394.69	408
榆树市	132.18	132.18	258.11	102.83	258.11	5
德惠市	219.79	212.38	292.85	9.17	292.85	3
公主岭市	238.73	194.13	425.98	44.53	380.92	36
吉林市	1743.78	1743.78	2663.23	920.71	2663.23	104
蛟河市	106.31	106.31	228.04	71.97	228.04	13
桦甸市	161.09	161.09	193.45	51.27	193.45	14

continued 2

大桥及特大桥 Great Bridge and Grand Bridge	立交桥 Intersection	道路照明灯盏数（盏） Number of Road Lamps (unit)	安装路灯道路长度（公里） Length of The Road with Street Lamp (km)	地下综合管廊长度（公里） Length of The Utility Tunnel (km)	新建地下综合管廊长度（公里） Length of The New-bwilt Utility Tunnel (km)	城市名称 Name of Cities
342	**257**	**1378602**	**17366**	**118. 4**	**1. 2**	**辽　宁**
91	72	248177	4339	58. 6		沈阳市
		6211	76			新民市
58	116	359412	3286	32. 4	1. 0	大连市
7		25079	214			庄河市
16	4	27708	457			瓦房店市
3	6	71697	1286			鞍山市
		8143	153			海城市
38	10	33113	726			抚顺市
39	7	34004	753			本溪市
6	7	22202	293	0. 2	0. 2	丹东市
3		9932	167	3. 2		东港市
3	1	3974	83			凤城市
8	3	40853	492			锦州市
1		14837	50			凌海市
		5253	62			北镇市
4	3	84714	1243	12. 0		营口市
1		6446	193			盖州市
		10216	116			大石桥市
	3	28416	361			阜新市
3		58341	665			辽阳市
3	2	20265	91			灯塔市
3	7	102225	762	9. 1		盘锦市
	5	32077	290			铁岭市
		11109	85			调兵山市
	3	11938	122			开原市
16	1	27952	254	3. 0		朝阳市
		23860	171			北票市
17	6	10114	130			凌源市
19	1	32877	368			葫芦岛市
						兴城市
3		7457	78			沈抚改革创新示范区
235	**127**	**611062**	**8588**	**217. 0**	**8. 9**	**吉　林**
76	30	226749	3746	29. 1	0. 2	长春市
	1	6522	90			榆树市
	3	7191	156			德惠市
4	8	16230	150	14. 1		公主岭市
37	15	48822	616	13. 9		吉林市
12		6136	87			蛟河市
6		7482	53			桦甸市

8-2 续表 3

城市名称 Name of Cities	道路长度（公里） Length of Roads (km)	建成区 In Built District	道路面积（万平方米） Surface Area of Roads (10000 sq. m)	人行道面积 Surface Area of Sidewalks	建成区 In Built District	桥梁数（座） Number of Bridges (unit)
舒兰市	73.49	65.16	159.64	52.16	135.93	29
磐石市	109.44	109.44	291.48	96.21	291.48	30
四平市	464.10	458.50	769.00	147.38	738.00	22
双辽市	164.87	164.87	278.88	50.25	278.88	3
辽源市	493.36	416.83	881.72	150.14	766.56	93
通化市	234.65	153.05	369.84	99.38	296.63	59
集安市	68.80	49.63	128.80	29.05	107.89	4
白山市	284.54	229.92	495.74	109.65	420.06	62
临江市	85.35	49.35	112.52	27.03	80.12	14
松原市	488.16	488.16	970.81	237.88	970.81	18
扶余市	90.40	90.40	189.49	39.40	189.49	8
白城市	383.24	383.24	810.17	112.47	810.17	28
洮南市	134.65	134.65	257.47	52.00	257.47	4
大安市	140.73	140.18	271.67	33.92	268.76	5
延吉市	414.22	243.29	895.26	188.57	668.85	20
图们市	57.26	51.37	112.27	38.12	103.19	12
敦化市	278.62	250.76	380.47	92.05	342.42	6
珲春市	270.38	262.25	341.90	47.30	327.60	9
龙井市	111.77	97.40	115.80	26.73	115.80	5
和龙市	59.43	59.43	93.18	15.53	93.18	12
梅河口市	246.29	216.74	611.99	231.72	552.16	28
长白山保护开发区管理委员会	169.27	118.53	269.97	82.79	251.06	29
黑龙江	**14434.15**	**13524.14**	**23000.23**	**4849.62**	**22248.29**	**1219**
哈尔滨市	4680.36	4131.90	8375.95	2062.00	8060.27	524
尚志市	146.80	146.80	205.82	25.93	205.82	14
五常市	119.76	119.76	166.27	30.30	166.27	5
齐齐哈尔市	539.79	534.91	1247.09	241.80	1248.10	48
讷河市	87.87	85.99	106.06	12.08	106.60	6
鸡西市	548.92	458.52	855.77	105.73	775.18	41
虎林市	88.17	88.17	121.05	34.76	121.05	5
密山市	117.87	117.87	162.55	41.39	162.55	25
鹤岗市	466.76	466.76	571.25	86.20	571.25	32
双鸭山市	451.43	380.54	525.04	90.20	441.85	27
大庆市	2312.43	2263.63	3886.95	554.34	3886.95	200
伊春市	791.68	791.68	884.78	124.79	884.78	55
铁力市	232.29	232.29	199.46	39.56	199.46	7
佳木斯市	363.18	357.18	703.18	147.26	667.10	33
同江市	79.17	79.17	150.67	43.80	150.67	
抚远市	68.80	57.00	73.60	12.75	76.15	6
富锦市	118.86	117.66	203.27	49.79	203.27	

continued 3

大桥及特大桥 Great Bridge and Grand Bridge	立交桥 Intersection	道路照明灯盏数（盏） Number of Road Lamps (unit)	安装路灯道路长度（公里） Length of The Road with Street Lamp (km)	地下综合管廊长度（公里） Length of The Utility Tunnel (km)	新建地下综合管廊长度（公里） Length of The New-bwilt Utility Tunnel (km)	城市名称 Name of Cities
	3	18823	66			舒兰市
2	6	7508	105			磐石市
7	13	33939	380	52. 6		四平市
2	1	8488	75			双辽市
17	9	10965	201		8. 2	辽源市
10	8	10883	179	29. 2		通化市
3		7236	60	2. 3		集安市
10	4	23388	166	15. 8		白山市
		7038	55	1. 4		临江市
2	1	30009	488	17. 1	0. 4	松原市
		5803	88			扶余市
	6	34501	383	29. 2		白城市
	3	5735	60			洮南市
1	4	10517	136	1. 3		大安市
18	2	13064	242			延吉市
6		3132	43			图们市
1		14251	278			敦化市
2	2	14103	245	9. 2		珲春市
5		7338	85			龙井市
3		4215	53			和龙市
11	8	7858	192	2. 0		梅河口市
		13136	111			长白山保护开发区管理委员会
279	**273**	**717814**	**10845**	**28. 3**	**2. 5**	**黑龙江**
166	131	199205	3996	28. 3	2. 5	哈尔滨市
13	1	3380	84			尚志市
	1	4709	112			五常市
12	9	47671	505			齐齐哈尔市
		3586	55			讷河市
	15	23898	328			鸡西市
		4650	65			虎林市
	4	3631	110			密山市
	4	17667	246			鹤岗市
4	6	13828	196			双鸭山市
47	50	90041	2059			大庆市
7	2	21338	408			伊春市
		6744	78			铁力市
14	11	24876	359			佳木斯市
		8753	79			同江市
		6910	69			抚远市
		9972	107			富锦市

8-2 续表4

城市名称 Name of Cities	道路长度（公里） Length of Roads (km)	建成区 In Built District	道路面积（万平方米） Surface Area of Roads (10000 sq. m)	人行道面积 Surface Area of Sidewalks	建成区 In Built District	桥梁数（座） Number of Bridges (unit)
七台河市	542.00	540.00	489.00	108.00	487.00	25
牡丹江市	802.24	802.24	1172.94	258.15	1172.94	57
海林市	196.00	196.00	224.80	66.20	224.80	12
宁安市	88.34	88.34	109.95	25.42	105.95	4
穆棱市	148.57	148.57	121.83	22.42	121.83	19
绥芬河市	120.97	120.97	192.01	32.41	192.01	17
东宁市	126.71	126.71	160.83	9.01	161.31	10
黑河市	105.08	105.08	256.49	83.21	256.49	3
北安市	131.70	131.70	302.26	110.62	301.74	16
五大连池市	63.13	63.13	79.46	23.10	79.46	1
嫩江市	146.67	142.56	272.49	84.56	270.49	1
绥化市	149.12	143.81	393.63	177.51	281.62	4
安达市	177.32	67.33	219.39	47.53	99.11	4
肇东市	223.83	223.48	307.31	63.00	307.18	11
海伦市	98.66	98.66	164.48	26.02	164.48	2
漠河市	99.67	95.73	94.60	9.78	94.56	5
上　海	**5965.00**	**5965.00**	**12381.00**	**3104.00**	**12381.00**	**3132**
江　苏	**54810.80**	**46278.30**	**96381.91**	**15361.95**	**82048.74**	**14540**
南京市	10889.73	8807.21	18740.12	2511.92	14792.52	1407
无锡市	4126.69	2931.57	7804.30	845.27	5520.74	1524
江阴市	1023.65	1010.52	1305.39	227.68	1298.60	105
宜兴市	1060.01	798.39	1678.95	238.04	1478.84	244
徐州市	2707.18	2691.66	4819.23	755.44	4749.67	276
新沂市	364.00	288.91	763.19	97.87	583.74	50
邳州市	451.60	161.28	699.99	156.50	327.89	48
常州市	2895.98	2256.30	5348.82	738.45	4239.12	1078
溧阳市	302.60	287.63	644.22	173.10	558.66	84
苏州市	7538.89	7148.71	11781.92	1848.76	10767.25	3143
常熟市	841.25	787.74	1754.67	232.27	1507.50	541
张家港市	774.79	542.18	1238.59	344.46	1036.62	159
昆山市	873.32	473.21	1594.91	275.77	1021.66	373
太仓市	524.37	460.60	965.98	173.69	907.00	89
南通市	3545.04	2699.00	6278.17	989.06	5050.21	1803
海安市	393.64	392.31	686.65	105.52	587.48	133
启东市	278.84	263.84	607.78	111.19	564.78	65
如皋市	394.44	394.44	806.50	114.31	795.12	140
连云港市	2031.59	1575.50	2853.23	576.77	2997.69	195
淮安市	2258.28	1773.34	4273.57	795.32	4126.37	475
盐城市	1730.08	1580.22	3917.48	786.02	3186.84	627
东台市	365.30	365.30	755.93	223.43	755.93	296

continued 4

大桥及特大桥 Great Bridge and Grand Bridge	立交桥 Intersection	道路照明灯盏数（盏） Number of Road Lamps (unit)	安装路灯道路长度（公里） Length of The Road with Street Lamp (km)	地下综合管廊长度（公里） Length of The Utility Tunnel (km)	新建地下综合管廊长度（公里） Length of The New-bwilt Utility Tunnel (km)	城市名称 Name of Cities
	3	53084	383			七台河市
8	2	52157	325			牡丹江市
	12	8695	143			海林市
3	1	3474	43			宁安市
	2	7026	36			穆棱市
	2	13465	117			绥芬河市
		6465	112			东宁市
		12518	93			黑河市
	5	10760	132			北安市
		4037	29			五大连池市
	1	6513	88			嫩江市
	1	14029	138			绥化市
	2	3268	80			安达市
	8	5164	125			肇东市
		15660	84			海伦市
5		10640	64			漠河市
3	**51**	**724412**	**5965**	**106.1**	**8.4**	**上　海**
972	**409**	**3987095**	**42979**	**301.4**	**16.9**	**江　苏**
246	240	653348	7697	112.6	7.4	南京市
109	32	290010	4069	29.8		无锡市
12	2	24810	468			江阴市
21		42166	761			宜兴市
12	6	139604	1647	32.6	0.2	徐州市
9	4	32583	354	15.4		新沂市
2	5	23115	446			邳州市
43	2	329367	2447	5.7		常州市
4	1	25699	285	0.8		溧阳市
160	53	508200	3890	53.1	1.9	苏州市
35	1	62014	805			常熟市
8	1	37704	756	0.9		张家港市
7	2	73332	873	3.2		昆山市
	2	61605	463			太仓市
42	25	316593	2971	5.5		南通市
12	1	25846	394			海安市
		46630	279			启东市
6		27312	394			如皋市
43		70125	1497	15.3		连云港市
51	8	138759	1838	1.8		淮安市
36		292818	1357	5.3	3.2	盐城市
		47903	365			东台市

8-2 续表 5

城市名称 Name of Cities	道路长度（公里） Length of Roads (km)	建成区 In Built District	道路面积（万平方米） Surface Area of Roads (10000 sq. m)	人行道面积 Surface Area of Sidewalks	建成区 In Built District	桥梁数（座） Number of Bridges (unit)
扬州市	1934.94	1887.86	3470.42	639.26	3363.33	311
仪征市	376.10	374.82	640.21	98.95	640.21	32
高邮市	300.72	300.72	444.65	84.56	399.15	48
镇江市	1567.65	1475.27	2702.46	504.10	2368.26	182
丹阳市	678.69	523.69	905.04	147.32	724.16	41
扬中市	127.54	88.12	380.49	109.71	303.80	34
句容市	386.53	315.88	528.96	141.62	430.93	34
泰州市	1525.69	1525.69	3199.97	535.08	3166.44	374
兴化市	443.55	400.95	635.90	150.15	635.90	118
靖江市	489.70	283.70	619.40	73.50	458.34	134
泰兴市	341.93	341.93	663.82	137.03	663.82	172
宿迁市	1266.49	1069.81	2871.00	419.83	2040.17	205
浙　江	**34998.63**	**30193.94**	**69197.92**	**15205.10**	**59691.25**	**14901**
杭州市	7361.42	6896.90	16141.23	2771.85	14358.13	3114
建德市	156.12	122.35	256.81	42.72	215.31	9
宁波市	3463.91	3264.28	7705.09	1852.23	7347.57	2214
余姚市	756.49	561.67	1235.27	277.76	990.90	369
慈溪市	907.09	520.02	2081.18	335.31	943.11	742
温州市	2671.66	2470.03	4309.68	966.31	3908.73	1469
瑞安市	194.11	194.00	682.35	241.35	575.18	145
乐清市	877.46	205.82	1023.76	142.35	434.27	486
龙港市	317.23	219.45	675.87	152.35	468.72	191
嘉兴市	1471.11	1273.66	2659.65	538.00	2140.91	609
海宁市	560.04	534.23	1025.33	171.22	983.25	293
平湖市	438.27	413.00	852.54	176.06	778.00	362
桐乡市	612.86	579.91	774.86	194.32	703.34	208
湖州市	1150.98	1148.74	3069.84	999.23	3010.97	628
绍兴市	2809.37	2343.85	5793.44	1127.52	5116.57	1265
诸暨市	1070.58	679.18	1808.90	256.30	1126.70	77
嵊州市	473.76	419.08	658.72	184.08	658.72	56
金华市	1227.24	1050.19	2712.06	639.26	2194.60	130
兰溪市	502.51	284.00	808.21	168.79	608.96	13
义乌市	1896.82	1808.33	3578.34	1629.50	3236.50	167
东阳市	545.40	369.95	1138.65	244.26	797.88	76
永康市	426.95	394.07	796.70	221.48	741.55	84
衢州市	810.65	737.50	1585.05	368.89	1391.98	77
江山市	209.83	199.83	489.44	86.19	465.13	58
舟山市	866.52	588.84	1593.60	269.00	1126.18	400
台州市	1482.47	1309.89	2662.00	546.72	2377.90	1035
玉环市	270.73	269.85	367.03	41.78	364.30	56

continued 5

大桥及特大桥 Great Bridge and Grand Bridge	立交桥 Intersection	道路照明灯盏数（盏） Number of Road Lamps (unit)	安装路灯道路长度（公里） Length of The Road with Street Lamp (km)	地下综合管廊长度（公里） Length of The Utility Tunnel (km)	新建地下综合管廊长度（公里） Length of The New-bwilt Utility Tunnel (km)	城市名称 Name of Cities
21	5	136970	1870	4. 3	1. 8	扬州市
4	1	27331	376			仪征市
		20433	301			高邮市
31	8	121182	1444	0. 5		镇江市
10	6	44656	685			丹阳市
		16512	127			扬中市
5		19501	416			句容市
20	1	205658	1371	12. 1		泰州市
		30665	411			兴化市
		12387	362			靖江市
4		24369	342			泰兴市
19	3	57888	1221	2. 4	2. 4	宿迁市
810	**197**	**2000926**	**26461**	**251. 6**	**248. 6**	**浙　江**
141	46	528259	6172	112. 2	228. 9	杭州市
	3	22704	135			建德市
87	31	183234	2725	22. 1		宁波市
13	8	54190	511	1. 8		余姚市
15		52567	688	18. 8		慈溪市
80	5	171899	1862	10. 8		温州市
		16037	481			瑞安市
3		12517	224			乐清市
5		12519	251			龙港市
4	19	65378	1089	7. 1	2. 1	嘉兴市
10	3	28831	560			海宁市
21		19466	268			平湖市
6		35876	363	1. 4		桐乡市
85	3	82055	899	5. 3	5. 3	湖州市
149	9	116916	1617			绍兴市
25	5	24839	1046			诸暨市
17	1	21042	396			嵊州市
34	7	81518	1139	11. 7	5. 6	金华市
7	6	20664	194			兰溪市
	25	146097	906	16. 0	3. 9	义乌市
13		29989	434			东阳市
14	4	32229	402			永康市
16	3	32995	706	17. 3		衢州市
8	1	9967	170			江山市
8	1	45375	635	5. 8		舟山市
3	3	57464	1282	21. 3	2. 8	台州市
		12230	167			玉环市

8-2 续表 6

城市名称 Name of Cities	道路长度（公里） Length of Roads (km)	建成区 In Built District	道路面积（万平方米） Surface Area of Roads (10000 sq. m)	人行道面积 Surface Area of Sidewalks	建成区 In Built District	桥梁数（座） Number of Bridges (unit)
温岭市	414.82	413.68	847.20	210.06	844.69	301
临海市	484.44	484.44	766.38	119.36	766.36	116
丽水市	348.21	308.76	833.07	203.25	761.19	131
龙泉市	219.58	128.44	265.67	27.60	253.65	20
安　徽	**20887.82**	**20230.00**	**49580.89**	**10642.37**	**47707.41**	**2730**
合肥市	3501.09	3438.83	10340.22	1945.72	10214.75	1157
巢湖市	453.06	437.70	1143.36	299.50	1075.81	31
芜湖市	2167.78	2131.74	5078.99	1262.41	4946.75	152
无为市	151.72	114.95	385.87	113.36	290.71	10
蚌埠市	1354.74	1334.41	2912.60	815.20	2876.67	43
淮南市	1127.36	1085.76	2320.36	468.80	2189.21	55
马鞍山市	1002.71	855.66	2150.81	471.64	1711.13	72
淮北市	740.21	740.21	1682.08	348.19	1682.08	50
铜陵市	787.60	787.60	1538.37	296.53	1538.38	37
安庆市	1375.59	1370.04	2728.18	506.29	2621.84	119
潜山市	114.27	111.87	290.61	88.42	290.61	16
桐城市	245.03	245.03	499.22	154.73	499.16	13
黄山市	666.66	612.58	1206.82	325.12	1140.71	55
滁州市	1056.95	1023.04	2997.58	493.99	2798.78	193
天长市	466.95	354.84	807.38	181.33	567.26	33
明光市	330.03	306.97	753.73	169.44	728.44	19
阜阳市	1266.96	1262.13	2780.40	733.20	2767.10	192
界首市	183.02	183.02	489.18	134.27	489.18	36
宿州市	888.62	874.71	1968.74	395.40	1957.01	120
六安市	703.85	696.94	2090.48	382.40	2011.88	55
亳州市	654.45	654.45	1827.76	392.45	1827.76	17
池州市	477.26	477.26	861.61	148.60	861.61	36
宣城市	622.53	622.53	1379.20	251.70	1379.20	119
广德市	272.39	266.26	694.67	127.62	678.48	48
宁国市	276.99	241.47	652.67	136.06	562.90	52
福　建	**17372.26**	**15911.91**	**34275.16**	**6711.94**	**32226.61**	**2794**
福州市	3449.88	3449.88	6578.16	1308.06	6578.16	724
福清市	479.93	479.93	922.73	160.83	922.73	30
厦门市	4667.08	3800.75	9081.33	1727.72	7958.20	766
莆田市	1077.03	1013.81	2083.75	500.11	1990.93	315
三明市	603.03	573.73	1106.83	309.88	964.41	83
永安市	208.80	208.80	378.26	76.62	378.26	33
泉州市	1873.39	1849.70	4134.48	737.65	4134.48	209
石狮市	349.24	341.26	752.50	117.29	745.70	65
晋江市	534.34	340.45	1386.47	281.18	932.07	58

continued 6

大桥及特大桥 Great Bridge and Grand Bridge	立交桥 Intersection	道路照明灯盏数（盏） Number of Road Lamps (unit)	安装路灯道路长度（公里） Length of The Road with Street Lamp (km)	地下综合管廊长度（公里） Length of The Utility Tunnel (km)	新建地下综合管廊长度（公里） Length of The New-bwilt Utility Tunnel (km)	城市名称 Name of Cities
25	1	18393	342			温岭市
3	9	20988	439			临海市
12	4	27036	251			丽水市
6		17652	107			龙泉市
324	**380**	**1320383**	**17607**	**191. 0**	**7. 0**	**安　徽**
143	261	319496	3480	82. 4	7. 0	合肥市
8	22	26968	449			巢湖市
12	20	118798	2168	3. 1		芜湖市
1		11929	149			无为市
20	15	67111	896	6. 4		蚌埠市
6	11	60774	1054	6. 4		淮南市
2		58036	604	9. 3		马鞍山市
	6	34851	740	18. 9		淮北市
4	3	44100	780	6. 1		铜陵市
	3	85754	980	2. 9		安庆市
1		12880	114			潜山市
		13516	148	5. 9		桐城市
13	1	44156	280	7. 3		黄山市
18	5	79605	1026	2. 0		滁州市
		13990	444	13. 6		天长市
	1	21827	266	1. 2		明光市
13	9	56542	736	10. 1		阜阳市
6		11349	174			界首市
14	8	58841	638	3. 8		宿州市
17	11	37698	690			六安市
14		50304	350	7. 2		亳州市
1		23243	474	0. 9		池州市
16	4	30006	498	3. 7		宣城市
13		17032	204			广德市
2		21577	267			宁国市
546	**113**	**1203080**	**11655**	**452. 3**	**30. 0**	**福　建**
104	27	84591	1195			福州市
	1	16545	361			福清市
233	43	429849	3072	398. 0	10. 2	厦门市
23	4	138386	1440			莆田市
38	13	43289	414	2. 0	2. 0	三明市
		12611	143			永安市
55	8	75300	469			泉州市
	1	35892	307			石狮市
3	1	67880	671			晋江市

8-2 续表7

城市名称 Name of Cities	道路长度（公里） Length of Roads (km)	建成区 In Built District	道路面积（万平方米） Surface Area of Roads (10000 sq. m)	人行道面积 Surface Area of Sidewalks	建成区 In Built District	桥梁数（座） Number of Bridges (unit)
南安市	388.49	299.42	752.41	163.52	585.63	27
漳州市	946.88	804.58	2316.73	426.02	2315.65	169
南平市	619.20	612.92	1010.32	155.34	996.33	54
邵武市	251.70	250.82	351.94	74.08	351.94	13
武夷山市	144.34	143.34	230.71	52.03	230.71	18
建瓯市	152.00	152.00	200.20	64.21	200.20	14
龙岩市	715.44	701.91	1264.75	197.84	1223.84	121
漳平市	137.11	128.00	256.91	66.68	241.72	9
宁德市	401.68	398.16	845.64	159.68	854.61	20
福安市	210.43	210.43	255.87	57.29	255.87	18
福鼎市	162.27	152.02	365.17	75.91	365.17	48
江　西	**14608.88**	**14214.23**	**31225.87**	**6785.22**	**29822.16**	**1314**
南昌市	2372.13	2360.17	5864.00	1096.42	5681.94	454
景德镇市	919.65	919.65	1525.72	233.85	1525.32	32
乐平市	225.61	214.88	234.45	61.23	204.77	3
萍乡市	434.13	433.13	1186.44	297.02	1186.44	35
九江市	1442.23	1430.88	2707.91	542.88	2686.45	136
瑞昌市	328.38	319.78	481.85	95.75	228.11	45
共青城市	203.25	193.10	324.84	101.98	178.98	
庐山市	65.96	65.96	130.82	30.36	130.82	16
新余市	569.84	569.84	1371.07	417.97	1371.07	36
鹰潭市	536.25	524.25	1061.65	267.80	1061.65	48
贵溪市	261.48	261.48	387.22	80.30	327.00	14
赣州市	2058.51	1972.83	4291.46	1090.69	4142.08	128
瑞金市	343.89	333.31	449.59	83.37	434.97	29
龙南市	147.01	141.41	325.00	58.00	299.80	29
吉安市	598.38	598.38	1349.87	338.82	1349.87	18
井冈山市	71.10	67.87	109.21	43.38	106.75	18
宜春市	777.78	770.23	2006.49	320.60	2006.49	44
丰城市	381.16	326.74	730.97	147.95	606.22	15
樟树市	330.40	323.02	796.43	210.75	794.22	40
高安市	355.18	331.40	771.06	187.09	735.59	17
抚州市	990.27	979.76	2542.57	687.99	2520.67	91
上饶市	1108.43	988.30	2408.46	364.55	2074.16	54
德兴市	87.86	87.86	168.79	26.47	168.79	12
山　东	**54280.19**	**47242.16**	**110627.46**	**21818.74**	**96817.08**	**6226**
济南市	7942.12	6697.16	14555.73	2901.54	12809.89	1017
青岛市	6529.48	6508.32	11856.45	2585.72	11856.45	822
胶州市	807.66	807.66	1286.08	188.14	1286.08	114
平度市	774.78	774.78	1392.05	256.78	1392.05	34

continued 7

大桥及特大桥 Great Bridge and Grand Bridge	立交桥 Intersection	道路照明灯盏数（盏） Number of Road Lamps (unit)	安装路灯道路长度（公里） Length of The Road with Street Lamp (km)	地下综合管廊长度（公里） Length of The Utility Tunnel (km)	新建地下综合管廊长度（公里） Length of The New-bwilt Utility Tunnel (km)	城市名称 Name of Cities
3	1	15505	228			南安市
20	2	70391	930	20. 5		漳州市
41	4	57984	636	12. 9	12. 9	南平市
		14988	202			邵武市
		12900	119	2. 1	2. 1	武夷山市
10		20420	135			建瓯市
1	8	40390	582	16. 9	2. 8	龙岩市
9		9918	130			漳平市
		30003	324			宁德市
6		8213	133			福安市
		18025	164			福鼎市
209	**100**	**1087407**	**12232**	**168. 7**	**6. 9**	**江　西**
65	45	253486	2798	20. 4	2. 3	南昌市
14	2	74705	484	32. 3		景德镇市
	1	21662	195			乐平市
1	1	54700	434	20. 0		萍乡市
6	25	56680	1431	24. 0		九江市
		12034	277			瑞昌市
		5198	62	1. 0		共青城市
		5452	66			庐山市
6	8	26556	569	5. 1		新余市
16		44760	377			鹰潭市
6		14090	143			贵溪市
31	3	113543	1344	6. 5		赣州市
2		21813	164	1. 4		瑞金市
		19552	147			龙南市
		32485	497	18. 9		吉安市
		13294	67			井冈山市
	4	64294	652	19. 6		宜春市
4	2	14543	267	4. 6	4. 6	丰城市
4	2	14684	255			樟树市
2	3	24099	346			高安市
23	3	121002	954	15. 0		抚州市
17	1	66620	625			上饶市
12		12155	79			德兴市
510	**245**	**2364201**	**39499**	**964. 6**	**32. 1**	**山　东**
42	79	238586	4764	115. 7	10. 1	济南市
79	46	219691	5053	176. 8	7. 7	青岛市
1		32438	521	30. 0		胶州市
		16571	612			平度市

8-2 续表 8

城市名称 Name of Cities	道路长度(公里) Length of Roads (km)	建成区 In Built District	道路面积(万平方米) Surface Area of Roads (10000 sq. m)	人行道面积 Surface Area of Sidewalks	建成区 In Built District	桥梁数(座) Number of Bridges (unit)
莱西市	518.11	518.11	844.75	153.49	844.75	24
淄博市	2613.54	2471.58	6240.52	994.69	5821.80	246
枣庄市	1569.84	1299.03	3235.61	737.47	2563.86	155
滕州市	666.05	566.71	1098.46	249.88	955.53	51
东营市	1663.47	1374.69	3469.48	745.28	2906.06	323
烟台市	3752.53	3221.41	7556.75	1448.45	6848.33	220
龙口市	513.22	405.82	985.16	253.31	889.15	16
莱阳市	351.45	351.00	530.25	142.99	529.17	26
莱州市	332.13	328.58	805.64	119.41	803.01	13
招远市	296.20	296.20	471.79	102.63	471.79	56
栖霞市	142.45	142.45	255.26	50.56	255.26	32
海阳市	217.03	217.03	473.68	170.01	473.68	33
潍坊市	2322.77	1618.41	4915.91	1176.10	3868.85	151
青州市	624.49	469.15	1104.47	259.25	924.13	27
诸城市	642.19	493.49	1240.87	236.75	960.50	39
寿光市	615.05	394.62	1046.19	127.64	751.64	10
安丘市	837.78	553.84	1639.79	144.03	1016.11	87
高密市	445.23	445.23	747.07	206.37	747.07	64
昌邑市	267.99	267.99	492.52	127.50	492.52	29
济宁市	2381.34	2101.56	6276.86	1150.45	5292.14	222
曲阜市	263.73	263.73	593.47	133.27	593.47	32
邹城市	395.15	387.79	699.44	164.30	697.50	50
泰安市	1476.79	1455.96	3032.76	446.68	2879.55	234
新泰市	540.70	494.81	1294.06	167.86	1190.70	39
肥城市	326.20	326.20	783.77	81.46	782.15	38
威海市	1808.60	1631.18	4474.36	747.12	3998.85	463
荣成市	711.48	478.13	1379.13	189.56	955.73	106
乳山市	379.93	332.37	715.28	133.12	625.23	90
日照市	1092.54	1053.80	2214.83	423.74	2166.31	164
临沂市	2966.54	2239.45	6416.10	961.07	4759.16	214
德州市	1408.99	1408.99	2707.73	1039.74	2707.73	246
乐陵市	400.30	241.30	829.00	206.00	554.00	10
禹城市	204.16	204.16	598.39	83.60	598.39	67
聊城市	1491.01	1345.46	3384.55	628.35	3006.69	238
临清市	485.16	247.17	1100.56	341.10	456.98	30
滨州市	1259.89	1230.61	2765.63	488.12	2559.24	217
邹平市	549.86	198.69	1242.67	195.29	543.87	56
菏泽市	1692.26	1377.54	3874.39	859.92	2981.71	121
河　南	**21053.01**	**20196.88**	**51215.83**	**11824.79**	**47420.91**	**2106**
郑州市	2643.96	2573.47	8006.01	1485.88	7823.79	380

continued 8

大桥及特大桥 Great Bridge and Grand Bridge	立交桥 Intersection	道路照明灯盏数（盏） Number of Road Lamps (unit)	安装路灯道路长度（公里） Length of The Road with Street Lamp (km)	地下综合管廊长度（公里） Length of The Utility Tunnel (km)	新建地下综合管廊长度（公里） Length of The New-bwilt Utility Tunnel (km)	城市名称 Name of Cities
		24455	336	4.6	3.0	莱西市
28	13	104665	1520	24.9		淄博市
10	17	60233	1112	35.7		枣庄市
21	4	26920	424	24.3		滕州市
17	2	82771	1302	20.4		东营市
36	9	187492	3215	25.0	4.9	烟台市
2		22067	383	24.0		龙口市
	2	9288	164	1.9		莱阳市
	1	18212	165	4.0		莱州市
4	1	9662	177	1.6		招远市
		9643	66	1.8		栖霞市
5	1	12321	217			海阳市
36		113911	1716	30.6		潍坊市
9	2	55789	610	4.1		青州市
12		29336	598	1.2		诸城市
6		34428	614	4.0		寿光市
10		24189	627			安丘市
	7	24952	444	2.6		高密市
3		9718	192	0.4		昌邑市
20	13	109305	1876	55.6	1.0	济宁市
9		22804	213	4.3		曲阜市
3		20168	373	4.9		邹城市
17	15	45022	777	48.4		泰安市
11	6	19058	434	8.2		新泰市
5	2	17200	216			肥城市
1	3	97253	1701	40.9		威海市
7		34165	707			荣成市
3		13235	338			乳山市
29		60685	928	80.2	0.9	日照市
17	9	174812	2328	95.6		临沂市
32		88497	881	30.5	4.5	德州市
		15480	360	1.3		乐陵市
4	4	12884	204	2.8		禹城市
21		111602	1137	24.8	0.1	聊城市
		8312	206	0.5		临清市
		68856	882	7.5		滨州市
4		14521	228	0.6		邹平市
6	9	63004	880	24.9		菏泽市
193	**226**	**1170015**	**15302**	**178.6**	**174.6**	**河　南**
14	102	136823	2582	35.1	56.3	郑州市

8-2 续表 9

城市名称 Name of Cities	道路长度（公里） Length of Roads (km)	建成区 In Built District	道路面积（万平方米） Surface Area of Roads (10000 sq. m)	人行道面积 Surface Area of Sidewalks	建成区 In Built District	桥梁数（座） Number of Bridges (unit)
巩义市	161.70	161.70	458.61	125.60	458.61	6
荥阳市	172.42	164.14	389.79	135.00	380.60	9
新密市	136.20	134.08	369.89	84.12	378.89	3
新郑市	148.00	147.68	463.19	143.88	463.19	19
登封市	267.33	221.58	594.43	171.64	472.05	33
开封市	827.00	814.80	2338.89	592.33	2287.43	102
洛阳市	1277.23	1241.33	3981.59	782.53	3912.77	136
平顶山市	645.81	593.26	1389.00	200.08	1210.42	66
舞钢市	138.90	138.90	269.91	81.67	269.91	5
汝州市	277.47	266.26	635.00	133.85	630.20	16
安阳市	748.82	748.82	1678.60	408.59	1674.29	72
林州市	176.33	161.63	340.86	89.84	316.71	11
鹤壁市	550.46	530.72	1098.11	221.30	1088.66	38
新乡市	610.91	610.81	1331.88	336.49	1270.58	44
长垣市	402.53	402.49	766.71	170.60	749.09	53
卫辉市	97.93	88.13	196.69	42.35	174.74	9
辉县市	134.59	132.55	308.27	56.36	304.92	16
焦作市	1025.68	984.03	2086.52	453.19	1951.14	109
沁阳市	185.78	149.99	398.31	97.69	393.97	5
孟州市	119.27	110.00	423.19	108.12	381.84	11
濮阳市	499.54	499.54	1251.87	316.74	1251.87	36
许昌市	1250.95	1048.59	2579.34	501.18	1969.20	46
禹州市	380.91	373.61	758.37	200.50	686.78	22
长葛市	204.28	204.28	444.93	147.79	444.93	15
漯河市	614.45	576.25	1311.68	352.06	1221.21	27
三门峡市	359.75	349.94	785.51	199.11	770.52	17
义马市	143.30	142.40	313.01	72.51	307.15	7
灵宝市	133.45	130.01	343.95	90.99	341.56	9
南阳市	1523.20	1423.71	2722.30	746.33	2626.50	179
邓州市	270.59	270.09	720.20	146.60	720.41	62
商丘市	1321.61	1321.61	2230.52	557.63	2230.52	159
永城市	370.79	360.67	884.08	235.40	852.38	65
信阳市	811.80	801.80	2268.43	659.29	2268.43	20
周口市	737.10	737.10	1865.54	473.40	1819.01	98
项城市	322.49	263.36	622.27	124.00	499.81	11
驻马店市	506.40	504.28	1678.48	361.49	1678.48	25
济源示范区	254.44	213.63	640.54	203.69	538.71	33
郑州航空港经济综合实验区	599.64	599.64	2269.36	514.97	599.64	132
湖　北	**26132.46**	**25628.64**	**51757.54**	**12642.77**	**51217.17**	**2408**
武汉市	8714.00	8714.00	17106.00	4807.00	17106.00	822

continued 9

大桥及特大桥 Great Bridge and Grand Bridge	立交桥 Intersection	道路照明灯盏数（盏） Number of Road Lamps (unit)	安装路灯道路长度（公里） Length of The Road with Street Lamp (km)	地下综合管廊长度（公里） Length of The Utility Tunnel (km)	新建地下综合管廊长度（公里） Length of The New-bwilt Utility Tunnel (km)	城市名称 Name of Cities
	6	11440	126			巩义市
	4	13862	313			荥阳市
		15686	136			新密市
6	1	9634	129			新郑市
1	9	12555	201			登封市
4	15	46165	612	8. 0	8. 0	开封市
11	15	123213	1258	42. 7	42. 7	洛阳市
15	7	35053	361			平顶山市
	1	4193	83			舞钢市
		9832	161			汝州市
1	13	29300	512	2. 8		安阳市
		29889	176			林州市
1		24975	407	16. 0	13. 9	鹤壁市
3	1	35682	470			新乡市
		22441	379			长垣市
		8559	77			卫辉市
		9664	95			辉县市
		30157	595			焦作市
		8654	150			沁阳市
		12252	119			孟州市
		38274	497			濮阳市
3	10	47587	585			许昌市
22		26722	190			禹州市
10	5	10581	163			长葛市
19	8	31448	430	3. 2	3. 2	漯河市
9	1	32968	313			三门峡市
1		5873	87			义马市
3		7981	118			灵宝市
13	9	47181	811	2. 9		南阳市
4		22736	209			邓州市
1	13	57970	502	37. 8	37. 8	商丘市
		16037	323	1. 0	1. 0	永城市
10	5	35858	413	0. 6	0. 6	信阳市
10		53901	585	6. 0	6. 0	周口市
2	1	9835	189			项城市
		50826	399	8. 4	5. 2	驻马店市
		23315	249			济源示范区
30		20893	295	14. 3		郑州航空港经济综合实验区
477	**237**	**1380077**	**21737**	**615. 0**	**72. 8**	**湖　北**
330	154	483175	6302	140. 5	12. 6	武汉市

8-2 续表 10

城市名称 Name of Cities	道路长度（公里） Length of Roads (km)	建成区 In Built District	道路面积（万平方米） Surface Area of Roads (10000 sq. m)	人行道面积 Surface Area of Sidewalks	建成区 In Built District	桥梁数（座） Number of Bridges (unit)
黄石市	978.25	978.25	2117.79	369.91	2117.79	97
大冶市	257.61	257.61	669.97	166.50	669.97	21
十堰市	970.22	969.01	1918.68	425.35	1908.18	100
丹江口市	239.10	238.93	293.60	69.80	292.56	33
宜昌市	1701.87	1673.36	3353.68	689.08	3350.48	195
宜都市	263.52	263.52	535.28	94.81	529.71	31
当阳市	272.56	272.56	400.67	116.48	400.67	10
枝江市	303.16	303.16	479.68	93.02	479.68	7
襄阳市	1762.59	1698.65	3244.65	641.03	3244.64	100
老河口市	441.94	419.44	519.20	85.42	549.17	3
枣阳市	271.72	271.72	910.86	304.09	910.86	17
宜城市	229.55	229.06	402.20	83.14	402.20	16
鄂州市	454.16	363.91	812.82	187.25	684.43	23
荆门市	671.43	671.43	1498.06	339.67	1498.06	100
京山市	337.09	288.43	795.96	135.73	694.29	42
钟祥市	247.63	243.63	563.16	88.07	554.79	19
孝感市	696.35	688.57	1735.94	380.85	1727.43	11
应城市	255.66	245.98	307.26	74.97	206.68	13
安陆市	157.10	141.30	483.00	47.30	373.60	42
汉川市	289.08	289.08	446.23	73.98	446.23	8
荆州市	942.65	942.65	2550.49	715.41	2550.49	102
监利市	216.38	216.38	480.50	138.92	480.50	17
石首市	138.20	136.63	285.50	68.14	282.25	3
洪湖市	280.78	254.88	280.15	70.04	214.85	6
松滋市	215.43	215.43	350.24	110.32	350.24	2
黄冈市	294.07	294.07	605.88	146.88	605.88	94
麻城市	645.88	643.16	751.57	220.13	751.57	54
武穴市	331.60	322.60	713.20	188.60	711.20	5
咸宁市	699.62	681.12	2165.77	361.11	2140.82	27
赤壁市	367.30	239.00	570.56	95.56	570.56	7
随州市	453.74	453.74	900.38	231.80	900.38	89
广水市	264.70	242.10	513.70	207.80	516.10	114
恩施市	232.42	232.42	371.19	69.96	371.19	35
利川市	147.58	145.34	221.56	52.22	221.56	28
仙桃市	761.00	761.00	1017.50	279.40	1017.50	46
潜江市	356.18	356.18	755.80	250.30	755.80	27
天门市	270.34	270.34	628.86	162.73	628.86	42
湖　南	**19395.26**	**17765.58**	**40042.80**	**9681.59**	**37676.89**	**1512**
长沙市	3678.06	3678.06	8657.44	1923.88	8657.44	301
宁乡市	714.13	522.78	1373.56	340.17	1141.66	82

continued 10

大桥及特大桥 Great Bridge and Grand Bridge	立交桥 Intersection	道路照明灯盏数（盏） Number of Road Lamps (unit)	安装路灯道路长度（公里） Length of The Road with Street Lamp (km)	地下综合管廊长度（公里） Length of The Utility Tunnel (km)	新建地下综合管廊长度（公里） Length of The New-bwilt Utility Tunnel (km)	城市名称 Name of Cities
6	3	36516	334	15. 6	2. 6	黄石市
4	1	17799	385			大冶市
21	4	47150	534	96. 0	5. 2	十堰市
3	1	18360	240			丹江口市
56	36	62488	1675	36. 3	3. 1	宜昌市
		13576	317	15. 7		宜都市
2		7211	131	1. 4		当阳市
		12619	282	15. 7	8. 5	枝江市
6	10	98700	961	37. 9	5. 3	襄阳市
3		16354	655			老河口市
7		15052	269			枣阳市
2		9220	209			宜城市
2	4	17500	437	6. 1		鄂州市
		65836	1100	116. 5	8. 0	荆门市
		24562	310			京山市
		31604	325	2. 3	2. 3	钟祥市
1	2	29401	642	23. 7	1. 0	孝感市
2	1	13031	249			应城市
	1	9710	149			安陆市
6	2	6865	289			汉川市
	1	73838	938	34. 7	4. 9	荆州市
		7220	181			监利市
		6013	137			石首市
		17052	170			洪湖市
	2	11291	215			松滋市
12	3	21942	483	10. 3		黄冈市
		36296	337			麻城市
		6372	266			武穴市
		16749	399	24. 5	5. 9	咸宁市
		17120	334			赤壁市
	3	26372	433	8. 4		随州市
		11186	208	1. 2		广水市
5	6	18558	246			恩施市
	1	13728	148			利川市
		16424	687	12. 4	2. 6	仙桃市
	2	23280	493	7. 3	7. 3	潜江市
9		19907	270	8. 6	3. 6	天门市
466	**142**	**982968**	**14982**	**207. 9**	**15. 2**	**湖　南**
113	29	131414	2308	68. 9	3. 0	长沙市
3		29826	714			宁乡市

8-2 续表 11

城市名称 Name of Cities	道路长度（公里） Length of Roads (km)	建成区 In Built District	道路面积（万平方米） Surface Area of Roads (10000 sq. m)	人行道面积 Surface Area of Sidewalks	建成区 In Built District	桥梁数（座） Number of Bridges (unit)
浏阳市	381.54	381.54	991.96	251.80	991.96	40
株洲市	1373.13	1274.69	3472.07	692.59	3242.88	176
醴陵市	251.87	251.87	492.24	83.50	492.24	18
湘潭市	907.71	725.27	1660.00	215.80	1373.58	90
湘乡市	229.34	228.34	438.11	139.47	434.77	10
韶山市	61.69	44.20	113.06	27.58	89.68	
衡阳市	1923.15	1478.65	2271.05	440.51	2270.13	54
耒阳市	329.40	274.60	815.20	299.40	525.50	4
常宁市	444.18	385.00	306.00	116.00	320.00	12
邵阳市	708.36	679.70	1556.99	466.21	1393.98	24
武冈市	173.20	173.20	396.95	127.25	396.95	12
邵东市	316.00	284.00	837.60	251.00	821.60	11
岳阳市	1196.89	1014.06	2545.94	574.50	2044.76	43
汨罗市	174.55	174.55	452.47	113.96	452.47	9
临湘市	121.88	121.88	229.09	39.68	229.09	18
常德市	1091.89	1091.88	2628.25	608.43	2598.85	136
津市市	148.06	142.63	165.75	50.67	159.80	7
张家界市	351.20	329.24	487.48	93.85	454.23	42
益阳市	871.31	811.50	1838.46	714.08	1700.00	4
沅江市	331.56	160.54	218.46	60.10	183.12	6
郴州市	658.92	658.92	1502.07	395.49	1502.07	139
资兴市	188.32	188.32	348.50	79.90	348.50	5
永州市	646.10	640.59	1460.70	436.32	1460.16	29
祁阳市	372.74	372.74	564.68	121.33	564.88	4
怀化市	298.39	298.39	741.19	215.72	741.19	62
洪江市	133.40	121.17	255.45	42.99	249.00	10
娄底市	447.33	447.33	1310.34	315.00	1282.80	28
冷水江市	62.00	62.00	150.34	43.82	150.34	14
涟源市	285.26	254.94	478.05	117.05	396.35	52
吉首市	523.70	493.00	1283.35	283.54	1006.91	70
广　东	**57805.80**	**48331.07**	**101059.51**	**19396.84**	**88159.50**	**9889**
广州市	15017.79	11185.10	22508.08	2432.41	21651.17	2234
韶关市	1307.19	1095.63	1365.38	299.24	817.81	74
乐昌市	140.14	65.20	162.79	65.00	77.03	3
南雄市	87.78	87.64	141.55	33.29	134.97	9
深圳市	8283.87	8283.85	14848.95	3098.83	14848.95	2841
珠海市	2625.06	1306.94	5216.03	1130.91	2494.00	433
汕头市	1958.64	1907.63	3777.45	1032.87	3608.01	149
佛山市	3164.30	1848.21	6329.12	1387.98	4503.50	495
江门市	1500.25	1460.04	3391.18	570.40	3331.32	414

continued 11

大桥及特大桥 Great Bridge and Grand Bridge	立交桥 Intersection	道路照明灯盏数（盏） Number of Road Lamps (unit)	安装路灯道路长度（公里） Length of The Road with Street Lamp (km)	地下综合管廊长度（公里） Length of The Utility Tunnel (km)	新建地下综合管廊长度（公里） Length of The New-bwilt Utility Tunnel (km)	城市名称 Name of Cities
4	4	21896	364			浏阳市
55	15	77994	1013	10.7		株洲市
5		21577	252			醴陵市
20	8	40008	829	37.5		湘潭市
10		10767	229			湘乡市
		3322	58			韶山市
35	19	88188	912	3.6	3.6	衡阳市
1		8860	190			耒阳市
6	2	10210	350			常宁市
	2	39582	702			邵阳市
4		8933	142			武冈市
		16405	270			邵东市
14	7	66516	919	15.6	7.8	岳阳市
2		12163	153			汨罗市
		7520	111			临湘市
67	18	88203	857	18.4		常德市
2		8834	149			津市市
9	3	20649	351	0.8	0.8	张家界市
4		33146	795	3.6		益阳市
6		5247	149			沅江市
17	17	52045	659	10.0		郴州市
1		6888	188			资兴市
7	6	44382	644	15.7		永州市
3	1	17177	373	4.2		祁阳市
20	9	33179	270			怀化市
10		15769	114			洪江市
11		23946	241			娄底市
2		6901	58			冷水江市
27		9116	227			涟源市
8	2	22305	389	19.0		吉首市
2229	**976**	**4060788**	**53984**	**515.2**	**52.8**	**广　东**
596	244	970176	15587	172.2		广州市
20	2	61213	774	12.3		韶关市
		8791	44			乐昌市
1		6053	173			南雄市
791	461	614949	8744			深圳市
36	4	237705	1671	59.6	0.2	珠海市
12	6	129599	1625	14.5		汕头市
91	10	188211	2473	40.5	3.2	佛山市
117	5	97224	1389	31.6	7.7	江门市

8-2 续表 12

城市名称 Name of Cities	道路长度（公里） Length of Roads (km)	建成区 In Built District	道路面积（万平方米） Surface Area of Roads (10000 sq. m)	人行道面积 Surface Area of Sidewalks	建成区 In Built District	桥梁数（座） Number of Bridges (unit)
台山市	353.41	353.40	491.63	257.26	493.75	25
开平市	158.56	158.26	276.21	97.19	257.63	34
鹤山市	326.91	326.91	579.34	143.31	579.34	32
恩平市	299.01	299.01	265.98	54.05	265.98	20
湛江市	873.35	867.56	1633.30	456.41	1642.07	77
廉江市	473.08	473.08	560.18	131.98	560.18	19
雷州市	112.53	112.19	245.13	82.26	245.13	18
吴川市	356.90	160.76	315.11	72.83	293.33	15
茂名市	1122.55	1122.55	2072.92	447.39	2072.92	50
高州市	273.54	273.54	534.84	84.64	531.84	24
化州市	224.11	224.11	382.85	129.83	382.85	7
信宜市	201.83	201.83	393.45	73.54	393.45	21
肇庆市	1287.37	1269.12	2814.90	709.82	2784.56	148
四会市	261.79	261.79	483.56		483.56	14
惠州市	3477.94	3110.77	5137.65	891.43	5513.43	429
梅州市	593.65	475.65	1024.18	232.67	753.18	42
兴宁市	290.77	290.77	360.67	54.15	360.56	31
汕尾市	330.49	330.49	707.83	157.05	707.83	10
陆丰市	277.50	254.00	286.00		264.00	5
河源市	435.33	435.33	720.95	270.85	720.95	
阳江市	984.55	955.87	1755.09	329.67	1673.17	49
阳春市	286.57	202.02	564.58	72.75	431.81	17
清远市	897.28	801.82	1677.98	510.90	1644.44	86
英德市	248.30	219.12	552.25	105.11	447.14	11
连州市	169.69	169.69	343.77	106.60	343.77	6
东莞市	6248.88	5093.75	13415.95	2700.64	8259.33	1697
中山市	1024.03	911.03	1690.23	412.50	1534.63	195
潮州市	749.97	487.19	1011.95	157.37	355.02	41
揭阳市	308.12	308.12	1401.79	150.34	1401.79	7
普宁市	544.54	431.08	624.18	234.16	624.18	77
云浮市	240.33	227.67	591.94	87.96	268.33	21
罗定市	287.90	282.35	402.59	131.25	402.59	9
广　西	**16169.86**	**15593.12**	**33072.66**	**6175.76**	**29225.20**	**1310**
南宁市	3834.39	3671.50	8972.39	1359.31	6033.05	413
横州市	285.91	285.91	587.34	166.11	587.34	5
柳州市	2266.64	2224.15	4663.14	1028.01	4613.81	114
桂林市	1064.02	1064.02	2141.92	476.34	2141.92	116
荔浦市	180.14	180.14	215.52	42.65	215.52	12
梧州市	904.33	650.58	1691.63	215.35	1113.50	64
岑溪市	196.16	196.16	354.40	87.90	354.40	8

continued 12

大桥及特大桥 Great Bridge and Grand Bridge	立交桥 Intersection	道路照明灯盏数（盏） Number of Road Lamps (unit)	安装路灯道路长度（公里） Length of The Road with Street Lamp (km)	地下综合管廊长度（公里） Length of The Utility Tunnel (km)	新建地下综合管廊长度（公里） Length of The New-bwilt Utility Tunnel (km)	城市名称 Name of Cities
2		23112	379	13. 1	1. 2	台山市
9	2	25696	221	1. 2		开平市
2		20028	294	10. 0		鹤山市
7		10900	468	15. 9		恩平市
11		64646	1070			湛江市
		21642	462			廉江市
		32504	349			雷州市
		31473	372			吴川市
17	16	42776	959	4. 3		茂名市
2		26000	334			高州市
7		13614	288			化州市
2		13894	350			信宜市
4	5	125688	2346	46. 0		肇庆市
9		26382	262			四会市
83	57	191949	1812	31. 7	23. 5	惠州市
10	1	76712	831	22. 2	1. 7	梅州市
5		9925	185			兴宁市
1		11468	260			汕尾市
		8568	162			陆丰市
		18660	279			河源市
	2	70352	1039	16. 9	7. 8	阳江市
7		21346	275			阳春市
18	11	66939	768	4. 9	4. 9	清远市
1		46201	265			英德市
1		19489	77			连州市
316	141	411464	5306	16. 0	0. 3	东莞市
21	8	59839	325	2. 4	2. 4	中山市
		54925	539			潮州市
3	1	75203	496			揭阳市
2		87565	265			普宁市
21		23174	330			云浮市
4		14733	136			罗定市
260	**179**	**877352**	**9452**	**263. 9**	**58. 9**	**广　西**
112	80	123632	1120	164. 2	16. 6	南宁市
		9949	119			横州市
16	39	99629	841	25. 1		柳州市
	11	75653	1064			桂林市
4	1	10100	88			荔浦市
22		130449	470	5. 2		梧州市
8		11788	180			岑溪市

8-2 续表 13

城市名称 Name of Cities	道路长度(公里) Length of Roads (km)	建成区 In Built District	道路面积(万平方米) Surface Area of Roads (10000 sq. m)	人行道面积 Surface Area of Sidewalks	建成区 In Built District	桥梁数(座) Number of Bridges (unit)
北海市	878.45	878.45	1713.92	297.11	1713.92	37
防城港市	446.57	416.75	984.83	274.79	921.18	35
东兴市	167.95	167.03	295.12	58.22	285.71	13
钦州市	613.53	593.22	1547.28	296.59	1468.36	64
贵港市	805.12	801.17	1666.94	218.83	1656.35	98
桂平市	349.80	314.03	615.32	157.48	532.55	15
玉林市	702.87	702.87	1371.53	294.15	1371.53	39
北流市	443.99	443.99	612.28	173.13	612.28	14
百色市	635.65	635.65	1136.73	246.66	1136.73	38
靖西市	221.88	199.88	410.29	67.66	383.89	14
平果市	361.81	358.15	591.99	72.37	584.67	23
贺州市	536.70	536.70	894.18	186.18	894.18	43
河池市	472.71	472.71	823.75	186.55	823.75	50
来宾市	265.18	265.18	906.44	132.39	906.44	50
合山市	76.76	75.58	102.73	20.67	101.13	3
崇左市	325.36	325.36	596.26	69.04	596.26	28
凭祥市	133.94	133.94	176.73	48.27	176.73	14
海　南	**5289.92**	**4961.40**	**8503.10**	**2620.93**	**7848.76**	**252**
海口市	3413.15	3224.08	4773.66	1608.12	4674.28	156
三亚市	450.51	339.90	1300.95	425.44	977.71	38
儋州市	313.26	313.26	562.45	99.51	562.45	13
五指山市	133.26	116.26	243.31	107.00	224.19	12
琼海市	252.78	240.94	402.98	120.15	402.98	5
文昌市	184.72	184.72	442.81	68.51	434.21	11
万宁市	96.24	96.24	204.94	43.20	204.94	7
东方市	446.00	446.00	572.00	149.00	368.00	10
重　庆	**12719.41**	**12307.56**	**27582.24**	**8359.76**	**26888.84**	**2841**
重庆市	12719.41	12307.56	27582.24	8359.76	26888.84	2841
四　川	**30358.50**	**27959.83**	**60684.00**	**15305.83**	**56169.37**	**4373**
成都市	10727.98	9250.64	22690.68	4855.90	20059.60	2473
简阳市	364.85	343.35	745.37	247.65	680.14	32
都江堰市	326.81	326.81	599.17	210.17	599.17	105
彭州市	238.47	238.47	437.42	142.01	489.62	8
邛崃市	218.15	218.15	576.52	218.81	576.52	4
崇州市	221.75	221.75	458.72	164.64	458.72	9
自贡市	1703.93	1532.44	2382.58	378.11	2072.67	139
攀枝花市	1018.80	939.39	1355.00	358.96	1388.77	106
泸州市	1267.81	1267.81	2676.52	792.86	2676.51	97
德阳市	784.98	770.84	1952.75	512.00	1911.28	53
广汉市	296.11	296.11	606.11	146.54	606.11	19

continued 13

大桥及特大桥 Great Bridge and Grand Bridge	立交桥 Intersection	道路照明灯盏数（盏） Number of Road Lamps (unit)	安装路灯道路长度（公里） Length of The Road with Street Lamp (km)	地下综合管廊长度（公里） Length of The Utility Tunnel (km)	新建地下综合管廊长度（公里） Length of The New-bwilt Utility Tunnel (km)	城市名称 Name of Cities
12	6	47443	662	2.2		北海市
12	2	36069	439			防城港市
3	2	12986	161	0.1	0.1	东兴市
6		33628	614	5.4		钦州市
15	18	33429	511	25.7	25.7	贵港市
3		10453	188			桂平市
10	12	35691	564	10.4	10.4	玉林市
		19228	355	2.3	2.3	北流市
12		42977	365	3.8	3.8	百色市
		9824	108	3.8		靖西市
2		20512	117			平果市
9	1	32595	455			贺州市
6	2	33911	313			河池市
8		17359	265	7.5		来宾市
	1	4349	76			合山市
	3	17683	310	8.1		崇左市
	1	8015	67			凭祥市
21	**11**	**182765**	**2339**	**61.3**		**海　南**
18	9	74583	960	43.5		海口市
		37232	382	17.8		三亚市
	1	9744	133			儋州市
		11262	69			五指山市
		11910	105			琼海市
1		10561	148			文昌市
	1	9090	96			万宁市
2		18383	446			东方市
732	**389**	**966548**	**11605**	**105.9**	**54.4**	**重　庆**
732	389	966548	11605	105.9	54.4	重庆市
803	**343**	**2212567**	**25083**	**889.6**	**142.3**	**四　川**
345	200	534447	8536	209.5	17.3	成都市
8	8	25326	365			简阳市
11	1	28654	313			都江堰市
8		14354	222			彭州市
4		23083	192	3.4		邛崃市
1		72531	206			崇州市
30	9	59076	1678	74.0		自贡市
53	2	40008	561			攀枝花市
10	18	113674	1055	21.8	14.2	泸州市
19	6	91969	648			德阳市
	1	25490	283			广汉市

8-2 续表14

城市名称 Name of Cities	道路长度(公里) Length of Roads (km)	建成区 In Built District	道路面积(万平方米) Surface Area of Roads (10000 sq. m)	人行道面积 Surface Area of Sidewalks	建成区 In Built District	桥梁数(座) Number of Bridges (unit)
什邡市	130.36	130.36	329.88	84.05	335.28	36
绵竹市	183.59	118.00	406.20	171.20	245.00	22
绵阳市	1507.29	1507.29	3092.37	833.52	3082.07	199
江油市	253.00	253.00	654.26	287.24	654.26	28
广元市	599.92	599.92	1092.73	323.26	1092.73	192
遂宁市	785.73	757.39	1961.23	423.49	1743.14	102
射洪市	270.80	202.30	528.65	93.61	399.24	19
内江市	738.34	730.62	1322.67	394.41	1310.04	41
隆昌市	231.20	231.20	476.47	131.49	476.47	23
乐山市	821.67	738.55	1380.50	270.63	1250.02	80
峨眉山市	186.20	185.00	582.72	162.42	375.00	21
南充市	1099.00	1099.00	2499.00	752.00	2565.00	65
阆中市	218.80	197.80	508.73	157.96	506.03	25
眉山市	589.97	575.17	1226.85	285.51	1225.67	65
宜宾市	1288.60	1243.98	2166.68	677.23	2238.43	89
广安市	614.41	552.51	1285.43	390.27	1066.56	19
华蓥市	144.06	142.53	245.54	52.33	221.31	22
达州市	1094.02	1053.28	1788.00	591.74	1700.00	37
万源市	73.17	73.17	78.40	33.10	170.73	8
雅安市	462.95	432.51	1147.91	284.85	876.50	62
巴中市	721.33	680.80	1257.48	345.49	1257.48	39
资阳市	551.79	469.53	1043.20	275.40	745.05	74
马尔康市	39.80	30.50	39.52	8.12	21.35	19
康定市	98.60	68.10	79.00	29.50	75.00	16
会理市	99.00	96.30	180.95	50.88	189.11	16
西昌市	385.26	385.26	828.79	168.48	828.79	9
贵　州	**14272.96**	**10565.68**	**23713.33**	**5019.44**	**19626.49**	**1368**
贵阳市	5832.40	3677.76	7074.94	1052.88	5147.25	663
清镇市	297.90	297.90	477.45	83.20	477.45	33
六盘水市	782.38	714.71	1839.84	433.24	1586.48	33
盘州市	308.57	251.92	648.74	176.60	504.02	14
遵义市	2068.01	1256.40	3777.33	622.77	2963.34	170
赤水市	142.36	141.36	295.81	68.82	295.81	4
仁怀市	226.71	226.71	424.56	50.22	424.56	37
安顺市	696.98	623.12	1680.04	383.29	1180.99	82
毕节市	565.07	565.07	1182.98	404.40	1182.98	59
黔西市	251.50	212.00	415.00	58.20	397.80	40
铜仁市	690.29	562.27	1128.10	268.70	887.52	48
兴义市	594.27	539.07	1464.44	464.85	1450.35	52
兴仁市	230.97	183.12	398.42	99.27	281.93	3

continued 14

大桥及特大桥 Great Bridge and Grand Bridge	立交桥 Intersection	道路照明灯盏数（盏） Number of Road Lamps (unit)	安装路灯道路长度（公里） Length of The Road with Street Lamp (km)	地下综合管廊长度（公里） Length of The Utility Tunnel (km)	新建地下综合管廊长度（公里） Length of The New-bwilt Utility Tunnel (km)	城市名称 Name of Cities
	2	17699	116			什邡市
	3	25920	170			绵竹市
61	19	153465	1601	53. 2		绵阳市
4	12	33443	253	10. 1		江油市
93	15	48188	572	19. 8		广元市
5	3	39330	583	9. 9		遂宁市
6		14785	108	13. 4	1. 2	射洪市
20	17	75481	715	55. 4	43. 0	内江市
1	3	4997	57	3. 0	3. 0	隆昌市
4	3	72052	736	34. 7		乐山市
	1	37240	186	26. 6		峨眉山市
9	5	67850	1097	79. 0	2. 0	南充市
2	1	28563	239	10. 7		阆中市
5		101254	575	19. 2		眉山市
9	9	106839	944	80. 2	7. 5	宜宾市
5		34931	548	42. 6	1. 5	广安市
2		10921	111	3. 2	0. 6	华蓥市
12		48610	570	59. 0	21. 6	达州市
		4020	65	4. 1		万源市
29	4	42305	450	27. 9	27. 9	雅安市
33		21281	644	24. 5	2. 5	巴中市
14	1	40613	308	4. 3		资阳市
		1050	25			马尔康市
		2180	39			康定市
		9958	50			会理市
		140980	264			西昌市
432	**248**	**854872**	**8421**	**72. 7**	**0. 3**	**贵　州**
237	202	266983	2808			贵阳市
8		13000	166			清镇市
	6	55196	427	46. 2		六盘水市
6	1	47727	131			盘州市
74	17	150577	1108			遵义市
		7815	75	0. 3	0. 3	赤水市
17		10648	196			仁怀市
3	3	73559	518	5. 8		安顺市
12	8	15700	310			毕节市
1		24876	106			黔西市
		51895	183			铜仁市
	2	20411	1492			兴义市
		4208	62			兴仁市

8-2 续表 15

城市名称 Name of Cities	道路长度（公里） Length of Roads (km)	建成区 In Built District	道路面积（万平方米） Surface Area of Roads (10000 sq. m)	人行道面积 Surface Area of Sidewalks	建成区 In Built District	桥梁数（座） Number of Bridges (unit)
凯里市	608.65	576.77	1184.13	281.01	1165.46	48
都匀市	781.90	542.50	1391.00	480.00	1350.00	68
福泉市	195.00	195.00	330.55	91.99	330.55	14
云 南	**10022.15**	**9322.37**	**20909.71**	**4799.55**	**19359.54**	**1403**
昆明市	3151.04	2687.45	7542.47	1751.57	6506.57	779
安宁市	393.08	376.47	711.80	153.95	677.25	17
曲靖市	969.32	908.22	1890.95	379.28	1719.86	97
宣威市	281.58	276.38	551.68	132.38	541.68	6
玉溪市	309.31	276.47	747.63	200.96	658.55	19
澄江市	45.35	45.35	86.81	22.78	86.81	
保山市	332.37	332.37	965.18	192.20	965.18	6
腾冲市	264.27	264.27	499.08	101.03	499.08	23
昭通市	415.62	415.62	726.82	112.45	726.82	60
水富市	50.10	50.10	79.04	14.81	79.04	3
丽江市	224.76	219.76	540.00	139.70	540.00	7
普洱市	230.46	224.95	497.48	169.07	425.63	18
临沧市	134.12	127.28	315.88	66.48	315.88	29
禄丰市	81.97	81.97	174.85	32.70	157.63	11
楚雄市	458.16	458.16	866.52	201.10	866.52	33
个旧市	181.42	156.42	234.65	41.62	210.56	4
开远市	228.36	228.36	427.86	111.92	427.86	14
蒙自市	371.84	371.84	557.76	103.92	557.76	40
弥勒市	301.61	301.61	494.44	111.58	494.44	3
文山市	320.16	320.16	630.18	123.74	630.18	47
景洪市	236.50	236.50	464.50	148.60	464.50	14
大理市	449.77	427.88	802.32	240.11	780.19	77
瑞丽市	232.00	232.00	560.00	122.00	560.00	34
芒市	118.97	95.30	281.84	74.80	276.64	
泸水市	105.47	72.94	151.27	38.45	82.21	43
香格里拉市	134.54	134.54	108.70	12.35	108.70	19
西 藏	**1191.57**	**857.92**	**2127.77**	**725.96**	**1974.03**	**65**
拉萨市	719.64	516.03	1331.20	456.18	1254.62	28
日喀则市	128.55	1.31	247.51	89.57	187.71	4
昌都市	80.90	79.10	51.60	5.90	49.79	6
林芝市	77.00	76.00	95.71	20.11	92.71	5
山南市	110.00	110.00	184.55	69.00	172.00	8
那曲市	75.48	75.48	217.20	85.20	217.20	14
陕 西	**11295.94**	**9140.72**	**26437.01**	**6510.50**	**23589.38**	**1003**
西安市	6012.59	4043.08	15481.66	3472.28	13045.35	501
铜川市	256.80	256.80	577.08	142.84	577.08	39

continued 15

大桥及特大桥 Great Bridge and Grand Bridge	立交桥 Intersection	道路照明灯盏数（盏） Number of Road Lamps (unit)	安装路灯道路长度（公里） Length of The Road with Street Lamp (km)	地下综合管廊长度（公里） Length of The Utility Tunnel (km)	新建地下综合管廊长度（公里） Length of The New-bwilt Utility Tunnel (km)	城市名称 Name of Cities
48		57853	221			凯里市
20	7	40500	430	11.6		都匀市
6	2	13924	187	8.8		福泉市
251	**97**	**884623**	**8453**	**384.1**	**76.0**	**云　南**
173	80	221517	2421	93.4	11.0	昆明市
4		49968	312	28.8	0.5	安宁市
1	1	104200	912	4.9		曲靖市
3		18971	227	29.9		宣威市
	2	31248	269	17.7		玉溪市
		3468	37			澄江市
		26020	255	86.2		保山市
		49850	249	1.8		腾冲市
		51522	416	4.9		昭通市
		4105	50			水富市
		32440	197	3.6	3.6	丽江市
		19051	239	4.0	4.0	普洱市
4		1553	24	0.2	0.2	临沧市
		4708	80	4.8	3.5	禄丰市
1	1	42361	457	30.1	33.8	楚雄市
		7143	111	2.6		个旧市
	2	22319	148	5.3		开远市
	2	27142	323	3.9		蒙自市
		46204	282	5.5		弥勒市
39	1	21383	282	18.5		文山市
2	3	19872	255	24.0		景洪市
	5	30627	417	9.0		大理市
1		26141	198	5.2	5.2	瑞丽市
		12773	118		14.2	芒市
23		2123	40			泸水市
		7914	135			香格里拉市
7	**1**	**37063**	**617**	**10.6**	**10.6**	**西　藏**
2	1	18429	213			拉萨市
		7117	129			日喀则市
5		1380	30			昌都市
		3100	80			林芝市
		3453	99	3.9	3.9	山南市
		3584	66	6.7	6.7	那曲市
240	**183**	**790927**	**8869**	**576.9**	**68.4**	**陕　西**
119	123	395657	4151	302.0	23.3	西安市
	5	30110	214	40.4	1.7	铜川市

8-2 续表16

城市名称 Name of Cities	道路长度（公里） Length of Roads (km)	建成区 In Built District	道路面积（万平方米） Surface Area of Roads (10000 sq. m)	人行道面积 Surface Area of Sidewalks	建成区 In Built District	桥梁数（座） Number of Bridges (unit)
宝鸡市	777.55	767.49	1706.95	651.15	1675.53	131
咸阳市	343.86	341.00	547.05	224.05	547.05	18
彬州市	79.35	77.32	206.36	34.14	197.66	7
兴平市	215.60	209.61	311.10	109.20	306.10	14
渭南市	445.82	423.37	725.59	224.72	672.72	17
韩城市	148.16	148.16	303.54	57.86	303.54	3
华阴市	129.53	123.96	195.96	74.25	185.93	21
延安市	414.16	399.03	988.32	183.09	948.84	79
子长市	89.20	89.20	147.37	82.47	145.40	10
汉中市	554.16	499.19	1063.77	295.42	901.61	9
榆林市	660.26	644.84	1715.68	360.26	1698.24	50
神木市	294.11	280.10	594.43	101.43	582.00	19
安康市	360.04	360.04	837.31	187.89	837.31	19
旬阳市	126.85	116.90	200.03	44.95	196.96	8
商洛市	217.24	201.23	328.47	96.50	295.91	33
杨凌区	170.66	159.40	506.34	168.00	472.15	25
甘　肃	**7313.81**	**7115.87**	**15455.78**	**3705.88**	**15004.73**	**745**
兰州市	2427.39	2310.89	5590.22	1216.19	5433.04	469
嘉峪关市	591.68	580.78	1084.67	423.82	1059.57	6
金昌市	509.41	509.41	1004.02	179.31	1004.02	16
白银市	577.55	567.95	1043.15	194.79	1037.15	43
天水市	484.78	484.78	1068.92	329.00	1068.92	31
武威市	279.50	279.50	697.60	213.24	552.59	17
张掖市	371.26	369.26	690.57	189.57	679.44	2
平凉市	269.31	269.31	779.60	132.90	779.60	35
华亭市	113.58	113.58	259.86	66.53	256.56	10
酒泉市	466.79	466.79	778.14	149.91	778.14	7
玉门市	163.36	163.36	243.78	26.24	243.78	2
敦煌市	267.50	230.03	290.10	101.27	238.76	2
庆阳市	242.08	242.08	714.43	171.54	714.43	3
定西市	121.03	120.41	309.71	50.23	306.58	18
陇南市	170.50	170.50	227.00	70.10	227.00	28
临夏市	205.69	185.12	487.88	116.13	439.02	33
合作市	52.40	52.12	186.13	75.11	186.13	23
青　海	**1700.69**	**1462.37**	**4289.65**	**1054.25**	**3923.78**	**241**
西宁市	754.98	754.98	1899.91	447.12	1899.91	156
海东市	208.05	208.05	683.89	183.18	683.45	30
同仁市	77.00	77.00	161.00	11.00	161.00	10
玉树市	214.79	60.00	409.05	48.00	234.00	20
茫崖市	41.22	41.22	92.29	28.33	92.29	
格尔木市	250.20	166.67	701.45	234.36	511.07	10
德令哈市	154.45	154.45	342.06	102.26	342.06	15

continued 16

大桥及特大桥 Great Bridge and Grand Bridge	立交桥 Intersection	道路照明灯盏数(盏) Number of Road Lamps (unit)	安装路灯道路长度(公里) Length of The Road with Street Lamp (km)	地下综合管廊长度(公里) Length of The Utility Tunnel (km)	新建地下综合管廊长度(公里) Length of The New-bwilt Utility Tunnel (km)	城市名称 Name of Cities
38	1	60214	778	18. 1		宝鸡市
4	14	26655	314	14. 8		咸阳市
3	1	4017	74			彬州市
2	5	14982	96			兴平市
2	4	38958	411	1. 6		渭南市
		4801	144	112. 6		韩城市
		7018	67	0. 7		华阴市
21	1	39871	456	10. 3		延安市
9		1340	27			子长市
3	1	39335	463	14. 7	8. 8	汉中市
12	13	41817	615	29. 0	28. 0	榆林市
3	3	29477	280			神木市
10	1	32153	356	25. 6	6. 6	安康市
8		4070	87			旬阳市
4	2	13432	165	2. 8		商洛市
2	9	7020	171	4. 4		杨凌区
157	**106**	**464630**	**4905**	**62. 9**	**9. 6**	**甘　肃**
100	89	164574	1346	22. 9	6. 9	兰州市
	6	29500	590			嘉峪关市
	1	25155	302			金昌市
	2	22618	298	30. 5	2. 2	白银市
9	5	65084	485			天水市
17		16670	229	7. 8		武威市
		22460	133			张掖市
		20718	181			平凉市
		3714	87			华亭市
6		25509	317			酒泉市
	2	6532	163			玉门市
		7218	238			敦煌市
3		13534	142	1. 8	0. 5	庆阳市
		9380	65			定西市
16	1	4990	103			陇南市
6		24222	195			临夏市
		2752	31			合作市
3	**5**	**153283**	**1100**	**124. 0**	**9. 6**	**青　海**
	5	94236	547	52. 0		西宁市
1		10451	121	62. 4		海东市
		5010	41	9. 6	9. 6	同仁市
1		8690	43			玉树市
		477	3			茫崖市
1		26731	195			格尔木市
		7688	150			德令哈市

8-2 续表 17

城市名称 Name of Cities	道路长度（公里） Length of Roads (km)	建成区 In Built District	道路面积（万平方米） Surface Area of Roads (10000 sq. m)	人行道面积 Surface Area of Sidewalks	建成区 In Built District	桥梁数（座） Number of Bridges (unit)
宁　夏	**3039. 90**	**2885. 04**	**8412. 85**	**1490. 87**	**7766. 91**	**255**
银川市	1071. 18	1071. 18	3445. 19	652. 97	3445. 19	112
灵武市	139. 55	65. 02	375. 80	116. 78	148. 53	
宁东能源化工基地	59. 45	59. 45	223. 90	40. 00	120. 89	3
石嘴山市	855. 17	824. 31	1924. 27	174. 83	1621. 54	6
吴忠市	228. 19	228. 19	607. 60	149. 02	607. 60	25
青铜峡市	244. 56	244. 56	420. 69	102. 42	420. 69	48
固原市	269. 82	269. 82	827. 37	127. 68	827. 37	34
中卫市	171. 98	122. 51	588. 03	127. 17	575. 10	27
新　疆	**9513. 57**	**8687. 11**	**20189. 44**	**3754. 54**	**18616. 03**	**691**
乌鲁木齐市	3603. 24	3326. 71	6615. 41	805. 81	5993. 66	286
克拉玛依市	781. 09	677. 35	1812. 00	301. 85	1599. 29	39
吐鲁番市	183. 90	180. 73	408. 99	79. 45	407. 03	
哈密市	315. 28	315. 28	668. 83	131. 44	668. 83	27
昌吉市	410. 00	395. 00	850. 62	197. 19	854. 25	14
阜康市	141. 16	141. 16	284. 35	46. 52	284. 35	8
博乐市	145. 79	145. 79	266. 92	95. 88	266. 92	12
阿拉山口市	80. 58	59. 50	119. 73	6. 73	90. 00	
库尔勒市	645. 40	581. 16	2342. 70	968. 13	2031. 50	120
阿克苏市	531. 54	378. 34	1358. 86	263. 14	702. 32	27
库车市	188. 76	188. 76	507. 16	55. 50	507. 16	
阿图什市	90. 86	90. 86	265. 46	51. 48	265. 46	1
喀什市	638. 80	464. 90	1507. 08	199. 28	1600. 49	33
和田市	175. 16	173. 56	617. 08	76. 20	610. 00	12
伊宁市	652. 65	652. 65	867. 74	195. 50	1071. 08	41
奎屯市	271. 72	271. 72	642. 49	86. 56	642. 49	17
霍尔果斯市	104. 93	104. 93	138. 30	39. 06	138. 30	
塔城市	135. 30	135. 30	204. 83	43. 48	204. 83	24
乌苏市	181. 97	175. 97	308. 16	43. 27	275. 34	14
沙湾市	106. 29	98. 29	216. 15	36. 90	216. 15	6
阿勒泰市	129. 15	129. 15	186. 58	31. 17	186. 58	10
新疆兵团	**1860. 02**	**1648. 27**	**3895. 33**	**826. 66**	**3258. 84**	**60**
石河子市	735. 61	720. 61	883. 33	119. 27	847. 33	7
阿拉尔市	239. 52	155. 20	391. 71	122. 73	294. 16	5
图木舒克市	142. 88	111. 00	565. 89	86. 81	284. 51	2
五家渠市	88. 95	88. 95	170. 94	41. 94	170. 94	17
北屯市	110. 69	83. 69	425. 94	38. 62	375. 40	4
铁门关市	74. 19	74. 19	274. 79	92. 96	274. 79	14
双河市	125. 50	87. 00	336. 70	68. 00	229. 00	
可克达拉市	127. 95	126. 00	441. 72	155. 48	400. 14	2
昆玉市	105. 00	105. 00	160. 45	35. 45	133. 80	
胡杨河市	36. 77	23. 67	78. 13	15. 05	83. 04	2
新星市	72. 96	72. 96	165. 73	50. 35	165. 73	7

continued 17

大桥及特大桥 Great Bridge and Grand Bridge	立交桥 Intersection	道路照明灯盏数（盏） Number of Road Lamps (unit)	安装路灯道路长度（公里） Length of The Road with Street Lamp (km)	地下综合管廊长度（公里） Length of The Utility Tunnel (km)	新建地下综合管廊长度（公里） Length of The New-bwilt Utility Tunnel (km)	城市名称 Name of Cities
34	**19**	**292177**	**2739**	**47. 5**		**宁　夏**
23	14	125717	1145	42. 8		银川市
		12219	123			灵武市
3		7431	177			宁东能源化工基地
		42160	456	4. 7		石嘴山市
		40757	228			吴忠市
		30700	227			青铜峡市
		15166	210			固原市
8	5	18027	172			中卫市
108	**95**	**801299**	**7896**	**307. 7**	**175. 2**	**新　疆**
48	77	215007	2310	200. 7	80. 7	乌鲁木齐市
1	1	47191	550	10. 4		克拉玛依市
		14746	108			吐鲁番市
		23238	204	1. 2		哈密市
1		27084	398			昌吉市
		10294	141			阜康市
9		18232	140			博乐市
		2865	53			阿拉山口市
12	8	79905	459	10. 7	10. 7	库尔勒市
12	6	31165	412	83. 8	83. 8	阿克苏市
		22134	159			库车市
		7106	65			阿图什市
5	1	75644	639			喀什市
5		30221	170	0. 8		和田市
11	2	115264	1185			伊宁市
		42575	367			奎屯市
		4387	43			霍尔果斯市
		6860	125			塔城市
1		15266	150			乌苏市
1		2962	93			沙湾市
2		9153	126			阿勒泰市
11	**1**	**132203**	**1249**	**18. 9**	**12. 7**	**新疆兵团**
1		55590	380			石河子市
		16705	178	1. 8		阿拉尔市
		7258	82			图木舒克市
		23746	96			五家渠市
		5773	92			北屯市
9		3685	72	8. 1	8. 1	铁门关市
		3781	87	4. 6	4. 6	双河市
1	1	5307	128			可克达拉市
		1462	25	4. 5		昆玉市
		5715	35			胡杨河市
		3181	73			新星市

环境卫生数据

Data by Environmental Health

九、城市排水和污水处理

Urban Drainage and Wastewater Treatment

简要说明

城市排水指由城市排水系统收集、输送、处理和排放城市污水（生活污水、工业废水）和雨水的方式。

城市污水处理指对城市污水通过排水系统集中于一个或几个处所，并利用污水处理设施进行净化处理，最终使处理后的污水和污泥达到规定要求后排放水体或再利用。

城市污水处理设施包括两类：一是污水处理厂，二是污水处理装置。

Brief Introduction

Urban drainage refers to the collection, delivery, treatment and discharge of wastewater (domestic wastewater and industrial wastewater) and rainwater through urban drainage system.

Urban wastewater treatment refers to purifying centralized wastewater through wastewater treatment facilities to make wastewater and sludge meet discharge or recycling standards.

Urban wastewater treatment facilities include wastewater treatment plants and wastewater treatment devices.

9 全国历年城市排水和污水处理情况(1978—2023)

National Urban Drainage and Wastewater Treatment in Past Years(1978—2023)

年份 Year	排水管道长度(公里) Length of Drainage Pipelines (km)	污水年排放量(万立方米) Annual Quantity of Wastewater Discharged (10000 cu. m)	污水处理厂 Wastewater Treatment Plant 座数(座) Number (unit)	处理能力(万立方米/日) Treatment Capacity (10000 cu. m/day)	污水年处理量(万立方米) Annual Treatment Capacity (10000 cu. m)	污水处理率(%) Wastewater Treatment Rate (%)
1978	19556	1494493	37	64		
1979	20432	1633266	36	66		
1980	21860	1950925	35	70		
1981	23183	1826460	39	85		
1982	24638	1852740	39	76		
1983	26448	2097290	39	90		
1984	28775	2253145	43	146		
1985	31556	2318480	51	154		
1986	42549	963965	64	177		
1987	47107	2490249	73	198		
1988	50678	2614897	69	197		
1989	54510	2611283	72	230		
1990	57787	2938980	80	277		
1991	61601	2997034	87	317	445355	14. 86
1992	67672	3017731	100	366	521623	17. 29
1993	75207	3113420	108	449	623163	20. 02
1994	83647	3030082	139	540	518013	17. 10
1995	110293	3502553	141	714	689686	19. 69
1996	112812	3528472	309	1153	833446	23. 62
1997	119739	3514011	307	1292	907928	25. 84
1998	125943	3562912	398	1583	1053342	29. 56
1999	134486	3556821	402	1767	1135532	31. 93
2000	141758	3317957	427	2158	1135608	34. 25
2001	158128	3285850	452	3106	1196960	36. 43
2002	173042	3375959	537	3578	1349377	39. 97
2003	198645	3491616	612	4254	1479932	42. 39
2004	218881	3564601	708	4912	1627966	45. 67
2005	241056	3595162	792	5725	1867615	51. 95
2006	261379	3625281	815	6366	2026224	55. 67
2007	291933	3610118	883	7146	2269847	62. 87
2008	315220	3648782	1018	8106	2560041	70. 16
2009	343892	3712129	1214	9052	2793457	75. 25
2010	369553	3786983	1444	10436	3117032	82. 31
2011	414074	4037022	1588	11303	3376104	83. 63
2012	439080	4167602	1670	11733	3437868	87. 30
2013	464878	4274525	1736	12454	3818948	89. 34
2014	511179	4453428	1807	13087	4016198	90. 18
2015	539567	4666210	1944	14038	4288251	91. 90
2016	576617	4803049	2039	14910	4487944	93. 44
2017	630304	4923895	2209	15743	4654910	94. 54
2018	683485	5211249	2321	16881	4976126	95. 49
2019	743982	5546474	2471	17863	5369283	96. 81
2020	802721	5713633	2618	19267	5572782	97. 53
2021	872283	6250763	2827	20767	6118956	97. 89
2022	913508	6389707	2894	21606	6268888	98. 11
2023	952483	6604920	2967	22653	6518686	98. 69

注：1978 年至 1995 年污水处理厂座数及处理能力均为系统内数。

Note: Number of wastewater treatment plants and treatment capacity from 1978 to 1995 are limited to the statistical figure in the building sector.

9-1 2023年按省分列的城市排水和污水处理

地区名称 Name of Regions	污水排放量（万立方米） Annual Quantity of Wastewater Discharged (10000 cu. m)	排水管道长度（公里） Length of Drainage Pipelines (km)	污水管道 Sewers	雨水管道 Rainwater Drainage Pipeline	雨污合流管道 Combined Drainage Pipeline	建成区 In Built District	污水处理厂 座数（座） Number of Wastewater Treatment Plant (unit)	二级以上 Second Level or Above	处理能力（万立方米/日） Treatment Capacity (10000 cu. m /day)	二级以上 Second Level or Above
全　国	**6604920**	**952483**	**442586**	**431629**	**78268**	**823306**	**2967**	**2777**	**22652. 9**	**21647. 6**
北　京	220290	20585	9648	9475	1462	6617	82	82	721. 6	721. 6
天　津	116522	25253	11605	12449	1199	24871	46	46	351. 9	351. 9
河　北	195290	25439	12480	12958		23460	103	99	768. 8	744. 3
山　西	112117	15795	7209	7994	592	14895	53	45	374. 6	333. 2
内蒙古	68163	15645	8082	6939	624	14354	40	37	245. 9	231. 4
辽　宁	327972	26485	7572	9714	9198	21426	140	95	1119. 4	870. 3
吉　林	137372	14531	6070	7093	1369	13236	57	54	495. 0	490. 3
黑龙江	133656	13791	4369	6471	2951	13369	75	75	451. 8	451. 8
上　海	231953	22615	9586	11840	1189	22615	43	43	1022. 5	1022. 5
江　苏	537519	96045	48335	44010	3700	77926	217	213	1741. 9	1707. 9
浙　江	416527	65041	33039	31196	806	51491	122	120	1428. 7	1425. 8
安　徽	240560	38375	17886	19893	596	35623	101	101	841. 1	841. 1
福　建	177497	25664	12053	12841	770	18619	70	66	607. 4	572. 1
江　西	141284	24679	11386	10778	2516	23625	81	69	473. 8	416. 3
山　东	377458	74798	34025	40557	216	69413	236	236	1514. 7	1514. 7
河　南	285498	38388	16949	18473	2965	36555	128	120	1108. 8	1034. 8
湖　北	342650	39806	15391	19142	5272	38601	123	118	1002. 7	971. 2
湖　南	271865	28770	11313	12769	4688	27732	101	97	914. 0	887. 0
广　东	975162	150687	76688	56390	17610	114092	357	348	3123. 0	3061. 2
广　西	176620	23271	8602	9741	4928	22935	78	76	526. 6	521. 6
海　南	48206	7889	3407	3344	1138	4466	31	27	139. 2	122. 6
重　庆	163822	26464	12582	12625	1258	25815	90	84	478. 8	447. 3
四　川	326795	51451	24262	24602	2588	48235	188	176	1017. 0	987. 5
贵　州	79052	16491	8366	6845	1280	13767	121	121	414. 7	414. 7
云　南	124544	19408	9620	8474	1314	17098	76	69	393. 4	370. 3
西　藏	11752	1013	383	342	287	554	12	5	37. 0	15. 0
陕　西	178563	16113	7263	7754	1095	15285	73	63	596. 3	533. 1
甘　肃	50944	9214	4772	3136	1306	8777	30	30	199. 0	199. 0
青　海	20508	4170	2113	1936	121	4017	14	13	73. 9	63. 9
宁　夏	30837	2546	790	630	1126	2428	23	20	139. 7	127. 9
新　疆	71388	10232	5572	1042	3618	9586	43	24	274. 0	191. 5
新疆兵团	12533	1832	1169	176	488	1821	13	5	56. 1	4. 1

Urban Drainage and Wastewater Treatment by Province(2023)

Wastewater Treatment Plant				其他污水处理设施 Other Wastewater Treatment Facilities		污水处理总量(万立方米)	市政再生水 Recycled Water			地区名称
处理量(万立方米) Quantity of Wastewater Treated (10000 cu. m)	二级以上 Second Level or Above	干污泥产生量(吨) Quantity of Dry Sludge Produced (ton)	干污泥处置量(吨) Quantity of Dry Sludge Treated (ton)	处理能力(万立方米/日) Treatment Capacity (10000 cu. m /day)	处理量(万立方米) Quantity of Wastewater Treated (10000 cu. m)	Total Quantity of Wastewater Treated (10000 cu. m)	生产能力(万立方米/日) Recycled Water Production Capacity (10000 cu. m/day)	利用量(万立方米) Annual Quantity of Wastewater Recycled and Reused (10000 cu. m)	管道长度(公里) Length of Pipelines (km)	Name of Regions
6427213	**6143457**	**15054437**	**14937525**	**1036.6**	**91473**	**6518686**	**8595.4**	**1934104**	**18215**	**全　国**
212018	212018	1855604	1855529	21.8	4362	216380	721.6	127697	2317	北　京
113182	113182	158956	146716	4.0	1175	114357	385.4	49569	2031	天　津
193866	188737	434887	429111			193866	559.1	108011	969	河　北
110661	98673	277420	277420			110661	280.6	34037	707	山　西
67268	62337	250532	250531	5.0	707	67975	205.5	28805	1693	内蒙古
318277	241416	486299	453082	24.3	4444	322721	497.5	66575	701	辽　宁
136509	135152	219087	219087			136509	133.9	31132	103	吉　林
127029	127029	229660	229660	38.4	2862	129891	59.7	18395	92	黑龙江
228195	228195	439177	439177			228195				上　海
511108	502887	1342120	1341770	185.0	13514	524622	699.7	159986	586	江　苏
409070	408437	1040344	1031463	8.6	1007	410077	239.3	59434	325	浙　江
232695	232695	381280	381257	39.6	2291	234986	278.6	69685	384	安　徽
169453	159924	275992	274774	29.7	5038	174491	299.2	53730	145	福　建
136462	119507	159594	159068	19.1	3669	140131	3.0	577	2	江　西
371816	371816	871672	871124	5.7	515	372330	897.3	195515	1500	山　东
283748	261421	492551	492550			283748	578.5	133907	780	河　南
322414	312388	552590	549274	79.3	16759	339172	365.3	75390	88	湖　北
268415	260444	859237	854422	44.1	101	268515	139.1	36706	51	湖　南
967109	947029	1412459	1383861	41.6	9441	976550	1116.9	400221	653	广　东
166534	165061	123893	123856	357.0	9062	175596	115.7	32710	61	广　西
48066	44239	64057	64025	4.3	230	48296	24.1	3452	181	海　南
162629	153053	302862	301999	2.9	388	163017	33.1	2402	124	重　庆
303350	295350	542711	542203	102.6	12742	316093	318.9	81556	583	四　川
78283	78283	133277	133277			78283	37.4	4045	32	贵　州
121893	116380	171935	171921	19.2	2011	123904	63.0	37163	621	云　南
11494	4439	17552	17552			11494	0.5	23		西　藏
172496	157245	1415706	1415515			172496	106.4	48017	580	陕　西
50113	50113	153400	153099			50113	87.7	11526	460	甘　肃
19722	18398	38649	31632			19722	19.1	4894	169	青　海
30512	27527	67512	66097			30512	60.3	15512	456	宁　夏
70305	48941	245236	239378	4.5	1156	71461	226.4	35417	1716	新　疆
12522	1143	38188	37095			12522	43.0	8016	106	新疆兵团

9-2 2023年按城市分列的城市排水和污水处理

城市名称 Name of Cities	污水排放量（万立方米） Annual Quantity of Wastewater Discharged (10000 cu. m)	排水管道长度（公里） Length of Drainage Pipelines (km)					污水处理厂			
			污水管道 Sewers	雨水管道 Rainwater Drainage Pipeline	雨污合流管道 Combined Drainage Pipeline	建成区 In Built District	座数（座） Number of Wastewater Treatment Plant (unit)	二级以上 Second Level or Above	处理能力（万立方米/日） Treatment Capacity (10000 cu. m /day)	二级以上 Second Level or Above
全 国	**6604920**	**952483.2**	**442586.0**	**431629.4**	**78267.8**	**823306.4**	**2967**	**2777**	**22652.9**	**21647.6**
北 京	**220290**	**20585.1**	**9648.3**	**9475.0**	**1461.9**	**6616.9**	**82**	**82**	**721.6**	**721.6**
天 津	**116522**	**25252.6**	**11604.8**	**12448.6**	**1199.1**	**24871.2**	**46**	**46**	**351.9**	**351.9**
河 北	**195290**	**25438.8**	**12480.4**	**12958.4**		**23460.3**	**103**	**99**	**768.8**	**744.3**
石家庄市	42969	3800.8	1793.0	2007.8		3241.6	12	12	155.9	155.9
晋州市	2117	254.9	117.9	137.0		254.9	1	1	12.0	12.0
新乐市	852	172.5	84.7	87.8		172.5	1	1	4.0	4.0
唐山市	23298	3086.2	1482.2	1604.0		3086.2	10	10	119.5	119.5
滦州市	1688	158.3	103.0	55.2		158.3	1	1	6.0	6.0
遵化市	1271	210.9	131.4	79.5		210.9	1	1	8.0	8.0
迁安市	2779	319.4	167.2	152.3		319.4	1	1	8.0	8.0
秦皇岛市	14963	1930.2	1010.0	920.2		1930.2	8	8	57.5	57.5
邯郸市	15440	2348.2	917.8	1430.4		2333.3	11	10	58.8	54.3
武安市	1943	615.8	372.4	243.4		615.8	2	2	7.6	7.6
邢台市	9671	1713.8	833.3	880.5		1121.0	4	4	32.5	32.5
南宫市	885	258.5	121.8	136.7		258.5	1	1	4.0	4.0
沙河市	1422	198.1	126.4	71.7		198.1	1	1	5.0	5.0
保定市	17094	1798.8	882.5	916.3		1738.8	6	6	54.0	54.0
涿州市	2636	304.2	180.1	124.1		303.5	1	1	10.0	10.0
安国市	1897	158.6	87.9	70.7		158.6	2	2	8.0	8.0
高碑店市	1936	308.5	214.2	94.2		267.6	1	1	8.0	8.0
张家口市	7573	605.8	471.7	134.1		571.2	5	5	28.0	28.0
承德市	7002	701.8	364.4	337.4		701.8	3	3	25.5	25.5
平泉市	1077	183.4	97.5	85.8		170.9	1		5.0	
沧州市	6066	901.9	422.8	479.0		901.9	2	2	22.0	22.0
泊头市	1032	174.6	95.1	79.5		174.6	2	2	5.0	5.0
任丘市	2291	384.8	191.0	193.8		375.6	2	2	10.0	10.0
黄骅市	1603	931.9	167.4	764.5		528.6	5	5	10.0	10.0
河间市	1300	308.0	132.8	175.2		308.0	1	1	6.0	6.0
廊坊市	8400	1305.5	720.9	584.6		1216.3	5	5	29.0	29.0
霸州市	1554	165.6	91.8	73.8		165.6	1	1	5.0	5.0
三河市	2598	162.2	93.1	69.1		162.2	2	2	10.0	10.0
衡水市	4698	885.6	456.4	429.2		820.4	5	5	19.5	19.5
深州市	955	261.3	138.0	123.3		261.3	1		5.0	
辛集市	3938	468.9	228.9	240.0		373.0	2	1	20.0	10.0

Urban Drainage and Wastewater Treatment by City (2023)

Wastewater Treatment Plant				其他污水处理设施 Other Wastewater Treatment Facilities		污水处理总量(万立方米)	市政再生水 Recycled Water			城市名称
处理量(万立方米) Quantity of Wastewater Treated (10000 cu. m)	二级以上 Second Level or Above	干污泥产生量(吨) Quantity of Dry Sludge Produced (ton)	干污泥处置量(吨) Quantity of Dry Sludge Treated (ton)	处理能力(万立方米/日) Treatment Capacity (10000 cu. m /day)	处理量(万立方米) Quantity of Wastewater Treated (10000 cu. m)	Total Quantity of Wastewater Treated (10000 cu. m)	生产能力(万立方米/日) Recycled Water Production Capacity (10000 cu. m/day)	利用量(万立方米) Annual Quantity of Wastewater Recycled and Reused (10000 cu. m)	管道长度(公里) Length of Pipelines (km)	Name of Cities
6427213	**6143457**	**15054437**	**14937525**	**1036.6**	**91473**	**6518686**	**8595.4**	**1934104**	**18215.5**	**全　国**
212018	**212018**	**1855604**	**1855529**	**21.8**	**4362**	**216380**	**721.6**	**127697**	**2317.1**	**北　京**
113182	**113182**	**158956**	**146716**	**4.0**	**1175**	**114357**	**385.4**	**49569**	**2031.3**	**天　津**
193866	**188737**	**434887**	**429111**			**193866**	**559.1**	**108011**	**969.1**	**河　北**
42962	42962	91979	87811			42962	119.0	18938	69.2	石家庄市
2096	2096	5192	5192			2096	12.0	1262	26.0	晋州市
846	846	2915	2915			846	2.8	575	3.0	新乐市
23151	23151	64674	64664			23151	44.5	14099	104.8	唐山市
1688	1688	1008	1008			1688	6.0	955	3.7	滦州市
1267	1267	1106	1106			1267	8.0	1186	32.1	遵化市
2776	2776	1661	1661			2776	4.0	1582	12.0	迁安市
14559	14559	33185	33185			14559	57.5	7972	20.3	秦皇岛市
15386	14387	29220	29220			15386	55.9	8478	100.6	邯郸市
1935	1935	3655	3655			1935	6.6	1342	4.8	武安市
9565	9565	34022	34022			9565	21.4	4089	196.4	邢台市
850	850	849	849			850	4.0	850	0.5	南宫市
1379	1379	2980	2961			1379	5.0	758		沙河市
17005	17005	33540	33540			17005	50.5	14047	52.9	保定市
2610	2610	6033	6033			2610	4.0	1071	40.0	涿州市
1896	1896	5689	4271			1896	3.0	620	2.0	安国市
1923	1923	4525	4525			1923	8.0	1089	20.0	高碑店市
7508	7508	20150	20150			7508	15.8	5059	24.0	张家口市
6855	6855	11278	11278			6855	18.0	2728	35.7	承德市
1042		2926	2926			1042	2.0	487	30.0	平泉市
6066	6066	9722	9722			6066	22.0	5764	41.0	沧州市
987	987	2200	2200			987	2.0	520	0.2	泊头市
2291	2291	2554	2554			2291	10.0	820	13.7	任丘市
1603	1603	3084	2925			1603	3.0	603	12.0	黄骅市
1300	1300	4157	4157			1300	3.2	458	12.5	河间市
8356	8356	20625	20625			8356	25.7	4120	36.0	廊坊市
1507	1507	1415	1415			1507	4.2	890	0.2	霸州市
2548	2548	3233	3233			2548	10.0	1200	9.0	三河市
4698	4698	11172	11169			4698	13.5	2831	42.1	衡水市
947		2392	2392			947	2.5	514	24.6	深州市
3929	1788	9822	9822			3929	5.0	1539		辛集市

9-2 续表 1

城市名称 Name of Cities	污水排放量（万立方米） Annual Quantity of Wastewater Discharged (10000 cu. m)	排水管道长度（公里） Length of Drainage Pipelines (km)					污水处理厂			
			污水管道 Sewers	雨水管道 Rainwater Drainage Pipeline	雨污合流管道 Combined Drainage Pipeline	建成区 In Built District	座数（座） Number of Wastewater Treatment Plant (unit)	二级以上 Second Level or Above	处理能力（万立方米/日） Treatment Capacity (10000 cu. m /day)	二级以上 Second Level or Above
定州市	2341	360. 1	182. 7	177. 4		360. 1	2	2	10. 0	10. 0
山　西	**112117**	**15795. 3**	**7209. 4**	**7994. 4**	**591. 5**	**14895. 1**	**53**	**45**	**374. 6**	**333. 2**
太原市	40966	5086. 0	1950. 0	3039. 0	97. 0	5086. 0	7	7	131. 0	131. 0
古交市	1856	80. 4	32. 2	48. 2		80. 4	2	1	6. 0	4. 0
大同市	10223	1547. 5	695. 3	852. 2		1547. 5	6	6	41. 0	41. 0
阳泉市	4482	541. 4	293. 9	128. 9	118. 6	541. 4	3	3	16. 0	16. 0
长治市	10192	780. 9	345. 5	339. 9	95. 6	732. 7	5	4	32. 7	12. 7
晋城市	3720	624. 1	275. 1	349. 0		624. 1	1	1	12. 0	12. 0
高平市	995	168. 4	80. 8	78. 6	9. 0	153. 6	2	2	3. 5	3. 5
朔州市	3467	353. 8	170. 3	135. 2	48. 3	137. 0	3	1	12. 0	2. 0
怀仁市	1474	355. 9	253. 3	95. 3	7. 3	352. 7	1	1	5. 0	5. 0
晋中市	6770	1564. 9	998. 9	559. 4	6. 6	1504. 2	3	1	23. 0	20. 0
介休市	1745	182. 8	107. 4	75. 4		182. 8	2	2	6. 0	6. 0
运城市	5842	751. 7	368. 6	380. 2	2. 9	531. 4	2	2	18. 0	18. 0
永济市	1302	168. 1	101. 2	59. 0	7. 9	168. 1	1	1	4. 0	4. 0
河津市	1300	250. 1	117. 9	114. 0	18. 3	152. 0	1	1	4. 0	4. 0
忻州市	2815	830. 5	373. 4	448. 9	8. 3	830. 5	2	2	11. 5	11. 5
原平市	1597	154. 3	84. 2	67. 0	3. 0	139. 9	1	1	5. 0	5. 0
临汾市	4269	551. 4	227. 5	272. 4	51. 4	450. 9	4	4	14. 0	14. 0
侯马市	1313	177. 1	67. 4	95. 2	14. 5	177. 1	1	1	6. 0	6. 0
霍州市	1176	123. 2	61. 6	55. 6	6. 0	0. 0	1	1	3. 0	3. 0
吕梁市	3874	437. 2	194. 2	237. 6	5. 5	437. 2	2	2	11. 5	11. 5
孝义市	1736	856. 4	283. 6	483. 2	89. 6	856. 3	2		6. 4	
汾阳市	1003	209. 3	127. 3	80. 3	1. 7	209. 3	1	1	3. 0	3. 0
内蒙古	**68163**	**15645. 0**	**8081. 7**	**6939. 2**	**624. 1**	**14354. 4**	**40**	**37**	**245. 9**	**231. 4**
呼和浩特市	16882	3329. 3	1519. 3	1810. 1		3329. 3	6	6	66. 0	66. 0
包头市	13377	2710. 0	1954. 1	754. 8	1. 1	2627. 9	6	5	43. 9	43. 4
乌海市	2176	290. 2	258. 6	31. 5		287. 1	3	3	11. 0	11. 0
赤峰市	8186	1198. 7	400. 1	533. 6	265. 0	1090. 7	2	2	31. 0	31. 0
通辽市	5213	796. 5	345. 9	450. 6		796. 5	2	2	20. 0	20. 0
霍林郭勒市	1377	276. 7	106. 4	170. 3		210. 0	1	1	5. 0	5. 0
鄂尔多斯市	3432	2278. 2	1062. 4	1172. 2	43. 6	1844. 2	3	3	12. 8	12. 8
呼伦贝尔市	4012	440. 1	184. 2	255. 9		440. 1	2	1	12. 0	2. 0
满洲里市	1168	259. 2	111. 4	121. 8	26. 0	223. 6	1	1	3. 5	3. 5
牙克石市	843	131. 4	121. 4	10. 0		131. 4	1	1	3. 4	3. 4

continued 1

Wastewater Treatment Plant				其他污水处理设施 Other Wastewater Treatment Facilities		污水处理总量（万立方米）	市政再生水 Recycled Water			城市名称
处理量（万立方米） Quantity of Wastewater Treated (10000 cu. m)	二级以上 Second Level or Above	干污泥产生量（吨） Quantity of Dry Sludge Produced (ton)	干污泥处置量（吨） Quantity of Dry Sludge Treated (ton)	处理能力（万立方米/日） Treatment Capacity (10000 cu. m /day)	处理量（万立方米） Quantity of Wastewater Treated (10000 cu. m)	Total Quantity of Wastewater Treated (10000 cu. m)	生产能力（万立方米/日） Recycled Water Production Capacity (10000 cu. m/day)	利用量（万立方米） Annual Quantity of Wastewater Recycled and Reused (10000 cu. m)	管道长度（公里） Length of Pipelines (km)	Name of Cities
2334	2334	7925	7925			2334	10. 0	1565		定州市
110661	**98673**	**277420**	**277420**			**110661**	**280. 6**	**34037**	**707. 1**	**山　西**
40966	40966	78550	78550			40966	131. 0	11652	194. 1	太原市
1823	1163	555	555			1823				古交市
10111	10111	39359	39359			10111	8. 0	2489	26. 5	大同市
4482	4482	11326	11326			4482	3. 0	1083		阳泉市
9771	3721	21559	21559			9771	16. 2	2384	86. 6	长治市
3720	3720	6745	6745			3720	12. 0	877	22. 0	晋城市
992	992	4674	4674			992	2. 0	218	18. 0	高平市
3259	492	22682	22682			3259	8. 9	975	42. 0	朔州市
1474	1474	6275	6275			1474	5. 0	1279	9. 1	怀仁市
6655	5716	17594	17594			6655	18. 4	1500	131. 9	晋中市
1710	1710	6012	6012			1710	6. 0	371	60. 0	介休市
5741	5741	16454	16454			5741	18. 0	2548	22. 5	运城市
1250	1250	2221	2221			1250	3. 3	186	9. 5	永济市
1239	1239	2985	2985			1239	4. 0	100	9. 3	河津市
2773	2773	4927	4927			2773	11. 5	604	7. 4	忻州市
1536	1536	2174	2174			1536	3. 0	471	15. 0	原平市
4269	4269	8183	8183			4269	11. 0	3310	28. 5	临汾市
1313	1313	3033	3033			1313	1. 0	112	12. 0	侯马市
1129	1129	3941	3941			1129		1062		霍州市
3874	3874	11261	11261			3874	11. 5	343		吕梁市
1571		3825	3825			1571	4. 2	1470		孝义市
1003	1003	3086	3086			1003	2. 7	1001	12. 7	汾阳市
67268	**62337**	**250532**	**250531**	**5. 0**	**707**	**67975**	**205. 5**	**28805**	**1692. 5**	**内蒙古**
16882	16882	47075	47074			16882	66. 0	5501	336. 6	呼和浩特市
12889	12739	53993	53993			12889	28. 7	4499	170. 0	包头市
2241	2241	6646	6646	5. 0	707	2948	2. 7	1983	9. 2	乌海市
8002	8002	22742	22742			8002	30. 0	3762	277. 0	赤峰市
5171	5171	12287	12287			5171	15. 0	1278	51. 8	通辽市
1372	1372	4496	4496			1372	5. 0	1219	73. 2	霍林郭勒市
3432	3432	12009	12009			3432	12. 8	2669	311. 8	鄂尔多斯市
4008	720	29423	29423			4008	12. 0	1705	25. 0	呼伦贝尔市
1157	1157	2066	2066			1157	3. 5	466	21. 5	满洲里市
816	816	2769	2769			816	3. 4	302	44. 2	牙克石市

9-2 续表 2

城市名称 Name of Cities	污水排放量（万立方米） Annual Quantity of Wastewater Discharged (10000 cu. m)	排水管道长度（公里） Length of Drainage Pipelines (km)	污水管道 Sewers	雨水管道 Rainwater Drainage Pipeline	雨污合流管道 Combined Drainage Pipeline	建成区 In Built District	污水处理厂 座数（座） Number of Wastewater Treatment Plant (unit)	二级以上 Second Level or Above	处理能力（万立方米/日） Treatment Capacity (10000 cu. m /day)	二级以上 Second Level or Above
扎兰屯市	1119	126.3	114.0	12.3		126.3	1	1	4.0	4.0
额尔古纳市	290	99.2	66.5	32.7		32.7	1	1	1.0	1.0
根河市	181	83.7	54.5	29.3		83.7	1	1	0.7	0.7
巴彦淖尔市	2813	721.2	413.4	233.5	74.3	697.4	1	1	10.0	10.0
乌兰察布市	2098	797.8	497.9	293.7	6.2	791.6	3	3	7.5	7.5
丰镇市	681	388.7	207.9	159.9	20.9	388.7	1	1	2.1	2.1
锡林浩特市	1525	535.6	249.3	286.3		535.6	1		4.0	
二连浩特市	425	190.2		3.3	186.9	190.2	1	1	1.5	1.5
乌兰浩特市	2198	892.7	346.0	546.6		427.9	2	2	6.0	6.0
阿尔山市	165	99.5	68.5	31.0		99.5	1	1	0.6	0.6
辽　宁	**327972**	**26485.0**	**7572.1**	**9714.4**	**9198.5**	**21426.4**	**140**	**95**	**1119.4**	**870.3**
沈阳市	87030	7622.8	2163.8	3479.3	1979.6	5983.3	23	23	350.5	350.5
新民市	2802	114.1	31.3	13.0	69.8	108.6	1		8.0	
大连市	59747	4220.5	1196.3	1769.8	1254.4	3490.2	34	25	197.1	154.7
庄河市	2950	302.0	98.0	21.7	182.3	278.8	4		11.5	
瓦房店市	5464	890.0	393.2	360.3	136.5	325.0	3	3	14.0	14.0
鞍山市	17891	1249.2	362.8	502.5	383.8	1249.2	8	6	62.5	47.5
海城市	3541	166.3	28.6	23.4	114.3	166.3	1		9.0	
抚顺市	23144	1012.2	211.0	327.4	473.8	1012.2	6	2	69.0	60.0
本溪市	19822	652.9	190.5	213.2	249.3	229.1	7	6	68.0	55.0
丹东市	7703	599.9	143.6	212.6	243.7	449.7	1	1	20.0	20.0
东港市	1759	227.3	69.3	30.5	127.5	221.3	1	1	7.0	7.0
凤城市	1118	150.7	37.2	46.9	66.7	61.7	1	1	3.0	3.0
锦州市	12603	748.0	242.6	220.0	285.4	748.0	1		41.0	
凌海市	1441	75.8	2.1	0.6	73.2	75.8	2		8.0	
北镇市	1632	98.4	14.9	34.1	49.4	63.6	2	1	5.0	2.0
营口市	12482	2002.9	623.5	551.4	828.0	1288.5	8	5	36.0	25.0
盖州市	2129	202.4	62.8	87.2	52.4	202.4	1		5.0	
大石桥市	2410	223.5	74.1	35.0	114.4	209.5	3		6.2	
阜新市	7900	700.5	126.4	190.6	383.4	524.8	4	3	23.5	13.5
辽阳市	9448	1036.9	256.8	183.0	597.2	1005.9	6	3	39.6	12.1
灯塔市	1778	176.5	57.6	75.5	43.4	93.2	1		6.0	
盘锦市	9145	1322.8	394.1	507.6	421.2	1279.0	4	4	29.0	29.0
铁岭市	9496	481.6	127.4	140.8	213.4	391.9	3	3	22.0	22.0
调兵山市	1905	193.1	142.4	35.1	15.6	193.1	2		6.0	

continued 2

Wastewater Treatment Plant				其他污水处理设施 Other Wastewater Treatment Facilities		污水处理总量(万立方米)	市政再生水 Recycled Water			城市名称
处理量(万立方米) Quantity of Wastewater Treated (10000 cu. m)	二级以上 Second Level or Above	干污泥产生量(吨) Quantity of Dry Sludge Produced (ton)	干污泥处置量(吨) Quantity of Dry Sludge Treated (ton)	处理能力(万立方米/日) Treatment Capacity (10000 cu. m /day)	处理量(万立方米) Quantity of Wastewater Treated (10000 cu. m)	Total Quantity of Waste-water Treated (10000 cu. m)	生产能力(万立方米/日) Recycled Water Production Capacity (10000 cu. m/day)	利用量(万立方米) Annual Quantity of Wastewater Recycled and Reused (10000 cu. m)	管道长度(公里) Length of Pipelines (km)	Name of Cities
1119	1119	2380	2380			1119	2. 0	317	11. 0	扎兰屯市
279	279	524	524			279	1. 0	279	13. 8	额尔古纳市
179	179	439	439			179	0. 7	54	6. 0	根河市
2777	2777	5005	5005			2777	6. 0	1012	112. 9	巴彦淖尔市
2098	2098	25243	25243			2098	7. 5	1503	130. 0	乌兰察布市
681	681	1460	1460			681	2. 0	502	22. 0	丰镇市
1493		18516	18516			1493	3. 5	840	33. 0	锡林浩特市
417	417	1121	1121			417	1. 3	396	43. 6	二连浩特市
2099	2099	2305	2305			2099	2. 0	474		乌兰浩特市
157	157	33	33			157	0. 5	45		阿尔山市
318277	**241416**	**486299**	**453082**	**24. 3**	**4444**	**322721**	**497. 5**	**66575**	**701. 0**	**辽　宁**
85974	85974	110702	110702			85974	235. 0	19836	150. 0	沈阳市
2802		2703	2681			2802	4. 0	2	4. 0	新民市
59437	44705	88012	82452			59437	59. 8	15513	50. 6	大连市
2889		9973	9973			2889	1. 5	1955	4. 7	庄河市
4744	4744	9876	9876	2. 0	485	5229	8. 0	461	254. 0	瓦房店市
17055	11811	23879	23879			17055	30. 8	3578		鞍山市
3541		5695	5695	2. 0	190	3731				海城市
20690	18428	27631		10. 3	2046	22736	66. 5	3997	23. 9	抚顺市
19623	16136	27898	27898			19623	6. 7	2426	17. 2	本溪市
7091	7091	1766	1766	2. 0	233	7324	20. 0	324	5. 6	丹东市
1596	1596	4889	4889			1596	7. 0	1596	0. 9	东港市
714	714	671	671	0. 1	18	732				凤城市
12603		7731	7731			12603	8. 0	1441	30. 0	锦州市
1441		1676	1676			1441				凌海市
1632	721	3170	3170	2. 0		1632				北镇市
12315	8560	14951	14951			12315	13. 0	4935	28. 7	营口市
1936		2178	2178			1936				盖州市
2093		5408	5408			2093				大石桥市
7900	4570	12190	12190			7900	2. 0	230	10. 1	阜新市
9447	2265	37779	37779			9447	6. 0	714	2. 0	辽阳市
1778		3613	3613			1778	2. 0	7	4. 8	灯塔市
9145	9145	14082	14078			9145	12. 5	4545	5. 8	盘锦市
7067	7067	15562	15562	4. 0	1101	8168				铁岭市
1861		3376	3376			1861	3. 9	1	7. 0	调兵山市

9-2 续表 3

城市名称 Name of Cities	污水排放量（万立方米） Annual Quantity of Wastewater Discharged (10000 cu. m)	排水管道长度（公里） Length of Drainage Pipelines (km)	污水管道 Sewers	雨水管道 Rainwater Drainage Pipeline	雨污合流管道 Combined Drainage Pipeline	建成区 In Built District	污水处理厂 座数（座） Number of Wastewater Treatment Plant (unit)	二级以上 Second Level or Above	处理能力（万立方米/日） Treatment Capacity (10000 cu. m /day)	二级以上 Second Level or Above
开原市	2782	187.6	26.4	35.9	125.3	187.6	1	1	8.0	8.0
朝阳市	7553	572.8	188.2	304.8	79.8	542.0	3	2	22.0	16.0
北票市	2260	133.3			133.3	133.3	1	1	7.5	7.5
凌源市	1969	222.5	79.4	56.6	86.5	216.5	2	1	7.5	2.5
葫芦岛市	6021	683.7	187.4	208.4	287.9	683.7	4	2	19.5	15.0
兴城市	2047	12.3	5.0	7.3		12.3	1	1	6.0	6.0
沈抚改革创新示范区		202.7	35.7	40.1	126.9		1		2.0	
吉　林	**137372**	**14531.0**	**6069.7**	**7092.6**	**1368.7**	**13236.5**	**57**	**54**	**495.0**	**490.3**
长春市	59818	6388.9	2391.8	3355.4	641.7	5305.4	19	19	225.8	225.8
榆树市	1674	175.1	78.4	73.8	22.9	173.8	1	1	6.0	6.0
德惠市	1572	197.4	60.4	83.6	53.4	197.4	1	1	5.0	5.0
公主岭市	2833	423.9	234.7	189.2		391.0	2	1	11.5	10.0
吉林市	19832	1146.4	497.2	640.2	9.1	1137.6	4	4	64.5	64.5
蛟河市	1248	170.1	81.9	79.3	8.9	170.1	1	1	4.0	4.0
桦甸市	919	166.9	90.1	76.9		166.9	1	1	3.0	3.0
舒兰市	1000	116.3	64.8	43.1	8.4	116.3	1	1	4.0	4.0
磐石市	1014	167.9	83.0	84.9		167.9	1	1	3.0	3.0
四平市	6557	429.0	197.0	162.0	70.0	372.0	1	1	18.0	18.0
双辽市	568	161.0	65.9	45.1	50.0	161.0	1	1	2.5	2.5
辽源市	4117	392.7	163.4	220.1	9.3	392.7	1	1	16.0	16.0
通化市	3719	240.2	76.7	125.9	37.7	240.2	2	2	11.0	11.0
集安市	920	78.7	41.2	37.5		78.7	1	1	4.0	4.0
白山市	3839	255.7	147.8	106.7	1.3	251.0	3	3	13.0	13.0
临江市	340	69.3	36.1	33.2		69.3	1	1	2.5	2.5
松原市	5689	601.8	256.3	336.0	9.6	601.8	2	2	25.0	25.0
扶余市	715	162.6	100.0	62.6		162.6	1	1	3.0	3.0
白城市	2769	439.1	263.3	172.8	3.0	437.2	1	1	10.0	10.0
洮南市	872	209.3	61.7	43.8	103.9	209.3	1		3.0	
大安市	679	189.0	92.4	96.6		178.9	1	1	4.0	4.0
延吉市	6254	910.6	308.7	422.5	179.5	910.6	1	1	20.0	20.0
图们市	479	72.6	31.0	38.3	3.3	72.6	1	1	3.0	3.0
敦化市	3401	298.5	141.9	125.0	31.6	268.6	1	1	10.0	10.0
珲春市	1576	298.9	107.2	142.1	49.6	283.7	1	1	6.0	6.0
龙井市	855	116.6	48.2	33.3	35.1	116.6	1	1	2.5	2.5

continued 3

Wastewater Treatment Plant				其他污水处理设施 Other Wastewater Treatment Facilities		污水处理总量(万立方米)	市政再生水 Recycled Water			城市名称
处理量(万立方米) Quantity of Wastewater Treated (10000 cu. m)	二级以上 Second Level or Above	干污泥产生量(吨) Quantity of Dry Sludge Produced (ton)	干污泥处置量(吨) Quantity of Dry Sludge Treated (ton)	处理能力(万立方米/日) Treatment Capacity (10000 cu. m /day)	处理量(万立方米) Quantity of Wastewater Treated (10000 cu. m)	Total Quantity of Wastewater Treated (10000 cu. m)	生产能力(万立方米/日) Recycled Water Production Capacity (10000 cu. m/day)	利用量(万立方米) Annual Quantity of Wastewater Recycled and Reused (10000 cu. m)	管道长度(公里) Length of Pipelines (km)	Name of Cities
2782	2782	17772	17772			2782				开原市
7553	5868	12982	12982			7553	4.0	2194	2.8	朝阳市
2260	2260	4144	4144			2260	3.0	307	99.0	北票市
1969	596	6932	6932			1969	3.8	1373		凌源市
5918	4334	6511	6511			5918		1120		葫芦岛市
2047	2047	2219	2219			2047		21		兴城市
371		330	330	2.0	371	741				沈抚改革创新示范区
136509	**135152**	**219087**	**219087**			**136509**	**133.9**	**31132**	**102.6**	**吉　林**
59818	59818	100759	100759			59818	67.5	18700	30.0	长春市
1674	1674	4119	4119			1674	1.5	295	10.0	榆树市
1572	1572	8096	8096			1572	2.0	323		德惠市
2833	2333	4943	4943			2833				公主岭市
19559	19559	26347	26347			19559	2.0	3910	3.0	吉林市
1248	1248	2612	2612			1248	4.0	48	0.1	蛟河市
895	895	1191	1191			895	1.5	34	6.5	桦甸市
1000	1000	462	462			1000	4.0	157	1.0	舒兰市
1014	1014	1592	1592			1014	2.8	37	0.5	磐石市
6557	6557	11089	11089			6557	15.0	2294	13.0	四平市
545	545	1340	1340			545	2.5	245	6.5	双辽市
3977	3977	8422	8422			3977	8.0	953	11.2	辽源市
3719	3719	1654	1654			3719	3.0			通化市
916	916	863	863			916				集安市
3764	3764	7450	7450			3764				白山市
328	328	194	194			328	0.2	6		临江市
5689	5689	9643	9643			5689	4.0	1681	0.7	松原市
715	715	1299	1299			715	0.4	165	1.5	扶余市
2698	2698	2826	2826			2698	2.0	634	6.2	白城市
840		1585	1585			840		63		洮南市
645	645	443	443			645	1.0	77	1.9	大安市
6254	6254	10307	10307			6254	5.0	384	3.5	延吉市
479	479	333	333			479		38		图们市
3245	3245	1447	1447			3245		137		敦化市
1576	1576	2460	2460			1576	0.3	120		珲春市
855	855	598	598			855	0.1	44		龙井市

9-2 续表 4

城市名称 Name of Cities	污水排放量（万立方米）Annual Quantity of Wastewater Discharged (10000 cu. m)	排水管道长度（公里）Length of Drainage Pipelines (km)	污水管道 Sewers	雨水管道 Rainwater Drainage Pipeline	雨污合流管道 Combined Drainage Pipeline	建成区 In Built District	污水处理厂 座数（座）Number of Wastewater Treatment Plant (unit)	二级以上 Second Level or Above	处理能力（万立方米/日）Treatment Capacity (10000 cu. m /day)	二级以上 Second Level or Above
和龙市	810	124.8	72.4	52.4		116.0	1	1	4.0	4.0
梅河口市	2449	293.0	132.6	119.8	40.5	293.0	2	2	7.5	7.5
长白山保护开发区管理委员会	855	234.7	144.0	90.7		194.1	2	1	3.2	3.0
黑龙江	**133656**	**13790.6**	**4368.9**	**6471.0**	**2950.7**	**13368.5**	**75**	**75**	**451.8**	**451.8**
哈尔滨市	53504	4173.3	1015.7	1635.6	1522.1	4083.0	17	17	189.5	189.5
尚志市	1500	117.4	47.4	15.4	54.6	117.4	1	1	4.0	4.0
五常市	1806	122.6	33.3	16.4	72.9	122.6	1	1	5.5	5.5
齐齐哈尔市	8571	1039.8	371.4	646.9	21.5	824.1	5	5	27.5	27.5
讷河市	569	111.5	34.2	33.6	43.6	111.5	1	1	2.0	2.0
鸡西市	3960	313.2	159.7	138.4	15.0	299.0	6	6	17.0	17.0
虎林市	360	87.8	17.0	18.2	52.6	87.8	1	1	1.0	1.0
密山市	613	165.0	93.0	44.7	27.3	165.0	1	1	3.0	3.0
鹤岗市	4018	307.5	173.3	98.3	36.0	307.5	2	2	14.0	14.0
双鸭山市	3980	445.6	201.2	244.4		419.6	2	2	10.5	10.5
大庆市	17623	1914.0	508.1	1405.9		1914.0	7	7	45.4	45.4
伊春市	2367	453.2	183.5	168.7	100.9	453.2	6	6	12.6	12.6
铁力市	1360	152.5	59.9	74.0	18.6	152.5	1	1	4.0	4.0
佳木斯市	5888	592.9	61.9	253.7	277.3	592.9	3	3	23.5	23.5
同江市	430	138.2	45.1	70.9	22.2	138.2	1	1	2.0	2.0
抚远市	159	71.0	34.8	32.3	3.9	71.0	1	1	1.0	1.0
富锦市	730	122.9	51.0	33.9	38.0	122.9	1	1	2.5	2.5
七台河市	3367	421.7	220.8	185.1	15.9	366.5	2	2	11.5	11.5
牡丹江市	6114	827.0	267.0	485.0	75.0	827.0	1	1	20.0	20.0
海林市	1399	143.8	48.3	57.6	37.9	143.8	1	1	4.0	4.0
宁安市	821	88.2	48.1	37.8	2.2	88.2	1	1	3.5	3.5
穆棱市	758	67.8	18.1	22.8	27.0	67.8	1	1	3.0	3.0
绥芬河市	802	187.2	88.6	76.9	21.7	178.1	1	1	2.0	2.0
东宁市	632	117.3	48.1	61.8	7.4	117.3	1	1	2.0	2.0
黑河市	865	190.9	63.1	95.4	32.4	190.9	1	1	5.0	5.0
北安市	1128	147.9	42.6	54.3	51.0	147.9	1	1	3.0	3.0
五大连池市	503	84.0	33.5	32.6	17.9	84.0	1	1	2.0	2.0
嫩江市	930	119.1	54.9	34.0	30.2	117.5	1	1	3.0	3.0
绥化市	4175	436.6	144.2	227.1	65.3	436.6	2	2	14.0	14.0
安达市	1346	106.4	25.0	10.8	70.6	106.4	1	1	4.5	4.5

continued 4

Wastewater Treatment Plant				其他污水处理设施 Other Wastewater Treatment Facilities		污水处理总量（万立方米）	市政再生水 Recycled Water			城市名称
处理量（万立方米） Quantity of Wastewater Treated (10000 cu. m)	二级以上 Second Level or Above	干污泥产生量（吨） Quantity of Dry Sludge Produced (ton)	干污泥处置量（吨） Quantity of Dry Sludge Treated (ton)	处理能力（万立方米/日） Treatment Capacity (10000 cu. m /day)	处理量（万立方米） Quantity of Wastewater Treated (10000 cu. m)	Total Quantity of Wastewater Treated (10000 cu. m)	生产能力（万立方米/日） Recycled Water Production Capacity (10000 cu. m/day)	利用量（万立方米） Annual Quantity of Wastewater Recycled and Reused (10000 cu. m)	管道长度（公里） Length of Pipelines (km)	Name of Cities
810	810	699	699			810	0.5	72	7.0	和龙市
2449	2449	4908	4908			2449	6.5	473		梅河口市
837	820	1407	1407			837		240		长白山保护开发区管理委员会
127029	**127029**	**229660**	**229660**	**38.4**	**2862**	**129891**	**59.7**	**18395**	**92.0**	**黑龙江**
51418	51418	110346	110346			51418	9.1	9565	14.2	哈尔滨市
1426	1426	1622	1622			1426				尚志市
1756	1756	3879	3879			1756				五常市
8007	8007	8214	8214	1.5	314	8321				齐齐哈尔市
545	545	2416	2416			545				讷河市
3920	3920	7226	7226			3920	0.8		5.3	鸡西市
351	351	957	957			351				虎林市
594	594	991	991			594				密山市
3999	3999	8322	8322			3999				鹤岗市
3892	3892	7865	7865			3892	4.0	42	5.0	双鸭山市
14428	14428	18146	18146	36.9	2548	16976	28.5	7203	32.0	大庆市
2346	2346	2952	2952			2346				伊春市
1320	1320	362	362			1320				铁力市
5888	5888	8990	8990			5888				佳木斯市
420	420	532	532			420				同江市
131	131	157	157			131				抚远市
694	694	916	916			694				富锦市
3208	3208	7158	7158			3208	10.5	457	15.4	七台河市
6114	6114	10770	10770			6114				牡丹江市
1371	1371	1802	1802			1371				海林市
820	820	2099	2099			820				宁安市
758	758	867	867			758				穆棱市
791	791	501	501			791				绥芬河市
632	632	1059	1059			632				东宁市
832	832	1664	1664			832				黑河市
1128	1128	2178	2178			1128				北安市
485	485	1491	1491			485				五大连池市
866	866	1782	1782			866				嫩江市
4170	4170	4428	4428			4170	5.8	848	16.0	绥化市
1344	1344	4533	4533			1344	1.0	280		安达市

9-2 续表 5

城市名称 Name of Cities	污水排放量(万立方米) Annual Quantity of Wastewater Discharged (10000 cu. m)	排水管道长度(公里) Length of Drainage Pipelines (km)	污水管道 Sewers	雨水管道 Rainwater Drainage Pipeline	雨污合流管道 Combined Drainage Pipeline	建成区 In Built District	污水处理厂 座数(座) Number of Wastewater Treatment Plant (unit)	二级以上 Second Level or Above	处理能力(万立方米/日) Treatment Capacity (10000 cu. m /day)	二级以上 Second Level or Above
肇东市	1819	265.1	95.0	85.4	84.7	265.1	1	1	5.0	5.0
海伦市	1474	194.3	41.8	47.5	105.0	184.4	1	1	4.0	4.0
漠河市	85	65.2	39.6	25.6		65.2	1	1	0.3	0.3
上　海	**231953**	**22614.9**	**9586.1**	**11839.6**	**1189.2**	**22614.9**	**43**	**43**	**1022.5**	**1022.5**
江　苏	**537519**	**96044.9**	**48334.7**	**44010.2**	**3700.0**	**77926.3**	**217**	**213**	**1741.9**	**1707.9**
南京市	115431	10866.9	4576.1	6029.1	261.7	10866.9	29	29	348.0	348.0
无锡市	43213	13635.3	9643.6	3991.7		8600.0	15	14	166.5	156.5
江阴市	8677	1254.1	447.6	783.9	22.7	1197.6	4	4	27.5	27.5
宜兴市	8323	2613.0	2110.0	503.0		1772.0	3	3	26.0	26.0
徐州市	26709	3861.7	1525.2	1906.5	430.0	3660.7	12	12	81.0	81.0
新沂市	3613	740.8	261.8	387.3	91.7	594.3	2	2	12.0	12.0
邳州市	3363	795.5	258.0	96.5	441.0	665.4	3	3	9.0	9.0
常州市	32461	10075.6	4934.0	5052.0	89.6	7117.1	10	10	119.5	119.5
溧阳市	4338	557.6	283.5	274.1		403.0	2	2	12.8	12.8
苏州市	76906	11739.9	5345.7	6264.2	130.0	9384.0	26	26	238.3	238.3
常熟市	14202	2342.4	1270.3	1046.8	25.4	1845.6	9	9	56.8	56.8
张家港市	5174	1330.4	668.9	660.3	1.2	1271.1	4	4	17.5	17.5
昆山市	16112	2693.0	893.0	1800.0		941.0	6	6	50.1	50.1
太仓市	4760	882.0	430.0	452.0		882.0	3	3	17.0	17.0
南通市	30097	3864.4	2021.2	1747.7	95.5	3846.4	8	7	101.5	85.5
海安市	3535	824.0	355.3	448.7	20.0	664.8	5	5	11.3	11.3
启东市	2943	730.0	280.0	435.0	15.0	730.0	1	1	9.0	9.0
如皋市	5070	812.6	295.8	426.4	90.5	807.9	5	5	17.9	17.9
连云港市	15195	3466.9	1267.7	2124.4	74.8	3466.9	10	10	57.8	57.8
淮安市	21275	3539.9	1569.2	1881.9	88.9	3430.6	9	9	65.5	65.5
盐城市	13654	3008.6	1798.7	1199.8	10.1	1327.7	7	5	41.9	33.9
东台市	2266	543.5	125.0	179.8	238.7	543.5	2	2	7.5	7.5
扬州市	22340	4017.3	2201.9	1497.0	318.3	3844.7	4	4	62.0	62.0
仪征市	1788	256.1	93.9	95.2	67.0	256.1	1	1	5.0	5.0
高邮市	4781	405.0	167.0	103.0	135.0	405.0	3	3	12.5	12.5
镇江市	13348	2152.5	1290.1	735.0	127.4	1614.3	8	8	40.0	40.0
丹阳市	4249	846.8	336.8	200.4	309.7	675.1	2	2	12.0	12.0
扬中市	2345	717.5	484.3	233.3		475.3	2	2	7.5	7.5
句容市	2078	456.2	221.0	200.2	35.0	370.0	1	1	7.5	7.5
泰州市	10354	2476.5	1151.2	1223.4	102.0	2315.7	7	7	32.5	32.5

continued 5

Wastewater Treatment Plant				其他污水处理设施 Other Wastewater Treatment Facilities		污水处理总量(万立方米)	市政再生水 Recycled Water			城市名称
处理量(万立方米) Quantity of Wastewater Treated (10000 cu. m)	二级以上 Second Level or Above	干污泥产生量(吨) Quantity of Dry Sludge Produced (ton)	干污泥处置量(吨) Quantity of Dry Sludge Treated (ton)	处理能力(万立方米/日) Treatment Capacity (10000 cu. m /day)	处理量(万立方米) Quantity of Wastewater Treated (10000 cu. m)	Total Quantity of Wastewater Treated (10000 cu. m)	生产能力(万立方米/日) Recycled Water Production Capacity (10000 cu. m/day)	利用量(万立方米) Annual Quantity of Wastewater Recycled and Reused (10000 cu. m)	管道长度(公里) Length of Pipelines (km)	Name of Cities
1819	1819	3251	3251			1819			4.0	肇东市
1474	1474	2140	2140			1474				海伦市
82	82	45	45			82				漠河市
228195	**228195**	**439177**	**439177**			**228195**				**上　海**
511108	**502887**	**1342120**	**1341770**	**185.0**	**13514**	**524622**	**699.7**	**159986**	**585.7**	**江　苏**
107161	107161	432307	432184	53.7	6596	113757	103.9	24218	104.9	南京市
42226	40243	85950	85950	10.8	537	42763	68.2	15291	58.6	无锡市
8486	8486	13135	13135	1.0	25	8511	9.9	2128		江阴市
8163	8163	14032	14032			8163	12.0	3650	5.2	宜兴市
25678	25678	32986	32986			25678	22.5	6710	25.8	徐州市
3506	3506	4627	4627			3506	2.5	735	9.0	新沂市
3195	3195	2208	2208			3195	5.0	602	2.4	邳州市
30244	30244	48664	48664	9.0	1909	32153	30.7	10362	34.9	常州市
4273	4273	8002	8002			4273	9.8	1262	3.1	溧阳市
73903	73903	220304	220303	36.8	96	73999	108.6	37553	35.1	苏州市
13218	13218	25952	25952	8.6	615	13833	14.8	4913	5.0	常熟市
5123	5123	9134	9134			5123	5.0	1303	4.0	张家港市
13079	13079	22097	22097	21.9	2515	15594	21.3	6406	3.3	昆山市
4725	4725	9339	9339			4725	9.0	1894	7.4	太仓市
29436	25796	68899	68895			29436	67.8	6655	75.7	南通市
3234	3234	10332	10331			3234	8.0	1030	20.0	海安市
2771	2771	3048	3048	0.4	80	2851	4.9	558	12.5	启东市
4948	4948	8704	8704			4948	12.0	1472	10.0	如皋市
15036	15036	14873	14873			15036	22.5	4626	50.0	连云港市
19995	19995	57237	57237	16.0	500	20495	37.1	4710	33.3	淮安市
13288	10690	26834	26834	10.8	42	13330	10.0	2520		盐城市
2159	2159	2683	2683			2159	5.0	415		东台市
21483	21483	33488	33488	0.4	74	21557	19.2	5547	9.1	扬州市
1665	1665	2063	2063			1665	1.5	416		仪征市
4536	4536	20076	20076			4536	4.0	1134	6.0	高邮市
12948	12948	66162	65948	9.5	330	13278	22.0	3980	16.5	镇江市
4037	4037	25501	25501			4037	2.0	318		丹阳市
2127	2127	10922	10922			2127		252		扬中市
1924	1924	4122	4115	0.5	9	1932	0.4	163	3.8	句容市
10149	10149	25348	25348	0.7	5	10154	13.6	2688		泰州市

9-2 续表 6

城市名称 Name of Cities	污水排放量（万立方米）Annual Quantity of Wastewater Discharged (10000 cu. m)	排水管道长度（公里）Length of Drainage Pipelines (km)					污水处理厂			
			污水管道 Sewers	雨水管道 Rainwater Drainage Pipeline	雨污合流管道 Combined Drainage Pipeline	建成区 In Built District	座数（座）Number of Wastewater Treatment Plant (unit)	二级以上 Second Level or Above	处理能力（万立方米/日）Treatment Capacity (10000 cu. m /day)	二级以上 Second Level or Above
兴化市	1450	754.9	208.6	201.5	344.9	754.9	1	1	6.0	6.0
靖江市	2370	843.6	632.2	211.2	0.2	818.9	2	2	8.5	8.5
泰兴市	2913	524.3	190.2	208.3	125.8	517.9	1	1	11.0	11.0
宿迁市	12186	2416.0	997.0	1411.0	8.0	1860.0	10	10	43.0	43.0
浙 江	**416527**	**65040.6**	**33039.0**	**31196.0**	**805.6**	**51491.5**	**122**	**120**	**1428.7**	**1425.8**
杭州市	105457	10936.0	4840.3	5976.8	119.0	10461.3	18	18	360.9	360.9
建德市	1767	335.7	198.3	137.3		213.6	1	1	4.9	4.9
宁波市	63219	8213.5	3483.4	4615.7	114.4	7704.7	21	21	197.4	197.4
余姚市	6150	1189.8	617.9	563.2	8.6	681.5	1	1	25.0	25.0
慈溪市	3302	547.4	188.3	339.1	20.0	483.4	2	2	18.0	18.0
温州市	33056	3387.5	1403.2	1953.1	31.2	3381.2	12	10	100.2	97.3
瑞安市	9257	3500.9	1821.5	1679.3		645.3	2	2	26.0	26.0
乐清市	3841	1819.0	1415.3	403.7		473.1	3	3	26.0	26.0
龙港市	2492	547.0	171.0	376.0		318.0	1	1	7.8	7.8
嘉兴市	17113	2389.5	967.3	1417.2	5.0	2042.5	3	3	76.0	76.0
海宁市	4182	1643.5	1212.3	431.2		917.5	1	1	15.0	15.0
平湖市	4386	704.6	479.0	225.6		561.2	1	1	4.5	4.5
桐乡市	4563	678.7	276.1	402.6		602.5	2	2	30.0	30.0
湖州市	10629	2254.1	1262.8	966.5	24.8	1188.3	9	9	43.5	43.5
绍兴市	38624	6121.3	3905.5	2021.9	193.9	3878.6	3	3	122.0	122.0
诸暨市	7835	765.4	420.4	338.9	6.1	664.5	3	3	32.0	32.0
嵊州市	4627	822.4	442.0	380.4		822.4	1	1	22.5	22.5
金华市	15950	2525.2	1194.6	1203.9	126.7	2043.0	4	4	51.0	51.0
兰溪市	3424	648.4	336.6	304.4	7.4	648.4	1	1	10.0	10.0
义乌市	12128	2260.7	1138.9	1121.8		2255.4	4	4	38.0	38.0
东阳市	6041	1150.0	574.8	575.2		1150.0	2	2	17.9	17.9
永康市	5716	912.4	465.9	440.1	6.4	912.4	1	1	16.0	16.0
衢州市	5214	2230.7	1136.2	1094.5		2215.6	2	2	20.0	20.0
江山市	1544	450.2	230.6	216.6	3.0	441.1	1	1	6.0	6.0
舟山市	5663	1267.0	728.4	538.6		1179.0	7	7	32.3	32.3
台州市	21585	3936.8	2466.6	1462.1	8.2	2116.3	5	5	61.0	61.0
玉环市	2382	515.4	206.4	309.0		510.4	2	2	7.5	7.5
温岭市	5696	896.0	388.0	508.0		896.0	4	4	17.4	17.4
临海市	4289	763.6	346.6	310.9	106.1	759.0	2	2	15.0	15.0
丽水市	5364	1186.0	457.9	714.5	13.6	883.1	2	2	22.0	22.0

continued 6

Wastewater Treatment Plant				其他污水处理设施 Other Wastewater Treatment Facilities		污水处理总量（万立方米）	市政再生水 Recycled Water			城市名称
处理量（万立方米） Quantity of Wastewater Treated (10000 cu. m)	二级以上 Second Level or Above	干污泥产生量（吨） Quantity of Dry Sludge Produced (ton)	干污泥处置量（吨） Quantity of Dry Sludge Treated (ton)	处理能力（万立方米/日） Treatment Capacity (10000 cu. m /day)	处理量（万立方米） Quantity of Wastewater Treated (10000 cu. m)	Total Quantity of Waste-water Treated (10000 cu. m)	生产能力（万立方米/日） Recycled Water Production Capacity (10000 cu. m/day)	利用量（万立方米） Annual Quantity of Wastewater Recycled and Reused (10000 cu. m)	管道长度（公里） Length of Pipelines (km)	Name of Cities
1181	1181	3513	3513	0.9	152	1333	0.2	314		兴化市
2311	2311	3161	3161	4.0	30	2341	0.3	72	0.2	靖江市
2874	2874	2921	2921			2874	3.0	1119		泰兴市
12028	12028	23497	23497			12028	43.0	4970	50.0	宿迁市
409070	**408437**	**1040344**	**1031463**	**8.6**	**1007**	**410077**	**239.3**	**59434**	**324.6**	**浙　江**
103173	103173	248722	248722			103173	46.9	6854	21.5	杭州市
1734	1734	2197	2197			1734	1.0	317	2.5	建德市
62202	62202	83059	76554	2.9	907	63109	72.7	16273	61.2	宁波市
6076	6076	10811	10811			6076	0.8	226	38.0	余姚市
3252	3252	4645	4645			3252	8.0	1810	2.0	慈溪市
32611	31978	56013	55837			32611				温州市
9035	9035	59832	59831			9035		1601	15.0	瑞安市
3734	3734	16077	16077	0.2	30	3764	3.0	1066	9.3	乐清市
2408	2408	4281	4281			2408	1.8	80		龙港市
16994	16994	41131	41131			16994	14.3	4924		嘉兴市
4119	4119	7814	7814			4119				海宁市
4279	4279	2972	2972			4279		645		平湖市
4450	4450	9332	9332			4450				桐乡市
10554	10554	47718	47718	5.0		10554	4.4	1609	4.8	湖州市
37928	37928	269650	269650			37928				绍兴市
7755	7755	7787	7787			7755		1414		诸暨市
4535	4535	23978	23978			4535				嵊州市
15802	15802	16553	16553			15802	1.5	781	100.0	金华市
3371	3371	5068	5068			3371	1.9	610	7.0	兰溪市
11886	11886	20370	20370			11886	29.5	4121	41.2	义乌市
5861	5861	7245	7245			5861				东阳市
5659	5659	8932	8932			5659	2.4	1044		永康市
5095	5095	6157	6157			5095	0.3	99		衢州市
1504	1504	1640	1640			1504				江山市
5523	5523	9383	9383	0.3	43	5566	4.0	1066	6.6	舟山市
21107	21107	42601	40403			21107	28.0	9392	3.5	台州市
2311	2311	3029	3029			2311	7.5	1974	12.0	玉环市
5625	5625	6192	6192			5625	7.0	2365		温岭市
4165	4165	6657	6657			4165				临海市
5298	5298	9496	9496	0.3	26	5324	4.4	1163		丽水市

9-2 续表 7

城市名称 Name of Cities	污水排放量（万立方米） Annual Quantity of Wastewater Discharged (10000 cu. m)	排水管道长度（公里） Length of Drainage Pipelines (km)					污水处理厂			
			污水管道 Sewers	雨水管道 Rainwater Drainage Pipeline	雨污合流管道 Combined Drainage Pipeline	建成区 In Built District	座数（座） Number of Wastewater Treatment Plant (unit)	二级以上 Second Level or Above	处理能力（万立方米/日） Treatment Capacity (10000 cu. m /day)	二级以上 Second Level or Above
龙泉市	1032	442.2	263.0	167.9	11.3	442.2	1	1	3.0	3.0
安　徽	**240560**	**38374.7**	**17886.1**	**19892.6**	**596.1**	**35623.3**	**101**	**101**	**841.1**	**841.1**
合肥市	61174	9324.7	3868.0	5406.9	49.8	8659.2	17	17	273.5	273.5
巢湖市	5508	1055.0	618.9	436.1		1055.0	2	2	19.0	19.0
芜湖市	28909	3514.7	1516.7	1998.0		3406.1	8	8	87.0	87.0
无为市	2513	334.0	138.7	173.3	22.0	255.5	2	2	9.0	9.0
蚌埠市	16258	1479.1	695.8	733.2	50.1	1458.8	4	4	50.0	50.0
淮南市	12621	1396.4	749.1	637.2	10.1	1258.0	6	6	40.5	40.5
马鞍山市	13316	1642.5	689.9	946.2	6.4	1528.4	8	8	43.0	43.0
淮北市	6457	1169.1	503.1	666.0		1169.1	5	5	20.0	20.0
铜陵市	9229	1875.9	914.9	961.0		1875.9	6	6	26.0	26.0
安庆市	10038	1544.1	1091.3	452.8		818.1	4	4	31.3	31.3
潜山市	1177	290.0	120.0	143.0	27.0	274.0	1	1	4.0	4.0
桐城市	1722	478.3	179.2	170.1	129.0	478.3	1	1	5.0	5.0
黄山市	4697	940.8	434.4	506.4		940.8	4	4	16.0	16.0
滁州市	10445	2521.9	1200.7	1265.2	56.0	2476.5	4	4	34.0	34.0
天长市	3162	529.3	246.7	249.4	33.2	496.1	2	2	9.0	9.0
明光市	1485	901.2	421.0	436.2	44.0	569.0	2	2	7.5	7.5
阜阳市	11991	1918.1	901.1	962.0	55.0	1918.1	5	5	37.0	37.0
界首市	1885	400.5	169.2	174.1	57.3	291.0	1	1	5.0	5.0
宿州市	7106	1220.0	589.0	621.6	9.4	1220.0	3	3	23.0	23.0
六安市	6943	1077.4	555.9	521.5		816.3	5	5	35.0	35.0
亳州市	10238	1412.9	800.3	612.6		1394.7	4	4	26.0	26.0
池州市	3910	831.1	349.7	481.4		831.1	2	2	10.0	10.0
宣城市	5249	1372.4	563.1	809.3		1372.4	3	3	16.8	16.8
广德市	2379	596.4	329.8	266.6		596.4	1	1	6.0	6.0
宁国市	2148	549.1	239.5	262.8	46.9	464.8	1	1	7.5	7.5
福　建	**177497**	**25663.7**	**12052.8**	**12841.0**	**769.9**	**18619.1**	**70**	**66**	**607.4**	**572.1**
福州市	38015	5024.1	2092.7	2880.5	50.9	4837.2	12	12	146.5	146.5
福清市	6469	701.7	319.9	376.1	5.7	701.7	2	2	18.0	18.0
厦门市	56679	4888.7	2408.0	2393.0	87.7		15	15	206.0	206.0
莆田市	9922	3044.3	1795.0	1249.3		1510.0	3	3	29.5	29.5
三明市	3865	746.6	371.3	351.9	23.4	673.5	4	4	10.4	10.4
永安市	1808	227.0	99.8	59.2	68.1	226.1	1	1	4.0	4.0
泉州市	11276	3026.6	1205.9	1651.8	169.0	3026.6	5	5	38.5	38.5

continued 7

Wastewater Treatment Plant				其他污水处理设施 Other Wastewater Treatment Facilities		污水处理总量(万立方米)	市政再生水 Recycled Water			城市名称
处理量(万立方米) Quantity of Wastewater Treated (10000 cu. m)	二级以上 Second Level or Above	干污泥产生量(吨) Quantity of Dry Sludge Produced (ton)	干污泥处置量(吨) Quantity of Dry Sludge Treated (ton)	处理能力(万立方米/日) Treatment Capacity (10000 cu. m /day)	处理量(万立方米) Quantity of Wastewater Treated (10000 cu. m)	Total Quantity of Wastewater Treated (10000 cu. m)	生产能力(万立方米/日) Recycled Water Production Capacity (10000 cu. m/day)	利用量(万立方米) Annual Quantity of Wastewater Recycled and Reused (10000 cu. m)	管道长度(公里) Length of Pipelines (km)	Name of Cities
1022	1022	1000	1000			1022				龙泉市
232695	**232695**	**381280**	**381257**	**39.6**	**2291**	**234986**	**278.6**	**69685**	**384.3**	**安　徽**
58741	58741	133124	133124			58741	113.5	24786	91.8	合肥市
5343	5343	7936	7936			5343	4.0	1460		巢湖市
27796	27796	29631	29631	2.0	501	28297	12.1	3216	10.8	芜湖市
2415	2415	2375	2375			2415				无为市
15563	15563	17229	17229	8.1	422	15985	20.0	4928	5.1	蚌埠市
12099	12099	17171	17149	5.0	465	12563	7.5	3101	15.3	淮南市
12734	12734	11042	11042	10.0	360	13094	12.0	4380		马鞍山市
6361	6361	10640	10640			6361	12.0	2033	29.0	淮北市
9135	9135	7289	7289			9135				铜陵市
9687	9687	17064	17064	6.7	256	9943	4.5	751		安庆市
1151	1151	1933	1933			1151	0.5	10		潜山市
1649	1649	1275	1275	0.1		1649				桐城市
4614	4614	4171	4171			4614		473		黄山市
10228	10228	16702	16702	0.2	14	10241	15.0	4558		滁州市
3103	3103	9485	9485			3103	9.0	1928		天长市
1440	1440	6860	6860	1.0	12	1452	5.0	1040	4.0	明光市
11860	11860	21982	21982			11860	15.0	3005	42.9	阜阳市
1840	1840	2359	2359			1840	2.5	449	7.0	界首市
6843	6843	11050	11050	4.5	158	7001	16.0	3751	32.4	宿州市
6735	6735	19449	19449	2.0	104	6839	5.0	3502		六安市
10015	10015	11618	11618			10015	12.0	3077	146.0	亳州市
3834	3834	5660	5660			3834	8.0	1457		池州市
5138	5138	6928	6928			5138	5.0	1780		宣城市
2309	2309	5113	5113			2309				广德市
2062	2062	3193	3193			2062				宁国市
169453	**159924**	**275992**	**274774**	**29.7**	**5038**	**174491**	**299.2**	**53730**	**144.6**	**福　建**
36593	36593	59483	59483			36593	140.5	10657	10.8	福州市
6208	6208	7364	7364			6208	6.0	1786		福清市
54684	54684	95454	95454	10.5	1995	56679	78.5	18482	72.2	厦门市
9803	9803	18589	18589			9803		139		莆田市
3060	3060	5791	5768	11.0	744	3803		112		三明市
1411	1411	726	726	1.5	342	1753				永安市
9731	9731	16064	16064	4.5	1308	11039	23.5	5604	32.1	泉州市

9-2 续表 8

城市名称 Name of Cities	污水排放量(万立方米) Annual Quantity of Wastewater Discharged (10000 cu. m)	排水管道长度(公里) Length of Drainage Pipelines (km)	污水管道 Sewers	雨水管道 Rainwater Drainage Pipeline	雨污合流管道 Combined Drainage Pipeline	建成区 In Built District	污水处理厂 座数(座) Number of Wastewater Treatment Plant (unit)	二级以上 Second Level or Above	处理能力(万立方米/日) Treatment Capacity (10000 cu. m /day)	二级以上 Second Level or Above
石狮市	4943	720.2	350.3	365.9	4.0	720.0	1	1	15.0	15.0
晋江市	9200	1214.0	685.0	465.0	64.0	1214.0	2	2	24.0	24.0
南安市	2289	426.0	253.0	142.0	31.0	350.0	1	1	7.5	7.5
漳州市	10439	1697.9	653.9	1020.8	23.1	1447.4	4	3	35.5	9.5
南平市	3120	662.1	323.7	295.2	43.2	662.1	4	3	12.8	11.0
邵武市	1496	503.5	237.8	238.3	27.5	503.5	1	1	4.0	4.0
武夷山市	1285	308.3	154.3	152.7	1.4	308.3	3	3	5.5	5.5
建瓯市	1277	285.0	135.7	143.3	6.0	280.0	2	1	4.0	1.5
龙岩市	6804	925.5	392.1	469.1	64.4	915.0	3	3	18.0	18.0
漳平市	1344	214.1	111.6	101.1	1.4	195.6	1	1	4.0	4.0
宁德市	3835	491.2	250.8	240.4		491.2	3	3	14.0	14.0
福安市	1595	281.7	94.3	129.9	57.5	281.7	1	1	5.0	5.0
福鼎市	1838	275.3	118.1	115.6	41.6	275.3	2	1	5.2	0.2
江 西	**141284**	**24679.2**	**11385.7**	**10777.9**	**2515.7**	**23625.1**	**81**	**69**	**473.8**	**416.3**
南昌市	46062	4551.7	1578.2	2152.8	820.7	4264.0	10	8	156.0	151.0
景德镇市	5606	1074.2	651.3	284.9	138.1	1074.2	2	2	16.0	16.0
乐平市	1789	283.1	118.8	128.9	35.4	133.5	1		5.0	
萍乡市	5160	568.5	452.8	107.5	8.2	514.3	3	1	16.0	4.0
九江市	11115	2552.0	1302.8	1015.5	233.6	2542.7	12	12	45.2	45.2
瑞昌市	1990	283.3	68.2	80.3	134.7	276.8	1	1	5.0	5.0
共青城市	892	303.6	155.6	138.0	10.0	279.6	2	2	3.0	3.0
庐山市	641	171.3	101.8	66.4	3.2	171.3	1	1	2.0	2.0
新余市	5651	1118.6	578.7	539.9	0.0	1117.5	1	1	12.0	12.0
鹰潭市	3733	894.0	390.2	446.8	57.0	543.4	3	3	13.5	13.5
贵溪市	1708	390.0	237.2	129.2	23.6	389.8	2	1	7.0	2.0
赣州市	16452	3022.3	1187.6	1535.3	299.3	3022.3	15	15	59.8	59.8
瑞金市	1624	328.8	182.3	78.2	68.3	310.3	1	1	4.5	4.5
龙南市	1901	492.6	291.3	166.0	35.3	492.6	4	4	8.3	8.3
吉安市	5694	1051.5	579.9	455.2	16.4	1051.5	2	2	14.0	14.0
井冈山市	230	89.0	44.1	44.9		89.0	1	1	0.6	0.6
宜春市	7371	1726.1	808.9	806.8	110.4	1726.1	4	4	24.5	24.5
丰城市	2820	469.1	235.0	187.9	46.2	419.5	2	2	8.0	8.0
樟树市	2513	588.6	259.3	289.3	40.0	577.1	2	2	9.9	9.9
高安市	2071	660.2	242.4	363.4	54.4	638.4	3	1	8.0	4.0
抚州市	8529	2042.5	954.2	914.6	173.6	2042.5	4		26.5	

continued 8

Wastewater Treatment Plant				其他污水处理设施 Other Wastewater Treatment Facilities		污水处理总量（万立方米）	市政再生水 Recycled Water			城市名称
处理量（万立方米） Quantity of Wastewater Treated (10000 cu. m)	二级以上 Second Level or Above	干污泥产生量（吨） Quantity of Dry Sludge Produced (ton)	干污泥处置量（吨） Quantity of Dry Sludge Treated (ton)	处理能力（万立方米/日） Treatment Capacity (10000 cu. m /day)	处理量（万立方米） Quantity of Wastewater Treated (10000 cu. m)	Total Quantity of Wastewater Treated (10000 cu. m)	生产能力（万立方米/日） Recycled Water Production Capacity (10000 cu. m/day)	利用量（万立方米） Annual Quantity of Wastewater Recycled and Reused (10000 cu. m)	管道长度（公里） Length of Pipelines (km)	Name of Cities
4943	4943	6190	6190			4943	15.0	4928	15.6	石狮市
9043	9043	11061	11061			9043	25.0	5592	13.9	晋江市
2110	2110	2196	2196			2110				南安市
10262	3199	12656	12656			10262	10.7	3903		漳州市
3157	3156	3681	3660			3157				南平市
1470	1470	4461	4461			1470				邵武市
1205	1205	1663	1663	0.2	59	1264				武夷山市
1276	561	5133	5133			1276				建瓯市
6696	6696	8336	8336			6696		372		龙岩市
1296	1296	1154	1154	0.3	14	1309				漳平市
3154	3154	5495	4378	1.8	577	3731		2154		宁德市
1551	1551	1465	1465			1551				福安市
1801	51	9031	8973			1801				福鼎市
136462	**119507**	**159594**	**159068**	**19.1**	**3669**	**140131**	**3.0**	**577**	**2.5**	**江　西**
45786	44342	52589	52589			45786				南昌市
5300	5300	5520	5520	1.0	253	5553				景德镇市
1778		1372	1372			1778		25		乐平市
5157	972	4395	4395			5157				萍乡市
11044	11044	14953	14953			11044				九江市
1940	1940	1278	1278			1940				瑞昌市
892	892	1011	1011	2.0		892				共青城市
641	641	367	367			641				庐山市
5596	5596	7039	7039			5596				新余市
3726	3726	2331	1872			3726	1.0	371	0.5	鹰潭市
1689	378	1546	1546			1689	2.0	147	2.0	贵溪市
15687	15687	29060	29060	3.0	702	16389				赣州市
1586	1586	1636	1636			1586				瑞金市
1825	1825	1407	1405			1825				龙南市
4621	4621	5672	5672	8.1	1002	5623				吉安市
220	220	310	310			220				井冈山市
7311	7311	6893	6882			7311				宜春市
2729	2729	2481	2481			2729				丰城市
2493	2493	2944	2944			2493				樟树市
2060	1234	4068	4068			2060		33		高安市
7411		8001	7948	3.0	1062	8473		1		抚州市

9-2 续表 9

城市名称 Name of Cities	污水排放量（万立方米） Annual Quantity of Wastewater Discharged (10000 cu. m)	排水管道长度（公里） Length of Drainage Pipelines (km)					污水处理厂			
			污水管道 Sewers	雨水管道 Rainwater Drainage Pipeline	雨污合流管道 Combined Drainage Pipeline	建成区 In Built District	座数（座） Number of Wastewater Treatment Plant (unit)	二级以上 Second Level or Above	处理能力（万立方米/日） Treatment Capacity (10000 cu. m /day)	二级以上 Second Level or Above
上饶市	7119	1730. 3	765. 0	760. 6	204. 7	1730. 3	3	3	27. 5	27. 5
德兴市	612	288. 2	200. 2	85. 3	2. 7	218. 6	2	2	1. 5	1. 5
山　东	**377458**	**74798. 1**	**34025. 3**	**40556. 6**	**216. 2**	**69412. 9**	**236**	**236**	**1514. 7**	**1514. 7**
济南市	53494	9728. 7	4342. 9	5303. 9	81. 8	9227. 2	36	36	201. 3	201. 3
青岛市	57522	10073. 5	4917. 7	5155. 8		9918. 1	21	21	213. 1	213. 1
胶州市	5856	957. 9	413. 7	544. 2		845. 0	2	2	22. 0	22. 0
平度市	4353	836. 2	386. 7	449. 5		836. 2	1	1	11. 0	11. 0
莱西市	2648	761. 3	475. 5	285. 8		761. 3	1	1	10. 0	10. 0
淄博市	26061	4032. 5	1880. 8	2151. 7		3570. 8	9	9	86. 5	86. 5
枣庄市	9467	1619. 1	647. 4	971. 6		1561. 3	8	8	38. 0	38. 0
滕州市	5413	706. 7	286. 6	420. 2		576. 7	4	4	28. 0	28. 0
东营市	13894	2990. 3	1086. 0	1904. 3		2434. 3	8	8	49. 5	49. 5
烟台市	15568	4546. 7	2083. 8	2462. 9		4533. 9	11	11	74. 3	74. 3
龙口市	1530	638. 7	263. 1	375. 6		566. 8	3	3	10. 0	10. 0
莱阳市	1959	406. 5	147. 2	259. 4		406. 5	1	1	16. 0	16. 0
莱州市	2042	397. 3	115. 4	281. 9		397. 3	1	1	10. 0	10. 0
招远市	1571	543. 2	187. 0	356. 2		511. 8	1	1	8. 0	8. 0
栖霞市	497	114. 0	56. 8	57. 2		114. 0	1	1	2. 0	2. 0
海阳市	1086	416. 4	209. 3	207. 1		416. 4	2	2	5. 0	5. 0
潍坊市	17880	3173. 0	1646. 5	1526. 5		2455. 0	9	9	60. 5	60. 5
青州市	3141	905. 6	474. 0	431. 6		630. 7	5	5	17. 5	17. 5
诸城市	6165	776. 6	367. 2	409. 4		775. 0	2	2	20. 6	20. 6
寿光市	8959	943. 8	425. 5	518. 3		623. 8	5	5	35. 0	35. 0
安丘市	5339	1065. 0	403. 0	661. 9		785. 2	1	1	18. 0	18. 0
高密市	7691	671. 9	237. 3	396. 8	37. 8	671. 9	4	4	23. 5	23. 5
昌邑市	3213	344. 4	175. 0	169. 4		344. 4	3	3	17. 0	17. 0
济宁市	15590	3026. 6	1116. 6	1910. 0		2704. 0	11	11	55. 0	55. 0
曲阜市	1177	420. 6	167. 0	253. 6		420. 6	3	3	10. 0	10. 0
邹城市	3250	387. 0	237. 6	149. 4		387. 0	1	1	14. 0	14. 0
泰安市	10671	1577. 5	762. 2	815. 4		1545. 5	5	5	35. 0	35. 0
新泰市	3622	644. 5	270. 7	356. 8	17. 0	644. 5	3	3	13. 0	13. 0
肥城市	2606	361. 7	160. 8	200. 9		361. 7	2	2	8. 0	8. 0
威海市	8078	3224. 7	1791. 3	1433. 5		3116. 6	3	3	31. 0	31. 0
荣成市	2624	783. 9	308. 0	475. 9		783. 9	2	2	12. 0	12. 0
乳山市	1793	849. 3	460. 5	388. 8		790. 5	2	2	6. 0	6. 0

continued 9

Wastewater Treatment Plant				其他污水处理设施 Other Wastewater Treatment Facilities		污水处理总量（万立方米）	市政再生水 Recycled Water			城市名称
处理量（万立方米） Quantity of Wastewater Treated (10000 cu. m)	二级以上 Second Level or Above	干污泥产生量（吨） Quantity of Dry Sludge Produced (ton)	干污泥处置量（吨） Quantity of Dry Sludge Treated (ton)	处理能力（万立方米/日） Treatment Capacity (10000 cu. m /day)	处理量（万立方米） Quantity of Wastewater Treated (10000 cu. m)	Total Quantity of Wastewater Treated (10000 cu. m)	生产能力（万立方米/日） Recycled Water Production Capacity (10000 cu. m/day)	利用量（万立方米） Annual Quantity of Wastewater Recycled and Reused (10000 cu. m)	管道长度（公里） Length of Pipelines (km)	Name of Cities
6374	6374	4431	4431	2.0	650	7024				上饶市
597	597	288	288			597				德兴市
371816	**371816**	**871672**	**871124**	**5.7**	**515**	**372330**	**897.3**	**195515**	**1499.6**	**山　东**
52620	52620	125160	125160	5.6	500	53120	64.5	23483	310.8	济南市
56724	56724	160440	160440			56724	127.4	28058	322.6	青岛市
5779	5779	10573	10573			5779	7.5	2942	9.0	胶州市
4280	4280	10418	10418			4280	3.2	112	17.4	平度市
2602	2602	6336	6336			2602	10.0	1527	5.8	莱西市
25665	25665	70567	70567			25665	49.5	13861	25.4	淄博市
9333	9333	14324	14324			9333	21.5	5874	100.9	枣庄市
5314	5314	19305	19305			5314	13.0	2922	22.0	滕州市
13702	13702	15836	15836			13702	43.5	8246	3.0	东营市
15335	15335	54066	54066			15335	31.0	7895	80.2	烟台市
1491	1491	3006	3006			1491	2.0	618	7.8	龙口市
1920	1920	5000	5000			1920	6.0	1001	7.8	莱阳市
1992	1992	2999	2999			1992	5.0	1017	11.7	莱州市
1541	1541	3970	3970			1541	3.0	620	17.7	招远市
487	487	378	378			487	2.0	282	7.0	栖霞市
1066	1066	1761	1761			1066	5.0	544	4.0	海阳市
17630	17630	35042	35042			17630	30.0	9402	51.5	潍坊市
3096	3096	13246	13246			3096	17.5	1638	3.8	青州市
6071	6071	24651	24651			6071	11.0	3202		诸城市
8824	8824	24722	24722			8824	13.5	4755	7.0	寿光市
5264	5264	13103	13103			5264	18.0	2698	1.8	安丘市
7580	7580	17800	17259			7580	16.5	4172	9.7	高密市
3164	3164	7466	7466			3164	6.2	1610	18.5	昌邑市
15389	15389	20758	20758			15389	55.0	8597	127.6	济宁市
1160	1160	4968	4968			1160	10.0	706	6.5	曲阜市
3202	3202	5881	5881			3202	5.0	1236	8.1	邹城市
10519	10519	16411	16411	0.0	15	10533	30.5	6654	30.0	泰安市
3550	3550	4602	4602			3550	8.5	1296	18.0	新泰市
2567	2567	6364	6364			2567	8.0	1225	15.0	肥城市
7968	7968	28898	28898			7968	18.2	4560	46.0	威海市
2586	2586	6618	6618			2586	4.0	1300	20.0	荣成市
1766	1766	3970	3970			1766	4.0	939	13.1	乳山市

9-2 续表 10

城市名称 Name of Cities	污水排放量（万立方米） Annual Quantity of Wastewater Discharged (10000 cu. m)	排水管道长度（公里） Length of Drainage Pipelines (km)	污水管道 Sewers	雨水管道 Rainwater Drainage Pipeline	雨污合流管道 Combined Drainage Pipeline	建成区 In Built District	污水处理厂 座数（座） Number of Wastewater Treatment Plant (unit)	二级以上 Second Level or Above	处理能力（万立方米/日） Treatment Capacity (10000 cu. m /day)	二级以上 Second Level or Above
日照市	10242	2991.1	1204.1	1787.0		2950.2	12	12	37.6	37.6
临沂市	15388	4346.1	1861.8	2484.3		3819.7	16	16	91.3	91.3
德州市	12299	1406.8	666.5	740.3		1387.9	10	10	51.5	51.5
乐陵市	788	330.9	156.3	174.6		311.9	2	2	6.0	6.0
禹城市	2273	401.9	206.5	195.4		401.9	1	1	12.5	12.5
聊城市	6843	2404.9	1103.3	1222.1	79.6	2186.0	10	10	47.5	47.5
临清市	1200	386.6	209.6	176.9		386.6	1	1	10.0	10.0
滨州市	8878	2155.9	947.2	1208.7		2038.9	7	7	45.0	45.0
邹平市	5181	582.5	274.7	307.8		358.1	1	1	16.0	16.0
菏泽市	9606	1866.6	892.6	974.0		1854.0	5	5	36.5	36.5
河　南	**285498**	**38387.7**	**16949.3**	**18473.4**	**2965.0**	**36555.5**	**128**	**120**	**1108.8**	**1034.8**
郑州市	81213	5979.9	2692.0	3281.7	6.2	5979.9	9	8	246.5	226.5
巩义市	1592	269.2	132.5	106.5	30.2	269.2	1	1	5.0	5.0
荥阳市	4315	400.9	167.6	228.2	5.1	335.0	2	2	15.0	15.0
新密市	1730	172.5	72.1	72.4	28.0	168.3	2	2	8.0	8.0
新郑市	4249	300.3	91.2	99.9	109.2	281.8	3	3	12.0	12.0
登封市	2179	191.0	83.3	92.1	15.6	156.0	2	2	6.0	6.0
开封市	10311	1287.4	484.9	537.2	265.3	1242.8	6	6	53.0	53.0
洛阳市	19230	2861.4	1198.5	1643.8	19.1	2813.7	9	9	95.0	95.0
平顶山市	14081	758.2	275.0	276.6	206.6	659.9	4	4	39.0	39.0
舞钢市	1024	242.1	172.6	59.5	10.0	232.1	2	2	4.0	4.0
汝州市	1796	384.7	188.2	118.8	77.7	353.7	2	2	6.0	6.0
安阳市	7182	1503.0	759.4	743.6		1503.0	4		30.0	
林州市	2156	278.5	114.5	74.0	90.0	257.0	2	2	7.0	7.0
鹤壁市	5167	707.4	287.9	419.6		707.4	3	3	18.0	18.0
新乡市	9090	1161.3	518.2	643.1		977.3	5	5	55.0	55.0
长垣市	2019	765.0	354.1	402.1	8.8	753.6	1	1	13.0	13.0
卫辉市	1690	155.5	69.9	27.4	58.2	145.8	1	1	6.0	6.0
辉县市	1530	314.1	136.5	105.2	72.5	313.8	1	1	10.0	10.0
焦作市	10966	1317.3	544.2	549.5	223.6	1292.0	3	3	30.0	30.0
沁阳市	967	264.3	57.6	41.8	165.0	261.3	2	2	6.0	6.0
孟州市	1450	720.1	268.3	262.5	189.3	320.0	1		5.0	
濮阳市	5426	1006.5	474.8	531.7		962.1	3	3	19.0	19.0
许昌市	5580	1052.7	514.0	538.2	0.5	861.4	4	4	41.0	41.0
禹州市	2620	590.1	237.9	352.2		452.5	3	3	13.0	13.0

continued 10

Wastewater Treatment Plant 处理量（万立方米）Quantity of Wastewater Treated (10000 cu. m)	Wastewater Treatment Plant 二级以上 Second Level or Above	Wastewater Treatment Plant 干污泥产生量（吨）Quantity of Dry Sludge Produced (ton)	Wastewater Treatment Plant 干污泥处置量（吨）Quantity of Dry Sludge Treated (ton)	其他污水处理设施 Other Wastewater Treatment Facilities 处理能力（万立方米/日）Treatment Capacity (10000 cu. m /day)	其他污水处理设施 Other Wastewater Treatment Facilities 处理量（万立方米）Quantity of Wastewater Treated (10000 cu. m)	污水处理总量（万立方米）Total Quantity of Wastewater Treated (10000 cu. m)	市政再生水 Recycled Water 生产能力（万立方米/日）Recycled Water Production Capacity (10000 cu. m/day)	市政再生水 Recycled Water 利用量（万立方米）Annual Quantity of Wastewater Recycled and Reused (10000 cu. m)	市政再生水 Recycled Water 管道长度（公里）Length of Pipelines (km)	城市名称 Name of Cities
10086	10086	17578	17574			10086	20.9	5482	31.7	日照市
15199	15199	16303	16303			15199	56.4	9748	37.3	临沂市
12097	12097	23162	23162			12097	35.0	7602	20.9	德州市
776	776	1932	1932			776	3.0	380	3.0	乐陵市
2241	2241	4659	4659			2241	6.5	1165		禹城市
6745	6745	17806	17803			6745	47.5	3980	23.0	聊城市
1179	1179	780	780			1179	4.0	698	3.0	临清市
8758	8758	28345	28345			8758	34.0	4661	10.0	滨州市
5111	5111	8131	8131			5111	16.0	2553		邹平市
9437	9437	14335	14335			9437	24.0	6253	41.2	菏泽市
283748	**261421**	**492551**	**492550**			**283748**	**578.5**	**133907**	**780.3**	**河　南**
80245	72914	140696	140696			80245	205.8	41538	160.0	郑州市
1570	1570	3640	3640			1570	3.0	628	7.0	巩义市
4315	4315	7566	7566			4315	5.0	433	5.0	荥阳市
1730	1730	3465	3465			1730				新密市
4156	4156	8890	8890			4156	11.0	1470	3.2	新郑市
2179	2179	3797	3797			2179	6.0	2100	14.7	登封市
10311	10311	16816	16816			10311	27.0	2848	29.0	开封市
19229	19229	43686	43686			19229	29.5	11700	106.2	洛阳市
14081	14081	15597	15597			14081	21.0	6982	2.7	平顶山市
1004	1004	1322	1322			1004	4.0	332		舞钢市
1796	1796	3052	3052			1796	4.5	393	1.0	汝州市
7182		9654	9654			7182	30.0	4184	15.4	安阳市
2148	2148	2088	2088			2148	4.0	712	8.4	林州市
5167	5167	11766	11766			5167	8.5	2077	35.9	鹤壁市
9090	9090	17043	17043			9090	42.6	6349	31.1	新乡市
2012	2012	2521	2521			2012	6.0	1342	53.0	长垣市
1690	1690	1588	1588			1690				卫辉市
1530	1530	2900	2900			1530	4.0	433	5.2	辉县市
10966	10966	14411	14411			10966	22.0	4422	33.0	焦作市
967	967	2942	2942			967				沁阳市
1450		2800	2800			1450	2.2	1313	15.0	孟州市
5426	5426	14722	14722			5426	4.0	3285	38.0	濮阳市
5580	5580	26755	26755			5580	9.0	3751	17.3	许昌市
2615	2615	9225	9225			2615	6.8	1669	16.2	禹州市

9-2 续表 11

城市名称 Name of Cities	污水排放量（万立方米） Annual Quantity of Wastewater Discharged (10000 cu. m)	排水管道长度（公里） Length of Drainage Pipelines (km)					污水处理厂			
			污水管道 Sewers	雨水管道 Rainwater Drainage Pipeline	雨污合流管道 Combined Drainage Pipeline	建成区 In Built District	座数（座） Number of Wastewater Treatment Plant (unit)	二级以上 Second Level or Above	处理能力（万立方米/日） Treatment Capacity (10000 cu. m /day)	二级以上 Second Level or Above
长葛市	2000	296.0	123.0	103.0	70.0	296.0	2	2	8.5	8.5
漯河市	7973	1193.4	387.6	481.7	324.1	1055.9	3	1	24.0	5.0
三门峡市	4402	712.6	353.5	359.1		712.6	1	1	13.0	13.0
义马市	1978	148.7	87.1	61.6		148.7	2	2	9.5	9.5
灵宝市	2394	316.0	159.0	155.0	2.0	316.0	3	3	8.0	8.0
南阳市	9660	2173.4	994.8	848.2	330.4	2069.2	6	6	60.5	60.5
邓州市	3323	666.0	366.2	234.2	65.6	651.3	2	2	9.0	9.0
商丘市	16618	1972.1	813.2	1087.9	71.0	1972.1	8	8	64.5	64.5
永城市	3740	665.1	366.6	288.5	10.0	599.3	7	7	12.8	12.8
信阳市	5399	1258.9	487.9	641.1	129.9	1258.9	3	3	30.0	30.0
周口市	6950	1561.3	851.5	643.0	66.8	1554.4	5	5	36.0	36.0
项城市	3312	608.3	326.7	180.6	101.0	529.6	2	2	11.0	11.0
驻马店市	11486	2035.7	742.5	1293.3		2035.7	3	3	37.5	37.5
济源示范区	4034	621.7	271.8	136.6	213.4	580.8	3	3	14.0	14.0
郑州航空港经济综合实验区	4666	1475.3	723.0	752.4		1475.3	3	3	28.0	28.0
湖　北	**342650**	**39805.9**	**15391.1**	**19142.5**	**5272.3**	**38601.0**	**123**	**118**	**1002.7**	**971.2**
武汉市	165708	13999.9	4423.8	8563.4	1012.7	13999.9	24	24	463.5	463.5
黄石市	9500	1186.7	526.7	644.8	15.2	947.8	6	6	31.0	31.0
大冶市	2987	543.0	246.9	287.8	8.3	543.0	4	4	12.1	12.1
十堰市	16299	1338.8	1142.9	171.9	23.9	1271.6	13	13	49.3	49.3
丹江口市	1654	351.4	275.4	35.0	41.0	268.1	1	1	6.0	6.0
宜昌市	16752	1955.5	819.6	818.8	317.1	1952.2	11	11	60.7	60.7
宜都市	2228	372.9	194.4	74.0	104.5	357.7	4	4	6.0	6.0
当阳市	2477	289.5	143.4	59.5	86.6	289.5	1	1	6.0	6.0
枝江市	2509	317.1	33.9	45.2	238.0	317.1	1	1	7.0	7.0
襄阳市	19575	2293.8	762.5	1296.2	235.1	2293.8	4	4	52.0	52.0
老河口市	2291	373.3	137.3	81.0	155.0	345.0	1		6.0	
枣阳市	2842	522.4	151.1	146.0	225.3	522.4	2	2	11.0	11.0
宜城市	1335	333.2	121.5	148.9	62.8	333.2	1	1	4.0	4.0
鄂州市	3985	932.2	269.9	595.9	66.4	589.5	2	2	13.0	13.0
荆门市	6786	1178.4	597.4	279.0	302.1	1178.4	2	1	20.0	5.0
京山市	2025	462.0	200.8	256.0	5.2	462.0	2	2	6.0	6.0
钟祥市	2404	401.9	162.8	172.0	67.0	344.1	1	1	7.5	7.5
孝感市	7632	1212.8	381.3	370.7	460.9	1045.3	3	3	26.0	26.0

continued 11

Wastewater Treatment Plant				其他污水处理设施 Other Wastewater Treatment Facilities		污水处理总量（万立方米）	市政再生水 Recycled Water			城市名称 Name of Cities
处理量（万立方米） Quantity of Wastewater Treated (10000 cu. m)	二级以上 Second Level or Above	干污泥产生量（吨） Quantity of Dry Sludge Produced (ton)	干污泥处置量（吨） Quantity of Dry Sludge Treated (ton)	处理能力（万立方米/日） Treatment Capacity (10000 cu. m /day)	处理量（万立方米） Quantity of Wastewater Treated (10000 cu. m)	Total Quantity of Wastewater Treated (10000 cu. m)	生产能力（万立方米/日） Recycled Water Production Capacity (10000 cu. m/day)	利用量（万立方米） Annual Quantity of Wastewater Recycled and Reused (10000 cu. m)	管道长度（公里） Length of Pipelines (km)	
1946	1946	3764	3764			1946				长葛市
7973	1609	5913	5913			7973	20. 0	4252	2. 0	漯河市
4367	4367	10302	10302			4367	9. 0	1180	14. 5	三门峡市
1958	1958	2343	2343			1958		553	3. 0	义马市
2390	2390	2865	2865			2390	6. 0	2390	0. 6	灵宝市
9660	9660	16302	16302			9660	23. 0	4770	44. 4	南阳市
3323	3323	3216	3216			3323	0. 2	73	1. 0	邓州市
16418	16418	28235	28234			16418	11. 0	8260	47. 0	商丘市
3651	3651	5251	5251			3651	3. 5	960	15. 9	永城市
5399	5399	8709	8709			5399	12. 0	2289	13. 9	信阳市
6881	6881	10012	10012			6881	10. 5	4301	13. 0	周口市
3260	3260	5219	5219			3260	1. 0	81	2. 1	项城市
11486	11486	7025	7025			11486	7. 0	3812	6. 8	驻马店市
4034	4034	8895	8895			4034	5. 0	1240	19. 0	济源示范区
4563	4563	7559	7559			4563	14. 5	1786		郑州航空港经济综合实验区
322414	**312388**	**552590**	**549274**	**79. 3**	**16759**	**339172**	**365. 3**	**75390**	**87. 8**	**湖　北**
152293	152293	209753	209753	48. 6	13415	165708	187. 5	41003		武汉市
9120	9120	5260	5260	5. 5	215	9335	6. 8	2340		黄石市
2628	2628	3218	3218			2628		235		大冶市
15845	15845	66348	66322			15845	5. 0	1850	11. 5	十堰市
1637	1637	1100	1100			1637	1. 0	12		丹江口市
15481	15481	19249	19249	4. 4	953	16434	21. 5	4296		宜昌市
1782	1782	1818	1818	5. 3	440	2222				宜都市
2435	2435	1033	1033			2435	6. 0	651	20. 0	当阳市
2437	2437	2181	2181	7. 0		2437		50		枝江市
19379	19379	39428	39428			19379	50. 0	28		襄阳市
2236		2097	2033			2236				老河口市
2773	2773	4626	4626			2773				枣阳市
1311	1311	1332	1332			1311				宜城市
3985	3985	4547	4547			3985	8. 5	3048		鄂州市
6786	1864	8611	8611			6786	6. 0	3404		荆门市
2025	2025	2118	2118			2025	3. 0	105		京山市
2310	2310	3132	3132			2310		191	1. 5	钟祥市
7448	7448	31269	30464			7448	4. 8	1752	0. 4	孝感市

9-2 续表 12

城市名称 Name of Cities	污水排放量（万立方米） Annual Quantity of Wastewater Discharged (10000 cu. m)	排水管道长度（公里） Length of Drainage Pipelines (km)					污水处理厂			
			污水管道 Sewers	雨水管道 Rainwater Drainage Pipeline	雨污合流管道 Combined Drainage Pipeline	建成区 In Built District	座数（座） Number of Wastewater Treatment Plant (unit)	二级以上 Second Level or Above	处理能力（万立方米/日） Treatment Capacity (10000 cu. m /day)	二级以上 Second Level or Above
应城市	2145	182.2	52.4	29.6	100.2	168.1	1	1	6.0	6.0
安陆市	2032	350.0	193.9	134.2	21.9	178.8	1	1	6.0	6.0
汉川市	3991	416.8	128.5	288.3		416.0	1	1	10.0	10.0
荆州市	11491	1408.2	505.2	830.9	72.2	1408.2	7	7	34.0	34.0
监利市	2790	327.9	153.6	148.8	25.6	327.9	2	2	8.0	8.0
石首市	1660	187.0	8.3	7.4	171.3	187.0	2	1	4.9	2.4
洪湖市	1842	382.3	235.5	139.0	7.8	382.3	1	1	7.0	7.0
松滋市	1831	509.6	315.0	107.6	87.0	509.6	2	2	6.0	6.0
黄冈市	4094	254.8		52.0	202.8	254.8	1	1	10.0	10.0
麻城市	1789	478.2	241.2	79.0	158.0	478.2	2	2	5.0	5.0
武穴市	2740	157.0	55.8		101.2	157.0	1	1	7.0	7.0
咸宁市	4933	1309.3	546.5	672.7	90.1	1309.3	2	2	12.0	12.0
赤壁市	3051	480.6	198.0	191.0	91.6	480.6	2	2	7.5	7.5
随州市	5470	925.8	361.7	468.2	95.8	925.8	4	4	18.0	18.0
广水市	3213	182.1	89.9	51.8	40.5	172.4	2	2	9.0	9.0
恩施市	4923	1673.5	744.5	637.6	291.4	1673.5	3	3	14.0	14.0
利川市	2160	227.8	99.0	85.6	43.2	222.8	1	1	7.0	7.0
仙桃市	6703	729.6	278.5	423.8	27.3	729.6	1	1	22.7	22.7
潜江市	3324	1030.5	356.4	459.5	214.6	1030.5	3	1	11.0	3.0
天门市	3480	528.2	235.8	289.9	2.6	528.2	1	1	10.5	10.5
湖　南	**271865**	**28769.7**	**11313.5**	**12768.7**	**4687.6**	**27732.0**	**101**	**97**	**914.0**	**887.0**
长沙市	91352	5932.2	2146.2	2314.0	1472.0	5932.2	14	14	319.0	319.0
宁乡市	5243	538.9	203.7	255.2	80.0	538.9	3	3	20.0	20.0
浏阳市	7760	847.8	352.6	460.5	34.7	847.8	4	4	26.0	26.0
株洲市	19037	2633.4	983.7	1571.4	78.3	2633.4	12	12	75.0	75.0
醴陵市	1712	353.3	80.6	119.7	152.9	353.3	1	1	5.0	5.0
湘潭市	17825	1595.8	820.5	751.3	24.0	1439.0	4	4	57.5	57.5
湘乡市	1588	375.4	143.8	140.1	91.5	375.4	1	1	5.0	5.0
韶山市	774	154.6	84.3	63.5	6.8	99.5	1	1	2.0	2.0
衡阳市	14111	1661.6	688.8	779.5	193.3	1661.6	4	4	52.0	52.0
耒阳市	3170	319.2	46.8	46.8	225.6	312.0	1	1	10.0	10.0
常宁市	1523	291.0	150.0	121.0	20.0	272.0	1		5.0	
邵阳市	7560	730.0	211.0	169.0	350.0	730.0	3	3	24.0	24.0
武冈市	2301	300.0	143.0	63.0	94.0	300.0	2	2	8.0	8.0
邵东市	2042	329.0	122.0	140.0	67.0	242.0	1	1	8.0	8.0

continued 12

Wastewater Treatment Plant				其他污水处理设施 Other Wastewater Treatment Facilities		污水处理总量(万立方米)	市政再生水 Recycled Water			城市名称
处理量(万立方米) Quantity of Wastewater Treated (10000 cu. m)	二级以上 Second Level or Above	干污泥产生量(吨) Quantity of Dry Sludge Produced (ton)	干污泥处置量(吨) Quantity of Dry Sludge Treated (ton)	处理能力(万立方米/日) Treatment Capacity (10000 cu. m /day)	处理量(万立方米) Quantity of Wastewater Treated (10000 cu. m)	Total Quantity of Wastewater Treated (10000 cu. m)	生产能力(万立方米/日) Recycled Water Production Capacity (10000 cu. m/day)	利用量(万立方米) Annual Quantity of Wastewater Recycled and Reused (10000 cu. m)	管道长度(公里) Length of Pipelines (km)	Name of Cities
2084	2084	1546	1546			2084	6.0	789	19.5	应城市
2032	2032	8833	8833			2032	4.3	251		安陆市
3832	3832	2932	2932			3832				汉川市
9676	9676	32579	30158	8.0	1574	11250	25.0	7602		荆州市
2668	2668	3442	3442	0.2	70	2738				监利市
1620	890	845	845			1620	0.0	2	2.0	石首市
1776	1776	2299	2299			1776	5.2	1		洪湖市
1762	1762	1292	1292			1762				松滋市
4094	4094	15516	15516			4094	10.0	4094	0.3	黄冈市
1622	1622	1805	1805	0.3	93	1715	0.2	8	3.3	麻城市
2575	2575	3752	3752			2575				武穴市
4778	4778	6671	6671			4778	5.2	1330	2.9	咸宁市
2941	2941	4843	4843			2941	1.0	75		赤壁市
5415	5415	16410	16410			5415	6.2	688	20.0	随州市
3213	3213	10409	10409			3213	1.0	8		广水市
4923	4923	4241	4241			4923				恩施市
2096	2096	2886	2886			2096				利川市
6678	6678	6718	6718			6678		1314	3.5	仙桃市
3236	1098	13850	13850			3236				潜江市
3480	3480	4601	4601			3480	1.0	262	3.0	天门市
268415	**260444**	**859237**	**854422**	**44.1**	**101**	**268515**	**139.1**	**36706**	**51.0**	**湖　南**
90080	90080	586292	586290			90080	94.0	20718	44.0	长沙市
5243	5243	7573	7573			5243				宁乡市
7695	7695	36847	36846	26.5	8	7702	12.0	0	2.7	浏阳市
18693	18693	26678	26678			18693	2.0	834		株洲市
1712	1712	3621	3621	5.5		1712				醴陵市
17824	17824	12300	12300			17824				湘潭市
1588	1588	1644	1644			1588				湘乡市
756	756	374	374			756				韶山市
14111	14111	11098	11098			14111	6.0	1212		衡阳市
3099	3099	4632		0.7	1	3101				耒阳市
1523		5420	5420			1523				常宁市
7176	7176	8266	8266			7176		25		邵阳市
2194	2194	1244	1244			2194				武冈市
2042	2042	6380	6380			2042				邵东市

9-2 续表 13

城市名称 Name of Cities	污水排放量（万立方米） Annual Quantity of Wastewater Discharged (10000 cu. m)	排水管道长度（公里） Length of Drainage Pipelines (km)	污水管道 Sewers	雨水管道 Rainwater Drainage Pipeline	雨污合流管道 Combined Drainage Pipeline	建成区 In Built District	污水处理厂 座数（座） Number of Wastewater Treatment Plant (unit)	二级以上 Second Level or Above	处理能力（万立方米/日） Treatment Capacity (10000 cu. m /day)	二级以上 Second Level or Above
岳阳市	11666	1969.0	665.5	1062.4	241.1	1969.0	10	10	49.5	49.5
汨罗市	1530	280.6	86.8	91.5	102.3	280.6	1	1	5.0	5.0
临湘市	1500	337.6	128.4	101.0	108.2	183.5	1	1	4.5	4.5
常德市	14796	2350.5	1024.5	1280.5	45.5	2108.9	6	6	43.0	43.0
津市市	1468	243.1	130.6	37.9	74.6	237.7	2	2	5.5	5.5
张家界市	4631	653.3	290.9	354.3	8.1	653.3	4	4	14.5	14.5
益阳市	9435	1074.0	484.8	411.7	177.5	971.5	4	4	32.0	32.0
沅江市	1598	206.5	128.9	34.5	43.1	168.0	1	1	4.5	4.5
郴州市	11485	1157.2	516.6	460.3	180.3	1157.2	3	3	32.5	32.5
资兴市	1153	335.7	132.9	178.9	23.9	335.7	1	1	4.0	4.0
永州市	12924	887.7	312.5	462.4	112.8	887.7	2	2	30.0	30.0
祁阳市	2516	632.0	301.0	319.0	12.0	611.0	2	2	7.0	7.0
怀化市	7875	845.4	271.0	292.8	281.6	845.4	3	2	26.0	6.0
洪江市	905	191.7	76.8	58.4	56.5	174.5	3	1	2.5	0.5
娄底市	6727	791.1	251.3	333.6	206.2	791.1	2	2	20.0	20.0
冷水江市	1030	123.4	50.8	52.0	20.6	115.9	1	1	3.0	3.0
涟源市	1323	248.3	110.2	95.1	43.0	123.5	1	1	4.0	4.0
吉首市	3305	380.6	173.1	147.5	60.0	380.6	2	2	10.0	10.0
广　东	**975162**	**150686.8**	**76687.6**	**56389.7**	**17609.6**	**114091.6**	**357**	**348**	**3123.0**	**3061.2**
广州市	261836	47159.4	32668.0	10771.8	3719.6	38587.3	64	64	814.0	814.0
韶关市	9816	1926.3	968.5	231.9	726.0	519.5	7	7	31.2	31.2
乐昌市	888	137.4	44.1	79.3	14.0	113.8	1	1	2.5	2.5
南雄市	887	106.5	79.3	21.2	6.0	93.5	1	1	3.5	3.5
深圳市	213745	20833.0	8296.5	12476.5	60.0	20833.0	45	45	721.3	721.3
珠海市	35684	6314.3	2575.0	3209.8	529.5	2691.0	20	20	111.8	111.8
汕头市	28587	4785.0	1974.3	819.6	1991.2	4669.6	9	8	123.0	111.0
佛山市	45207	6240.2	2040.6	2994.9	1204.6	4639.1	16	16	138.9	138.9
江门市	24910	2833.7	1080.2	1124.0	629.5	2548.8	11	11	107.8	107.8
台山市	3102	448.6	90.0	70.1	288.5	448.6	1		8.0	
开平市	4534	293.6	131.7	15.6	146.3	293.6	2	2	14.0	14.0
鹤山市	2305	742.7	185.0	297.2	260.6	742.7	2	2	8.8	8.8
恩平市	2374	214.1	2.0	2.0	210.0	214.1	1	1	4.0	4.0
湛江市	24218	1732.6	552.1	567.1	613.4	1732.6	5	5	70.9	70.9
廉江市	3887	583.7	78.3	79.8	425.5	583.7	3	3	12.5	12.5
雷州市	1372	388.5	139.4	103.4	145.7	388.5	1	1	2.0	2.0

continued 13

Wastewater Treatment Plant				其他污水处理设施 Other Wastewater Treatment Facilities		污水处理总量(万立方米)	市政再生水 Recycled Water			城市名称
处理量(万立方米) Quantity of Wastewater Treated (10000 cu. m)	二级以上 Second Level or Above	干污泥产生量(吨) Quantity of Dry Sludge Produced (ton)	干污泥处置量(吨) Quantity of Dry Sludge Treated (ton)	处理能力(万立方米/日) Treatment Capacity (10000 cu. m /day)	处理量(万立方米) Quantity of Wastewater Treated (10000 cu. m)	Total Quantity of Wastewater Treated (10000 cu. m)	生产能力(万立方米/日) Recycled Water Production Capacity (10000 cu. m/day)	利用量(万立方米) Annual Quantity of Wastewater Recycled and Reused (10000 cu. m)	管道长度(公里) Length of Pipelines (km)	Name of Cities
11326	11326	14295	14295			11326	13. 0	3387		岳阳市
1530	1530	2293	2293			1530				汨罗市
1500	1500	1200	1200			1500	4. 0	1400		临湘市
14740	14740	16320	16320	0. 3	56	14796		2183		常德市
1439	1439	2488	2488			1439	0. 0	0	0. 5	津市市
4461	4461	4662	4662	0. 2	35	4496	1. 1	1		张家界市
9435	9435	12376	12376			9435		5549		益阳市
1597	1597	2125	2125			1597				沅江市
11436	11436	23843	23663			11436				郴州市
1119	1119	383	383			1119	0. 5	149	1. 8	资兴市
12823	12823	36421	36421	10. 0		12823				永州市
2500	2500	3010	3010			2500	2. 5	12	2. 0	祁阳市
7643	1894	7029	7029			7643	4. 0	1236		怀化市
863	164	556	556	1. 0	1	864				洪江市
6669	6669	9313	9313			6669				娄底市
1009	1009	943	943			1009				冷水江市
1286	1286	1922	1922			1286				涟源市
3305	3305	7691	7691			3305				吉首市
967109	**947029**	**1412459**	**1383861**	**41. 6**	**9441**	**976550**	**1116. 9**	**400221**	**652. 9**	**广　东**
260532	260532	312158	311309			260532	26. 8	108376	32. 1	广州市
9816	9816	5892	5892			9816	4. 9	69	3. 8	韶关市
888	888	483	483			888	0. 1			乐昌市
1223	1223	1453	1453			1223	1. 9	293	4. 6	南雄市
213745	213745	469541	469541			213745	721. 3	162427	500. 0	深圳市
35561	35561	40661	40661			35561	51. 5	11118	3. 2	珠海市
28379	26374	23370	23370			28379		8311		汕头市
42968	42968	45435	45435	8. 0	871	43839	71. 5	23784		佛山市
24482	24482	27822	27822			24482	40. 0	10756		江门市
3043		2552	2552			3043	1. 1	410		台山市
4448	4448	6257	6257			4448				开平市
2264	2264	2350	2350			2264		319	2. 3	鹤山市
1741	1741	1533	1533	4. 0	544	2284				恩平市
24218	24218	46511	28645			24218		4446		湛江市
3887	3887	14460	14460			3887				廉江市
733	733	2461	2461			733				雷州市

9-2 续表 14

城市名称 Name of Cities	污水排放量（万立方米） Annual Quantity of Wastewater Discharged (10000 cu. m)	排水管道长度（公里） Length of Drainage Pipelines (km)	污水管道 Sewers	雨水管道 Rainwater Drainage Pipeline	雨污合流管道 Combined Drainage Pipeline	建成区 In Built District	污水处理厂 座数（座） Number of Wastewater Treatment Plant (unit)	二级以上 Second Level or Above	处理能力（万立方米/日） Treatment Capacity (10000 cu. m /day)	二级以上 Second Level or Above
吴川市	2612	284.6	64.1	83.3	137.2	284.6	2	2	9.0	9.0
茂名市	8518	1296.1	767.8	393.0	135.4	1166.9	7	7	27.5	27.5
高州市	3017	235.8	133.7	66.5	35.6	235.8	2	2	9.5	9.5
化州市	1987	243.2	42.7	30.1	170.4	234.2	7	7	7.7	7.7
信宜市	3909	618.0	128.3	134.5	355.2	615.7	2	2	6.0	6.0
肇庆市	15986	2082.5	854.8	881.6	346.1	1962.9	8	8	50.0	50.0
四会市	4199	300.6	50.2	54.4	196.0	300.6	3	3	12.0	12.0
惠州市	35491	4418.9	1867.2	2162.0	389.7	3445.9	19	18	106.6	99.6
梅州市	9792	652.6	161.5	155.3	335.8	408.9	6	6	35.0	35.0
兴宁市	3959	510.0	178.8	106.2	225.0	104.5	1		10.0	
汕尾市	4504	490.8	163.7	317.6	9.5	447.9	2	2	15.0	15.0
陆丰市	1490	188.0	92.0	55.0	41.0	92.0	1	1	5.0	5.0
河源市	5213	817.7	343.5	350.9	123.4	781.7	6	6	21.5	21.5
阳江市	9914	1568.1	572.6	519.9	475.5	1399.7	12	10	27.5	23.5
阳春市	2963	438.7	110.7	143.7	184.4	438.7	1		7.8	
清远市	10668	1207.2	492.8	641.8	72.7	241.0	6	6	33.5	33.5
英德市	2203	394.6	155.0	124.3	115.3	394.6	2	2	6.0	6.0
连州市	685	213.8	77.3	47.7	88.9	213.8	1	1	2.0	2.0
东莞市	136890	31526.0	15150.5	14026.5	2348.9	16375.5	57	57	382.0	382.0
中山市	11966	2355.3	1094.7	1152.4	108.3	2058.4	2	2	60.0	60.0
潮州市	11813	1120.9	560.1	252.9	307.9	515.6	6	6	46.0	46.0
揭阳市	8889	1926.5	956.3	895.6	74.6	666.0	6	5	24.0	12.0
普宁市	10433	1832.8	1375.0	273.0	184.8	1382.8	3	3	27.3	27.3
云浮市	3122	1028.7	303.5	622.3	103.0	1028.7	3	2	12.0	11.0
罗定市	1586	195.8	86.0	35.0	74.8	195.8	3	3	6.0	6.0
广　西	**176620**	**23271.2**	**8602.0**	**9741.1**	**4928.1**	**22935.0**	**78**	**76**	**526.6**	**521.6**
南宁市	63661	6680.5	2380.1	3926.2	374.1	6680.5	16	16	198.0	198.0
横州市	4507	288.0	128.7	107.0	52.3	288.0	2	2	6.0	6.0
柳州市	25452	2188.9	379.8	435.6	1373.5	2183.8	5	5	72.0	72.0
桂林市	12471	1144.1	607.4	529.9	6.9	1142.4	5	5	40.0	40.0
荔浦市	920	194.8	70.6	54.3	69.9	194.8	1	1	3.0	3.0
梧州市	7358	942.2	221.3	217.7	503.1	898.1	10	10	22.7	22.7
岑溪市	2467	185.5	74.1	50.6	60.8	185.5	2	1	6.0	3.0
北海市	7556	1267.8	603.5	642.0	22.3	1267.8	3	3	30.0	30.0
防城港市	4679	1203.5	610.9	537.4	55.3	997.4	1	1	8.0	8.0

continued 14

Wastewater Treatment Plant				其他污水处理设施 Other Wastewater Treatment Facilities		污水处理总量（万立方米）	市政再生水 Recycled Water			城市名称
处理量（万立方米） Quantity of Wastewater Treated (10000 cu. m)	二级以上 Second Level or Above	干污泥产生量（吨） Quantity of Dry Sludge Produced (ton)	干污泥处置量（吨） Quantity of Dry Sludge Treated (ton)	处理能力（万立方米/日） Treatment Capacity (10000 cu. m /day)	处理量（万立方米） Quantity of Wastewater Treated (10000 cu. m)	Total Quantity of Wastewater Treated (10000 cu. m)	生产能力（万立方米/日） Recycled Water Production Capacity (10000 cu. m/day)	利用量（万立方米） Annual Quantity of Wastewater Recycled and Reused (10000 cu. m)	管道长度（公里） Length of Pipelines (km)	Name of Cities
2612	2612	4003	4003			2612				吴川市
9147	9147	13029	13007	13. 0	3249	12396		3959		茂名市
3017	3017	2263	2263			3017				高州市
1987	1987	1927	1927	1. 0	119	2106	0. 3	119		化州市
1955	1955	2371	2371	6. 0	1955	3909				信宜市
15827	15827	12950	12950			15827		47		肇庆市
4187	4187	2798	2798			4187	12. 0	54		四会市
32441	29828	58668	58668	7. 3	2421	34862	7. 0	10048		惠州市
9792	9792	17512	8980			9792	1. 2	428		梅州市
3787		3386	3386			3787				兴宁市
4450	4450	2843	2843	0. 1	24	4474	12. 2	2288	2. 0	汕尾市
1371	1371	888	888	0. 5	64	1435	3. 8	16		陆丰市
5142	5142	4249	4249			5142	0. 9			河源市
9915	8472	7706	6618			9915	11. 0	4160		阳江市
2359		1691	1691			2359				阳春市
10540	10540	50249	50249	1. 2	25	10565	24. 0	7082		清远市
1992	1992	3986	3746	0. 5	170	2163				英德市
685	685	158	158			685				连州市
135421	135421	169463	169463			135421	100. 5	36684	90. 0	东莞市
15434	15434	14849	14849	0. 1		15434				中山市
13918	13918	11344	11343			13918	6. 0	3481		潮州市
8587	3880	7966	7966			8587				揭阳市
10016	10016	9185	9185			10016	15. 0	617	14. 8	普宁市
3075	2953	3713	3713			3075		929		云浮市
1523	1523	2324	2324			1523	4. 0			罗定市
166534	**165061**	**123893**	**123856**	**357. 0**	**9062**	**175596**	**115. 7**	**32710**	**61. 4**	**广　西**
62650	62650	47234	47220	26. 8	1000	63650	73. 9	26919	18. 3	南宁市
1821	1821	1349	1349	10. 0	2609	4430				横州市
23965	23965	5282	5282	284. 6	1276	25241				柳州市
12398	12398	12705	12705	0. 1	4	12402	14. 5	3134	5. 9	桂林市
918	918	900	900			918	3. 0	160		荔浦市
6737	6737	7572	7572	7. 9	564	7300	2. 8	416	9. 9	梧州市
2448	1268	1769	1769			2448				岑溪市
7547	7547	8343	8343			7547	10. 0	1628	27. 0	北海市
3678	3678	1554	1554	7. 1	964	4642	8. 0	453	0. 3	防城港市

9-2 续表 15

城市名称 Name of Cities	污水排放量（万立方米） Annual Quantity of Wastewater Discharged (10000 cu. m)	排水管道长度（公里） Length of Drainage Pipelines (km)	污水管道 Sewers	雨水管道 Rainwater Drainage Pipeline	雨污合流管道 Combined Drainage Pipeline	建成区 In Built District	污水处理厂 座数（座） Number of Wastewater Treatment Plant (unit)	二级以上 Second Level or Above	处理能力（万立方米/日） Treatment Capacity (10000 cu. m /day)	二级以上 Second Level or Above
东兴市	1380	329.6	97.7	99.8	132.1	307.6	1	1	4.5	4.5
钦州市	6995	1139.5	520.9	412.9	205.8	1137.7	4	4	22.5	22.5
贵港市	6132	1173.8	414.3	436.0	323.5	1167.2	5	5	20.8	20.8
桂平市	1824	291.7	115.3	83.0	93.4	274.3	3	2	6.5	4.5
玉林市	8147	936.9	313.3	145.1	478.5	936.9	2	2	20.5	20.5
北流市	3286	407.9	62.4	222.5	122.9	407.9	1	1	8.0	8.0
百色市	4217	933.8	364.5	378.4	190.9	933.8	2	2	8.0	8.0
靖西市	828	344.0	143.5	114.5	86.0	326.7	1	1	1.5	1.5
平果市	1395	264.4	149.3	23.4	91.8	264.4	2	2	6.0	6.0
贺州市	2968	818.6	343.3	342.1	133.3	818.6	2	2	7.0	7.0
河池市	3580	898.6	248.9	167.8	481.9	898.6	3	3	11.0	11.0
来宾市	3589	784.7	318.0	461.7	5.0	784.0	2	2	14.0	14.0
合山市	401	123.9	53.3	17.6	53.0	110.4	1	1	2.0	2.0
崇左市	2103	630.3	328.1	291.6	10.7	630.3	2	2	5.0	5.0
凭祥市	705	98.5	53.0	44.3	1.3	98.5	2	2	3.6	3.6
海　南	**48206**	**7888.6**	**3406.8**	**3344.1**	**1137.7**	**4466.3**	**31**	**27**	**139.2**	**122.6**
海口市	26703	3095.0	1046.4	1469.5	579.2	2515.8	9	9	69.1	69.1
三亚市	12908	1786.9	883.4	903.4			13	13	40.0	40.0
儋州市	1859	506.3	131.8	177.8	196.8	506.3	2	2	6.0	6.0
五指山市	672	146.6	86.3	60.0	0.3	146.6	1		2.1	
琼海市	2072	810.0	430.0	200.0	180.0		2		7.0	
文昌市	1929	390.0	169.3	80.9	139.8	390.0	2	2	5.0	5.0
万宁市	857	246.3	179.6	66.6	0.1		1		7.5	
东方市	1206	907.6	480.0	385.9	41.7	907.6	1	1	2.5	2.5
重　庆	**163822**	**26463.9**	**12581.5**	**12624.8**	**1257.5**	**25815.2**	**90**	**84**	**478.8**	**447.3**
重庆市	163822	26463.9	12581.5	12624.8	1257.5	25815.2	90	84	478.8	447.3
四　川	**326795**	**51451.5**	**24261.7**	**24602.2**	**2587.6**	**48235.3**	**188**	**176**	**1017.0**	**987.5**
成都市	151595	19500.5	9213.8	10162.1	124.6	18662.6	58	58	450.5	450.5
简阳市	2497	552.0	237.0	246.0	69.0	552.0	2		10.0	
都江堰市	4760	572.4	239.0	314.2	19.3	572.4	2	2	14.0	14.0
彭州市	2516	512.6	218.3	294.3		512.6	2	2	6.0	6.0
邛崃市	2232	400.0	200.0	180.0	20.0	350.0	4	4	9.0	9.0
崇州市	1681	301.1	153.4	136.5	11.2	301.1	1	1	4.0	4.0
自贡市	7268	1978.4	516.0	1043.3	419.1	1932.2	6	6	21.1	21.1
攀枝花市	7868	1196.5	868.1	287.3	41.2	737.6	9	5	21.4	10.5

continued 15

Wastewater Treatment Plant				其他污水处理设施 Other Wastewater Treatment Facilities		污水处理总量(万立方米)	市政再生水 Recycled Water			城市名称
处理量(万立方米) Quantity of Wastewater Treated (10000 cu. m)	二级以上 Second Level or Above	干污泥产生量(吨) Quantity of Dry Sludge Produced (ton)	干污泥处置量(吨) Quantity of Dry Sludge Treated (ton)	处理能力(万立方米/日) Treatment Capacity (10000 cu. m /day)	处理量(万立方米) Quantity of Wastewater Treated (10000 cu. m)	Total Quantity of Wastewater Treated (10000 cu. m)	生产能力(万立方米/日) Recycled Water Production Capacity (10000 cu. m/day)	利用量(万立方米) Annual Quantity of Wastewater Recycled and Reused (10000 cu. m)	管道长度(公里) Length of Pipelines (km)	Name of Cities
1344	1344	2270	2268			1344				东兴市
6727	6727	6111	6109	2. 4	214	6941				钦州市
6005	6005	4143	4124	1. 7	105	6110	3. 5			贵港市
1815	1522	2098	2098	0. 5		1815				桂平市
7360	7360	4466	4466	2. 0	727	8088				玉林市
3280	3280	2556	2556			3280				北流市
3333	3333	3482	3482	6. 5	719	4052				百色市
820	820	865	865			820				靖西市
1383	1383	1192	1192			1383				平果市
2961	2961	2182	2182			2961				贺州市
3411	3411	2531	2531	2. 5	92	3503				河池市
3587	3587	2661	2661			3587				来宾市
397	397	360	360			397				合山市
1262	1262	1807	1807	5. 0	788	2050				崇左市
687	687	461	461			687				凭祥市
48066	**44239**	**64057**	**64025**	**4. 3**	**230**	**48296**	**24. 1**	**3452**	**181. 3**	**海　南**
26703	26703	23853	23853			26703				海口市
12608	12608	18338	18338	4. 3	230	12837	21. 6	3335	181. 3	三亚市
1859	1859	1777	1777			1859				儋州市
672		652	652			672	0. 2	23		五指山市
2312		11124	11092			2312				琼海市
1929	1929	1452	1452			1929				文昌市
844		2654	2654			844		4		万宁市
1140	1140	4206	4206			1140	2. 3	89		东方市
162629	**153053**	**302862**	**301999**	**2. 9**	**388**	**163017**	**33. 1**	**2402**	**124. 4**	**重　庆**
162629	153053	302862	301999	2. 9	388	163017	33. 1	2402	124. 4	重庆市
303350	**295350**	**542711**	**542203**	**102. 6**	**12742**	**316093**	**318. 9**	**81556**	**582. 8**	**四　川**
136197	136197	251630	251491	62. 8	9039	145236	166. 4	46562	160. 2	成都市
2375		17337	17337			2375	4. 5	1	4. 8	简阳市
4477	4477	8084	8084			4477				都江堰市
2461	2461	1780	1780			2461	3. 0	1150	17. 0	彭州市
2187	2187	5316	5316			2187	4. 0	500		邛崃市
1603	1603	2471	2471			1603	1. 2	584	10. 0	崇州市
6788	6788	8432	8432	1. 0	262	7051	5. 2	1856	15. 0	自贡市
4945	1496	8960	8960	25. 4	2788	7733	0. 5	153		攀枝花市

9-2 续表 16

城市名称 Name of Cities	污水排放量（万立方米） Annual Quantity of Wastewater Discharged (10000 cu. m)	排水管道长度（公里） Length of Drainage Pipelines (km)	污水管道 Sewers	雨水管道 Rainwater Drainage Pipeline	雨污合流管道 Combined Drainage Pipeline	建成区 In Built District	污水处理厂 座数（座） Number of Wastewater Treatment Plant (unit)	二级以上 Second Level or Above	处理能力（万立方米/日） Treatment Capacity (10000 cu. m /day)	二级以上 Second Level or Above
泸州市	10480	2048.1	1078.6	967.3	2.2	2048.1	5	5	38.0	38.0
德阳市	9706	1619.5	640.4	964.5	14.5	1619.5	5	5	27.0	27.0
广汉市	3046	565.6	278.5	270.4	16.8	565.6	2	2	15.0	15.0
什邡市	2257	367.1	149.4	215.3	2.3	367.1	1	1	6.0	6.0
绵竹市	1610	495.0	250.0	215.0	30.0	284.0	1	1	5.0	5.0
绵阳市	17666	3164.5	1528.9	1635.6		2890.6	9	9	52.1	52.1
江油市	3935	491.3	245.7	245.7		442.4	2	2	10.0	10.0
广元市	6015	1082.3	617.6	428.7	36.0	1057.9	4	4	16.5	16.5
遂宁市	9179	1469.7	812.6	623.6	33.5	1414.0	6	6	28.0	28.0
射洪市	2976	497.7	235.3	234.5	27.9	497.7	2	2	10.0	10.0
内江市	6481	1415.0	612.9	555.0	247.2	1118.3	8	6	18.9	18.4
隆昌市	1986	266.2	78.7	100.7	86.8	266.2	1	1	6.0	6.0
乐山市	6301	1137.6	436.5	560.6	140.5	1088.5	7	7	22.3	22.3
峨眉山市	3015	410.0	330.0	78.0	2.0	409.0	1	1	8.0	8.0
南充市	13561	1980.0	1018.0	920.0	42.0	1980.0	7	7	52.4	52.4
阆中市	3492	438.0	180.0	153.0	105.0	427.0	2	2	11.0	11.0
眉山市	6555	953.4	336.2	513.2	104.0	953.4	5	4	22.0	19.0
宜宾市	9135	1875.8	863.4	750.5	261.9	1797.8	9	9	38.8	38.8
广安市	4201	844.4	507.5	324.4	12.5	752.1	5	5	14.0	14.0
华蓥市	1211	322.9	170.0	136.4	16.5	109.4	3		5.0	
达州市	5397	1472.9	755.0	515.0	202.9	1321.3	1	1	18.5	18.5
万源市	705	182.1	41.6	57.0	83.6	182.1	1	1	2.5	2.5
雅安市	2912	641.0	288.6	258.5	94.0	641.0	3	3	7.5	7.5
巴中市	4884	940.0	427.0	507.0	6.0	636.0	4	4	19.0	19.0
资阳市	3604	1012.5	456.2	533.8	22.5	1012.5	4	4	11.5	11.5
马尔康市	687	37.6	25.6	12.0		25.6	2	2	2.0	2.0
康定市	325	58.7	37.4	9.1	12.2	58.7	1	1	1.0	1.0
会理市	440	167.8	89.2	43.7	34.9	167.8	1	1	1.0	1.0
西昌市	4614	481.2	125.5	110.0	245.7	481.2	2	2	12.0	12.0
贵　州	**79052**	**16490.7**	**8366.1**	**6844.5**	**1280.1**	**13767.3**	**121**	**121**	**414.7**	**414.7**
贵阳市	33978	4419.8	1900.8	2188.3	330.7	4419.8	42	42	218.3	218.3
清镇市	2333	488.7	220.0	255.6	13.1	482.5	5	5	11.5	11.5
六盘水市	4601	1229.9	593.2	582.3	54.4	1142.2	5	5	18.0	18.0
盘州市	972	575.5	312.4	263.1		528.7	6	6	3.5	3.5
遵义市	11227	2826.5	1782.7	703.4	340.5	1473.2	14	14	54.3	54.3

continued 16

Wastewater Treatment Plant				其他污水处理设施 Other Wastewater Treatment Facilities		污水处理总量(万立方米)	市政再生水 Recycled Water			城市名称
处理量(万立方米) Quantity of Wastewater Treated (10000 cu. m)	二级以上 Second Level or Above	干污泥产生量(吨) Quantity of Dry Sludge Produced (ton)	干污泥处置量(吨) Quantity of Dry Sludge Treated (ton)	处理能力(万立方米/日) Treatment Capacity (10000 cu. m /day)	处理量(万立方米) Quantity of Wastewater Treated (10000 cu. m)	Total Quantity of Wastewater Treated (10000 cu. m)	生产能力(万立方米/日) Recycled Water Production Capacity (10000 cu. m/day)	利用量(万立方米) Annual Quantity of Wastewater Recycled and Reused (10000 cu. m)	管道长度(公里) Length of Pipelines (km)	Name of Cities
10076	10076	14335	14335	0.3	71	10147		2404	1.8	泸州市
9503	9503	7792	7788	1.5	77	9580	6.8	2316	15.7	德阳市
2992	2992	3631	3631			2992	0.6	200		广汉市
2190	2190	10225	10225			2190				什邡市
1548	1548	2879	2879			1548		162		绵竹市
17379	17379	22250	22250			17379	28.5	5596		绵阳市
3814	3814	3935	3935			3814	0.5	18	0.5	江油市
5870	5870	8790	8790			5870	10.1	1365	76.1	广元市
8521	8521	9895	9895	1.6	500	9020	6.5	2329	1.7	遂宁市
2919	2919	4259	4259			2919	1.4	492		射洪市
6288	6223	9108	9108			6288	5.6	1951	5.0	内江市
1964	1964	4252	4252	6.0	5	1970	1.5	482	15.0	隆昌市
6149	6149	11176	11176			6149		986		乐山市
2875	2875	3873	3873			2875	6.3	465		峨眉山市
13409	13409	37207	37207			13409	8.1	2741		南充市
3324	3324	3312	3312			3324	5.8	288		阆中市
6439	5534	11101	11101			6439	19.1	1585		眉山市
8871	8871	14075	14075	2.0		8871	17.5	4008	4.2	宜宾市
4187	4187	7522	7522			4187		192		广安市
1205		1937	1937			1205		180		华蓥市
5140	5140	9796	9796			5140	2.5	1148	233.3	达州市
698	698	585	585			698		141		万源市
2866	2866	18180	17816			2866	1.2	2	0.4	雅安市
4795	4795	5833	5833			4795	9.7	763		巴中市
3533	3533	6411	6411			3533	2.5	887	22.0	资阳市
686	686	850	850	2.0		686				马尔康市
319	319	99	99			319				康定市
368	368	101	101			368				会理市
4387	4387	5292	5292			4387		48		西昌市
78283	**78283**	**133277**	**133277**			**78283**	**37.4**	**4045**	**32.5**	**贵　州**
33706	33706	59605	59605			33706				贵阳市
2313	2313	10116	10116			2313				清镇市
4532	4532	8476	8476			4532	10.0	500	14.5	六盘水市
953	953	307	307			953				盘州市
11195	11195	12920	12920			11195	3.1	844		遵义市

9-2 续表 17

城市名称 Name of Cities	污水排放量（万立方米） Annual Quantity of Wastewater Discharged (10000 cu. m)	排水管道长度（公里） Length of Drainage Pipelines (km)	污水管道 Sewers	雨水管道 Rainwater Drainage Pipeline	雨污合流管道 Combined Drainage Pipeline	建成区 In Built District	污水处理厂 座数（座） Number of Wastewater Treatment Plant (unit)	二级以上 Second Level or Above	处理能力（万立方米/日） Treatment Capacity (10000 cu. m /day)	二级以上 Second Level or Above
赤水市	863	215.4	171.5	20.9	23.0	199.4	1	1	4.0	4.0
仁怀市	2350	989.3	478.2	496.2	15.0	988.7	7	7	9.3	9.3
安顺市	4197	1421.1	659.8	661.7	99.7	1184.9	6	6	17.1	17.1
毕节市	2917	895.8	378.4	504.2	13.2	504.2	5	5	16.5	16.5
黔西市	1362	181.1	99.3	81.8		181.1	3	3	5.5	5.5
铜仁市	3498	599.3	370.3	129.0	100.0	599.3	3	3	12.0	12.0
兴义市	3738	860.3	501.6	358.6		860.3	5	5	14.0	14.0
兴仁市	622	429.4	266.9	162.5		266.9	4	4	2.6	2.6
凯里市	2995	501.9	356.4	140.3	5.3	314.2	6	6	14.2	14.2
都匀市	2672	670.6	165.8	219.7	285.2	436.0	2	2	11.0	11.0
福泉市	728	186.1	109.0	77.1		186.1	7	7	3.0	3.0
云　南	**124544**	**19407.9**	**9619.8**	**8474.4**	**1313.8**	**17097.8**	**76**	**69**	**393.4**	**370.3**
昆明市	68370	5385.5	2415.5	2792.4	177.5	5330.6	23	22	201.1	194.1
安宁市	2060	884.7	335.2	549.5		231.1	2	2	8.0	8.0
曲靖市	6557	1365.6	623.3	558.4	183.9	1213.0	5	5	22.0	22.0
宣威市	1350	400.0	162.9	121.2	115.9	400.0	1	1	6.0	6.0
玉溪市	4438	1269.1	511.6	584.5	172.9	730.8	4	4	17.0	17.0
澄江市	781	174.8	91.6	83.3		174.8	2	2	3.0	3.0
保山市	3468	806.2	416.8	384.4	5.0	806.2	3	3	11.0	11.0
腾冲市	830	342.5	150.2	152.9	39.4	342.5	1		2.5	
昭通市	4956	716.5	332.1	309.9	74.5	715.8	2	2	16.0	16.0
水富市	628	201.6	80.7	120.9		198.2	2	2	2.5	2.5
丽江市	3111	687.8	687.8			687.8	2	2	8.0	8.0
普洱市	2402	660.5	261.6	244.2	154.8	640.5	2	2	7.0	7.0
临沧市	1824	458.3	322.9	93.4	42.0	322.9	2	2	5.5	5.5
禄丰市	702	176.7	78.5	96.0	2.2	176.7	1	1	2.0	2.0
楚雄市	3445	1272.4	626.2	600.5	45.7	1272.4	3	3	16.0	16.0
个旧市	1175	116.0	99.9	9.9	6.2	97.8	1	1	5.0	5.0
开远市	1495	285.2	137.7	131.8	15.8	285.2	1	1	6.0	6.0
蒙自市	2564	674.1	338.4	301.7	34.0	674.1	2	2	7.0	7.0
弥勒市	733	355.0	200.5	149.5	5.0	355.0	1	1	2.5	2.5
文山市	2130	715.1	364.5	338.1	12.5	715.1	2	1	6.5	5.5
景洪市	2694	262.7	123.3	72.1	67.4	262.7	3		9.6	
大理市	5442	1000.3	595.4	383.4	21.5	267.2	5	5	17.9	17.9
瑞丽市	1118	470.0	250.0	205.0	15.0	470.0	2	2	4.0	4.0

continued 17

Wastewater Treatment Plant				其他污水处理设施 Other Wastewater Treatment Facilities		污水处理总量(万立方米)	市政再生水 Recycled Water			城市名称
处理量(万立方米) Quantity of Wastewater Treated (10000 cu. m)	二级以上 Second Level or Above	干污泥产生量(吨) Quantity of Dry Sludge Produced (ton)	干污泥处置量(吨) Quantity of Dry Sludge Treated (ton)	处理能力(万立方米/日) Treatment Capacity (10000 cu. m /day)	处理量(万立方米) Quantity of Wastewater Treated (10000 cu. m)	Total Quantity of Waste-water Treated (10000 cu. m)	生产能力(万立方米/日) Recycled Water Production Capacity (10000 cu. m/day)	利用量(万立方米) Annual Quantity of Wastewater Recycled and Reused (10000 cu. m)	管道长度(公里) Length of Pipelines (km)	Name of Cities
850	850	683	683			850	3.0			赤水市
2304	2304	5892	5892			2304				仁怀市
4147	4147	4488	4488			4147	5.0	164	6.7	安顺市
2863	2863	9374	9374			2863	3.0	12		毕节市
1342	1342	1580	1580			1342				黔西市
3447	3447	6196	6196			3447				铜仁市
3698	3698	3647	3647			3698	8.0	2483	4.0	兴义市
605	605	587	587			605				兴仁市
2962	2962	5793	5793			2962	1.6			凯里市
2645	2645	3273	3273			2645	2.0	3	6.1	都匀市
720	720	342	342			720	1.7	39	1.2	福泉市
121893	**116380**	**171935**	**171921**	**19.2**	**2011**	**123904**	**63.0**	**37163**	**621.4**	**云　南**
66430	65534	69639	69628	17.7	1833	68263	34.1	34633	337.0	昆明市
1987	1987	4180	4180			1987				安宁市
6504	6504	9186	9186			6504				曲靖市
1301	1301	1434	1434			1301	1.0	70	5.0	宣威市
4476	4476	6001	6001	1.0		4476				玉溪市
756	756	1391	1391			756	3.0	286	30.2	澄江市
3468	3468	3391	3391			3468		391		保山市
830		313	313			830				腾冲市
4927	4927	3731	3731			4927				昭通市
617	617	668	666			617				水富市
3060	3060	1811	1811			3060	5.0			丽江市
2402	2402	12647	12647			2402	1.0	15	20.4	普洱市
1824	1824	9213	9213			1824				临沧市
702	702	413	413			702		0	0.9	禄丰市
3445	3445	7578	7578			3445	5.0	900	43.0	楚雄市
1154	1154	1200	1200			1154	1.0	63	43.0	个旧市
1490	1490	2237	2237			1490	6.0	87	22.3	开远市
2511	2511	1393	1393			2511				蒙自市
733	733	670	670			733				弥勒市
1909	1909	2298	2298	0.5	178	2087		14		文山市
2683		4399	4399			2683				景洪市
5295	5295	21726	21726			5295	3.6	483	109.7	大理市
1103	1103	3374	3374			1103	2.0	221	10.0	瑞丽市

9-2 续表 18

城市名称 Name of Cities	污水排放量（万立方米） Annual Quantity of Wastewater Discharged (10000 cu. m)	排水管道长度（公里） Length of Drainage Pipelines (km)	污水管道 Sewers	雨水管道 Rainwater Drainage Pipeline	雨污合流管道 Combined Drainage Pipeline	建成区 In Built District	污水处理厂 座数（座） Number of Wastewater Treatment Plant (unit)	二级以上 Second Level or Above	处理能力（万立方米/日） Treatment Capacity (10000 cu. m /day)	二级以上 Second Level or Above
芒市	1118	310.7	173.3	19.4	118.0	310.7	1		3.0	
泸水市	361	140.5	58.9	77.3	4.3	140.5	1	1	1.3	1.3
香格里拉市	795	276.2	181.3	94.7	0.2	276.2	2	2	3.0	3.0
西　藏	**11752**	**1012.5**	**383.2**	**342.3**	**287.0**	**553.7**	**12**	**5**	**37.0**	**15.0**
拉萨市	6551	493.8	259.9	227.9	6.0	90.9	6	1	20.8	0.5
日喀则市	1690	174.0			174.0	126.6	1	1	6.0	6.0
昌都市	655	53.1	5.0	26.1	22.0	47.2	2		1.7	
林芝市	713	107.0	42.0	65.0		105.0	1	1	2.0	2.0
山南市	943	118.6	29.8	23.3	65.5	117.9	1	1	2.5	2.5
那曲市	1200	66.0	46.5		19.5	66.0	1	1	4.0	4.0
陕　西	**178563**	**16112.6**	**7263.1**	**7754.2**	**1095.2**	**15284.7**	**73**	**63**	**596.3**	**533.1**
西安市	118704	8013.3	3637.8	4104.5	271.0	8013.3	36	36	377.0	377.0
铜川市	2222	545.6	270.9	255.6	19.2	545.6	1	1	9.0	9.0
宝鸡市	8877	1270.2	458.3	605.1	206.9	1232.3	4	4	33.5	33.5
咸阳市	11180	692.5	330.7	253.9	107.9	405.2	5	2	45.0	25.0
彬州市	595	137.5	58.7	63.8	15.0	137.5	1	1	2.0	2.0
兴平市	3586	99.6	32.8	39.7	27.1	99.6	1	1	10.0	10.0
渭南市	5730	568.1	252.5	228.3	87.3	534.4	4	3	25.5	10.5
韩城市	1175	189.5	94.5	79.5	15.5	189.5	2	1	4.4	0.4
华阴市	705	142.3	40.5	34.4	67.4	134.3	1	1	3.5	3.5
延安市	4144	717.8	407.7	288.8	21.4	413.2	3	2	12.7	12.0
子长市	474	84.5	28.5	37.0	19.0	84.5	1	1	1.5	1.5
汉中市	5314	681.1	373.0	302.5	5.6	561.2	3	2	23.4	13.4
榆林市	5268	1432.1	653.6	676.7	101.8	1432.1	4	4	17.0	17.0
神木市	2234	406.8	106.3	282.5	18.0	406.8	1	1	7.0	7.0
安康市	3728	470.9	214.7	208.7	47.6	470.9	3	1	11.3	3.8
旬阳市	447	121.9	40.9	24.5	56.5	105.9	1	1	1.5	1.5
商洛市	2156	278.8	144.9	131.8	2.1	263.5	1		6.0	
杨凌区	2025	260.0	117.0	137.0	6.0	255.0	1	1	6.0	6.0
甘　肃	**50944**	**9214.1**	**4771.7**	**3136.2**	**1306.2**	**8776.7**	**30**	**30**	**199.0**	**199.0**
兰州市	23855	3340.2	1636.8	1605.2	98.1	3340.2	8	8	89.5	89.5
嘉峪关市	1161	752.2	669.6	82.6		624.2	1	1	3.2	3.2
金昌市	1210	133.9	115.4	18.5		133.9	1	1	8.0	8.0
白银市	2200	600.4	293.1	237.6	69.7	593.1	2	2	8.6	8.6
天水市	5279	774.4	375.5	263.9	135.0	663.8	3	3	24.0	24.0

continued 18

Wastewater Treatment Plant				其他污水处理设施 Other Wastewater Treatment Facilities		污水处理总量(万立方米)	市政再生水 Recycled Water			城市名称
处理量(万立方米) Quantity of Wastewater Treated (10000 cu. m)	二级以上 Second Level or Above	干污泥产生量(吨) Quantity of Dry Sludge Produced (ton)	干污泥处置量(吨) Quantity of Dry Sludge Treated (ton)	处理能力(万立方米/日) Treatment Capacity (10000 cu. m /day)	处理量(万立方米) Quantity of Wastewater Treated (10000 cu. m)	Total Quantity of Wastewater Treated (10000 cu. m)	生产能力(万立方米/日) Recycled Water Production Capacity (10000 cu. m/day)	利用量(万立方米) Annual Quantity of Wastewater Recycled and Reused (10000 cu. m)	管道长度(公里) Length of Pipelines (km)	Name of Cities
1104		1907	1907			1104				芒市
347	347	286	286			347	1.3			泸水市
835	835	847	847			835				香格里拉市
11494	**4439**	**17552**	**17552**			**11494**	**0.5**	**23**		**西　藏**
6461	24	5215	5215			6461	0.5	23		拉萨市
1690	1690	2256	2256			1690				日喀则市
618		6570	6570			618				昌都市
692	692	668	668			692				林芝市
910	910	2442	2442			910				山南市
1123	1123	401	401			1123				那曲市
172496	**157245**	**1415706**	**1415515**			**172496**	**106.4**	**48017**	**579.7**	**陕　西**
113817	113817	1184146	1184146			113817		40046	310.1	西安市
2180	2180	7797	7797			2180	9.0	510	35.1	铜川市
8717	8717	41062	41062			8717	32.0	1385	83.0	宝鸡市
11089	7011	65503	65503			11089	8.4	1778	21.6	咸阳市
595	595	2290	2290			595				彬州市
3431	3431	2966	2955			3431	5.0	61	9.0	兴平市
5609	2065	3324	3144			5609	16.5	1553	46.7	渭南市
1138	142	1164	1164			1138	3.0	73	8.0	韩城市
685	685	368	368			685		230		华阴市
4083	3812	17147	17147			4083	4.7	883	22.3	延安市
463	463	5701	5701			463				子长市
5171	3278	24374	24374			5171		140		汉中市
5024	5024	30453	30453			5024	16.8	402	32.4	榆林市
2234	2234	6257	6257			2234				神木市
3668	1347	11730	11730			3668	10.0	416		安康市
438	438	727	727			438				旬阳市
2148		5710	5710			2148	1.0	99	11.4	商洛市
2006	2006	4986	4986			2006		440		杨凌区
50113	**50113**	**153400**	**153099**			**50113**	**87.7**	**11526**	**459.8**	**甘　肃**
23229	23229	77239	77239			23229	13.0	952	15.4	兰州市
1161	1161	2631	2631			1161	3.2	1158	8.6	嘉峪关市
1186	1186	4022	4022			1186	8.0	871	42.7	金昌市
2142	2142	5057	5057			2142	7.5	659	118.6	白银市
5279	5279	17050	17050			5279	18.0	2758	8.9	天水市

9-2 续表 19

城市名称 Name of Cities	污水排放量(万立方米) Annual Quantity of Wastewater Discharged (10000 cu. m)	排水管道长度(公里) Length of Drainage Pipelines (km)	污水管道 Sewers	雨水管道 Rainwater Drainage Pipeline	雨污合流管道 Combined Drainage Pipeline	建成区 In Built District	污水处理厂 座数(座) Number of Wastewater Treatment Plant (unit)	二级以上 Second Level or Above	处理能力(万立方米/日) Treatment Capacity (10000 cu. m /day)	二级以上 Second Level or Above
武威市	2134	234.4	90.2	18.0	126.2	206.4	1	1	9.0	9.0
张掖市	3557	503.0	248.0	97.2	157.8	503.0	1	1	12.0	12.0
平凉市	1628	571.4	425.2	136.2	10.0	562.2	1	1	8.5	8.5
华亭市	663	182.6	118.0	64.6		182.6	1	1	2.8	2.8
酒泉市	2741	430.9	73.1	66.5	291.4	430.3	2	2	10.0	10.0
玉门市	386	188.0	6.9	12.0	169.2	169.2	1	1	2.0	2.0
敦煌市	507	110.8	8.6	5.0	97.2	78.4	1	1	3.0	3.0
庆阳市	1251	298.3	109.2	103.4	85.7	298.3	2	2	4.2	4.2
定西市	717	216.1	119.8	78.4	17.9	185.0	2	2	4.0	4.0
陇南市	1101	347.0	136.0	163.0	48.0	347.0	1	1	3.5	3.5
临夏市	2200	434.0	279.1	155.0		368.9	1	1	5.5	5.5
合作市	355	96.6	67.4	29.2		90.4	1	1	1.2	1.2
青　海	**20508**	**4169.8**	**2112.6**	**1936.1**	**121.2**	**4017.5**	**14**	**13**	**73.9**	**63.9**
西宁市	15572	2170.4	919.6	1244.4	6.4	2169.7	7	7	51.0	51.0
海东市	1805	412.1	191.0	198.1	23.0	355.1	2	2	7.0	7.0
同仁市	273	64.0	27.0	12.0	25.0	60.0	1	1	1.0	1.0
玉树市	760	751.4	579.0	160.4	12.0	751.4	1	1	2.5	2.5
茫崖市	271	30.6	27.1	3.4		30.6	1	1	0.4	0.4
格尔木市	1340	425.9	333.1	92.8		335.4	1		10.0	
德令哈市	487	315.5	35.7	225.0	54.7	315.3	1	1	2.0	2.0
宁　夏	**30837**	**2545.9**	**790.3**	**629.9**	**1125.7**	**2427.7**	**23**	**20**	**139.7**	**127.9**
银川市	19163	941.3	82.1	147.1	712.1	941.3	8	8	90.0	90.0
灵武市	1370	163.2	19.0	53.7	90.5	163.2	2		6.5	
宁东能源化工基地	226	98.7			98.7	98.7	1	1	0.8	0.8
石嘴山市	3482	275.8	144.3	63.5	68.1	163.0	4	4	15.1	15.1
吴忠市	2668	248.9	198.2	44.4	6.4	248.9	3	3	13.0	13.0
青铜峡市	825	214.0	76.0	78.0	60.0	208.7	3	3	5.0	5.0
固原市	1615	455.0	121.9	243.2	89.9	455.0	1		5.3	
中卫市	1489	148.9	148.9			148.9	1	1	4.0	4.0
新　疆	**71388**	**10232.4**	**5571.8**	**1042.3**	**3618.3**	**9585.9**	**43**	**24**	**274.0**	**191.5**
乌鲁木齐市	26861	3840.9	2824.1	1016.8		3840.9	14	8	99.2	84.0

continued 19

Wastewater Treatment Plant				其他污水处理设施 Other Wastewater Treatment Facilities		污水处理总量（万立方米）	市政再生水 Recycled Water			城市名称
处理量（万立方米） Quantity of Wastewater Treated (10000 cu. m)	二级以上 Second Level or Above	干污泥产生量（吨） Quantity of Dry Sludge Produced (ton)	干污泥处置量（吨） Quantity of Dry Sludge Treated (ton)	处理能力（万立方米/日） Treatment Capacity (10000 cu. m /day)	处理量（万立方米） Quantity of Wastewater Treated (10000 cu. m)	Total Quantity of Wastewater Treated (10000 cu. m)	生产能力（万立方米/日） Recycled Water Production Capacity (10000 cu. m/day)	利用量（万立方米） Annual Quantity of Wastewater Recycled and Reused (10000 cu. m)	管道长度（公里） Length of Pipelines (km)	Name of Cities
2110	2110	7262	7262			2110	5.0	1488	91.0	武威市
3557	3557	12986	12686			3557	9.8	1414	23.6	张掖市
1628	1628	5113	5113			1628	8.5	283	26.7	平凉市
663	663	1715	1715			663	1.4	5	3.1	华亭市
2722	2722	4313	4313			2722	7.0	1101	49.3	酒泉市
383	383	1174	1174			383	2.0	174	19.9	玉门市
496	496	790	790			496	0.8	135	8.0	敦煌市
1231	1231	6081	6080			1231	2.0	214	33.6	庆阳市
710	710	1066	1066			710	0.9	220	2.5	定西市
1101	1101	621	621			1101	0.3	62		陇南市
2177	2177	5966	5966			2177				临夏市
338	338	314	314			338	0.3	32	8.0	合作市
19722	**18398**	**38649**	**31632**			**19722**	**19.1**	**4894**	**169.5**	**青 海**
14855	14855	31911	24894			14855	11.1	3540	51.0	西宁市
1794	1794	2762	2762			1794	1.0	500	47.2	海东市
257	257	70	70			257				同仁市
755	755	240	240			755				玉树市
258	258	300	300			258				茫崖市
1324		2309	2309			1324	5.0	602	56.0	格尔木市
478	478	1057	1057			478	2.0	253	15.3	德令哈市
30512	**27527**	**67512**	**66097**			**30512**	**60.3**	**15512**	**455.6**	**宁 夏**
18838	18838	33137	33137			18838	30.5	9507		银川市
1370		2904	2904			1370	3.0	651	20.5	灵武市
226	226	180	180			226	0.8	226	34.7	宁东能源化工基地
3482	3482	7382	5967			3482	11.1	2179	73.2	石嘴山市
2668	2668	6565	6565			2668	8.0	1432	100.0	吴忠市
825	825	1121	1121			825	2.5	236	19.2	青铜峡市
1615		7381	7381			1615	1.5	535		固原市
1489	1489	8842	8842			1489	3.0	744	208.0	中卫市
70305	**48941**	**245236**	**239378**	**4.5**	**1156**	**71461**	**226.4**	**35417**	**1715.8**	**新 疆**
26719	22869	57085	57036			26719	99.2	12135	682.6	乌鲁木齐市

9-2 续表 20

城市名称 Name of Cities	污水排放量（万立方米） Annual Quantity of Wastewater Discharged (10000 cu. m)	排水管道长度（公里） Length of Drainage Pipelines (km)					污水处理厂			
			污水管道 Sewers	雨水管道 Rainwater Drainage Pipeline	雨污合流管道 Combined Drainage Pipeline	建成区 In Built District	座数（座） Number of Wastewater Treatment Plant (unit)	二级以上 Second Level or Above	处理能力（万立方米/日） Treatment Capacity (10000 cu. m /day)	二级以上 Second Level or Above
克拉玛依市	7165	711.1	147.6	16.8	546.7	659.1	5	5	32.6	32.6
吐鲁番市	915	292.5	292.5			292.5	1		4.0	
哈密市	1924	421.9	416.0	0.8	5.1	421.9	1		5.0	
昌吉市	2380	445.0			445.0	290.0	2		11.0	
阜康市	480	262.3			262.3	262.3	1	1	2.0	2.0
博乐市	1714	326.8			326.8	326.8	1	1	5.0	5.0
阿拉山口市	136	72.0	72.0			72.0	1		0.8	
库尔勒市	6115	628.7	628.7			622.3	4		26.0	
阿克苏市	4200	415.0			415.0	415.0	1	1	18.0	18.0
库车市	1527	201.0		1.5	199.5	201.0	1		5.0	
阿图什市	557	90.8			90.8	90.8	1	1	2.0	2.0
喀什市	5071	388.0		2.0	386.0	386.0	2	2	22.4	22.4
和田市	2591	292.6	288.2	4.5		292.6	1		8.0	
伊宁市	4681	790.7			790.7	790.7	1	1	13.0	13.0
奎屯市	764	150.4			150.4	150.4	1	1	4.0	4.0
霍尔果斯市	349	120.0	120.0			120.0	1	1	2.5	2.5
塔城市	862	243.2	243.2			23.2	1	1	3.0	3.0
乌苏市	1450	185.5	185.5			185.5	1		4.5	
沙湾市	580	141.4	141.4			125.0	1	1	3.0	3.0
阿勒泰市	1067	212.6	212.6			18.0	1		3.0	
新疆兵团	**12533**	**1832.4**	**1168.8**	**175.7**	**487.9**	**1821.0**	**13**	**5**	**56.1**	**4.1**
石河子市	6443	310.0			310.0	310.0	2		30.0	
阿拉尔市	950	78.0	78.0			78.0	1		4.0	
图木舒克市	718	233.0	233.0			233.0	1		2.0	
五家渠市	1013	82.0			82.0	82.0	1		3.0	
北屯市	1179	189.5	189.5			189.5	1		5.5	
铁门关市	550	51.6	51.6			51.6	1	1	2.0	2.0
双河市	496	540.9	300.0	145.0	95.9	540.9	1		1.5	
可克达拉市	585	183.4	152.7	30.7		172.0	1		6.0	
昆玉市	255	84.0	84.0			84.0	1	1	0.7	0.7
胡杨河市	198	28.0	28.0			28.0	1	1	0.8	0.8
新星市	146	52.0	52.0			52.0	2	2	0.6	0.6

continued 20

Wastewater Treatment Plant				其他污水处理设施 Other Wastewater Treatment Facilities		污水处理总量（万立方米）	市政再生水 Recycled Water			城市名称
处理量（万立方米） Quantity of Wastewater Treated (10000 cu. m)	二级以上 Second Level or Above	干污泥产生量（吨） Quantity of Dry Sludge Produced (ton)	干污泥处置量（吨） Quantity of Dry Sludge Treated (ton)	处理能力（万立方米/日） Treatment Capacity (10000 cu. m /day)	处理量（万立方米） Quantity of Wastewater Treated (10000 cu. m)	Total Quantity of Wastewater Treated (10000 cu. m)	生产能力（万立方米/日） Recycled Water Production Capacity (10000 cu. m/day)	利用量（万立方米） Annual Quantity of Wastewater Recycled and Reused (10000 cu. m)	管道长度（公里） Length of Pipelines (km)	Name of Cities
7107	7107	8025	8025			7107	32. 6	3642	78. 4	克拉玛依市
915		4352	4352			915	2. 0	546	41. 5	吐鲁番市
1924		18732	18732			1924	5. 0	972	6. 2	哈密市
2380		9179	9108			2380	11. 0	1375	39. 0	昌吉市
480	480	2995	2995			480	2. 0	478	16. 0	阜康市
1681	1681	1437	1437			1681	5. 0	1345	62. 6	博乐市
136		273	273			136	0. 8	96	3. 6	阿拉山口市
6111		29953	29953			6111	10. 1	3145	129. 6	库尔勒市
4200	4200	13505	13505			4200	18. 0	3372	70. 7	阿克苏市
1498		8304	8304			1498	4. 2	712	59. 0	库车市
526	526	632	632			526	2. 0	55	15. 0	阿图什市
5071	5071	3118	3118			5071	10. 9	4097	350. 0	喀什市
2591		16425	16425			2591	8. 0	513	25. 2	和田市
4518	4518	57721	57721			4518	4. 2	613	20. 5	伊宁市
726	726	919	919			726	2. 0	443	17. 3	奎屯市
349	349	1616	1616			349	0. 4	139	46. 0	霍尔果斯市
862	862	807	807			862	3. 0	505	5. 7	塔城市
891		5737		4. 5	1156	2047	3. 0	294	12. 8	乌苏市
552	552	2758	2758			552	3. 0	166	12. 0	沙湾市
1067		1664	1664			1067		774	22. 0	阿勒泰市
12522	**1143**	**38188**	**37095**			**12522**	**43. 0**	**8016**	**105. 5**	**新疆兵团**
6443		15700	15700			6443	30. 0	6443	40. 0	石河子市
950		741	741			950	4. 0	440	7. 8	阿拉尔市
718		1092				718	2. 0	660	10. 9	图木舒克市
1013		1340	1340			1013				五家渠市
1179		7950	7950			1179	5. 5	260	30. 0	北屯市
550	550	20	20			550				铁门关市
490		1226	1226			490				双河市
585		4531	4531			585				可克达拉市
255	255	5000	5000			255	0. 7	208	9. 8	昆玉市
198	198	584	584			198	0. 8	5	7. 0	胡杨河市
141	141	5	4			141				新星市

十、城市市容环境卫生

Urban Environmental Sanitation

简要说明

城市绿地指以自然植被和人工植被为主要存在形态的城市用地。它包含两个层次的内容：一是城市建设用地范围内用于绿化的土地；二是城市建设用地之外，对城市生态、景观和居民休闲生活具有积极作用、绿化环境较好的区域。

本部分主要反映城市的园林绿化情况，如绿化覆盖面积、园林绿地面积、公园面积等。

从 2006 年起，根据最新的《城市绿地分类标准》，不再统计公共绿地面积指标，改为公园绿地面积，比原公共绿地面积范围略大。

Brief Introduction

Urban green land refers to urban useable land covered by natural or planted vegetation. It has two implications: one refers to urban construction land specifically designated for landscaping, the other refers to green areas, which are non-construction land and play an active role in protecting urban ecology, and landscape and provide comfortable environment for the people.

This section includes main indicators such as green coverage area, area of green space, and area of park, etc.

Since 2006, according to the latest *Standard on Category of Urban Green Space*, area of public recreational green space instead of area of public green space is included in statistics.

10 全国历年城市市容环境卫生情况(1979—2023)

National Urban Environmental Sanitation in Past Years(1979—2023)

年份 Year	生活垃圾 Domestic Garbage 清运量(万吨) Quantity of Collected and Transported (10000 ton)	无害化处理场(厂)座数(座) Number of Harmless Treatment Plants/Grounds (unit)	无害化处理能力(吨/日) Harmless Treatment Capacity (ton/day)	无害化处理量(万吨) Quantity of Harmlessly Treated (10000 ton)	粪便清运量(万吨) Volume of Soil Collected and Transported (10000 ton)	公共厕所数量(座) Number of Latrine (unit)	市容环卫专用车辆设备总数(辆) Number of Vehicles and Equipment Designated for Municipal Environmental Sanitation (unit)	每万人拥有公厕(座) Number of Latrine per 10000 Population (unit)
1979	2508	12	1937		2156	54180	5316	
1980	3132	17	2107	215	1643	61927	6792	
1981	2606	30	3260	162	1547	54280	7917	3.77
1982	3125	27	2847	190	1689	56929	9570	3.99
1983	3452	28	3247	243	1641	62904	10836	3.95
1984	3757	24	1578	188	1538	64178	11633	3.57
1985	4477	14	2071	232	1748	68631	13103	3.28
1986	5009	23	2396	70	2710	82746	19832	3.61
1987	5398	23	2426	54	2422	88949	21418	3.54
1988	5751	29	3254	75	2353	92823	22793	3.14
1989	6292	37	4378	111	2603	96536	25076	3.09
1990	6767	66	7010	212	2385	96677	25658	2.97
1991	7636	169	29731	1239	2764	99972	27854	3.38
1992	8262	371	71502	2829	3002	95136	30026	3.09
1993	8791	499	124508	3945	3168	97653	32835	2.89
1994	9952	609	130832	4782	3395	96234	34398	2.69
1995	10671	932	183732	6014	3066	113461	39218	3.00
1996	10825	574	155826	5568	2931	109570	40256	3.02
1997	10982	635	180081	6292	2845	108812	41538	2.95
1998	11302	655	201281	6783	2915	107947	42975	2.89
1999	11415	696	237393	7232	2844	107064	44238	2.85
2000	11819	660	210175	7255	2829	106471	44846	2.74
2001	13470	741	224736	7840	2990	107656	50467	3.01
2002	13650	651	215511	7404	3160	110836	52752	3.15
2003	14857	575	219607	7545	3475	107949	56068	3.18
2004	15509	559	238519	8089	3576	109629	60238	3.21
2005	15577	471	256312	8051	3805	114917	64205	3.20
2006	14841	419	258048	7873	2131	107331	66020	2.88(3.22)
2007	15215	458	279309	9438	2506	112604	71609	3.04
2008	15438	509	315153	10307	2331	115306	76400	3.12
2009	15734	567	356130	11220	2141	118525	83756	3.15
2010	15805	628	387607	12318	1951	119327	90414	3.02
2011	16395	677	409119	13090	1963	120459	100340	2.95
2012	17081	701	446268	14490	1812	121941	112157	2.89
2013	17239	765	492300	15394	1682	122541	126552	2.83
2014	17860	818	533455	16394	1552	124410	141431	2.79
2015	19142	890	576894	18013	1437	126344	165725	2.75
2016	20362	940	621351	19674	1299	129818	193942	2.72
2017	21521	1013	679889	21034		136084	228019	2.77
2018	22802	1091	766195	22565		147466	252484	2.88
2019	24206	1183	869875	24013		153426	281558	2.93
2020	23512	1287	963460	23452		165186	306422	3.07
2021	24869	1407	1057064	24839		184063	327512	3.29
2022	24445	1399	1109435	24419		193654	341628	3.43
2023	25408	1423	1144391	25402		201506	362406	3.55

注：1. 1980年至1995年生活垃圾无害化处理量为生活垃圾与粪便的合计量。

2. 自2006年起，生活垃圾填埋场的统计采用新的认定标准，生活垃圾无害化处理数据与往年不可比。

Notes: 1. Quantity of garbage disposed harmlessly from 1980 to 1995 consists of quantity of garbage and soil.

2. Since 2006, treatment of domestic garbage through sanitary landfill has adopted new certification standard, so the data of harmless treatmented garbage are not compared with the past years.

10-1 2023年按省分列的城市市容环境卫生

地区名称 Name of Regions	道路清扫保洁面积（万平方米） Surface Area of Roads Cleaned and Maintained (10000 sq. m)	机械化 Mechanization	生活垃圾 清运量（万吨） Collected and Transported (10000 ton)	处理量（万吨） Volume of Treated (10000 ton)	无害化处理厂（场）数（座） Number of Harmless Treatment Plants/Grounds (unit)	卫生填埋 Sanitary Landfill	焚烧 Incineration	其他 other	无害化处理能力（吨/日） Harmless Treatment Capacity (ton/day)	卫生填埋 Sanitary Landfill
全　国	**1126853**	**921436**	**25407.76**	**25402.33**	**1423**	**366**	**696**	**361**	**1144391**	**173880**
北　京	17804	12531	758.85	758.85	33	4	12	17	28426	1691
天　津	15288	13990	301.92	301.92	22		13	9	20200	
河　北	44177	39536	784.40	784.40	40		34	6	36083	
山　西	26415	21769	518.54	518.54	29	11	16	2	22507	3807
内蒙古	26162	22134	356.03	356.02	32	23	8	1	15454	7654
辽　宁	49646	29929	1033.48	1029.33	47	18	22	7	38656	11166
吉　林	20281	16357	452.58	452.58	44	22	19	3	26070	8940
黑龙江	27972	22421	523.77	523.77	45	24	17	4	25301	7073
上　海	19903	19903	974.81	974.81	27	1	13	13	42536	5000
江　苏	77752	73537	2081.73	2081.73	84	10	46	28	87472	6285
浙　江	64728	54561	1467.75	1467.75	82	1	50	31	81452	144
安　徽	53759	48330	771.94	771.94	55	3	30	22	35993	1270
福　建	27092	21709	878.89	878.89	38	4	23	11	32895	2250
江　西	30761	28921	553.34	553.34	30		20	10	23791	
山　东	83217	73523	1804.47	1804.47	108	21	63	24	79348	10228
河　南	57933	50912	1121.15	1121.14	48	10	34	4	49867	4002
湖　北	52729	43135	1085.82	1085.82	69	19	35	15	47636	8044
湖　南	41552	36116	904.16	904.00	50	25	17	8	40448	15532
广　东	125409	85559	3389.48	3388.81	181	27	79	75	180294	30628
广　西	31510	21216	615.27	615.27	43	18	18	7	31919	8219
海　南	9171	7303	317.36	317.36	10		8	2	12250	
重　庆	28252	21157	643.26	643.26	36	13	16	7	29062	5282
四　川	62089	46210	1322.33	1322.33	52	14	27	11	49754	10300
贵　州	21684	20986	461.88	461.88	42	5	22	15	20864	1325
云　南	20828	17944	544.85	544.85	36	15	17	4	21273	4537
西　藏	5105	2477	70.87	70.78	8	7	1		2422	1778
陕　西	26169	23252	715.87	715.87	41	15	11	15	23529	4623
甘　肃	15474	13255	282.93	282.93	33	17	10	6	12552	3902
青　海	5358	2744	115.04	114.77	8	7	1		4515	1515
宁　夏	11818	10059	122.77	122.77	11	4	5	2	5783	1423
新　疆	22112	16648	392.78	392.78	29	19	8	2	14599	5821
新疆兵团	4703	3312	39.39	39.35	10	9	1		1441	1441

Urban Environmental Sanitation by Province(2023)

Domestic Garbage						公共厕所数(座) Number of Latrines (unit)	三类以上 Grade Ⅲ and Above	市容环卫专用车辆设备总数(辆) Number of Vehicles and Equipment Designated for Municipal Environmental Sanitation (unit)	地区名称 Name of Regions
焚烧 Incineration	其他 other	无害化处理量(万吨) Volume of Harmlessly Treated (10000 ton)	卫生填埋 Sanitary Landfill	焚烧 Incineration	其他 other				
861777	**108734**	**25401.74**	**1892.56**	**20954.45**	**2554.74**	**201506**	**173362**	**362406**	**全　国**
19090	7645	758.85	30.77	545.09	182.99	7122	7122	12291	北　京
18200	2000	301.92		265.96	35.97	5060	4859	5456	天　津
34481	1602	784.40		730.85	53.55	8899	8587	14516	河　北
18100	600	518.54	45.62	458.74	14.18	4635	3395	7642	山　西
7700	100	356.02	152.52	198.86	4.64	6775	5149	7022	内蒙古
25670	1820	1029.33	184.10	783.63	61.60	5856	4244	14232	辽　宁
16450	680	452.58	57.52	384.72	10.34	4997	3834	9209	吉　林
17228	1000	523.77	147.23	360.46	16.08	5945	3941	11409	黑龙江
23000	14536	974.81		586.85	387.95	7381	2362	10282	上　海
68811	12376	2081.73	1.69	1783.31	296.74	14596	13622	26042	江　苏
72550	8758	1467.75		1245.98	221.77	9227	8227	14810	浙　江
30720	4003	771.94		689.51	82.42	7102	6959	12511	安　徽
27435	3210	878.89	12.36	786.16	80.37	7451	6314	9502	福　建
22450	1341	553.34		520.83	32.52	6626	6626	13091	江　西
63520	5600	1804.47	6.50	1666.20	131.78	10367	9653	22715	山　东
44760	1105	1121.14	58.73	1054.29	8.12	12852	12443	19799	河　南
35956	3636	1085.82	78.06	921.15	86.61	8613	6787	15302	湖　北
21625	3291	904.00	150.49	698.56	54.96	5653	4285	8839	湖　南
132382	17283	3388.81	210.91	2770.77	407.13	13827	13240	35643	广　东
21150	2550	615.27	51.69	521.97	41.62	3658	1944	14460	广　西
11150	1100	317.36		299.07	18.30	1487	1478	15962	海　南
19600	4180	643.26	18.18	503.92	121.16	4831	4199	5003	重　庆
37534	1920	1321.75	93.86	1173.14	54.75	9998	8768	16148	四　川
17500	2039	461.88	11.29	414.46	36.14	5529	4746	6236	贵　州
15011	1725	544.85	85.50	444.36	14.99	7209	7053	6496	云　南
644		70.78	47.29	23.50		938	103	1624	西　藏
15950	2956	715.87	142.11	518.77	54.98	6990	6776	7170	陕　西
7650	1000	282.93	70.79	188.92	23.21	3225	2825	6245	甘　肃
3000		114.77	28.85	85.92		839	722	1693	青　海
3760	600	122.77	9.79	101.58	11.40	1011	925	2738	宁　夏
8700	78	392.78	160.63	223.66	8.49	2436	2046	7368	新　疆
0		39.35	36.09	3.26		371	128	950	新疆兵团

10-2 2023年按城市分列的城市市容环境卫生

城市名称	道路清扫保洁面积（万平方米）	机械化	生活垃圾							
			清运量（万吨）	处理量（万吨）	无害化处理场（厂）数（座）	卫生填埋	焚烧	其他	无害化处理能力（吨/日）	卫生填埋
Name of Cities	Surface Area of Roads Cleaned and Maintained (10000 sq. m)	Mechanization	Collected and Transported (10000 ton)	Volume of Treated (10000 ton)	Number of Harmless Treatment Plants/ Grounds (unit)	Sanitary Landfill	Incineration	other	Harmless Treatment Capacity (ton/ day)	Sanitary Landfill
全　国	**1126853**	**921436**	**25407.76**	**25402.33**	**1423**	**366**	**696**	**361**	**1144391**	**173880**
北　京	**17804**	**12531**	**758.85**	**758.85**	**33**	**4**	**12**	**17**	**28426**	**1691**
天　津	**15288**	**13990**	**301.92**	**301.92**	**22**		**13**	**9**	**20200**	
河　北	**44177**	**39536**	**784.40**	**784.40**	**40**		**34**	**6**	**36083**	
石家庄市	9753	8431	157.53	157.53	5		2	3	2952	
晋州市	335	311	4.13	4.13	1		1		600	
新乐市	394	393	4.11	4.11						
唐山市	4163	3917	85.01	85.01	4		3	1	4350	
滦州市	406	366	8.42	8.42	1		1		500	
遵化市	454	404	6.82	6.82	1		1		600	
迁安市	457	420	10.51	10.51	1		1		600	
秦皇岛市	2481	2132	48.17	48.17	3		2	1	2600	
邯郸市	4567	3875	68.15	68.15	3		2	1	2750	
武安市	337	337	7.50	7.50	1		1		900	
邢台市	2590	2207	34.04	34.04						
南宫市	307	306	4.29	4.29						
沙河市	390	351	4.88	4.88	1		1		1000	
保定市	3265	2547	58.52	58.52	2		2		3200	
涿州市	518	493	12.37	12.37						
安国市	243	221	5.02	5.02	2		2		231	
高碑店市	434	415	6.14	6.14						
张家口市	1760	1741	42.73	42.73	1		1		1800	
承德市	1056	995	25.18	25.18	1		1		1000	
平泉市	135	128	7.60	7.60						
沧州市	1493	1492	34.30	34.30	1		1		1600	
泊头市	316	315	7.13	7.13						
任丘市	734	733	12.18	12.18	1		1		1000	
黄骅市	912	911	11.02	11.02	1		1		600	
河间市	282	281	5.43	5.43	1		1		1000	
廊坊市	1917	1737	41.91	41.91	1		1		1500	
霸州市	314	312	6.07	6.07	1		1		1200	
三河市	490	405	9.17	9.17	1		1		2000	
衡水市	1624	1505	28.79	28.79	2		2		1500	
深州市	404	400	5.59	5.59	1		1		800	
辛集市	755	709	8.52	8.52	1		1		600	

Urban Environmental Sanitation by City(2023)

焚烧 Incinera-tion	其他 other	Domestic Garbage 无害化处理量(万吨) Volume of Harm-lessly Treated (10000 ton)	卫生填埋 Sanitary Landfill	焚烧 Incinera-tion	其他 other	公共厕所数(座) Number of Latrines (unit)	三类以上 Grade Ⅲ and Above	市容环卫专用车辆设备总数(辆) Number of Vehicles and Equipment Designated for Municipal Environmental Sanitation (unit)	城市名称 Name of Cities
861777	**108734**	**25401.74**	**1892.56**	**20954.45**	**2554.74**	**201506**	**173362**	**362406**	**全　国**
19090	**7645**	**758.85**	**30.77**	**545.09**	**182.99**	**7122**	**7122**	**12291**	**北　京**
18200	**2000**	**301.92**		**265.96**	**35.97**	**5060**	**4859**	**5456**	**天　津**
34481	**1602**	**784.40**		**730.85**	**53.55**	**8899**	**8587**	**14516**	**河　北**
2550	402	157.53		133.52	24.01	1144	1139	2249	石家庄市
600		4.13		4.13		60	60	122	晋州市
		4.11		4.11		60	60	116	新乐市
3850	500	85.01		72.45	12.57	890	884	1204	唐山市
500		8.42		8.42		134	134	108	滦州市
600		6.82		6.82		107	107	100	遵化市
600		10.51		10.51		127	127	47	迁安市
2400	200	48.17		45.79	2.38	609	609	639	秦皇岛市
2250	500	68.15		59.71	8.45	604	604	1653	邯郸市
900		7.50		7.50		166	166	205	武安市
		34.04		34.04		599	599	438	邢台市
		4.29		4.29		66	66	91	南宫市
1000		4.88		4.88		73		144	沙河市
3200		58.52		58.52		475	451	1650	保定市
		12.37		12.37		171	171	148	涿州市
231		5.02		5.02		64	64	45	安国市
		6.14			6.14	94	94	100	高碑店市
1800		42.73		42.73		576	471	1136	张家口市
1000		25.18		25.18		369	369	502	承德市
		7.60		7.60		75	75	30	平泉市
1600		34.30		34.30		552	552	492	沧州市
		7.13		7.13		111	111	111	泊头市
1000		12.18		12.18		210	210	180	任丘市
600		11.02		11.02		264	221	367	黄骅市
1000		5.43		5.43		89	89	81	河间市
1500		41.91		41.91		326	326	928	廊坊市
1200		6.07		6.07		77	77	77	霸州市
2000		9.17		9.17		106	106	256	三河市
1500		28.79		28.79		279	260	753	衡水市
800		5.59		5.59		85	85	79	深州市
600		8.52		8.52		145	145	135	辛集市

10-2 续表 1

城市名称 Name of Cities	道路清扫保洁面积（万平方米） Surface Area of Roads Cleaned and Maintained （10000 sq. m）	机械化 Mechanization	生活垃圾 清运量（万吨） Collected and Transported （10000 ton）	处理量（万吨） Volume of Treated （10000 ton）	无害化处理场（厂）数（座） Number of Harmless Treatment Plants/Grounds （unit）	卫生填埋 Sanitary Landfill	焚烧 Incineration	其他 other	无害化处理能力（吨/日） Harmless Treatment Capacity （ton/day）	卫生填埋 Sanitary Landfill
定州市	892	746	13.15	13.15	2		2		1200	
山　西	**26415**	**21769**	**518.54**	**518.54**	**29**	**11**	**16**	**2**	**22507**	**3807**
太原市	7050	6359	148.24	148.24	3		2	1	5300	
古交市	118	95	8.62	8.62	1	1			250	250
大同市	3692	3179	53.19	53.19	2		1	1	1800	
阳泉市	449	383	23.45	23.45	1		1		1100	
长治市	2676	2044	31.92	31.92	1		1		1000	
晋城市	1005	820	16.59	16.59						
高平市	322	306	5.80	5.80	2	1	1		1100	300
朔州市	1107	951	19.95	19.95	3	2	1		1541	741
怀仁市	689	190	17.93	17.93	1		1		1000	
晋中市	2484	2038	34.57	34.57	2	1	1		1474	274
介休市	352	303	12.32	12.32	1		1		500	
运城市	1103	760	17.74	17.74	2	1	1		2000	800
永济市	385	308	6.90	6.90	1		1		600	
河津市	380	286	14.49	14.49	1	1			32	32
忻州市	1094	920	12.82	12.82	1		1		1000	
原平市	302	257	8.84	8.84						
临汾市	728	586	24.88	24.88	2	1	1		1400	600
侯马市	369	258	8.32	8.32	1	1			380	380
霍州市	237	170	6.21	6.21	1	1			200	200
吕梁市	486	441	26.13	26.13	2	1	1		1330	230
孝义市	875	787	13.59	13.59						
汾阳市	512	328	6.03	6.03	1		1		500	
内蒙古	**26162**	**22134**	**356.03**	**356.02**	**32**	**23**	**8**	**1**	**15454**	**7654**
呼和浩特市	5190	4437	78.18	78.18	2		2		2750	
包头市	4485	3858	70.88	70.88	5	3	1	1	2920	1470
乌海市	1957	1463	22.72	22.72	3	2	1		1700	700
赤峰市	2273	1939	35.63	35.63	3	2	1		1600	800
通辽市	1589	1430	22.30	22.30	1	1			840	840
霍林郭勒市	450		9.03	9.03	1	1			270	270
鄂尔多斯市	2701	2493	18.41	18.41	1	1			640	640
呼伦贝尔市	141	118	13.18	13.18	2	2			495	495
满洲里市	842	678	5.98	5.98	2	1	1		580	180
牙克石市	436	290	7.89	7.89	1	1			216	216

continued 1

Domestic Garbage						公共厕所数(座) Number of Latrines (unit)		市容环卫专用车辆设备总数(辆) Number of Vehicles and Equipment Designated for Municipal Environmental Sanitation (unit)	城市名称 Name of Cities
焚烧 Incineration	其他 other	无害化处理量(万吨) Volume of Harmlessly Treated (10000 ton)	卫生填埋 Sanitary Landfill	焚烧 Incineration	其他 other		三类以上 Grade Ⅲ and Above		
1200		13.15		13.15		192	155	330	定州市
18100	**600**	**518.54**	**45.62**	**458.74**	**14.18**	**4635**	**3395**	**7642**	**山　西**
4800	500	148.24		137.64	10.60	1351	1351	2496	太原市
		8.62	8.62			26	19	65	古交市
1700	100	53.19		49.62	3.58	810		1090	大同市
1100		23.45		23.45		271	271	630	阳泉市
1000		31.92		31.92		152	152	656	长治市
		16.59		16.59		241	241	274	晋城市
800		5.80	3.21	2.59		46	46	64	高平市
800		19.95	7.75	12.20		88	60	113	朔州市
1000		17.93		17.93		25	25	51	怀仁市
1200		34.57	10.01	24.56		529	203	360	晋中市
500		12.32		12.32		96	96	193	介休市
1200		17.74	1.45	16.29		330	330	187	运城市
600		6.90		6.90		31	31	56	永济市
		14.49		14.49		16	12	145	河津市
1000		12.82		12.82		182	135	201	忻州市
		8.84		8.84		37	36	144	原平市
800		24.88		24.88		101	101	252	临汾市
		8.32	8.32			35	18	70	侯马市
		6.21	6.21			45	45	67	霍州市
1100		26.13	0.06	26.08		109	109	197	吕梁市
		13.59		13.59		65	65	191	孝义市
500		6.03		6.03		49	49	140	汾阳市
7700	**100**	**356.02**	**152.52**	**198.86**	**4.64**	**6775**	**5149**	**7022**	**内蒙古**
2750		78.18		78.18		2444	2444	1922	呼和浩特市
1350	100	70.88	28.04	38.20	4.64	1139	653	820	包头市
1000		22.72	19.52	3.20		305	96	385	乌海市
800		35.63	0.01	35.63		475	331	912	赤峰市
		22.30	22.30			204	204	260	通辽市
		9.03	9.03			31		83	霍林郭勒市
		18.41	18.41			500	500	265	鄂尔多斯市
		13.18	13.18			253		36	呼伦贝尔市
400		5.98		5.98		125	11	120	满洲里市
		7.89	7.89			39	21	72	牙克石市

10-2 续表 2

城市名称 Name of Cities	道路清扫保洁面积（万平方米） Surface Area of Roads Cleaned and Maintained (10000 sq. m)	机械化 Mechanization	生活垃圾 清运量（万吨） Collected and Transported (10000 ton)	处理量（万吨） Volume of Treated (10000 ton)	无害化处理场（厂）数（座） Number of Harmless Treatment Plants/ Grounds (unit)	卫生填埋 Sanitary Landfill	焚烧 Incineration	其他 other	无害化处理能力（吨/日） Harmless Treatment Capacity (ton/ day)	卫生填埋 Sanitary Landfill
扎兰屯市	418	297	5.95	5.95	1	1			320	320
额尔古纳市	120	80	5.48	5.48	1	1			150	150
根河市	93	62	2.81	2.79	1	1			83	83
巴彦淖尔市	1462	1431	12.78	12.78	1	1			76	76
乌兰察布市	1647	1626	11.38	11.38	1		1		800	
丰镇市	495	384	3.76	3.76	1	1			220	220
锡林浩特市	740	605	11.82	11.82	1	1			324	324
二连浩特市	280	238	2.44	2.44	1	1			300	300
乌兰浩特市	754	620	13.51	13.51	2	1	1		970	370
阿尔山市	90	85	1.91	1.91	1	1			200	200
辽　宁	**49646**	**29929**	**1033.48**	**1029.33**	**47**	**18**	**22**	**7**	**38656**	**11166**
沈阳市	14599	7777	278.66	278.66	6	1	3	2	8720	500
新民市	270	268	7.10	7.10	1	1			300	300
大连市	7368	4201	199.48	199.48	7	1	4	2	8900	3250
庄河市	484	265	13.39	13.39	2		1	1	700	
瓦房店市	903	677	20.04	20.04	2	2			700	700
鞍山市	3235	1870	54.07	54.07						
海城市	603	478	14.74	14.74	2	1	1		1503	703
抚顺市	1492	635	36.46	36.46	1		1		1200	
本溪市	1171	727	24.39	24.39	1	1			900	900
丹东市	893	711	28.91	28.91	2	1	1		1850	850
东港市	455	314	10.94	10.94	2	1	1		950	450
凤城市	230	196	15.70	15.70	2	1	1		829	329
锦州市	1740	797	29.22	29.22	2	1	1		1040	540
凌海市	282	176	8.03	8.03	1	1			220	220
北镇市	318	232	8.15	8.15	1		1		800	
营口市	2801	1708	38.54	38.54	2		1	1	2100	
盖州市	340	176	9.81	9.81						
大石桥市	510	276	13.27	13.27	1	1			194	194
阜新市	1059	597	19.68	19.68	1		1		800	
辽阳市	1325	1073	29.83	29.83	2		1	1	1300	
灯塔市	504	260	3.98	3.98						
盘锦市	2301	1474	36.88	36.88	1		1		1500	
铁岭市	1031	652	17.62	17.62	2		2		1320	
调兵山市	265	122	4.45	4.45						

continued 2

Domestic Garbage						公共厕所数(座)		市容环卫专用车辆设备总数(辆)	城市名称
焚烧 Incineration	其他 other	无害化处理量(万吨) Volume of Harmlessly Treated (10000 ton)	卫生填埋 Sanitary Landfill	焚烧 Incineration	其他 other	Number of Latrines (unit)	三类以上 Grade Ⅲ and Above	Number of Vehicles and Equipment Designated for Municipal Environmental Sanitation (unit)	Name of Cities
		5. 95	5. 95			135	15	107	扎兰屯市
		5. 48	5. 48			34	31	56	额尔古纳市
		2. 79	2. 79			24	11	23	根河市
		12. 78		12. 78		322	310	742	巴彦淖尔市
800		11. 38		11. 38		248	132	244	乌兰察布市
		3. 76	3. 76			141	38	80	丰镇市
		11. 82	11. 82			169	169	190	锡林浩特市
		2. 44	2. 44			76	76	74	二连浩特市
600		13. 51		13. 51		100	100	590	乌兰浩特市
		1. 91	1. 91			11	7	41	阿尔山市
25670	**1820**	**1029. 33**	**184. 10**	**783. 63**	**61. 60**	**5856**	**4244**	**14232**	**辽　宁**
7500	720	278. 66		252. 87	25. 79	1239	1239	5680	沈阳市
		7. 10	7. 10			71		148	新民市
5350	300	199. 48		191. 97	7. 51	1005	1002	1586	大连市
600	100	13. 39		11. 48	1. 91	150		114	庄河市
		20. 04	20. 04			88	48	182	瓦房店市
		54. 07		54. 07		176	164	385	鞍山市
800		14. 74		14. 74		82	82	235	海城市
1200		36. 46		36. 46		121	110	408	抚顺市
		24. 39	24. 39			500	95	302	本溪市
1000		28. 91		28. 91		168	146	390	丹东市
500		10. 94	1. 44	9. 50		38	8	132	东港市
500		15. 70	3. 47	12. 23		70	14	114	凤城市
500		29. 22	6. 78	22. 43		196	196	427	锦州市
		8. 03	8. 03			89		160	凌海市
800		8. 15		8. 15		54	46	83	北镇市
1500	600	38. 54		14. 74	23. 80	202	187	840	营口市
		9. 81	9. 81			158	158	57	盖州市
		13. 27	2. 35	10. 93		70	25	154	大石桥市
800		19. 68		19. 68		167	167	369	阜新市
1200	100	29. 83		27. 25	2. 59	339	34	214	辽阳市
		3. 98		3. 98		18		111	灯塔市
1500		36. 88		36. 88		169	139	361	盘锦市
1320		17. 62		17. 62		153	69	179	铁岭市
		4. 45		4. 45		11	6	47	调兵山市

10-2 续表 3

城市名称 Name of Cities	道路清扫保洁面积（万平方米）Surface Area of Roads Cleaned and Maintained (10000 sq. m)	机械化 Mechanization	生活垃圾 清运量（万吨）Collected and Transported (10000 ton)	处理量（万吨）Volume of Treated (10000 ton)	无害化处理场（厂）数（座）Number of Harmless Treatment Plants/Grounds (unit)	卫生填埋 Sanitary Landfill	焚烧 Incineration	其他 other	无害化处理能力（吨/日）Harmless Treatment Capacity (ton/day)	卫生填埋 Sanitary Landfill
开原市	540	459	6. 49	6. 49	1	1			210	210
朝阳市	1435	1316	25. 17	25. 17	2	1	1		1220	620
北票市	580	490	10. 21	10. 21	1	1			280	280
凌源市	480	288	11. 68	11. 68	1	1			320	320
葫芦岛市	812	697	28. 00	28. 00	1	1			800	800
兴城市	850	360	24. 46	24. 46						
沈抚改革创新示范区	771	657	4. 15							
吉　林	**20281**	**16357**	**452. 58**	**452. 58**	**44**	**22**	**19**	**3**	**26070**	**8940**
长春市	8116	6797	198. 37	198. 37	7	2	4	1	9000	2950
榆树市	260	224	10. 14	10. 14	2	1	1		950	250
德惠市	354	177	15. 56	15. 56	1		1		400	
公主岭市	618	282	8. 71	8. 71	2	1	1		1100	300
吉林市	1892	1749	44. 03	44. 03	2	1	1		2500	1000
蛟河市	210	201	3. 86	3. 86	1	1			250	250
桦甸市	216	202	4. 66	4. 66	1			1	380	
舒兰市	147	146	4. 19	4. 19	1		1		400	
磐石市	213	197	3. 77	3. 77	1		1		400	
四平市	1003	508	18. 59	18. 59	1		1		800	
双辽市	360	182	4. 16	4. 16	1	1			230	230
辽源市	385	356	13. 60	13. 60	1		1		800	
通化市	375	362	14. 73	14. 73	1		1		800	
集安市	129	100	2. 80	2. 80	1	1			200	200
白山市	517	455	9. 30	9. 30	2	1	1		750	150
临江市	165	116	2. 46	2. 46	1	1			150	150
松原市	971	718	19. 01	19. 01	2	1	1		1400	400
扶余市	274	146	5. 99	5. 99	1	1			300	300
白城市	925	733	9. 67	9. 67	2	1	1		1200	500
洮南市	269	209	5. 70	5. 70	2	1	1		660	260
大安市	255	187	4. 41	4. 41	1	1			260	260
延吉市	791	639	20. 97	20. 97	2		1	1	900	
图们市	110	59	2. 14	2. 14	1	1			150	150
敦化市	454	444	5. 26	5. 26	2	1	1		1000	500
珲春市	254	254	5. 99	5. 99	1	1			300	300
龙井市	100	66	1. 57	1. 57	1	1			150	150

continued 3

Domestic Garbage						公共厕所数(座) Number of Latrines (unit)		市容环卫专用车辆设备总数(辆) Number of Vehicles and Equipment Designated for Municipal Environmental Sanitation (unit)	城市名称 Name of Cities
焚烧 Incinera-tion	其他 other	无害化处理量(万吨) Volume of Harm-lessly Treated (10000 ton)	卫生填埋 Sanitary Landfill	焚烧 Incinera-tion	其他 other		三类以上 Grade Ⅲ and Above		
		6.49	6.49			30	12	42	开原市
600		25.17	19.87	5.30		165	165	1034	朝阳市
		10.21	10.21			47		116	北票市
		11.68	11.68			28	28	26	凌源市
		28.00	28.00			188	67	149	葫芦岛市
		24.46	24.46			59	37	100	兴城市
						5		87	沈抚改革创新示范区
16450	**680**	**452.58**	**57.52**	**384.72**	**10.34**	**4997**	**3834**	**9209**	**吉　林**
5850	200	198.37	26.94	165.96	5.47	2431	2357	4168	长春市
700		10.14	1.21	8.93		110	89	139	榆树市
400		15.56		15.56		80	72	162	德惠市
800		8.71		8.71		77	37	238	公主岭市
1500		44.03		44.03		814	208	1122	吉林市
		3.86	3.86			31	30	50	蛟河市
	380	4.66	0.86		3.80	17	17	55	桦甸市
400		4.19		4.19		52	52	46	舒兰市
400		3.77		3.77		33	25	89	磐石市
800		18.59		18.59		183	183	213	四平市
		4.16		4.16		62	62	62	双辽市
800		13.60		13.60		84	84	101	辽源市
800		14.73		14.73		131	74	371	通化市
		2.80		2.80		43	43	72	集安市
600		9.30		9.30		71	23	216	白山市
		2.46		2.46		7	3	165	临江市
1000		19.01		19.01		124	105	238	松原市
		5.99	5.99			38	34	105	扶余市
700		9.67	5.99	3.68		45	30	519	白城市
400		5.70	2.25	3.45		38	38	63	洮南市
		4.41	4.03	0.39		54	21	83	大安市
800	100	20.97		19.91	1.06	72		145	延吉市
		2.14		2.14		57	13	77	图们市
500		5.26	0.00	5.26		56	56	128	敦化市
		5.99	4.85	1.14		44	22	98	珲春市
		1.57		1.57		17	14	65	龙井市

10-2 续表 4

城市名称 Name of Cities	道路清扫保洁面积（万平方米） Surface Area of Roads Cleaned and Maintained (10000 sq. m)	机械化 Mechanization	生活垃圾 清运量（万吨） Collected and Transported (10000 ton)	处理量（万吨） Volume of Treated (10000 ton)	无害化处理场（厂）数（座） Number of Harmless Treatment Plants/ Grounds (unit)	卫生填埋 Sanitary Landfill	焚烧 Incineration	其他 other	无害化处理能力（吨/日） Harmless Treatment Capacity (ton/day)	卫生填埋 Sanitary Landfill
和龙市	102	102	1.65	1.65	1	1			100	100
梅河口市	547	492	9.40	9.40	1	1			400	400
长白山保护开发区管理委员会	269	254	1.88	1.88	1	1			140	140
黑龙江	**27972**	**22421**	**523.77**	**523.77**	**45**	**24**	**17**	**4**	**25301**	**7073**
哈尔滨市	10051	8513	191.54	191.54	6		4	2	7350	
尚志市	248	225	7.32	7.32						
五常市	210	150	10.22	10.22						
齐齐哈尔市	2852	2059	38.48	38.48	3	1	1	1	1000	100
讷河市	145	133	5.43	5.43	1	1			203	203
鸡西市	801	641	19.24	19.24	1		1		1200	
虎林市	92	87	4.20	4.20	1	1			155	155
密山市	220	211	5.10	5.10	1	1			200	200
鹤岗市	590	526	13.63	13.63	1		1		700	
双鸭山市	515	418	14.76	14.76	2	1	1		1747	847
大庆市	3600	2722	43.05	43.05	2	1	1		2650	1150
伊春市	838	626	10.95	10.95	3	2	1		393	125
铁力市	196	152	4.00	4.00	1		1		110	
佳木斯市	776	675	23.56	23.56	1		1		1500	
同江市	160	140	2.76	2.76	1	1			137	137
抚远市	96	70	2.57	2.57	1	1			200	200
富锦市	253	161	6.14	6.14	1	1			195	195
七台河市	735	568	14.26	14.26	1		1		1000	
牡丹江市	1527	1229	25.15	25.15	3	1	1	1	1900	1000
海林市	240	200	4.38	4.38	1	1			200	200
宁安市	153	95	2.73	2.73	2	1	1		870	270
穆棱市	139	97	2.50	2.50	1	1			156	156
绥芬河市	326	267	4.56	4.56	1	1			240	240
东宁市	211	169	3.80	3.80	1	1			120	120
黑河市	244	160	7.04	7.04	1	1			297	297
北安市	240	168	5.15	5.15	1	1			234	234
五大连池市	122	98	3.92	3.92	1	1			167	167
嫩江市	218	185	5.95	5.95	1	1			227	227
绥化市	922	782	15.62	15.62	1		1		800	
安达市	515	350	9.26	9.26	1	1			350	350

continued 4

Domestic Garbage						公共厕所数(座)		市容环卫专用车辆设备总数(辆)	城市名称
焚烧 Incineration	其他 other	无害化处理量(万吨) Volume of Harmlessly Treated (10000 ton)	卫生填埋 Sanitary Landfill	焚烧 Incineration	其他 other	Number of Latrines (unit)	三类以上 Grade Ⅲ and Above	Number of Vehicles and Equipment Designated for Municipal Environmental Sanitation (unit)	Name of Cities
		1.65		1.65		10	6	46	和龙市
		9.40		9.40		177	97	245	梅河口市
		1.88	1.54	0.34		39	39	128	长白山保护开发区管理委员会
17228	**1000**	**523.77**	**147.23**	**360.46**	**16.08**	**5945**	**3941**	**11409**	**黑龙江**
6550	800	191.54		180.69	10.84	2755	2375	4824	哈尔滨市
		7.32		7.32		40	18	97	尚志市
		10.22	10.22			17		41	五常市
800	100	38.48	1.19	34.04	3.25	369	70	746	齐齐哈尔市
		5.43	5.43			58	58	130	讷河市
1200		19.24		19.24		413	186	485	鸡西市
		4.20	4.20			65	27	92	虎林市
		5.10	5.10			61	8	136	密山市
700		13.63		13.63		104	68	417	鹤岗市
900		14.76	0.86	13.89		198	123	277	双鸭山市
1500		43.05	36.30	6.75		224	224	857	大庆市
268		10.95	3.00	7.95		182	44	300	伊春市
110		4.00		4.00		25	22	159	铁力市
1500		23.56		23.56		313	313	141	佳木斯市
		2.76	2.76			21		90	同江市
		2.57	2.57			15		59	抚远市
		6.14	6.14			79	32	45	富锦市
1000		14.26		14.26		47	36	673	七台河市
800	100	25.15	13.42	9.74	1.99	187	71	358	牡丹江市
		4.38	4.38			37	15	46	海林市
600		2.73	0.97	1.76		51	17	40	宁安市
		2.50	2.50			25	17	47	穆棱市
		4.56	4.56			21	18	83	绥芬河市
		3.80	3.80			32	30	70	东宁市
		7.04	7.04			50	38	267	黑河市
		5.15	5.15			135	49	137	北安市
		3.92	3.92			34	20	99	五大连池市
		5.95	5.95			18	15	137	嫩江市
800		15.62		15.62		60		221	绥化市
		9.26	9.26			101	21	80	安达市

10-2 续表 5

城市名称 Name of Cities	道路清扫保洁面积（万平方米） Surface Area of Roads Cleaned and Maintained (10000 sq. m)		生活垃圾							
		机械化 Mechanization	清运量（万吨） Collected and Transported (10000 ton)	处理量（万吨） Volume of Treated (10000 ton)	无害化处理场(厂)数（座） Number of Harmless Treatment Plants/ Grounds (unit)	卫生填埋 Sanitary Landfill	焚烧 Incineration	其他 other	无害化处理能力（吨/日） Harmless Treatment Capacity (ton/ day)	卫生填埋 Sanitary Landfill
肇东市	420	300	8.01	8.01	1		1		500	
海伦市	224	167	7.10	7.10	1	1			400	400
漠河市	92	77	1.43	1.43	1	1			100	100
上　海	**19903**	**19903**	**974.81**	**974.81**	**27**	**1**	**13**	**13**	**42536**	**5000**
江　苏	**77752**	**73537**	**2081.73**	**2081.73**	**84**	**10**	**46**	**28**	**87472**	**6285**
南京市	8468	8460	363.06	363.06	10	1	4	5	11750	250
无锡市	5728	5442	215.11	215.11	5	1	2	2	7450	800
江阴市	1052	870	16.24	16.24	2		1	1	2280	
宜兴市	865	789	29.10	29.10	1		1		1800	
徐州市	4035	3693	129.88	129.88	3		2	1	4296	
新沂市	521	485	13.17	13.17	1		1		800	
邳州市	563	429	16.62	16.62	1		1		1200	
常州市	3751	3645	137.18	137.18	6	1	4	1	5860	1070
溧阳市	429	408	12.38	12.38	2		2		1300	
苏州市	13904	13201	336.92	336.92	8	1	2	5	13990	1600
常熟市	1694	1425	46.31	46.31	3	1	1	1	3355	425
张家港市	1230	1157	14.95	14.95	3	1	1	1	2870	470
昆山市	2349	2133	31.74	31.74	3		1	2	2750	
太仓市	631	601	18.99	18.99	4		2	2	2540	
南通市	4980	4871	84.95	84.95						
海安市	773	716	12.03	12.03	1		1		750	
启东市	605	544	10.56	10.56	1		1		1200	
如皋市	575	534	8.17	8.17	1		1		2250	
连云港市	3353	3088	76.68	76.68	3		2	1	3050	
淮安市	3865	3670	77.86	77.86	1		1		800	
盐城市	4234	4028	89.89	89.89	3		3		2856	
东台市	376	352	24.37	24.37	2	1		1	350	250
扬州市	2362	2230	69.97	69.97	5	1	2	2	3900	500
仪征市	335	318	8.68	8.68						
高邮市	732	711	15.96	15.96	2	1	1		1320	520
镇江市	2270	2157	45.28	45.28	2		1	1	1590	
丹阳市	471	423	15.17	15.17	1		1		1000	
扬中市	213	192	11.69	11.69						
句容市	549	497	9.28	9.28	1		1		700	
泰州市	2824	2724	57.67	57.67	3		2	1	2150	

continued 5

Domestic Garbage 焚烧 Incineration	Domestic Garbage 其他 other	Domestic Garbage 无害化处理量（万吨） Volume of Harmlessly Treated (10000 ton)	Domestic Garbage 卫生填埋 Sanitary Landfill	Domestic Garbage 焚烧 Incineration	Domestic Garbage 其他 other	公共厕所数（座） Number of Latrines (unit)	三类以上 Grade Ⅲ and Above	市容环卫专用车辆设备总数（辆） Number of Vehicles and Equipment Designated for Municipal Environmental Sanitation (unit)	城市名称 Name of Cities
500		8.01		8.01		171	25	175	肇东市
		7.10	7.10			9	1	47	海伦市
		1.43	1.43			28		33	漠河市
23000	**14536**	**974.81**		**586.85**	**387.95**	**7381**	**2362**	**10282**	**上　海**
68811	**12376**	**2081.73**	**1.69**	**1783.31**	**296.74**	**14596**	**13622**	**26042**	**江　苏**
6500	5000	363.06		257.53	105.53	1012	720	4049	南京市
5950	700	215.11		186.17	28.94	1716	1716	2427	无锡市
2200	80	16.24		12.83	3.41	250	250	592	江阴市
1800		29.10		29.10		326	326	317	宜兴市
3450	846	129.88		110.25	19.63	964	964	1376	徐州市
800		13.17		13.17		156	122	91	新沂市
1200		16.62		16.62		49	49	45	邳州市
4350	440	137.18	1.23	121.62	14.33	1200	1200	1174	常州市
1300		12.38		12.38		186	186	188	溧阳市
9700	2690	336.92		269.19	67.73	1206	1136	4735	苏州市
2730	200	46.31		43.32	2.99	1170	829	1906	常熟市
2250	150	14.95	0.46	7.35	7.14	229	229	342	张家港市
2050	700	31.74		19.51	12.23	312	312	530	昆山市
2250	290	18.99		12.19	6.79	107	107	374	太仓市
		84.95		84.95		610	610	1114	南通市
750		12.03		12.03		120	120	206	海安市
1200		10.56		10.56		72	66	233	启东市
2250		8.17		8.17		77	77	444	如皋市
2800	250	76.68		70.74	5.94	767	657	676	连云港市
800		77.86		77.86		532	411	452	淮安市
2856		89.89		89.89		571	571	847	盐城市
	100	24.37		22.93	1.44	115	115	125	东台市
3110	290	69.97		60.94	9.03	489	489	439	扬州市
		8.68		8.68		92	92	110	仪征市
800		15.96		15.96		186	186	270	高邮市
1450	140	45.28		40.83	4.45	349	349	405	镇江市
1000		15.17		15.17		116	116	72	丹阳市
		11.69		11.69		33	33	275	扬中市
700		9.28		9.28		48	48	90	句容市
1850	300	57.67		54.96	2.72	549	549	898	泰州市

10-2 续表 6

城市名称 Name of Cities	道路清扫保洁面积(万平方米) Surface Area of Roads Cleaned and Maintained (10000 sq. m)	机械化 Mechanization	生活垃圾 清运量(万吨) Collected and Transported (10000 ton)	处理量(万吨) Volume of Treated (10000 ton)	无害化处理场(厂)数(座) Number of Harmless Treatment Plants/Grounds (unit)	卫生填埋 Sanitary Landfill	焚烧 Incineration	其他 other	无害化处理能力(吨/日) Harmless Treatment Capacity (ton/day)	卫生填埋 Sanitary Landfill
兴化市	367	245	8.43	8.43	2		2		915	
靖江市	230	196	20.93	20.93						
泰兴市	534	485	7.12	7.12	1		1		800	
宿迁市	2883	2818	45.39	45.39	3	1	1	1	1600	400
浙 江	**64728**	**54561**	**1467.75**	**1467.75**	**82**	**1**	**50**	**31**	**81452**	**144**
杭州市	14595	12393	392.37	392.37	16		8	8	18500	
建德市	263	147	4.86	4.86	1		1		500	
宁波市	8626	7979	142.61	142.61	6		4	2	7610	
余姚市	1183	1007	28.42	28.42	2		1	1	2200	
慈溪市	2029	1546	35.94	35.94	3		1	2	3400	
温州市	4829	4130	124.99	124.99	5		4	1	4025	
瑞安市	446	377	23.52	23.52	1		1		1050	
乐清市	416	362	17.39	17.39	2		1	1	1110	
龙港市	759	600	25.86	25.86	2		1	1	1500	
嘉兴市	2774	2446	47.60	47.60	2		1	1	2850	
海宁市	1025	850	12.79	12.79	2		1	1	1850	
平湖市	879	782	15.61	15.61	1		1		1000	
桐乡市	801	776	14.02	14.02	2		1	1	1400	
湖州市	2414	2101	45.09	45.09	2		1	1	2950	
绍兴市	4035	3845	105.87	105.87	5		3	2	4850	
诸暨市	1750	1610	12.70	12.70	6	1	3	2	2714	144
嵊州市	1320	1056	24.47	24.47	2		1	1	900	
金华市	3172	2540	65.80	65.80	3		1	2	2448	
兰溪市	759	554	8.55	8.55	1		1		800	
义乌市	2134	1662	73.19	73.19	1		1		3000	
东阳市	1415	1159	15.06	15.06	1		1		1650	
永康市	954	656	14.86	14.86	1		1		800	
衢州市	1628	1319	25.81	25.81	1		1		1500	
江山市	433	281	6.44	6.44	2		1	1	500	
舟山市	994	443	33.17	33.17	2		1	1	1750	
台州市	2414	1701	77.71	77.71	2		2		3600	
玉环市	383	346	7.14	7.14	2		1	1	1300	
温岭市	525	368	25.13	25.13	3		2	1	2570	
临海市	524	483	15.21	15.21	1		1		1450	
丽水市	953	835	20.08	20.08	1		1		1150	

continued 6

Domestic Garbage						公共厕所数(座)		市容环卫专用车辆设备总数(辆)	城市名称
焚烧 Incineration	其他 other	无害化处理量(万吨) Volume of Harmlessly Treated (10000 ton)	卫生填埋 Sanitary Landfill	焚烧 Incineration	其他 other	Number of Latrines (unit)	三类以上 Grade Ⅲ and Above	Number of Vehicles and Equipment Designated for Municipal Environmental Sanitation (unit)	Name of Cities
915		8.43		8.43		301	301	89	兴化市
		20.93		20.93		87	87	119	靖江市
800		7.12		7.12		134	134	131	泰兴市
1000	200	45.39		40.96	4.43	465	465	901	宿迁市
72550	**8758**	**1467.75**		**1245.98**	**221.77**	**9227**	**8227**	**14810**	**浙　江**
16600	1900	392.37		294.15	98.22	2018	1897	3197	杭州市
500		4.86		4.86		46	46	154	建德市
6150	1460	142.61		116.49	26.12	830	830	2010	宁波市
2000	200	28.42		26.35	2.08	715	627	153	余姚市
3000	400	35.94		29.97	5.98	214	166	370	慈溪市
3825	200	124.99		116.33	8.66	944	944	657	温州市
1050		23.52		23.52		61	61	101	瑞安市
800	310	17.39		15.05	2.34	522	522	508	乐清市
1400	100	25.86		24.46	1.40	227	62	76	龙港市
1900	950	47.60		35.76	11.84	193	193	1159	嘉兴市
1500	350	12.79		7.44	5.35	96	74	147	海宁市
1000		15.61		15.61		123	54	200	平湖市
1200	200	14.02		12.43	1.59	54	54	55	桐乡市
2250	700	45.09		29.17	15.93	197	197	286	湖州市
4250	600	105.87		79.15	26.72	368	365	1217	绍兴市
1950	620	12.70		9.72	2.98	76	76	322	诸暨市
800	100	24.47		23.16	1.31	139	139	415	嵊州市
2250	198	65.80		63.98	1.83	336	282	782	金华市
800		8.55		8.55		68	68	166	兰溪市
3000		73.19		73.19		112	112	515	义乌市
1650		15.06		15.06		67	67	352	东阳市
800		14.86		14.86		87	87	300	永康市
1500		25.81		25.81		223	223	213	衢州市
400	100	6.44		5.53	0.91	76	76	25	江山市
1650	100	33.17		31.40	1.78	220	136	250	舟山市
3600		77.71		77.71		688	413	780	台州市
1200	100	7.14		6.15	0.99	55	55	38	玉环市
2400	170	25.13		19.37	5.76	181	138	95	温岭市
1450		15.21		15.21		97	97	120	临海市
1150		20.08		20.08		95	67	52	丽水市

10-2 续表 7

城市名称 Name of Cities	道路清扫保洁面积（万平方米） Surface Area of Roads Cleaned and Maintained (10000 sq. m)	机械化 Mechanization	生活垃圾 清运量（万吨） Collected and Transported (10000 ton)	处理量（万吨） Volume of Treated (10000 ton)	无害化处理场（厂）数（座） Number of Harmless Treatment Plants/Grounds (unit)	卫生填埋 Sanitary Landfill	焚烧 Incineration	其他 other	无害化处理能力（吨/日） Harmless Treatment Capacity (ton/day)	卫生填埋 Sanitary Landfill
龙泉市	295	206	5.46	5.46	1		1		525	
安　徽	**53759**	**48330**	**771.94**	**771.94**	**55**	**3**	**30**	**22**	**35993**	**1270**
合肥市	9667	9056	227.58	227.58	4		2	2	5800	
巢湖市	846	721	11.94	11.94	1		1		500	
芜湖市	4781	4642	84.74	84.74	4		2	2	3850	
无为市	476	451	7.90	7.90	1		1		500	
蚌埠市	3065	2832	38.74	38.74	2		1	1	1410	
淮南市	3030	2799	54.71	54.71	3	1	1	1	2100	500
马鞍山市	1932	1758	35.26	35.26	2		1	1	1400	
淮北市	1735	1712	25.93	25.93	2		1	1	1650	
铜陵市	1935	1815	24.30	24.30	3		2	1	1930	
安庆市	2611	2480	27.74	27.74	2		1	1	2070	
潜山市	452	382	4.81	4.81						
桐城市	456	440	6.52	6.52	2		1	1	510	
黄山市	1175	1102	12.98	12.98	5	1	1	3	1293	320
滁州市	3237	2202	28.10	28.10	4	1	1	2	2160	450
天长市	964	822	8.47	8.47	1		1		750	
明光市	1775	858	5.59	5.59						
阜阳市	3623	3383	37.59	37.59	1		1		1450	
界首市	452	432	7.95	7.95	1		1		500	
宿州市	2231	2085	28.55	28.55	3		2	1	1900	
六安市	2432	2195	32.03	32.03	2		1	1	1320	
亳州市	2894	2603	18.40	18.40	2		1	1	1400	
池州市	849	748	12.61	12.61	3		2	1	1100	
宣城市	1442	1285	16.03	16.03	3		2	1	1550	
广德市	695	592	6.47	6.47	2		2		410	
宁国市	1004	935	6.99	6.99	2		1	1	440	
福　建	**27092**	**21709**	**878.89**	**878.89**	**38**	**4**	**23**	**11**	**32895**	**2250**
福州市	5036	3772	177.48	177.48	6		3	3	5370	
福清市	741	650	22.93	22.93	1		1		900	
厦门市	6784	5801	200.70	200.70	10	1	6	3	9110	1660
莆田市	2261	2057	82.01	82.01	1		1		2850	
三明市	620	466	17.89	17.89						
永安市	260	155	7.30	7.30	1	1			220	220
泉州市	1990	1600	56.07	56.07						

continued 7

Domestic Garbage						公共厕所数（座）		市容环卫专用车辆设备总数（辆）	城市名称
		无害化处理量（万吨）					三类以上		
焚烧 Incineration	其他 other	Volume of Harmlessly Treated (10000 ton)	卫生填埋 Sanitary Landfill	焚烧 Incineration	其他 other	Number of Latrines (unit)	Grade Ⅲ and Above	Number of Vehicles and Equipment Designated for Municipal Environmental Sanitation (unit)	Name of Cities
525		5.46		5.46		99	99	95	龙泉市
30720	**4003**	**771.94**		**689.51**	**82.42**	**7102**	**6959**	**12511**	**安　徽**
5000	800	227.58		194.40	33.18	429	429	1779	合肥市
500		11.94		11.94		78	78	710	巢湖市
3250	600	84.74		76.76	7.98	1066	1066	585	芜湖市
500		7.90		7.57	0.34	57	57	84	无为市
1210	200	38.74		33.41	5.33	655	655	693	蚌埠市
1200	400	54.71		51.50	3.21	476	467	468	淮南市
1200	200	35.26		30.24	5.02	141	141	209	马鞍山市
1500	150	25.93		23.59	2.34	158	158	1359	淮北市
1800	130	24.30		19.60	4.70	368	368	393	铜陵市
1950	120	27.74		24.95	2.79	367	367	854	安庆市
		4.81		4.81		39	39	109	潜山市
500	10	6.52		6.38	0.13	32	32	394	桐城市
900	73	12.98		11.67	1.30	87	57	422	黄山市
1300	410	28.10		25.99	2.11	202	202	821	滁州市
750		8.47		8.47		96	96	108	天长市
		5.59		5.59		116	116	135	明光市
1450		37.59		37.59		675	666	954	阜阳市
500		7.95		7.95		96	84	67	界首市
1700	200	28.55		25.23	3.32	466	456	469	宿州市
1200	120	32.03		28.79	3.24	419	391	462	六安市
1200	200	18.40		14.19	4.21	450	446	372	亳州市
900	200	12.61		11.23	1.38	143	102	103	池州市
1400	150	16.03		14.94	1.08	320	320	133	宣城市
410		6.47		6.47		57	57	520	广德市
400	40	6.99		6.23	0.76	109	109	308	宁国市
27435	**3210**	**878.89**	**12.36**	**786.16**	**80.37**	**7451**	**6314**	**9502**	**福　建**
4535	835	177.48		153.99	23.49	670	670	1283	福州市
900		22.93		22.93		229	167	156	福清市
5850	1600	200.70		154.92	45.78	2270	1249	2941	厦门市
2850		82.01		82.01		1161	1161	560	莆田市
		17.89		17.89		153	133	128	三明市
		7.30	5.77	0.18	1.35	86	86	61	永安市
		56.07		56.07		525	525	1566	泉州市

10-2 续表 8

城市名称 Name of Cities	道路清扫保洁面积(万平方米) Surface Area of Roads Cleaned and Maintained (10000 sq. m)	机械化 Mechanization	生活垃圾 清运量(万吨) Collected and Transported (10000 ton)	处理量(万吨) Volume of Treated (10000 ton)	无害化处理场(厂)数(座) Number of Harmless Treatment Plants/Grounds (unit)	卫生填埋 Sanitary Landfill	焚烧 Incineration	其他 other	无害化处理能力(吨/日) Harmless Treatment Capacity (ton/day)	卫生填埋 Sanitary Landfill
石狮市	544	491	17.95	17.95	1		1		1500	
晋江市	1811	1200	83.98	83.98	1		1		2300	
南安市	580	450	12.49	12.49	1		1		2800	
漳州市	2521	2306	84.58	84.58	3		1	2	2000	
南平市	730	474	19.70	19.70	2		2		1600	
邵武市	223	156	4.38	4.38	1	1			220	220
武夷山市	389	90	3.96	3.96						
建瓯市	279	200	10.78	10.78						
龙岩市	739	670	29.80	29.80	6	1	2	3	1925	150
漳平市	158	95	3.23	3.23	1		1		300	
宁德市	608	516	23.22	23.22	1		1		600	
福安市	419	293	9.82	9.82	1		1		600	
福鼎市	399	267	10.62	10.62	1		1		600	
江　西	**30761**	**28921**	**553.34**	**553.34**	**30**		**20**	**10**	**23791**	
南昌市	6274	6148	147.33	147.33	4		2	2	5115	
景德镇市	2222	2060	24.20	24.20	2		1	1	1060	
乐平市	441	367	7.53	7.53	1		1		400	
萍乡市	1209	1123	23.71	23.71	1		1		1300	
九江市	2091	2051	33.63	33.63	1		1		2250	
瑞昌市	640	610	9.24	9.24						
共青城市	487	469	5.19	5.19	1			1	20	
庐山市	297	283	6.71	6.71						
新余市	807	768	23.23	23.23	2		1	1	1020	
鹰潭市	1081	993	13.94	13.94	1		1		1000	
贵溪市	340	316	6.39	6.39						
赣州市	4713	4292	72.37	72.37	3		2	1	2400	
瑞金市	525	467	9.65	9.65	1		1		400	
龙南市	487	464	7.20	7.20	1		1		500	
吉安市	1379	1312	19.70	19.70	2		1	1	1310	
井冈山市	155	142	1.20	1.20						
宜春市	1221	1161	34.06	34.06	2		1	1	1300	
丰城市	641	599	19.23	19.23	1		1		800	
樟树市	541	461	6.05	6.05	1		1		1000	
高安市	684	660	6.77	6.77	1		1		600	
抚州市	2497	2403	36.44	36.44	2		1	1	1308	

continued 8

Domestic Garbage						公共厕所数(座) Number of Latrines (unit)		市容环卫专用车辆设备总数(辆) Number of Vehicles and Equipment Designated for Municipal Environmental Sanitation (unit)	城市名称 Name of Cities
焚烧 Incineration	其他 other	无害化处理量(万吨) Volume of Harmlessly Treated (10000 ton)	卫生填埋 Sanitary Landfill	焚烧 Incineration	其他 other		三类以上 Grade Ⅲ and Above		
1500		17.95		17.95		629	598	352	石狮市
2300		83.98		83.98		380	380	587	晋江市
2800		12.49		12.49		124	121	188	南安市
1800	200	84.58		81.76	2.82	486	486	844	漳州市
1600		19.70		19.70		108	108	218	南平市
		4.38	4.38			83	83	35	邵武市
		3.96		3.96		54	54	57	武夷山市
		10.78		10.78		47	47	36	建瓯市
1200	575	29.80	2.21	20.65	6.94	180	180	119	龙岩市
300		3.23		3.23		36	36	7	漳平市
600		23.22		23.22		108	108	155	宁德市
600		9.82		9.82		47	47	113	福安市
600		10.62		10.62		75	75	96	福鼎市
22450	**1341**	**553.34**		**520.83**	**32.52**	**6626**	**6626**	**13091**	**江　西**
4800	315	147.33		138.65	8.68	884	884	3976	南昌市
1000	60	24.20		24.20		470	470	1217	景德镇市
400		7.53		7.53		128	128	141	乐平市
1300		23.71		23.71		227	227	839	萍乡市
2250		33.63		33.63		722	722	482	九江市
		9.24		9.24		99	99	79	瑞昌市
	20	5.19		4.52	0.67	104	104	55	共青城市
		6.71		6.71		59	59	425	庐山市
900	120	23.23		20.51	2.72	180	180	149	新余市
1000		13.94		13.94		233	233	237	鹰潭市
		6.39		6.39		165	165	61	贵溪市
2200	200	72.37		67.07	5.30	983	983	2390	赣州市
400		9.65		9.65		190	190	210	瑞金市
500		7.20		7.20		118	118	81	龙南市
1200	110	19.70		17.81	1.89	269	269	173	吉安市
		1.20			1.20	26	26	19	井冈山市
1000	300	34.06		27.15	6.90	395	395	309	宜春市
800		19.23		19.23		69	69	97	丰城市
1000		6.05		6.05		158	158	107	樟树市
600		6.77		6.77		170	170	118	高安市
1200	108	36.44		34.35	2.09	478	478	1253	抚州市

10-2 续表 9

城市名称 Name of Cities	道路清扫保洁面积（万平方米） Surface Area of Roads Cleaned and Maintained （10000 sq. m）	机械化 Mechanization	生活垃圾 清运量（万吨） Collected and Transported （10000 ton）	处理量（万吨） Volume of Treated （10000 ton）	无害化处理场（厂）数（座） Number of Harmless Treatment Plants/Grounds （unit）	卫生填埋 Sanitary Landfill	焚烧 Incineration	其他 other	无害化处理能力（吨/日） Harmless Treatment Capacity （ton/day）	卫生填埋 Sanitary Landfill
上饶市	1858	1610	35. 29	35. 29	2		1	1	1608	
德兴市	172	163	4. 27	4. 27	1		1		400	
山　东	**83217**	**73523**	**1804. 47**	**1804. 47**	**108**	**21**	**63**	**24**	**79348**	**10228**
济南市	10117	10037	288. 41	288. 41	9	2	4	3	10931	2221
青岛市	8962	8389	316. 89	316. 89	9	2	4	3	8700	650
胶州市	590	589	37. 84	37. 84	2	1	1		2152	852
平度市	751	746	42. 58	42. 58	2	1	1		1445	445
莱西市	554	388	22. 62	22. 62	2	1	1		1473	543
淄博市	3711	2496	64. 57	64. 57	2		2		3600	
枣庄市	2381	2148	38. 92	38. 92	7	4	2	1	3390	990
滕州市	1226	993	18. 08	18. 08	1		1		1100	
东营市	3277	2906	38. 23	38. 23	3		2	1	1800	
烟台市	4529	3762	118. 81	118. 81	6		4	2	3460	
龙口市	618	541	12. 47	12. 47	1		1		630	
莱阳市	446	415	10. 57	10. 57	1		1		600	
莱州市	347	335	12. 81	12. 81	1		1		1000	
招远市	600	508	7. 37	7. 37	1		1		500	
栖霞市	213	198	3. 75	3. 75	1		1		500	
海阳市	397	353	9. 65	9. 65	1		1		500	
潍坊市	4937	4228	86. 64	86. 64	5	1	3	1	3500	700
青州市	1276	1021	18. 78	18. 78	2	1	1		1300	500
诸城市	675	582	15. 58	15. 58	1		1		500	
寿光市	1833	1686	29. 38	29. 38	2	1	1		1350	350
安丘市	1252	1102	14. 90	14. 90	1		1		800	
高密市	635	572	12. 61	12. 61	1		1		800	
昌邑市	633	531	8. 20	8. 20	2	1	1		1095	495
济宁市	3442	3396	60. 58	60. 58	4		2	2	2600	
曲阜市	366	359	8. 20	8. 20	1			1	100	
邹城市	935	931	14. 40	14. 40	2		1	1	1000	
泰安市	2342	1991	42. 65	42. 65	2		1	1	1500	
新泰市	728	674	11. 37	11. 37	2		1	1	700	
肥城市	407	366	11. 12	11. 12	1		1		800	
威海市	3803	3349	59. 52	59. 52	6	2	3	1	3332	982
荣成市	1324	1179	20. 28	20. 28	2	1	1		1400	350
乳山市	422	387	9. 38	9. 38	1		1		500	

continued 9

Domestic Garbage						公共厕所数(座) Number of Latrines (unit)		市容环卫专用车辆设备总数(辆) Number of Vehicles and Equipment Designated for Municipal Environmental Sanitation (unit)	城市名称 Name of Cities
焚烧 Incineration	其他 other	无害化处理量(万吨) Volume of Harmlessly Treated (10000 ton)	卫生填埋 Sanitary Landfill	焚烧 Incineration	其他 other		三类以上 Grade Ⅲ and Above		
1500	108	35.29		32.23	3.06	438	438	645	上饶市
400		4.27		4.27		61	61	28	德兴市
63520	**5600**	**1804.47**	**6.50**	**1666.20**	**131.78**	**10367**	**9653**	**22715**	**山　东**
7510	1200	288.41		256.56	31.85	1171	1029	3752	济南市
7100	950	316.89		293.11	23.79	1095	1072	5085	青岛市
1300		37.84		37.84		40	40	796	胶州市
1000		42.58		42.58		84	84	384	平度市
930		22.62		22.62		66	64	556	莱西市
3600		64.57		59.91	4.65	625	584	971	淄博市
2100	300	38.92		35.72	3.20	654	654	326	枣庄市
1100		18.08		15.38	2.70	231	231	238	滕州市
1700	100	38.23		35.88	2.35	452	442	770	东营市
3250	210	118.81		111.37	7.44	415	415	1339	烟台市
630		12.47		12.47		79	79	115	龙口市
600		10.57		10.57		59	59	64	莱阳市
1000		12.81		12.81		61	61	61	莱州市
500		7.37		7.37		63	50	75	招远市
500		3.75		3.75		22	22	45	栖霞市
500		9.65		9.65		36	31	51	海阳市
2000	800	86.64		76.68	9.97	549	537	892	潍坊市
800		18.78		17.92	0.86	96	96	167	青州市
500		15.58		15.13	0.45	108	108	147	诸城市
1000		29.38		29.00	0.38	111	111	391	寿光市
800		14.90		14.66	0.24	68	68	144	安丘市
800		12.61		12.37	0.24	63	63	143	高密市
600		8.20		7.94	0.26	42	42	153	昌邑市
2300	300	60.58		55.68	4.91	378	375	660	济宁市
	100	8.20		7.10	1.10	46	46	81	曲阜市
900	100	14.40		13.55	0.84	92	92	121	邹城市
1200	300	42.65		38.28	4.37	320	243	827	泰安市
600	100	11.37		9.52	1.85	105	35	108	新泰市
800		11.12		11.06	0.06	90	90	72	肥城市
2250	100	59.52		56.62	2.90	265	256	606	威海市
1050		20.28		20.28		141	141	293	荣成市
500		9.38		9.38		91	91	117	乳山市

10-2 续表 10

城市名称 Name of Cities	道路清扫保洁面积（万平方米） Surface Area of Roads Cleaned and Maintained (10000 sq. m)	机械化 Mechanization	生活垃圾 清运量（万吨） Collected and Transported (10000 ton)	处理量（万吨） Volume of Treated (10000 ton)	无害化处理场（厂）数（座） Number of Harmless Treatment Plants/Grounds (unit)	卫生填埋 Sanitary Landfill	焚烧 Incineration	其他 other	无害化处理能力（吨/日） Harmless Treatment Capacity (ton/day)	卫生填埋 Sanitary Landfill
日照市	2298	1858	38.40	38.40	3	1	1	1	1600	500
临沂市	4973	3910	101.82	101.82	4	1	2	1	3800	500
德州市	2417	2299	46.36	46.36	3		2	1	1950	
乐陵市	570	319	10.24	10.24	1		1		1000	
禹城市	527	483	4.92	4.92	1		1		600	
聊城市	2605	2131	38.04	38.04	3		2	1	1800	
临清市	430	415	8.96	8.96	1		1		800	
滨州市	2319	2162	38.21	38.21	3	1	1	1	1450	150
邹平市	656	558	13.60	13.60	1		1		700	
菏泽市	2694	2228	36.77	36.77	4		3	1	2590	
河　南	**57933**	**50912**	**1121.15**	**1121.14**	**48**	**10**	**34**	**4**	**49867**	**4002**
郑州市	11758	11520	253.55	253.55	3		3		8250	
巩义市	720	680	11.65	11.65	1	1			850	850
荥阳市	769	730	18.95	18.95						
新密市	605	586	9.45	9.45	2	1		1	280	230
新郑市	505	458	10.05	10.05	1		1		1000	
登封市	538	342	13.37	13.37	2	1	1		801	1
开封市	2601	2400	40.01	40.01	1		1		1050	
洛阳市	4906	4532	82.61	82.61	3	1	2		3130	230
平顶山市	1574	1297	32.85	32.85	1	1			900	900
舞钢市	210	109	5.13	5.13						
汝州市	834	754	10.89	10.89	1		1		800	
安阳市	1911	1769	35.98	35.98	2		1	1	2950	
林州市	508	484	9.10	9.10	1		1		500	
鹤壁市	1519	1368	17.34	17.34	2	1	1		1530	530
新乡市	1870	1576	29.70	29.70	1		1		1500	
长垣市	1150	1110	14.48	14.48	1		1		900	
卫辉市	295	198	7.46	7.46	1		1		210	
辉县市	385	320	15.10	15.10	1		1		700	
焦作市	1671	973	39.73	39.73	2		1	1	2100	
沁阳市	398	371	5.70	5.70	1	1			190	190
孟州市	550	280	3.09	3.09						
濮阳市	1399	1042	30.20	30.20	3	1	2		1800	600
许昌市	2091	1780	36.90	36.90	1		1		2250	
禹州市	760	640	13.89	13.89						

continued 10

Domestic Garbage						公共厕所数(座) Number of Latrines (unit)		市容环卫专用车辆设备总数(辆) Number of Vehicles and Equipment Designated for Municipal Environmental Sanitation (unit)	城市名称 Name of Cities
焚烧 Incineration	其他 other	无害化处理量(万吨) Volume of Harmlessly Treated (10000 ton)	卫生填埋 Sanitary Landfill	焚烧 Incineration	其他 other		三类以上 Grade Ⅲ and Above		
1000	100	38.40	5.10	31.22	2.08	308	223	481	日照市
3000	300	101.82		94.81	7.00	398	398	533	临沂市
1800	150	46.36		40.98	5.38	185	185	581	德州市
1000		10.24		10.24		16	16	91	乐陵市
600		4.92		4.92		50		96	禹城市
1600	200	38.04		32.31	5.73	412	400	457	聊城市
800		8.96		8.04	0.92	110	110	35	临清市
1200	100	38.21	1.39	33.72	3.09	234	151	375	滨州市
700		13.60		13.60		53	53	115	邹平市
2400	190	36.77		33.61	3.15	883	806	401	菏泽市
44760	**1105**	**1121.14**	**58.73**	**1054.29**	**8.12**	**12852**	**12443**	**19799**	**河　南**
8250		253.55		253.55		2720	2712	8082	郑州市
		11.65	11.65			70	70	159	巩义市
		18.95		18.95		92	92	209	荥阳市
	50	9.45	8.53		0.91	126	126	174	新密市
1000		10.05		10.05		160	160	219	新郑市
800		13.37		13.37		65	65	172	登封市
1050		40.01		40.01		982	982	599	开封市
2900		82.61		82.61		1102	1095	1364	洛阳市
		32.85	32.85			340	340	389	平顶山市
		5.13		5.13		89	57	40	舞钢市
800		10.89		10.89		91	85	177	汝州市
2250	700	35.98		31.22	4.76	473	433	416	安阳市
500		9.10		9.10		114	86	75	林州市
1000		17.34		17.34		233	163	393	鹤壁市
1500		29.70		29.70		550	550	715	新乡市
900		14.48		14.48		64	64	110	长垣市
210		7.46		7.46		8	8	167	卫辉市
700		15.10		15.10		54	54	101	辉县市
2000	100	39.73		37.27	2.45	181	181	349	焦作市
		5.70	5.70			43	43	70	沁阳市
		3.09		3.09		32	32	34	孟州市
1200		30.20		30.20		165	165	308	濮阳市
2250		36.90		36.90		614	614	428	许昌市
		13.89		13.89		82	82	114	禹州市

10-2 续表 11

城市名称 Name of Cities	道路清扫保洁面积（万平方米） Surface Area of Roads Cleaned and Maintained (10000 sq. m)	机械化 Mechanization	生活垃圾 清运量（万吨） Collected and Transported (10000 ton)	处理量（万吨） Volume of Treated (10000 ton)	无害化处理场（厂）数（座） Number of Harmless Treatment Plants/Grounds (unit)	卫生填埋 Sanitary Landfill	焚烧 Incineration	其他 other	无害化处理能力（吨/日） Harmless Treatment Capacity (ton/day)	卫生填埋 Sanitary Landfill
长葛市	495	368	7.31	7.31						
漯河市	1436	992	39.31	39.31	1		1		1500	
三门峡市	638	401	17.99	17.99	1		1		750	
义马市	330	213	4.97	4.97	1	1			210	210
灵宝市	490	470	8.43	8.43	1			1	255	
南阳市	2548	2547	73.96	73.96	1		1		3000	
邓州市	723	550	22.28	22.28	1		1		1000	
商丘市	2173	1491	40.76	40.76	1		1		2400	
永城市	1090	891	19.16	19.16	1		1		800	
信阳市	895	720	28.66	28.66	2		2		2300	
周口市	2049	1865	31.94	31.94	3	1	2		1561	261
项城市	604	343	20.11	20.11	1		1		800	
驻马店市	2315	2229	32.76	32.76	1		1		1800	
济源示范区	620	553	11.95	11.95	1		1		600	
郑州航空港经济综合实验区	2000	1960	14.39	14.39	1		1		1200	
湖　北	**52729**	**43135**	**1085.82**	**1085.82**	**69**	**19**	**35**	**15**	**47636**	**8044**
武汉市	20861	19818	461.74	461.74	13	2	7	4	17242	2500
黄石市	887	825	25.23	25.23	2		1	1	1300	
大冶市	634	515	9.71	9.71						
十堰市	1407	1304	37.28	37.28	4	2	1	1	2020	870
丹江口市	196	158	7.21	7.21	1	1			350	350
宜昌市	2288	1830	45.10	45.10	5	3	1	1	2270	570
宜都市	221	185	9.24	9.24	3	1	1	1	630	220
当阳市	397	339	7.99	7.99	2	1		1	720	220
枝江市	429	391	5.88	5.88	1	1			285	285
襄阳市	3904	3752	61.55	61.55	2		1	1	1800	
老河口市	398	318	7.95	7.95	2	1	1		788	288
枣阳市	875	90	15.45	15.45	1		1		500	
宜城市	390	353	5.30	5.30	2	1	1		380	180
鄂州市	714	645	14.46	14.46	3	1		2	1324	500
荆门市	1514	1377	21.90	21.90	1		1		600	
京山市	466	372	6.36	6.36	1	1			230	230
钟祥市	695	521	14.43	14.43	1		1		400	
孝感市	1213	1116	26.63	26.63	3		1	2	1900	

continued 11

Domestic Garbage						公共厕所数(座) Number of Latrines (unit)		市容环卫专用车辆设备总数(辆) Number of Vehicles and Equipment Designated for Municipal Environmental Sanitation (unit)	城市名称 Name of Cities
焚烧 Incineration	其他 other	无害化处理量(万吨) Volume of Harmlessly Treated (10000 ton)	卫生填埋 Sanitary Landfill	焚烧 Incineration	其他 other		三类以上 Grade Ⅲ and Above		
		7.31		7.31		57	46	50	长葛市
1500		39.31		39.31		465	465	101	漯河市
750		17.99		17.99		212	70	107	三门峡市
		4.97		4.97		54	54	90	义马市
	255	8.43		8.43		73	73	75	灵宝市
3000		73.96		73.96		748	712	784	南阳市
1000		22.28		22.28		150	150	141	邓州市
2400		40.76		40.76		704	704	1345	商丘市
800		19.16		19.16		136	127	119	永城市
2300		28.66		28.66		429	428	252	信阳市
1300		31.94		31.94		399	399	378	周口市
800		20.11		20.11		108	89	217	项城市
1800		32.76		32.76		427	427	491	驻马店市
600		11.95		11.95		234	234	417	济源示范区
1200		14.39		14.39		206	206	368	郑州航空港经济综合实验区
35956	**3636**	**1085.82**	**78.06**	**921.15**	**86.61**	**8613**	**6787**	**15302**	**湖　北**
13630	1112	461.74		417.20	44.53	1651	1651	5739	武汉市
1200	100	25.23		23.48	1.76	296	117	328	黄石市
		9.71		9.71		118	118	160	大冶市
1000	150	37.28		34.31	2.97	338	227	329	十堰市
		7.21	2.79	4.42		80	80	26	丹江口市
1500	200	45.10	11.58	26.66	6.85	813	813	592	宜昌市
350	60	9.24	0.71	7.99	0.54	81	24	154	宜都市
	500	7.99	1.61		6.38	92	92	89	当阳市
		5.88	5.88			62	62	301	枝江市
1600	200	61.55		56.16	5.39	571	571	2274	襄阳市
500		7.95		7.95		171	171	66	老河口市
500		15.45		15.45		56	56	95	枣阳市
200		5.30		5.30		41	41	85	宜城市
	824	14.46			14.46	164	153	235	鄂州市
600		21.90		21.90		143	143	303	荆门市
		6.36	6.36			78	78	122	京山市
400		14.43		14.43		79	79	407	钟祥市
1500	400	26.63		24.40	2.23	205	205	772	孝感市

10-2 续表 12

城市名称 Name of Cities	道路清扫保洁面积（万平方米） Surface Area of Roads Cleaned and Maintained (10000 sq. m)	机械化 Mechanization	生活垃圾 清运量（万吨） Collected and Transported (10000 ton)	处理量（万吨） Volume of Treated (10000 ton)	无害化处理场（厂）数（座） Number of Harmless Treatment Plants/Grounds (unit)	卫生填埋 Sanitary Landfill	焚烧 Incineration	其他 other	无害化处理能力（吨/日） Harmless Treatment Capacity (ton/day)	卫生填埋 Sanitary Landfill
应城市	287	200	7.48	7.48	1		1		350	
安陆市	395	210	9.20	9.20	1		1		600	
汉川市	346	261	22.43	22.43	1	1			581	581
荆州市	2020	1319	34.66	34.66	2		2		1750	
监利市	354	130	22.61	22.61	1		1		900	
石首市	203	69	6.48	6.48	1		1		325	
洪湖市	372	310	4.99	4.99	1		1		800	
松滋市	405	300	5.45	5.45	1	1			350	350
黄冈市	1109	1010	13.65	13.65						
麻城市	2899	300	18.00	18.00	1		1		1200	
武穴市	509	384	7.43	7.43	1		1		900	
咸宁市	1300	809	21.33	21.33	1		1		600	
赤壁市	760	360	11.36	11.36	1		1		500	
随州市	1060	959	26.50	26.50	1		1		726	
广水市	341	280	13.19	13.19	1		1		425	
恩施市	522	504	16.34	16.34	2	1	1		1700	500
利川市	499	208	9.10	9.10	2	1		1	490	400
仙桃市	524	445	20.80	20.80	1		1		1000	
潜江市	748	639	21.62	21.62	1		1		600	
天门市	587	529	9.81	9.81	1		1		1100	
湖　南	**41552**	**36116**	**904.16**	**904.00**	**50**	**25**	**17**	**8**	**40448**	**15532**
长沙市	6251	5713	277.16	277.16	4	1	2	1	13360	4000
宁乡市	1358	1239	20.80	20.80	1	1			1200	1200
浏阳市	1419	1133	26.75	26.75	1	1			398	398
株洲市	3031	2825	56.54	56.54	4	1	1	2	3550	800
醴陵市	492	418	8.67	8.67	1	1			600	600
湘潭市	1797	1728	32.12	32.12	1	1			900	900
湘乡市	375	204	6.61	6.61	2	1	1		900	400
韶山市	140	95	2.46	2.46						
衡阳市	2388	2206	47.13	47.13	3	1	1	1	3135	1375
耒阳市	532	412	18.34	18.34	2	1	1		1580	380
常宁市	501	260	18.95	18.95	1	1			300	300
邵阳市	1339	1294	30.69	30.69	1	1			720	720
武冈市	347	278	10.44	10.44	1	1			260	260
邵东市	1205	988	15.87	15.87	1		1		700	

continued 12

Domestic Garbage						公共厕所数(座) Number of Latrines (unit)		市容环卫专用车辆设备总数(辆) Number of Vehicles and Equipment Designated for Municipal Environmental Sanitation (unit)	城市名称 Name of Cities
焚烧 Incineration	其他 other	无害化处理量(万吨) Volume of Harmlessly Treated (10000 ton)	卫生填埋 Sanitary Landfill	焚烧 Incineration	其他 other		三类以上 Grade Ⅲ and Above		
350		7.48		7.48		74	74	124	应城市
600		9.20		9.20		60	60	60	安陆市
		22.43	22.43			62		82	汉川市
1750		34.66		34.66		224	214	285	荆州市
900		22.61		22.61		70	70	59	监利市
325		6.48		6.48		77	50	95	石首市
800		4.99		4.99		91	91	33	洪湖市
		5.45	5.45			63	57	229	松滋市
		13.65	13.65			79	79	179	黄冈市
1200		18.00		18.00		1300	190	655	麻城市
900		7.43		7.43		92		170	武穴市
600		21.33		21.33		338	338	163	咸宁市
500		11.36		11.36		92	92	115	赤壁市
726		26.50		26.50		178	178	117	随州市
425		13.19		13.19		208	81	110	广水市
1200		16.34		16.34		121	121	171	恩施市
	90	9.10	7.60		1.50	50	50	28	利川市
1000		20.80		20.80		287	287	236	仙桃市
600		21.62		21.62		56	22	184	潜江市
1100		9.81		9.81		52	52	130	天门市
21625	**3291**	**904.00**	**150.49**	**698.56**	**54.96**	**5653**	**4285**	**8839**	**湖　南**
7800	1560	277.16		247.39	29.77	597		1883	长沙市
		20.80	20.80			44	44	123	宁乡市
		26.75	26.75			118	118	388	浏阳市
1700	1050	56.54		48.53	8.01	704	700	640	株洲市
		8.67	8.67			85	85	80	醴陵市
		32.12		32.12		364	364	736	湘潭市
500		6.61		6.61		43	43	73	湘乡市
		2.46		2.46		6	6	15	韶山市
1500	260	47.13		41.84	5.29	630	630	455	衡阳市
1200		18.34		18.34		31	31	232	耒阳市
		18.95	18.95			28	28	83	常宁市
		30.69		26.99	3.70	342	177	298	邵阳市
		10.44	10.44			60	3	60	武冈市
700		15.87		15.87		112	55	138	邵东市

10-2 续表 13

城市名称 Name of Cities	道路清扫保洁面积（万平方米） Surface Area of Roads Cleaned and Maintained (10000 sq. m)		生活垃圾							
		机械化 Mechanization	清运量（万吨） Collected and Transported (10000 ton)	处理量（万吨） Volume of Treated (10000 ton)	无害化处理场（厂）数（座） Number of Harmless Treatment Plants/Grounds (unit)	卫生填埋 Sanitary Landfill	焚烧 Incineration	其他 other	无害化处理能力（吨/日） Harmless Treatment Capacity (ton/day)	卫生填埋 Sanitary Landfill
岳阳市	6290	5321	37.66	37.66	1			1	64	
汨罗市	365	308	5.76	5.76	1		1		500	
临湘市	250	200	7.94	7.94	2	1		1	367	360
常德市	2609	2425	48.01	48.01	2		1	1	1350	
津市市	300	243	4.36	4.36						
张家界市	431	295	15.28	15.28	1		1		800	
益阳市	1994	1824	34.50	34.50	2	1	1		1800	400
沅江市	412	285	6.31	6.31	1		1		175	
郴州市	1546	1415	28.69	28.69	2	1	1		1250	0
资兴市	300	240	5.45	5.45	1	1			205	205
永州市	2214	1694	25.98	25.98	2	1	1		1660	860
祁阳市	580	520	12.25	12.25	2	1	1		564	264
怀化市	992	900	26.72	26.72	2	1		1	970	770
洪江市	222	182	4.52	4.52	2	2			270	270
娄底市	772	710	21.39	21.39	2	1	1		1050	250
冷水江市	359	153	8.03	7.87	1	1			300	300
涟源市	220	185	12.36	12.36	1	1			220	220
吉首市	520	423	26.42	26.42	2	1	1		1300	300
广　东	**125409**	**85559**	**3389.48**	**3388.81**	**181**	**27**	**79**	**75**	**180294**	**30628**
广州市	22254	21227	611.01	611.01	21	1	12	8	41348	4438
韶关市	1838	1222	30.08	30.08	1		1		850	
乐昌市	190	65	15.79	15.79	1		1		500	
南雄市	196	132	3.92	3.92	1	1			230	230
深圳市	27371	16048	909.90	909.90	21	3	9	9	30858	5940
珠海市	6723	4465	121.17	121.17	4		2	2	3830	
汕头市	5302	1864	127.23	127.23	6	2	4		10120	1900
佛山市	4518	4178	149.70	149.70	11	2	5	4	15664	4300
江门市	2885	2625	79.73	79.73	2	1		1	2590	2440
台山市	522	470	13.28	13.28	1	1			400	400
开平市	776	582	12.02	12.02	2		1	1	1150	
鹤山市	315	283	11.35	11.35	1	1			600	600
恩平市	358	322	9.15	9.15	1	1			300	300
湛江市	2514	1886	68.76	68.76	2	1	1		2500	1000
廉江市	680	416	10.50	10.50	1		1		800	
雷州市	537	141	38.48	38.48	2	1	1		1250	250

continued 13

Domestic Garbage						公共厕所数(座)		市容环卫专用车辆设备总数(辆)	城市名称
焚烧 Incineration	其他 other	无害化处理量(万吨) Volume of Harmlessly Treated (10000 ton)	卫生填埋 Sanitary Landfill	焚烧 Incineration	其他 other	Number of Latrines (unit)	三类以上 Grade Ⅲ and Above	Number of Vehicles and Equipment Designated for Municipal Environmental Sanitation (unit)	Name of Cities
	64	37. 66		35. 30	2. 35	499	370	876	岳阳市
500		5. 76		5. 76		24	24	83	汨罗市
	7	7. 94		7. 71	0. 23	48	48	42	临湘市
1200	150	48. 01		44. 63	3. 38	184	175	327	常德市
		4. 36		4. 36		46	46	73	津市市
800		15. 28		15. 28		87	87	125	张家界市
1400		34. 50		34. 50		137	137	372	益阳市
175		6. 31		6. 31		28	17	54	沅江市
1250		28. 69		28. 69		330	330	398	郴州市
		5. 45	5. 45			14	14	74	资兴市
800		25. 98		25. 98		245	245	211	永州市
300		12. 25	7. 60	4. 65		158	158	103	祁阳市
	200	26. 72	24. 51		2. 21	192	192	259	怀化市
		4. 52	4. 52			64	46	34	洪江市
800		21. 39		21. 39		221		94	娄底市
		7. 87	7. 87			23	23	43	冷水江市
		12. 36	2. 43	9. 94		47	47	69	涟源市
1000		26. 42	12. 51	13. 90		142	42	398	吉首市
132382	**17283**	**3388. 81**	**210. 91**	**2770. 77**	**407. 13**	**13827**	**13240**	**35643**	**广　东**
30800	6110	611. 01		510. 17	100. 85	1770	1770	6973	广州市
850		30. 08		30. 08		97	97	596	韶关市
500		15. 79		15. 79		16	16	169	乐昌市
		3. 92	3. 92			13	13	28	南雄市
18025	6893	909. 90		684. 67	225. 23	4540	4540	6020	深圳市
3000	830	121. 17		113. 53	7. 64	439	415	1593	珠海市
8220		127. 23		127. 23		759	759	2033	汕头市
10800	564	149. 70	16. 99	120. 17	12. 55	824	768	1609	佛山市
	150	79. 73	70. 27	2. 90	6. 57	308	308	1023	江门市
		13. 28	12. 22		1. 06	60	60	65	台山市
1000	150	12. 02		10. 89	1. 13	28	28	92	开平市
		11. 35	10. 39		0. 96	102	102	111	鹤山市
		9. 15	1. 43	7. 08	0. 63	17	17	98	恩平市
1500		68. 76		68. 76		224	224	2580	湛江市
800		10. 50		10. 50		14	12	79	廉江市
1000		38. 48		38. 48		33	33	87	雷州市

10-2 续表 14

城市名称 Name of Cities	道路清扫保洁面积（万平方米） Surface Area of Roads Cleaned and Maintained (10000 sq. m)	机械化 Mechanization	生活垃圾 清运量（万吨） Collected and Transported (10000 ton)	处理量（万吨） Volume of Treated (10000 ton)	无害化处理场（厂）数（座） Number of Harmless Treatment Plants/Grounds (unit)	卫生填埋 Sanitary Landfill	焚烧 Incineration	其他 other	无害化处理能力（吨/日） Harmless Treatment Capacity (ton/day)	卫生填埋 Sanitary Landfill
吴川市	377	115	8.49	8.49	1		1		1000	
茂名市	1876	1582	38.57	38.57	3		2	1	2715	
高州市	518	235	8.61	8.01	1		1		1200	
化州市	535	308	8.20	8.20	1		1		600	
信宜市	318	141	7.29	7.29	1		1		1000	
肇庆市	2721	2430	58.31	58.31	10	3	7		9669	3219
四会市	474	403	16.19	16.19	1		1		1500	
惠州市	5737	3990	139.14	139.06	6	1	4	1	8214	800
梅州市	898	806	20.49	20.49	1		1		561	
兴宁市	387	264	8.96	8.96	1		1		700	
汕尾市	576	300	14.34	14.34	1		1		2100	
陆丰市	186	116	10.67	10.67	1		1		1200	
河源市	779	231	33.36	33.36	1	1			866	866
阳江市	2001	691	31.20	31.20	2	2			1701	1701
阳春市	318	70	10.32	10.32	2	1	1		653	453
清远市	1399	833	36.69	36.69	1		1		2500	
英德市	590	275	8.62	8.62						
连州市	290	122	4.21	4.21	1	1			190	190
东莞市	21976	12863	538.06	538.06	54		7	47	16341	
中山市	1989	1176	39.14	39.14	7		6	1	8610	
潮州市	995	628	43.60	43.60	2		2		2500	
揭阳市	1337	1117	44.98	44.98	2	1	1		1917	835
普宁市	1047	334	31.27	31.27	1		1		800	
云浮市	579	180	10.48	10.48	1	1			300	300
罗定市	528	422	6.23	6.23	1	1			466	466
广　西	**31510**	**21216**	**615.27**	**615.27**	**43**	**18**	**18**	**7**	**31919**	**8219**
南宁市	8251	5283	192.51	192.51	6	1	2	3	7085	1135
横州市	298	69	6.11	6.11	1	1			200	200
柳州市	5710	4041	77.18	77.18	4	1	1	2	3270	600
桂林市	2349	999	54.08	54.08	3	1	1	1	2820	1000
荔浦市	230	165	3.70	3.70	1	1			240	240
梧州市	891	361	23.93	23.93	2	1	1		1600	400
岑溪市	333	228	5.65	5.65	1	1			350	350
北海市	2274	2028	36.45	36.45	2	1	1		2168	768
防城港市	1303	942	13.43	13.43	1		1		1000	

continued 14

Domestic Garbage						公共厕所数(座)		市容环卫专用车辆设备总数(辆)	城市名称
		无害化处理量(万吨)					三类以上		
焚烧 Incineration	其他 other	Volume of Harmlessly Treated (10000 ton)	卫生填埋 Sanitary Landfill	焚烧 Incineration	其他 other	Number of Latrines (unit)	Grade Ⅲ and Above	Number of Vehicles and Equipment Designated for Municipal Environmental Sanitation (unit)	Name of Cities
1000		8.49		8.49		28	8	111	吴川市
2700	15	38.57		38.18	0.39	127	127	198	茂名市
1200		8.01		8.01		44	44	97	高州市
600		8.20		8.20		21	21	63	化州市
1000		7.29		7.29		21	21	275	信宜市
6450		58.31	2.87	55.43		228	228	501	肇庆市
1500		16.19		16.19		19	19	127	四会市
7334	80	139.06		136.16	2.89	164	149	720	惠州市
561		20.49		20.49		276	276	1309	梅州市
700		8.96		8.96		29	29	32	兴宁市
2100		14.34		14.34		64	44	2348	汕尾市
1200		10.67		10.67		19	15	308	陆丰市
		33.36	33.36			70	70	87	河源市
		31.20	9.40	21.80		67	67	652	阳江市
200		10.32	9.42	0.90		24	24	71	阳春市
2500		36.69		36.69		58	58	240	清远市
		8.62		8.62		25	25	43	英德市
		4.21	4.21			32	32	32	连州市
14750	1591	538.06		494.73	43.33	1862	1833	3289	东莞市
7710	900	39.14		35.23	3.91	208	121	1132	中山市
2500		43.60		43.60		713	609	261	潮州市
1082		44.98	19.73	25.26		285	207	228	揭阳市
800		31.27		31.27		29	29	62	普宁市
		10.48	10.48			148		60	云浮市
		6.23	6.23			22	22	241	罗定市
21150	**2550**	**615.27**	**51.69**	**521.97**	**41.62**	**3658**	**1944**	**14460**	**广　西**
4250	1700	192.51		167.94	24.57	1856	230	7052	南宁市
		6.11	6.11			22	11	26	横州市
2250	420	77.18		68.43	8.75	299	299	913	柳州市
1500	320	54.08		49.08	5.00	362	362	503	桂林市
		3.70	3.70			23	23	158	荔浦市
1200		23.93		23.93		65	65	673	梧州市
		5.65	5.65			21	21	32	岑溪市
1400		36.45		36.45		177	177	275	北海市
1000		13.43		13.43		56	35	546	防城港市

10-2 续表 15

城市名称 Name of Cities	道路清扫保洁面积（万平方米） Surface Area of Roads Cleaned and Maintained (10000 sq. m)	机械化 Mechanization	生活垃圾 清运量（万吨） Collected and Transported (10000 ton)	处理量（万吨） Volume of Treated (10000 ton)	无害化处理场（厂）数（座） Number of Harmless Treatment Plants/Grounds (unit)	卫生填埋 Sanitary Landfill	焚烧 Incineration	其他 other	无害化处理能力（吨/日） Harmless Treatment Capacity (ton/day)	卫生填埋 Sanitary Landfill
东兴市	310	240	5.51	5.51	1	1			121	121
钦州市	1064	354	33.91	33.91	2	1	1		1430	530
贵港市	1545	1186	20.83	20.83	3	1	1	1	1990	380
桂平市	340	255	6.10	6.10	1		1		800	
玉林市	1406	1231	33.38	33.38	2	1	1		1850	650
北流市	731	590	8.26	8.26	1		1		1050	
百色市	950	688	23.19	23.19	3	2	1		835	335
靖西市	253	156	5.71	5.71	1	1			160	160
平果市	446	362	6.18	6.18	1		1		400	
贺州市	568	473	10.54	10.54	2	1	1		1450	450
河池市	505	365	16.74	16.74	2	1	1		1000	400
来宾市	956	765	20.19	20.19	2	1	1		1500	500
合山市	80	44	1.85	1.85						
崇左市	587	311	6.11	6.11	1		1		600	
凭祥市	130	80	3.72	3.72						
海　南	**9171**	**7303**	**317.36**	**317.36**	**10**		**8**	**2**	**12250**	
海口市	4180	3908	186.25	186.25	4		3	1	5000	
三亚市	2415	1464	89.06	89.06	2		1	1	3150	
儋州市	924	767	13.45	13.45	1		1		1500	
五指山市	137	95	2.30	2.30						
琼海市	241	224	9.65	9.65	1		1		1200	
文昌市	370	341	7.35	7.35	1		1		600	
万宁市	350	181	6.13	6.13						
东方市	554	323	3.17	3.17	1		1		800	
重　庆	**28252**	**21157**	**643.26**	**643.26**	**36**	**13**	**16**	**7**	**29062**	**5282**
重庆市	28252	21157	643.26	643.26	36	13	16	7	29062	5282
四　川	**62089**	**46210**	**1322.33**	**1322.33**	**52**	**14**	**27**	**11**	**49754**	**10300**
成都市	26007	17612	566.23	566.23	12	1	9	2	23976	7100
简阳市	520	390	17.29	17.29	1		1		1500	
都江堰市	579	494	11.20	11.20	1	1			500	500
彭州市	466	446	21.42	21.42						
邛崃市	411	322	15.81	15.81						
崇州市	566	503	21.83	21.83						
自贡市	2396	2041	37.90	37.90	1		1		2300	
攀枝花市	1316	1108	22.43	22.43	2		1	1	900	

continued 15

Domestic Garbage						公共厕所数(座) Number of Latrines (unit)		市容环卫专用车辆设备总数(辆) Number of Vehicles and Equipment Designated for Municipal Environmental Sanitation (unit)	城市名称 Name of Cities
焚烧 Incineration	其他 other	无害化处理量(万吨) Volume of Harmlessly Treated (10000 ton)	卫生填埋 Sanitary Landfill	焚烧 Incineration	其他 other		三类以上 Grade Ⅲ and Above		
		5.51	5.51			24	6	235	东兴市
900		33.91		33.91		101	101	774	钦州市
1500	110	20.83		17.53	3.30	134	129	1438	贵港市
800		6.10		6.10		25	7	254	桂平市
1200		33.38		33.38		92	92	190	玉林市
1050		8.26		8.26		24	24	30	北流市
500		23.19	19.84	3.35		54	40	359	百色市
		5.71	5.71			18	18	468	靖西市
400		6.18		6.18		26	26	47	平果市
1000		10.54		10.54		128	128	89	贺州市
600		16.74	5.17	11.57		54	53	113	河池市
1000		20.19		20.19		32	32	73	来宾市
		1.85		1.85		12	12	20	合山市
600		6.11		6.11		29	29	151	崇左市
		3.72		3.72		24	24	41	凭祥市
11150	**1100**	**317.36**		**299.07**	**18.30**	**1487**	**1478**	**15962**	**海　南**
4200	800	186.25		174.25	12.00	940	940	6815	海口市
2850	300	89.06		82.76	6.30	221	221	4225	三亚市
1500		13.45		13.45		110	110	819	儋州市
		2.30		2.30		21	21	296	五指山市
1200		9.65		9.65		45	45	517	琼海市
600		7.35		7.35		45	45	649	文昌市
		6.13		6.13		54	54	579	万宁市
800		3.17		3.17		51	42	2062	东方市
19600	**4180**	**643.26**	**18.18**	**503.92**	**121.16**	**4831**	**4199**	**5003**	**重　庆**
19600	4180	643.26	18.18	503.92	121.16	4831	4199	5003	重庆市
37534	**1920**	**1321.75**	**93.86**	**1173.14**	**54.75**	**9998**	**8768**	**16148**	**四　川**
16376	500	566.23	69.23	484.23	12.77	2579	2461	8374	成都市
1500		17.29		17.29		82	82	185	简阳市
		11.20		11.20		121	121	150	都江堰市
		21.42		21.42		164	157	70	彭州市
		15.81		15.81		101	101	309	邛崃市
		21.24		21.24		73		172	崇州市
2300		37.90		37.90		557	557	607	自贡市
800	100	22.43		20.34	2.09	414	414	239	攀枝花市

10-2 续表 16

城市名称 Name of Cities	道路清扫保洁面积(万平方米) Surface Area of Roads Cleaned and Maintained (10000 sq. m)	机械化 Mechanization	生活垃圾 清运量(万吨) Collected and Transported (10000 ton)	处理量(万吨) Volume of Treated (10000 ton)	无害化处理场(厂)数(座) Number of Harmless Treatment Plants/Grounds (unit)	卫生填埋 Sanitary Landfill	焚烧 Incineration	其他 other	无害化处理能力(吨/日) Harmless Treatment Capacity (ton/day)	卫生填埋 Sanitary Landfill
泸州市	2660	2093	43.66	43.66	1		1		1500	
德阳市	1485	1301	28.64	28.64	2		1	1	1573	
广汉市	841	718	19.52	19.52						
什邡市	307	173	9.82	9.82						
绵竹市	318	224	11.25	11.25						
绵阳市	2885	2442	62.11	62.11	2	1	1		2360	710
江油市	670	450	17.77	17.77	1			1	100	
广元市	958	770	23.84	23.84	4	3	1		910	210
遂宁市	1612	1330	23.28	23.28	1		1		800	
射洪市	493	340	10.99	10.99	2		1	1	800	
内江市	1138	944	30.78	30.78	3	1	1	1	1680	360
隆昌市	454	326	11.97	11.97						
乐山市	1447	1049	34.15	34.15	3	2	1		1720	120
峨眉山市	308	230	12.34	12.34	1			1	400	
南充市	2339	2065	45.43	45.43	2	1	1		1700	500
阆中市	700	582	12.00	12.00	1	1			350	350
眉山市	1485	838	21.35	21.35	2		1	1	1650	
宜宾市	2221	1963	42.32	42.32						
广安市	1645	1045	22.84	22.84						
华蓥市	319	42	4.67	4.67						
达州市	1528	1017	32.68	32.68	1		1		1200	
万源市	80	35	3.40	3.40						
雅安市	736	605	14.61	14.61	1		1		700	
巴中市	1254	1104	19.56	19.56	1		1		1200	
资阳市	960	892	15.89	15.89						
马尔康市	110		2.81	2.81	2		1	1	175	
康定市	79	66	2.97	2.97	1	1			65	65
会理市	87	61	3.16	3.16	1	1			150	150
西昌市	710	589	24.40	24.40	3	1	1	1	1545	235
贵　州	**21684**	**20986**	**461.88**	**461.88**	**42**	**5**	**22**	**15**	**20864**	**1325**
贵阳市	7826	7590	174.63	174.63	6		3	3	5785	
清镇市	486	463	14.01	14.01	2		2		800	
六盘水市	1624	1522	27.49	27.49	3		2	1	1450	
盘州市	630	590	9.34	9.34	1		1		800	
遵义市	3048	3011	60.32	60.32	3		2	1	2420	

continued 16

Domestic Garbage						公共厕所数(座) Number of Latrines (unit)		市容环卫专用车辆设备总数(辆) Number of Vehicles and Equipment Designated for Municipal Environmental Sanitation (unit)	城市名称 Name of Cities
焚烧 Incineration	其他 other	无害化处理量(万吨) Volume of Harmlessly Treated (10000 ton)	卫生填埋 Sanitary Landfill	焚烧 Incineration	其他 other		三类以上 Grade Ⅲ and Above		
1500		43.66		43.66		316	286	436	泸州市
1458	115	28.64		24.44	4.20	136	37	583	德阳市
		19.52		19.52		63	63	77	广汉市
		9.82		9.82		60	60	261	什邡市
		11.25		11.25		30	30	43	绵竹市
1650		62.11		62.11		449	449	315	绵阳市
	100	17.77		15.17	2.60	74	74	78	江油市
700		23.84	1.95	21.90		350	199	211	广元市
800		23.28		23.01	0.27	241	93	278	遂宁市
700	100	10.99		9.24	1.75	91	79	115	射洪市
1050	270	30.78		25.76	5.02	462	442	294	内江市
		11.97		11.97		41	27	82	隆昌市
1600		34.15	6.00	28.14		232	152	334	乐山市
	400	12.34			12.34	55	55	40	峨眉山市
1200		45.43	1.71	43.72		490	468	346	南充市
		12.00	12.00			200	200	66	阆中市
1500	150	21.35		16.93	4.42	164	164	258	眉山市
		42.32		36.24	6.08	458	321	798	宜宾市
		22.84		22.84		180	153	217	广安市
		4.67		4.67		43	27	61	华蓥市
1200		32.68		32.68		619	619	279	达州市
		3.40		3.40		85	85	68	万源市
700		14.61		14.61		299	260	123	雅安市
1200		19.56		19.56		279	125	275	巴中市
		15.89		15.89		170	170	114	资阳市
100	75	2.81		1.58	1.23	19	16	32	马尔康市
		2.97	2.97			15	13	27	康定市
		3.16		3.16		37	6	36	会理市
1200	110	24.40		22.43	1.97	249	202	195	西昌市
17500	**2039**	**461.88**	**11.29**	**414.46**	**36.14**	**5529**	**4746**	**6236**	**贵　州**
4650	1135	174.63		156.48	18.15	1764	1764	2226	贵阳市
800		14.01		14.01		211	211	230	清镇市
1400	50	27.49		27.05	0.44	408	408	634	六盘水市
800		9.34		9.34		114	114	41	盘州市
2300	120	60.32		58.10	2.22	677	547	716	遵义市

10-2 续表 17

城市名称 Name of Cities	道路清扫保洁面积（万平方米） Surface Area of Roads Cleaned and Maintained (10000 sq. m)	机械化 Mechanization	生活垃圾 清运量（万吨） Collected and Transported (10000 ton)	处理量（万吨） Volume of Treated (10000 ton)	无害化处理场（厂）数（座） Number of Harmless Treatment Plants/Grounds (unit)	卫生填埋 Sanitary Landfill	焚烧 Incineration	其他 other	无害化处理能力（吨/日） Harmless Treatment Capacity (ton/day)	卫生填埋 Sanitary Landfill
赤水市	222	216	3.77	3.77	1			1	30	
仁怀市	701	693	23.42	23.42	3		2	1	1350	
安顺市	1560	1453	34.88	34.88	5	1	3	1	1710	310
毕节市	1070	1010	20.80	20.80	3	1	1	1	1500	400
黔西市	369	361	9.52	9.52	2	1	1		370	120
铜仁市	784	763	17.63	17.63	2		1	1	655	
兴义市	1500	1479	19.57	19.57	2		1	1	1244	
兴仁市	217	210	6.52	6.52	1			1	25	
凯里市	492	485	21.06	21.06	2		1	1	900	
都匀市	872	867	12.97	12.97	3	1	1	1	1050	350
福泉市	283	273	5.96	5.96	3	1	1	1	775	145
云　南	**20828**	**17944**	**544.85**	**544.85**	**36**	**15**	**17**	**4**	**21273**	**4537**
昆明市	7736	6732	240.24	240.24	8	1	5	2	8200	100
安宁市	476	403	12.78	12.78						
曲靖市	1922	1678	32.53	32.53	1		1		800	
宣威市	714	642	12.66	12.66	1		1		500	
玉溪市	758	623	21.57	21.57	2	1	1		1100	400
澄江市	146	120	1.37	1.37	1		1		300	
保山市	695	617	13.02	13.02	2	1	1		1050	250
腾冲市	293	236	6.90	6.90	1		1		300	
昭通市	715	601	16.51	16.51	1		1		800	
水富市	114	97	2.26	2.26	1	1			90	90
丽江市	512	472	16.37	16.37	1	1			550	550
普洱市	420	389	14.05	14.05	1	1			350	350
临沧市	283	233	8.57	8.57	1	1			110	110
禄丰市	182	155	4.02	4.02	1	1			113	113
楚雄市	900	807	13.62	13.62	1		1		700	
个旧市	120	96	4.95	4.95	2	1	1		760	160
开远市	402	342	6.10	6.10	1	1			200	200
蒙自市	719	611	16.42	16.42	1	1			300	300
弥勒市	337	288	6.46	6.46	2	1		1	270	220
文山市	864	762	15.93	15.93	1		1		1200	
景洪市	583	466	25.80	25.80	1	1			1474	1474
大理市	824	707	29.52	29.52	2		1	1	1675	
瑞丽市	265	237	7.53	7.53						

continued 17

Domestic Garbage						公共厕所数（座）		市容环卫专用车辆设备总数（辆）	城市名称
		无害化处理量（万吨）					三类以上		
焚烧 Incinera-tion	其他 other	Volume of Harm-lessly Treated (10000 ton)	卫生填埋 Sanitary Landfill	焚烧 Incinera-tion	其他 other	Number of Latrines (unit)	Grade Ⅲ and Above	Number of Vehicles and Equipment Designated for Municipal Environmental Sanitation (unit)	Name of Cities
	30	3.77		3.54	0.24	87	87	56	赤水市
1200	150	23.42		20.93	2.49	125	125	364	仁怀市
1300	100	34.88		28.97	5.91	519	201	528	安顺市
1000	100	20.80		17.95	2.85	260	260	270	毕节市
250		9.52	8.47	1.05		109	77	160	黔西市
600	55	17.63		17.63		237	237	201	铜仁市
1200	44	19.57		17.97	1.61	318	281	297	兴义市
	25	6.52		5.63	0.89	91	16	42	兴仁市
800	100	21.06		20.43	0.63	242	242	176	凯里市
600	100	12.97	2.81	10.15		251	79	185	都匀市
600	30	5.96		5.24	0.72	116	97	110	福泉市
15011	**1725**	**544.85**	**85.50**	**444.36**	**14.99**	**7209**	**7053**	**6496**	**云　南**
6900	1200	240.24	3.18	229.78	7.28	2612	2509	2498	昆明市
		12.78		12.78		132	132	98	安宁市
800		32.53		32.53		547	501	574	曲靖市
500		12.66		12.66		270	270	246	宣威市
700		21.57		21.57		210	210	158	玉溪市
300		1.37		1.37		30	30	59	澄江市
800		13.02		13.02		194	194	99	保山市
300		6.90		6.90				193	腾冲市
800		16.51		16.51		285	285	249	昭通市
		2.26	2.26			55	55	100	水富市
		16.37	16.37			153	153	145	丽江市
		14.05	14.05			169	169	181	普洱市
		8.57	8.57			110	110	149	临沧市
		4.02	4.02			47	47	53	禄丰市
700		13.62		13.62		321	321	174	楚雄市
600		4.95	0.46	4.48		81	81	48	个旧市
		6.10		6.10		265	265	109	开远市
		16.42	2.57	13.85		177	177	154	蒙自市
	50	6.46		5.71	0.74	170	170	66	弥勒市
1200		15.93		15.93		7		97	文山市
		25.80	25.80			235	235	200	景洪市
1200	475	29.52		22.56	6.96	681	681	253	大理市
		7.53		7.53		158	158	149	瑞丽市

10-2 续表 18

城市名称 Name of Cities	道路清扫保洁面积（万平方米） Surface Area of Roads Cleaned and Maintained （10000 sq. m）	机械化 Mechanization	生活垃圾 清运量（万吨） Collected and Transported （10000 ton）	处理量（万吨） Volume of Treated （10000 ton）	无害化处理场（厂）数（座） Number of Harmless Treatment Plants/Grounds （unit）	卫生填埋 Sanitary Landfill	焚烧 Incineration	其他 other	无害化处理能力（吨/日） Harmless Treatment Capacity （ton/day）	卫生填埋 Sanitary Landfill
芒市	394	315	7.48	7.48	1		1		211	
泸水市	51	42	1.92	1.92	1	1			100	100
香格里拉市	402	274	6.32	6.32	1	1			120	120
西　藏	**5105**	**2477**	**70.87**	**70.78**	**8**	**7**	**1**		**2422**	**1778**
拉萨市	4066	1927	44.82	44.82	4	3	1		1382	738
日喀则市	451	370	9.86	9.86	1	1			300	300
昌都市	135	113	6.04	6.03	1	1			270	270
林芝市	18	15	3.42	3.42	1	1			110	110
山南市	335	24	4.02	4.02						
那曲市	100	28	2.73	2.65	1	1			360	360
陕　西	**26169**	**23252**	**715.87**	**715.87**	**41**	**15**	**11**	**15**	**23529**	**4623**
西安市	14795	13316	424.26	424.26	10	1	5	4	14040	120
铜川市	573	508	14.61	14.61	2		1	1	600	
宝鸡市	2076	1731	41.96	41.96	3	2		1	1177	1007
咸阳市	580	547	36.90	36.90	1			1	106	
彬州市	172	168	6.05	6.05	1		1		300	
兴平市	292	256	8.88	8.88	1		1		500	
渭南市	916	816	22.02	22.02	4	2	1	1	1430	580
韩城市	338	303	7.41	7.41	1	1			400	400
华阴市	181	128	6.66	6.66	1	1			200	200
延安市	863	761	28.92	28.92	3	2		1	818	718
子长市	98	74	4.45	4.45	1	1			200	200
汉中市	872	783	21.68	21.68	2		1	1	750	
榆林市	2125	1851	36.05	36.05	3	1	1	1	1498	98
神木市	886	762	13.04	13.04	2	1		1	330	300
安康市	809	708	22.47	22.47	3	1		2	800	650
旬阳市	91	74	4.69	4.69	1	1			150	150
商洛市	190	174	8.54	8.54	2	1		1	230	200
杨凌区	312	292	7.30	7.30						
甘　肃	**15474**	**13255**	**282.93**	**282.93**	**33**	**17**	**10**	**6**	**12552**	**3902**
兰州市	5716	4963	118.23	118.23	7	5	1	1	3637	1137
嘉峪关市	1142	914	10.13	10.13	2	1		1	410	360
金昌市	713	642	7.17	7.17	1	1			220	220
白银市	978	805	15.81	15.81	2		1	1	870	
天水市	987	873	24.31	24.31	3	1	2		813	163

continued 18

Domestic Garbage						公共厕所数(座)		市容环卫专用车辆设备总数(辆)	城市名称
焚烧 Incineration	其他 other	无害化处理量(万吨) Volume of Harmlessly Treated (10000 ton)	卫生填埋 Sanitary Landfill	焚烧 Incineration	其他 other	Number of Latrines (unit)	三类以上 Grade Ⅲ and Above	Number of Vehicles and Equipment Designated for Municipal Environmental Sanitation (unit)	Name of Cities
211		7.48		7.48		127	127	300	芒市
		1.92	1.92			62	62	38	泸水市
		6.32	6.32			111	111	106	香格里拉市
644		**70.78**	**47.29**	**23.50**		**938**	**103**	**1624**	**西　藏**
644		44.82	21.32	23.50		617	34	1363	拉萨市
		9.86	9.86			114		77	日喀则市
		6.03	6.03			95	67	54	昌都市
		3.42	3.42			27		40	林芝市
		4.02	4.02			27	2	29	山南市
		2.65	2.65			58		61	那曲市
15950	**2956**	**715.87**	**142.11**	**518.77**	**54.98**	**6990**	**6776**	**7170**	**陕　西**
12000	1920	424.26	2.37	386.61	35.28	3520	3520	3533	西安市
500	100	14.61		12.99	1.62	261	261	191	铜川市
	170	41.96	37.77		4.19	769	748	304	宝鸡市
	106	36.90		33.06	3.84	162	133	730	咸阳市
300		6.05		6.05		37	37	46	彬州市
500		8.88		8.88		44	44	85	兴平市
750	100	22.02	6.94	11.83	3.24	384	384	363	渭南市
		7.41	7.41			68	68	72	韩城市
		6.66	6.66			60	45	67	华阴市
	100	28.92	26.12		2.80	318	315	374	延安市
		4.45	4.45			42	42	55	子长市
600	150	21.68		21.67		214	179	150	汉中市
1300	100	36.05	3.85	30.39	1.81	626	626	692	榆林市
	30	13.04	12.86		0.18	216	216	201	神木市
	150	22.47	21.67		0.80	80	80	150	安康市
		4.69	4.69			66		24	旬阳市
	30	8.54	7.32		1.22	68	68	86	商洛市
		7.30		7.30		55	10	47	杨凌区
7650	**1000**	**282.93**	**70.79**	**188.92**	**23.21**	**3225**	**2825**	**6245**	**甘　肃**
2000	500	118.23	24.13	80.02	14.07	789	789	3793	兰州市
	50	10.13	4.91	3.45	1.77	304	304	559	嘉峪关市
		7.17	7.17			261	114	182	金昌市
600	270	15.81		13.34	2.48	281	163	157	白银市
650		24.31	2.79	21.51		296	296	183	天水市

10-2 续表 19

城市名称 Name of Cities	道路清扫保洁面积（万平方米） Surface Area of Roads Cleaned and Maintained (10000 sq. m)	机械化 Mechanization	生活垃圾 清运量（万吨） Collected and Transported (10000 ton)	处理量（万吨） Volume of Treated (10000 ton)	无害化处理场（厂）数（座） Number of Harmless Treatment Plants/Grounds (unit)	卫生填埋 Sanitary Landfill	焚烧 Incineration	其他 other	无害化处理能力（吨/日） Harmless Treatment Capacity (ton/day)	卫生填埋 Sanitary Landfill
武威市	687	653	14.16	14.16	2		1	1	880	
张掖市	806	693	11.25	11.25	1		1		600	
平凉市	784	682	11.77	11.77	2	1	1		875	375
华亭市	203	176	3.32	3.32	1	1			187	187
酒泉市	698	600	11.84	11.84	2	1	1		980	480
玉门市	310	248	4.70	4.70	2	2			260	260
敦煌市	307	285	9.73	9.73	1	1			193	193
庆阳市	748	626	9.46	9.46	2		1	1	1250	
定西市	364	317	5.86	5.86	2	1		1	230	180
陇南市	212	170	8.67	8.67	1	1			214	214
临夏市	654	484	11.67	11.67	1		1		800	
合作市	166	124	4.86	4.86	1	1			133	133
青　海	**5358**	**2744**	**115.04**	**114.77**	**8**	**7**	**1**		**4515**	**1515**
西宁市	3553	1781	85.92	85.92	1		1		3000	
海东市	346	205	7.84	7.84	2	2			270	270
同仁市	160	22	1.43	1.43	1	1			150	150
玉树市	315	61	5.92	5.88	1	1			150	150
茫崖市	40	6	1.39	1.35	1	1			36	36
格尔木市	523	399	10.09	9.90	1	1			759	759
德令哈市	421	270	2.45	2.45	1	1			150	150
宁　夏	**11818**	**10059**	**122.77**	**122.77**	**11**	**4**	**5**	**2**	**5783**	**1423**
银川市	5772	5298	70.43	70.43	3	1	1	1	3500	1000
灵武市	452	375	6.94	6.94						
宁东能源化工基地	224	204	3.40	3.40						
石嘴山市	2267	1504	13.48	13.48	5	3	1	1	583	423
吴忠市	930	860	10.00	10.00	1		1		500	
青铜峡市	333	297	3.14	3.14						
固原市	980	798	8.59	8.59	1		1		700	
中卫市	860	723	6.80	6.80	1		1		500	
新　疆	**22112**	**16648**	**392.78**	**392.78**	**29**	**19**	**8**	**2**	**14599**	**5821**
乌鲁木齐市	6953	6247	170.13	170.13	3	2	1		4523	1323

continued 19

Domestic Garbage						公共厕所数(座) Number of Latrines (unit)	三类以上 Grade Ⅲ and Above	市容环卫专用车辆设备总数(辆) Number of Vehicles and Equipment Designated for Municipal Environmental Sanitation (unit)	城市名称 Name of Cities
焚烧 Incineration	其他 other	无害化处理量(万吨) Volume of Harmlessly Treated (10000 ton)	卫生填埋 Sanitary Landfill	焚烧 Incineration	其他 other				
800	80	14.16		12.45	1.71	177	177	255	武威市
600		11.25		11.25		197	97	122	张掖市
500		11.77		11.77		165	165	124	平凉市
		3.32	0.40	2.91		30	21	38	华亭市
500		11.84		11.84		220	220	118	酒泉市
		4.70	4.70			50	50	42	玉门市
		9.73	9.73			49	48	58	敦煌市
1200	50	9.46		7.85	1.61	181	181	148	庆阳市
	50	5.86	3.43	0.86	1.57	79	54	63	定西市
		8.67	8.67			34	34	78	陇南市
800		11.67		11.67		72	72	285	临夏市
		4.86	4.86			40	40	40	合作市
3000		**114.77**	**28.85**	**85.92**		**839**	**722**	**1693**	**青　海**
3000		85.92		85.92		494	485	1251	西宁市
		7.84	7.84			119	55	155	海东市
		1.43	1.43			22		34	同仁市
		5.88	5.88			75	75	69	玉树市
		1.35	1.35			8		7	茫崖市
		9.90	9.90			81	81	119	格尔木市
		2.45	2.45			40	26	58	德令哈市
3760	**600**	**122.77**	**9.79**	**101.58**	**11.40**	**1011**	**925**	**2738**	**宁　夏**
2000	500	70.43	4.41	56.46	9.55	425	425	2069	银川市
		6.94		6.36	0.58			59	灵武市
		3.40		3.40		14	14	60	宁东能源化工基地
60	100	13.48	5.38	6.83	1.27	232	232	165	石嘴山市
500		10.00		10.00		121	121	96	吴忠市
		3.14		3.14		36	34	51	青铜峡市
700		8.59		8.59		99	99	113	固原市
500		6.80		6.80		84		125	中卫市
8700	**78**	**392.78**	**160.63**	**223.66**	**8.49**	**2436**	**2046**	**7368**	**新　疆**
3200		170.13	61.97	101.27	6.90	711	663	4214	乌鲁木齐市

10-2 续表 20

城市名称 Name of Cities	道路清扫保洁面积（万平方米） Surface Area of Roads Cleaned and Maintained (10000 sq. m)		生活垃圾							
		机械化 Mechanization	清运量（万吨） Collected and Transported (10000 ton)	处理量（万吨） Volume of Treated (10000 ton)	无害化处理场(厂)数（座） Number of Harmless Treatment Plants/Grounds (unit)	卫生填埋 Sanitary Landfill	焚烧 Incineration	其他 other	无害化处理能力（吨/日） Harmless Treatment Capacity (ton/day)	卫生填埋 Sanitary Landfill
克拉玛依市	1727	1450	17.21	17.21	5	3		2	865	787
吐鲁番市	600	300	8.01	8.01	1	1			300	300
哈密市	1196	293	14.90	14.90	1	1			560	560
昌吉市	1479	546	19.18	19.18	1	1			600	600
阜康市	275	218	3.91	3.91	1	1			147	147
博乐市	386	327	6.31	6.31	1		1		300	
阿拉山口市	100	60	0.99	0.99	1	1			100	100
库尔勒市	1570	1256	22.90	22.90	1		1		1100	
阿克苏市	1355	1150	18.55	18.55	1		1		700	
库车市	340	243	11.91	11.91	1		1		600	
阿图什市	316	190	3.52	3.52	1	1			140	140
喀什市	2397	1921	21.16	21.16	1		1		800	
和田市	597	478	11.66	11.66	2	1	1		1274	274
伊宁市	850	597	29.90	29.90	2	1	1		1600	600
奎屯市	556	371	10.30	10.30	1	1			200	200
霍尔果斯市	204	160	1.10	1.10	1	1			200	200
塔城市	330	235	6.02	6.02	1	1			180	180
乌苏市	456	313	4.66	4.66	1	1			120	120
沙湾市	240	204	4.55	4.55	1	1			125	125
阿勒泰市	186	90	5.91	5.91	1	1			165	165
新疆兵团	**4703**	**3312**	**39.39**	**39.35**	**10**	**9**	**1**		**1441**	**1441**
石河子市	1020	848	16.03	16.03	2	1	1		450	450
阿拉尔市	381	346	5.52	5.52	1	1			270	270
图木舒克市	821		4.90	4.90	1	1			134	134
五家渠市	254	216	3.03	2.99	1	1			200	200
北屯市	475	466	2.78	2.78	1	1			200	200
铁门关市	285	232	1.08	1.08						
双河市	261	230	1.90	1.90						
可克达拉市	405	404	0.60	0.60	1	1			35	35
昆玉市	134	117	1.53	1.53	1	1			42	42
胡杨河市	100	81	0.66	0.66	1	1			90	90
新星市	568	372	1.36	1.36	1	1			20	20

continued 20

Domestic Garbage						公共厕所数(座) Number of Latrines (unit)		市容环卫专用车辆设备总数(辆) Number of Vehicles and Equipment Designated for Municipal Environmental Sanitation (unit)	城市名称 Name of Cities
焚烧 Incineration	其他 other	无害化处理量(万吨) Volume of Harmlessly Treated (10000 ton)	卫生填埋 Sanitary Landfill	焚烧 Incineration	其他 other		三类以上 Grade Ⅲ and Above		
	78	17.21	15.61		1.60	383	383	434	克拉玛依市
		8.01	8.01			60	60	45	吐鲁番市
		14.90	14.90			115	114	237	哈密市
		19.18	19.18			107	107	400	昌吉市
		3.91	3.91			55	55	203	阜康市
300		6.31		6.31		44	4	195	博乐市
		0.99	0.99			13		42	阿拉山口市
1100		22.90		22.90		105	95	95	库尔勒市
700		18.55		18.55		222	101	83	阿克苏市
600		11.91		11.91		106	35	52	库车市
		3.52	3.52			24	6	23	阿图什市
800		21.16		21.16		151	132	222	喀什市
1000		11.66		11.66		16		67	和田市
1000		29.90		29.90		123	123	440	伊宁市
		10.30	10.30			112	112	216	奎屯市
		1.10	1.10			15	15	70	霍尔果斯市
		6.02	6.02			12	12	185	塔城市
		4.66	4.66			9		44	乌苏市
		4.55	4.55			24		42	沙湾市
		5.91	5.91			29	29	59	阿勒泰市
0		**39.35**	**36.09**	**3.26**		**371**	**128**	**950**	**新疆兵团**
0		16.03	16.03			156		437	石河子市
		5.52	5.52			30	30	15	阿拉尔市
		4.90	4.90			28		30	图木舒克市
		2.99	2.99			33	33	89	五家渠市
		2.78	2.78			22		93	北屯市
		1.08		1.08		10	10	20	铁门关市
		1.90		1.90		4		9	双河市
		0.60	0.32	0.28		24	24	87	可克达拉市
		1.53	1.53			20	20	23	昆玉市
		0.66	0.66			9	9	20	胡杨河市
		1.36	1.36			35	2	127	新星市

绿色生态数据

Data by Green Ecology

十一、城市园林绿化

Urban Landscaping

简要说明

本部分主要包括道路清扫保洁，生活垃圾、粪便的清运、处理等内容。

Brief Introduction

This section mainly includes such indicators as the cleaning and maintenance of roads, the transfer and treatment of domestic garbage, night soil, etc.

11 全国历年城市园林绿化情况(1981—2023)
National Urban Landscaping in Past Years(1981—2023)

计量单位:公顷 Measurement Unit:Hectare

年份 Year	建成区绿化覆盖面积 Built District Green Coverage Area	建成区绿地面积 Built District Area of Parks and Green Space	公园绿地面积 Area of Public Recreational Green Space	公园面积 Park Area	人均公园绿地面积(平方米) Public Recreational Green Space Per Capita (sq. m)	建成区绿化覆盖率(%) Green Coverage Rate of Built District (%)	建成区绿地率(%) Green Space Rate of Built District (%)
1981		110037	21637	14739	1.50		
1982		121433	23619	15769	1.65		
1983		135304	27188	18373	1.71		
1984		146625	29037	20455	1.62		
1985		159291	32766	21896	1.57		
1986		153235	42255	30740	1.84	16.9	
1987		161444	47752	32001	1.90	17.1	
1988		180144	52047	36260	1.76	17.0	
1989		196256	52604	38313	1.69	17.8	
1990	246829		57863	39084	1.78	19.2	
1991	282280		61233	41532	2.07	20.1	
1992	313284		65512	45741	2.13	21.0	
1993	354127		73052	48621	2.16	21.3	
1994	396595		82060	55468	2.29	22.1	
1995	461319		93985	72857	2.49	23.9	
1996	493915	385056	99945	68055	2.76	24.43	19.05
1997	530877	427766	107800	68933	2.93	25.53	20.57
1998	567837	466197	120326	73198	3.22	26.56	21.81
1999	593698	495696	131930	77137	3.51	27.58	23.03
2000	631767	531088	143146	82090	3.69	28.15	23.67
2001	681914	582952	163023	90621	4.56	28.38	24.26
2002	772749	670131	188826	100037	5.36	29.75	25.80
2003	881675	771730	219514	113462	6.49	31.15	27.26
2004	962517	842865	252286	133846	7.39	31.66	27.72
2005	1058381	927064	283263	157713	7.89	32.54	28.51
2006	1181762	1040823	309544	208056	8.3(9.3)	35.11	30.92
2007	1251573	1110330	332654	202244	8.98	35.29	31.30
2008	1356467	1208448	359468	218260	9.71	37.37	33.29
2009	1494486	1338133	401584	235825	10.66	38.22	34.17
2010	1612458	1443663	441276	258177	11.18	38.62	34.47
2011	1718924	1545985	482620	285751	11.80	39.22	35.27
2012	1812488	1635240	517815	306245	12.26	39.59	35.72
2013	1907490	1719361	547356	329842	12.64	39.70	35.78
2014	2017348	1819960	582392	367926	13.08	40.22	36.29
2015	2105136	1907862	614090	383805	13.35	40.12	36.36
2016	2204040	1992584	653555	416881	13.70	40.30	36.43
2017	2314378	2099120	688441	444622	14.01	40.91	37.11
2018	2419918	2197122	723740	494228	14.11	41.11	37.34
2019	2522931	2285207	756441	502360	14.36	41.51	37.63
2020	2637533	2398085	797912	538477	14.78	42.06	38.24
2021	2732400	2492509	835659	647962	14.87	42.42	38.70
2022	2820978	2579720	868508	672753	15.29	42.96	39.29
2023	2878982	2654062	893521	692020	15.65	43.32	39.94

注:1. 自2006年起,"公共绿地"统计为"公园绿地"。
2. 自2006年起,"人均公共绿地面积"统计为以城区人口和城区暂住人口合计为分母计算的"人均公园绿地面积",括号内数据约为与往年同口径数据。

Notes: 1. Since 2006, Public Green Space is changed to Public Recreational Green Space.
2. Since 2006, Public recreational green space per capita has been calculated based on denominator which combines both permanent and temporary residents in urban areas, and the data in brackets are the same index but calculated by the method of past years.

11-1 2023年按省分列的城市园林绿化
Urban Landscaping by Province(2023)

计量单位:公顷 Measurement Unit: Hectare

地区名称 Name of Regions	绿化覆盖面积 Green Coverage Area	建成区 Built District	绿地面积 Area of Parks and Green Space	建成区 Built District	公园绿地面积 Area of Public Recreational Green Space	公园个数(个) Number of Parks (unit)	门票免费 Free Parks	公园面积 Park Area
全国	**4079500**	**2878982**	**3652372**	**2654062**	**893521**	**28137**	**27581**	**692020**
北京	99636	99636	94136	94136	37238	612	577	36397
天津	52263	49039	48521	45390	11620	181	177	3503
河北	128085	106558	106281	98177	32489	1049	1029	23625
山西	64188	55777	59447	52502	17872	344	331	16074
内蒙古	78182	53695	72081	49910	18667	723	714	15650
辽宁	224941	116372	153046	111052	32804	819	791	23426
吉林	107387	66914	100250	61133	18209	511	509	13696
黑龙江	84051	70817	77567	65393	20434	506	492	13621
上海	177737	46980	173256	45901	23497	552	543	4440
江苏	356351	220095	322475	203068	60645	1504	1418	36332
浙江	211314	153526	184888	139003	49316	2130	2080	30749
安徽	151696	116253	135328	105389	34202	851	847	23509
福建	94559	84560	86898	78147	23088	769	759	15919
江西	90651	85981	83027	79885	20902	1020	1015	17539
山东	322515	252538	288644	232624	77143	1522	1487	49144
河南	164940	150094	145488	133508	46814	886	863	24151
湖北	138436	127208	123065	117557	38016	800	781	24040
湖南	102762	90044	102211	82440	25800	797	789	19690
广东	605282	295257	557540	275459	122091	6408	6364	168245
广西	95486	78067	84866	70177	16558	512	497	15770
海南	21508	17981	20558	16989	4262	212	206	3421
重庆	86909	74592	78248	69500	28889	641	631	16770
四川	164525	150058	145165	133083	44546	1064	1042	28176
贵州	119531	50986	101459	48738	15308	462	457	15862
云南	63336	56517	57524	51868	15116	1547	1476	13597
西藏	7579	7193	7141	6872	1697	167	167	1338
陕西	90242	67121	81278	60539	19256	502	500	12334
甘肃	37952	35838	33923	32697	11354	240	236	7892
青海	9808	9181	9076	8468	2786	72	71	1854
宁夏	28170	20627	26790	19774	6810	168	167	3902
新疆	86781	59615	80126	55298	13450	348	347	8889
新疆兵团	12698	9863	12071	9384	2641	218	218	2465

注：本表中北京市的各项绿化数据均为该市调查面积内数据。

Note: All the greening-related data for Beijing Municipality in the Table are those for the areas surveyed in the city.

11-2 2023年按城市分列的城市园林绿化
Urban Landscaping by City(2023)

计量单位:公顷 Measurement Unit:Hectare

城市名称 Name of Cities	绿化覆盖面积 Green Coverage Area	建成区 Built District	绿地面积 Area of Parks and Green Space	建成区 Built District	公园绿地面积 Area of Public Recreational Green Space	公园个数(个) Number of Parks (unit)	门票免费 Free Parks	公园面积 Park Area
全　国	**4079500**	**2878982**	**3652372**	**2654062**	**893521**	**28137**	**27581**	**692020**
北　京	**99636**	**99636**	**94136**	**94136**	**37238**	**612**	**577**	**36397**
天　津	**52263**	**49039**	**48521**	**45390**	**11620**	**181**	**177**	**3503**
河　北	**128085**	**106558**	**106281**	**98177**	**32489**	**1049**	**1029**	**23625**
石家庄市	20910	19989	19171	18635	6536	145	143	5334
晋州市	930	662	594	594	191	11	11	93
新乐市	833	648	690	585	188	14	14	165
唐山市	11373	10976	10130	10130	3472	78	73	2413
滦州市	1677	1399	1252	1252	356	7	7	356
遵化市	1333	1141	1060	1040	396	15	15	336
迁安市	2513	2056	1883	1883	555	17	17	556
秦皇岛市	6255	6255	5712	5712	2418	30	30	1130
邯郸市	11809	8959	9134	8310	3610	132	131	3210
武安市	1879	1879	1701	1701	390	7	7	293
邢台市	6815	5956	6275	5526	1310	125	125	1202
南宫市	717	689	624	624	205	9	9	270
沙河市	1018	821	893	734	168	5	5	68
保定市	9968	9418	8876	8744	2719	82	80	1477
涿州市	2046	1632	1494	1494	422	8	8	135
安国市	744	642	637	574	183	4	4	58
高碑店市	968	886	868	806	187	4	4	80
张家口市	5916	4475	4600	4075	1486	112	111	1226
承德市	6258	3485	4039	3279	1167	39	31	1067
平泉市	840	786	772	733	238	9	9	237
沧州市	4739	4088	3754	3663	1063	22	22	307
泊头市	835	835	755	755	233	5	5	146
任丘市	2776	2344	2435	2106	532	18	18	170
黄骅市	4757	2316	4008	2164	572	25	25	648
河间市	1028	903	820	820	249	13	13	271
廊坊市	5066	3813	3639	3546	1000	17	17	699
霸州市	1061	744	667	667	203	2	2	203
三河市	1428	806	752	745	324	9	9	164
衡水市	5829	3420	4620	3177	1026	30	29	878
深州市	1401	931	1073	853	247	7	7	79
辛集市	1956	1577	1533	1429	348	21	21	192
定州市	2406	2027	1821	1821	498	27	27	161
山　西	**64188**	**55777**	**59447**	**52502**	**17872**	**344**	**331**	**16074**
太原市	14886	14886	14483	14483	5427	90	85	5672
古交市	810	737	672	672	196	2	2	84
大同市	6647	6642	6130	6125	2115	19	19	1604

11-2 续表 1 continued 1

计量单位:公顷 Measurement Unit:Hectare

城市名称 Name of Cities	绿化覆盖面积 Green Coverage Area	建成区 Built District	绿地面积 Area of Parks and Green Space	建成区 Built District	公园绿地面积 Area of Public Recreational Green Space	公园个数(个) Number of Parks (unit)	门票免费 Free Parks	公园面积 Park Area
阳泉市	2667	2488	2681	2429	745	16	16	745
长治市	5061	4035	4495	3656	1280	27	25	1297
晋城市	3453	2371	3289	2207	1108	23	23	921
高平市	739	739	725	725	222	6	6	174
朔州市	3641	2190	3108	1989	713	16	16	640
怀仁市	1240	1158	1226	1145	354	9	9	530
晋中市	8651	4677	7415	4405	1040	16	16	751
介休市	1058	1058	939	939	392	6	6	392
运城市	3066	2984	2737	2724	801	12	12	491
永济市	1127	1115	1073	1033	252	7	6	252
河津市	1225	1082	1172	1029	330	3	3	126
忻州市	1661	1579	1567	1502	510	9	9	501
原平市	769	722	748	703	206	10	10	247
临汾市	2400	2370	2215	2184	889	13	8	346
侯马市	918	889	881	854	188	9	9	72
霍州市	566	566	514	514	150	2	2	142
吕梁市	1503	1448	1383	1348	468	18	18	442
孝义市	1311	1261	1301	1143	355	5	5	514
汾阳市	790	778	693	692	133	26	26	133
内蒙古	**78182**	**53695**	**72081**	**49910**	**18667**	**723**	**714**	**15650**
呼和浩特市	17770	11906	17086	11127	4261	269	267	3398
包头市	11798	9462	9720	8490	3011	45	43	2490
乌海市	3570	2458	2973	2367	1196	32	32	752
赤峰市	4787	4787	4553	4553	1949	137	137	1949
通辽市	2833	2806	2663	2550	1397	9	9	1235
霍林郭勒市	980	620	945	585	208	11	11	208
鄂尔多斯市	12691	5132	11600	4735	1988	62	60	1595
呼伦贝尔市	1596	1596	1534	1534	610	10	9	549
满洲里市	1159	865	1064	793	257	6	6	157
牙克石市	1179	1168	1162	1096	253	4	4	25
扎兰屯市	2504	809	2451	753	200	1	1	68
额尔古纳市	390	380	368	354	52	14	14	43
根河市	686	347	605	317	67	5	4	80
巴彦淖尔市	2063	1899	1697	1694	468	17	17	406
乌兰察布市	7643	3232	7444	3033	1021	36	36	1021
丰镇市	918	918	846	846	235	7	7	235
锡林浩特市	1920	1916	1804	1800	516	8	8	463
二连浩特市	1046	1046	1011	1011	179	6	6	179
乌兰浩特市	1865	1865	1818	1816	650	32	32	667
阿尔山市	785	487	738	454	149	12	11	128

11-2 续表 2 continued 2

计量单位:公顷 Measurement Unit: Hectare

城市名称 Name of Cities	绿化覆盖面积 Green Coverage Area	建成区 Built District	绿地面积 Area of Parks and Green Space	建成区 Built District	公园绿地面积 Area of Public Recreational Green Space	公园个数(个) Number of Parks (unit)	门票免费 Free Parks	公园面积 Park Area
辽　宁	**224941**	**116372**	**153046**	**111052**	**32804**	**819**	**791**	**23426**
沈阳市	26978	24426	25650	23346	8678	203	200	5949
新民市	171	171	215	215	67	3	3	67
大连市	39063	20388	38821	19802	5573	172	164	4660
庄河市	1824	1790	1741	1712	591	12	12	309
瓦房店市	2146	2059	1960	1838	530	13	13	507
鞍山市	7375	7375	7150	7150	1975	14	14	933
海城市	1667	1385	1501	1374	370	13	13	370
抚顺市	6507	5537	4959	4959	1325	14	14	830
本溪市	87180	5445	23248	5243	1018	20	19	661
丹东市	3492	3036	3153	2938	839	11	11	685
东港市	923	923	876	839	221	13	13	216
凤城市	1149	894	776	776	271	4	1	145
锦州市	4120	3087	4117	3088	1536	40	40	552
凌海市	834	834	755	755	183	4	4	120
北镇市	750	525	505	479	118	5	5	118
营口市	7520	7434	7050	6959	1228	32	30	1461
盖州市	1075	1075	1011	1011	238	3	2	208
大石桥市	1296	1296	1179	1179	243	10	10	237
阜新市	3523	3400	3391	3063	925	15	15	618
辽阳市	4614	4614	5055	5055	1745	14	14	285
灯塔市	790	568	725	518	170	5	5	170
盘锦市	4711	4711	4297	4297	1232	31	31	710
铁岭市	3047	2837	2894	2694	688	58	48	952
调兵山市	1064	805	841	752	171	6	6	115
开原市	1466	1068	912	912	262	43	43	451
朝阳市	3128	2159	2037	2037	771	21	21	741
北票市	1241	1241	1092	1092	196	5	5	159
凌源市	1169	1169	1245	1202	190	5	5	172
葫芦岛市	3931	3931	3806	3806	925	13	13	592
兴城市	1587	1587	1497	1417	276	10	10	194
沈抚改革创新示范区	600	600	588	545	251	7	7	241
吉　林	**107387**	**66914**	**100250**	**61133**	**18209**	**511**	**509**	**13696**
长春市	49880	24933	49834	23221	7347	190	189	5475
榆树市	1303	673	969	604	136	3	3	49
德惠市	1206	1166	1040	1000	229	7	7	133
公主岭市	863	775	728	687	84	2	2	35
吉林市	7640	7640	6765	6765	1939	14	13	1503
蛟河市	651	648	596	593	119	10	10	119
桦甸市	1267	731	676	671	342	3	3	42

11-2 续表 3 continued 3

计量单位:公顷 Measurement Unit:Hectare

城市名称 Name of Cities	绿化覆盖面积 Green Coverage Area	建成区 Built District	绿地面积 Area of Parks and Green Space	建成区 Built District	公园绿地面积 Area of Public Recreational Green Space	公园个数(个) Number of Parks (unit)	门票免费 Free Parks	公园面积 Park Area
舒兰市	465	406	431	370	190	4	4	182
磐石市	1046	1035	926	915	184	14	14	134
四平市	2939	2914	2700	2683	664	10	10	462
双辽市	1009	1009	933	933	189	3	3	169
辽源市	2260	2216	2056	2055	598	34	34	582
通化市	2931	2465	2623	2210	829	20	20	786
集安市	461	400	439	349	142	14	14	204
白山市	12506	1604	11499	1453	482	11	11	308
临江市	875	406	361	354	234	7	7	155
松原市	2958	2480	2550	2176	613	25	25	651
扶余市	678	678	628	628	162	1	1	21
白城市	2156	2077	2088	2019	372	42	42	310
洮南市	1006	933	906	848	174	8	8	118
大安市	838	810	770	746	287	3	3	340
延吉市	2635	2612	2443	2424	881	5	5	207
图们市	476	468	429	429	98	6	6	98
敦化市	1673	1499	1422	1374	358	13	13	358
珲春市	1437	1259	1259	1167	318	3	3	246
龙井市	645	613	570	558	117	15	15	113
和龙市	893	522	486	478	101	6	6	62
梅河口市	2089	1820	1773	1622	638	12	12	455
长白山保护开发区管理委员会	2601	2122	2348	1800	383	26	26	383
黑龙江	**84051**	**70817**	**77567**	**65393**	**20434**	**506**	**492**	**13621**
哈尔滨市	19448	18679	17841	17046	5833	109	107	2915
尚志市	759	417	428	428	185	5	5	191
五常市	1266	692	803	558	200	4	4	186
齐齐哈尔市	5956	5821	5558	5423	1747	27	26	1294
讷河市	516	516	445	445	164	2	2	163
鸡西市	2136	2136	1988	1988	1088	27	27	967
虎林市	362	361	323	323	85	13	13	78
密山市	820	491	552	431	112	6	6	109
鹤岗市	3858	2451	3659	2252	776	22	22	771
双鸭山市	3379	2696	3219	2323	822	29	29	309
大庆市	15052	11344	14093	10634	2260	14	14	974
伊春市	4219	4206	4014	3992	1720	33	33	1300
铁力市	762	742	671	671	199	8	8	80
佳木斯市	3467	3467	3386	3386	881	21	20	881
同江市	1638	464	1592	432	113	5	5	65
抚远市	294	294	273	273	162	8	7	185
富锦市	564	524	527	527	92	2	2	22

11-2 续表 4 continued 4

计量单位:公顷 Measurement Unit:Hectare

城市名称 Name of Cities	绿化覆盖面积 Green Coverage Area	建成区 Built District	绿地面积 Area of Parks and Green Space	建成区 Built District	公园绿地面积 Area of Public Recreational Green Space	公园个数(个) Number of Parks (unit)	门票免费 Free Parks	公园面积 Park Area
七台河市	2664	2181	2608	2140	660	18	18	461
牡丹江市	5696	2483	5462	2266	788	19	18	626
海林市	863	809	821	732	178	14	14	158
宁安市	425	419	373	369	112	3	3	63
穆棱市	409	409	367	363	145	13	13	115
绥芬河市	1259	1259	1146	1146	146	20	20	79
东宁市	647	647	634	634	118	13	13	39
黑河市	924	924	903	894	222	6	5	203
北安市	811	811	791	790	161	5	5	101
五大连池市	201	201	185	185	62	1		58
嫩江市	744	744	658	658	207	7	7	203
绥化市	1678	1558	1432	1410	395	29	29	241
安达市	773	773	703	703	297	8	8	297
肇东市	1321	1212	1077	988	423	8	8	423
海伦市	475	475	440	428	24	1	1	21
漠河市	665	611	596	555	57	6		44
上　海	**177737**	**46980**	**173256**	**45901**	**23497**	**552**	**543**	**4440**
江　苏	**356351**	**220095**	**322475**	**203068**	**60645**	**1504**	**1418**	**36332**
南京市	103801	40578	94898	36813	11377	179	152	8114
无锡市	21718	16060	20895	14956	4609	78	77	4322
江阴市	5553	5538	5199	5123	662	38	38	652
宜兴市	5353	4267	4968	3972	862	45	45	1164
徐州市	19387	12677	17456	11988	3726	61	61	2456
新沂市	2622	1739	2251	1618	469	12	12	94
邳州市	2425	2222	2227	2017	672	7	7	422
常州市	14431	12578	13158	11468	3381	45	43	1502
溧阳市	1952	1535	1808	1417	439	10	10	199
苏州市	29767	21350	26330	19204	7656	174	137	2906
常熟市	4879	4518	4577	4214	887	17	8	552
张家港市	2927	2878	2595	2556	602	9	9	370
昆山市	9540	3238	8766	3008	1258	174	173	1258
太仓市	3514	2457	3142	2259	565	13	13	292
南通市	15589	13515	13878	12638	4183	52	52	822
海安市	2312	1434	2082	1365	450	8	8	147
启东市	1712	1577	1574	1474	431	13	13	281
如皋市	3030	1838	2587	1743	548	7	7	210
连云港市	22566	9698	21626	8790	1688	75	75	1139
淮安市	12843	9731	10199	9019	2766	20	19	1176
盐城市	10477	8282	8561	7716	2342	65	65	1439
东台市	2646	1740	2260	1620	552	7	7	223

11-2 续表 5 continued 5

计量单位:公顷 Measurement Unit: Hectare

城市名称 Name of Cities	绿化覆盖面积 Green Coverage Area	建成区 Built District	绿地面积 Area of Parks and Green Space	建成区 Built District	公园绿地面积 Area of Public Recreational Green Space	公园个数(个) Number of Parks (unit)	门票免费 Free Parks	公园面积 Park Area
扬州市	10828	9061	9733	8486	2550	116	116	1922
仪征市	1908	1800	1712	1680	259	7	7	122
高邮市	1805	1266	1224	1155	298	3	3	28
镇江市	10119	6446	9757	6064	1618	28	24	627
丹阳市	2193	1809	2063	1709	453	5	5	51
扬中市	1400	700	1227	643	206	6	5	107
句容市	1765	1332	1351	1287	261	4	4	116
泰州市	8053	7089	7442	6659	1843	133	130	1620
兴化市	2128	1818	1964	1672	337	20	20	152
靖江市	1784	1509	1621	1384	402	8	8	238
泰兴市	2055	1929	1923	1825	461	24	24	166
宿迁市	13272	5884	11423	5527	1831	41	41	1444
浙　江	**211314**	**153526**	**184888**	**139003**	**49316**	**2130**	**2080**	**30749**
杭州市	59313	36783	53731	33314	14539	509	497	8144
建德市	615	586	565	535	275	28	28	275
宁波市	23558	17654	19415	16290	5695	211	203	2635
余姚市	3320	2441	3039	2172	666	50	50	219
慈溪市	2864	2328	2429	2081	838	45	45	175
温州市	13736	13188	12330	11798	3982	93	87	2117
瑞安市	1809	1047	1593	997	778	63	63	396
乐清市	1913	1055	1851	980	814	28	28	340
龙港市	1215	1068	1125	997	350	15	15	147
嘉兴市	8176	7312	7530	6667	1610	128	128	1213
海宁市	3353	2506	3153	2275	575	17	17	283
平湖市	2298	2118	2132	1921	506	40	40	214
桐乡市	3013	2743	2638	2438	597	6	6	239
湖州市	6377	6009	5653	5573	1863	64	64	1126
绍兴市	14748	12258	10810	10547	2896	170	158	3815
诸暨市	6307	3231	4291	3007	1135	30	30	938
嵊州市	2111	1798	1968	1681	579	24	24	532
金华市	5670	5156	5242	4752	1715	81	81	1139
兰溪市	2098	1617	1870	1484	436	19	19	174
义乌市	5187	4929	4838	4582	1761	50	48	667
东阳市	2476	2285	2192	2022	759	34	34	518
永康市	1879	1821	1652	1605	395	17	17	450
衢州市	3854	3801	3473	3407	723	97	96	601
江山市	974	859	853	788	288	7	7	169
舟山市	16722	3251	14575	2854	1102	42	40	848
台州市	7750	7329	6994	6581	2078	123	117	1599
玉环市	1440	1271	1368	1178	399	47	47	399

11-2 续表 6 continued 6

计量单位:公顷 Measurement Unit: Hectare

城市名称 Name of Cities	绿化覆盖面积 Green Coverage Area	建成区 Built District	绿地面积 Area of Parks and Green Space	建成区 Built District	公园绿地面积 Area of Public Recreational Green Space	公园个数(个) Number of Parks (unit)	门票免费 Free Parks	公园面积 Park Area
温岭市	2484	1963	2118	1761	515	38	38	420
临海市	2309	2235	2138	2066	611	17	16	407
丽水市	2343	2205	2111	2026	689	24	24	419
龙泉市	1400	681	1212	625	149	13	13	131
安　徽	**151696**	**116253**	**135328**	**105389**	**34202**	**851**	**847**	**23509**
合肥市	26643	23700	22926	20782	9771	300	297	4163
巢湖市	2320	2250	2242	2142	540	28	28	285
芜湖市	13265	12320	12315	11015	3187	50	50	2142
无为市	1486	1154	1119	1084	294	10	10	283
蚌埠市	7022	6946	6387	6311	1632	13	13	1556
淮南市	7940	6206	6444	5822	2441	21	21	1084
马鞍山市	7488	4988	7005	4702	1559	26	26	811
淮北市	5420	4220	4780	3948	1415	17	17	1088
铜陵市	8080	4059	7190	3759	1010	19	19	1297
安庆市	7674	7432	7386	6991	1259	16	16	1128
潜山市	1079	940	918	813	239	9	9	265
桐城市	1274	1240	1159	1156	267	10	10	286
黄山市	14760	3546	13684	3003	625	32	32	411
滁州市	6197	5848	5597	5294	1874	24	24	1485
天长市	1129	1115	1104	1088	381	18	18	349
明光市	1404	1359	1258	1219	345	28	28	345
阜阳市	8524	7218	7700	6594	1993	32	31	1365
界首市	1955	1210	1525	1148	337	8	8	445
宿州市	6426	4167	5913	3862	1191	40	40	916
六安市	4691	3834	3730	3420	1105	25	25	936
亳州市	4952	3433	4459	3187	701	37	37	969
池州市	2770	2433	2243	2062	664	11	11	596
宣城市	5558	3580	5005	3207	738	20	20	690
广德市	1979	1464	1773	1349	281	29	29	260
宁国市	1660	1590	1469	1433	356	28	28	356
福　建	**94559**	**84560**	**86898**	**78147**	**23088**	**769**	**759**	**15919**
福州市	18127	18127	16808	16808	5597	100	98	3702
福清市	3230	2644	2859	2473	705	46	46	540
厦门市	27709	20614	25816	18740	6177	202	197	4071
莆田市	6041	5682	5239	5102	1320	55	53	591
三明市	3169	3169	3094	3094	701	24	24	559
永安市	1181	1163	1092	1075	269	8	8	155
泉州市	10076	10076	9349	9349	2074	41	41	847
石狮市	1679	1679	1652	1652	602	9	9	663
晋江市	1735	1735	1585	1585	546	13	13	546

11-2 续表 7 continued 7

计量单位:公顷 Measurement Unit:Hectare

城市名称 Name of Cities	绿化覆盖面积 Green Coverage Area	建成区 Built District	绿地面积 Area of Parks and Green Space	建成区 Built District	公园绿地面积 Area of Public Recreational Green Space	公园个数(个) Number of Parks (unit)	门票免费 Free Parks	公园面积 Park Area
南安市	1575	1575	1463	1463	436	15	15	436
漳州市	4418	4095	3988	3845	1269	53	52	1124
南平市	2747	2609	2553	2438	645	36	36	529
邵武市	1782	1464	1408	1378	249	15	15	245
武夷山市	710	663	646	608	156	36	36	156
建瓯市	671	664	656	655	217	15	15	173
龙岩市	4275	3641	4041	3314	870	52	52	511
漳平市	836	695	675	624	174	9	9	169
宁德市	2058	2053	1957	1947	582	14	14	546
福安市	1270	1268	1145	1139	269	16	16	184
福鼎市	1271	945	870	858	230	10	10	174
江　西	**90651**	**85981**	**83027**	**79885**	**20902**	**1020**	**1015**	**17539**
南昌市	16971	16489	15817	15358	4544	142	141	2894
景德镇市	6191	5451	5524	5418	790	22	21	738
乐平市	1158	1141	1130	1070	391	23	23	240
萍乡市	2668	2668	2462	2462	800	49	48	960
九江市	8433	8325	7760	7653	1388	78	78	924
瑞昌市	1087	1071	1008	999	341	10	10	186
共青城市	922	919	853	848	191	4	4	195
庐山市	672	567	551	526	120	25	25	160
新余市	4763	4313	4066	4035	987	49	49	1009
鹰潭市	2958	2958	2617	2617	634	42	42	638
贵溪市	1974	1920	1924	1785	294	18	18	294
赣州市	12865	11502	12323	10962	2781	115	113	2688
瑞金市	1679	1570	1475	1438	408	32	32	402
龙南市	1122	1067	1043	994	366	18	18	366
吉安市	3953	3401	3244	3090	1018	12	12	677
井冈山市	518	451	494	397	131	7	7	102
宜春市	4478	4478	4186	4186	1225	79	79	1225
丰城市	2319	2319	2099	2099	353	25	25	327
樟树市	1540	1540	1396	1396	283	36	36	271
高安市	2186	1796	1933	1588	362	42	42	362
抚州市	5948	5945	5402	5390	1590	73	73	1531
上饶市	5536	5423	5090	4975	1775	93	93	1215
德兴市	711	670	633	603	133	26	26	134
山　东	**322515**	**252538**	**288644**	**232624**	**77143**	**1522**	**1487**	**49144**
济南市	36862	36161	33297	32598	9554	194	188	4151
青岛市	48864	34872	44879	31655	10816	264	260	8322
胶州市	4274	4235	3956	3917	839	22	22	657
平度市	3259	3045	2895	2681	672	29	29	582

11-2 续表 8 continued 8

计量单位:公顷 Measurement Unit:Hectare

城市名称 Name of Cities	绿化覆盖面积 Green Coverage Area	建成区 Built District	绿地面积 Area of Parks and Green Space	建成区 Built District	公园绿地面积 Area of Public Recreational Green Space	公园个数(个) Number of Parks (unit)	门票免费 Free Parks	公园面积 Park Area
莱西市	2027	1896	1740	1666	509	9	9	366
淄博市	21937	12758	20447	12547	4126	56	54	1742
枣庄市	9798	6862	7579	6386	1736	46	46	1001
滕州市	3162	2893	2892	2614	781	37	37	465
东营市	12241	7421	10585	6767	2675	59	59	2027
烟台市	18487	17727	16616	16104	4801	62	60	2273
龙口市	2555	2162	2169	1939	558	9	9	203
莱阳市	2559	1811	1685	1675	522	3	3	113
莱州市	2463	2277	2327	2164	632	5	5	278
招远市	1208	1208	1178	1178	429	12	12	392
栖霞市	703	628	603	573	218	4	4	41
海阳市	1583	1470	1466	1429	405	6	6	383
潍坊市	13393	8563	12402	8069	3765	69	65	2878
青州市	3214	2393	2427	2249	625	18	18	572
诸城市	4568	2336	4253	2332	1212	8	8	388
寿光市	4281	2176	3778	2137	904	24	24	874
安丘市	3728	2667	3475	2582	1128	21	21	959
高密市	2594	2496	2338	2239	527	5	5	306
昌邑市	2006	1456	1555	1325	450	4	4	365
济宁市	11636	11028	11005	10310	3428	73	73	1375
曲阜市	1506	1168	1328	1083	381	25	25	381
邹城市	2205	2031	2161	2006	561	18	18	474
泰安市	7953	7582	7594	6703	2632	41	33	1880
新泰市	2745	2628	2566	2442	672	16	16	672
肥城市	2542	2283	2223	2037	568	6	6	460
威海市	10709	9147	9663	8669	2805	58	58	1281
荣成市	3158	2726	2882	2548	1152	23	22	1067
乳山市	2058	1684	1776	1564	445	14	14	251
日照市	6096	5823	5435	5209	1801	53	53	1096
临沂市	17095	12189	14873	10968	4814	50	49	4162
德州市	8828	7605	7838	6762	2399	45	44	1706
乐陵市	1565	1360	1201	1181	354	18	18	372
禹城市	2100	1558	1851	1344	289	13	13	228
聊城市	12606	7201	11255	6804	2141	34	32	1259
临清市	2292	1166	1918	1029	452	8	5	193
滨州市	8527	6464	8063	6232	2227	44	43	1780
邹平市	3290	2348	2259	2163	578	3	3	294
菏泽市	9837	7034	8209	6744	1559	14	14	873
河　南	**164940**	**150094**	**145488**	**133508**	**46814**	**886**	**863**	**24151**
郑州市	32181	29219	28130	25881	11511	264	261	6102

11-2 续表 9 continued 9

计量单位:公顷 Measurement Unit: Hectare

城市名称 Name of Cities	绿化覆盖面积 Green Coverage Area	建成区 Built District	绿地面积 Area of Parks and Green Space	建成区 Built District	公园绿地面积 Area of Public Recreational Green Space	公园个数(个) Number of Parks (unit)	门票免费 Free Parks	公园面积 Park Area
巩义市	1701	1606	1496	1461	638	3	3	127
荥阳市	2178	2172	1997	1953	414	4	4	153
新密市	1387	1386	1237	1229	303	5	5	135
新郑市	1416	1416	1367	1367	514	14	14	372
登封市	1817	1594	1576	1468	364	15	15	180
开封市	7749	6533	6385	5644	1624	16	8	390
洛阳市	13553	13394	12467	11717	4616	27	27	1903
平顶山市	3454	3303	2976	2811	1181	18	18	523
舞钢市	756	714	669	635	160	2	2	76
汝州市	1800	1785	1539	1536	615	12	12	546
安阳市	4110	3993	3580	3515	1115	14	14	319
林州市	1417	1342	1252	1209	273	2	2	99
鹤壁市	3392	3196	3001	2838	1140	14	14	736
新乡市	5540	5538	5039	5037	1067	19	19	176
长垣市	1990	1912	1748	1735	504	12	12	286
卫辉市	840	830	710	700	155	2		44
辉县市	1141	865	773	764	217	10	10	120
焦作市	5645	5396	5039	4799	1406	19	19	1232
沁阳市	788	772	671	651	116	5	5	119
孟州市	757	751	703	698	183	4	4	143
濮阳市	3691	3034	3107	2710	1124	14	14	832
许昌市	7306	5904	6096	5199	1220	10	10	373
禹州市	2382	2100	1862	1737	563	4	4	278
长葛市	1321	1205	1095	1082	304	3	3	154
漯河市	3444	2945	3220	2788	1228	16	15	213
三门峡市	2877	2813	2585	2529	744	11	11	670
义马市	937	874	820	773	298	4	4	213
灵宝市	972	956	862	854	255	6	6	110
南阳市	10214	7839	9522	7147	2988	24	17	1663
邓州市	2050	1814	1878	1697	568	8	8	283
商丘市	7265	7213	6729	6711	1792	213	213	1792
永城市	2384	2170	1974	1883	732	11	10	621
信阳市	6836	5232	5834	4327	1143	11	11	427
周口市	6114	5157	5664	4742	1614	31	31	1392
项城市	1874	1595	1658	1512	373	4	4	126
驻马店市	5007	4975	4431	4403	1200	17	17	674
济源示范区	2683	2583	2314	2284	562	10	9	194
郑州航空港经济综合实验区	3969	3969	3482	3482	1992	8	8	360
湖　北	**138436**	**127208**	**123065**	**117557**	**38016**	**800**	**781**	**24040**
武汉市	41989	41989	39020	39020	17006	188	179	6772

11-2 续表10 continued 10

计量单位:公顷 Measurement Unit:Hectare

城市名称 Name of Cities	绿化覆盖面积 Green Coverage Area	建成区 Built District	绿地面积 Area of Parks and Green Space	建成区 Built District	公园绿地面积 Area of Public Recreational Green Space	公园个数(个) Number of Parks (unit)	门票免费 Free Parks	公园面积 Park Area
黄石市	3688	3613	3559	3484	897	20	17	897
大冶市	1520	1520	1354	1354	428	42	42	420
十堰市	5030	5030	4851	4851	1041	11	11	1523
丹江口市	2181	1321	1843	1202	278	8	6	231
宜昌市	9502	9502	8638	8638	1750	43	42	1545
宜都市	1778	1335	1194	1159	265	6	6	145
当阳市	1358	1217	1217	1093	314	7	7	240
枝江市	1901	1477	1535	1321	307	8	8	173
襄阳市	9252	9252	8265	8265	2406	23	23	2088
老河口市	1409	1409	1292	1292	294	6	6	212
枣阳市	2703	2130	2286	1982	403	2	2	62
宜城市	1281	1194	1197	1118	242	3	3	100
鄂州市	1897	1832	1696	1636	671	81	81	671
荆门市	3682	3128	2932	2907	840	9	9	379
京山市	1562	1511	1440	1408	356	41	41	356
钟祥市	1503	1067	1012	962	324	5	5	255
孝感市	2915	2677	2664	2499	920	10	10	792
应城市	1234	890	1145	846	207	10	10	198
安陆市	1220	921	1049	826	281	14	14	281
汉川市	1258	1153	1140	1128	235	4	4	313
荆州市	4606	4606	4279	4279	1565	70	70	1535
监利市	1229	1148	1137	1101	284	5	5	78
石首市	975	975	925	923	253	6	6	126
洪湖市	1047	802	908	737	272	12	12	272
松滋市	1221	921	913	913	284	4	4	284
黄冈市	1524	1524	1352	1352	491	3	2	543
麻城市	1760	1623	1491	1443	352	9	8	308
武穴市	1210	1174	1227	1218	575	27	27	378
咸宁市	4891	3631	4952	3239	659	13	13	553
赤壁市	1618	1419	1413	1244	366	14	14	366
随州市	3689	3689	3427	3427	655	10	10	256
广水市	1622	1461	1562	1420	337	4	4	288
恩施市	2683	1820	2301	1634	589	6	4	198
利川市	1159	857	770	770	315	30	30	242
仙桃市	4193	2832	2985	2779	535	6	6	182
潜江市	2618	2618	2425	2425	403	5	5	232
天门市	3527	1939	1667	1667	613	35	35	546
湖　南	**102762**	**90044**	**102211**	**82440**	**25800**	**797**	**789**	**19690**
长沙市	20818	20818	18892	18892	7076	90	87	5476
宁乡市	3040	3040	2928	2928	638	16	16	558

11－2 续表 11 continued 11

计量单位：公顷 Measurement Unit: Hectare

城市名称 Name of Cities	绿化覆盖面积 Green Coverage Area	建成区 Built District	绿地面积 Area of Parks and Green Space	建成区 Built District	公园绿地面积 Area of Public Recreational Green Space	公园个数（个） Number of Parks (unit)	门票免费 Free Parks	公园面积 Park Area
浏阳市	1610	1610	1417	1417	450	19	19	286
株洲市	6878	6878	6587	6587	1837	26	26	1134
醴陵市	3599	1336	3242	1171	354	13	13	262
湘潭市	6258	3806	5918	3529	1352	14	14	702
湘乡市	1076	954	9127	860	259	17	17	236
韶山市	467	232	361	212	68	13	13	90
衡阳市	9631	6327	9511	5868	1966	28	28	863
耒阳市	1330	1330	1232	1232	367	39	39	367
常宁市	1182	1182	997	997	255	7	7	255
邵阳市	3998	3395	3264	2891	1014	11	11	775
武冈市	1278	1004	1096	919	496	7	5	362
邵东市	1695	1444	1496	1326	387	3	3	122
岳阳市	7011	5554	6028	5193	1369	57	56	1282
汨罗市	860	860	781	781	182	4	4	223
临湘市	1348	646	1198	587	237	26	26	243
常德市	5347	5341	4809	4805	1316	16	16	843
津市市	684	659	624	594	117	9	9	154
张家界市	1775	1519	1603	1353	319	19	19	251
益阳市	4089	4089	3917	3917	836	82	82	836
沅江市	968	667	1025	748	253	45	45	258
郴州市	3811	3811	3430	3430	1070	61	60	1070
资兴市	1045	974	905	905	185	32	32	175
永州市	3161	3161	2992	2992	793	25	24	597
祁阳市	964	964	920	920	362	14	14	362
怀化市	2770	2770	2374	2374	661	54	54	645
洪江市	647	386	580	345	125	6	6	98
娄底市	2241	2241	1971	1971	525	16	16	525
冷水江市	558	515	476	439	187	6	6	187
涟源市	608	608	540	540	176	12	12	176
吉首市	2014	1923	1969	1717	567	10	10	275
广　东	**605282**	**295257**	**557540**	**275459**	**122091**	**6408**	**6364**	**168245**
广州市	159586	61080	150104	54126	30850	588	576	76694
韶关市	5429	5429	5428	5428	1109	44	44	1109
乐昌市	505	505	463	463	144	11	11	144
南雄市	504	504	467	467	143	11	11	143
深圳市	105307	42366	101592	39795	26140	1343	1342	38282
珠海市	34897	7193	31549	6749	4551	531	531	4551
汕头市	11746	11746	11437	11437	4192	434	431	1633
佛山市	10680	8663	10067	8095	3942	678	676	3887
江门市	13669	8725	13199	8275	2893	382	381	2637

11-2 续表 12 continued 12

计量单位：公顷 Measurement Unit: Hectare

城市名称 Name of Cities	绿化覆盖面积 Green Coverage Area	建成区 Built District	绿地面积 Area of Parks and Green Space	建成区 Built District	公园绿地面积 Area of Public Recreational Green Space	公园个数（个）Number of Parks (unit)	门票免费 Free Parks	公园面积 Park Area
台山市	1923	1508	1958	1371	399	37	37	399
开平市	2429	2421	2283	2283	410	41	41	394
鹤山市	1548	1548	1524	1524	382	11	11	338
恩平市	2597	1475	2009	1372	419	37	37	441
湛江市	5379	4993	4995	4637	1870	230	228	1870
廉江市	1887	556	1111	1111	581	11	11	577
雷州市	1084	1084	1017	1017	568	9	8	568
吴川市	918	918	817	815	263	8	8	209
茂名市	6032	6032	5605	5605	1704	106	105	1634
高州市	1955	1736	1840	1628	676	12	12	585
化州市	1628	1628	1499	1499	700	12	11	700
信宜市	3020	1383	2887	1232	503	23	23	478
肇庆市	15956	7281	15492	6926	1921	35	35	752
四会市	1436	1436	1370	1370	447	7	7	121
惠州市	14356	14049	14117	13701	4694	232	232	4702
梅州市	4544	3452	4629	3588	957	39	38	889
兴宁市	807	804	793	790	35	10	10	60
汕尾市	1839	1839	1702	1702	507	34	34	507
陆丰市	1007	1007	874	874	230	6	6	230
河源市	1915	1915	1800	1800	486	91	91	486
阳江市	23239	5622	18575	6225	1830	51	51	1538
阳春市	1394	1394	1270	1270	361	19	19	374
清远市	6408	3902	6200	3694	942	194	193	947
英德市	26892	854	26816	778	239	8	8	239
连州市	6961	690	6929	658	217	32	32	217
东莞市	101333	58592	82878	53487	21583	553	549	14936
中山市	5496	3654	5280	3435	1158	204	190	1158
潮州市	4981	4981	4717	4717	1036	119	119	844
揭阳市	7481	7132	7102	6821	1426	130	130	1133
普宁市	3371	2840	2799	2583	755	30	30	755
云浮市	1535	1535	1455	1455	592	31	31	592
罗定市	1610	785	890	653	236	24	24	490
广　西	**95486**	**78067**	**84866**	**70177**	**16558**	**512**	**497**	**15770**
南宁市	19737	19737	17739	17739	2708	70	64	3652
横州市	840	829	766	756	215	6	6	37
柳州市	12478	11602	10767	9800	2557	80	79	2557
桂林市	5848	5429	5697	5290	1536	35	34	1188
荔浦市	608	542	532	490	224	6	6	216
梧州市	4577	3269	4275	3043	937	23	22	966
岑溪市	1193	931	1076	818	234	4	4	288

11-2 续表 13 continued 13

计量单位:公顷 Measurement Unit:Hectare

城市名称 Name of Cities	绿化覆盖面积 Green Coverage Area	建成区 Built District	绿地面积 Area of Parks and Green Space	建成区 Built District	公园绿地面积 Area of Public Recreational Green Space	公园个数(个) Number of Parks (unit)	门票免费 Free Parks	公园面积 Park Area
北海市	6002	3639	5712	3348	858	31	30	844
防城港市	2398	2398	2068	2068	743	15	15	678
东兴市	538	508	476	451	177	4	4	54
钦州市	13370	3860	11927	3669	554	21	21	516
贵港市	3902	3884	3483	3467	608	6	6	318
桂平市	1522	1522	1307	1307	490	5	4	330
玉林市	3689	3371	3435	3013	1173	30	30	1050
北流市	1762	1239	1121	1121	336	20	20	235
百色市	4536	3299	3330	3008	563	38	38	548
靖西市	848	848	756	756	261	4	4	261
平果市	1725	1725	1614	1614	239	14	14	239
贺州市	2509	2509	2401	2401	583	24	23	631
河池市	2132	2067	1848	1783	418	18	17	418
来宾市	2308	2238	1939	1869	429	6	6	73
合山市	328	314	278	276	79	4	4	58
崇左市	1838	1774	1645	1600	441	41	40	462
凭祥市	800	533	673	490	194	7	6	150
海　南	**21508**	**17981**	**20558**	**16989**	**4262**	**212**	**206**	**3421**
海口市	9397	9397	9374	8962	2613	33	27	1772
三亚市	2549	2549	2405	2405	958	76	76	958
儋州市	4751	1495	4542	1454	271	40	40	271
五指山市	636	636	550	550	41	10	10	41
琼海市	1023	1023	938	916	91	15	15	91
文昌市	1242	1100	1073	1033	125	15	15	125
万宁市	756	756	678	678	75	5	5	75
东方市	1154	1025	998	992	88	18	18	88
重　庆	**86909**	**74592**	**78248**	**69500**	**28889**	**641**	**631**	**16770**
重庆市	86909	74592	78248	69500	28889	641	631	16770
四　川	**164525**	**150058**	**145165**	**133083**	**44546**	**1064**	**1042**	**28176**
成都市	47678	47678	41018	41018	14573	225	218	6051
简阳市	2801	1896	2326	1530	538	16	16	734
都江堰市	1889	1889	1690	1690	430	4	1	126
彭州市	1347	1347	1140	1140	422	8	8	115
邛崃市	1293	1101	1187	1011	648	13	13	639
崇州市	1075	1075	993	993	244	8	8	230
自贡市	6043	5915	5297	5189	1903	24	22	658
攀枝花市	3682	3682	3451	3451	1031	24	24	820
泸州市	8281	7649	7853	6607	1795	47	46	1001
德阳市	4357	4357	3718	3718	1137	37	37	575
广汉市	2115	2113	1693	1688	402	9	8	116

11-2 续表 14 continued 14

计量单位:公顷 Measurement Unit:Hectare

城市名称 Name of Cities	绿化覆盖面积 Green Coverage Area	建成区 Built District	绿地面积 Area of Parks and Green Space	建成区 Built District	公园绿地面积 Area of Public Recreational Green Space	公园个数(个) Number of Parks (unit)	门票免费 Free Parks	公园面积 Park Area
什邡市	804	804	730	730	271	5	5	66
绵竹市	778	767	708	708	227	7	7	39
绵阳市	8221	8221	7568	7568	2120	23	21	1454
江油市	1586	1575	1395	1343	498	6	6	191
广元市	4339	3050	4142	2842	1007	37	37	822
遂宁市	6716	3956	6448	3682	972	38	38	790
射洪市	1369	1369	1229	1229	375	10	10	330
内江市	4646	4064	3815	3754	1230	32	32	755
隆昌市	1268	1150	1096	1018	278	9	9	75
乐山市	8274	3501	7569	3225	1386	43	42	1026
峨眉山市	1101	1101	1019	1019	363	14	14	210
南充市	9255	8347	7251	7110	2281	28	26	2277
阆中市	1860	1569	1690	1427	483	9	7	355
眉山市	3474	3228	3059	2836	948	24	23	522
宜宾市	8023	7907	7170	7092	2698	103	103	1725
广安市	3188	3118	2820	2820	863	54	54	840
华蓥市	652	636	611	598	177	8	8	211
达州市	5587	5486	5534	5288	1824	74	74	1740
万源市	720	720	660	660	189	3	3	604
雅安市	3100	2169	2151	2017	456	36	36	671
巴中市	2907	2907	2815	2815	1131	24	24	1111
资阳市	2375	2375	2230	2230	607	13	13	431
马尔康市	393	205	199	199	45	2	2	44
康定市	230	230	203	203	92	4	4	18
会理市	533	533	478	478	135	3	3	47
西昌市	2564	2369	2207	2157	767	40	40	757
贵　州	**119531**	**50986**	**101459**	**48738**	**15308**	**462**	**457**	**15862**
贵阳市	60728	16353	59819	15607	5402	139	139	5402
清镇市	1318	1318	1299	1299	323	18	17	323
六盘水市	7743	3418	6999	3213	784	28	27	2416
盘州市	1298	1155	1278	1098	313	8	8	353
遵义市	6707	6707	6602	6602	2044	41	40	2163
赤水市	701	665	707	633	161	11	11	142
仁怀市	1376	1376	1314	1314	284	9	9	284
安顺市	6284	3326	5881	3096	1230	31	31	642
毕节市	2686	2686	2614	2614	905	21	21	751
黔西市	1166	1072	1050	959	389	8	8	370
铜仁市	2371	2371	2267	2256	768	25	25	766
兴义市	3895	2790	3677	2694	740	24	24	740
兴仁市	1312	943	1106	866	266	8	8	156

11-2 续表 15 continued 15

计量单位:公顷 Measurement Unit:Hectare

城市名称 Name of Cities	绿化覆盖面积 Green Coverage Area	建成区 Built District	绿地面积 Area of Parks and Green Space	建成区 Built District	公园绿地面积 Area of Public Recreational Green Space	公园个数(个) Number of Parks (unit)	门票免费 Free Parks	公园面积 Park Area
凯里市	18225	3249	3438	3154	667	41	41	638
都匀市	2803	2641	2588	2514	775	12	11	457
福泉市	915	915	820	820	259	38	37	259
云 南	**63336**	**56517**	**57524**	**51868**	**15116**	**1547**	**1476**	**13597**
昆明市	21251	21165	19746	19664	6285	664	660	4944
安宁市	1658	1658	1503	1503	446	98	98	446
曲靖市	4871	4656	4402	4241	1106	30	30	997
宣威市	1876	1751	1673	1560	400	12	10	251
玉溪市	2108	1572	2044	1526	540	32	31	540
澄江市	197	197	186	186	43	5	5	43
保山市	1990	1731	1833	1539	426	30	30	351
腾冲市	1525	1470	1325	1249	273	71	70	273
昭通市	2206	2054	1908	1795	485	10	10	384
水富市	563	563	532	532	78	14	14	91
丽江市	1090	1072	991	974	405	49	48	463
普洱市	1309	1149	1191	1069	406	16	16	246
临沧市	960	960	863	863	215	40	40	255
禄丰市	447	396	365	363	111	8	8	50
楚雄市	2590	2291	2290	2128	599	10	10	485
个旧市	1019	564	731	527	220	6	5	220
开远市	1381	1210	1255	1100	324	30	30	368
蒙自市	1972	1657	1690	1444	493	144	144	493
弥勒市	1529	1515	1383	1345	310	13	13	430
文山市	1760	1760	1643	1643	315	37		340
景洪市	3392	1713	3036	1536	337	56	36	387
大理市	2819	2309	2463	2188	539	90	86	545
瑞丽市	1412	1158	1233	1078	246	43	43	348
芒市	1034	1001	992	948	241	12	12	226
泸水市	342	291	314	265	132	2	2	129
香格里拉市	2034	653	1932	603	141	25	25	291
西 藏	**7579**	**7193**	**7141**	**6872**	**1697**	**167**	**167**	**1338**
拉萨市	4637	4321	4359	4138	904	135	135	834
日喀则市	880	850	923	893	249	10	10	180
昌都市	348	348	334	334	104	3	3	80
林芝市	673	660	582	574	163	4	4	170
山南市	580	554	501	491	109	13	13	62
那曲市	461	461	442	442	167	2	2	11
陕 西	**90242**	**67121**	**81278**	**60539**	**19256**	**502**	**500**	**12334**
西安市	47596	36116	44930	32486	9559	174	174	6056
铜川市	2318	2026	2020	1808	535	16	16	160

11-2 续表 16 continued 16

计量单位:公顷 Measurement Unit: Hectare

城市名称 Name of Cities	绿化覆盖面积 Green Coverage Area	建成区 Built District	绿地面积 Area of Parks and Green Space	建成区 Built District	公园绿地面积 Area of Public Recreational Green Space	公园个数(个) Number of Parks (unit)	门票免费 Free Parks	公园面积 Park Area
宝鸡市	6293	5182	5536	4843	1596	38	38	1174
咸阳市	5738	3098	5365	2727	1783	6	6	731
彬州市	459	390	373	361	114	11	11	139
兴平市	1000	873	797	797	265	3	3	155
渭南市	3328	2834	2630	2499	851	18	18	784
韩城市	950	727	706	636	158	7	7	36
华阴市	823	706	627	626	172	10	10	56
延安市	3471	2931	2733	2703	637	63	63	604
子长市	513	493	434	434	157	3	3	147
汉中市	3571	2881	2949	2547	904	18	16	359
榆林市	5387	3044	4690	2793	1086	21	21	901
神木市	1536	1278	1376	1162	301	7	7	168
安康市	2400	1892	1800	1713	413	74	74	412
旬阳市	2279	495	2017	454	122	3	3	92
商洛市	1427	1171	1315	1091	377	24	24	330
杨凌区	1151	984	982	861	227	6	6	30
甘　肃	**37952**	**35838**	**33923**	**32697**	**11354**	**240**	**236**	**7892**
兰州市	11911	11852	10943	10943	4316	42	42	2642
嘉峪关市	2966	2966	2916	2916	863	9	9	531
金昌市	2149	2149	1933	1933	608	31	31	688
白银市	2779	2779	2531	2531	451	21	21	420
天水市	2471	2458	2209	2197	846	25	21	485
武威市	1821	1390	1288	1288	455	7	7	373
张掖市	2926	1999	2748	1833	780	10	10	693
平凉市	1898	1896	1583	1583	500	14	14	370
华亭市	755	652	750	636	199	6	6	71
酒泉市	2588	2588	2185	2185	575	25	25	572
玉门市	664	531	532	503	123	4	4	163
敦煌市	684	684	624	624	201	11	11	83
庆阳市	1065	1065	1009	1009	297	7	7	252
定西市	943	919	814	807	414	9	9	196
陇南市	808	546	590	514	206	11	11	124
临夏市	873	818	786	739	413	6	6	134
合作市	651	547	481	454	107	2	2	96
青　海	**9808**	**9181**	**9076**	**8468**	**2786**	**72**	**71**	**1854**
西宁市	4760	4416	4582	4259	1846	41	40	1211
海东市	1729	1729	1524	1524	319	16	16	204
同仁市	260	257	215	215	30	1	1	0
玉树市	662	662	598	598	221	4	4	201
茫崖市	218	218	201	201	2	2	2	2
格尔木市	1089	949	968	828	286	6	6	204
德令哈市	1090	950	989	843	82	2	2	32

11-2 续表 17 continued 17

计量单位:公顷

Measurement Unit: Hectare

城市名称 Name of Cities	绿化覆盖面积 Green Coverage Area	建成区 Built District	绿地面积 Area of Parks and Green Space	建成区 Built District	公园绿地面积 Area of Public Recreational Green Space	公园个数(个) Number of Parks (unit)	门票免费 Free Parks	公园面积 Park Area
宁　夏	**28170**	**20627**	**26790**	**19774**	**6810**	**168**	**167**	**3902**
银川市	11732	8312	11122	8234	2864	21	20	1252
灵武市	911	865	885	850	258	15	15	258
宁东能源化工基地	699	253	699	241	66	8	8	80
石嘴山市	6997	4631	6693	4189	1299	33	33	672
吴忠市	2403	2403	2392	2392	739	52	52	668
青铜峡市	891	891	872	872	322	5	5	166
固原市	2074	1908	1913	1755	858	11	11	211
中卫市	2463	1363	2215	1242	405	23	23	596
新　疆	**86781**	**59615**	**80126**	**55298**	**13450**	**348**	**347**	**8889**
乌鲁木齐市	37617	22386	34655	20623	5214	32	32	1324
克拉玛依市	6783	3672	6353	3399	679	22	22	521
吐鲁番市	1072	1072	1010	1010	177	19	19	236
哈密市	2280	2154	2091	2091	468	13	13	353
昌吉市	2934	2418	2650	2260	644	76	76	644
阜康市	1068	1068	988	988	253	40	40	327
博乐市	1428	1364	1273	1241	345	7	7	269
阿拉山口市	800	470	674	418	44	4	4	44
库尔勒市	8502	4354	8424	4073	985	11	11	1140
阿克苏市	6827	6827	6471	6471	1342	14	14	1212
库车市	1416	1416	1318	1318	263	4	4	172
阿图什市	461	401	441	352	151	6	6	111
喀什市	3868	3868	3560	3560	937	8	8	791
和田市	1929	1497	1677	1369	320	6	6	139
伊宁市	1907	1907	1764	1764	665	12	12	748
奎屯市	1858	1318	1471	1218	256	7	7	248
霍尔果斯市	489	272	442	254	59	15	15	68
塔城市	985	733	942	686	205	10	10	205
乌苏市	1317	978	892	887	128	7	7	127
沙湾市	903	645	766	583	114	1		45
阿勒泰市	2337	797	2264	734	203	34	34	167
新疆兵团	**12698**	**9863**	**12071**	**9384**	**2641**	**218**	**218**	**2465**
石河子市	3947	2537	3731	2468	724	100	100	724
阿拉尔市	1509	1509	1404	1404	262	23	23	262
图木舒克市	1880	890	1835	848	359	13	13	186
五家渠市	1176	1140	1085	1049	159	4	4	97
北屯市	993	964	903	876	138	18	18	138
铁门关市	514	514	498	498	159	8	8	159
双河市	654	654	614	614	209	18	18	209
可克达拉市	1279	1066	1276	1064	447	29	29	447
昆玉市	391	391	391	391	70	2	2	86
胡杨河市	329	173	319	157	98	3	3	157
新星市	26	26	15	15	15			

主要指标解释

Explanatory Notes on Main Indicators

主要指标解释

人口密度

指城区内的人口疏密程度。计算公式：

$$人口密度=\frac{城区人口+城区暂住人口}{城区面积}$$

人均日生活用水量

指每一用水人口平均每天的生活用水量。计算公式：

$$人均日生活用水量=\frac{居民家庭用水量+公共服务用水量+免费供水量中的生活用水量}{用水人口}\div报告期日历天数\times1000\ 升$$

供水普及率

指报告期末城区内用水人口与总人口的比率。计算公式：

$$供水普及率=\frac{城区用水人口（含暂住人口）}{城区人口+城区暂住人口}\times100\%$$

$$公共供水普及率=\frac{城区公共用水人口（含暂住人口）}{城区人口+城区暂住人口}\times100\%$$

燃气普及率

指报告期末城区内使用燃气的人口与总人口的比率。计算公式：

$$燃气普及率=\frac{城区用气人口（含暂住人口）}{城区人口+城区暂住人口}\times100\%$$

人均道路面积

指报告期末城区内平均每人拥有的道路面积。计算公式：

$$人均道路面积=\frac{城区道路面积}{城区人口+城区暂住人口}$$

建成区路网密度

指报告期末建成区内道路分布的稀疏程度。计算公式：

$$建成区路网密度=\frac{建成区道路长度}{建成区面积}$$

建成区排水管道密度

指报告期末建成区排水管道分布的疏密程度。计算公式：

$$建成区排水管道密度=\frac{建成区排水管道长度}{建成区面积}$$

污水处理率

指报告期内污水处理总量与污水排放总量的比率。计算公式：

$$污水处理率=\frac{污水处理总量}{污水排放总量}\times100\%$$

污水处理厂集中处理率

指报告期内通过污水处理厂处理的污水量与污水排放总量的比率。计算公式：

$$污水处理厂集中处理率=\frac{污水处理厂处理的污水量}{污水排放总量}\times100\%$$

人均公园绿地面积

指报告期末城区内平均每人拥有的公园绿地面积。计算公式：

$$人均公园绿地面积=\frac{城区公园绿地面积}{城区人口+城区暂住人口}$$

建成区绿化覆盖率

指报告期末建成区内绿化覆盖面积与区域面积的比率。计算公式：

$$建成区绿化覆盖率=\frac{建成区绿化覆盖面积}{建成区面积}\times100\%$$

建成区绿地率

指报告期末建成区内绿地面积与建成区面积的比率。计算公式：

$$建成区绿地率=\frac{建成区绿地面积}{建成区面积}\times100\%$$

生活垃圾处理率

指报告期内生活垃圾处理量与生活垃圾产生量的比率。计算公式：

$$生活垃圾处理率=\frac{生活垃圾处理量}{生活垃圾产生量}\times100\%$$

生活垃圾无害化处理率

指报告期内生活垃圾无害化处理量与生活垃圾产生量的比率。计算公式：

$$生活垃圾无害化处理率=\frac{生活垃圾无害化处理量}{生活垃圾产生量}\times100\%$$

在统计时，由于生活垃圾产生量不易取得，可用清运量代替。“垃圾清运量”在审核时要与总人口（包括暂住人口）对应，一般城市人均日产生垃圾为1kg左右。

固定资产投资

指建造和购置市政公用设施的经济活动，即市政公用设施固定资产再生产活动。市政公用设施固定资产再生产过程包括固定资产更新（局部更新和全部更新）、改建、扩建、新建等活动。新的企业财务会计制度规定，固定资产局部更新的大修理作为日常生产活动的一部分，发生的大修理费用直接在成本费用中列支。按照现行投资管理体制及有关部门的规定，凡属于养护、维护性质的工程，不纳入固定资产投资统计。对新建和对现有市政公用设施改造工程，应纳入固定资产统计。

本年新增固定资产

指在报告期已经完成建造和购置过程，并交付生产或使用单位的固定资产价值。包括已经建成投入生产或交付使用的工程投资和达到固定资产标准的设备、工具、器具的投资及有关应摊入的费用。属于增加固定资产价值的其他建设费用，应随同交付使用的工程一并计入新增固定资产。

新增生产能力（或效益）

指通过固定资产投资活动而增加的设计能力。计算新增生产能力（或效益）是以能独立发挥生产能力（或效益）的工程为对象。当工程建成，经有关部门验收鉴定合格，正式移交投入生产，即应计算新增生产能力（或效益）。

综合生产能力

指按供水设施取水、净化、送水、出厂输水干管等环节设计能力计算的综合生产能力。包括在原设计能力的基础上，经挖、革、改增加的生产能力。计算时，以四个环节中最薄弱的环节为主确定能力。对于经过更新改造，按更新改造后新的设计能力填报。

供水管道长度

指从送水泵至各类用户引入管之间所有市政管道的长度，不包括新安装尚未使用、水厂内以及用户建筑物内的管道。在同一条街道埋设两条或两条以上管道时，应按每条管道的长度计算。

供水总量

指报告期供水企业（单位）供出的全部水量，包括有效供水量和漏损水量。

有效供水量指水厂将水供出厂外后，各类用户实际使用到的水量，包括售水量和免费供水量。

新水取用量

指取自任何水源被第一次利用的水量，包括自来水、地下水、地表水。新水量就一个城市来说，包括城市供水企业新水量和社会各单位的新水量。

其中：**工业新水取用量**指为使工业生产正常进行，保证生产过程对水的需要，而实际从各种水源引取的、为任何目的所用的新鲜水量，包括间接冷却水新水量、工艺水新水量、锅炉新水量及其他新水量。

用水重复利用量

指各用水单位在生产和生活中，循环利用的水量和直接或经过处理后回收再利用的水量之和。

其中：**工业用水重复利用量**指工业企业内部生活及生产用水中，循环利用的水量和直接或经过处理后回收再利用的水量之和。

节约用水量

指报告期新节水量，通过采用各项节水措施（如改进生产工艺、技术、生产设备、用水方式、换装节水器具、加强管理等）后，用水量和用水效益产生效果，而节约的水量。

人工煤气生产能力

指报告期末燃气生产厂制气、净化、输送等环节的综合生产能力，不包括备用设备能力。一般按设计能力计算，如果实际生产能力大于设计能力时，应按实际测定的生产能力计算。测定时应以制气、净化、输送三个环节中最薄弱的环节为主。

供气管道长度

指报告期末从气源厂压缩机的出口或门站出口至各类用户引入管之间的全部已经通气投入使用的管道长度。不包括煤气生产厂、输配站、液化气储存站、灌瓶站、储配站、气化站、混气站、供应站等厂（站）内，以及用户建筑物内的管道。

供气总量

指报告期燃气企业（单位）向用户供应的燃气数量，包括销售量和损失量。

汽车加气站

指专门为燃气机动车（船舶）提供压缩天然气、液化石油气等燃料加气服务的站点。应按不同气种分别统计。

供热能力

指供热企业（单位）向城市热用户输送热能的设计能力。

供热总量

指在报告期供热企业（单位）向城市热用户输送全部蒸汽和热水的总热量。

供热管道长度

指从各类热源到热用户建筑物接入口之间的全部蒸汽和热水的管道长度，不包括各类热源厂内部的管道长度。

其中：**一级管网**指由热源至热力站间的供热管道；**二级管网**指热力站至用户之间的供热管道。

城市道路

指城市供车辆、行人通行的，具备一定技术条件的道路、桥梁、隧道及其附属设施。城市道路由车行道和人行道等组成。在统计时只统计路面宽度在 3.5 米（含 3.5 米）以上的各种铺装道路，包括开放型工业区和住宅区道路在内。

道路长度

指道路长度和与道路相通的桥梁、隧道的长度，按车行道中心线计算。

道路面积

指道路面积和与道路相通的广场、桥梁、隧道的铺装面积（统计时，将车行道面积、人行道面积分别统计）。

人行道面积按道路两侧面积相加计算，包括步行街和广场，不含人车混行的道路。

桥梁

指为跨越天然或人工障碍物而修建的构筑物，包括跨河桥、立交桥、人行天桥以及人行地下通道等。

道路照明灯盏数

指在城市道路设置的各种照明用灯。一根电杆上有几盏即计算几盏。统计时，仅统计功能照明灯，不统计景观照明灯。

防洪堤长度

指实际修筑的防洪堤长度。统计时应按河道两岸的防洪堤相加计算长度，但如河岸一侧有数道防洪堤时，只计算最长一道的长度。

污水排放总量

指生活污水、工业废水的排放总量，包括从排水管道和排水沟（渠）排出的污水量。

（1）可按每条管道、沟（渠）排放口的实际观测的日平均流量与报告期日历日数的乘积计算。

（2）有排水测量设备的，可按实际测量值计算。

（3）如无观测值，也可按当地供水总量乘以污水排放系数确定。

城市分类污水排放系数

城市污水分类	污水排放系数
城市污水	0.7~0.8
城市综合生活污水	0.8~0.9
城市工业废水	0.7~0.9

排水管道长度

指所有市政排水总管、干管、支管、检查井及连接井进出口等长度之和。计算时应按单管计算，即在同一条街道上如有两条或两条以上并排的排水管道时，应按每条排水管道的长度相加计算。

其中：**污水管道**指专门排放污水的排水管道。

雨水管道指专门排放雨水的排水管道。

雨污合流管道指雨水、污水同时进入同一管道进行排水的排水管道。

污水处理量

指污水处理厂（或污水处理装置）实际处理的污水量，包括物理处理量、生物处理量和化学处理量。

其中**处理本城区（县城）外**，指污水处理厂作为区域设施，不仅处理本城区（县城）的污水，还处理本市（县）以外其他市、县或本市（县）其他乡村等的污水。这部分污水处理量单独统计，并在计算本市（县）的污水处理率时扣除。

干污泥年产生量

指全年污水处理厂在污水处理过程中干污泥的最终产生量。干污泥是指以干固体质量计的污泥量，含水率为0。如果产生的湿污泥的含水率为n%，那么干污泥产生量=湿污泥产生量×（1-n%）。

干污泥处置量

指报告期内将污泥达标处理处置的干污泥量。统计时按土地利用、建材利用、焚烧、填埋和其他分别填写。其中：

污泥土地利用指处理达标后的污泥产物用于园林绿化、土地改良、林地、农用等场合的处置方式。

污泥建筑材料利用指将污泥处理达标后的产物作为制砖、水泥熟料等建筑材料部分原料的处置方式。

污泥焚烧指利用焚烧炉将污泥完全矿化为少量灰烬的处理处置方式，包括单独焚烧，以及与生活垃圾、热电厂等工业窑炉的协同焚烧。

污泥填埋指采取工程措施将处理达标后的污泥产物进行堆、填、埋，置于受控制场地内的处置方式。

绿化覆盖面积

指城市中乔木、灌木、草坪等所有植被的垂直投影面积。包括城市各类绿地绿化种植垂直投影面积、屋顶绿化植物的垂直投影面积以及零星树木的垂直投影面积，乔木树冠下的灌木和草本植物以及灌木树冠下的草本植物垂直投影面积均不能重复计算。

绿地面积

指报告期末用作园林和绿化的各种绿地面积。包括公园绿地、防护绿地、广场用地、附属绿地和位于建成区范围内的区域绿地面积。

其中：**公园绿地**指向公众开放，以游憩为主要功能，兼具生态、景观、文教和应急避险等功能，有一定游憩和服务设施的绿地。

防护绿地指用地独立，具有卫生、隔离、安全、生态防护功能，游人不宜进入的绿地，主要包括卫生隔离防护绿地、道路及铁路防护绿地、高压走廊防护绿地、公共设施防护绿地等。

广场用地指以游憩、纪念、集会和避险等功能为主的城市公共活动场地。

附属绿地指附属于各类城市建设用地（除“绿地与广场用地”）的绿化用地。包括居住用地、公共管理与公共服务设施用地、商业服务业设施用地、工业用地、物流仓储用地、道路和交通设施用地、公共设施用地等用地中的绿地。

区域绿地指位于城市建设用地之外，具有城乡生态环境及自然资源和文化资源保护、游憩健身、安全防护隔离、物种保护、园林苗木生产等功能的绿地。

公园

指常年开放的供公众游览、观赏、休憩、开展科学、文化及休闲等活动，有较完善的设施和良好的绿化环境、景观优美的公园绿地。包括综合性公园、儿童公园、文物古迹公园、纪念性公园、风景名胜公园、动物园、植物园、带状公园等。不包括居住小区及小区以下的游园。统计时只统计市级和区级的综合公园、专类公园和带状公园。

其中：**门票免费公园**指对公众免费开放，不售门票的公园。

道路清扫保洁面积

指报告期末对城市道路和公共场所（主要包括城市行车道、人行道、车行隧道、人行过街地下通道、道路附属绿地、地铁站、高架路、人行过街天桥、立交桥、广场、停车场及其他设施等）进行清扫保洁的面积。一天清扫保洁多次的，按清扫保洁面积最大的一次计算。

其中：**机械化道路清扫保洁面积**指报告期末使用扫路车（机）、冲洗车等大小型机械清扫保洁的道路面积。多种机械在一条道路上重复使用时，只按一种机械清扫保洁的面积计算，不能重复统计。

生活垃圾、建筑垃圾清运量

指报告期收集和运送到各生活垃圾、建筑垃圾厂和生活垃圾、建筑垃圾最终消纳点的生活垃圾、建筑垃圾的数量。统计时仅计算从生活垃圾、建筑垃圾源头和从生活垃圾转运站直接送到处理场和最终消纳点的清运量，对于二次中转的清运量不要重复计算。

餐厨垃圾属于生活垃圾的一部分，无论单独清运还是混合清运，都应统计在生活垃圾清运量中。

其中：**餐厨垃圾清运处置量**指单独清运，并且进行单独处置的餐厨垃圾总量，不含混在生活垃圾中清运的部分。

公共厕所

指供城市居民和流动人口使用，在道路两旁或公共场所等处设置的厕所。分为独立式、附属式和活动式三种类型。统计时只统计独立式和活动式，不统计附属式公厕。

独立式公共厕所按建筑类别应分为三类，活动式公共厕所按其结构特点和服务对象应分为组装厕所、单体厕所、汽车厕所、拖动厕所和无障碍厕所五种类别。

市容环卫专用车辆设备

指用于环境卫生作业、监察的专用车辆和设备，包括用于道路清扫、冲洗、洒水、除雪、垃圾粪便清运、市容监察以及与其配套使用的车辆和设备。如：垃圾车、扫路机（车）、洗路车、洒水车、真空吸粪车、除雪机、装载机、推土机、压实机、垃圾破碎机、垃圾筛选机、盐粉撒布机、吸泥渣车和专用船舶等。对于长期租赁的车辆及设备也统计在内。

统计时，单独统计道路清扫保洁专用车辆和生活垃圾运输专用车辆数。

Explanatory Notes on Main Indicators

Population Density

It refers to the qualitydensity of population in a given zone. The calculation equation is:

$$\text{Population Density} = \frac{\text{Population in Urban Areas+Urban Temporary Population}}{\text{Urban Area}}$$

Daily Domestic Water Use Per Capita

It refers to average amount of daily water consumed by each person. The calculation equation is Daily Domestic Water Use Per Capita = (Water Consumption by Households + Water Use for Public Service+Domestic water consumption in the free water supply) ÷Population with Access to Water Supply ÷Calendar Days in Reported Period× 1000 liters

Water Coverage Rate

It refers to proportion of urban population supplied with water to urban population. The calculation equation is:

$$\text{Water Coverage Rate} = \frac{\text{Urban Population with Access to Water Supply (Including Temporary Population)}}{\text{Urban Permanent Population+Urban Temporary Population}} \times 100\%$$

$$\text{Public Water Coverage Rate} = \frac{\text{Urban Population with Access to Public Water Supply (Including Temporary Population)}}{\text{Urban Permanent Population+Urban Temporary Population}} \times 100\%$$

Gas Coverage Rate

It refers to the proportion of urban population supplied with gas to urban population. The calculation equation is:

$$\text{Gas Coverage Rate} = \frac{\text{Urban Population with Access to Gas (Including Temporary Population)}}{\text{Urban Permanent Population+Urban Temporary Population}} \times 100\%$$

Surface Area of Roads Per Capita

It refers to the average surface area of urban roads owned by each urban resident at the end of reported period. The calculation equation is:

$$\text{Surface Area of Roads Per Capita} = \frac{\text{Surface Area of Roads in Given Urban Areas}}{\text{Urban Permanent Population+Urban Temporary Population}}$$

Density of Road Network in Built Districts

It refers to the extent which roads coverbuilt districts at the end of reported period. The calculation equation is:

$$\text{Density of Road Network in Built Districts} = \frac{\text{Length of Roads in Built Districts}}{\text{Floor Area of Built Districts}}$$

Density of Drainage Pipelines in Built Districts

It refers to the extent which drainage pipelines cover built districts at the end of reported period. The calculation equation is:

$$\text{Density of Drainage Pipelines in Built Districts} = \frac{\text{Length of Drainage Pipelines in Built Districts}}{\text{Floor Area of Built Districts}}$$

Wastewater Treatment Rate

It refers to the proportion of the quantity of wastewater treated to the total quantity of wastewater discharged at the end of reported period. The calculation equation is:

$$\text{Wastewater Treatment Rate} = \frac{\text{Quantity of Wastewater Treated}}{\text{Quantity of Wastewater Discharged}} \times 100\%$$

Centralized Treatment Rate of Wastewater Treatment Plants

It refers to the proportion of the quantity of wastewater treated in wastewater treatment plants to the total quantity of wastewater discharged at the end of reported period. The calculation equation is:

$$\text{Centralized Treatment Rate of Wastewater Treatment Plants} = \frac{\text{Quantity of Wastewater Treated in Wastewater Treatment Facility}}{\text{Quantity of Wastewater Discharged}} \times 100\%$$

Public Recreational Green SpacePer Capita

It refers to the average public recreational green space owned by each urban dweller in given areas. The calculation equation is:

$$\text{Public Recreational Green Space Per Capita} = \frac{\text{Public Green Space in Given Urban Areas}}{\text{Urban Permanent Population} + \text{Urban Temporary Population}}$$

Green Coverage Rate of Built Districts

It refers to the ratio of green coverage areaof built districts to surface area of built districts at the end of reported period. The calculation equation is:

$$\text{Green Coverage Rate of Built Districts} = \frac{\text{Green Coverage Area of Built Districts}}{\text{Area of Built Districts}} \times 100\%$$

Green Space Rate of Built Districts

It refers to the ratio of area of parks and green land of built districts to the area of built up districts at the end of reported period. The calculation equation is:

$$\text{Green Space Rate of Built Districts} = \frac{\text{Area of Parks and Green Land of Built Districts}}{\text{Area of Built Districts}} \times 100\%$$

Domestic Garbage Treatment Rate

It refers to the ratio of quantity of domestic garbage treated to quantity of domestic garbage produced at the end of reported period. The calculation equation is:

$$\text{Domestic Garbage Treatment Rate} = \frac{\text{Quantity of Domestic Garbage Treated}}{\text{Quantity of Domestic Garbage Produced}} \times 100\%$$

Domestic Garbage Harmless Treatment Rate

It refers to the ratio of quantity of domestic garbage treated harmlessly to quantity of domestic garbage produced at the end of reported period. The calculation equation is:

$$\text{Domestic Garbage Harmless Treatment Rate} = \frac{\text{Quantity of Domestic Garbage Treated Harmlessly}}{\text{Quantity of Domestic Garbage Produced}} \times 100\%$$

Investment in Fixed Assets

It is the economic activities featuring construction and purchase of fixed assets, i. e. it is an essential means for social reproduction of fixed assets. The process of reproducing fixed assets includes fixed assets renovation (part and full renovation), reconstruction, extension and new construction etc. According to the new industrial financial accounting system, cost of major repairs for part renovation of fixed assets is covered by direct cost. According to the current investment management and administrative regulations, any repair and maintenance works are not included in statistics as investment in fixed assets. Innovation projects on current municipal service facilities should be included in statistics.

Newly Added Fixed Assets

They refer to the newly increased value of fixed assets, including investment in projects completed and put into operation in the reported period, and investment in equipment, tools, vessels considered as fixed assets as well as relevant expenses should be included in. Other construction expenses that increase the value of fixed assets should be included in the newly added fixed assets along with the project delivered for use.

Newly Added Production Capacity (or Benefits)

It refers to newly added design capacity through investment in fixed assets. Newly added production capacity or benefits is calculated based on projects which can independently produce or bring benefits onceprojects are put into operation.

Integrated Production Capacity

It refers to a comprehensive capacity based on the designed capacity of components of the process, including water collection, purification, delivery and transmission through mains. In calculation, the capacity of weakest component is the principal determining capacity. For the updated and reformed, filling in the new design capability after the updated and reformed.

Length of Water Pipelines

It refers to the total length of all pipes from the pumping station to individual water meters. If two or more pipes line in parallel in a same street, the length of water pipelines is the length sum of each line.

Total Quantity of Water Supplied

It refers to the total quantity of water delivered by water suppliers during the reported period, including accounted water and unaccounted water.

Accounted water refers to the actual quantity of water delivered to and used by end users, including water sold and free.

Quantity of Fresh Water Used

It refers to the quantity of water obtained from any water source for the first time, including tap water, groundwater, surface water. As for a city, it includes the quantity of fresh water used by urban water suppliers and customers in different industries and sectors.

Among which, **the amount of new industrial water taken** refers to the amount of fresh water that is actually drawn from various water sources and used for any purpose in order to ensure the normal progress of industrial production and the need for water in the production process, including the amount of indirect cooling water and process water, new boiler water volume and other new water volume.

Quantity of Recycled Water

It refers to the sum of water recycled, reclaimed and reused by customers.

Among which, **the amount of recycled industrial water** refers to the sum of the amount of recycled water used in the domestic and production water of industrial enterprises and the amount of water recovered and reused directly or after treatment.

Quantity of Water Saved

It refers to the water saved in the reported period through efficient water saving measures, e. g. improvement of production methods, technologies, equipment, water use behavior or replacement of defective and inefficient devices, or strengthening of management etc.

Integrated Gas Production Capacity

It refers to the combined capacity of components of the process such as gas production, purification and delivery with an exception of the capacity of backup facilities at the end of reported period. It is usually calculated based on the design capacity. Where the actual capacity surpluses the design capacity, integrated capacity should be calculated based on the actual capacity, mainly depending on the capacity of the weakest component.

Length of Gas Supply Pipelines

It refers to the length of pipes operated in the distance from a compressor's outlet or a gas station exit to pipes connected to individual households at the end of reported period, excluding pipes through coal gas production plant, delivery station, LPG storage station, bottled station, storage and distribution station, air mixture station, supply station and user's building.

Quantity of Gas Supplied

It refers to amount of gas supplied to end users by gas suppliers at the end of reported period. It includes sales amount and loss amount.

Gas Stations for Gas-Fueled Motor Vehicles

They are designated stations that provide fuels such as compressed natural gas, LPG to gas-fueled motor vehicles. Statistics should be based on different gas types.

Heating Capacity

It refers to the designed capacity of heat delivery by heat suppliers to urban customers.

Total Quantity of Heat Supplied

It refers to the total quantity of heat obtained from steam and hot water, which is delivered to urban users by heat suppliers during the reported period.

Length of Heating Pipelines

It refers to the total length of pipes for delivery of steam and hot water from heat sources to entries of buildings, excluding lines within heat sources.

Among which, **the primary pipe network** refers to the heating pipeline from the heat source to the heating station, **the secondary pipe network** refers to the heating pipeline from the heating station to the user.

Urban roads

They refer to roads, bridges, tunnels and auxiliary facilities that are provided to vehicles and passengers for transportation. Urban roads consist of drive lanes and sidewalks. Only paved roads with width of 3.5m or above are counted, including roads in open industrial parks and residential communities are included in statistics.

Length of Roads

It refers to the length of roads and bridges and tunnels connected toroads. It is calculated based on the length of centerlines of traffic lanes.

Surface Area of Roads

It refers to surface area of roads and squares, bridges and tunnels connected to roads (surface area of roadway and sidewalks are calculated separately). Surface area of sidewalks is the area sum of each side of sidewalks including pedestrian streets and squares, excluding car-and-pedestrian mixed roads.

Bridges

They refer to constructed works that span natural or man-made barriers. They include bridges spanning over rivers, flyovers, overpasses and underpasses.

Number of Road Lamps

It refers to the sum of road lamps only for illumination, excluding road lamps for landscape lightening.

Length of Flood Control Dikes

It refers to actual length of constructeddikes, which sums up the length of dike on each bank of river. Where each bank has more than one dike, only the longest dike is calculated.

Quantity of Wastewater Discharged

It refers to the total quantity of domestic sewage and industrial wastewater discharged, including effluents of sewers, ditches, and canals.

(1) It is calculated by multiplying the daily average of measured discharges from sewers, ditches and canals with calendar days during the reported period.

(2) If there is a device to read actual quantity of discharge, it is calculated based on reading.

(3) If without such ad device, it is calculated by multiplying total quantity of water supply with wastewater drainage coefficient.

Category of urban wastewater	Wastewater drainage coefficient
Urban wastewater	0.7~0.8
Urban domestic wastewater	0.8~0.9
Urban industrial wastewater	0.7~0.9

Length of Drainage Pipelines

The total length ofdrainage pipelines is the length of mains, trunks, branches plus distance between inlet and outlet in manholes and junction wells. The calculation should be based on a single pipe, that is, if there are two or more drainage pipes side by side on the same street, the calculation should be based on the length of each drainage pipe.

Among which, **Sewage Pipe** refers to a drainage pipe dedicated to discharge sewage.

Rainwater Pipe refers to drainage pipes dedicated to draining rainwater.

Rain and Sewage Confluence Pipeline refers to the drainage pipeline where rainwater and sewage enter the same pipeline for drainage at the same time.

Quantity of Wastewater Treated

It refers to the actual quantity of wastewater treated by wastewater treatment plants and other treatment facilities in a physical, or chemical or biological way.

Among which, **the treatment outside the city (county)** refers to the sewage treatment plant as a regional facility that not only treats the sewage of the city (county), but also treats the sewage of other cities, counties, or other villages outside the city (county). This part of the sewage treatment volume is separately counted and deducted when calculating the sewage treatment rate of the city (county).

Dry Sludge Production

It refers to the final quantity of dry sludge produced in the process of wastewater treatment plants. Dry sludge refers to the amount of sludge calculated by the mass of dry solids, with a moisture content of 0. If the moisture content of the produced wet sludge is n%, then the amount of dry sludge produced = the amount of wet sludge produced × (1-n%).

Dry Sludge Disposal Volume

It refers to the amount of dry sludge to be treated and disposed according to the standard during the reporting period. Fill in the statistics according to land use, building materials use, incineration, landfill and others.

Among which, **Sludge Land Utilization** refers to the disposal of sludge products after the treatment of the standard for landscaping, land improvement, woodland, agriculture and other occasions.

The Utilization of Sludge Building Materials refers to the disposal of the products after sludge treatment reaches the standard as part of the raw materials of building materials such as bricks and cement clinker.

Sludge Incineration refers to the treatment and disposal methods that use incinerators to completely mineralize sludge into a small amount of ashes, including individual incineration, and co-incineration with industrial kilns such as domestic waste and thermal power plants.

Land Filling of Sludge refers to a disposal method in which engineering measures are taken to pile, fill, and bury the sludge products that have reached the treatment standards, and place them in a controlled site.

Green Coverage Area

It refers to the vertical shadow area of vegetation such as trees (arbors), shrubs and grasslands. It is the vertical shadow area sum of green space, roof greening and scattered trees coverage. The vertical shadow area of bushes and herbs under the shadow of trees and herbs under the shadow of shrubs should not be counted repetitively.

Area of Green Space

It refers to the area of all spaces for parks and greening at the end of reported period, which includes area of public recreational green space, shelter belt, land for squares, attached green spaces, and the area of regional green space in built district.

Among which, **Public Recreational Green Space** refers to green space with recreation and service facilities. It also serves some comprehensive functions such as improving ecology and landscape and preventing and mitigating disasters.

Shelter Belt refers to the green space that is independent of land and has the functions of hygiene, isolation, safety, and ecological protection, and is not suitable for tourists to enter. It mainly includes protective green space for health isolation, protective green space for roads and railways, protective green space for high-pressure corridors and protective green space for public facilities.

Land for Squares refer to the urban public activity space with the functions of recreation, memorial, gathering and avoiding danger.

Attached Green Spaces refer to green land attached to various types of urban construction land (except "green land and square land"). Including residential land, land for public management and public service facilities, land for commercial service facilities, industrial land, land for logistics and storage, land for roads and transportation facilities, land for public facilities and other green spaces.

Regional Green Space refers to the green land located outside the urban construction land, which has the functions of urban and rural ecological environment, natural resources and cultural resources protection, recreation and fitness, safety protection and isolation, species protection, garden seedling production and so on.

Parks

They refer to places open to the public for the purposes of tourism, appreciation, relaxation, and undertaking scientific, cultural and recreational activities. They are fully equipped and beautifully landscaped green spaces. There are different kinds of parks, including general park, Children Park, park featuring historic sites and culture relic, memorial park, scenic park, zoo, botanic garden, and belt park. Recreational space within communities is not included in statistics, while only general parks, theme parks and belt parks at city or district level are included in statistics.

Among which, **Free-ticket Parks** refer to parks that are free to the public and do not sell tickets.

Area of Roads Cleaned and Maintained

It refers to the area of urban roads and public places cleaned and maintained at the end of reported period, including drive lanes, sidewalks, drive tunnels, underpasses, green space attached to roads, metro stations, elevated roads, flyovers, overpasses, squares, parking areas and other facilities. Where a place is cleaned and maintained several times a day, only the time with maximum area cleaned is considered.

Among which, **Mechanized Road Cleaning and Cleaning Area** refers to the road area that was cleaned and cleaned with large and small machinery such as road sweepers (machines) and washing vehicles at the end of the reporting period. When multiple machines are repeatedly used on a road, only the area cleaned and cleaned by one machine is calculated, and the statistics cannot be repeated.

Quantity of Domestic Garbage and Construction Waste Transferred

It refers to the total quantity of domestic garbage and construction waste collected and transferred to treatment grounds. Only quantity collected and transferred from domestic garbage and construction waste sources or from domestic garbage transfer stations to treatment grounds is calculated with exception of quantity of domestic garbage and construction waste transferred second time.

Food waste is a part of domestic waste. Whether it is removed separately or mixed , it should be counted in the volume of domestic waste.

Among which, **the amount of food waste removal and disposal** refers to the total amount of food waste that is separately removed and disposed of separately, excluding the part that is mixed in the domestic waste.

Latrines

They are used by urban residents and flowing population, including latrines placed at both sides of a road and public place. They usually consist of detached latrine movable latrine and attached latrine. Only detached latrines rather than latrines attached to public buildings are included in the statistics.

Detached latrine is classified into three types. Moveable latrine is classified into fabricated latrine, separated latrine, motor latrine, trail latrine and barrier-free latrine.

Specific Vehicles and Equipment for Urban Environment Sanitation

They refer to vehicles and equipment specifically for environment sanitation operation and supervision, including vehicles and equipment used to clean, flush and water the roads, remove snow, clean and transfer garbage and soil, environment sanitation monitoring, as well as other vehicles and equipment supplemented, such as garbage truck, road clearing truck, road washing truck, sprinkling car, vacuum soil absorbing car, snow remover, loading machine, bulldozer, compactor, garbage crusher, garbage screening machine, salt powder sprinkling machine, sludge absorbing car and special shipping. Vehicles and equipment for long-term lease are also included in the statistics.

The number of special vehicles for road cleaning and cleaning and the special vehicles for domestic garbage transportation are separately counted.